TRAITÉ

DE

MÉCANIQUE RATIONNELLE.

PARIS. — IMPRIMERIE GAUTHIER-VILLARS ET FILS,

18861   Quai des Grands-Augustins, 55.

TRAITÉ

DE

MÉCANIQUE RATIONNELLE

PAR

Paul APPELL,

MEMBRE DE L'INSTITUT,
PROFESSEUR A LA FACULTÉ DES SCIENCES.

TOME PREMIER.

STATIQUE. — DYNAMIQUE DU POINT.

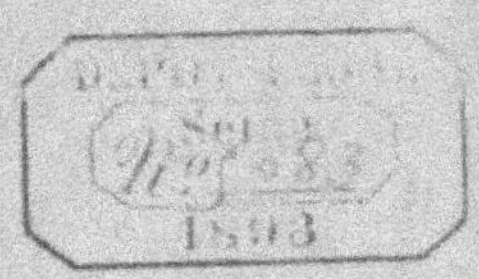

PARIS,

GAUTHIER-VILLARS ET FILS, IMPRIMEURS-LIBRAIRES

DU BUREAU DES LONGITUDES, DE L'ÉCOLE POLYTECHNIQUE,

Quai des Grands-Augustins, 55.

1893

PRÉFACE

Ce Traité est le résumé des leçons que je fais depuis plusieurs années à la Faculté des Sciences de Paris sur le programme de la licence. Comme la Mécanique était, jusqu'à présent, à peine enseignée dans les lycées, je ne suppose chez le lecteur aucune connaissance de cette science et je commence par l'exposition des notions préliminaires indispensables, théorie des vecteurs, cinématique du point et du corps solide, principes de la Mécanique, travail des forces. Vient ensuite la Mécanique proprement dite, divisée en Statique et Dynamique.

Ce qui fait le caractère distinctif de cet Ouvrage et ce qui justifiera, je l'espère, la publication d'une nouvelle Mécanique rationnelle après tant d'autres excellents Traités, c'est l'introduction de la Mécanique analytique dans les commencements mêmes du cours. Au lieu de reléguer les méthodes de Lagrange à la fin et d'en faire une exposition entièrement séparée, j'ai essayé de les introduire dans le courant de l'Ouvrage.

Ainsi, après avoir exposé la Statique élémentaire d'une manière détaillée, j'établis le principe des vitesses virtuelles comme résumant toutes les équations de l'équilibre et je l'ap-

plique à de nombreux exemples. Puis, dans la dynamique du
point matériel, après avoir traité par les méthodes élémentaires le mouvement d'un point libre, d'un point sur une
courbe ou sur une surface, j'indique la démonstration de
Dirichlet pour la stabilité de l'équilibre d'un point, puis j'ex-
pose, toujours pour le point matériel, les équations de
Lagrange, celles d'Hamilton, les théorèmes de Jacobi, le
principe de la moindre action, les théorèmes de Tait et
Thomson. De cette façon, le lecteur se trouve amené à connaître ces belles théories par leur application aux exemples
les plus simples possibles.

La Dynamique analytique est ensuite développée dans sa
généralité à propos des mouvements des systèmes, qui se
trouvent ainsi étudiés deux fois, d'abord par l'application des
principes généraux, puis à l'aide des méthodes de Lagrange,
Hamilton, Jacobi.

De nombreux exemples imprimés en plus petits caractères
sont traités dans le texte; d'autres sont proposés comme
exercices avec de courtes indications sur la solution.

M. Guichard, professeur à la Faculté des Sciences de
Clermont-Ferrand, a bien voulu revoir ma rédaction que ses
conseils m'ont permis d'améliorer en un grand nombre de
points : je lui en exprime ici tous mes remerciements. Je dois
également des remerciements à MM. Abraham et Delassus
qui, en faisant une première rédaction de mes leçons, ont
considérablement simplifié une partie de ma tâche.

Paris, le 30 août 1893.

INTRODUCTION.

Parmi les Sciences mathématiques, la première est la Science du *Calcul*, qui repose sur la seule notion de *nombre* et à laquelle on s'efforce de ramener toutes les autres. Vient ensuite la *Géométrie*, qui fait intervenir une notion nouvelle, celle d'*espace* : en Géométrie, on considère des points qui décrivent des lignes, des lignes qui décrivent des surfaces, etc.; mais on ne s'occupe en aucune manière du *temps* dans lequel s'effectuent ces mouvements. Si l'on fait intervenir cette notion de *temps*, on obtient une science plus complexe, la *Cinématique*, qui étudie les propriétés géométriques des mouvements dans leurs rapports avec le temps, sans se demander quelles sont les causes physiques de ces mouvements. C'est cette question que l'on se pose en *Mécanique* ; il faut cependant observer qu'il est impossible de découvrir les véritables causes des phénomènes physiques, et qu'on se contente de substituer aux causes réelles qui produisent les phénomènes d'autres causes fictives, appelées *forces*, capables de produire les mêmes effets.

La Mécanique a pour objet de résoudre les deux problèmes suivants :

1° Trouver le mouvement que prend un système de corps sous l'action de forces données;

I.

2° Trouver les forces capables d'imprimer à un système de corps un mouvement donné.

Avant d'aborder la Mécanique, nous exposerons la théorie des *grandeurs géométriques* ou *vecteurs,* suivie de notions élémentaires de *Cinématique.*

TRAITÉ

DE

MÉCANIQUE RATIONNELLE.

STATIQUE. — DYNAMIQUE DU POINT.

PREMIÈRE PARTIE.
NOTIONS PRÉLIMINAIRES.

CHAPITRE I.

THÉORIE DES VECTEURS.

1. Les théories géométriques exposées dans ce Chapitre sont dues principalement à Poinsot, Chasles et Möbius ; elles trouvent leur application dans plusieurs questions importantes de Géométrie, de Cinématique, de Mécanique et de Physique : ainsi, on représente par des vecteurs les vitesses, les accélérations, les rotations et les forces. La méthode d'exposition que nous avons adoptée est empruntée en grande partie à Cauchy (*Leçons de Mécanique,* par l'abbé Moigno) et à MM. Sarrau et Kœnigs ; nous sommes revenu par moments aux méthodes classiques, notamment à propos des *opérations élémentaires* (n° 15) et de la *théorie des couples,* que nous développons directement (n°s 25 et suiv.) après l'avoir aussi déduite des théorèmes généraux.

I. — DÉFINITIONS.

2. Grandeurs géométriques ou vecteurs. — Une grandeur géométrique ou vecteur est un *segment de droite* $A_1 B_1$ (*fig.* 1), ayant une *origine* A_1 et une *extrémité* B_1. Ce segment est défini par les éléments suivants : 1° son *origine* ou *point d'application* A_1; 2° sa *direction*, qui est celle de la droite indéfinie $A_1 B_1$; 3° son *sens*, qui est celui du mouvement d'un mobile allant de l'origine A_1 vers l'extrémité B_1, et que l'on indique par une flèche placée à l'extrémité; 4° sa *grandeur* P_1, qui est la longueur $A_1 B_1$.

Fig. 1.

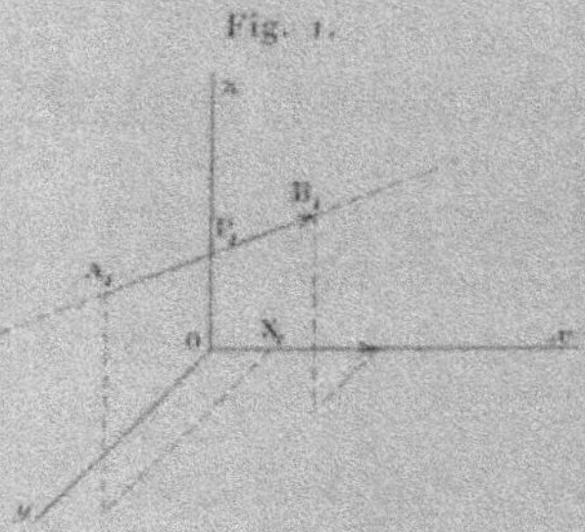

Analytiquement, on définit un vecteur par les coordonnées (x_1, y_1, z_1) et (x'_1, y'_1, z'_1) de l'origine et de l'extrémité par rapport à trois axes coordonnés, ou encore par les coordonnées (x_1, y_1, z_1) de l'origine et les projections (X_1, Y_1, Z_1) du segment $A_1 B_1$ sur les trois axes, ces projections ayant des signes, suivant les conventions ordinaires de la Géométrie analytique. Ces projections sont évidemment

$$X_1 = x'_1 - x_1, \qquad Y_1 = y'_1 - y_1, \qquad Z_1 = z'_1 - z_1.$$

Nous désignerons habituellement un vecteur par une seule lettre P_1, représentant sa *longueur* ou *grandeur*, et placée à l'extrémité.

3. Sens positif de la rotation autour d'un axe. — Soit un axe Δ

(*fig.* 2) sur lequel on a choisi un sens positif, de z' vers z par
exemple; un mobile M, décrivant une courbe quelconque C dans
l'espace, tourne autour de l'axe *dans le sens po-*
sitif quand un observateur, ayant les pieds en z'
et la tête en z, voit le mobile tourner de *sa*
gauche vers sa droite; dans le cas contraire, le
mobile tourne dans le sens négatif.

Fig. 2.

Par exemple, considérons deux vecteurs $A_1 P_1$
et BP_2 (*fig.* 4); supposons qu'un mobile parcourant $A_1 P_1$ tourne autour de BP_2 pris comme axe
dans un certain sens; la figure montre que réciproquement un mobile parcourant BP_2 tourne
autour de $A_1 P_1$ dans le même sens.

4. Moment par rapport à un point. — Le moment d'un vecteur P_1 par rapport à un point B (*fig.* 3) est un vecteur BG_1, d'origine B, ayant : 1° une longueur égale au
produit $P_1 \delta$ de P_1 par sa distance δ au
point B; 2° une direction perpendiculaire
au plan $BA_1 P_1$; 3° un sens tel qu'un mobile parcourant $A_1 P_1$, de A_1 vers P_1, tourne
autour de BG_1 dans le sens positif. La
grandeur de ce moment est égale au double
de l'aire du triangle $BA_1 P_1$: elle est nulle
quand P_1 ou δ sont nuls. Le moment ne

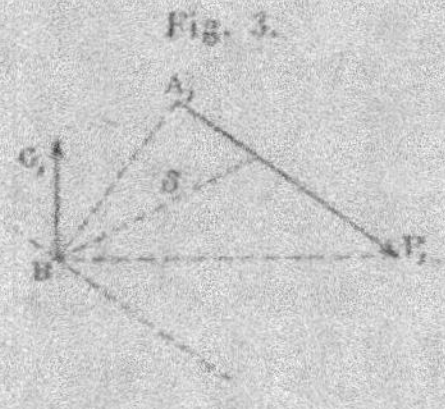

Fig. 3.

change pas quand on transporte le vecteur P_1 en un point de
sa direction ou qu'on déplace le point B sur une parallèle à ce
vecteur.

5. Moment par rapport à un axe. — Le moment d'un vecteur P_1 par rapport à un axe Δ (*fig.* 4), sur lequel on a choisi
un sens positif, est égal à la valeur algébrique de la projection
sur cet axe du moment de P_1 par rapport à un point pris sur
l'axe.

Pour justifier cette définition, il faut montrer que la valeur
qu'elle donne pour le moment de P_1, par rapport à l'axe, est indépendante du choix du point sur cet axe. Menons par un point B de

l'axe un plan Π perpendiculaire à l'axe et soient $a_1 p_1$ la projection de $A_1 P_1$ sur ce plan, BG_1 le moment de P_1 par rapport à B, Bg_1

Fig. 4.

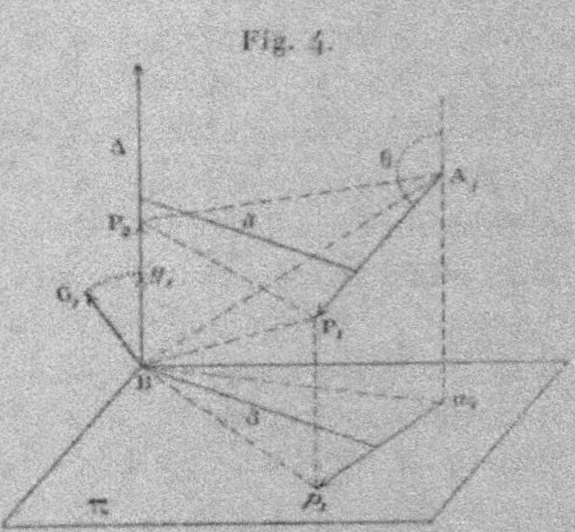

sa projection sur l'axe Δ. L'angle des deux plans $A_1 BP_1$, $a_1 Bp_1$ étant égal à celui de leurs perpendiculaires, on a

$$2\,\text{aire}\ a_1 B p_1 = 2\,\text{aire}\ A_1 BP_1 \cos \widehat{G_1 B g_1}$$

$$\overline{Bg_1} = \overline{BG_1} \cos \widehat{G_1 B g_1}.$$

Comme le moment $\overline{BG_1}$ est égal à $2\,\text{aire}\ A_1 BP_1$, sa projection $\overline{Bg_1}$ est aussi égale en valeur absolue à $2\,\text{aire}\ a_1 Bp_1$, expression évidemment indépendante du choix du point B sur l'axe Δ. Le signe de cette projection Bg_1 est aussi indépendant du choix du point B : ce signe est $+$ ou $-$ suivant qu'un mobile parcourant $A_1 P_1$ tourne autour de Δ dans le sens positif ou le sens négatif.

On conclut de là diverses expressions du moment d'un vecteur P_1 par rapport à un axe.

Appelons δ la plus courte distance du vecteur à l'axe et θ l'angle du vecteur avec l'axe; δ se projette en vraie grandeur sur le plan Π, p_1 est égal à $P_1 \sin\theta$, et le moment $\mathfrak{M}_1$ est

$$\mathfrak{M}_1 = \pm p_1 \delta = \pm P_1 \delta \sin\theta,$$

où il faut prendre le signe $+$ ou le signe $-$ suivant qu'un mobile parcourant le vecteur $A_1 P_1$ tourne autour de l'axe Δ dans le sens positif ou le sens négatif.

Prenons sur l'axe Δ dans le sens positif un segment BP_2 de longueur P_2, et désignons par $\mathrm{vol}(P_1, P_2)$ le volume du tétraèdre ayant $A_1 P_1$ et BP_2 comme arêtes opposées, ce volume étant pris positivement ou négativement, suivant qu'un mobile parcourant l'un des vecteurs P_1 ou P_2, de l'origine vers l'extrémité, tourne autour de l'autre, dans le sens positif ou le sens négatif. Le moment de P_1 par rapport à l'axe Δ est alors

$$\mathfrak{M}_1 = \frac{6 \, \mathrm{vol}(P_1, P_2)}{P_2}.$$

En effet, l'égalité a lieu en signe; elle a lieu aussi en valeur absolue, car le volume du tétraèdre considéré ne change pas quand on fait glisser les sommets A_1 et P_1 jusqu'en a_1 et p_1, ce qui donne un nouveau tétraèdre dont le volume V est le tiers du produit de P_2 par l'aire $a_1 B p_1$; la valeur absolue du moment $\times$ aire $a_1 B p_1$ est donc égale à $6V$ divisé par P_2.

Remarque. — Prenant le moment $\mathfrak{M}_1$ sous la forme $\pm \, P_1 \delta \sin\theta$, on voit qu'il est nul quand l'un des trois facteurs est nul, c'est-à-dire quand le vecteur est *nul* ou quand il est *dans un même plan avec l'axe*.

6. Moment relatif de deux vecteurs P_1 et P_2. — On nomme ainsi la quantité $6 \, \mathrm{vol}(P_1, P_2)$ définie dans le numéro précédent. L'expression algébrique de cette quantité s'obtient immédiatement d'après la formule élémentaire de la Géométrie analytique qui donne le volume d'un tétraèdre en fonction des coordonnées de ses sommets. Appelons x_1, y_1, z_1 les coordonnées du point A_1, X_1, Y_1, Z_1 les projections de P_1 sur les trois axes, et posons

$$L_1 = y_1 Z_1 - z_1 Y_1, \qquad M_1 = z_1 X_1 - x_1 Z_1, \qquad N_1 = x_1 Y_1 - y_1 X_1;$$

appelons, de même, x_2, y_2, z_2 les coordonnées de B, X_2, Y_2, Z_2 les projections de P_2, et L_2, M_2, N_2 les quantités analogues à L_1, M_1, N_1 relatives à P_2. On aura, en grandeur et en signe, en supposant les axes Ox, Oy, Oz rectangulaires et orientés de façon qu'une rotation de 90° dans le sens positif autour de Oz amène Ox sur Oy,

$$6\,\mathrm{vol}(P_1, P_2) = -\begin{vmatrix} x_1 & y_1 & z_1 & 1 \\ x_1 + X_1 & y_1 + Y_1 & z_1 + Z_1 & 1 \\ x_2 & y_2 & z_2 & 1 \\ x_2 + X_2 & y_2 + Y_2 & z_2 + Z_2 & 1 \end{vmatrix};$$

développant, après avoir retranché la première ligne de la deuxième et la troisième de la quatrième, on a

$$6\,\mathrm{vol}(P_1, P_2) = L_1 X_2 + M_1 Y_2 + N_1 Z_2 + L_2 X_1 + M_2 Y_1 + N_2 Z_1,$$

ou encore, si l'on remarque les identités

$$L_1 X_1 + M_1 Y_1 + N_1 Z_1 = 0, \qquad L_2 X_2 + M_2 Y_2 + N_2 Z_2 = 0,$$
$$6\,\mathrm{vol}(P_1, P_2) = (L_1 + L_2)(X_1 + X_2) + (M_1 + M_2)(Y_1 + Y_2) + (N_1 + N_2)(Z_1 + Z_2).$$

7. Expressions analytiques des moments. — Soit un axe Δ (*fig.* 5) sur lequel on a pris comme sens positif le sens $O'O''$,

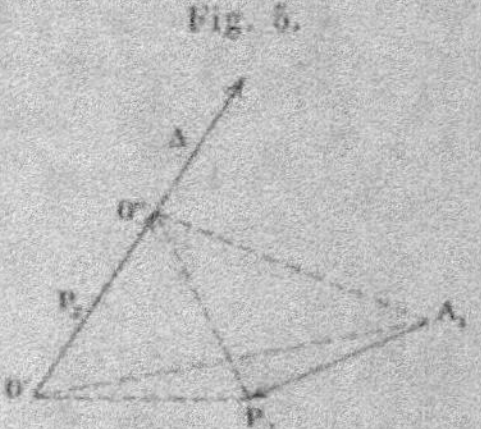

Fig. 5.

allant du point O' de coordonnées (x', y', z') à un point O'' de coordonnées (x'', y'', z''). Les projections X_2, Y_2, Z_2 du vecteur $\overline{O'O''}$, qui va jouer le rôle de P_2 et les quantités L_2, M_2, N_2 relatives à ce vecteur sont respectivement

$$x'' - x', \quad y'' - y', \quad z'' - z'; \quad y'z'' - z'y'', \quad z'x'' - x'z'', \quad x'y'' - y'x''.$$

Le moment $\mathfrak{M}_1$ du vecteur P_1 par rapport à l'axe Δ étant égal à $6\,\mathrm{vol.}(P_1, P_2)$, divisé par P_2, on a

$$\mathfrak{M}_1 = \frac{(x'' - x')L_1 + (y'' - y')M_1 + (z'' - z')N_1 + (y'z'' - z'y'')X_1 + (z'x'' - x'z'')Y_1 + (x'y'' - y'x'')Z_1}{+\sqrt{(x'' - x')^2 + (y'' - y')^2 + (z'' - z')^2}}$$

Cette expression générale donne les valeurs du moment de P_1 par rapport aux trois axes coordonnés. Pour l'axe Oz par exemple, il suffit de supposer x', y', z', x'', y'' nuls et $z''=1$. On trouve alors pour moment N_1. De même, pour les axes Ox et Oy, on trouverait L_1 et M_1. Ainsi les moments du vecteur P_1 par rapport aux trois axes sont les quantités appelées L_1, M_1, N_1 dans le numéro précédent. Le moment OG_1 du vecteur P_1 par rapport à l'origine O est un vecteur ayant pour projections sur les trois axes les quantités L_1, M_1, N_1, d'après la définition même du moment par rapport à un axe.

Si l'on prend tout autre point O' de coordonnées x', y', z', les coordonnées du point A_1 par rapport à de nouveaux axes, parallèles aux premiers, ayant pour origine le point O', sont $x_1 - x'$, $y_1 - y'$, $z_1 - z'$. Les projections du vecteur sur ces axes restent X_1, Y_1, Z_1; ses moments, par rapport aux nouveaux axes, deviennent

$$L_1' = (y_1 - y')Z_1 - (z_1 - z')Y_1, \qquad M_1' = (z_1 - z')X_1 - (x_1 - x')Z_1,$$
$$N_1' = (x_1 - x')Y_1 - (y_1 - y')X_1,$$

expressions obtenues en remplaçant, dans L_1, M_1, N_1, x_1, y_1, z_1 par $x_1 - x'$, $y_1 - y'$, $z_1 - z'$. Le moment $O'G_1'$ du vecteur P_1 par rapport à O' est un vecteur ayant pour projections L_1', M_1', N_1'. On peut écrire aussi, d'après les valeurs de L_1, M_1, N_1,

$$L_1' = L_1 - (y'Z_1 - z'Y_1), \qquad M_1' = M_1 - (z'X_1 - x'Z_1),$$
$$N_1' = N_1 - (x'Y_1 - y'X_1).$$

Remarque. — Soient six quantités arbitraires X_1, Y_1, Z_1, L_1, M_1, N_1 dont les trois premières ne sont pas toutes nulles et qui vérifient l'identité

$$L_1X_1 + M_1Y_1 + N_1Z_1 = o,$$

les équations

$$L_1 = yZ_1 - zY_1, \qquad M_1 = zX_1 - xZ_1, \qquad N_1 = xY_1 - yX_1,$$

où x, y, z désignent des coordonnées courantes, représentent une droite D, car, en vertu de l'identité admise, elles se réduisent à deux. Soit A_1 un point *arbitraire* pris sur cette droite, le vecteur P_1, d'origine A_1 et de projections X_1, Y_1, Z_1, est dirigé suivant la droite D et a pour moments, par rapport aux axes, L_1, M_1, N_1. Les six quantités X_1, Y_1, Z_1, L_1, M_1, N_1 sont les coordonnées de la droite D, d'après Plücker.

II. — SYSTÈMES DE VECTEURS.

8. Vecteurs concourants. Somme géométrique ou résultante. — Soient P_1, P_2, ..., P_n des vecteurs ayant même origine A; par le point P_1 menons un segment $P_1 Q_2$ égal et parallèle à P_2, par Q_2 un segment $Q_2 Q_3$ égal et parallèle à P_3, ... et ainsi de suite, par Q_{n-1} un segment $Q_{n-1} Q_n$ égal et parallèle à P_n. Le polygone ainsi construit $A P_1 Q_2 \ldots Q_{n-1} Q_n$ se nomme *polygone des grandeurs géométriques*; la grandeur géométrique $A Q_n$, ayant pour origine A et pour extrémité Q_n, est *la somme géométrique* ou *résultante* R des grandeurs géométriques données (*fig.* 6). On exprime ce fait par l'équation

$$(R) = (P_1) + (P_2) + \ldots + (P_n);$$

les parenthèses indiquant qu'il s'agit d'une *somme géométrique*.

Fig. 6.

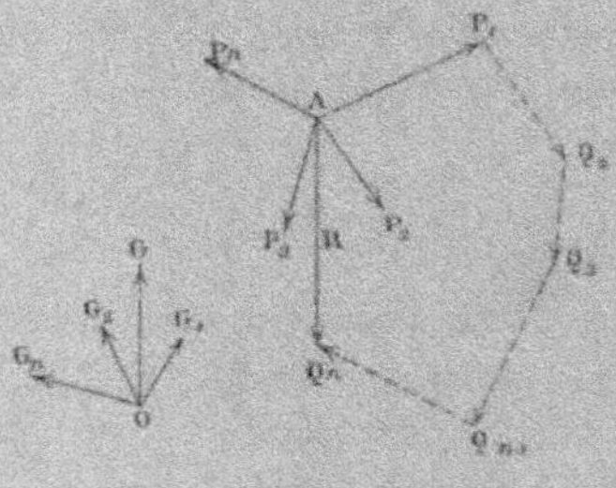

Pour construire la résultante, nous avons pris les composantes P_1, P_2, ..., P_n dans un certain ordre : *la résultante est la même quel que soit l'ordre suivi*. C'est ce qui résulte immédiatement de la détermination analytique de la résultante.

Soient X_1, Y_1, Z_1 les projections du segment P_1 sur trois axes coordonnés Ox, Oy, Oz, X_2, Y_2, Z_2 celles du segment P_2, ..., X_n, Y_n, Z_n celles de P_n; soient, d'autre part, X, Y, Z les projections de la résultante AQ_n. D'après le théorème des projections, la projection du segment AQ_n sur un axe est égale à la somme des projections des côtés AP_1, P_1Q_2, Q_2Q_3, ..., $Q_{n-1}Q_n$ du contour polygonal $AP_1Q_2Q_3 \ldots Q_{n-1}Q_n$

$$X = X_1 + X_2 + \ldots + X_n, \qquad Y = \Sigma Y_k, \qquad Z = \Sigma Z_k.$$

Ces valeurs sont évidemment indépendantes de l'ordre dans lequel on prend les vecteurs composants.

Les formules précédentes donnent les projections de la résultante sur les axes ; on obtient des formules identiques pour les moments de la résultante par rapport aux trois axes. Désignons par x, y, z les coordonnées du point A. Les moments du vecteur $P_k(X_k, Y_k, Z_k)$ par rapport aux axes sont

$$L_k = yZ_k - zY_k, \qquad M_k = zX_k - xZ_k, \qquad N_k = xY_k - yX_k ;$$

les moments de la résultante par rapport aux mêmes axes sont

$$L = yZ - zY, \qquad M = zX - xZ, \qquad N = xY - yX.$$

D'après les valeurs ci-dessus de X, Y, Z, on a évidemment

$$L = L_1 + L_2 + \ldots + L_n, \qquad M = \Sigma M_k, \qquad N = \Sigma N_k.$$

Comme on peut prendre tel axe que l'on veut pour axe coordonné, on voit que *la projection de la résultante de plusieurs vecteurs concourants sur un axe est égale à la somme des projections des vecteurs sur cet axe; le moment de la résultante par rapport à un axe est égal à la somme des moments des vecteurs par rapport au même axe.* (Ce dernier théorème est dû à Varignon.)

On en conclut que *le moment par rapport à un point* O *de la résultante de plusieurs vecteurs concourants est la somme géométrique des moments des vecteurs composants.* En effet, le point O étant pris pour origine, L, M, N sont les projections sur les trois axes du moment $\overline{OG}$ de la résultante par rapport à ce point, L_k, M_k, N_k les projections du moment $\overline{OG_k}$ du vecteur P_k par rapport au même point O ; les équations précédentes expriment précisément que $\overline{OG}$ est la somme géométrique de $\overline{OG_1}$, $\overline{OG_2}$, ... $\overline{OG_n}$.

Remarque. — Étant donné un vecteur AP, on peut vouloir le décomposer en d'autres vecteurs ayant A pour origine, c'est-à-dire trouver des vecteurs qui, composés ensemble, donnent AP.

Par exemple, on peut toujours, à l'aide d'un parallélogramme, décomposer AP en deux vecteurs dirigés suivant deux directions données AB et AC, dont le plan contient AP.

De même, on peut toujours, à l'aide d'un parallélépipède, décomposer AP en trois vecteurs dirigés suivant trois directions données AB, AC, AD formant un trièdre.

9. Systèmes de vecteurs quelconques. Résultante générale et moment résultant. — Étant donnés des vecteurs quelconques P_1, P_2, ..., P_n, appliqués en des points A_1, A_2, ..., A_n, on choisit un point arbitraire O de l'espace, et l'on appelle :

1° *Résultante générale*, la résultante OR de vecteurs OP'_1, OP'_2, ..., OP'_n, ayant O pour origine, égaux et parallèles aux vecteurs donnés ;

2° *Moment résultant* par rapport au point O, la résultante OG des moments OG_1, OG_2, ..., OG_n des vecteurs donnés par rapport à ce point.

Si l'on fait varier la position du point O dans l'espace, la *résultante générale* OR reste la même en grandeur et direction

Fig. 7.

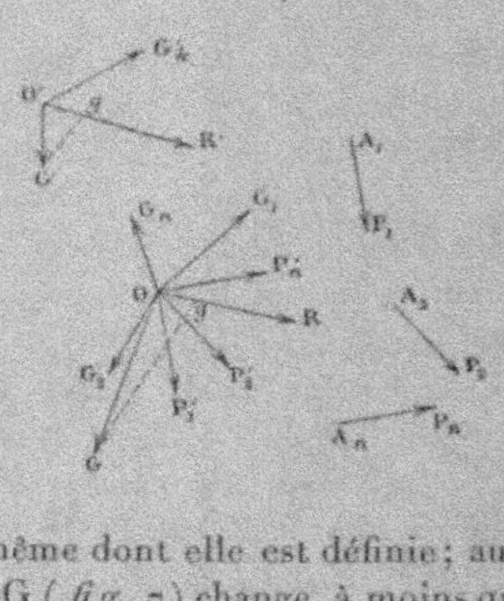

d'après la façon même dont elle est définie ; au contraire, le *moment résultant* OG (*fig.* 7) change, à moins qu'on ne déplace O sur la droite OR.

Prenons pour origine le point O, appelons x_k, y_k, z_k les coordonnées du point A_k; X_k, Y_k, Z_k les projections du vecteur P_k: L_k, M_k, N_k ses moments par rapport aux trois axes supposés rectangulaires. Soient, d'autre part, X, Y, Z les projections de la résultante générale OR; L, M, N celles du moment résultant OG relatif au point O. On a, en désignant par Σ une somme étendue à tous les vecteurs considérés,

$$(R) \qquad X = \Sigma X_k, \qquad Y = \Sigma Y_k, \qquad Z = \Sigma Z_k,$$
$$(G) \qquad L = \Sigma L_k, \qquad M = \Sigma M_k, \qquad N = \Sigma N_k.$$

Soient x', y', z' les coordonnées d'un autre point O'; nous avons vu (n° 7) que le moment résultant $O'G'_k$ d'un vecteur tel que P_k, par rapport au point O', a pour projections

$$(G'_k) \quad \begin{cases} L'_k = L_k - (y'Z_k - z'Y_k), \qquad M'_k = M_k - (z'X_k - x'Z_k), \\ N'_k = N_k - (x'Y_k - y'X_k). \end{cases}$$

Donc, en appelant X', Y', Z' et L', M', N' les projections de O'R' et O'G' sur les axes, on a

$$(R') \qquad X' = \Sigma X_k = X, \qquad Y' = Y, \qquad Z' = Z;$$
$$(G) \quad L' = \Sigma L'_k = L - (y'Z - z'Y), \quad M' = M - (z'X - x'Z), \quad N' = N - (x'Y - y'X).$$

Avec ces formules, on peut calculer R' et G' pour tous les points O' de l'espace dès qu'on les connaît pour un point O. Elles montrent que *le moment résultant* O'G', *par rapport au point* O', *est la somme géométrique du moment résultant par rapport au point* O *et du moment, par rapport à* O', *de la résultante générale* OR *relative au point* O.

10. Variation de la résultante générale et du moment résultant; invariants; axe central. — Supposons d'abord la résultante générale différente de zéro : le moment résultant G' est alors différent de G, à moins que O' ne soit situé sur OR. Mais la projection du moment résultant sur la direction de la résultante générale est *constante*. On a, en effet,

$$R'G'\cos\widehat{R'G'} = L'X' + M'Y' + N'Z',$$

expression dont le second membre est, d'après les valeurs de X',

Y′, Z′, L′, M′, N′, égal à LX + MY + NZ, c'est-à-dire *constant*; et, comme R′ est constant, on a

$$\text{G}'\cos\widehat{\text{R}'\text{G}} = \text{const.} = \text{G}\cos\widehat{\text{RG}},$$

ce qui démontre le théorème.

D'après cela, quelles que soient l'origine des coordonnées et les directions des axes rectangulaires, les quantités

$$\text{X}^2 + \text{Y}^2 + \text{Z}^2, \qquad \text{LX} + \text{MY} + \text{NZ}$$

conservent des *valeurs invariables;* on peut les appeler des *invariants* du système de vecteurs.

Si l'on nomme *produit géométrique* de deux vecteurs le produit de ces deux vecteurs par le cosinus de leur angle, on peut dire que l'invariant LX + MY + NZ est le produit géométrique de la résultante générale et du moment résultant pour un point quelconque de l'espace. Nous donnons plus loin (n° **17**) une autre signification géométrique remarquable du deuxième invariant.

La résultante générale étant toujours supposée différente de zéro, on peut choisir le point O′ (x', y', z'), de façon que le moment résultant O′G′ soit dirigé suivant la même droite que la résultante générale O′R′. Il faut et il suffit pour cela que L′, M′, N′ soient proportionnels à X, Y, Z,

$$(1) \qquad \frac{\text{L} - (y'\text{Z} - z'\text{Y})}{\text{X}} = \frac{\text{M} - (z'\text{X} - x'\text{Z})}{\text{Y}} = \frac{\text{N} - (x'\text{Y} - y'\text{X})}{\text{Z}}.$$

Ces équations linéaires en x', y', z' donnent, comme lieu de O′, une droite D′D parallèle à la direction de la résultante générale qu'on nomme *axe central* (*fig.* 8). En un point O′ de cet axe, la résultante et le moment résultant sont dirigés suivant l'axe, dans le même sens ou dans des sens contraires suivant que LX + MY + NZ est positif ou négatif. Le moment résultant g est alors *minimum,* car il coïncide avec sa projection sur la résultante générale.

En particulier si, R étant différent de zéro, l'invariant

$$\text{LX} + \text{MY} + \text{NZ}$$

est nul, la projection du moment résultant relatif à un point quelconque sur la résultante générale est nulle; ce moment est perpendiculaire à la résultante, et le moment *minimum* O'g est *nul*.

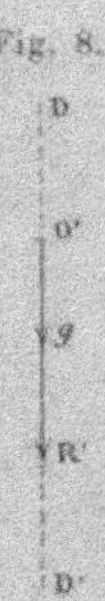

Fig. 8.

Remarque. — En multipliant les termes des rapports (1) respectivement par X, Y, Z et ajoutant termes à termes, on trouve, pour la valeur commune de ces rapports,

$$(2) \qquad \frac{LX + MY + NZ}{X^2 + Y^2 + Z^2} = \frac{G \cos \widehat{RG}}{R},$$

valeur qui est nulle lorsque le moment minimum l'est.

Lorsque la résultante générale est *nulle*, les formules montrent que L', M', N' sont égaux à L, M, N : le moment résultant est alors *le même pour tous les points de l'espace*.

Les considérations qui conduisent à la notion de l'axe central n'ont plus de sens dans ce cas. On convient de prendre comme axe central une droite arbitraire parallèle au moment résultant.

11. Somme des moments par rapport à un axe quelconque. Droites de moment nul. — Soit un axe Δ joignant deux points $O'(x', y', z')$ et $O''(x'', y'', z'')$, le moment $\mathfrak{M}_k$ du vecteur P_k, par rapport à cet axe, est donné par une formule précédente (n° 7).

La somme des moments $\mathfrak{M}_k$ de tous les vecteurs par rapport au même axe est donc

$$\mathfrak{M} = \frac{(x''-x')L + (y''-y')M + (z''-z')N + (y'z''-z'y'')X + (z'x''-x'z'')Y + (x'y''-y'x'')Z}{\pm\sqrt{(x''-x')^2 + (y''-y')^2 + (z''-z')^2}}.$$

On appelle *droites de moment nul* les droites Δ par rapport auxquelles la somme des moments des vecteurs donnés est nulle. Ces droites sont définies par l'équation obtenue en égalant à zéro le numérateur de $\mathfrak{M}$; cette équation étant linéaire et homogène par rapport aux six coordonnées $x' - x'$, $y' - y'$, $z' - z'$, $y'z' - z'y'$, $z'x' - x'z'$, $x'y' - y'x'$ de la droite Δ d'après Plücker, les droites de moment nul forment un *complexe linéaire*, étudié pour la première fois par Chasles. Ces droites sont normales au moment résultant relatif à l'un quelconque de leurs points.

12. Équations réduites. Complexe de Chasles. — Prenons pour axe Oz l'axe central, en choisissant comme sens positif le sens de la résultante générale R. Appelons g la valeur algébrique du moment minimum estimée positivement dans le sens Oz. On a alors

$$X = Y = L = M = o, \qquad Z = R, \qquad N = g.$$

Le moment résultant par rapport à un point O' (*fig.* 9) quelconque a pour projections

$$(O'G) \qquad N' = g, \qquad L' = -y'R, \qquad M' = x'R,$$

Fig. 9.

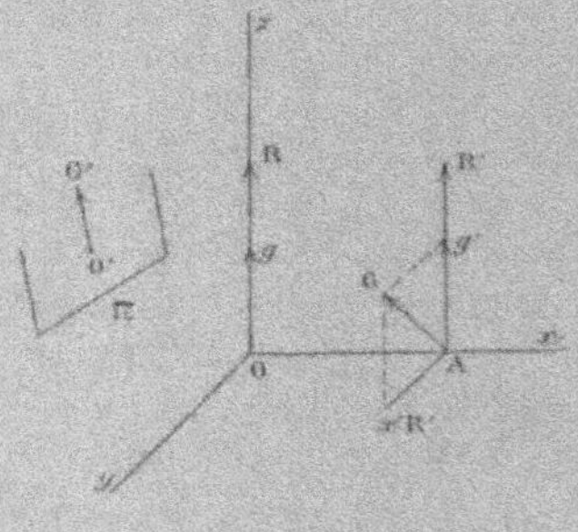

formules qui permettent d'étudier la distribution des moments résultants dans l'espace. Comme le moment résultant est le même en tous les points d'une parallèle à Oz, et que la distribution des moments résultants est symétrique autour de Oz, puisque les formules sont indépendantes de l'orientation des axes xOy, il suffit d'étudier la variation du moment résultant AG relatif à tous les points A de Ox; cette variation résulte immédiatement des formules ci-dessus, dans lesquelles on suppose $y' = o$. Nous obtiendrons, dans l'étude du mouvement hélicoïdal d'un corps solide, une représentation très simple de cette distribution des moments résultants dans l'espace.

L'équation du complexe de Chasles, formé par les droites de moment nul $\mathfrak{M} = 0$, devient

$$(z'' - z')g + (x'y'' - y'x'')\,\mathrm{R} = 0.$$

Les droites $\mathrm{O'O''}$ de ce complexe, passant par un point $\mathrm{O'}$ donné, engendrent un plan Π perpendiculaire au moment résultant relatif au point $\mathrm{O'}$. Inversement, les droites du complexe situées dans un plan Π passent par un point $\mathrm{O'}$ tel que le moment résultant relatif à ce point soit normal au plan. D'après Chasles, on dit que $\mathrm{O'}$ est le foyer du plan Π : ce foyer est à distance finie tant que le plan n'est pas parallèle à l'axe central.

Lorsqu'un plan Π tourne autour d'une droite fixe D, son foyer décrit une droite conjuguée Δ, et, inversement, quand un plan tourne autour de Δ son foyer décrit D.

On verra sans peine ce que deviennent ces théorèmes quand g ou R sont nuls.

III. — SYSTÈMES ÉQUIVALENTS. OPÉRATIONS ÉLÉMENTAIRES. RÉDUCTION D'UN SYSTÈME DE VECTEURS.

13. Définition de l'équivalence. — Deux systèmes de vecteurs sont dits *équivalents* quand leurs résultantes générales et leurs moments résultants par rapport à un point de l'espace sont *identiques*. Leurs moments résultants sont alors identiques par rapport à tout autre point de l'espace; en particulier, les deux systèmes ont même axe central et même moment minimum. Par exemple, un système de vecteurs concourants est équivalent au vecteur résultant.

Soient (S) et $(\mathrm{S_0})$ deux systèmes de vecteurs, $\mathrm{X, Y, Z, L, M, N}$ les projections sur les trois axes de la résultante générale et du moment résultant du système (S) par rapport à l'origine O, $\mathrm{X_0, Y_0, Z_0, L_0, M_0, N_0}$ les quantités analogues relatives au système $(\mathrm{S_0})$. Les conditions d'équivalence des deux systèmes sont

$$\mathrm{X = X_0}, \quad \mathrm{Y = Y_0}, \quad \mathrm{Z = Z_0}, \quad \mathrm{L = L_0}, \quad \mathrm{M = M_0}, \quad \mathrm{N = N_0}.$$

14. Système de vecteurs équivalent à zéro. — Un système (S) est dit *équivalent à zéro* quand sa résultante générale et son moment résultant par rapport à un point sont nuls. Ces grandeurs sont alors nulles pour tout point de l'espace. Ce fait s'exprime par les six équations

$$\mathrm{X = 0}, \quad \mathrm{Y = 0}, \quad \mathrm{Z = 0}; \quad \mathrm{L = 0}, \quad \mathrm{M = 0}, \quad \mathrm{N = 0}.$$

Prenons, par exemple, le système de deux vecteurs *égaux et directement opposés,* c'est-à-dire le système formé par deux vecteurs P et — P égaux et dirigés en sens contraire, suivant la droite AB joignant leurs points d'application (*fig.* 10); ce système est

Fig. 10.

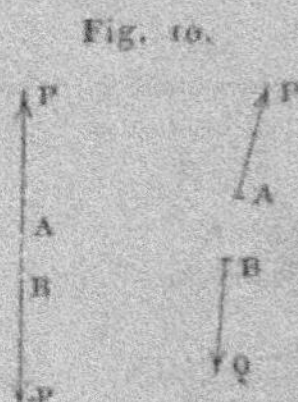

évidemment équivalent à zéro. Réciproquement, si le système de deux vecteurs P et Q est équivalent à zéro, ces vecteurs sont égaux et directement opposés. En effet, la résultante générale devant être nulle, Q est égal et opposé à P. Le moment résultant devant être nul par rapport à un point quelconque, prenons-le par rapport au point d'application A du vecteur P. Le moment de P par rapport au point A est nul : le moment résultant se réduit donc au moment de Q, et, comme il doit être nul, la direction de Q passe par A, ce qui démontre la proposition.

De même qu'en Algèbre deux quantités égales ont une différence nulle et réciproquement, dans la théorie des vecteurs on a ce théorème :

Pour que deux systèmes de vecteurs (S) *et* (S₀) *soient* ÉQUIVALENTS, *il faut et il suffit que le système formé par les vecteurs de* (S) *et ceux de* (S₀) CHANGÉS DE SENS *soit* ÉQUIVALENT À ZÉRO.

En effet, en changeant de sens les vecteurs de (S₀), on obtient un système (— S₀) dont la résultante générale et le moment résultant relatifs à O sont les éléments analogues de (S₀) changés de sens. La résultante générale et le moment résultant du système total formé par la réunion de (S) et (— S₀) ont donc pour projections

$$X — X_0, \quad Y — Y_0, \quad Z — Z_0; \quad L — L_0, \quad M — M_0, \quad N — N_0.$$

Pour que les deux systèmes soient *équivalents*, il faut et il suffit que ces six quantités soient *nulles*, ce qui démontre le théorème.

Nous donnerons en Statique (Chapitre V) les exemples les plus importants de systèmes de vecteurs équivalents à zéro.

15. Opérations élémentaires. — On obtient des systèmes équivalents à un système donné à l'aide des opérations élémentaires suivantes :

1° Adjonction ou suppression de deux vecteurs égaux et directement opposés ; transport d'un vecteur en un point de sa direction ;

2° Composition de plusieurs vecteurs concourants en un seul ; décomposition d'un vecteur en vecteurs concourants.

Le transport d'un vecteur AP en un point B de sa direction est une conséquence de la première opération ; en effet, appliquons au point B (*fig.* 11), suivant la droite AB, deux vecteurs égaux

Fig. 11.

et directement opposés P′ et — P′, dont le premier, P′, est égal à P et de même sens que P. Supprimons ensuite les deux vecteurs P et — P′ égaux et directement opposés ; il reste le vecteur BP′, qui n'est autre que AP transporté au point B de sa direction.

Nous allons montrer que ces deux opérations élémentaires ne changent *ni la résultante générale ni le moment résultant du système par rapport à un point quelconque.*

Le point étant pris pour origine, il faut établir que les six sommes

$$X = \Sigma X_k, \quad Y = \Sigma Y_k, \quad Z = \Sigma Z_k,$$
$$L = \Sigma L_k, \quad M = \Sigma M_k, \quad N = \Sigma N_k$$

sont invariables. En effet, ajouter ou supprimer deux vecteurs égaux et directement opposés, c'est ajouter ou supprimer dans chaque somme deux termes égaux et de signes contraires. Remplacer plusieurs vecteurs concourants par le vecteur résultant, c'est remplacer dans les trois premières sommes la somme des projections de ces vecteurs par la projection de leur résultante, et dans les trois autres la somme des moments de ces vecteurs par le moment de la résultante, ce qui revient à remplacer plusieurs termes de chaque somme par leur somme. Pour la même raison, la décomposition d'un vecteur en vecteurs concourants n'altère pas les six sommes.

On peut, à l'aide de ces opérations, chercher à remplacer un système de vecteurs (S) par un système équivalent *plus simple*.

16. Réduction à deux vecteurs. — Un système de vecteurs peut être réduit d'une infinité de manières à deux vecteurs dont l'un passe par un point arbitraire.

Nous ferons voir d'abord qu'un système P_1, P_2, ..., P_n est équivalent à trois vecteurs appliqués en des points O, O_1, O_2, pris à volonté, non en ligne droite (*fig.* 12).

Fig. 12.

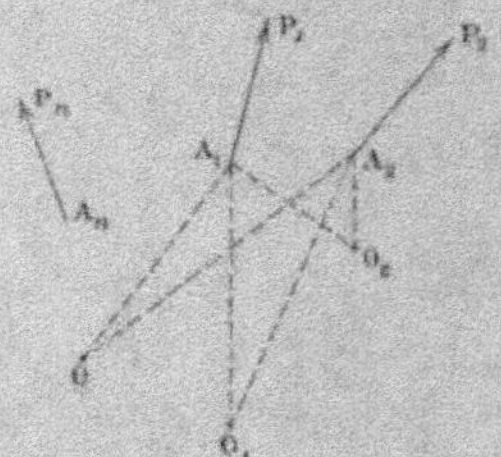

Décomposons le vecteur P_1 en trois dirigés respectivement suivant les droites OA_1, O_1A_1, O_2A_1, puis, déplaçant le point d'application de chaque vecteur sur sa direction, transportons ces composantes, la première au point O, la deuxième au point O_1, la troisième au point O_2. Décomposons de même le vecteur A_2P_2 en trois dirigés suivant les droites OA_2, O_1A_2, O_2A_2 et transportons ces composantes en O, O_1, O_2, et ainsi de suite. Les vecteurs appliqués en O ont une résultante R_1, les vecteurs appliqués en O_1 ont une résultante R_2, et de même les vecteurs appliqués en O_2 ont une résultante R_3. Le système des vecteurs proposés est ainsi remplacé par le système des trois vecteurs R_1, R_2, R_3, appliqués en trois points arbitraires O, O_1, O_2.

Nous avons décomposé le vecteur P_1 en trois, dirigés suivant les droites OA_1, O_1A_1, O_2A_1; cette décomposition est possible toutes les fois que le point A_1 n'est pas situé dans le plan des trois points O, O_1, O_2; car alors les trois droites forment un trièdre. Si le point A_1 était situé dans le plan OO_1O_2, sans que le vecteur P_1 y fût lui-même, on déplacerait le point d'application de ce vecteur sur sa direction, de manière à l'amener hors du plan. Si ce vecteur était situé dans le plan, on le décomposerait en deux vecteurs dirigés suivant les droites OA_1, O_1A_1.

Nous avons remplacé les vecteurs proposés par trois vecteurs R_1, R_2, R_3, appliqués en trois points arbitraires O, O_1, O_2. Voici comment on réduit ces trois vecteurs à deux. Soit OL (*fig.* 13)

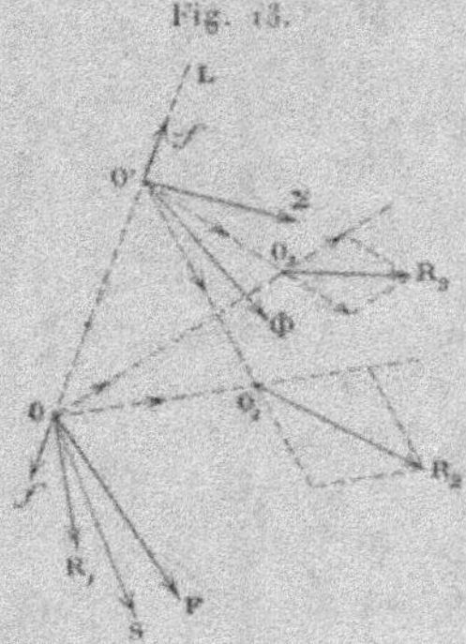

la droite d'intersection du plan mené par le point O et le vecteur R_2 et du plan mené par le point O et le vecteur R_3. Prenons un point O' arbitrairement sur cette droite. Le vecteur R_2, situé dans le premier plan, peut être décomposé en deux vecteurs, dirigés suivant les droites OO_1, $O'O_1$; nous transporterons ces deux composantes, l'une au point O, l'autre au point O'. De même, le vecteur R_3, situé dans le second plan, peut être décomposé en deux, dirigés suivant les droites OO_2, $O'O_2$, et nous transporterons ces deux composantes, l'une en O, l'autre en O'. Nous avons maintenant trois vecteurs appliqués au point O, et deux appliqués en O'; les trois premiers ont une résultante F, les deux autres une résultante Φ. De cette manière, le système des trois vecteurs R_1, R_2, R_3, et par conséquent, le système des vecteurs proposés sont remplacés par le système équivalent des deux vecteurs F et Φ. Si les deux vecteurs R_2, R_3 étaient situés dans un même plan avec le point O, on mènerait par le point O une droite quelconque OL dans ce plan.

Il y a une infinité de manières de réduire le système des vecteurs proposés à deux vecteurs. Nous remarquons d'abord que, sans déplacer les points d'application O et O' des deux vecteurs F et Φ, on peut faire varier ces deux vecteurs. Concevons, en effet, que l'on applique aux deux extrémités de la droite OO' deux vecteurs égaux et directement opposés f et $-f$; les deux vecteurs F et f, appliqués en O, donnent une résultante S; les deux vecteurs Φ et $-f$, appliqués en O', donnent une résultante Σ; le système des deux vecteurs F et Φ est ainsi remplacé par le système équivalent des deux vecteurs S, Σ. La résultante Σ est située dans un plan déterminé, le plan mené par le point O et le vecteur Φ. Le point d'application O de la première résultante est un point arbitraire; laissant ce point O fixe, on peut déplacer le point O' à volonté sur la droite $O'\Sigma$ et, par conséquent, dans le plan $OO'\Phi$, à cause de la grandeur arbitraire de $-f$. En général, les deux vecteurs F et Φ, équivalents à tous les vecteurs proposés, ne sont pas situés dans un même plan.

La résultante générale et le moment résultant du système primitif par rapport à un point quelconque sont égaux à la résultante générale et au moment résultant du système des deux vecteurs F et Φ par rapport au même point (*fig.* 14). Par exemple, si l'on prend un point A sur la direction de F, la résultante générale AB en A s'obtient en composant un vecteur AF' égal et parallèle à F avec un vecteur $A\Phi'$ égal et parallèle à Φ; le moment résultant AG, par rapport au point A, est égal au moment de Φ, car celui de F est nul; le vecteur AG est donc perpendiculaire au plan $AO'\Phi$ et le point A est le foyer du plan (n° 12).

Donc, le foyer d'un plan passant par l'un des vecteurs F, Φ se trouvant sur l'autre, ces vecteurs sont dirigés suivant deux droites conjuguées D et Δ.

Une droite s'appuyant à la fois sur les directions de F et Φ est évidemment une droite de *moment nul*; inversement, si une

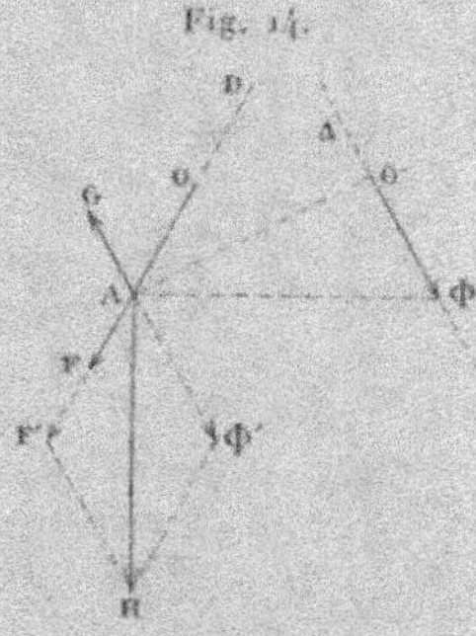

Fig. 14.

droite de moment nul rencontre la direction de F, elle rencontrera également celle de Φ, à distance finie ou infinie, car, le moment de F étant nul par rapport à cette droite, celui de Φ doit l'être aussi.

On démontrera, à titre d'exercice, que l'on peut toujours réduire les vecteurs d'un système à deux, dont l'un, F, est dirigé suivant une droite arbitraire D' non parallèle à la résultante générale.

17. **Signification géométrique de l'invariant** LX + MY + NZ. — Appelons X', Y', Z', L', M', N', X″, Y″, Z″, L″, M″, N″ les projections et les moments des deux vecteurs F et Φ équivalents au système proposé. On

$$X = X' + X'', \qquad L = L' + L'', \qquad \ldots$$

en se reportant à l'expression du moment relatif de deux vecteurs donnée plus haut (n° 6), on a donc

$$LX + MY + NZ = (L' + L'')(X' + X'') + \ldots = 6 \, \text{vol.} \, (F, \Phi),$$

ce qui donne une signification remarquable de l'invariant

$$LX + MY + NZ.$$

Soient maintenant $P_1, P_2, \ldots, P_n$ les vecteurs primitifs du système proposé, on a les six relations

$$(1) \qquad X = \Sigma X_k, \qquad L = \Sigma L_k, \qquad \ldots,$$

$$(2) \qquad L_k X_k + M_k Y_k + N_k Z_k = 0.$$

En vertu des relations (1) et de l'identité (2), on trouve aussi

$$LX + MY + NZ = \Sigma'(L_i X_k + M_i Y_k + N_i Z_k + L_k X_i + M_k Y_i + N_k Z_i),$$

la dernière somme Σ' s'étendant à toutes les combinaisons des indices i et k. Or l'expression sous le signe Σ' est encore le moment relatif de P_i et P_k; par suite

$$LX + MY + NZ = 6 \Sigma' \text{vol.}(P_i, P_k),$$

le nombre de termes du second membre étant $\dfrac{n(n-1)}{2}$; ces formules montrent que, *quelle que soit la manière de réduire des vecteurs* P_k *à deux vecteurs équivalents* F *et* Φ, *le tétraèdre* (F, Φ) *est constant et égal à la somme algébrique des tétraèdres obtenus en combinant deux à deux les vecteurs* P_k (Chasles). Pour que les deux vecteurs F et Φ soient dans un même plan, il faut et il suffit que le tétraèdre (F, Φ) de Chasles soit nul.

18. Réduction effective de deux systèmes équivalents l'un à l'autre. — Soit d'abord un système (S) équivalent à zéro : les deux vecteurs F et Φ, auxquels on peut le réduire, sont aussi équivalents à zéro, c'est-à-dire, d'après ce que nous avons vu (n° 14), *égaux et directement opposés*. On peut alors les supprimer et réduire effectivement le système (S) à zéro.

Soient maintenant deux systèmes de vecteurs (S) et (S_0) *équivalents;* on peut les réduire effectivement l'un à l'autre par les opérations élémentaires. En effet, partons de (S) : ajoutons à (S) le système $(S_0)(-S_0)$ formé par les vecteurs de (S_0) et ces mêmes vecteurs changés de sens; ce qui est une des opérations élémentaires répétée un certain nombre de fois. L'ensemble des systèmes (S) et $(-S_0)$, étant équivalent à zéro, *se réduit à zéro par les opérations élémentaires*. Il reste donc le système S_0, ce qui démontre la proposition.

19. Couples. — On appelle, d'après Poinsot, *couple* l'ensemble de deux vecteurs P, — P égaux, parallèles et de sens contraires.

Le bras de levier du couple est la distance AB (*fig.* 15) des deux vecteurs; le moment du couple est le produit $\overline{AB}.P$ du bras de levier par un des vecteurs. Quand le moment est nul, le couple

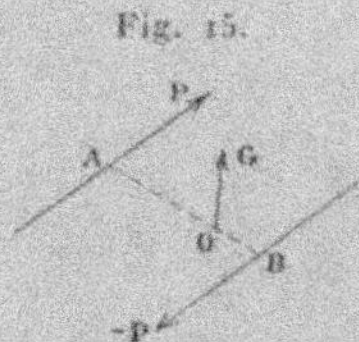

Fig. 15.

est équivalent à zéro; car, ou bien les deux vecteurs sont nuls, ou bien AB = o et alors les deux vecteurs sont égaux et *directement* opposés.

Un couple étant un système de vecteurs dont la résultante générale est *nulle*, le moment *résultant d'un couple est constant en grandeur, direction et sens pour tous les points de l'espace*. Ce moment résultant s'appelle l'*axe du couple*. L'axe d'un couple est donc un vecteur défini en grandeur, direction et sens, mais *dont le point d'application peut être choisi arbitrairement dans l'espace*. Pour voir quel est ce vecteur, cherchons le moment résultant par rapport à un point O du bras de levier AB situé entre A et B; les moments des deux vecteurs P et — P seront dirigés perpendiculairement au plan du couple, *dans le même sens*, car les deux vecteurs P et — P *ont même sens de rotation* autour du point O; le moment résultant OG ou *axe du couple* est donc perpendiculaire au plan du couple et égal à $P.\overline{OA} + P.\overline{OB}$, ou à $P.\overline{AB}$, c'est-à-dire au moment du couple.

D'après cela, *deux couples de même axe sont équivalents*, car ils ont tous deux une résultante générale nulle et même moment résultant. Ils pourront donc être réduits l'un à l'autre par les opérations élémentaires.

20. Composition des couples. — Un nombre quelconque de couples est toujours équivalent à un couple unique dont l'axe est la somme géométrique des axes des couples composants.

En effet, le système formé par p couples P_1, — P_1; P_2, — P_2;

..., P_p, $- P_p$ est un système de vecteurs dont la résultante générale est nulle. Le moment résultant de ce système est donc le même par rapport à tous les points de l'espace (*fig.* 16).

Fig. 16.

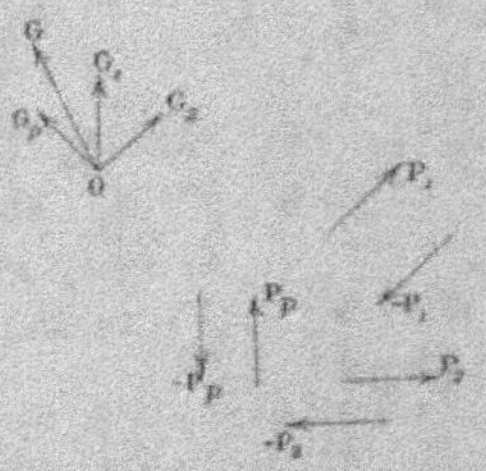

Pour obtenir ce moment résultant OG, par rapport au point O, on peut procéder comme il suit : on prend d'abord le moment résultant OG_1 de P_1 et $- P_1$, moment qui est égal à l'axe du premier couple, puis le moment résultant OG_2 de P_2 et $- P_2$, qui est égal à l'axe du second couple, et ainsi de suite jusqu'à OG_p, qui est égal à l'axe du dernier couple ; puis on compose entre eux tous ces moments composants OG_1, OG_2, ..., OG_p. Considérons alors un couple d'axe OG égal au moment résultant ; ce couple unique est équivalent au système des couples donnés, car il a, comme ce système, une résultante générale nulle, et un moment résultant égal à OG. On pourra, par les opérations élémentaires, réduire le système de couples donné au couple unique d'axe OG. Si $\overline{OG} = 0$, le couple unique final est équivalent à zéro ; le système proposé également.

21. Réduction à un vecteur et à un couple. — Un système de vecteurs quelconques est équivalent à un vecteur unique égal à la résultante générale, appliqué en un point arbitraire et à un couple unique dont l'axe est le moment résultant par rapport à ce point. En effet, soient OR la résultante générale et OG le moment résultant du système par rapport à un point arbitraire O. Le nouveau système formé par le vecteur R et un couple $(P, - P)$ d'axe OG est équivalent au système proposé, car il a même résultante générale OR et même moment résultant OG par rapport au point O (*fig.* 17). Le système proposé pourra donc être réduit au système R, P, — P par les opérations élémentaires.

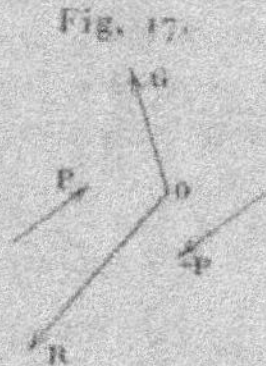

Fig. 17.

Comme le point O est pris à volonté, il y a une infinité de façons de déterminer un vecteur et un couple équivalents à un système donné. Une fois le point O choisi, le couple (P, — P) n'est pas entièrement déterminé, puisqu'on peut prendre pour ce couple l'un quelconque des couples en nombre infini ayant OG pour axe.

Si le point O est pris *sur l'axe central* DD' en O', la résultante générale O'R et le moment résultant O'g sont dirigés suivant l'axe central; dans ce cas, le plan du couple (P, — P) est perpen-

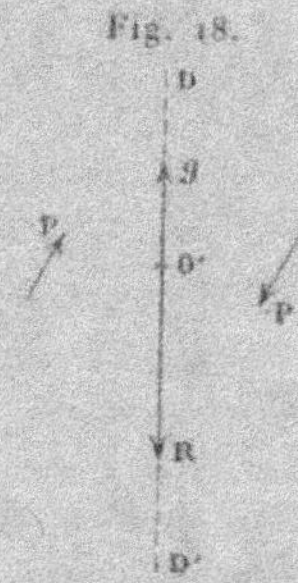

Fig. 18.

diculaire à la direction de la résultante R et son axe est minimum (*fig.* 18).

22. Torseur. — Le géomètre anglais Ball nomme *torseur* ou *torsion* le système précédent formé par un vecteur O'R (*fig.* 18) et un couple dont le plan est perpendiculaire à ce vecteur.

On appelle *point d'application, direction, sens* et *grandeur* du torseur, le point d'application, la direction, le sens et la grandeur du vecteur O'R. La *flèche f* du torseur est le rapport de la grandeur de l'axe du couple g à celle du vecteur R, ce rapport étant regardé comme positif ou négatif, suivant que les vecteurs O'R et O'g sont de même sens ou de sens contraires. En adoptant ces dénominations on voit que : un système quelconque de vecteurs est équivalent à un torseur dirigé suivant l'axe central, ayant pour grandeur et sens la grandeur et le sens de la résultante générale, et pour flèche la quantité

$$ f = \frac{g}{R} = \frac{G \cos \widehat{R, G}}{R} = \frac{LX + MY + NZ}{X^2 + Y^2 + Z^2} ; $$

f est donc la valeur commune trouvée pour les rapports égaux qui figurent dans les équations de l'axe central.

Des torseurs donnés en nombre quelconque se composent toujours en un torseur unique. En effet, chaque torseur donné est un système de trois vecteurs ; l'ensemble des torseurs donnés est donc un certain système de vecteurs qui, d'après les règles données précédemment, est équivalent à un torseur unique que l'on sait déterminer.

23. Cas particuliers de la réduction précédente. — Il peut arriver, en particulier, qu'un système de vecteurs non équivalent à zéro soit équivalent à *un couple unique* ou à *un vecteur unique*.

Un système est équivalent à *un couple unique* quand la résultante générale est *nulle*.

Pour qu'un système soit équivalent à un vecteur unique, il faut et il suffit que, la résultante générale étant différente de zéro, le *moment minimum g* soit *nul*, c'est-à-dire que le moment, par rapport à un point quelconque de l'espace, soit *perpendiculaire à la direction de la résultante générale*. En effet, pour un système formé d'un vecteur unique, l'axe central coïncide avec ce vecteur et le moment minimum est nul ; réciproquement, si le moment minimum d'un système est nul, ce système est équivalent à un vecteur unique dirigé suivant l'axe central, le couple d'axe minimum qu'il faut ajouter dans le cas général étant devenu nul. On a alors $f = 0$.

24. Résumé. — En résumé, on a le Tableau suivant :

$$LX + MY + NZ \gtrless 0.$$
Système équivalent à deux vecteurs non situés dans un même plan ; équivalent aussi à un vecteur dirigé suivant l'axe central et à un couple dont le plan est perpendiculaire à cet axe, c'est-à-dire à un torseur.

$$LX + MY + NZ = 0.$$
Système équivalent à deux vecteurs situés dans un même plan.

$1^o\ X^2 + Y^2 + Z^2 > 0.$ — Système équivalent à un vecteur unique dirigé suivant l'axe central.

$2^o\ X = Y = Z = 0,\ L^2 + M^2 + N^2 > 0.$ — Système équivalent à un couple unique.

$3^o\ X = Y = Z = 0,\ L = M = N = 0.$ — Système équivalent à zéro.

24 *bis*. Moment relatif de deux systèmes de vecteurs. — En employant les notations du n° 13, on appelle *moment relatif de deux systèmes de vecteurs* (S) et (S_0) la quantité

$$(1) \qquad LX_0 + MY_0 + NZ_0 + L_0X + M_0Y + N_0Z,$$

dont la valeur est indépendante du choix des axes. On peut, en effet, l'écrire sous la forme

$$(L + L_0)(X + X_0) + (M + M_0)(Y + Y_0) + (N + N_0)(Z + Z_0)$$
$$- (LX + MY + NZ) - (L_0X_0 + M_0Y_0 + N_0Z_0),$$

dans laquelle les trois termes sont des invariants pour le système total $(S) + (S_0)$ ou l'un des systèmes (S) ou (S_0). D'après la signification de ces trois invariants telle qu'elle résulte du n° 17, le moment relatif de (S) et (S_0) est égal à six fois la somme des volumes des tétraèdres obtenus en associant tous les vecteurs de (S) à tous ceux de (S_0).

En appelant δ la plus courte distance des axes centraux des deux systèmes, α leur angle, R, R_0 les résultantes générales, dirigées suivant ces axes, g et g_0 les moments minima des deux systèmes estimés suivant les résultantes, le moment relatif des deux systèmes est

$$(2) \qquad \pm RR_0\delta \sin\alpha + (gR_0 + g_0R)\cos\alpha,$$

où le premier terme est le moment relatif de R et R_0, comme on le vérifie immédiatement en prenant l'un des axes centraux pour axe OZ (n° 12) et voyant ce que devient l'expression (1).

IV. — DIGRESSION SUR LA THÉORIE ÉLÉMENTAIRE
DES COUPLES.

25. Couples équivalents. — Nous avons déduit la théorie des couples des théorèmes généraux. Poinsot procède d'une façon inverse en commençant par établir les propriétés des couples pour en déduire ensuite celles d'un système quelconque de vecteurs. Nous allons, à titre d'exercice, indiquer cette méthode en peu de mots en empruntant quelques démonstrations à Möbius, afin de rendre la théorie indépendante de celle des vecteurs parallèles.

On peut, par des opérations élémentaires, transformer un couple en un autre quelconque de même axe.

Nous distinguerons deux cas dans la démonstration :

1° Les couples de même axe qu'on veut transformer l'un dans l'autre sont situés *dans un même plan*.

Supposons d'abord que les vecteurs des deux couples ne sont pas parallèles, les directions de ces vecteurs forment alors un parallélogramme ABCD (*fig.* 19); comme on peut transporter un vecteur en un point de sa direc-

Fig. 19.

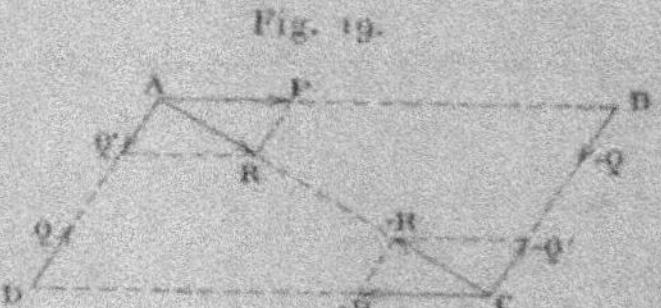

tion, on peut appliquer les vecteurs des deux couples aux quatre sommets du parallélogramme, ceux du premier aux sommets A et C en P et — P, ceux du deuxième aux sommets D et B en Q et — Q.

Le moment du premier couple est à l'aire du parallélogramme comme AP est à AB; le moment du second est à l'aire du parallélogramme comme DQ est à DA; on a donc, ces moments étant égaux,

$$(1) \qquad \frac{P}{Q} = \frac{AB}{AD}.$$

Les axes des deux couples sont alors égaux et parallèles : pour qu'ils soient de même sens (tous deux dirigés en avant du plan de la figure), il faut que les vecteurs soient disposés dans le même sens de circulation sur le périmètre du parallélogramme.

Cela posé, partons du couple P, — P et ajoutons, suivant le côté AD, deux vecteurs égaux et directement opposés, le vecteur Q et un vecteur

Q' appliqué en A; de même ajoutons, suivant BC, deux vecteurs égaux et directement opposés — Q, — Q' appliqués en B et C. Nous aurons un système de vecteurs équivalent au couple P, — P ; mais l'ensemble P, — P, Q', — Q' est équivalent à zéro, car les deux vecteurs P et Q' ont une résultante R qui, d'après la proportion (1), est dirigée suivant la diagonale AC, et les deux vecteurs — P et — Q' ont une résultante — R dirigée suivant CA, c'est-à-dire égale et directement opposée à R ; nous pouvons donc supprimer les vecteurs P, — P, Q', — Q' qui sont équivalents à zéro et il reste le couple Q, — Q équivalent au premier.

Lorsque les vecteurs des deux couples de même axe P, — P, Q, — Q situés dans un même plan sont parallèles, le raisonnement précédent ne s'applique plus ; mais si, dans le même plan, on considère un couple auxiliaire F, — F de même axe que les deux proposés, ayant ses vecteurs obliques sur ceux des proposés, on peut, d'après ce qui précède, transformer P, — P en F, — F, puis F, — F en Q, — Q, c'est-à-dire finalement P, — P en Q, — Q.

En résumé, on peut transporter un couple à volonté dans son plan et modifier son bras de levier et ses vecteurs pourvu que son axe ne change pas.

2° Démontrons maintenant qu'on peut transporter un couple dans un plan parallèle au sien et modifier son bras de levier et ses vecteurs pourvu que son axe ne change pas.

Pour cela, il suffit de montrer qu'on peut transporter un couple parallèlement à lui-même, dans un plan parallèle au sien : une fois le couple transporté dans ce plan, on le modifiera conformément aux règles du premier cas.

Soient P, — P (*fig.* 20) un couple et P', — P' le même couple transporté

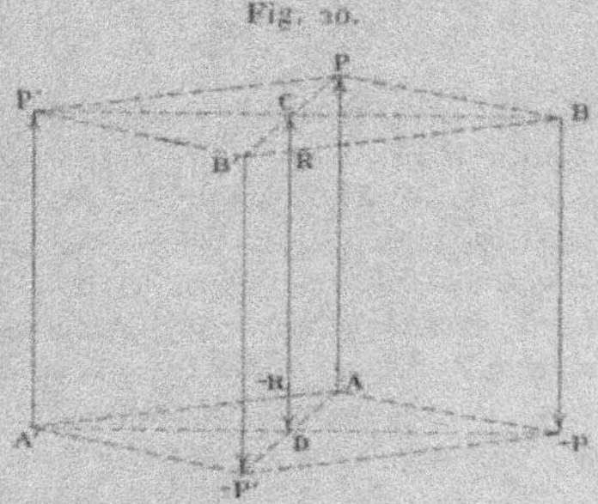

parallèlement à lui-même hors de son plan : A, B, A', B' les points d'application des vecteurs des deux couples. Construisons un parallélépipède ayant ces quatre vecteurs pour arêtes opposées et prenons les points d'intersection G et D des diagonales des deux faces PP'BB', — P — P'AA'.

Partons du premier couple P, — P et suivant CD appliquons deux vecteurs R, — R égaux directement opposés et égaux à CD, c'est-à-dire à P. Le couple P, — R peut être remplacé, d'après le cas précédent, par le couple R, — P′ situé dans le même plan que lui ; le couple — P, R peut, de même, être remplacé par — R, P′ ; le couple primitif est ainsi remplacé par les deux R, — P′ et — R, P′ qui se réduisent évidemment à P′, — P′ par la suppression des vecteurs R, — R égaux et directement opposés.

26. **Composition directe des couples.** — Nous allons montrer directement que des couples en nombre quelconque peuvent être remplacés par un couple unique dont l'axe est la somme géométrique des axes des couples composants. Il suffit évidemment d'établir le théorème pour deux couples.

Soient donc à composer deux couples d'axes AG, AH. Plaçons-nous dans le cas général où les deux directions AG, AH sont distinctes (*fig.* 21). Soient

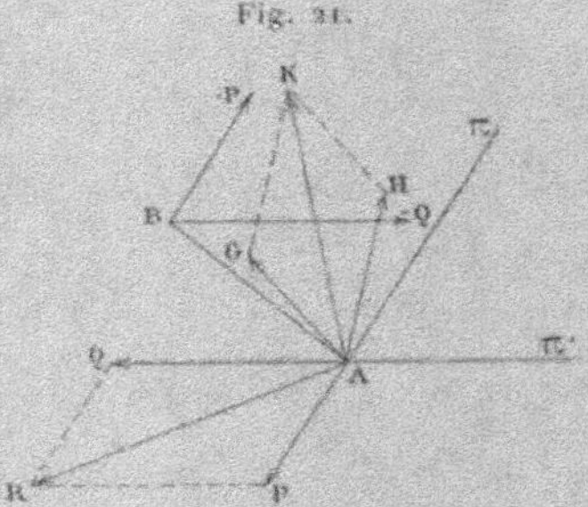

Fig. 21.

II et II′ les deux plans des deux couples. Sur leur intersection, prenons une longueur $\overline{AB} = 1$. Nous pouvons, d'après les théorèmes établis plus haut, modifier chacun des couples dans son plan, de façon que son bras de levier coïncide avec AB. Soient alors P, — P, Q, — Q les deux couples. Nous mènerons les axes par le point A. Ce seront deux segments AG, AH respectivement perpendiculaires aux plans II, II′ et égaux à P et Q, puisque le bras de levier des couples est égal à l'unité. Les deux vecteurs concourants P et Q ont une résultante R diagonale de leur parallélogramme ; de même, — P et — Q ont une résultante — R. Pour avoir l'axe du couple R, — R, il nous faut mener par A perpendiculairement au plan R — R un segment AK dont la longueur soit égale au moment R de ce couple ; les six droites AP, AQ, AR, AG, AH, AK sont, d'après ce qui précède, dans le plan perpendiculaire à AB en A, et sont de plus perpendiculaires et égales deux à deux. Il suit de là que la figure AGHK se déduit de la figure APQR en faisant tourner celle-ci d'un angle droit autour de AB ; par conséquent, l'axe AK du couple résultant est la diagonale du parallélogramme construit sur les axes des couples composants.   C. Q. F. D.

Si les axes des couples à composer avaient même direction, on ferait jouer à une droite quelconque du plan des deux couples le rôle de l'intersection des plans II et II' dans la démonstration précédente.

27. Réduction directe des vecteurs à un vecteur et un couple. — Méthode de Poinsot. — Pour montrer qu'un système quelconque de vecteurs est équivalent à un couple et à un vecteur appliqué en un point arbitraire, Poinsot emploie une méthode qui a pour point de départ la proposition suivante :

On peut transporter un vecteur P en un point quelconque O de l'espace en ajoutant un couple convenable dont l'axe est perpendiculaire au vecteur. En effet, appliquons en O (*fig.* 22) deux vecteurs P', — P' égaux et opposés

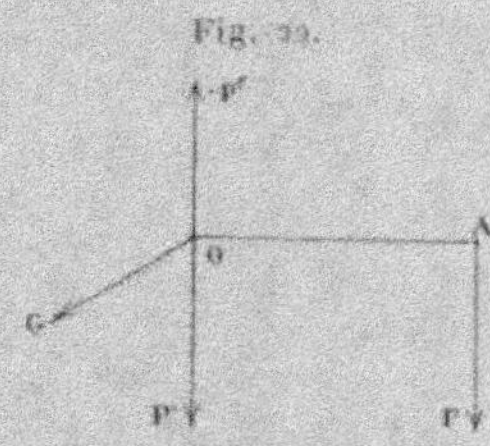

Fig. 22.

qui ont même grandeur et direction que le vecteur proposé; les deux vecteurs P et — P' constituent un couple dont l'axe OG est perpendiculaire à P'. Nous voyons donc que le vecteur P se trouve remplacé par le vecteur P' et le couple G.

Réciproquement, l'ensemble d'un vecteur P' et d'un couple dont l'axe OG lui est perpendiculaire se réduit à un vecteur unique P égal et parallèle à P'. Le plan du couple OG contient le vecteur P'; transportons ce couple dans son plan sans changer son axe et modifions-le de façon que l'un de

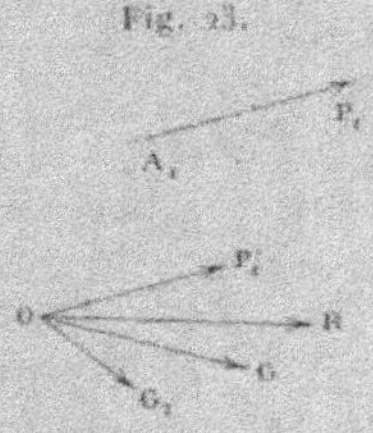

Fig. 23.

ses vecteurs — P' soit appliqué en O, égal et opposé à P'; les vecteurs P', — P' peuvent être supprimés, et le système se réduit au vecteur unique P.

Cela posé, soient P_1, P_2, ..., P_n (*fig.* 23) des vecteurs donnés : choisis-

I.   3

sons arbitrairement un point O. Nous venons de voir qu'on peut remplacer chacun des vecteurs P_i par un vecteur égal et parallèle OP'_i et un couple G_i. Les vecteurs OP'_i ont une résultante OR égale à la résultante générale. Les couples G_i ont de même un couple résultant G; ce qui démontre la proposition énoncée.

V. — VECTEURS PARALLÈLES.

28. Application des théorèmes généraux. — Lorsque tous les vecteurs d'un système sont parallèles, ce système est équivalent ou à une résultante unique, ou à un couple unique, ou à zéro. En effet, tous les moments composants, par rapport à un point, étant dirigés perpendiculairement à la direction commune des vecteurs, le moment résultant, s'il n'est pas nul, est perpendiculaire à cette direction; la résultante générale, si elle n'est pas nulle, est parallèle à cette direction. L'invariant $LX + MY + NZ$ est donc nul.

Soient α, β, γ les cosinus directeurs d'une demi-droite parallèle à la direction commune des vecteurs. Appelons P_1, P_2, ..., P_n les grandeurs des vecteurs *estimées suivant cette demi-droite*, de sorte que les vecteurs dirigés dans le sens de cette demi-droite seront positifs, et les vecteurs dirigés en sens contraire négatifs. On aura, en appelant x_k, y_k, z_k les coordonnées du point d'application du vecteur P_k, X_k, Y_k, Z_k ses projections sur les axes supposés rectangulaires, et L_k, M_k, N_k ses moments par rapport aux axes,

$$X_k = \alpha P_k, \qquad Y_k = \beta P_k, \qquad Z_k = \gamma P_k;$$

$$L_k = P_k(\gamma y_k - \beta z_k), \qquad M_k = P_k(\alpha z_k - \gamma x_k), \qquad N_k = P_k(\beta x_k - \alpha y_k).$$

Puis, en posant

$$P = P_1 + P_2 + \ldots + P_n = \Sigma P_k,$$

le signe Σ indiquant une somme étendue à tous les vecteurs, on a, pour les projections de la résultante générale et du moment résultant,

$$X = \alpha P, \qquad Y = \beta P, \qquad Z = \gamma P;$$

$$L = \gamma \Sigma P_k y_k - \beta \Sigma P_k z_k, \quad M = \alpha \Sigma P_k z_k - \gamma \Sigma P_k x_k, \quad N = \beta \Sigma P_k x_k - \alpha \Sigma P_k y_k.$$

On vérifie immédiatement la relation

$$LX + MY + NZ = 0.$$

Donc, si

$$P > o, \qquad \text{système équivalent à un vecteur unique;}$$
$$P = o, \ L^2 + M^2 + N^2 > o, \qquad \text{» à un couple unique;}$$
$$P = o, \ L = M = N = o, \qquad \text{» à zéro.}$$

Les conditions nécessaires et suffisantes pour que *le sytème soit équivalent à zéro* sont donc

$$\Sigma P_k = o, \qquad \frac{\Sigma P_k x_k}{\alpha} = \frac{\Sigma P_k y_k}{\beta} = \frac{\Sigma P_k z_k}{\gamma}.$$

Remarque. — Dans le cas particulier où l'on aurait

$$\Sigma P_k = o, \qquad \Sigma P_k x_k = o, \qquad \Sigma P_k y_k = o, \qquad \Sigma P_k z_k = o,$$

les conditions précédentes seraient vérifiées quels que soient α, β, γ, le système serait équivalent à zéro *quelle que soit la direction commune* que l'on donne aux vecteurs parallèles, pourvu qu'on n'altère pas leurs rapports de grandeurs. On dit alors que le système des vecteurs parallèles est en *équilibre astatique*.

29. Centre des vecteurs parallèles. — Supposons $P \gtrless o$; le système est équivalent à un vecteur unique, dont la valeur algébrique est P et dont les projections sont αP, βP, γP; ce vecteur est dirigé suivant l'axe central : nous l'appellerons, pour abréger, le *vecteur résultant du système*.

Les équations de l'axe central sont actuellement

$$y Z - z Y - L = o, \qquad z X - x Z - M = o, \qquad x Y - y X - N = o,$$

car la valeur commune des trois rapports égaux qui forment les équations de cet axe est *nulle*. Ces équations deviennent, d'après les valeurs précédentes de X, Y, Z, L, M, N,

$$\gamma (P y - \Sigma P_k y_k) - \beta (P z - \Sigma P_k z_k) = o, \qquad \ldots$$

on peut les écrire

$$\frac{P x - \Sigma P_k x_k}{\alpha} = \frac{P y - \Sigma P_k y_k}{\beta} = \frac{P z - \Sigma P_k z_k}{\gamma},$$

ou, en posant $\xi = \dfrac{\Sigma P_k x_k}{\Sigma P_k}$, $\eta = \dfrac{\Sigma P_k y_k}{\Sigma P_k}$, $\zeta = \dfrac{\Sigma P_k z_k}{\Sigma P_k}$,

$$\frac{x - \xi}{\alpha} = \frac{y - \eta}{\beta} = \frac{z - \zeta}{\gamma}.$$

Le point ayant pour coordonnées ξ, η, ζ ne dépend pas de α, β, γ, c'est-à-dire de la direction commune des vecteurs; il dépend seulement de leurs points d'application (x_k, y_k, z_k) et des rapports de leurs grandeurs, car les expressions de ξ, η, ζ sont homogènes et de degré zéro par rapport à P_1, P_2, ..., P_q. L'axe central passe donc par le point fixe (ξ, η, ζ) quels que soient α, β, γ; et, comme le vecteur résultant P du système de vecteurs est dirigé suivant l'axe central, il passe par le point (ξ, η, ζ).

Donc, si, laissant fixes les points d'application, l'on change la direction commune des grandeurs géométriques considérées et si l'on fait varier ces grandeurs proportionnellement, leur résultante passe par un point fixe de coordonnées (ξ, η, ζ). Ce point fixe se nomme *centre des vecteurs parallèles*; il existe toutes les fois que $\Sigma P_k \gtrless o$.

On choisit ordinairement ce point comme point d'application du vecteur résultant, ce qu'on peut faire en transportant ce vecteur au point ξ, η, ζ de sa direction.

Exemple. — On retrouve sans peine, à titre d'exemple, les propriétés élémentaires d'un système de deux vecteurs parallèles appliqués en deux points A_1 et A_2 et ayant pour valeurs algébriques P_1 et P_2. Quand $P_1 + P_2$ est différent de zéro, le système admet un vecteur résultant, c'est-à-dire est équivalent à un vecteur unique ayant pour valeur algébrique

$$P = P_1 + P_2,$$

et appliqué en un point A (centre des deux vecteurs parallèles) (*fig.* 24) déterminé par la relation

$$\frac{\overline{AA_1}}{\overline{AA_2}} = -\frac{P_2}{P_1},$$

Fig. 24.

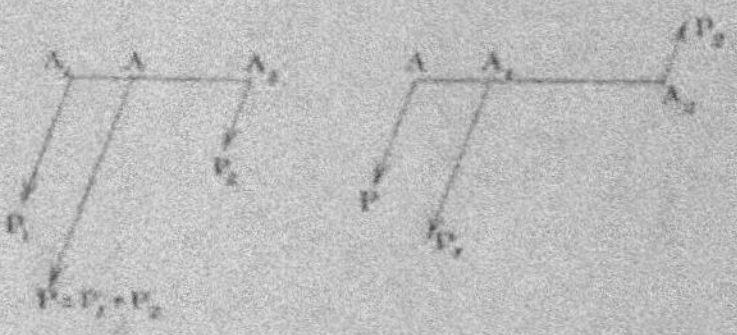

dans laquelle, suivant les conventions habituelles de la Géométrie, le rapport des deux segments $\overline{AA_1}$ et $\overline{AA_2}$ est positif ou négatif, suivant que ces deux segments sont de même sens ou de sens contraires.

Dans le cas particulier où $P_1 + P_2 = o$, les deux vecteurs donnés sont
égaux et de sens contraires; le centre des vecteurs parallèles n'existe plus.
Les deux vecteurs forment en général un couple, à moins qu'ils ne soient
directement opposés et, par suite, équivalents à zéro.

30. Moments des vecteurs parallèles par rapport à un plan. —
Un système de vecteurs parallèles, dont la résultante générale
$P = \Sigma P_k$ n'est pas nulle, est équivalent à un vecteur résultant
unique P *appliqué au centre* des vecteurs parallèles, d'après la
convention faite plus haut. Les formules qui donnent les coordonnées ξ, η, ζ de ce centre conduisent, quand on les traduit en
langage géométrique, au théorème *des moments par rapport à
un plan*.

Étant donné un plan Π, qu'on peut toujours prendre pour plan
xOy, et un axe Oz (*fig.* 25) de direction arbitraire, on appelle

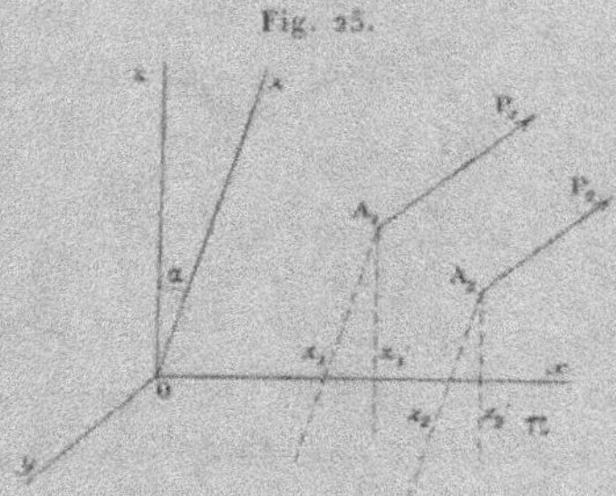

Fig. 25.

*moment d'une des grandeurs géométriques parallèles par rap-
port à ce plan* Π *le produit de la valeur algébrique* P_k *de la
grandeur par la coordonnée* z_k *de son point d'application*, $P_k z_k$.

Le moment ainsi défini est une quantité positive, négative ou
nulle, dont la valeur dépend du point d'application de la grandeur géométrique, de sorte que ce moment change quand on la
transporte en un point de sa direction. La propriété fondamentale résultant de cette définition est la suivante :

*Quand des grandeurs géométriques parallèles ont une ré-
sultante, le moment de cette résultante par rapport à un plan
est égal à la somme algébrique des moments des composantes*

à condition de prendre, pour point d'application de la résultante, le centre des vecteurs parallèles.

Pour le démontrer, supposons d'abord l'axe Oz perpendiculaire au plan Π, le z du centre des vecteurs parallèles est donné par l'équation

$$P\zeta = \Sigma P_k z_k,$$

où $P = \Sigma P_k$; or cette équation exprime précisément le théorème que nous voulons démontrer.

Si l'axe Oz est oblique au plan Π, on prendra un axe auxiliaire Oz' normal au plan et faisant avec Oz un angle α. Appelons z'_1, z'_2, ..., z'_n, ζ' les coordonnées z des points d'application comptées parallèlement à ce nouvel axe, c'est-à-dire normalement au plan; on aura, d'après ce qui précède,

$$P\zeta' = \Sigma P_k z'_k;$$

mais les coordonnées z' et z sont liées par les relations évidentes

$$z'_1 = z_1 \cos\alpha, \qquad z'_2 = z_2 \cos\alpha, \qquad \ldots, \qquad \zeta' = \zeta \cos\alpha;$$

en substituant, on a la relation à démontrer

$$P\zeta = \Sigma P_k z_k.$$

Le théorème des moments est donc établi dans sa généralité.

En l'appliquant successivement aux trois plans coordonnés supposés obliques, on obtient, pour déterminer les coordonnées ξ, η, ζ du centre des vecteurs parallèles *en axes obliques*, les mêmes formules qu'*avec des axes rectangulaires*.

Remarque I. — Le théorème des moments par rapport à un plan ne peut s'appliquer que si $\Sigma P_k \geqq 0$.

Lorsque $\Sigma P_k = 0$, les vecteurs sont équivalents à un couple ou à zéro. Même *dans ce dernier cas*, le théorème ne peut pas s'appliquer, car si la résultante est alors nulle, le centre des vecteurs parallèles est à l'infini. Il n'y a d'exception que pour le cas encore plus particulier où les vecteurs étant équivalents à zéro sont en équilibre astatique; alors ξ, η, ζ *sont indéterminés*.

Remarque II. — Dans le cas particulier où tous les vecteurs sont dirigés dans le même sens, le centre des vecteurs parallèles est intérieur à toute surface convexe entourant tous les points d'application des composantes.

En effet, prenons pour sens positif celui des vecteurs donnés $P_1, \ldots, P_n$, pour plan des xy un plan tangent Π à cette surface, et pour axe Oz une perpendiculaire à ce plan située du même côté que la surface (*fig.* 26).

Fig. 26.

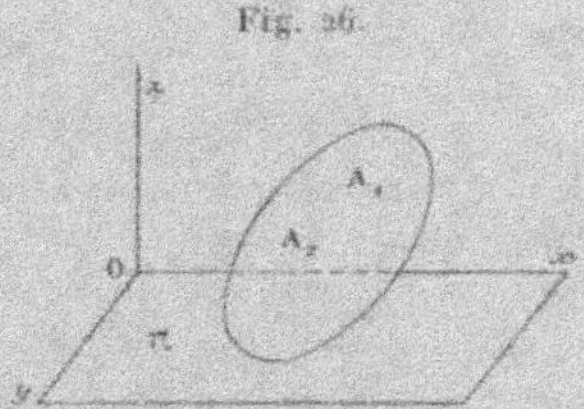

Alors les z de tous les points d'application sont positifs, et l'équation

$$\zeta = \frac{\Sigma P_k z_k}{\Sigma P_k}$$

montre que ζ est également positif. Le centre des vecteurs parallèles se trouvant par rapport à un plan tangent quelconque du même côté que la surface est situé à l'intérieur de celle-ci.

EXERCICES.

1. Démontrer que la grandeur R du vecteur résultant de plusieurs vecteurs concourants $P_1, P_2, \ldots, P_n$ est donnée par la formule suivante

$$R^2 = \Sigma P_i^2 + 2\Sigma P_i P_k \cos \widehat{P_i, P_k},$$

la première somme étant étendue à tous les vecteurs, la seconde, à toutes les combinaisons de ces vecteurs deux à deux.

2. Pour qu'un système de vecteurs soit équivalent à zéro, il faut et il suffit que le moment résultant soit nul par rapport à trois points non situés en ligne droite.

3. *Dualité dans la théorie des vecteurs.* — Soit une sphère imaginaire de centre O, $x^2 + y^2 + z^2 + 1 = 0$, et un vecteur P_1 de projections X_1, Y_1, Z_1, et de moments L_1, M_1, N_1; sur la droite conjuguée de P_1 par rapport à la sphère, prenons un vecteur P_1' de projections $X_1' = L_1, Y_1' = M_1, Z_1' = N_1$, ce qui est possible, car la direction L_1, M_1, N_1 est normale au plan OP_1. Démontrer qu'il y a réciprocité entre les vecteurs P_1 et P_1', c'est-à-dire que P_1 est dirigé suivant la droite conjuguée de P_1' et que ses projections sont égales aux moments de P_1', $X_1 = L_1'$, $Y_1 = M_1'$, $Z_1 = N_1'$ (transformation dualistique de M. Klein dans un cas particulier signalé par M. Kœnigs).

4. D'après la transformation précédente, à un système (S) de vecteurs correspond un système (S'). Démontrer que le moment résultant de l'un par rapport à O est égal à la résultante générale de l'autre.

5. Si l'un des systèmes précédents (S), (S') se réduit à un couple, l'autre se réduit à un vecteur passant par l'origine et réciproquement.

6. *Trouver les courbes gauches dont les tangentes sont des droites de moment nul.* — En prenant pour axe des z l'axe central du système, l'équation différentielle de ces courbes est

$$f\,dz = x\,dy - y\,dx,$$

f étant la flèche du torseur. Démontrer que les équations de la courbe la plus générale vérifiant cette équation peuvent s'écrire

$$z = \varphi(\theta), \qquad x = \sqrt{f\varphi'(\theta)}\cos\theta, \qquad y = \sqrt{f\varphi'(\theta)}\sin\theta,$$

$\varphi(\theta)$ désignant une fonction arbitraire de θ.

7. Démontrer que le plan osculateur à l'une des courbes de l'exercice précédent a son foyer au point d'osculation.

8. On peut d'une infinité de manières former des systèmes de deux vecteurs F et Φ équivalents à un système de vecteurs donnés et *tels que F et Φ soient rectangulaires*. Démontrer que les droites F et Φ forment un *complexe du second ordre*. On retrouve ce même complexe en cherchant le complexe formé par les moments résultants relatifs à tous les points de l'espace.

9. Si deux vecteurs F et Φ sont équivalents à un système donné, leur perpendiculaire commune rencontre normalement l'axe central du système.

10. Soient plusieurs couples et le couple résultant : prouver que la projection, sur un plan quelconque, du parallélogramme construit sur les deux vecteurs du couple résultant, a une aire équivalente à la somme des aires des projections des parallélogrammes construits sur les vecteurs des couples composants.

11. Soient P', P'', …, $P^{(k)}$ des vecteurs formant un système *équivalent à zéro*, et M', M'', …, $M^{(k)}$ les moments respectifs d'un autre système S de vecteurs par rapport aux axes P', P'', …, $P^{(k)}$. Démontrer la relation

$$P'M' + P''M'' + \ldots + P^{(k)}M^{(k)} = o.$$

On démontre d'abord le théorème, pour un vecteur P du système S, en remarquant que la somme des moments des vecteurs P', P'', …, $P^{(k)}$, par rapport à P, est nulle.

12. *Coordonnées barycentriques de Möbius.* — Soit un tétraèdre $A_1 A_2 A_3 A_4$: on appelle coordonnées barycentriques d'un point M les valeurs algébriques P_1, P_2, P_3, P_4 des quatre vecteurs parallèles qu'il faut appliquer aux sommets A_1, A_2, A_3, A_4, pour que le centre de ces vecteurs parallèles coïncide avec M. Démontrer que :

A chaque point M correspondent des valeurs de P_1, P_2, P_3, P_4, déterminées à un facteur près. Une équation linéaire et homogène en P_1, P_2, P_3, P_4 représente un plan dont les distances aux quatre sommets sont proportionnelles aux coefficients de P_1, P_2, P_3, P_4. Si ces coefficients sont égaux, l'équation représente le plan de l'infini. Une surface d'ordre m est représentée par une équation homogène de degré m en P_1, P_2, P_3, P_4.

13. *Trouver le torseur résultant de deux torseurs rectangulaires concourants.*

Solution. — Prenons les droites qui portent ces torseurs pour axes des x et des y, et une perpendiculaire à ces droites pour axe des z. Soit X le vecteur, L le couple du torseur porté par Ox, λ la flèche (*fig.* 27), on aura $L = \lambda X$. De

Fig. 27.

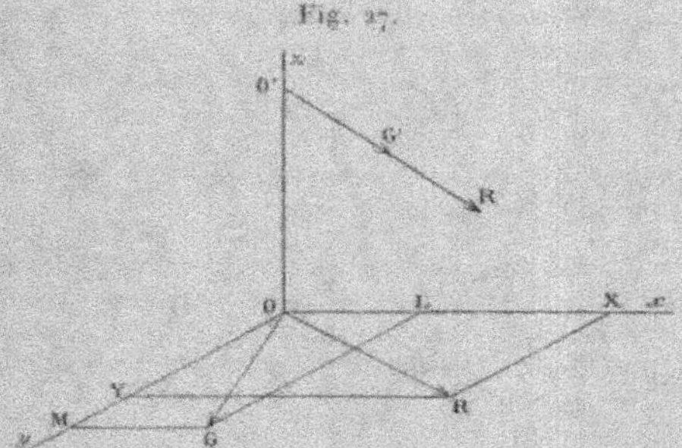

même, en désignant par M, Y, μ les quantités analogues pour le second torseur, on aura $M = \mu Y$. Soit R la résultante de X et Y, G de L et M.

L'axe central du système total a pour équation

$$\frac{\lambda X + z Y}{X} = \frac{\mu Y - z X}{Y} = \frac{- x Y + y X}{0};$$

il est parallèle à OR, et rencontre Oz en un point O', donné par

$$z = \frac{(\mu - \lambda) XY}{X^2 + Y^2};$$

Soit O'R' cet axe. Désignons par R', G' la résultante générale du système et le moment résultant en O'. R' est égale à R; il faut calculer G', ou plutôt le rapport $K = \dfrac{G'}{R'}$, c'est-à-dire la flèche du torseur résultant. Or le rapport de G' à R' est égal au rapport de leurs projections L', X sur l'axe des x.

On trouve ainsi

$$L' = \lambda X + z Y, \qquad K = \frac{\lambda X^2 + \mu Y^2}{X^2 + Y^2};$$

le torseur résultant est entièrement déterminé.

14. Chercher le lieu du torseur résultant O'R'G' de l'exercice précédent, quand les flèches λ et μ des torseurs composants restent constantes et que leurs intensités X et Y sont variables.

La surface cherchée est le conoïde

$$z(x^2 + y^2) = (\mu - \lambda)xy.$$

Ce conoïde a reçu de Cayley le nom de *cylindroïde*, parce qu'il partage avec les cylindres cette propriété que les pieds des normales issues d'un point quelconque sont dans un même plan. On s'assure, de plus, qu'ils sont situés sur une conique, en vérifiant que le lieu des projections d'un point quelconque de l'espace sur les génératrices du cylindroïde est une *conique*.

15. Démontrer d'une manière générale que le torseur résultant de deux torseurs quelconques, de positions fixes, engendre un cylindroïde lorsque les flèches des torseurs composants restent constantes, leurs intensités étant variables.

On prendra pour axe Oz la perpendiculaire commune aux deux torseurs.

16. Un système de vecteurs quelconques est toujours équivalent à six vecteurs dirigés suivant les six arêtes d'un tétraèdre.

17. Soit SABC le tétraèdre. Prenons pour sens positif sur les arêtes issues de S les sens SA, SB, SC; puis, sur chaque arête de la base, telle que AB, le sens des rotations positives AB autour de l'arête opposée SC, et appelons ξ, η, ζ, λ, μ, ν les valeurs algébriques des six vecteurs dirigés suivant SA, SB, SC, BC, CA, AB. Démontrer que l'invariant LX + MY + NZ a pour valeur

$$6V\left[\frac{\lambda}{BC}\frac{\xi}{SA} + \frac{\mu}{CA}\frac{\eta}{SB} + \frac{\nu}{AB}\frac{\zeta}{SC}\right],$$

V désignant le volume du tétraèdre donné.

18. Pour que le système des vecteurs soit équivalent à zéro, il faut et il suffit que les six composantes ζ, η, ζ, λ, μ, ν soient nulles.

19. Pour qu'un système de vecteurs soit équivalent à zéro, il faut et il suffit que la somme des moments par rapport à chacune des six arêtes d'un tétraèdre soit nulle.

20. Un système de vecteurs, tous situés dans un même plan, est équivalent ou bien à une résultante unique, ou à un couple, ou à zéro.

21. Un système de vecteurs, tous situés dans un même plan, est équivalent à trois vecteurs dirigés suivant les côtés d'un triangle arbitrairement choisi dans ce plan.

CHAPITRE II.

CINÉMATIQUE.

31. La Cinématique n'a été constituée comme une Science distincte qu'à une époque relativement récente. Déjà d'Alembert avait indiqué l'importance de l'étude des lois du mouvement en elles-mêmes; mais c'est Ampère qui, le premier, montra la nécessité de faire précéder la Dynamique d'une théorie des propriétés géométriques des corps en mouvement. Ces propriétés ont été exposées en 1838, à la Faculté des Sciences de Paris, par Poncelet, à qui l'on doit, entre autres, les théorèmes sur le déplacement continu d'un solide dans l'espace, sauf la notion d'axe instantané de rotation et de glissement, qui est due à Chasles; les formules qui donnent les variations des coordonnées des points d'un solide mobile dans l'espace remontent à Euler (*Académie de Berlin*, 1750). La Cinématique comporte des applications géométriques nombreuses : telle est la méthode de construction des tangentes de Roberval, la théorie du centre instantané de rotation, qui est due à Chasles et dont un cas particulier a déjà été donné par Descartes à propos de la tangente à la cycloïde; telles sont encore les propriétés des systèmes de droites, de plans et de points que Chasles a rattachées au mouvement d'un corps solide et qui conduisent de la façon la plus simple à la notion de complexe de droites du premier ordre. En 1862, M. Resal fit paraître un traité sur la *Cinématique pure*, qui se trouva ainsi définitivement constituée à l'état de Science distincte.

Nous n'exposerons ici que les notions qui sont indispensables pour la suite du Cours de Mécanique. C'est ainsi que nous ne nous occuperons pas des déplacements d'un corps solide dont la position dépend de deux ou plusieurs paramètres indépendants, déplacements étudiés principalement par MM. Schönemann, Mannheim, Ribaucour, Tait et Thomson.

I. — CINÉMATIQUE DU POINT.

32. Définitions. — Quand on dit qu'un corps est en repos ou en mouvement, on sous-entend toujours que ce repos ou ce mouvement ont lieu par rapport à certains autres corps ; ainsi un objet immobile à la surface de la Terre est en repos par rapport à la Terre, la Terre elle-même est en mouvement par rapport au Soleil, etc. En d'autres termes, on n'observe que des *mouvements relatifs*. Cependant, nous pouvons imaginer trois axes coordonnés absolument fixes : le mouvement d'un corps, par rapport à ces axes, s'appellera mouvement *absolu* du corps. Le mouvement absolu est donc une pure abstraction ; mais les mouvements relatifs pouvant toujours être ramenés aux mouvements absolus, et ceux-ci étant soumis à des lois plus simples, il convient de commencer par l'étude du *mouvement absolu*.

Pour simplifier l'étude de la *Cinématique*, on étudie d'abord le mouvement d'un point, puis celui d'un corps de dimensions quelconques.

Pour définir l'instant où un certain phénomène s'accomplit, on le rapporte à un instant déterminé appelé *initial* et l'on se donne le nombre qui mesure avec une certaine unité (la seconde de temps moyen, par exemple) l'intervalle de temps compris entre l'instant initial et l'instant considéré, ce nombre étant précédé du signe + ou du signe —, suivant que l'instant considéré est postérieur ou antérieur à l'instant initial. D'après cela, quand nous parlerons d'un instant t, la lettre t désignera un nombre positif ou négatif de secondes.

33. Mouvement d'un point. — Soient trois axes Ox, Oy, Oz absolument fixes et un point mobile M, dont les coordonnées x, y, z (*fig.* 28) sont des fonctions continues données du temps t

$$x = \varphi(t), \qquad y = \psi(t), \qquad z = \varpi(t).$$

La courbe décrite par le point est la *trajectoire* du mobile : ses équations s'obtiennent en éliminant t entre les équations qui définissent x, y, z en fonctions de t.

On peut aussi définir le mouvement de la façon suivante : on donne la trajectoire, puis, prenant sur cette trajectoire un point

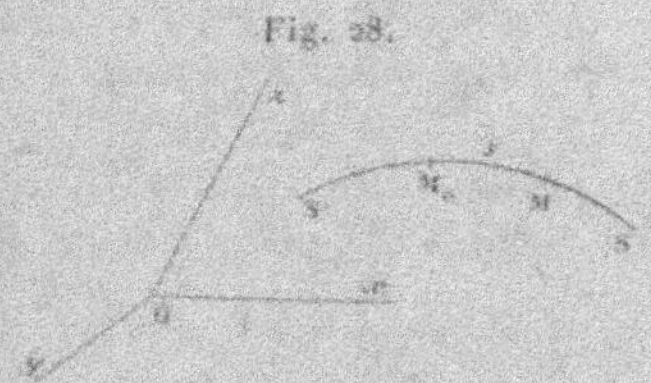

Fig. 28.

M_0 comme origine des arcs, un sens $M_0 S$ comme sens des arcs positifs, on donne en fonction du temps la valeur algébrique s de l'arc $M_0 M$ qui sépare le mobile du point M_0.

34. Mouvement rectiligne uniforme; vitesse. — On dit que le mouvement est rectiligne quand la trajectoire est une droite. Si l'on prend cette droite pour axe Ox, les deux modes précédents de définition du mouvement se confondent, et le mouvement est défini par l'expression de l'abscisse du mobile en fonction du temps.

Le plus simple des mouvements rectilignes est celui pour lequel x est une fonction du premier degré du temps

$$x = at + b,$$

a et b désignant des constantes. Ce mouvement est caractérisé par ce fait que la variation Δx de x, pendant un intervalle de temps quelconque Δt, est proportionnelle à Δt.

Soit M la position du mobile à l'instant t, M_1 sa position à l'instant $t + \Delta t$, Δt étant positif; la grandeur géométrique MM_1 a pour valeur algébrique, estimée suivant l'axe Ox, Δx. Si, dans

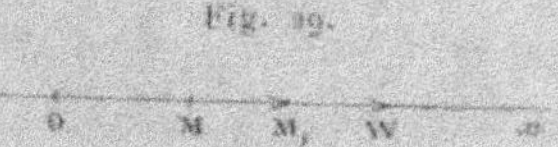

Fig. 29.

le sens $\overline{MM_1}$, on porte, à partir de M, une longueur MW égale à $\dfrac{MM_1}{\Delta t}$, la *grandeur géométrique* MW, dont la valeur algébrique est $\frac{\Delta x}{\Delta t}$, s'appelle *vitesse du mouvement uniforme* (*fig.* 29). La valeur algébrique de cette vitesse est égale à la constante a.

35. Mouvement rectiligne varié; vitesse. — Soit un mouvement rectiligne varié dans lequel on a $x = \varphi(t)$. Le déplacement MM_1, que subit le mobile quand t croît de Δt, est une grandeur géométrique dont la valeur algébrique est Δx. Si, dans le sens MM_1 (*fig.* 30), on porte une longueur MW égale à $\frac{MM_1}{\Delta t}$, le vec-

Fig. 30.

teur MW, dont la valeur algébrique est $\frac{\Delta x}{\Delta t}$, s'appelle *vitesse moyenne* du mobile dans l'intervalle de temps Δt. C'est la vitesse que posséderait un mobile fictif animé d'un mouvement uniforme et allant de M en M_1 pendant le temps Δt. Si Δt tend vers zéro, le vecteur MW tend vers un vecteur limite MV, dont l'expression algébrique est la dérivée $\frac{dx}{dt}$ ou $\varphi'(t)$, que l'on appelle *vitesse* du mobile à l'instant t.

Par exemple, si l'on a

$$x = at^2 + bt + c,$$

a, b, c désignant des constantes, la vitesse MV à l'instant t aura pour valeur algébrique estimée suivant l'axe Ox

$$\frac{dx}{dt} = 2at + b.$$

La variation de cette vitesse est proportionnelle à la variation du temps. On dit que le mouvement rectiligne ainsi défini est *uniformément varié*.

36. Vitesse dans le mouvement curviligne. — Soient M et M_1 les positions du mobile aux instants t et $t + \Delta t$. Portons sur MM_1 (*fig.* 31), dans le sens MM_1, une longueur MW égale à $\frac{\text{corde } MM_1}{\Delta t}$; le vecteur MW s'appelle *vitesse moyenne* du mobile pendant le temps Δt; c'est la vitesse que posséderait un mobile fictif animé d'un mouvement rectiligne uniforme qui parcourrait le segment de droite MM_1 dans le temps Δt. Lorsque Δt tend vers

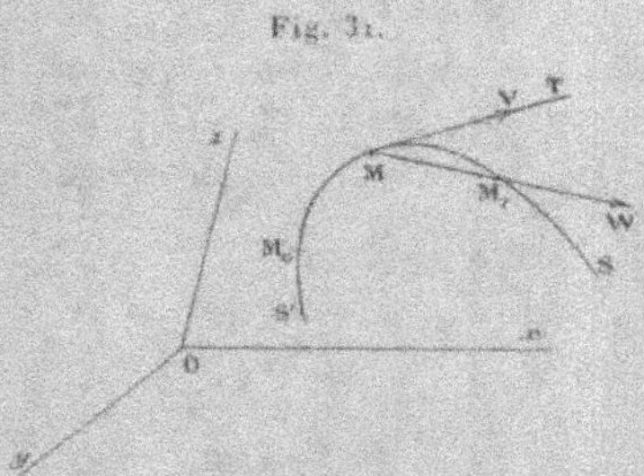

Fig. 31.

zéro, la vitesse moyenne MW tend vers un vecteur limite MV tangent à la trajectoire en M, que l'on appelle *vitesse du mobile à l'instant t*.

Soient x, y, z les coordonnées du mobile : les projections de la grandeur géométrique MM_1 sur les trois axes sont Δx, Δy, Δz; celles de la grandeur MW, ou vitesse moyenne, seront donc

$$\frac{\Delta x}{\Delta t}, \quad \frac{\Delta y}{\Delta t}, \quad \frac{\Delta z}{\Delta t}.$$

Si Δt tend vers zéro, MW tend vers MV ; on aura donc pour les projections de la vitesse à l'instant t

$$\frac{dx}{dt}, \quad \frac{dy}{dt}, \quad \frac{dz}{dt}.$$

Supposons le mouvement défini par la trajectoire et par l'expression de l'arc $M_0 M = s$ en fonction de t. Comme le rapport de l'arc MM_1 à la corde MM_1 tend vers l'unité quand Δt tend vers zéro, la vitesse a pour valeur absolue

$$\lim \frac{\text{arc } MM_1}{\Delta t} = \pm \frac{ds}{dt}.$$

Si l'on mène la tangente à la trajectoire MT dans le sens des arcs positifs, la vitesse est dirigée dans le sens MT, ou en sens contraire, suivant que $\dfrac{ds}{dt}$ est positif ou négatif. Donc la valeur algébrique v de la vitesse estimée positivement dans le sens MT est $\frac{ds}{dt}$. Quand cette vitesse v est constante, on dit que le mouvement curviligne est uniforme.

37. Accélération. — La conception de l'accélération dans les cas les plus simples appartient à Galilée.

Soient MV, M,V, les vitesses du mobile aux instants t et $t + \Delta t$ (*fig.* 32).

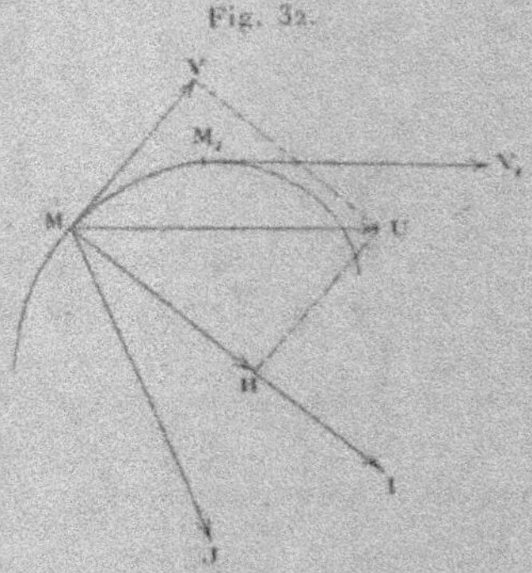

Fig. 32.

Menons par M un segment MU égal et parallèle à M,V, et soit MH la différence géométrique entre MU et MV, c'est-à-dire la grandeur géométrique qu'il faut composer avec MV pour obtenir MU. Si l'on porte sur MH une longueur MI égale à $\frac{MH}{\Delta t}$, le vecteur MI est l'*accélération moyenne* du mobile pendant le temps Δt. Quand Δt tend vers zéro, ce vecteur MI tend vers une limite MJ, qu'on nomme *accélération du mobile à l'instant t*.

Pour obtenir les projections de l'accélération sur les axes coordonnés, remarquons que la vitesse MV à l'instant t a pour projection sur un axe, Ox par exemple, $\frac{dx}{dt}$, et la vitesse M,V, à l'instant $t + \Delta t$, ou son égale MU a pour projection, sur le même axe, $\frac{dx}{dt} + \Delta \frac{dx}{dt}$. La projection de MH étant la différence des projections de MU et MV est donc $\Delta \frac{dx}{dt}$. D'après cela, les projections de l'*accélération moyenne* $MI = \dfrac{MH}{\Delta t}$ sont

$$(MI) \qquad \frac{\Delta \dfrac{dx}{dt}}{\Delta t}, \quad \frac{\Delta \dfrac{dy}{dt}}{\Delta t}, \quad \frac{\Delta \dfrac{dz}{dt}}{\Delta t}.$$

Faisant tendre Δt vers zéro, on a pour les projections de l'accélération MJ à l'instant t

$$(MJ) \qquad \frac{d^2 x}{dt^2}, \quad \frac{d^2 y}{dt^2}, \quad \frac{d^2 z}{dt^2}.$$

Soient, par exemple,

$$(1) \quad x = at^2 + bt + c, \qquad y = a't^2 + b't + c', \qquad z = a''t^2 + b''t + c'',$$

a, b, c, a', b', c', a'', b'', c'' désignant des constantes. La trajectoire est alors une parabole.

Les projections de la vitesse sont

$$(2) \quad \frac{dx}{dt} = 2at + b, \qquad \frac{dy}{dt} = 2a't + b', \qquad \frac{dz}{dt} = 2a''t + b'';$$

celles de l'accélération

$$(3) \quad \frac{d^2 x}{dt^2} = 2a, \qquad \frac{d^2 y}{dt^2} = 2a', \qquad \frac{d^2 z}{dt^2} = 2a''$$

sont constantes. L'accélération est donc constante en grandeur, direction, sens. *Réciproquement*, si dans un mouvement l'accélération est constante en grandeur, direction, sens, ce mouvement est défini par des équations de la forme (1). En effet, en partant des équations (3), on remonte successivement par des intégrations aux équations (2), puis aux équations (1). Ce mouvement sera étudié en détail à propos du mouvement des corps pesants dans le vide.

Il est important de remarquer que si l'accélération d'un mouvement est constante en grandeur, direction et sens, l'accélération moyenne pendant un intervalle de temps quelconque Δt a *la même valeur constante en grandeur, direction et sens*. En effet, les équations (3) étant supposées satisfaites, on en déduit par l'intégration les équations (2), qui donnent, pour les projections de l'accélération moyenne pendant le temps Δt, les mêmes valeurs $2a$, $2a'$, $2a''$ que pour les projections de l'accélération à l'instant t.

38. Accélérations tangentielle et normale (HUYGENS). — Si le mouvement est défini géométriquement par la trajectoire et par l'expression de l'arc M_0M ou s, compté positivement dans un sens déterminé M_0S, en fonction du temps (*fig.* 33), on détermine l'accélération comme il suit :

Fig. 33.

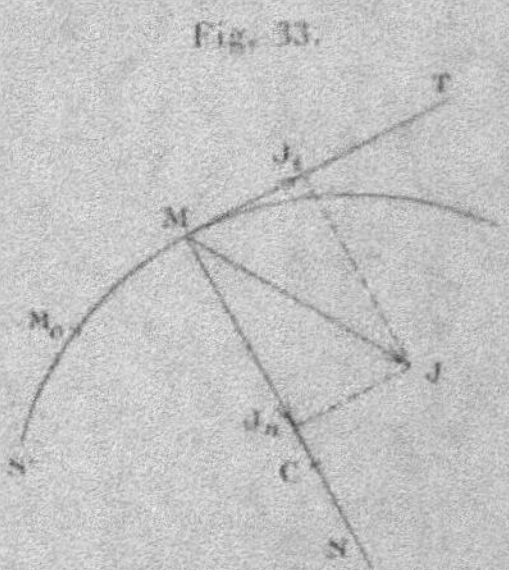

Soient α, β, γ les cosinus directeurs par rapport à des axes rectangulaires de la tangente MT menée à la trajectoire dans le sens des arcs positifs, et α', β', γ' les cosinus directeurs de la normale principale MN comptée positivement de M vers le centre de courbure principal C; soit enfin $MC = \rho$ le rayon de courbure principal de la trajectoire.

Des formules bien connues de Frenet et Serret donnent

$$\frac{d\alpha}{ds} = \frac{\alpha'}{\rho}, \qquad \frac{d\beta}{ds} = \frac{\beta'}{\rho}, \qquad \frac{d\gamma}{ds} = \frac{\gamma'}{\rho}.$$

On a évidemment

$$\frac{dx}{dt} = \frac{dx}{ds}\frac{ds}{dt} = \alpha\,\frac{ds}{dt}, \qquad \frac{dy}{dt} = \beta\,\frac{ds}{dt}, \qquad \frac{dz}{dt} = \gamma\,\frac{ds}{dt}.$$

Différentions encore une fois par rapport à t, en ayant soin d'écrire

$$\frac{d\alpha}{dt} = \frac{d\alpha}{ds}\frac{ds}{dt} = \frac{\alpha'}{\rho}\frac{ds}{dt}, \ldots \text{etc}\ldots,$$

nous aurons pour les projections de l'accélération

$$\frac{d^2x}{dt^2} = \alpha\,\frac{d^2s}{dt^2} + \frac{\alpha'}{\rho}\left(\frac{ds}{dt}\right)^2,$$

$$\frac{d^2y}{dt^2} = \beta\,\frac{d^2s}{dt^2} + \frac{\beta'}{\rho}\left(\frac{ds}{dt}\right)^2,$$

$$\frac{d^2z}{dt^2} = \gamma\,\frac{d^2s}{dt^2} + \frac{\gamma'}{\rho}\left(\frac{ds}{dt}\right)^2.$$

Ces formules s'interprètent aisément. Portons sur la tangente en prenant MT comme sens positif, un segment MJ_t dont la valeur algébrique J_t soit $\dfrac{d^2 s}{dt^2}$, et, suivant la normale MN, un segment MJ_n égal à $\dfrac{1}{\rho}\left(\dfrac{ds}{dt}\right)^2$. Les formules expriment que la projection de l'accélération MJ sur chacun des trois axes est égale à la somme des projections des deux grandeurs géométriques MJ_t et MJ_n; dans l'espace, l'accélération MJ est donc la résultante des grandeurs MJ_t et MJ_n, que l'on nomme *accélération tangentielle* et *accélération normale*. La projection J_t de l'accélération MJ sur la tangente MT s'écrit, en remplaçant $\dfrac{ds}{dt}$ par v,

$$ J_t = \frac{d^2 s}{dt^2} = \frac{dv}{dt} = \frac{dv}{ds}\frac{ds}{dt} = \frac{1}{2}\frac{dv^2}{ds}. $$

La projection J_n sur la normale MC est toujours positive

$$ J_n = \frac{1}{\rho}\left(\frac{ds}{dt}\right)^2 = \frac{v^2}{\rho}. $$

L'accélération MJ est donc située *dans le plan osculateur*, du côté de la *concavité* de la trajectoire.

Exemples. — 1° Si le mouvement est rectiligne, ρ est infini, la composante normale s'annule; l'accélération se confond alors avec sa composante tangentielle. Réciproquement, si l'accélération normale est nulle, ρ est infini et la trajectoire est une droite.

2° Si la vitesse est constante, c'est-à-dire si le mouvement curviligne est uniforme, l'accélération tangentielle est nulle; l'accélération est dirigée suivant la normale principale et varie en raison inverse du rayon de courbure. Ainsi, lorsqu'un mobile parcourt une circonférence de rayon R avec une vitesse de grandeur *constante* v, l'accélération tangentielle est *nulle*; l'accélération J est normale et égale à $\dfrac{v^2}{R}$, c'est-à-dire constante en grandeur et dirigée suivant le rayon. Réciproquement, lorsque, dans un certain mouvement, l'accélération tangentielle est constamment nulle, la vitesse est constante en grandeur et le mouvement uniforme.

39. Déviation. — Soient M (*fig.* 34) la position du mobile au temps t, V sa vitesse à cet instant, M_1 sa position à l'instant $t + \Delta t$. Si, à partir de l'instant t, le mouvement était rectiligne et uniforme, le mobile parcourrait la droite MV avec une vitesse constante V et, à l'instant $t + \Delta t$, il se trouverait à une distance MM' égale à $V\Delta t$. Le vecteur MD, égal et parallèle à M'M₁, s'appelle *déviation* pendant l'espace de temps Δt : c'est le déplacement qu'il faudrait ajouter géométriquement à MM' pour obtenir le

Fig. 34.

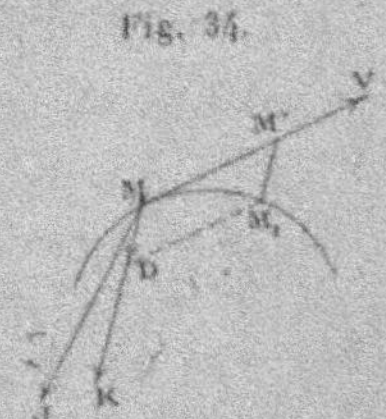

déplacement réel MM₁ du mobile. Les coordonnées des points M' et M₁ étant respectivement

$$(M') \qquad x + \frac{dx}{dt}\Delta t, \quad y + \frac{dy}{dt}\Delta t, \quad z + \frac{dz}{dt}\Delta t,$$

$$(M_1) \qquad x + \Delta x, \qquad y + \Delta y, \qquad z + \Delta z,$$

la déviation a pour projections

$$(MD) \qquad \Delta x - \frac{dx}{dt}\Delta t, \quad \Delta y - \frac{dy}{dt}\Delta t, \quad \Delta z - \frac{dz}{dt}\Delta t,$$

quantités infiniment petites du second ordre par rapport à Δt ; on a, en effet, par la formule de Taylor,

$$\Delta x = \frac{dx}{dt}\Delta t + \frac{1}{2}\frac{d^2 x}{dt^2}\Delta t^2 + \dots.$$

D'après cette formule, on voit que le vecteur MK, obtenu en prenant sur MD une longueur $MK = \dfrac{2\,MD}{\Delta t^2}$ tend vers l'accélération MJ à l'instant t, quand Δt tend vers zéro, car ses projections tendent vers celles de l'accélération. La valeur approchée du vecteur MD (déviation) est donc $\dfrac{1}{2}J\,\Delta t^2$. Si l'accélération J du mouvement est constante en grandeur et direction (n° 37, exemple), le vecteur MK est égal à J, comme on le vérifiera sans peine ; la valeur approchée $\dfrac{1}{2}J\,\Delta t^2$ du vecteur MD est alors sa valeur exacte en grandeur, direction et sens.

II. — TRANSLATION ET ROTATION D'UN SYSTÈME INVARIABLE.

40. Mouvement de translation. — On appelle *système invariable* ou *corps solide* un ensemble de points invariablement liés les uns aux autres.

Un corps solide est animé d'un mouvement de translation quand il se déplace de telle façon que tous les segments de droites, joignant les points du corps deux à deux, restent *parallèles* à eux-mêmes. Pour cela, il suffit évidemment que le trièdre obtenu en joignant un point A du corps (*fig.* 35) à trois points B,

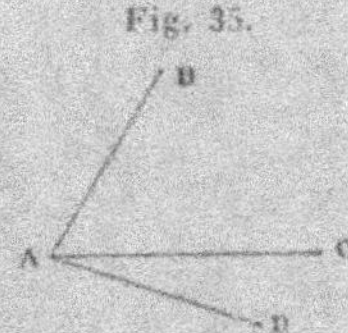

Fig. 35.

C, D du corps, non situés dans un même plan avec le point A, se déplace parallèlement à lui-même.

Quand un corps est animé d'un mouvement de translation, tous les points du corps ont à chaque instant la même vitesse et réciproquement. En effet, soient $A_1(x_1, y_1, z_1)$ et $A_2(x_2, y_2, z_2)$ deux points quelconques du corps; le segment $A_1 A_2$ se déplaçant parallèlement à lui-même, ses projections sur les axes $x_2 - x_1$, $y_2 - y_1$, $z_2 - z_1$ sont constantes. Leurs dérivées par rapport au temps sont donc nulles, et l'on a

$$(1) \qquad \frac{dx_1}{dt} = \frac{dx_2}{dt}, \qquad \frac{dy_1}{dt} = \frac{dy_2}{dt}, \qquad \frac{dz_1}{dt} = \frac{dz_2}{dt}.$$

équations qui expriment que les deux points ont même vitesse. Réciproquement, si tous les points du corps ont à chaque instant même vitesse, le corps est animé d'un mouvement de translation. En effet, les deux points A_1 et A_2 ayant même vitesse, on a les équations (1), d'où l'on conclut en intégrant que $x_1 - x_2$, $y_1 - y_2$,

$z_1 - z_2$ sont constantes, c'est-à-dire que le segment $A_1 A_2$ se déplace parallèlement à lui-même. La vitesse commune à tous les points s'appelle *vitesse du mouvement de translation*. On voit immédiatement en différentiant les équations (1) que, dans un mouvement de translation, tous les points ont, à chaque instant, la *même accélération*, qu'on appelle *accélération du mouvement de translation*.

41. Rotation autour d'un axe fixe. Vitesse angulaire. Représentation géométrique. — Quand un corps solide tourne autour d'un axe fixe AB (*fig.* 36), chaque point M du corps décrit un

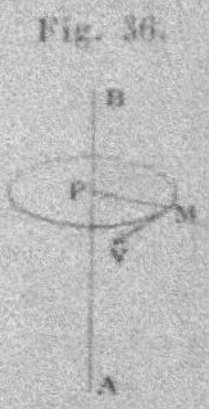

Fig. 36.

cercle perpendiculaire à l'axe, ayant son centre en P sur l'axe; sa vitesse est donc normale au plan MAB dans le sens du mouvement. Les arcs décrits dans le même temps par deux points différents sont proportionnels aux distances de ces points à l'axe; les vitesses de ces deux points sont donc entre elles comme leurs distances à l'axe.

On nomme *vitesse angulaire* la vitesse des points situés à l'unité de distance de l'axe; si l'on désigne par ω cette vitesse angulaire, la grandeur de la vitesse V du point M est donc $\omega \overline{MP}$, $\overline{MP}$ étant la distance du point M à l'axe. Lorsqu'on définit le mouvement de rotation en donnant en fonction de t l'angle θ dont le corps a tourné à partir d'une position initiale, ω est égal à $\dfrac{d\theta}{dt}$.

Pour déterminer les vitesses dans un mouvement de rotation à un instant t, il faut connaître trois éléments : *l'axe de rotation*, la *vitesse angulaire* et le *sens de la rotation*. On représente ces trois éléments par un vecteur de la façon suivante : Prenons sur l'axe de rotation AB un point quelconque A, et portons sur l'axe un segment Aω, de longueur ω, dans un sens tel qu'un observateur, ayant les pieds en A et la tête en ω, voie le mouvement de rotation s'effectuer de sa *gauche vers sa droite*. La grandeur géométrique Aω ainsi définie représente la rotation : en confondant le mouvement de rotation avec le vecteur qui le représente, on dit souvent que le corps est animé d'une rotation Aω. Comme le point A, origine du vecteur peut être choisi où l'on veut sur l'axe, on peut, sans changer la rotation, transporter le segment représentatif ω en un point quelconque de sa direction.

42. Expressions analytiques des projections de la vitesse d'un point du corps. — Soient Aω (*fig*. 37) la rotation de vitesse an-

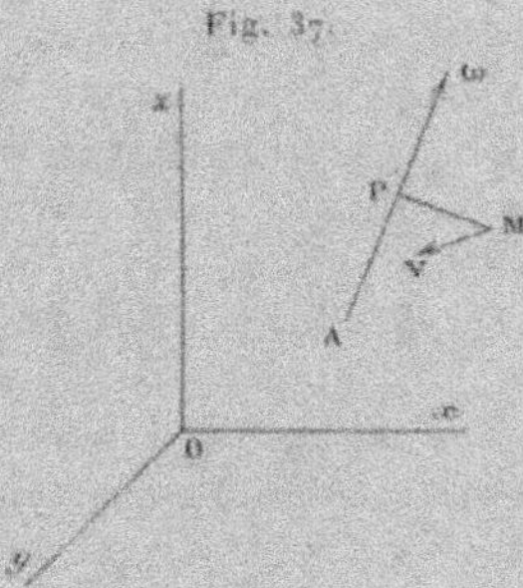

Fig. 37.

gulaire ω, p, q, r ses projections sur les trois axes Ox, Oy, Oz supposés rectangulaires, x_0, y_0, z_0 les coordonnées du point A. Soient M un point du corps ayant pour coordonnées x, y, z, MV sa vitesse, V_x, V_y, V_z les projections de cette vitesse sur les trois axes : ce sont ces quantités que nous allons calculer.

Pour cela, remarquons que la vitesse V de M est en grandeur, direction et sens le moment de la rotation Aω par rapport au point M ; en effet, cette vitesse est égale à $\omega\overline{MP}$, perpendiculaire au plan MAω et dirigée de façon qu'un mobile allant de A en ω tourne dans le sens positif autour de V. On a donné (n° 7) les projections du moment d'un vecteur par rapport à un point x', y', z'. Appliquons ces formules au cas actuel, en remarquant qu'on prend le moment par rapport au point x, y, z. Nous trouvons

$$V_x = q(z - z_0) - r(y - y_0),$$
$$V_y = r(x - x_0) - p(z - z_0),$$
$$V_z = p(y - y_0) - q(x - x_0),$$

Lorsque le point A est à l'origine, ces expressions deviennent

$$V_x = qz - ry, \qquad V_y = rx - pz, \qquad V_z = py - qx.$$

III. — VITESSE DANS LE MOUVEMENT RELATIF. COMPOSITION DES TRANSLATIONS ET DES ROTATIONS. VITESSES DES POINTS D'UN SOLIDE LIBRE.

43. Mouvement relatif; vitesse. — Imaginons un système invariable (S), animé d'un mouvement connu, et un point M mobile par rapport à ce système. Le système (S) sera, par exemple, la terre et le point M un point pesant abandonné à lui-même à la surface de la terre et tombant suivant une verticale. Pour un observateur entraîné avec le système (S), qu'on nomme *système de comparaison*, et ne se doutant pas du mouvement, le mobile M possède, par rapport au système (S), un certain mouvement appelé *mouvement relatif*; la trajectoire, la vitesse, l'accélération de ce mouvement sont appelées *trajectoire, vitesse, accélération relative*. Le même point a, dans l'espace, un certain mouvement absolu.

Soient (S) et M (*fig.* 38) les positions du système invariable et

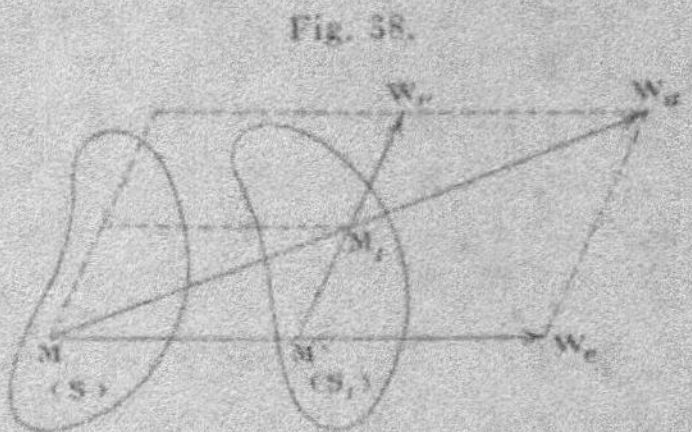

Fig. 38.

du point à l'instant t, (S_1) et (M_1) leurs positions à l'instant $t + \Delta t$, *le déplacement absolu* du mobile est MM_1. Appelons M' la position qu'occupe à l'instant $t + \Delta t$ le point du système (S) qui coïncidait avec M à l'instant t : le déplacement M'M$_1$ est le *déplacement relatif* du point M ; le déplacement MM' s'appelle *déplacement d'entraînement*. Le vecteur MM$_1$ étant la somme géométrique des vecteurs M'M$_1$ et MM', si l'on porte sur chacun de ces vecteurs des segments MW$_a$, M'W$_r$, MW$_e$, égaux respectivement aux quotients de ces vecteurs par Δt, ces segments seront la vitesse absolue moyenne, la vitesse relative moyenne et la vitesse d'entraînement moyenne ; la première est la somme géométrique des deux autres

$$(W_a) = (W_r) + (W_e).$$

Lorsque Δt tend vers zéro (*fig.* 39), ces trois segments tendent

Fig. 39.

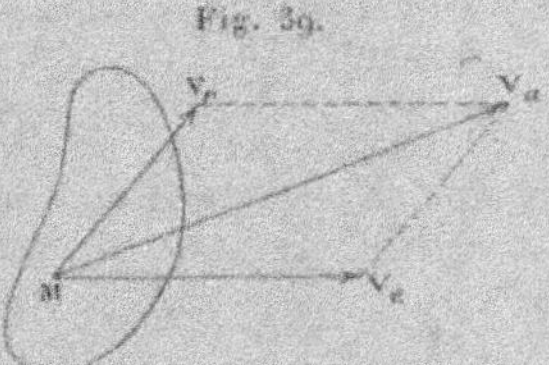

vers la vitesse absolue V$_a$, la vitesse relative V$_r$ et la vitesse d'entraînement V$_e$: on a donc l'égalité géométrique

$$(V_a) = (V_r) + (V_e).$$

La vitesse d'entraînement V$_e$ est, d'après ce qui précède, la vitesse du point du système (S) qui coïncide avec M à l'instant considéré, ou encore la vitesse que posséderait le point M si, dans la position qu'il occupe, il était invariablement lié au système (S). Nous verrons plus loin comment on détermine l'accélération absolue par une formule analogue *avec un terme de plus*. Mais auparavant nous donnerons quelques applications du théorème précédent.

44. Composition des translations. — Soit un système invariable S$_1$ animé d'une translation de vitesse V$_1$, et un deuxième système S$_2$ animé par rapport à S$_1$ d'une translation de vitesse V$_2$ (*fig.* 40).

La vitesse absolue V$_a$ d'un point M de S$_2$ est la somme géométrique de la vitesse relative de M, qui est V$_2$, et de sa vitesse d'entraînement, qui est V$_1$. Les vitesses absolues des différents points de S$_2$ sont donc les mêmes que si S_2 était animé d'une translation unique, dont la vitesse serait la somme géométrique des deux vitesses V_1 et V_2. On dit que les deux translations se composent en une seule. De même plusieurs translations se com-

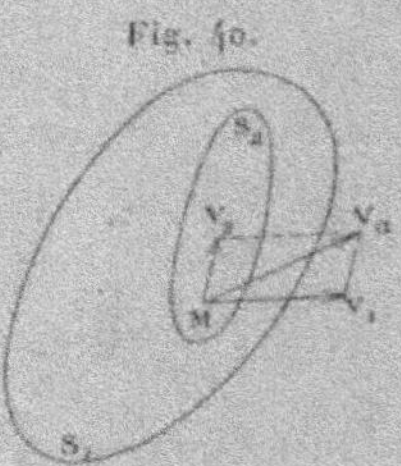

Fig. 40.

posent en une seule, dont la vitesse égale la résultante des vitesses des translations données.

45. Système de deux rotations. — Soit un corps solide S_1 animé d'une rotation $A_1 \omega_1$; imaginons que ce corps S_1 entraîne un axe $A_2 \omega_2$, et qu'un corps solide S_2 soit, par rapport à S_1, animé d'une rotation ω_2 autour de l'axe $A_2 \omega_2$ (*fig.* 41).

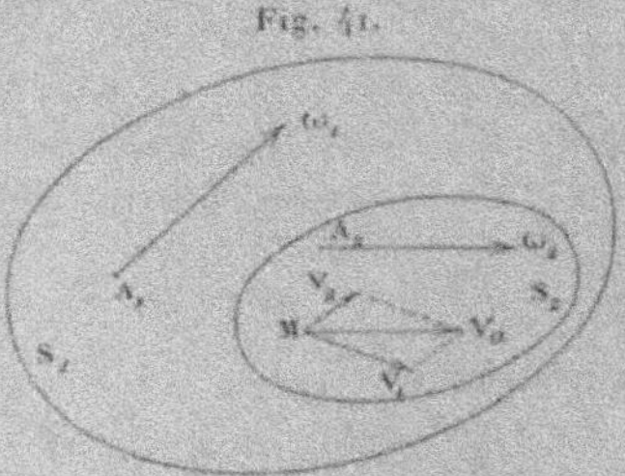

Fig. 41.

Cherchons la vitesse absolue d'un point quelconque M du corps S_2. La vitesse relative du point M par rapport à S_1 est la vitesse V_2 qu'il possède dans la rotation ω_2; c'est le moment du vecteur ω_2 par rapport à M; la vitesse d'entraînement est la vitesse V_1 que posséderait M si ce point était lié à S_1; c'est la vitesse due à la rotation ω_1, ou le moment de ω_1 par rapport à M. La vitesse absolue V_a de M est donc *le moment résultant des deux vecteurs* ω_1 *et* ω_2 *par rapport à* M. Cette *vitesse* est indépendante de l'ordre dans lequel se succèdent les rotations ω_1 et ω_2.

Examinons quelques cas particuliers :

1° Les rotations sont concourantes. Le moment résultant de ω_1 et ω_2, par rapport à un point quelconque M, est égal au moment de leur résultante ω (*fig.* 42). La vitesse absolue du point M est donc la même que si le corps S_2 était animé de la seule rotation $A_1 \omega$.

2° Soient deux rotations parallèles ω_1 et ω_2 *ne formant pas un couple;* le système de ces deux vecteurs est équivalent à un vecteur unique $A\omega$, que l'on obtient par une règle connue (n° 29). Donc le moment résultant par

Fig. 42.

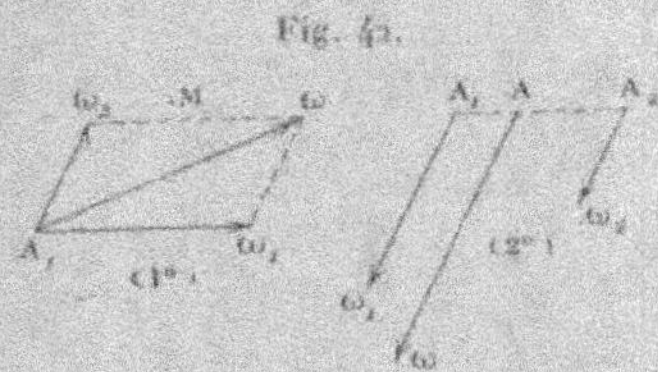

rapport à un point M égale le moment de la résultante $A\omega$. Les vitesses des différents points de S_2 sont donc encore les mêmes que si le corps était animé de la seule rotation ω.

3° Dans le cas où les deux rotations forment un couple, le moment résultant étant égal à l'axe du couple, quel que soit le point M, tous les points du corps S_2 ont *même vitesse*. Les vitesses de ces points sont donc les mêmes que si le corps S_2 était animé d'une translation dont la vitesse serait égale à l'axe du couple (*fig.* 43).

Fig. 43.

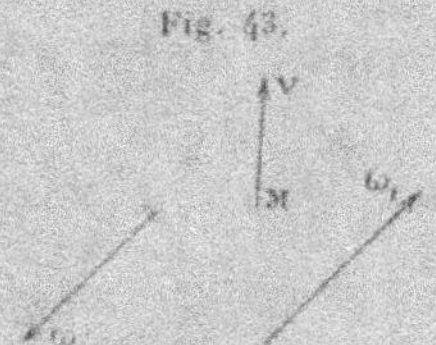

46. Rotations en nombre quelconque. — Soit un corps S_1 animé d'une rotation $A_1\omega_1$, ce corps entraîne un axe $A_2\omega_2$ et un corps S_2, dont le mouvement relatif par rapport à S_1 est une rotation ω_2; le corps S_2 entraîne un axe $A_3\omega_3$ et un corps S_3, dont le mouvement relatif par rapport à S_2 est une rotation ω_3; et ainsi de suite jusqu'à un corps S_n, dont le mouvement relatif par rapport à S_{n-1} est une rotation ω_n.

Nous dirons, pour abréger, que le *corps S_n est animé simultanément des rotations* $\omega_1, \omega_2, \ldots, \omega_n$. Cherchons la vitesse absolue d'un point M invariablement lié au dernier corps solide S_n. Cette vitesse est égale au moment résultant du système de vecteurs $\omega_1, \omega_2, \ldots, \omega_n$ par rapport au point M. Comme cette proposition a été établie pour le cas de deux rotations, il suffit, pour l'établir dans toute sa généralité, de montrer que, si elle est vraie pour $(n-1)$ rotations, elle est encore vraie pour n. Or la vitesse absolue d'un point M du corps S_n est la somme géométrique de sa vitesse relative V_r par rapport au corps S_{n-1} et de sa vitesse d'entraînement V_e (*fig.* 44).

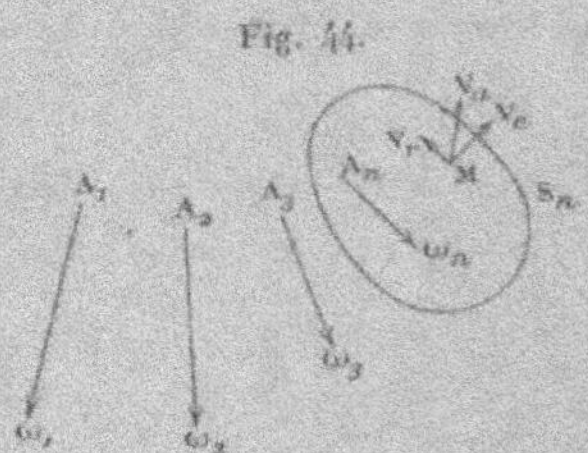

Fig. 44.

La vitesse relative de M par rapport à S_{n-1} est la vitesse due à la rotation ω_n, c'est-à-dire le moment de ω_n par rapport à M ; la vitesse d'entraînement du point M est égale à la vitesse qu'il aurait s'il était invariablement lié au corps S_{n-1}, c'est-à-dire au moment résultant de ω_1, ω_2, ..., ω_{n-1} par rapport à M : la vitesse absolue, qui est la résultante de ces deux moments, est donc bien le moment résultant des vecteurs ω_1, ω_2, ..., ω_n par rapport à M. Cette vitesse est indépendante de l'ordre des rotations.

Le problème qui consisterait à combiner entre elles de la même manière des rotations et des translations se ramène au précédent, en remplaçant chaque translation par un couple des rotations.

Cela posé, imaginons un second système de vecteurs ω_1', ω_2', ..., ω_n', équivalent au premier ω_1, ω_2, ..., ω_n, c'est-à-dire pouvant se déduire du premier par les opérations élémentaires. Les deux systèmes de rotations représentées par ces vecteurs donneront au point M la même vitesse ; ils peuvent donc se remplacer l'un l'autre quand on ne considère que les vitesses.

Voici les deux conséquences les plus importantes de ce fait :

1° Un système de vecteurs est équivalent à deux vecteurs, dont l'un passe par un point pris à volonté. Donc les vitesses des points du corps S_n sont les mêmes que si le corps était animé de deux rotations, dont l'une passe par un point pris à volonté (Chasles).

2° Un système de vecteurs est équivalent à un vecteur unique ω passant par un point arbitraire O et à un couple d'axe OV_0. Donc les vitesses des points du corps S_n sont les mêmes que si le corps était animé d'une rotation unique $O\omega$, appliquée en un point arbitraire O, et d'un couple de rotations d'axe OV_0, c'est-à-dire d'une translation de vitesse OV_0 (*fig.* 45). Quand le point O change, la rotation $O\omega$ reste la même, la translation OV_0 change, mais le produit $g = \overline{OV_0}\cos(\omega, V_0)$ reste constant.

Si DD' est l'axe central du système de vecteurs ω_1, ω_2, ..., ω_n, ce système est équivalent à un vecteur unique ω (rotation) dirigé suivant DD' et à un couple d'axe minimum g (translation de vitesse g) dirigé également suivant DD'. Les vitesses des points du corps S_n sont donc les mêmes que s'il était animé d'une rotation ω et d'une translation g dans la direction de cette rotation ; ce mouvement identique à celui d'une vis dans un écrou fixe s'appelle *mouvement hélicoïdal* ; l'axe DD' est l'axe instantané de rotation et de glissement.

Fig. 45.

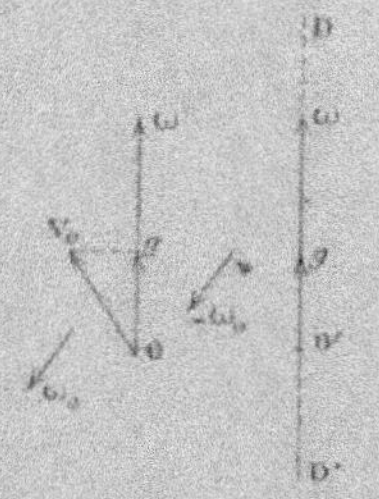

47. Cas particuliers. — Signalons les cas particuliers suivants, qui sont, avec d'autres expressions, les différents cas étudiés dans la théorie des vecteurs (n° 23). Si le moment minimum g est nul, le système des rotations données est équivalent à une rotation unique autour de l'axe central. Si ω est nul, le système est équivalent à une translation unique. Si ω et V_o sont nuls, le système des rotations est équivalent à zéro ; les vitesses de tous les points du corps S_n sont nulles.

48. Conséquences géométriques. — Il est évident que chacun des théorèmes énoncés dans le premier Chapitre, sur la théorie des vecteurs, en donnera un sur les rotations et les translations imprimées à un corps S_n, si l'on remplace les vecteurs par des rotations, les couples par des translations de vitesse égale à l'axe du couple, et le moment résultant relatif à un point M par la vitesse que possède ce point dans le mouvement du corps. Les théorèmes de Géométrie relatifs aux plans et à leurs foyers, aux droites conjuguées, aux droites de moment nul, auront des significations simples ; par exemple, si un plan П est invariablement lié au corps S_n en mouvement, le foyer de П est le point de ce plan dont la vitesse lui est normale, etc.

Le fait qu'un nombre quelconque de rotations et de translations appliquées à un corps solide impriment à ses différents points les mêmes vitesses qu'un mouvement hélicoïdal trouve sa véritable raison dans ce théorème que, *dans le mouvement le plus général d'un solide, les vitesses à un instant sont les mêmes que dans un mouvement hélicoïdal.* C'est ce que nous allons démontrer.

49. Distribution des vitesses dans un corps solide mobile. — Rapportons le mouvement à trois axes rectangulaires $O_1 x_1, y_1, z_1$ fixes dans l'espace ; et, pour définir la position du corps, supposons trois axes rectangulaires mobiles Ox, y, z orientés comme les premiers, invariablement liés au corps (*fig.* 46). Il suffira de connaître le mouvement de ces axes, qui sera défini par les expressions des coordonnées x_0, y_0, z_0 de l'origine mobile et des neuf cosinus directeurs des axes mobiles par rapport aux axes fixes en fonction du temps. Nous supposerons ces neuf cosinus donnés par le Tableau suivant :

	x	y	z
x_1	α	α_1	α_2
y_1	β	β_1	β_2
z_1	γ	γ_1	γ_2

Soit M un point du corps, ayant pour coordonnées x, y, z par rapport aux axes mobiles, x_1, y_1, z_1 par rapport aux axes fixes. Les nombres x, y, z seront *constants*, car le point M est invariablement lié aux axes mobiles.

Les formules de changement de coordonnées donnent

$$x_1 = x_0 + \alpha x + \alpha_1 y + \alpha_2 z,$$
$$y_1 = y_0 + \beta x + \beta_1 y + \beta_2 z,$$
$$z_1 = z_0 + \gamma x + \gamma_1 y + \gamma_2 z.$$

En différentiant ces expressions par rapport à t, nous aurons les projections de la vitesse V du point M (*fig.* 46) sur les axes fixes

$$V_{x_1} = \frac{dx_1}{dt} = \frac{dx_0}{dt} + x \frac{d\alpha}{dt} + y \frac{d\alpha_1}{dt} + z \frac{d\alpha_2}{dt},$$
$$V_{y_1} = \frac{dy_1}{dt} = \frac{dy_0}{dt} + x \frac{d\beta}{dt} + y \frac{d\beta_1}{dt} + z \frac{d\beta_2}{dt},$$
$$V_{z_1} = \frac{dz_1}{dt} = \frac{dz_0}{dt} + x \frac{d\gamma}{dt} + y \frac{d\gamma_1}{dt} + z \frac{d\gamma_2}{dt}.$$

Pour interpréter ces formules d'une façon simple, cherchons

les projections de la vitesse V sur les axes mobiles, projections que nous appelons V_x, V_y, V_z. On a évidemment

$$V_x = \alpha\, V_{x_1} + \beta\, V_{y_1} + \gamma\, V_{z_1},$$
$$V_y = \alpha_1 V_{x_1} + \beta_1 V_{y_1} + \gamma_1 V_{z_1},$$
$$V_z = \alpha_2 V_{x_1} + \beta_2 V_{y_1} + \gamma_2 V_{z_1},$$

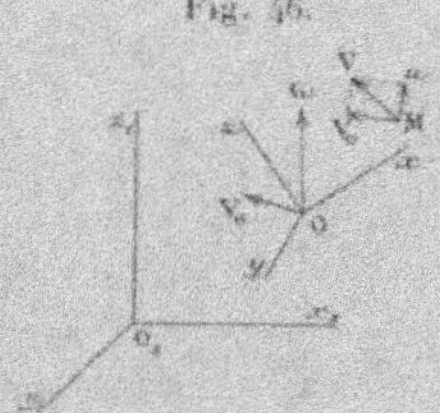

Fig. 46.

Calculons les seconds membres en y remplaçant V_{x_1}, V_{y_1}, V_{z_1}, par les expressions ci-dessus, et remarquant que les quantités telles que

$$\alpha\,\frac{d\alpha}{dt} + \beta\,\frac{d\beta}{dt} + \gamma\,\frac{d\gamma}{dt}, \qquad \dots$$

sont nulles, en vertu des relations

$$\alpha^2 + \beta^2 + \gamma^2 = 1, \qquad \dots$$

Puis, tenons compte des relations

$$\alpha_1 \alpha_2 + \beta_1 \beta_2 + \gamma_1 \gamma_2 = 0, \qquad \alpha\alpha_2 + \beta\beta_2 + \gamma\gamma_2 = 0, \qquad \alpha\alpha_1 + \beta\beta_1 + \gamma\gamma_1 = 0,$$

qui donnent, par différentiation par rapport à t, les formules

$$\alpha_2\frac{d\alpha_1}{dt} + \beta_2\frac{d\beta_1}{dt} + \gamma_2\frac{d\gamma_1}{dt} = -\left(\alpha_1\frac{d\alpha_2}{dt} + \beta_1\frac{d\beta_2}{dt} + \gamma_1\frac{d\gamma_2}{dt}\right) = p,$$
$$\alpha\frac{d\alpha_2}{dt} + \beta\frac{d\beta_2}{dt} + \gamma\frac{d\gamma_2}{dt} = -\left(\alpha_2\frac{d\alpha}{dt} + \beta_2\frac{d\beta}{dt} + \gamma_2\frac{d\gamma}{dt}\right) = q,$$
$$\alpha_1\frac{d\alpha}{dt} + \beta_1\frac{d\beta}{dt} + \gamma_1\frac{d\gamma}{dt} = -\left(\alpha\frac{d\alpha_1}{dt} + \beta\frac{d\beta_1}{dt} + \gamma\frac{d\gamma_1}{dt}\right) = r.$$

dont nous posons les deux termes égaux à des quantités p, q, r. Nous trouverons ainsi

$$V_x = V_x^0 + qz - ry,$$
$$V_y = V_y^0 + rx - pz,$$
$$V_z = V_z^0 + py - qx,$$

V_x^0, V_y^0, V_z^0 désignant les projections de la vitesse V^0 du point O sur les axes mobiles

$$V_z^0 = \alpha\,\frac{dx_0}{dt} + \beta\,\frac{dy_0}{dt} + \gamma\,\frac{dz_0}{dt}, \qquad \dots$$

Ces formules ont une signification simple. Elles montrent que la vitesse V de chaque point M du corps solide est la somme géométrique de deux vecteurs; l'un V^0, le même pour tous les points M, égal et parallèle à la vitesse du point O; l'autre u, variable avec la position du point M et ayant pour projections sur les axes mobiles $qz - ry$, $rx - pz$, $py - qx$. Le vecteur V^0 est la vitesse que posséderait le point M, si le corps solide était animé d'un mouvement de translation de vitesse V^0; le vecteur u est la vitesse que posséderait ce même point, si le corps solide était animé d'une rotation $O\omega$, ayant pour projections p, q, r sur les axes mobiles; cette rotation se nomme *rotation instantanée*. On exprime ce fait en disant que la vitesse d'un point quelconque du corps est *la résultante d'une vitesse de translation égale à la vitesse d'un point quelconque O du corps et d'une vitesse de rotation autour d'un axe passant par O.*

Les composantes de la vitesse, suivant les axes fixes O_1x_1, O_1y_1, O_1z_1, se déduisent immédiatement de ce résultat. D'abord les projections de V^0 sur les axes fixes sont

$$\frac{dx_0}{dt}, \quad \frac{dy_0}{dt}, \quad \frac{dz_0}{dt};$$

puis, en désignant par p_1, q_1, r_1 les projections de la rotation instantanée $O\omega$ sur les axes fixes, on a, d'après les formules relatives aux rotations (n° **42**), l'expression suivante pour la projection du vecteur u sur l'axe Ox_1

$$q_1(z_1 - z_0) - r_1(y_1 - y_0).$$

La projection de la vitesse V sur Ox_1 est donc

$$V_{x_1} = \frac{dx_1}{dt} = \frac{dx_0}{dt} + q_1(z_1 - z_0) - r_1(y_1 - y_0);$$

on a deux formules analogues pour V_{y_1} et V_{z_1}.

50. Axe instantané de rotation et de glissement. — L'état des vitesses des différents points du corps solide étant le même que si le corps était animé d'une rotation $O\omega$ et d'une translation OV^0 est le même que si le corps était animé de trois rotations simultanées, la rotation $O\omega$ et deux rotations ω^0, $-\omega^0$ formant un couple d'axe OV^0. D'après ce que nous avons vu dans la théorie de la composition des rotations, l'état des vitesses sera le même que si le corps était animé d'un mouvement hélicoïdal autour de l'axe central du système de vecteurs ω, ω^0, $-\omega^0$; les équations de cet axe s'obtiendront en cherchant le lieu des points dont la vitesse est parallèle à la direction de la rotation instantanée ω ($fig.$ 47). On a ainsi

Fig. 47.

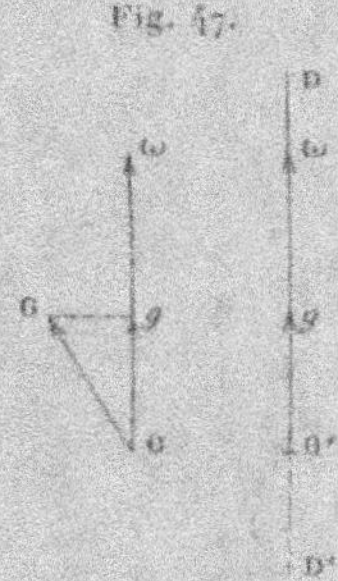

pour les équations de l'axe instantané DD' de rotation et de glissement, par rapport aux axes mobiles,

$$(D) \qquad \frac{V_1^0 + qz - ry}{p} = \frac{V_2^0 + rx - pz}{q} = \frac{V_3^0 + py - qx}{r}$$

et, par rapport aux axes fixes,

$$(D_1) \qquad \frac{\dfrac{dx_0}{dt} - q_1(z_1 - z_0) - r_1(y_1 - y_0)}{p_1}$$

$$= \frac{\dfrac{dy_0}{dt} + r_1(x_1 - x_0) - p_1(z_1 - z_0)}{q_1} = \ldots$$

g étant le glissement estimé positivement dans le sens de ω, la valeur commune de tous ces rapports est

$$f = \frac{g}{\omega} = \frac{p\,V_x^0 + q\,V_y^0 + r\,V_z^0}{p^2 + q^2 + r^2} = \frac{p_1 \dfrac{dx_0}{dt} + q_1 \dfrac{dy_0}{dt} + r_1 \dfrac{dz_0}{dt}}{p_1^2 + q_1^2 + r_1^2}.$$

Les cas particuliers qui peuvent se présenter sont les suivants : si f est nul, le glissement est nul ; si f est infini, la rotation est nulle.

51. Grandeur de la vitesse d'un point du corps. — Prenons un point M du corps situé à une distance δ de l'axe instantané de rotation et de glissement DD'. La vitesse due à la rotation est un vecteur MU perpendicu-

Fig. 48.

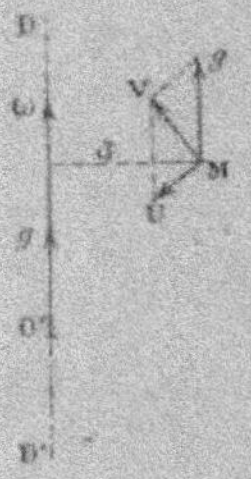

laire au plan MDD' égal à $\omega\delta$; la vitesse due à la translation est un vecteur Mg égal et parallèle à g. La vitesse résultante V est donc dans un plan perpendiculaire à δ ; elle est donnée par

$$V^2 = \omega^2\delta^2 + g^2, \qquad \tang \widehat{\mathrm{VM}g} = \frac{\omega\delta}{g}.$$

Quand M décrit la droite δ perpendiculaire à DD', V engendre un paraboloïde hyperbolique. Ces propositions donnent, sous une forme simple, la distribution des moments résultants autour de l'axe central dans un système quelconque de vecteurs, ω étant la résultante générale et g le couple minimum (n° 12).

52. Mouvement continu. — Le lieu géométrique de l'axe instantané de rotation et de glissement dans le corps est une certaine surface réglée Σ dont on obtiendrait l'équation en éliminant t entre les équations (D) de l'axe par rapport aux axes mobiles ; le lieu du même axe dans l'espace absolu, c'est-à-dire par rapport aux axes fixes, est une autre surface réglée Σ, dont on obtiendrait l'équation à l'aide des équations (D_1). A un instant quelconque, ces deux surfaces ont une génératrice commune qui est l'axe instantané à cet instant. Elles sont de plus tangentes le long de cette génératrice. En effet, soient A la génératrice commune à l'instant t, A' la génératrice de Σ infiniment voisine de A qui coïncide à l'instant $t + dt$ avec la génératrice A'_1 de Σ_1 infiniment voisine de A. M un point quelconque de A et P un point de A' infiniment voisin de M; le plan tangent en M à Σ diffère infiniment peu du plan AP. Désignons par P_1 le point de A'_1 qui coïncide avec P à l'instant $t + dt$; le plan tangent en M à Σ_1 diffère infiniment peu du plan AP_1 (*fig.* 48 *bis*). Or on amène le point P à coïncider avec P_1 par

Fig. 48 *bis*.

une translation PP' parallèle à A (glissement) suivie d'une rotation infiniment petite autour de A; par suite, on fait coïncider le plan AP avec le plan AP_1 par une rotation infiniment petite autour de A. Les plans tangents en M aux deux surfaces sont donc les mêmes, car ils diffèrent infiniment peu des plans AP et AP_1, qui diffèrent infiniment peu l'un de l'autre.

On peut donc se représenter le mouvement général d'un solide de la façon suivante, qui a été indiquée par Poncelet :

Une surface réglée liée au solide se meut sur une surface réglée fixe à laquelle elle est tangente suivant une génératrice et sur laquelle elle roule en glissant le long de cette génératrice.

Examinons quelques cas particuliers de ces théorèmes.

53. Le corps solide a un point fixe. — On peut prendre ce point fixe pour origine O des axes fixes et des axes mobiles. La vitesse du point O étant nulle, les vitesses des différents points du corps sont les mêmes que si le corps *tournait autour d'un axe passant par le point fixe* (Euler) : cet axe se nomme *axe instantané de rotation*; l'axe du mouvement hélicoïdal coïncide avec lui, mais le *glissement* du mouvement hélicoïdal *est nul*; la rotation instantanée seule subsiste. Le mouvement fini du corps s'obtient en faisant *rouler* le cône C de sommet O, lieu des axes instantanés dans le corps, sur le cône C_1 de même sommet, lieu des axes instantanés dans l'espace.

Les points du corps situés sur une sphère de centre O forment une figure sphérique de forme invariable mobile sur cette sphère. Les cônes C et C_1 de sommet O coupent cette sphère suivant deux courbes c et c_1, la première c invariablement liée à la figure sphérique mobile, l'autre c_1 fixe sur la sphère. Le mouvement de la figure sphérique s'obtiendra en faisant rouler la courbe c liée à cette figure sur la courbe fixe c_1.

54. Le corps se déplace parallèlement à un plan fixe. — Les vitesses des différents points du corps sont alors parallèles à un plan fixe Π : on peut considérer ce cas comme limite du précédent lorsque le point fixe O s'éloigne indéfiniment dans une direction perpendiculaire au plan Π. Une sphère de centre O passant par un point déterminé du corps se réduit alors à un plan parallèle au plan Π ou, si l'on veut, à ce plan lui-même; tous les points du corps situés à un certain instant dans ce plan y restent indéfiniment et forment une figure plane de forme invariable mobile sur un plan fixe. Le mouvement hélicoïdal instantané se réduit encore à une rotation dont l'axe est perpendiculaire au plan Π. Le lieu des axes instantanés de rotation dans le corps est un cylindre C, dans l'espace un cylindre C_1 de génératrices perpendiculaires au plan Π; le mouvement fini s'obtient en faisant rouler sans glissement le cylindre C sur C_1. Les points du corps situés dans le plan Π forment une figure plane invariable dont le mouvement fait évidemment connaître celui du corps entier; ce mouvement s'obtient par le roulement de la section droite c du cylindre C par le plan Π sur la section droite c_1 du cylindre C_1 par ce même plan.

55. Roulement et pivotement d'une surface mobile sur une surface fixe. — Imaginons un corps solide mobile terminé par une surface rigide S assujettie à rester en contact avec une surface fixe S_1. À chaque instant t, un certain point A de la surface mobile S se trouve en contact avec un point A_1 de la surface fixe S_1. Si, à l'instant t, la vitesse V_0 du point A de S qui se trouve au contact n'est pas nulle, cette vitesse est située dans le plan tangent commun aux deux surfaces au point de contact; en effet, soient B le point de contact à l'instant $t + dt$, A' la nouvelle position de A; les vecteurs BA_1 et BA' étant dans le plan tangent commun en B aux deux surfaces, il en est de même du vecteur A_1A' qui est le déplacement absolu de A. Les vitesses des différents points du corps solide mobile sont les mêmes que si ce corps était animé d'une translation de vitesse V_0 et d'une rotation

$A\omega$ autour d'un axe passant par A. On dit que la surface S *roule* et *pivote* sur S_1 quand, à chaque instant t, *la vitesse du point A qui est au contact est nulle*. Dans ce cas, V_g étant nul, les vitesses des points du solide mobile sont à chaque instant les mêmes que si le corps était animé *d'une rotation* $A\omega$ autour d'un axe passant par A : l'axe instantané de rotation et de

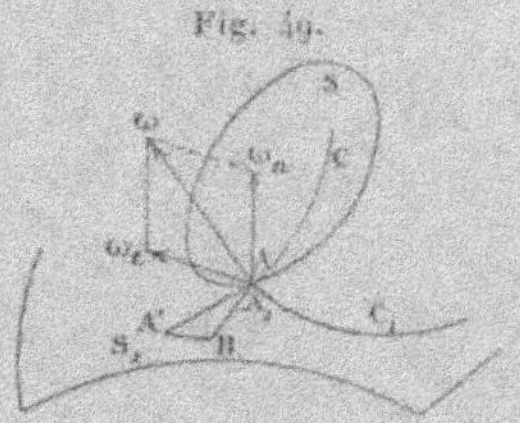

Fig. 49.

glissement passe donc par A, et le *glissement est nul*. Le lieu de $A\omega$ dans le corps S est une surface réglée Σ, dans l'espace absolu, une surface réglée Σ_1; le mouvement s'obtient en faisant rouler Σ sur Σ_1. Le lieu du point A sur S est une courbe C, intersection de Σ avec S; le lieu du point A_1 sur S_1, une courbe C_1 intersection de Σ_1 avec S_1 : ces deux courbes roulent aussi l'une sur l'autre.

La rotation instantanée $A\omega$ peut être décomposée en deux : l'une $A\omega_n$ normale aux deux surfaces qu'on appelle la *vitesse angulaire de pivotement*, l'autre $A\omega_t$ située dans le plan tangent qui est la *vitesse de roulement*. Lorsque le mouvement est tel que la vitesse de pivotement ω_n est constamment nulle, le mouvement de S sur S_1 est un *roulement*.

IV. — ACCÉLÉRATIONS. THÉORÈME DE CORIOLIS.

56. Distribution des accélérations dans un solide en mouvement. — Dans le cas général, les projections de la vitesse d'un point M du corps sur les axes fixes x_1, y_1, z_1 étant

$$\frac{dx_1}{dt} = a + q_1 z_1 - r_1 y_1,$$

$$\frac{dy_1}{dt} = b + r_1 x_1 - p_1 z_1,$$

$$\frac{dz_1}{dt} = c + p_1 y_1 - q_1 x_1,$$

où a, b, c désignent les quantités $V_{x_1}^0 - q_1 z_0 + r_1 y_0$, etc..., on obtient les projections de l'accélération de ce point en différentiant ces formules, qui donnent

$$\frac{d^2 x_1}{dt^2} = \frac{da}{dt} + q_1 \frac{dz_1}{dt} - r_1 \frac{dy_1}{dt} + z_1 \frac{dq_1}{dt} - y_1 \frac{dr_1}{dt} \ldots$$

ou, en remplaçant les dérivées premières $\frac{dx_1}{dt}$ par leurs valeurs, réduisant et faisant $p_1^2 + q_1^2 + r_1^2 = \omega^2$,

$$\frac{d^2 x_1}{dt^2} = \frac{da}{dt} + q_1 c - r_1 b + p_1 (p_1 x_1 + q_1 y_1 + r_1 z_1)$$
$$- \omega^2 x_1 + z_1 \frac{dq_1}{dt} - y_1 \frac{dr_1}{dt}.$$

En permutant les lettres, on aura de même les expressions de $\frac{d^2 y_1}{dt^2}$ et $\frac{d^2 z_1}{dt^2}$, c'est-à-dire les projections de l'accélération sur les axes fixes.

57. Accélération dans le mouvement relatif. Théorème de Coriolis. — Nous avons donné précédemment (n° 43) un théorème d'une grande importance liant l'une à l'autre la vitesse absolue d'un mobile et sa vitesse relative par rapport à un système (S) animé d'un mouvement connu.

Nous nous proposons d'exposer un théorème du même genre, liant l'une à l'autre l'accélération absolue et l'accélération relative. Nous allons employer une méthode analytique qui donne aussi le théorème sur les vitesses précédemment démontré par la Géométrie (n° 43).

Pour définir le mouvement du système de comparaison (S) par rapport auquel on étudie le mouvement relatif, nous supposerons trois axes mobiles $Oxyz$ invariablement liés à (S), et nous définirons leur mouvement comme nous l'avons fait dans le n° 49. Soit M le point mobile : comme il se déplace à la fois dans le système (S) et dans l'espace absolu, ses coordonnées par rapport aux axes mobiles x, y, z seront des fonctions du temps, ainsi que ses coordonnées absolues x_1, y_1, z_1. Ces coordonnées sont liées par les formules

$$(1) \qquad \begin{cases} x_1 = x_0 + \alpha x + \alpha_1 y + \alpha_2 z, \\ y_1 = y_0 + \beta x + \beta_1 y + \beta_2 z, \\ z_1 = z_0 + \gamma x + \gamma_1 y + \gamma_2 z. \end{cases}$$

Le point mobile M a une vitesse et une accélération absolues ayant pour projections sur les axes fixes

$$(V_a) \qquad \frac{dx_1}{dt}, \quad \frac{dy_1}{dt}, \quad \frac{dz_1}{dt},$$

$$(J_a) \qquad \frac{d^2x_1}{dt^2}, \quad \frac{d^2y_1}{dt^2}, \quad \frac{d^2z_1}{dt^2},$$

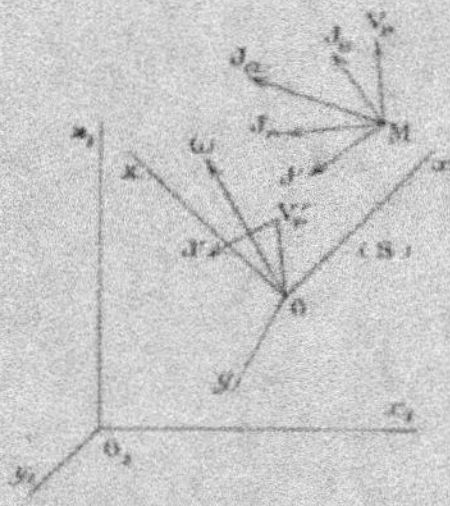

Fig. 5o.

il a une vitesse et une accélération relatives ayant pour projections sur les axes mobiles

$$(V_r) \qquad \frac{dx}{dt}, \quad \frac{dy}{dt}, \quad \frac{dz}{dt},$$

$$(J_r) \qquad \frac{d^2x}{dt^2}, \quad \frac{d^2y}{dt^2}, \quad \frac{d^2z}{dt^2}$$

et sur les axes fixes

$$(V_r) \qquad \begin{cases} \alpha \dfrac{dx}{dt} + \alpha_1 \dfrac{dy}{dt} + \alpha_2 \dfrac{dz}{dt}, \\[2ex] \beta \dfrac{dx}{dt} + \beta_1 \dfrac{dy}{dt} + \beta_2 \dfrac{dz}{dt}, \\[2ex] \gamma \dfrac{dx}{dt} + \gamma_1 \dfrac{dy}{dt} + \gamma_2 \dfrac{dz}{dt}, \end{cases}$$

$$(J_r) \qquad \begin{cases} \alpha \dfrac{d^2x}{dt^2} + \alpha_1 \dfrac{d^2y}{dt^2} + \alpha_2 \dfrac{d^2z}{dt^2}, \\[2ex] \beta \dfrac{d^2x}{dt^2} + \beta_1 \dfrac{d^2y}{dt^2} + \beta_2 \dfrac{d^2z}{dt^2}, \\[2ex] \gamma \dfrac{d^2x}{dt^2} + \gamma_1 \dfrac{d^2y}{dt^2} + \gamma_2 \dfrac{d^2z}{dt^2}, \end{cases}$$

Le point a aussi une vitesse et une accélération d'*entraîne-ment* ayant pour projections sur les axes fixes

$$(V_e) \quad \begin{cases} \dfrac{dx_0}{dt} + x\,\dfrac{d\alpha}{dt} + y\,\dfrac{d\alpha_1}{dt} + z\,\dfrac{d\alpha_2}{dt}, \\[2mm] \dfrac{dy_0}{dt} + x\,\dfrac{d\beta}{dt} + y\,\dfrac{d\beta_1}{dt} + z\,\dfrac{d\beta_2}{dt}, \\[2mm] \dfrac{dz_0}{dt} + x\,\dfrac{d\gamma}{dt} + y\,\dfrac{d\gamma_1}{dt} + z\,\dfrac{d\gamma_2}{dt}, \end{cases}$$

$$(J_e) \quad \begin{cases} \dfrac{d^2 x_0}{dt^2} + x\,\dfrac{d^2\alpha}{dt^2} + y\,\dfrac{d^2\alpha_1}{dt^2} + z\,\dfrac{d^2\alpha_2}{dt^2}, \\[2mm] \dfrac{d^2 y_0}{dt^2} + x\,\dfrac{d^2\beta}{dt^2} + y\,\dfrac{d^2\beta_1}{dt^2} + z\,\dfrac{d^2\beta_2}{dt^2}, \\[2mm] \dfrac{d^2 z_0}{dt^2} + x\,\dfrac{d^2\gamma}{dt^2} + y\,\dfrac{d^2\gamma_1}{dt^2} + z\,\dfrac{d^2\gamma_2}{dt^2}, \end{cases}$$

formules obtenues en regardant x, y, z comme constantes, car on appelle *vitesse* et *accélération d'entraînement* du point M la vitesse et l'accélération qu'aurait ce point s'il était invariablement lié aux axes mobiles.

La différentiation des formules (1) donne

$$(2) \quad \begin{cases} \dfrac{d^2 x_1}{dt^2} = \left(\alpha\,\dfrac{d^2 x}{dt^2} + \alpha_1\,\dfrac{d^2 y}{dt^2} + \alpha_2\,\dfrac{d^2 z}{dt^2} \right) \\[3mm] \qquad + \left(\dfrac{d^2 x_0}{dt^2} + x\,\dfrac{d^2\alpha}{dt^2} + y\,\dfrac{d^2\alpha_1}{dt^2} + z\,\dfrac{d^2\alpha_2}{dt^2} \right) \\[3mm] \qquad + 2\left(\dfrac{d\alpha}{dt}\dfrac{dx}{dt} + \dfrac{d\alpha_1}{dt}\dfrac{dy}{dt} + \dfrac{d\alpha_2}{dt}\dfrac{dz}{dt} \right), \end{cases}$$

et deux formules analogues pour les dérivées secondes de y_1 et z_1.

Pour interpréter ces équations, considérons le vecteur J' ayant pour origine le point M et pour projections sur les axes fixes les quantités

$$(J') \quad \begin{cases} J'_{x_1} = 2\left(\dfrac{d\alpha}{dt}\dfrac{dx}{dt} + \dfrac{d\alpha_1}{dt}\dfrac{dy}{dt} + \dfrac{d\alpha_2}{dt}\dfrac{dz}{dt} \right), \\[2mm] J'_{y_1} = 2\left(\dfrac{d\beta}{dt}\dfrac{dx}{dt} + \dfrac{d\beta_1}{dt}\dfrac{dy}{dt} + \dfrac{d\beta_2}{dt}\dfrac{dz}{dt} \right), \\[2mm] J'_{z_1} = 2\left(\dfrac{d\gamma}{dt}\dfrac{dx}{dt} + \dfrac{d\gamma_1}{dt}\dfrac{dy}{dt} + \dfrac{d\gamma_2}{dt}\dfrac{dz}{dt} \right). \end{cases}$$

On appelle ce vecteur l'accélération *complémentaire*. Les

équations (2) expriment que la projection de J_a sur chacun des trois axes fixes est égale à la somme des projections de J_r, J_e et J' sur le même axe, c'est-à-dire que, dans l'espace, le vecteur J_a est la somme géométrique de J_r, J_e et J'.

L'accélération absolue est donc la résultante de l'accélération relative, de l'accélération d'entraînement et de l'accélération complémentaire.

Il reste à trouver une interprétation simple de J' : pour cela, cherchons les projections de J' sur les axes mobiles J'_x, J'_y, J'_z. On a évidemment

$$J'_x = \alpha J'_{x_1} + \beta J'_{y_1} + \gamma J'_{z_1} + \ldots$$

Le système de comparaison (S), par rapport auquel on étudie le mouvement relatif, constitue un corps solide ou système invariable en mouvement. En appliquant à ce système les résultats de l'étude faite précédemment, nous savons que les vitesses des différents points de ce système invariable sont, à l'instant considéré, les mêmes que si le corps était animé d'une certaine translation et d'une rotation instantanée ω ayant pour projections sur les axes mobiles p, q, r, avec

$$q = \alpha \frac{d\alpha_2}{dt} + \beta \frac{d\beta_2}{dt} + \gamma \frac{d\gamma_2}{dt} = -\left(\alpha_2 \frac{d\alpha}{dt} + \beta_2 \frac{d\beta}{dt} + \gamma_2 \frac{d\gamma}{dt}\right)\ldots$$

Ces formules étant rappelées, on trouve immédiatement

$$J'_x = 2\left(q\frac{dz}{dt} - r\frac{dy}{dt}\right), \qquad J'_y = 2\left(r\frac{dx}{dt} - p\frac{dz}{dt}\right), \qquad J'_z = 2\left(p\frac{dy}{dt} - q\frac{dx}{dt}\right).$$

Si donc on considère le point V'_r (*fig.* 50) ayant pour coordonnées par rapport aux axes mobiles $\frac{dx}{dt}$, $\frac{dy}{dt}$, $\frac{dz}{dt}$, c'est-à-dire l'extrémité du vecteur OV'_r d'origine O égal et parallèle à la vitesse relative V_r, les projections de J' sur les axes x, y, z sont égales aux doubles des projections de la vitesse que prendrait ce point V'_r si l'angle $\omega OV'_r$, supposé invariable, tournait autour de l'axe $O\omega$ supposé fixe, avec la vitesse angulaire ω. Le vecteur J' est donc en grandeur, direction et sens, égal au double de cette vitesse, c'est-à-dire au double du moment de ω par rapport au point V'_r; il est appliqué au point M. On peut, en détaillant, le définir comme il suit : le vecteur J' est perpendiculaire au plan $\omega OV'_r$ de l'axe instantané et de la vitesse relative; il a pour grandeur le double du produit de ω par la distance du point V'_r à l'axe $O\omega$, c'est-à-dire $2\omega V_r \sin(\omega, V_r)$; enfin il est dirigé par rapport au plan $\omega O V'_r$ du côté où la rotation instantanée ω tendrait à entraîner l'extrémité V'_r d'une parallèle OV'_r à la vitesse relative.

En résumé, on a

$$(V_a) = (V_r) + (V_e), \qquad (J_a) = (J_r) + (J_e) + (J').$$

Ce vecteur J' est nul si l'un des trois facteurs ω, V_r, $\sin(\widehat{\omega, V_r})$ est nul. Le cas le plus important est le suivant.

58. Mouvement de translation des axes mobiles. Composition des mouvements. — Si ω *est constamment nul, la rotation instantanée est toujours nulle.* Pour qu'il en soit ainsi, il faut et il suffit que les axes mobiles aient un mouvement de translation; l'accélération absolue J_a est alors la *résultante de l'accélération relative* J_r *et de l'accélération d'entraînement* J_e.

Ce cas particulier du mouvement relatif porte le nom de *composition des mouvements*. Pour définir le mouvement de translation des axes mobiles, qu'on peut alors supposer parallèles aux axes fixes (*fig.* 51), il suffit évidemment de définir le mouvement d'un

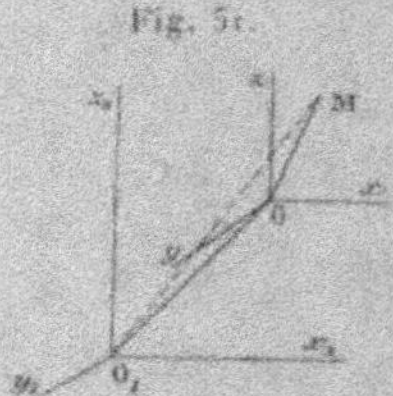
Fig. 51.

point O du système de comparaison, ce qu'on peut faire en donnant la variation du vecteur O_1O en fonction du temps; le mouvement relatif de M est défini de même par la variation du vecteur OM. Le mouvement absolu de M, défini par la variation du vecteur résultant O_1M, s'appelle *mouvement résultant des deux premiers*; d'après ce qui précède, la vitesse et l'accélération de ce mouvement sont les sommes géométriques des vitesses et des accélérations des deux mouvements composants.

EXERCICES.

1. *Hodographe.* — Un point M étant en mouvement, on mène par un point fixe O un vecteur OM' égal et parallèle à la vitesse MV du point à l'instant t. Le lieu de ce point M' est une courbe appelée *hodographe*. La vitesse du point M' est égale et parallèle à l'accélération du point M.

2. Déterminer la trajectoire d'un mobile sachant qu'elle est plane et que les composantes tangentielles et normales de l'accélération sont constantes.

Réponse. — En comptant le temps t à partir d'un instant convenable, et l'arc de trajectoire s à partir d'une origine convenable, on trouve

$$v = at, \qquad \frac{v^2}{\rho} = b, \qquad \rho = \frac{1}{b}\,a\,s,$$

où ρ est le rayon de courbure, a et b des constantes. La trajectoire est une spirale logarithmique.

3. Un mouvement qui a lieu dans un plan est défini par deux équations faisant connaître les coordonnées polaires du mobile r et θ en fonction du temps. On demande de calculer soit directement, soit comme application de la théorie du mouvement relatif, les composantes de la vitesse et de l'accélération suivant le rayon vecteur et la perpendiculaire au rayon vecteur.

Réponse. — Composantes de la vitesse

$$\frac{dr}{dt}, \quad r\,\frac{d\theta}{dt}$$

de l'accélération

$$\frac{d^2 r}{dt^2} - r\left(\frac{d\theta}{dt}\right)^2, \quad \frac{1}{r}\frac{d}{dt}\left(r^2\,\frac{d\theta}{dt}\right).$$

4. Un mobile parcourt une lemniscate

$$r^2 = 2a^2\cos 2\theta$$

avec une vitesse de grandeur constante a. Exprimer les coordonnées du mobile en fonction du temps et calculer l'accélération. (Cet exercice exige la connaissance des fonctions elliptiques.)

Réponse. — Soit s l'arc de courbe compté à partir du point où $\theta = 0$. On trouve

$$at = s = -\int_{a\sqrt{2}}^{r} \frac{2a^2\,dr}{\sqrt{(2a^2+r^2)(2a^2-r^2)}};$$

d'où

$$r = a\sqrt{2}\,\operatorname{cn} t, \qquad \cos\theta = \operatorname{dn} t, \qquad \sin\theta = \frac{1}{\sqrt{2}}\operatorname{sn} t,$$

le module des fonctions elliptiques étant $\frac{1}{\sqrt{2}}$; on en déduit immédiatement x et y en fonction de temps.

5. Démontrer que, dans un corps solide en mouvement, à un instant donné:

a. Le lieu des points du corps dont les points ont des vitesses concourant en un point donné est une cubique gauche;

b. Le lieu des directions de ces vitesses, un cône du second degré;

c. Le lieu des points dont la vitesse a la même grandeur, un cylindre de révolution autour de l'axe du mouvement hélicoïdal (CHASLES).

6. Dans un corps solide en mouvement, les plans normaux aux trajectoires des points du corps situés dans un même plan passent par un même point ; les plans normaux aux trajectoires des points situés sur une droite D passent par une droite Δ ; les plans normaux aux trajectoires des points d'une surface d'ordre m enveloppent une surface de classe m (CHASLES). (Ces propriétés résultent immédiatement des propriétés des plans et de leurs foyers, indiquées dans le n° 12.)

7. Les plans normaux aux trajectoires de deux points quelconques a et b du corps rencontrent l'axe D de rotation et de glissement en deux points α, β, qui sont les pieds des perpendiculaires abaissées des points a et b sur lui. De sorte que l'on a

$$\alpha\beta = ab \cos(ab, D) \text{ (CHASLES)}.$$

8. Si l'on considère les vitesses que possèdent au même instant les différents points d'un solide comme des droites indéfinies, ces vitesses forment un complexe du second ordre dont les coniques sont des paraboles (exercice identique à l'exercice 8, page 40).

9. Dans un corps solide en mouvement, on projette à un instant t les vitesses des différents points du système sur un plan π perpendiculaire à l'axe central ; démontrer que ces projections sont perpendiculaires aux droites joignant les projections des points sur le même plan au pied de l'axe sur ce plan.

10. *Construction de l'axe instantané de rotation et de glissement d'après Poncelet.* — On mène par un point arbitraire O de l'espace trois vecteurs OV, OV', OV" égaux aux vitesses de trois points M, M', M" du corps ; l'axe instantané est perpendiculaire au plan π des trois points V, V', V". Projetons sur ce plan deux des points M et M' en m et m' et leurs vitesses en $\overline{mv}$ et $\overline{m'v'}$; les perpendiculaires élevées en m et m' à $\overline{mv}$ et $\overline{m'v'}$ se coupent au pied de l'axe sur le plan π. L'axe est donc déterminé.

11. Un corps solide est mobile autour d'un point fixe O. Démontrer que, si l'axe instantané de rotation est fixe dans le corps, il est aussi fixe dans l'espace, et que le mouvement du corps se réduit à une rotation autour d'un axe fixe.

Réciproquement, si l'axe instantané est fixe dans l'espace, il est aussi fixe dans le corps.

12. On considère une courbe gauche rapportée à des axes fixes O, x, y, z, et sur cette courbe un point mobile O dont les coordonnées sont des fonctions données de l'arc s. On suppose que le mouvement du point O est défini par l'équation $s = t$, et l'on considère le trièdre trirectangle $Oxyz$ formé par la tangente Ox dans le sens du mouvement, la normale principale Oy dans le sens du rayon de courbure principal ρ, et la binormale Oz.

a. Trouver les composantes p, q, r de la rotation instantanée du trièdre mobile suivant les axes mobiles.

Réponse. $p = -\dfrac{1}{\tau}$, $q = 0$, $r = \dfrac{1}{\rho}$ (τ rayon de torsion).

b. Trouver les équations de l'axe instantané de rotation et de glissement.

13. Démontrer, en vertu de la propriété précédente, que si $\frac{\rho}{\tau}=$ const., la courbe est une hélice tracée sur un cylindre quelconque (BERTRAND).

(On considère un trièdre auxiliaire $O_1x'y'z'$ ayant son origine fixe et ses arêtes parallèles aux axes mobiles $Oxyz$. Si $\frac{\rho}{\tau}=$ const., l'axe instantané de rotation de ce nouveau trièdre *est fixe dans le trièdre*, par conséquent *fixe dans l'espace* (exercice 11), et la tangente Ox à la courbe fait avec la direction de cet axe *fixe un angle constant*).

14. Une droite AB de l'espace est invariablement liée à un axe fixe Oz, autour duquel elle tourne avec une vitesse angulaire constante ω. Un corps solide C, invariablement lié à la droite AB, tourne autour de cette droite avec la même vitesse angulaire relative ω.

Trouver, pour ce corps solide C, l'axe instantané de rotation et de glissement, la surface réglée fixe Σ, et la surface réglée mobile Σ'.

15. On fait rouler un cylindre de révolution (C) dans un cylindre de révolution (C') de rayon double, en le faisant glisser en même temps parallèlement aux génératrices, de telle façon qu'un point du cylindre (C) décrive une droite fixe rencontrant nécessairement l'axe du cylindre (C').

Démontrer que, dans ce mouvement, tous les points du solide mobile décrivent des ellipses.

Ce mouvement est, en excluant le cas d'un déplacement parallèle à un plan fixe, *le seul dans lequel tous les points de la figure mobile puissent décrire des courbes planes*. (Voir DARBOUX, *Comptes rendus*, t. XCII, ou *Annales de l'École Normale*, 1890.)

16. Démontrer que l'on peut obtenir le déplacement continu d'un corps solide par le procédé suivant, imaginé par *Poinsot*. Un cône C de forme invariable, lié au corps solide, roule, sans glisser, sur un cône C_1 de forme invariable, animé d'un mouvement de translation.

(La démonstration se fera facilement en prenant un point fixe quelconque O dans le corps solide et étudiant le mouvement relatif du corps par rapport à des axes $Ox'y'z'$ *de directions fixes menés par O.*)

17. Le lieu des axes de courbure des trajectoires des différents points d'une droite le long de cette droite est un hyperboloïde; le lieu des centres des sphères osculatrices est une cubique gauche (MANNHEIM).

18. *Sur le théorème de Coriolis.* — Si la rotation instantanée ω du système de comparaison est la résultante de deux rotations ω' et ω'', l'accélération complémentaire J' est la résultante des deux accélérations complémentaires qui seraient dues aux rotations composantes ω' et ω''.

Si la vitesse relative V_r est la résultante de deux vitesses relatives V'_r et V''_r, l'accélération complémentaire J' est la résultante des deux accélérations complémentaires qui seraient dues aux vitesses composantes V'_r et V''_r (RESAL).

CHAPITRE III.

PRINCIPES DE LA MÉCANIQUE : FORCES, MASSES.

59. La Mécanique repose sur un petit nombre de principes qu'il est impossible de vérifier directement et auxquels on a été conduit par une longue suite d'inductions : les conséquences qu'on en déduit sont vérifiées par l'observation. La première idée de ces principes remonte à Galilée qui, dans l'étude des lois de la chute des corps (plan incliné, pendule, mouvement parabolique), a introduit les notions d'inertie, d'accélération, de composition des mouvements. Huygens fut le continuateur de Galilée dans la théorie du mouvement d'un point : il étudia le premier le mouvement d'un système matériel. Enfin Newton étendit le champ de la Mécanique par la découverte de la loi d'attraction universelle : il formula explicitement les principes en trois propositions qui portent actuellement les noms de *principe de l'inertie, principe des mouvements relatifs, principe de l'égalité de l'action et de la réaction.*

I. — PRINCIPES.

60. Point matériel. — Afin de commencer par le problème le plus simple, on étudie d'abord le mouvement d'une portion de matière assez petite pour qu'on puisse, sans erreur sensible, déterminer sa position comme celle d'un point géométrique. Une telle portion de matière s'appelle un *point matériel.* On considère ensuite les corps comme formés par la réunion d'un très grand nombre de points matériels.

61. Principe de l'inertie. — Ce principe comprend deux parties : 1° *Quand un point matériel est en repos dans l'espace, si aucune action extérieure ne s'exerce sur lui, il reste en repos;*

2° Quand un point matériel est en mouvement dans l'espace, si aucune action extérieure ne s'exerce sur lui, son mouvement est rectiligne et uniforme.

Certains faits semblent en contradiction avec la seconde partie du principe précédent. Ainsi, quand on lance une bille sur une surface plane horizontale, on voit la bille décrire une ligne droite ; mais, quoique l'action qui a produit le mouvement ne s'exerce plus sur le corps, la vitesse diminue graduellement et finit même par s'annuler. Cette diminution provient de ce que le fait seul du mouvement fait naître d'autres actions qui s'exercent sur la bille, le frottement et la résistance de l'air.

62. Forces. — Il résulte de ce principe que, si un point matériel d'abord en repos se met en mouvement, ou, plus généralement, si un point matériel en mouvement n'est pas animé d'un mouvement rectiligne et uniforme, certaines actions extérieures au point s'exercent sur lui. On donne le nom de *forces* à ces actions qui produisent ou modifient le mouvement d'un point matériel, et l'on dit que le point est sollicité par des forces ou encore que des forces lui sont appliquées : le point matériel est alors le *point d'application* des forces.

Une force qui s'exerce sur un point matériel en repos et complètement libre le met en mouvement et, par suite, lui fait acquérir une vitesse finie au bout d'un certain temps, après lui avoir fait prendre, conformément à la loi de continuité, toutes les vitesses intermédiaires. Nous regarderons comme évident ce fait que le mouvement, communiqué par une force à un point matériel en repos, présente les mêmes circonstances que les mouvements étudiés en Cinématique, *à partir d'un instant où la vitesse est nulle.* Sous l'action de la force, le mobile, partant du repos en M_0, décrira une certaine trajectoire : la vitesse initiale du mobile V_0 sera nulle, l'accélération initiale $M_0 J_0$ sera dirigée suivant la tangente, dans le sens du mouvement, car la composante normale de l'accélération est nulle au début avec V_0. Le premier effet de la force sur le point sera donc de lui imprimer une certaine accélération initiale J_0.

63. Principe des mouvements relatifs et de l'indépendance des effets des forces. — *Quand, sous l'action de certaines forces,* *un système de points matériels indépendants les uns des autres ont un mouvement commun de translation dans l'espace, si une force nouvelle agit sur l'un des points, le mouvement relatif que prend ce point dans le système est indépendant du mouvement général de translation du système, c'est-à-dire est le même que si le système était au repos.*

De ce principe on déduit le résultat suivant. Soit un système de points M, A, B, C, ..., animés d'un mouvement de translation

Fig. 52.

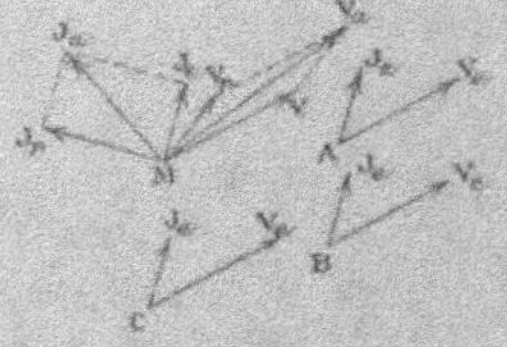

commun dans lequel la vitesse et l'accélération d'entraînement sont, à un instant t, V_e et J_e; si une force nouvelle agit pendant le temps $t - t_0$ sur l'un des points, M, par exemple, elle lui imprime à l'instant t, par rapport au système, une certaine vitesse et une certaine accélération relatives V_r et J_r qui sont égales à celles que prendrait, à l'instant t, le même point M s'il était parti du repos à l'instant t_0 sous l'action de la même force. La vitesse et l'accélération absolues V_a et J_a du point M au temps t seront donc données par les formules

$$(V_a) = (V_r) + (V_e), \qquad (J_a) = (J_r) + (J_e)$$

exprimant des égalités géométriques.

64. Conséquences du deuxième principe. — Composition des accélérations. — Si les points M, A, B, C, ... ont été lancés avec des vitesses V_0 égales, parallèles et de même sens, et ne sont soumis à l'action d'aucune force, le mouvement de translation est rectiligne et uniforme; la vitesse d'entraînement V_e est V_0, l'accélération d'entraînement J_e est nulle. L'accélération absolue qu'imprime une force au point M en un certain intervalle de temps est alors égale à l'accélération relative qu'elle lui imprime, c'est-à-dire à l'accélération qu'elle lui imprimerait dans le même intervalle de temps s'il partait du repos. Cette accélération est donc *indépendante de la vitesse* V_0 avec laquelle le point a été lancé.

Plus généralement, imaginons qu'une force agissant sur un point matériel partant du repos, pendant un certain temps $t - t_0$, lui imprime une vitesse V et une accélération J ; qu'une deuxième force, dans une deuxième expérience, agissant sur le même point partant du repos, lui imprime, dans le temps $t - t_0$, une vitesse V′ et une accélération J′. Si les deux forces agissent simultanément sur le point partant du repos, elles lui impriment, dans le même temps $t - t_0$, une vitesse égale à la somme géométrique $(V) + (V')$ et une accélération égale à $(J) + (J')$. En effet, prenons un système de points identiques M, A, B, C, ... partant du repos et faisons agir sur tous la première force à partir de l'instant t_0 ; les points prendront un mouvement de translation commun dont la vitesse et l'accélération au temps t seront V et J, par hypothèse. Si maintenant, au début de ce mouvement, $t = t_0$, on fait agir sur M la deuxième force (ce qui revient à faire agir sur lui les deux forces en même temps), le mouvement relatif que prend M est le même que si M partait du repos et, au temps t, sa vitesse et son accélération relatives sont V′ et J′ ; sa vitesse et son accélération absolues sont donc $(V) + (V')$ et $(J) + (J')$.

Si le point M était soumis simultanément à l'action des deux forces, mais était animé d'une vitesse initiale V_0, sa vitesse au temps t serait $(V_0) + (V) + (V')$, mais, d'après le premier cas particulier examiné ci-dessus, *son accélération serait la même que s'il partait du repos* $(J) + (J')$.

Les mêmes théorèmes ont lieu pour trois ou un nombre quelconque de forces, comme on le preuve de proche en proche en montrant que, si le théorème est vrai pour n forces, il l'est pour $n + 1$. Pour cela, on reprend le raisonnement précédent en faisant agir n forces sur tous les points M, A, B, C, ..., puis en ajoutant une nouvelle force sur le point M.

65. Notion générale de la résultante. — On appelle *résultante* de plusieurs forces appliquées à un point une force unique capable d'imprimer au point partant du repos le même mouvement que les forces considérées agissant simultanément. Cette force unique, dont on admet l'existence, produira aussi le même mouvement que toutes les autres réunies quand le point sera animé d'une vitesse initiale, ou sollicité déjà par d'autres forces.

D'après ce qui précède, *la résultante de plusieurs forces imprime à un point matériel en un temps quelconque $t - t_0$ une accélération égale à la somme géométrique des accélérations que chaque force séparément imprimerait au mobile dans le même temps $t - t_0$.*

On admet que cette notion de résultante est indépendante du point matériel sur lequel les forces agissent.

66. Principe de l'égalité de l'action et de la réaction. — *Si un point matériel m exerce une action sur un autre point m', cette action est dirigée suivant la droite mm' et le second point m' exerce sur le premier m une action (réaction) égale et opposée à celle de m sur m'.*

Il est inutile de donner actuellement des exemples de ce principe : on en trouvera constamment dans la suite.

II. — DÉFINITION ET MESURE DES FORCES.

67. Force constante (¹). — Comme on ne considère les forces qu'au point de vue de leurs effets, toute notion sur les forces doit être puisée dans la considération des mouvements produits par ces forces.

Une force constante agissant sur un point matériel sera une force *toujours la même dans ses effets.*

Le mouvement communiqué par une force constante à un point matériel partant du repos est rectiligne et uniformément accéléré.

Supposons qu'une force constante, agissant à partir de l'instant $t = 0$ sur un point matériel partant du repos, lui communique, au bout du temps t_1, une vitesse V_1 et, au bout du temps t_2, une vi-

---

tesse V_2 : nous allons démontrer que *la vitesse, au bout du temps* $t_1 + t_2$, *est la somme géométrique des vitesses* V_1 *et* V_2.

Imaginons des points M, A, B, C, ... tous identiques au point considéré M, partant du repos à l'instant $t = 0$ sous l'action de forces identiques à la force constante. Ces points prendront évidemment un mouvement de translation commun et, à l'instant t_1, ils auront tous la vitesse V_1 ; si, à cet instant, on supprimait les forces qui agissent sur tous ces points, le système des points prendrait, d'après le principe de l'inertie, un mouvement de translation rectiligne et uniforme de vitesse V_1. Rétablissons à l'instant t_1 la seule force qui agit sur le point M, de sorte que, en réalité, cette force ne cesse pas d'agir sur M, le mouvement relatif que prend ce point dans le système est le même que si le système ainsi que le point partaient du repos ; au bout d'un espace de temps t_2 après l'instant t_1, le point M a donc acquis, par rapport au système, une vitesse relative V_2 ; sa vitesse absolue à l'instant $t_1 + t_2$ est donc la somme géométrique de la vitesse d'entraînement V_1 et de la vitesse relative V_2. Ce qui démontre le théorème.

On en conclut que la vitesse à l'instant $t_1 + t_2 + t_3$ est la résultante des vitesses V_1, V_2, V_3 aux instants t_1, t_2, t_3, ..., la vitesse à l'instant $t_1 + t_2 + \ldots + t_n$, la résultante des vitesses aux instants t_1, t_2, ..., t_n.

Il résulte de là que la vitesse a constamment la même direction et le même sens. Soient en effet deux instants t_1 et t_2, que nous supposerons d'abord commensurables entre eux ; posons

$$t_1 = p_1 \theta, \qquad t_2 = p_2 \theta,$$

p_1 et p_2 étant entiers, et appelons u la vitesse à l'instant θ. La vitesse V_1 à l'instant $t_1 = \theta + \theta + \theta + \ldots + (p_1 \text{ fois})$ est la résultante de p_1 vitesses égales à u, par conséquent, elle a la même direction que la vitesse u ; de même, la vitesse V_2 à l'instant

$$t_2 = \theta + \theta + \ldots + (p_2 \text{ fois})$$

est la résultante de p_2 vitesses égales à u, elle a la même direction que u. Donc les deux vitesses V_1 et V_2 ont la même direction. Si t_2 est incommensurable avec t_1, on regardera t_1 comme la limite d'un nombre commensurable avec t_2, et l'on conclura que la vitesse V_1 ne peut différer en direction de la vitesse V_2.

La vitesse ayant constamment la même direction, le mouvement est d'abord *rectiligne;* puis, la propriété établie plus haut montre que la vitesse à l'instant $t_1 + t_2$ est la *somme algébrique* des vitesses V_1 et V_2; cela prouve que la vitesse croît de quantités égales en des temps égaux quelconques. Donc le mouvement est *uniformément accéléré, il a une accélération constante en grandeur, direction et sens.*

Réciproquement, *tout mouvement rectiligne uniformément accéléré est dû à une force constante.* En effet, en comptant le temps t à partir de l'instant où la vitesse était nulle, on a

$$s = \frac{1}{2} J t^2,$$

s étant la longueur de la droite $\overline{OM}$, parcourue à l'instant t, et J l'accélération du mouvement. À l'instant déterminé t_1 le mobile est en M_1 à une distance $s_1 = OM_1 = \frac{1}{2} J t_1^2$ et sa vitesse V_1 est $J t_1$ (*fig.* 53).

Fig. 53.

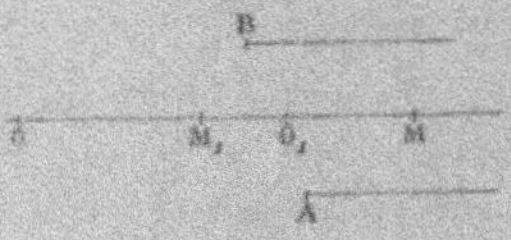

Si, à partir de cet instant, on étudie le mouvement relatif du mobile par rapport à un système de points O_1, A, B, dont le premier O_1 coïncide avec M_1 à l'instant t_1, et qui sont animés d'un mouvement de translation commun de vitesse constante V_1, ce mouvement relatif sera rectiligne, et l'on aura, en appelant s' la longueur $O_1 M$ et t' le temps $t - t_1$,

$$OO_1 = s_1 + V_1 t' = s_1 + J t_1 t',$$
$$s' = s - OO_1 = \frac{1}{2} J (t_1 + t')^2 - \frac{1}{2} J t_1^2 - J t_1 t' = \frac{1}{2} J t'^2.$$

Le mouvement relatif de M, par rapport aux points O_1, A, B,…, est donc le même que le mouvement absolu; il faut en conclure que la force est *constante, puisqu'elle est constante dans ses effets.*

Dans ce qui précède, nous avons supposé la vitesse initiale nulle. Or nous avons vu que l'accélération imprimée par une force déterminée au bout du temps t à un point matériel est *la même,* quelle que soit la vitesse initiale avec laquelle le point a été lancé. Donc, si la force est constante, le point M a, quelle que soit sa vitesse initiale, une accélération constante en grandeur et en direction, la même que s'il partait du repos.

En résumé : *Une force constante agissant sur un mobile* M *lui imprime dans tous les cas un mouvement dont l'accélération est constante en grandeur et en direction. Réciproquement, si l'accélération est constante en grandeur et direction, la force est constante.*

Nous appellerons cette accélération constante *l'accélération due à la force constante.*

Remarque. — Dans le mouvement produit par une force constante, l'accélération moyenne pendant un intervalle de temps quelconque est encore égale à l'accélération J due à la force, comme il résulte de la remarque faite à la fin du n° 37 ; la déviation pendant un intervalle de temps quelconque Δt est un vecteur rigoureusement égal à $\frac{1}{2} J \overline{\Delta t}^2$ (n° 39).

68. Résultante de plusieurs forces constantes. Mesure des forces constantes. — La résultante de plusieurs forces constantes est une force constante. En effet, l'accélération que prend un point sous l'action de plusieurs forces constantes étant la somme géométrique d'accélérations constantes en grandeur, direction et sens, est elle-même *constante.*

On appelle *direction et sens* d'une force constante, la direction et le sens de l'accélération due à cette force.

Nous mesurerons les intensités des forces constantes par la comparaison des accélérations qu'elles impriment *à un point matériel déterminé* A.

Deux forces constantes ont *même intensité* quand, agissant sur le point A dans la même direction, elles lui impriment la même accélération. L'intensité d'une force constante est la somme des intensités de deux autres, quand l'accélération due à la première force, agissant seule sur le point A, est la même que celle que produisent les deux autres forces agissant simultanément dans le même sens; c'est-à-dire quand la longueur ou grandeur de l'accélération produite par la première force est la somme des grandeurs des accélérations que produiraient séparément les deux autres.

Prenons alors, pour *unité de force*, une force constante qui agissant sur le point A lui imprime une accélération de grandeur déterminée λ. Toute force imprimant au point la même accélération aura pour intensité 1 ; les forces imprimant au point les accélérations 2λ, 3λ, ..., $n\lambda$, $\frac{\lambda}{2}$, $\frac{\lambda}{3}$, ..., $\frac{\lambda}{p}$ auront pour intensités respectives 2, 3, ..., n, $\frac{1}{2}$, $\frac{1}{3}$, ..., $\frac{1}{p}$. D'une manière générale une force, imprimant au point A une accélération J, aura pour intensité un nombre F égal au rapport de J à λ

$$F = \frac{J}{\lambda}.$$

Les intensités des forces constantes seront donc, par définition, proportionnelles aux accélérations dues à ces forces agissant sur le point particulier A.

Qu'arrive-t-il si l'on fait agir ces mêmes forces sur tout autre point M? On admet que si deux forces constantes impriment au point particulier A les mêmes accélérations, c'est-à-dire ont même intensité, elles impriment également les mêmes accélérations à tout autre point M. On peut alors démontrer que :

Les accélérations J_1 et J_2, imprimées à un point matériel quelconque M par deux forces constantes d'intensités F_1 et F_2, sont proportionnelles à ces forces.

En effet, supposons que les deux forces aient une commune mesure f, qui soit contenue p_1 fois dans F_1 et p_2 fois dans F_2, et appelons j la grandeur de l'accélération que la force f imprimerait au point M. D'après le théorème sur la composition des accélérations, la force F_1 ou $p_1 f$ agissant sur M lui imprime une accélération J_1 égale à $p_1 j$; de même, la force F_2 ou $p_2 f$ lui imprime une accélération J_2 égale à $p_2 j$, et l'on a

$$\frac{J_1}{J_2} = \frac{p_1}{p_2} = \frac{F_1}{F_2} \quad \text{ou} \quad \frac{F_1}{J_1} = \frac{F_2}{J_2}.$$

Le théorème s'étend évidemment au cas limite où le rapport de F_1 à F_2 serait incommensurable.

Si l'on faisait agir sur ce même point M d'autres forces constantes d'intensité F_3, F_4, ..., produisant des accélérations J_3, J_4, ..., on aurait de même

$$\frac{F_1}{J_1} = \frac{F_2}{J_2} = \frac{F_3}{J_3} = \frac{F_4}{J_4} = \ldots.$$

69. Masse. — La valeur commune de ces rapports s'appelle *masse* du point m. *La masse d'un point matériel est donc le rapport constant qui existe entre l'intensité d'une force constante et l'accélération qu'elle imprime au point.*

70. Représentation des forces constantes par des vecteurs. — Nous avons défini le point d'application d'une force constante, sa direction, son sens et son intensité. Nous la représenterons par un vecteur ayant pour origine le point d'application, même direction et même sens que la force, et ayant une grandeur MF expri-

Fig. 54.

mée par le même nombre que l'intensité de la force. Si MJ est l'accélération due à la force, la force est représentée par une grandeur géométrique MF (*fig.* 54) ayant même direction et même sens que MJ, et l'on a

$$\frac{\overline{MF}}{\overline{MJ}} = m, \qquad F = mJ,$$

m désignant la masse du point.

71. Composition et décomposition des forces constantes. —
Soient F_1, F_2 les vecteurs représentant des forces constantes qui
imprimeraient au point M les accélérations J_1, J_2 (*fig.* 35); par

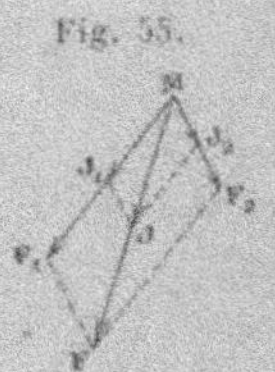

Fig. 55.

définition, la résultante F des deux forces F_1 et F_2 est une force
constante, imprimant au point une accélération J égale à la
somme géométrique de J_1 et J_2. Les grandeurs MF_1, MF_2, MF
ont mêmes directions et mêmes sens respectifs que MJ_1, MJ_2 et
MJ; de plus, on a

$$\frac{MF_1}{MJ_1} = \frac{MF_2}{MJ_2} = \frac{MF}{MJ} = m.$$

MF est donc la somme géométrique de MF_1 et MF_2, car la figure
MF_1FF_2 est homothétique de MJ_1JJ_2 par rapport au point M.

En s'appuyant sur le théorème relatif à la composition des accélérations, ou en procédant de proche en proche, on démontre
de même le théorème général suivant :

*La grandeur géométrique qui représente la résultante de
plusieurs forces constantes appliquées à un même point est la
somme géométrique des grandeurs géométriques représentant
les forces composantes.*

On peut donc appliquer à la composition et à la décomposition
des forces constantes agissant sur un même point tout ce qui a
été dit sur la composition des vecteurs concourants.

72. Forces variables. — Une force est *variable* quand elle
imprime à un point matériel, partant du repos ou lancé avec une
vitesse initiale quelconque, un mouvement dont l'accélération
n'est pas constante en grandeur, direction et sens.

Supposons qu'à l'instant t le mobile est en M avec une vitesse V et à l'instant $t + \Delta t$ en M_1 avec une vitesse V_1. On appelle *valeur moyenne* de la *force variable* pendant l'espace de temps Δt la *force constante* qui, agissant sur le mobile M, animé de la vitesse V, lui communiquerait dans le temps Δt une vitesse égale à V_1 en grandeur et direction (sans l'amener d'ailleurs au point M_1) (*fig.* 56). Pour déterminer cette force constante, il suffit de rap-

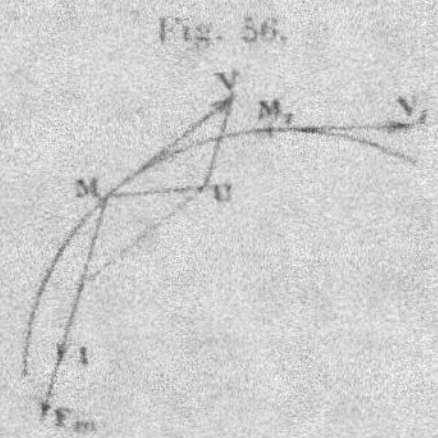

Fig. 56.

peler que l'accélération due à une force constante est égale à l'accélération moyenne, pendant un intervalle de temps quelconque, du mouvement qu'elle produit (n° 67, *remarque*). La force constante cherchée devant, pendant le temps Δt, faire passer la vitesse du mobile de la valeur V à la valeur V_1, l'accélération moyenne MI du mouvement qui serait produit par la force constante est identique à l'accélération moyenne MI du mouvement effectif, car elles sont toutes deux égales au quotient de la variation géométrique de la vitesse par l'espace de temps Δt. L'accélération qui serait due à la force constante étant MI, celle-ci a même direction et sens que MI, et a une intensité F_m égale à $m.\overline{MI}$. La valeur moyenne F_m de la force variable pendant l'intervalle de temps Δt est ainsi déterminée en grandeur, direction et sens.

On appelle *valeur de la force à l'instant* t la limite F de la force moyenne F_m, quand l'intervalle Δt tend vers zéro. Soit J l'accélération du mobile au temps t, limite de MI, la force F a même direction et même sens que J, et elle a pour grandeur $F = mJ$. Cette force est représentée par un vecteur F, limite de F_m, et l'on peut résumer le résultat obtenu par l'égalité géométrique

$$(F) = m(J),$$

qui exprime le *théorème fondamental de la Mécanique*.

Remarque. — Dans ce qui précède, nous avons posé une certaine définition de la force moyenne. On pourrait obtenir une autre expression approchée de la force pendant l'intervalle de temps Δt, en appelant *valeur approchée* de la force pendant cet intervalle la force constante F_a, qui, pendant le temps Δt, imprimerait au point M la même déviation MD que la force variable (n° 39). Cette force F_a est dirigée suivant MD et égale à $\dfrac{2\,m.\overline{\text{MD}}}{\Delta t^2}$ ou $m\,\overline{\text{MK}}$ (*fig.* 34); sa limite pour $\Delta t = 0$ est la valeur mJ : c'est la force à l'instant t.

73. Composition des forces variables. Résultante. — Considérons des forces variables qui, agissant successivement sur le même point M, lancé avec des vitesses initiales arbitraires, lui communiquent respectivement, dans le même intervalle de temps t, des accélérations $J_1, J_2, \ldots, J_n$. Les valeurs de ces forces à l'instant t sont

$$(F_1) = m(J_1), \qquad (F_2) = m(J_2), \qquad \ldots, \qquad (F_n) = m(J_n).$$

Lorsque toutes ces forces agissent en même temps sur le point M, lancé avec une vitesse initiale arbitraire, elles lui communiquent,

Fig. 57.

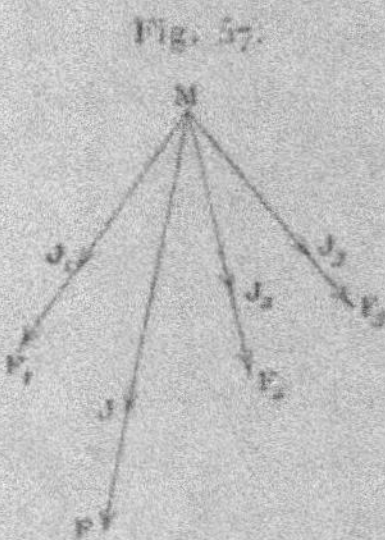

dans le même intervalle de temps t, une accélération J égale à la somme géométrique de $J_1, J_2, \ldots, J_n$

$$(J) = (J_1) + (J_2) + \ldots + (J_n).$$

La valeur F à l'instant t de la force unique qui communiquerait au point cette même accélération J (*fig.* 57) est

$$(F) = m(J);$$

on aura donc

$$(F) = (F_1) + (F_2) + \ldots + (F_n).$$

Cette force unique, qui se nomme *résultante des forces données* $F_1, F_2, \ldots, F_n$, est donc, à chaque instant t, représentée par le vecteur résultant des vecteurs représentatifs de $F_1, F_2, \ldots, F_n$.

74. Équations du mouvement. Soit un point M de masse m sollicité par des forces représentées à l'instant t par les vecteurs F_1, $F_2, \ldots, F_n$. Appelons x, y, z les coordonnées du point m, $(X_1, Y_1, Z_1), (X_2, Y_2, Z_2), \ldots, (X_n, Y_n, Z_n)$ les projections des forces sur les axes; les projections X, Y, Z de leur résultante F sont

$$(F) \qquad X = \Sigma X_i, \qquad Y = \Sigma Y_i, \qquad Z = \Sigma Z_i;$$

les projections de l'accélération J sont

$$(J) \qquad \frac{d^2x}{dt^2}, \qquad \frac{d^2y}{dt^2}, \qquad \frac{d^2z}{dt^2}.$$

La relation géométrique $(F) = m(J)$ donne donc, pour les projections sur les trois axes, les relations

$$(1) \qquad m\frac{d^2x}{dt^2} = X, \qquad m\frac{d^2y}{dt^2} = Y, \qquad m\frac{d^2z}{dt^2} = Z,$$

qui sont les *équations du mouvement*.

Dans le cas le plus général qui puisse se présenter, la résultante F dépend de la position du point, c'est-à-dire de x, y, z, de sa vitesse, c'est-à-dire de $\frac{dx}{dt}, \frac{dy}{dt}, \frac{dz}{dt}$, et du temps; on aura donc

$$(2) \qquad X = \Phi\left(x, y, z, \frac{dx}{dt}, \frac{dy}{dt}, \frac{dz}{dt}, t\right),$$

et pour Y et Z des expressions analogues. Pour trouver le mouvement du point sous l'action des forces données, il faudra intégrer les équations du mouvement, qui sont des équations différentielles du second ordre définissant x, y, z en fonction de t.

Nous nous bornons à indiquer cette question, qui sera détaillée au commencement de la Dynamique.

75. Équilibre. — Plusieurs forces appliquées à un point matériel se font équilibre lorsque, le point étant au repos, ces forces ne lui impriment aucun mouvement. La somme géométrique des accélérations dues à ces forces est alors nulle; donc la somme géométrique des forces, c'est-à-dire leur résultante, est nulle. Cette condition nécessaire de l'équilibre est évidemment suffisante.

En général, un système matériel soumis à l'action de certaines forces est en équilibre si, ce système étant au repos, ces forces ne lui impriment aucun mouvement.

76. Statique; Dynamique. — La partie de la Mécanique dans laquelle on étudie les conditions que doivent remplir les forces appliquées à un système de points, pour que l'équilibre existe, se nomme la *Statique*. La partie de la Mécanique dans laquelle on étudie les relations qui lient les forces aux mouvements qu'elles produisent est la *Dynamique*.

Nous commencerons par l'étude de la Statique, qui n'est qu'une géométrie d'un genre particulier; nous traiterons ensuite la Dynamique. Cet ordre se trouve justifié par cette considération que, grâce à un principe dû à d'Alembert, la mise en équation d'un problème de Dynamique peut être ramenée à la résolution d'un problème de Statique.

Dans l'ordre historique, la Statique est la partie la plus ancienne de la Mécanique. La Statique remonte, en effet, jusqu'à Archimède, qui a donné le principe du levier dans son livre *de Æquiponderantibus*. Quant à la Dynamique, elle ne fait son apparition qu'avec les découvertes de Galilée.

III. — UNITÉS DE FORCES; HOMOGÉNÉITÉ.

77. Pesanteur; poids. — Un point pesant tombant, sans vitesse initiale, d'une petite hauteur, prend par rapport à la terre un mouvement rectiligne uniformément accéléré, suivant la verticale. L'accélération g de ce mouvement, variable avec la latitude et l'altitude, a pour valeur, à Paris, $9^m,808$. En vertu du mouvement de la terre, à ce mouvement relatif correspond un mouvement absolu qui n'est pas rectiligne et uniforme; il faut en conclure que le point pesant est soumis à une force à la surface de la terre : cette force est *l'attraction de la terre.*

Quand un point matériel pesant est retenu par un obstacle, l'action de la terre s'exerce encore sur lui, mais l'effet de cette force est modifié : cela tient à ce que l'obstacle exerce aussi une action sur le point. Par exemple, si un point pesant attaché à l'extrémité d'un fil est immobile par rapport à la terre, le fil exerce sur le point une certaine action qui est *la tension du fil.* On appelle *poids absolu du point la force fictive égale et directement opposée à cette tension.*

Si la terre était immobile, le point matériel suspendu au fil serait en équilibre sous l'action de la tension du fil et de l'attraction de la terre. Cette dernière serait donc égale et opposée à la tension, c'est-à-dire *égale au poids absolu du point.* Mais, en réalité, le point matériel n'est ni immobile ni animé d'un mouvement rectiligne uniforme : la tension et l'attraction ne se font pas équilibre, et *le poids absolu est différent de l'attraction.* Nous verrons plus tard qu'un point matériel pesant, tombant dans le vide d'une petite hauteur, prend sensiblement, par rapport à la terre, le même mouvement que si la terre était immobile et si le point était sollicité par son poids absolu. Comme ce mouvement possède une accélération constante g, le poids absolu p d'un point de masse m est une *force constante* en un même lieu

$$p = mg.$$

Ce poids varie, comme g, avec la latitude et l'altitude.

78. Kilogramme-force. — Dans les applications, on prend fréquemment pour unité de force le *poids absolu de* 1^{kg} *à Paris,* *c'est-à-dire la somme des poids absolus des points matériels constituant* 1^{lit} *d'eau distillée, à son maximum de densité, à Paris.* Il est indispensable d'ajouter que ce poids absolu est pris en un lieu déterminé de la terre, à Paris, par exemple, car le poids absolu d'un point matériel change d'un point à l'autre de la terre.

Dans ce système, la masse d'un point est définie par la formule

$$m = \frac{p}{g},$$

p étant le poids absolu évalué en kilogrammes-forces et g l'accélération due à la pesanteur. Si l'on fait $p = g$, on a $m = 1$. L'unité de masse est donc la masse d'un point dont le poids absolu est g kilogrammes-forces. A Paris, g étant égal à 9,808, l'unité de masse sera la masse de $9^{lit},808$ d'eau distillée à $4°$.

L'inconvénient de ce système est que l'unité de force, kilogramme-force, est une quantité dont la définition exige l'indication d'un lieu déterminé à la surface de la terre; de plus, la masse d'un corps, qui est une qualité physique inhérente à ce corps, est exprimée par des nombres différents, suivant que le kilogramme-force est défini en un lieu ou l'autre de la terre. C'est ce qu'on peut éviter, ainsi que l'a déjà montré Gauss, en adoptant comme unités principales les unités de longueur, masse et temps pour en déduire l'unité de force.

79. Unités absolues. Dyne. — On peut comparer entre elles les masses des corps à l'aide d'une balance. En effet, soient, en un lieu déterminé de la terre, g l'accélération due à la pesanteur, p, p', p'', ... les poids absolus de points matériels de masses m, m', m'', ... On aura

$$p = mg, \quad p' = m'g, \quad p'' = m''g, \quad \ldots$$

Donc, si $p = p'$, $m = m'$, si $p = p' + p''$, $m = m' + m''$, ...; d'une manière générale, les masses des points matériels sont proportionnelles à leurs poids absolus en un même lieu, c'est-à-dire à leurs poids relatifs évalués à l'aide d'une balance. On pourra donc, en choisissant arbitrairement une unité de masse, mesurer toutes les autres. Les intensités des forces seront ensuite exprimées en nombres par la formule

$$F = m J,$$

m étant la masse du point sur lequel agit la force et J l'accélération due à la force. Si l'on suppose m et J égaux à l'unité, F sera exprimée par 1; donc, dans ce système, l'unité de force est la force qui, agissant sur l'unité de masse, lui imprime une accélération égale à l'unité de longueur, l'unité de temps étant choisie. Conformément aux principes adoptés par la Commission britannique en 1871, puis par le Congrès des électriciens en 1881, on a pris comme unités primitives : pour les longueurs, le *centimètre* ; pour les masses, le *gramme-masse*, c'est-à-dire la masse de 1ᶜᶜ d'eau distillée à 4° ; pour le temps, la *seconde de temps solaire moyen*. Dans ce système d'unités C. G. S. (centimètre, gramme, seconde), la masse d'un corps est exprimée par le même nombre que son poids relatif en grammes ; l'unité de force appelée *dyne* est la force qui, agissant sur la masse de 1ᵍʳ, lui imprime une accélération de 1ᶜᵐ.

Le poids absolu de 1ᵍʳ à Paris est de 980.8 dynes, car ce poids absolu communique à la masse de 1ᵍʳ une accélération de 9ᵐ,808 ou de 980ᶜᵐ,8.

80. Homogénéité. — Si, pour les applications, il est indispensable de faire choix d'un système d'unités déterminées, il n'en est pas de même pour la théorie. Dans les recherches théoriques, il est préférable de laisser les unités fondamentales indéterminées, de façon que les formules obtenues puissent être appliquées à tout système d'unités. Les formules devant alors subsister, quel que soit le choix des trois unités fondamentales, devront présenter une triple homogénéité par rapport aux longueurs, aux temps et aux masses. Soient l une longueur, t un temps, m une masse, v une vitesse, j une accélération, f une force mesurés à l'aide d'un certain système d'unités fondamentales, de longueur, temps et masse. Si l'on prend une unité de longueur λ fois plus petite, une unité de temps τ fois plus petite et une unité de masse μ fois plus petite, les mesures des quantités ci-dessus deviendront

$$l\lambda, \quad t\tau, \quad m\mu, \quad v\frac{\lambda}{\tau}, \quad j\frac{\lambda}{\tau^2}, \quad f\frac{\lambda\mu}{\tau^2} ;$$

car une vitesse est le quotient d'une longueur par un temps, une accélération le quotient d'une vitesse par un temps et une force le produit d'une accélération par une masse. Si donc les unités fondamentales ne sont pas spécifiées, les formules devront subsister quels que soient les facteurs λ, μ, τ.

Par exemple, la durée de l'oscillation infiniment petite d'un pendule simple de longueur l, en un lieu où l'accélération due à la pesanteur est g, est donnée par la formule

$$t = \pi \sqrt{\frac{l}{g}}.$$

Si l'on change d'unités comme ci-dessus, on a

$$t\tau = \pi\sqrt{\dfrac{l\lambda}{\dfrac{g\lambda}{\tau^2}}}; \qquad t = \pi\sqrt{\dfrac{l}{g}};$$

la formule ne change pas; elle est bien homogène.

EXERCICES.

1. Établir les formules qui permettent de passer du système d'unités mètre-seconde-kilogramme-force, à Paris, au système C. G. S.

2. Admettant que l'on sache que la durée t de l'oscillation infiniment petite d'un pendule simple ne dépend que de sa longueur l et de l'accélération g,

$$t = \varphi(l, g),$$

déduire des conditions d'homogénéité cette conséquence que t est nécessairement de la forme

$$t = k\sqrt{\dfrac{l}{g}},$$

k désignant un coefficient numérique ($k = \pi$).

3. Admettant que la vitesse v d'un corps pesant abandonné à lui-même dans le vide sans vitesse initiale dépend uniquement de la hauteur de chute h et de l'accélération g,

$$v = \varphi(h, g),$$

démontrer que v est nécessairement de la forme

$$v = k\sqrt{gh},$$

k désignant un coefficient numérique ($k = \sqrt{2}$).

4. Sachant que la vitesse v du son dans un gaz est une fonction de l'*élasticité* e et de la *densité* d, démontrer qu'elle est donnée par la formule

$$v = k\sqrt{\dfrac{e}{d}},$$

k désignant un coefficient numérique (k rapport des chaleurs spécifiques du gaz à pression constante et à volume constant). L'élasticité est la pression du gaz sur l'unité de surface et la densité la masse de l'unité de volume du gaz.

CHAPITRE IV.

TRAVAIL; FONCTION DE FORCES.

81. Avant de commencer la Statique, il est utile d'introduire une notion purement cinématique et même, dans la plupart des cas, purement géométrique, *celle du travail d'une force.*

I. — POINT MATÉRIEL.

82. **Travail élémentaire.** — Soit une force F appliquée à un point matériel M : supposons que ce point subisse un déplacement infiniment petit quelconque MM' (*fig.* 58). On appelle *tra-*

Fig. 58.

vail élémentaire de la force F, correspondant au déplacement MM', le produit géométrique de F par $\overline{MM'}$,

$$(1) \qquad F.\overline{MM'}.\cos FMM',$$

c'est-à-dire le produit de la force par le déplacement et le cosinus de l'angle de la direction de la force avec celle du déplacement. Ce travail élémentaire est une quantité algébrique supérieure, inférieure ou égale à zéro, suivant que l'angle FMM' est supérieur, inférieur ou égal à un angle droit. Quand ce travail est *positif*, il est dit *moteur;* quand il est *négatif*, il est dit *résistant.* Si le déplacement infiniment petit MM' s'effectue pendant un temps dt,

I.   7

la vitesse du point pendant ce déplacement est $v = \dfrac{\overline{MM'}}{dt}$, et l'on peut écrire l'expression du travail élémentaire

$$(2) \qquad\qquad Fv\cos(F, v)\,dt;$$

car l'angle de la force avec la vitesse est identique à l'angle de la force avec le déplacement.

Le travail élémentaire, pouvant s'écrire

$$\overline{MM'}.[F\cos FMM'],$$

est égal au déplacement MM′ du point matériel multiplié par la projection de la force sur la direction du déplacement. Donc, si plusieurs forces sont appliquées au point M, pour un même déplacement, le travail de la résultante de ces forces est égal à la somme des travaux des composantes; car la projection de la résultante sur la direction du déplacement est égale à la somme des projections des composantes.

En écrivant le travail sous la forme

$$F.[MM'\cos FMM'],$$

on peut le définir le produit de la force par la projection du déplacement sur la direction de la force. Si donc le déplacement MM′ est la somme géométrique de plusieurs déplacements ou, si la vitesse du point est la somme géométrique de plusieurs vitesses, le travail élémentaire de la force F correspondant au déplacement résultant, ou à la vitesse résultante, est la somme des travaux élémentaires de la force F correspondant aux déplacements composants ou aux vitesses composantes.

Lorsque le travail élémentaire d'une force est nulle, il faut, ou bien que le déplacement soit nul, ou bien que la force soit nulle, *ou qu'elle soit normale au déplacement.*

83. **Expression analytique du travail élémentaire.** — Soient x, y, z les coordonnées du point M par rapport à trois axes rectangulaires, $x + dx$, $y + dy$, $z + dz$ celles du point infiniment voisin M′; X, Y, Z les projections de la force F sur les trois axes.

Les cosinus directeurs de la force F et ceux du déplacement MM′ sont

$$\frac{X}{F}, \quad \frac{Y}{F}, \quad \frac{Z}{F}; \qquad \frac{dx}{MM'}, \quad \frac{dy}{MM'}, \quad \frac{dz}{MM'}.$$

Calculant le $\cos\widehat{FMM'}$ de l'angle de ces deux directions, on a, pour l'expression du travail élémentaire en coordonnées cartésiennes rectangulaires,

$$F.MM'.\cos\widehat{FMM'} = X\,dx + Y\,dy + Z\,dz.$$

84. Travail total. Unité de travail. — Considérons un mobile M qui subit un déplacement fini en partant d'un point M_0 à l'instant t_0, et arrivant au point M_1 à l'instant t_1, après avoir décrit une courbe $M_0 M_1$ (*fig.* 59), suivant une certaine loi de

Fig. 59.

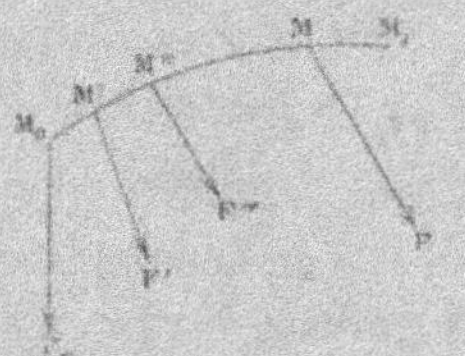

mouvement. Soit F une force agissant sur ce mobile ; on appelle *travail total* de F, correspondant au déplacement fini considéré, la *somme des travaux élémentaires de cette force pour tous les déplacements infiniment petits successifs dont se compose le déplacement fini*. Ainsi on divise l'arc $M_0 M_1$ en parties infiniment petites $M_0 M'$, $M'M''$, $M''M'''$, ..., et l'on calcule la somme

$$\mathcal{C} = \lim\left(F_0.\overline{M_0 M'}.\cos\widehat{F_0 M_0 M'} + F'.\overline{M'M''}.\cos\widehat{F'M'M''} + \ldots\right),$$

F_0 désignant la valeur de la force F, qui agit sur le mobile en M_0, F' la valeur de cette force quand le mobile est en M', ... Cette somme $\mathcal{C}$ est le travail total de F. Elle est donnée par la formule

$$(1) \qquad \mathcal{C} = \int_{(M_0)}^{(M_1)} X\,dx + Y\,dy + Z\,dz,$$

qui exprime la somme des travaux élémentaires. Par exemple, si la force F est constamment normale à la trajectoire, tous les éléments de la somme sont nuls et le travail total est nul.

Lorsqu'on a choisi les unités fondamentales, on trouve que le travail total d'une force unité agissant sur un point qui se déplace d'une longueur égale à l'unité, dans le sens de la force, est exprimé par l'unité. C'est ce travail qu'on prend comme unité de travail. Par exemple, l'unité de force étant le kilogramme force et l'unité de longueur le mètre, l'unité de travail que nous venons de définir est le kilogrammètre.

Pour le calcul effectif de τ, différents cas sont à distinguer.

85. La force dépend du temps ou de la vitesse. — Dans le cas le plus général qui puisse se présenter, la force F dépend de la position du mobile, de sa vitesse et du temps; de sorte que X, Y, Z sont des fonctions données de x, y, z, $\dfrac{dx}{dt}$, $\dfrac{dy}{dt}$, $\dfrac{dz}{dt}$ et t. Dans ce cas, pour calculer τ, il faut connaître le mouvement du mobile de M_0 en M_1, c'est-à-dire les expressions

$$x = \varphi(t), \qquad y = \psi(t), \qquad z = \varpi(t)$$

des coordonnées du mobile en fonction du temps. On peut alors, en substituant ces expressions de x, y, z et celles qu'on en déduit par différentiation pour dx, dy, dz dans l'intégrale définie (1), ramener cette intégrale à la forme

$$\tau = \int_{t_0}^{t_1} \Phi(t)\, dt,$$

qui permet de calculer τ.

86. La force ne dépend que de la position du mobile. — Dans ce cas, pour avoir τ, *il suffit de connaître la courbe* C *que le mobile a suivie de* M_0 *en* M_1; il est inutile de connaître la façon dont cette courbe est parcourue, de sorte que le calcul du travail total devient un *problème de Géométrie*. En effet, on peut exprimer les coordonnées d'un point M de la courbe C en fonction d'un paramètre q variant de q_0 à q_1 quand le point M parcourt l'arc de courbe $M_0 M_1$,

$$x = \varphi(q), \qquad y = \psi(q), \qquad z = \varpi(q).$$

Les composantes X, Y, Z, dépendant uniquement de x, y, z, deviennent des fonctions de q le long de la courbe; on a donc, en substituant dans l'intégrale (1) ces valeurs de x, y, z et celles qu'on en déduit pour dx, dy, dz,

$$\tau = \int_{q_0}^{q_1} W(q)\,dq.$$

formule qui permet de calculer τ.

Si la même courbe était parcourue par le mobile *en sens contraire* de M_1 en M_0, le travail total serait $-\tau$, car il faudrait intervertir les limites q_0 et q_1.

87. Cas particulier dans lequel τ dépend seulement des positions initiales et finales. Fonction des forces. Potentiel. — Supposons que X, Y, Z soient des fonctions de x, y, z continues et admettant des dérivées partielles du premier ordre en tous les points d'une région de l'espace dans laquelle seront situées toutes les courbes considérées. Cherchons ce que doivent être ces fonctions

$$X(x,y,z), \quad Y(x,y,z), \quad Z(x,y,z),$$

pour que le travail total correspondant à un déplacement fini $M_0 M_1$ dépende seulement des positions *initiale* et *finale* M_0 et M_1, et non de la courbe suivie par le mobile.

Soient d'abord deux points M_0, M_1 (*fig.* 60) infiniment voisins,

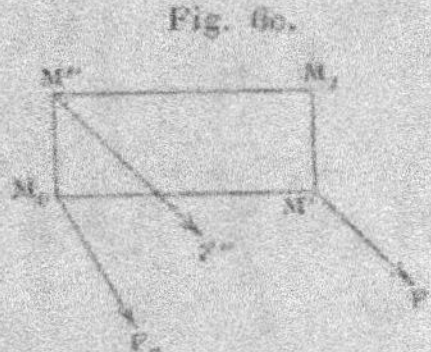

Fig. 60.

situés dans un plan parallèle au plan des xy, ayant pour coordonnées, le premier $M_0(x,y,z)$, le second $M_1(x+dx, y+dy, z)$. Amenons le mobile de M_0 en M_1 en le déplaçant d'abord parallèlement à l'axe Ox d'une longueur dx, pour l'amener en M', puis parallèlement à Oy, d'une longueur dy, pour l'amener en M_1. Le travail élémentaire correspondant au déplacement $M_0 M'$ est $X(x, y, z) dx$; en M' la force a une valeur F' dont la projection Y' sur l'axe des y est $Y(x + dx, y, z)$; le travail élémentaire de F' correspondant au déplacement $M'M_1$ est donc $Y' dy$ ou $Y(x + dx, y, z) dy$. D'où, pour le travail total correspondant au déplacement $M_0 M' M_1$,

$$\bar{\tau} = X(x, y, z) dx + Y(x + dx, y, z) dy.$$

Si l'on déplaçait le mobile, d'abord parallèlement à Oy jusqu'en M'' d'une longueur dy, puis de M'' en M_1, parallèlement à Ox, d'une longueur dx, on trouverait pour le travail

$$\bar{\tau} = Y(x, y, z) dy + X(x, y + dy, z) dx.$$

Nous voulons que ces deux valeurs de $\bar{\tau}$ soient égales; en les égalant et faisant

$$Y(x + dx, y, z) = Y(x, y, z) + \frac{\partial Y}{\partial x} dx,$$

$$X(x, y + dy, z) = X(x, y, z) + \frac{\partial X}{\partial y} dy,$$

on trouve après des réductions évidentes

$$\frac{\partial Y}{\partial x} = \frac{\partial X}{\partial y}.$$

On trouvera, en opérant de même dans des plans parallèles aux deux autres plans coordonnés, les deux autres conditions nécessaires

$$\frac{\partial Z}{\partial y} = \frac{\partial Y}{\partial z}, \qquad \frac{\partial X}{\partial z} = \frac{\partial Z}{\partial x}.$$

Ces conditions expriment que l'expression

$$X \, dx + Y \, dy + Z \, dz$$

est une différentielle totale d'une fonction U des variables indépendantes X, Y, Z. Nous allons montrer qu'elles sont *suffisantes, du moins avec certaines restrictions que nous indiquerons*.

En effet, si ces conditions sont remplies, on a l'identité

$$X \, dx + Y \, dy + Z \, dz = dU(x, y, z)$$

qui entraîne les trois autres

$$X = \frac{\partial U}{\partial x}, \qquad Y = \frac{\partial U}{\partial y}, \qquad Z = \frac{\partial U}{\partial z}.$$

La fonction U, qui n'est déterminée qu'à une constante additive près, s'appelle la *fonction des forces*. On dit aussi que les forces dérivent d'un potentiel, mais le potentiel est la fonction — U.

Le travail total de la force F, quand le mobile va de M_0 en M_1 le long de la courbe C (*fig.* 61), est alors

$$\mathcal{C} = \int_{(M_0)}^{(M_1)} X\,dx + Y\,dy + Z\,dz = \int_{(M_0)}^{(M_1)} dU = U_1 - U_0,$$

Fig. 61.

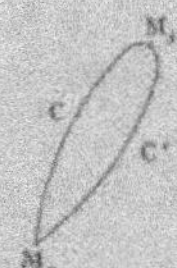

U_1 désignant la valeur finale que prend en M_1 la fonction U *suivie par continuité* le long de la courbe, la valeur initiale de U en M_0 étant U_0.

Donc, si U est, dans la région d'espace considérée, *une fonction uniforme* de x, y, z, avec une seule détermination en chaque point de cette région, U_0 et U_1 ont des valeurs parfaitement déterminées et le travail total $\mathcal{C}$ est indépendant du chemin suivi de M_0 à M_1. En particulier, si le mobile décrit alors un chemin fermé, M_1 coïncidera avec M_0, et le travail total sera *nul*.

Mais si la fonction U est à déterminations multiples comme un arc tangente, le travail total n'est pas absolument indépendant du chemin suivi de M_0 en M_1, car il varie suivant que, partant de M_0 avec une détermination U_0, on est amené par continuité à prendre en M_1 l'une ou l'autre des déterminations de U. On peut dire aussi que, dans ce cas, le travail total relatif à un contour fermé n'est pas nécessairement *nul*. Ces deux façons de s'exprimer sont d'ailleurs identiques au fond, car, si l'on considère deux chemins C et C' allant de M_0 en M_1 et si l'on appelle ϖ et ϖ' le travail total correspondant aux deux déplacements finis $M_0 C M_1$, $M_0 C' M_1$, le travail total correspondant au déplacement fermé $M_0 C M_1 C' M_0$ est $\varpi - \varpi'$. Donc, si $\varpi = \varpi'$, ce dernier travail est nul et réciproquement.

Supposons, par exemple, $U = \operatorname{arc\,tang} \dfrac{y}{x}$; la force F a pour projections les expressions

$$X = -\frac{y}{x^2 + y^2}, \qquad Y = \frac{x}{x^2 + y^2}, \qquad Z = 0,$$

qui sont des fonctions continues avec des dérivées dans toute la partie de l'espace située à l'extérieur d'un cylindre de révolution de rayon aussi petit qu'on le veut, ayant pour axe Oz (*fig.* 62). La fonction U étant l'angle xOP que fait avec Ox la projection OP du rayon vecteur OM sur le plan des xy, on voit que, si le mobile décrit une courbe fermée MCM ne tournant pas autour de l'axe Oz, le travail total est *nul*, car la fonction U, suivie par continuité le long du contour C, reprend en M sa valeur initiale. Mais, si le mobile décrit une courbe fermée MC'M tournant une fois dans

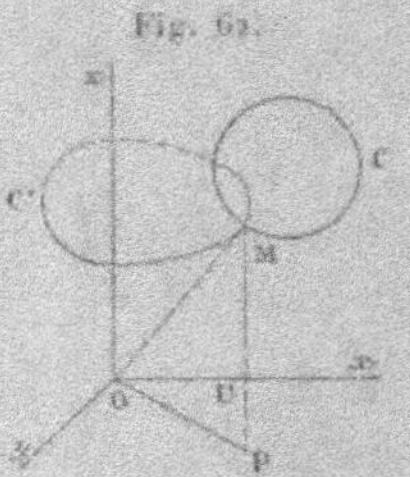

le sens positif autour de Oz, la variation de U étant 2π, le travail total est 2π; si le contour tourne n fois autour de Oz dans le sens positif, le travail total est $2n\pi$.

Ces considérations ont été développées par M. J. Bertrand (*Journal de l'École Polytechnique*, 28ᵉ Cahier).

D'une manière générale, on peut établir la proposition suivante, que nous nous contenterons d'énoncer pour ne pas entrer dans des développements analytiques trop étendus.

Si l'on peut, par déformation continue, réduire une courbe fermée C à un point, sans l'amener à passer par aucun point où les fonctions X, Y, Z *cessent d'être continues et d'admettre des dérivées premières, le travail total de F le long de cette courbe fermée est nul.*

La démonstration se fera aisément si l'on s'appuie sur la formule suivante :

La courbe C, en se réduisant à un point P, engendrera par ses positions successives une portion de surface S sur laquelle, par hypothèse, X, Y, Z sont finis, continus et admettent des dérivées. On a alors la formule suivante, dont on trouvera la démonstration dans le *Cours d'Analyse* de M. Picard, t. I, p. 117 (formule d'Ampère et de Stokes),

$$\tau = \int_{(C)} X\,dx + Y\,dy + Z\,dz$$

$$= \int\int_{(S)} \left(\frac{\partial X}{\partial z} - \frac{\partial Z}{\partial x}\right) dx\,dz + \left(\frac{\partial Y}{\partial x} - \frac{\partial X}{\partial y}\right) dy\,dx + \left(\frac{\partial Z}{\partial y} - \frac{\partial Y}{\partial z}\right) dz\,dy,$$

la première intégrale étant prise le long de C et la deuxième sur la surface S. Les éléments de l'intégrale double S étant tous nuls en vertu des conditions mêmes qui expriment l'existence d'une fonction des forces, on a $\tau = 0$.

88. Surfaces de niveau. — Voici quelques remarques importantes sur le cas où il existe une fonction de forces U ou un potentiel $-$ U.

Soit $M(x, y, z)$ une position du point matériel et Mx' une demi-droite parallèle à Ox (*fig.* 63), la projection de la force F

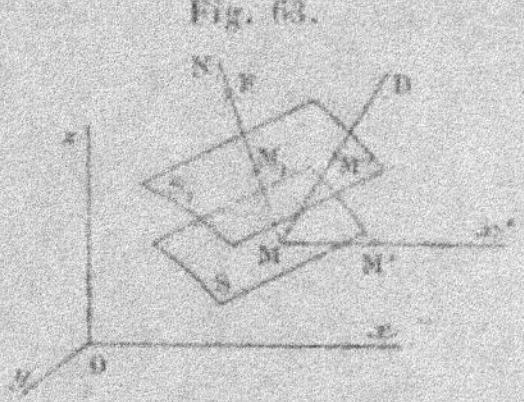

sur cette demi-droite est égale à $\frac{\partial U}{\partial x}$, c'est-à-dire à la limite du rapport

$$\frac{U' - U}{MM'},$$

quand $\overline{MM'}$ tend vers zéro, M' étant un point pris sur la demi-droite Mx' et U' la valeur de la fonction U en ce point. Comme on peut prendre une direction quelconque pour direction de l'axe Ox, on voit que, pour avoir la projection de la force F sur une demi-droite quelconque MD, il suffit de prendre la limite du rapport

$$\frac{U'' - U}{\overline{MM''}},$$

quand MM'' tend vers zéro, M'' étant un point pris sur MD et U'' étant la valeur de la fonction U en ce point. Cette limite s'appelle *la dérivée de la fonction* U *prise suivant la direction* MD.

Les surfaces ayant pour équation

$$U(x, y, z) = C,$$

C désignant une constante, se nomment *surfaces de niveau*. En faisant varier C d'une manière continue, on a une suite de surfaces telles que, par tout point pris dans la région de l'espace où la fonction U est définie, passe une de ces surfaces. La force qui agit sur le point matériel dans une position M est normale à la surface de niveau particulière S qui passe par M, car ses projections sont égales aux trois dérivées partielles de U ou U — C. De plus, la force F est dirigée par rapport à cette surface du côté où U va en croissant. En effet, soit MN la normale à la surface de niveau S menée du côté où U va en croissant, la projection de la force sur cette normale coïncide avec la force même; elle est positive ou négative suivant que la force est dirigée suivant MN ou suivant la direction opposée. Comme cette projection a pour expression

$$\lim \frac{U_1 - U}{\overline{MM_1}},$$

M_1 étant un point de MN infiniment voisin de M, elle est *positive*, car U_1 est supposé supérieur à U. La force est donc dirigée suivant MN, et son intensité F s'obtient en prenant la dérivée de U suivant cette normale, ce que l'on écrit symboliquement

$$F = \frac{\partial U}{\partial n}.$$

Si l'on mène une surface de niveau S_1 infiniment voisine de S du côté où U va en croissant, cette surface S_1 coupe les normales telles que MN en des points tels que M_1, et, comme U prend une valeur constante U_1 sur cette surface S_1, l'expression

$$F = \lim \frac{U_1 - U}{MM_1},$$

dont le numérateur est *constant* pour toutes les positions du point M sur la surface S, montre que la force varie en raison inverse de la portion de normale à la surface de niveau S comprise entre cette surface et une surface de niveau infiniment voisine.»

80. **Exemples.** — 1° Il existe une fonction des forces pour une force perpendiculaire à un plan fixe et fonction de la distance du mobile à ce plan. En effet, prenons le plan pour plan des xy, la force étant parallèle

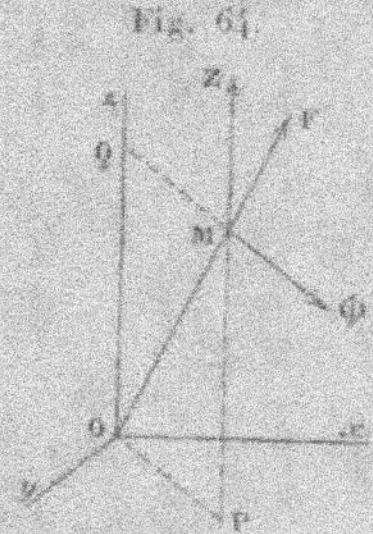

Fig. 64.

à Oz; X et Y sont nuls et, de plus, Z est une fonction de z, $\varphi(z)$. Le travail élémentaire étant $Z\,dz$ ou $\varphi(z)\,dz$ est la différentielle totale de la fonction

$$U = \int \varphi(z)\,dz.$$

Les surfaces de niveau sont des plans parallèles au plan des xy. Ainsi, la force étant le poids du point M, on a, en prenant l'axe des z vertical vers le haut,

$$Z = -mg, \qquad U = -mgz + \text{const}.$$

2° Il existe une fonction des forces pour une force dirigée suivant la perpendiculaire abaissée du point M sur un axe fixe et fonction de la distance du point à cet axe. Prenons l'axe pour axe Oz, appelons ρ la distance MQ du point M à l'axe et Φ la valeur de la force *estimée positivement dans le sens* QM. Les projections de cette force étant

$$X = \Phi \frac{x}{\rho}, \qquad Y = \Phi \frac{y}{\rho}, \qquad Z = o,$$

on a, pour le travail élémentaire, l'expression

$$X\,dx + Y\,dy + Z\,dz = \frac{\Phi}{\rho}(x\,dx + y\,dy) = \Phi\,d\rho,$$

car, ρ^2 étant égal à $x^2 + y^2$, $\rho\,d\rho$ égale $x\,dx + y\,dy$. Par hypothèse, Φ *dépend uniquement de* ρ : le travail élémentaire est donc la différentielle totale d'une fonction de ρ

$$U = \int \Phi\,d\rho.$$

Les surfaces de niveau sont des cylindres de révolution autour de Oz.

3° Enfin il y a une fonction des forces pour une force dont la direction passe constamment par un point fixe O et qui est fonction de la seule distance du mobile à ce point. Prenons ce point O pour origine ; soient r la distance OM et F la valeur de la force estimée positivement dans le sens OM. Les projections de la force étant

$$F\frac{x}{r}, \quad F\frac{y}{r}, \quad F\frac{z}{r},$$

le travail élémentaire a pour expression

$$\frac{F}{r}(x\,dx + y\,dy + z\,dz) = F\,dr,$$

car la relation

$$x^2 + y^2 + z^2 = r^2$$

donne, par différentiation,

$$x\,dx + y\,dy + z\,dz = r\,dr.$$

Comme F est supposé fonction de r, le travail élémentaire est la différentielle totale d'une fonction de r

$$U = \int F\,dr.$$

Les surfaces de niveau sont des sphères de centre O. Ainsi un mobile m étant attiré par un centre fixe O en raison inverse du carré de la distance, on a

$$F = -\frac{\mu}{r^2},$$

où μ est un coefficient positif, car la force étant dirigée dans le sens MO est négative. Alors

$$U = -\int \mu \frac{dr}{r^2} = \frac{\mu}{r} + C.$$

Dans cet exemple, le travail total de la force, quand le mobile passe d'une position M_0 éloignée indéfiniment à une position M_1 située à une distance r_1 du centre attractif O, est

$$\mathfrak{C} = U_1 - U_0 = \frac{\mu}{r_1}.$$

Les trois lois des forces précédentes sont des cas particuliers de celle-ci. Un point M est sollicité par une force qui est dirigée suivant une normale MP à une surface fixe S, et dont l'intensité est fonction de la longueur MP de cette normale. Il existe alors une fonction des forces dépendant uniquement de MP; les surfaces de niveau sont parallèles à S. C'est ce qu'on démontrera à titre d'exercice (Exercice 7).

4° Lorsqu'un point matériel est sollicité simultanément par plusieurs des lois de force précédentes, il existe encore une fonction des forces; cela résulte du théorème suivant :

Si un mobile est soumis à un système de deux forces F_1, F_2 *qui donneraient lieu séparément à des fonctions de forces* U_1, U_2, *il existe encore une fonction de forces égale à* $U_1 + U_2$.

Soient, en effet,

$$X_1 = \frac{\partial U_1}{\partial x}, \qquad Y_1 = \frac{\partial U_1}{\partial y}, \qquad Z_1 = \frac{\partial U_1}{\partial z}$$

les projections de la première force et

$$X_2 = \frac{\partial U_2}{\partial x}, \qquad Y_2 = \frac{\partial U_2}{\partial y}, \qquad Z_2 = \frac{\partial U_2}{\partial z}$$

celles de la deuxième, les projections de la résultante seront évidemment

$$X = \frac{\partial (U_1 + U_2)}{\partial x}, \qquad Y = \frac{\partial (U_1 + U_2)}{\partial y}, \qquad Z = \frac{\partial (U_1 + U_2)}{\partial z};$$

ce qui démontre la proposition énoncée.

90. Remarque sur les surfaces de niveau. — Si les surfaces de niveau sont seulement définies géométriquement et non par leur équation $U = $ const., la loi de force n'est pas entièrement déterminée. Si, en effet, une certaine fonction $V(x, y, z)$ reste constante sur les surfaces de niveau, la fonction des forces sera nécessairement de la forme

$$U = \varphi(V)$$

et la loi de force sera

$$X = \varphi'(V)\frac{\partial V}{\partial x}, \qquad Y = \varphi'(V)\frac{\partial V}{\partial y}, \qquad Z = \varphi'(V)\frac{\partial V}{\partial z};$$

la fonction φ' étant arbitraire, nous arrivons à cette conclusion que, sur une même surface de niveau, la force n'est connue qu'à un facteur constant arbitraire près. Par exemple, le fait que les surfaces de niveau sont des sphères de même centre O apprend que la force passe par le point O et est fonction de la distance du mobile au point O.

II. — SYSTÈMES DE POINTS.

91. Travail des forces appliquées à un système de points. Fonction des forces. Potentiel. — Soient n points $M_1(x_1, y_1, z_1)$, $M_2(x_2, y_2, z_2), \ldots, M_n(x_n, y_n, z_n)$ sollicités par des forces données, le premier par des forces dont la résultante est $F_1(X_1, Y_1, Z_1)$; le deuxième par des forces dont la résultante est $F_2(X_2, Y_2, Z_2), \ldots$. Pour un déplacement infiniment petit imprimé au système, la somme des travaux élémentaires des forces $F_1, F_2, \ldots, F_n$ est

$$(1) \qquad \begin{cases} X_1\,dx_1 + Y_1\,dy_1 + Z_1\,dz_1 \\ + X_2\,dx_2 + Y_2\,dy_2 + Z_2\,dz_2 \\ + \ldots\ldots\ldots\ldots\ldots\ldots\ldots\ldots \\ + X_n\,dx_n + Y_n\,dy_n + Z_n\,dz_n. \end{cases}$$

Lorsque les forces dépendent seulement de la position du système, c'est-à-dire quand $X_1, Y_1, Z_1, X_2, Y_2, Z_2, \ldots$ sont des fonctions de $x_1, y_1, z_1, x_2, y_2, z_2, \ldots, x_n, y_n, z_n$ et que l'expression (1) est une différentielle totale exacte d'une fonction U des coordonnées $x_1, y_1, z_1, x_2, y_2, z_2, \ldots, x_n, y_n, z_n$, on dit que les forces données *admettent une fonction des forces* U ou dérivent d'un potentiel $-U$. On a alors

$$X_k = \frac{\partial U}{\partial x_k}, \qquad Y_k = \frac{\partial U}{\partial y_k}, \qquad Z_k = \frac{\partial U}{\partial z_k} \qquad (k = 1, 2, \ldots, n).$$

Quand le système passe d'une position P_0 à une position P_1, la somme des travaux totaux de toutes les forces F_1, F_2, ..., F_n est donnée par

$$\tau = \int_{P_0}^{(P_1)} (X_1\,dx_1 + Y_1\,dy_1 + Z_1\,dz_1 + X_2\,dx_2 + Y_2\,dy_2 + Z_2\,dz_2 + \ldots + Z_n\,dz_n) = \int_{(P_0)}^{(P_1)} dU;$$

elle est donc égale à la variation $U_1 - U_0$ que subit la fonction U suivie par continuité quand le système passe de la première position à la deuxième.

Si la fonction U est une fonction uniforme des coordonnées, U_0 et U_1 ont des valeurs uniques; le travail total de toutes les forces, τ, est alors entièrement indépendant de la façon dont le système a passé d'une position à l'autre.

92. Exemples. — 1° Soient deux points M_1 et M_2; supposons que l'action de M_1 sur M_2 soit une force F_1 dirigée suivant la droite $M_1 M_2$; d'après le principe de l'égalité de l'action et de la réaction, l'action de M_2 sur M_1 est une force F_2 égale et opposée (*fig*. 65). L'ensemble de ces deux

Fig. 65.

forces se nomme *l'action mutuelle des deux points*; convenons d'appeler *valeur algébrique* F *de l'action mutuelle des deux points* l'intensité commune des deux forces F_1 et F_2, précédée du signe + ou du signe —, suivant que les deux points se repoussent (comme dans la figure) ou s'attirent. On a alors pour les projections de F_1 et F_2, en appelant r la distance $M_1 M_2$,

$$(F_1) \qquad F\,\frac{x_2 - x_1}{r}, \quad F\,\frac{y_2 - y_1}{r}, \quad F\,\frac{z_2 - z_1}{r};$$

$$(F_2) \qquad F\,\frac{x_1 - x_2}{r}, \quad F\,\frac{y_1 - y_2}{r}, \quad F\,\frac{z_1 - z_2}{r}.$$

Faisant la somme des travaux élémentaires de ces deux forces, somme que l'on appelle *travail élémentaire de l'action mutuelle* F, on trouve

$$\frac{F}{r}\left[(x_2 - x_1)(dx_2 - dx_1) + (y_2 - y_1)(dy_2 - dy_1) + (z_2 - z_1)(dz_2 - dz_1)\right],$$

expression qui se réduit à

$$F\,dr,$$

en vertu des relations évidentes

$$r^2 = (x_2 - x_1)^2 + (y_2 - y_1)^2 + (z_2 - z_1)^2,$$
$$r\,dr = (x_2 - x_1)(dx_2 - dx_1) + (y_2 - y_1)(dy_2 - dy_1) + (z_2 - z_1)(dz_2 - dz_1).$$

Si donc l'action mutuelle des deux points est une fonction de leur seule distance r, $F = \varphi(r)$, la somme des travaux élémentaires des deux forces F_1 et F_2 est la différentielle totale exacte de la fonction

$$U = \int \varphi(r)\,dr.$$

Ainsi, pour deux points s'attirant proportionnellement à leurs masses m_1 et m_2 et en raison inverse du carré des distances, on a $F = -f\,\dfrac{m_1 m_2}{r^2}$, f désignant une constante, d'où $U = f\,\dfrac{m_1 m_2}{r} + \text{const.}$ Supposons les points d'abord placés à une distance infinie l'un de l'autre, puis amenés à la distance r, le travail total sera la variation de la fonction U, quand on passe de la première position à la deuxième, c'est-à-dire $f\,\dfrac{m_1 m_2}{r}$.

2° Soit maintenant un nombre quelconque de points M_1, M_2, ..., M_n ; supposons que deux quelconques de ces points M_i et M_k exercent l'un sur l'autre une action mutuelle dont la valeur algébrique F_{ik} est fonction de la seule distance r_{ik} des deux points $\overline{M_i M_k}$. Si le système subit un déplacement infiniment petit, la somme des travaux élémentaires de toutes ces actions mutuelles est, d'après ce qui précède,

$$\Sigma F_{ik}\,dr_{ik},$$

la somme étant étendue à toutes les combinaisons des indices i et k deux à deux, i étant différent de k. Cette somme est la différentielle totale d'une fonction

$$U = \Sigma \int F_{ik}\,dr_{ik};$$

il existe donc une fonction des forces. Par exemple, pour un système de trois points de masses m_1, m_2, m_3, s'attirant deux à deux proportionnellement aux masses et en raison inverse du carré des distances, on a

$$F_{ik} = -f\,\frac{m_i m_k}{r_{ik}^2};$$

d'où

$$U = f\left(\frac{m_2 m_3}{r_{23}} + \frac{m_3 m_1}{r_{31}} + \frac{m_1 m_2}{r_{12}} \right)$$

à une constante près. Cette valeur de U est le travail total des actions mutuelles quand les trois points, supposés d'abord infiniment éloignés les uns des autres, sont amenés dans leurs positions actuelles.

EXERCICES.

1. Quelles sont les dimensions du travail par rapport aux unités fondamentales *longueur, temps, masse?* (Si l'on prend une unité de longueur λ fois plus petite, de temps τ fois plus petite, de masse μ fois plus petite, le travail $\mathfrak{T}$ devient $\mu\lambda^2\tau^{-2}\mathfrak{T}$).

2. Un point M est attiré ou repoussé par deux centres fixes O et O_1, en raison inverse des carrés des distances. Calculer la fonction des forces et étudier les surfaces de niveau.

$$\left[U = \pm\, \frac{k}{OM} \pm \frac{k_1}{O_1M} \right].$$

3. Un fil élastique, dont la longueur naturelle est l, est attaché par une de ses extrémités en un point fixe O, puis est tiré de façon à acquérir une longueur $\lambda > l$; calculer le travail produit par la tension du fil, quand ce dernier revient de la longueur λ à la longueur naturelle l. On admet que, lorsque le fil a une longueur r, la tension T est *proportionnelle à son allongement* :

$$T = k(r - l).$$

Résultat :

$$\mathfrak{T} = \frac{k(\lambda - l)^2}{2}.$$

4. Soit

$$U = A \arctan \frac{y}{x} + B \arctan \frac{y - b}{x - a}.$$

Étudier la valeur du travail total sur une courbe fermée C. (Ce travail est de la forme $2m\pi A + 2n\pi B$, m et n entiers.) Si A et B sont incommensurables, on peut tracer la courbe C de façon que le travail le long de C diffère aussi peu qu'on le veut d'une quantité donnée à l'avance.

5. Une enveloppe renferme un volume v de gaz dont la pression sur l'unité de surface de l'enveloppe est p. Admettant que p est seulement fonction de v, démontrer que le travail total des pressions du gaz sur tous les éléments de l'enveloppe est $\int_{v_0}^{v_1} p\, dv$ quand le volume croît de v_0 à v_1. — *Réponse*. On divise la surface en éléments infiniment petits égaux $d\sigma$; sur chacun d'eux agit une pression normale $p\, d\sigma$; quand le volume croît de v à $v + dv$, $d\sigma$ prend la position $d\sigma_1$; si donc l'on désigne par z la projection du déplacement de $d\sigma$ sur la normale à $d\sigma$, le travail élémentaire de la pression $p\, d\sigma$ est $pz\, d\sigma$ et l'ensemble des travaux élémentaires des pressions est $p \int z\, d\sigma$. Or $z\, d\sigma$ est le volume du cylindre dont les

bases opposées sont dz et dz'; $f\,z\,dz$ est donc l'accroissement de volume total, et l'ensemble des travaux élémentaires est $p\,dv$.

6. Une force F est appliquée en un point d'un système de forme invariable que l'on fait tourner d'un angle infiniment petit $\delta\theta$ autour d'un axe fixe Oz; démontrer que le travail élémentaire de cette force est $N\,\delta\theta$, N désignant le moment de la force F par rapport à Oz.

7. Un point est sollicité par une force F normale à une surface fixe S. Si l'on désigne par p la distance du point M à la surface comptée sur la normale F, démontrer que le travail élémentaire de F est $\pm F\,dp$, où il faut prendre $+$ ou $-$ suivant que la force tend à augmenter ou à diminuer p.

8. L'action mutuelle de deux points de masses m et m' situés à une distance r étant $F = -f\,\dfrac{m\,m'}{r^{2}}$, où f désigne une constante (*attraction universelle de Newton*), comment varie le facteur f quand on fait un changement d'unités ?

DEUXIÈME PARTIE.

STATIQUE.

CHAPITRE V.

ÉQUILIBRE D'UN POINT; ÉQUILIBRE D'UN CORPS SOLIDE.

I. — POINT MATÉRIEL.

93. Point libre. — Pour qu'un point libre M soit en équilibre, il faut et il suffit que la résultante R des forces qui lui sont appliquées soit *nulle*, c'est-à-dire que les trois projections X, Y, Z de R le soient

$$(1) \qquad X = 0, \qquad Y = 0, \qquad Z = 0.$$

Si, dans une position quelconque $M(x, y, z)$, on abandonne le point M sans vitesse initiale sous l'action de la résultante R, la valeur initiale de cette résultante ne dépend que de x, y, z et t; nous supposerons qu'elle est *indépendante* de t. Alors les trois équations (1) déterminent les coordonnées des positions d'équilibre. Lorsqu'il existe une *fonction des forces* $U(x, y, z)$, les projections X, Y, Z sont les dérivées partielles de U et les équations deviennent

$$\frac{\partial U}{\partial x} = 0, \qquad \frac{\partial U}{\partial y} = 0, \qquad \frac{\partial U}{\partial z} = 0.$$

Ce sont précisément les équations que l'on a à résoudre lorsque l'on cherche les *maxima et les minima d'une fonction* U de trois variables indépendantes x, y, z. Nous démontrerons en Dynamique (Chap. IX), d'après Lejeune-Dirichlet, que, si la fonction U est réellement *maximum* en un point $M_1(x_1, y_1, z_1)$, ce point est une *position d'équilibre stable* : cela signifie qu'en écartant infiniment peu, d'une manière arbitraire, le point matériel de la position M_1, et lui donnant une vitesse initiale infiniment petite, on obtient un mouvement dans lequel le mobile s'écarte infiniment peu de M_1.

94. Exemple. Attractions proportionnelles aux distances. — Trouver les positions d'équilibre d'un point matériel attiré par des centres fixes proportionnellement aux distances et aux masses des centres d'attraction.

Soient $P_1, P_2, \ldots, P_n$ (*fig.* 66) les centres fixes et $m_1, m_2, \ldots, m_n$ leurs

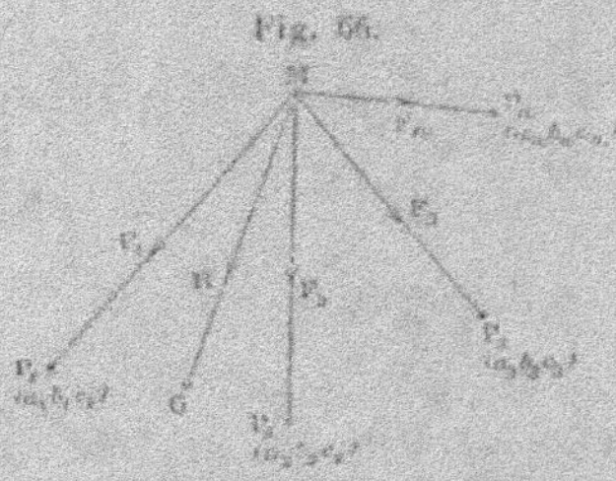

Fig. 66.

masses. Les forces d'attraction $F_1, F_2, \ldots, F_n$ agissant sur le point matériel M seront dirigées suivant MP_1, MP_2, MP_3, $\ldots$, MP_n; leurs grandeurs respectives seront, f désignant une constante,

$$F_1 = f m_1 \overline{MP_1}, \qquad F_2 = f m_2 \overline{MP_2}, \qquad \ldots, \qquad F_n = f m_n \overline{MP_n}.$$

Soient $a_1, b_1, c_1, a_2, b_2, c_2, \ldots, a_n, b_n, c_n$ les coordonnées des centres attractifs, x, y, z celles du point M. Les projections de la force F_k sur les trois axes sont égales aux projections correspondantes du segment MP_k multipliées par fm_k; elles sont donc

$$f m_k(a_k - x), \qquad f m_k(b_k - y), \qquad f m_k(c_k - z).$$

Les projections de la résultante sont alors

$$(2) \quad X = f \Sigma m_k(a_k - x), \quad Y = f \Sigma m_k(b_k - y), \quad Z = f \Sigma m_k(c_k - z),$$

le signe Σ indiquant une somme étendue à toutes les forces, c'est-à-dire à toutes les valeurs $k = 1, 2, \ldots, n$. En posant

$$\mu = \Sigma m_k, \qquad \mu \xi = \Sigma m_k a_k, \qquad \mu \eta = \Sigma m_k b_k, \qquad \mu \zeta = \Sigma m_k c_k,$$

on peut écrire

$$X = f\mu(\xi - x), \qquad Y = f\mu(\eta - y), \qquad Z = f\mu(\zeta - z).$$

Considérons le point G ayant pour coordonnées ξ, η, ζ; on appelle ce point le *centre de gravité* du système de masses P_1, P_2, ..., P_n. Les équations ci-dessus montrent que *la résultante des forces qui agissent sur M est la force que l'on obtiendrait en supposant le système des centres attractifs remplacé par le seul point G auquel on supposerait la masse μ. La résultante est dirigée suivant MG, et sa valeur est $f\mu\,\overline{MG}$.* Il ne peut donc y avoir équilibre que si M se confond avec le centre de gravité G du système.

Dans ce qui précède, m_1, m_2, ..., m_n sont des nombres essentiellement positifs; admettons maintenant que ces nombres ne désignent plus des masses, mais seulement des coefficients, et supposons que certains d'entre eux sont négatifs; cela revient à admettre que les forces correspondantes sont répulsives, car, les projections d'une de ces forces F_k changeant de signe avec m_k, F_k changera de sens quand m_k deviendra négatif.

Lorsque μ est différent de zéro, tous les calculs ci-dessus subsistent et l'on arrive aux mêmes résultats. Si μ est nul, les trois équations (2) deviennent indépendantes de x, y, z, la résultante des forces est constante en grandeur et en direction et il n'y a *pas de position d'équilibre*. Enfin, si l'on a simultanément

$$\mu = 0, \qquad \Sigma m_k a_k = 0, \qquad \Sigma m_k b_k = 0, \qquad \Sigma m_k c_k = 0,$$

X, Y, Z sont nulles quelles que soient x, y, z; par conséquent, le point M se trouve *en équilibre dans une position quelconque.*

Il existe actuellement une fonction des forces U; dans le cas général, μ différent de zéro, on a

$$U = -\frac{f\mu}{2}[(\xi - x)^2 + (\eta - y)^2 + (\zeta - z)^2] = -\frac{f\mu}{2}\overline{MG}^2.$$

Quand μ est positif, cette fonction est nulle au point G, négative en tout autre point : elle est donc *maximum* dans la position d'équilibre, qui est par suite *stable*. L'inverse aurait lieu pour μ négatif. Lorsque μ est *nul*, X, Y, Z ont des valeurs constantes $f\Sigma m_k a_k$, $f\Sigma m_k b_k$, $f\Sigma m_k c_k$, et la fonction des forces est

$$U = f(x\Sigma m_k a_k + y\Sigma m_k b_k + z\Sigma m_k c_k).$$

95. **Point mobile sans frottement sur une surface fixe.** — Soient une surface fixe donnée S (*fig*. 67) et sur cette surface un point mobile M sollicité par des forces données dont F est la résultante. Pour que le point soit en équilibre, il faut et il suffit que cette résultante F,

si elle n'est pas nulle, soit *normale* à la surface. En effet, si la force n'est pas normale, on peut la décomposer en deux, l'une normale qui presse le point sur la surface, l'autre tangentielle qui fait glisser le point sur la surface; l'équilibre n'a donc pas lieu. Si

Fig. 67.

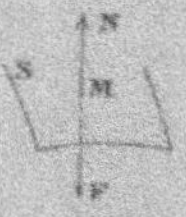

dans une certaine position M la force F est normale, l'équilibre a lieu, à condition que le point ne puisse quitter la surface ni d'un côté ni de l'autre; c'est le cas le plus fréquent. Mais, si le point est simplement *posé* sur la surface, comme un objet posé sur une table, il ne suffit pas que la force soit normale pour qu'il y ait équilibre, il faut en outre qu'elle soit dirigée de façon à appliquer le point *contre la surface*.

Le point pouvant glisser sans frottement sur la surface, l'action de la surface sur le point est une force qui ne doit opposer aucune résistance au glissement, c'est-à-dire n'avoir aucune composante *tangentielle*. C'est donc une force *normale* que l'on appelle *réaction normale*. Quand le point est en équilibre, la réaction normale est égale et opposée à F. D'après le principe de l'égalité de l'action et de la réaction, le point M exerce sur la surface une action égale et opposée à MN, que l'on appelle *pression du point sur la surface*.

Traduisons analytiquement ces résultats : soient

$$f(x, y, z) = 0$$

l'équation de la surface en coordonnées rectangulaires et X, Y, Z les projections de la force F. La réaction normale MN a pour projections des quantités proportionnelles aux cosinus directeurs de la normale à la surface, c'est-à-dire des quantités de la forme

$$(N) \qquad \lambda \frac{\partial f}{\partial x}, \quad \lambda \frac{\partial f}{\partial y}, \quad \lambda \frac{\partial f}{\partial z}.$$

Puisqu'il doit y avoir équilibre entre cette réaction et la force F, on a les trois conditions

$$X - \lambda \frac{\partial f}{\partial x} = 0, \qquad Y - \lambda \frac{\partial f}{\partial y} = 0, \qquad Z + \lambda \frac{\partial f}{\partial z} = 0,$$

qui, jointes à $f(x, y, z) = 0$, donnent quatre équations pour déterminer x, y, z et λ. Soit M un point de la surface dont les coordonnées satisfont à ces équations. Si le point matériel ne peut quitter la surface ni de l'un ni de l'autre côté, il est en équilibre en ce point. Dans le cas contraire, il faut en outre imposer à λ un certain signe. Admettons, par exemple, que le point puisse quitter la surface du côté où $f(x, y, z)$ devient positif; il faut alors que la force soit dirigée du côté où $f(x, y, z)$ est négatif, et la réaction du côté opposé. Or la grandeur géométrique dont les projections sont

$$\frac{\partial f}{\partial x}, \quad \frac{\partial f}{\partial y}, \quad \frac{\partial f}{\partial z}$$

est dirigée par rapport à la surface du côté où $f(x, y, z)$ devient positif, comme il résulte des remarques faites à propos des surfaces de niveau (88) appliquées aux surfaces $f(x, y, z) = \text{const.}$ La réaction N devant être dirigée du même côté, λ *devra être positif*.

Lorsque le point ne peut pas quitter la surface, on simplifie le calcul par la méthode suivante. On commence par exprimer les coordonnées d'un point de la surface en fonction de deux paramètres q_1 et q_2, soient par exemple

$$x = \varphi(q_1, q_2), \qquad y = \psi(q_1, q_2), \qquad z = \varpi(q_1, q_2);$$

pour qu'il y ait équilibre, il faut et il suffit que F soit normale à la surface, c'est-à-dire à chacune des deux courbes que l'on obtient en laissant successivement q_1, puis q_2 constant; les équations du problème sont donc

$$Q_1 = X \frac{\partial \varphi}{\partial q_1} + Y \frac{\partial \psi}{\partial q_1} + Z \frac{\partial \varpi}{\partial q_1} = 0,$$

$$Q_2 = X \frac{\partial \varphi}{\partial q_2} + Y \frac{\partial \psi}{\partial q_2} + Z \frac{\partial \varpi}{\partial q_2} = 0.$$

X, Y, Z, dépendant de la position de M, sont des fonctions de q_1 et q_2; les deux équations ci-dessus en q_1 et q_2 déterminent les valeurs des deux paramètres pour les positions d'équilibre.

Un cas intéressant est celui où, en désignant par Q_1 et Q_2 les premiers membres des équations ci-dessus, l'expression

$$Q_1\, dq_1 + Q_2\, dq_2$$

est la différentielle totale exacte d'une fonction $U(q_1, q_2)$; on est alors conduit, pour trouver l'équilibre, à annuler les dérivées partielles Q_1 et Q_2 de $U(q_1, q_2)$ c'est-à-dire à chercher les maxima et les minima de cette fonction de deux variables indépendantes q_1 et q_2. Cette fonction peut s'écrire

$$U(q_1, q_2) = \int X\, dx + Y\, dy + Z\, dz,$$

où, dans le second membre, toutes les quantités sont remplacées par leurs valeurs en q_1 et q_2. Dans le cas particulier où la force F dérive d'un potentiel, on a, quels que soient x, y, z,

$$\int X\, dx + Y\, dy + Z\, dz = U(x, y, z);$$

la fonction $U(q_1, q_2)$ existe alors et on l'obtient en remplaçant, dans $U(x, y, z)$, les coordonnées par leurs expressions en fonction de q_1 et q_2.

Nous démontrerons en Dynamique que, si $U(q_1, q_2)$ passe dans une certaine position du mobile par un maximum effectif, l'équilibre correspondant est stable.

96. Point mobile sans frottement sur une courbe fixe. — Soient une courbe fixe C et, sur cette courbe, un point M mobile sans frottement sollicité par des forces dont la résultante est F. On voit, comme dans le cas d'un point mobile sur une surface, que, dans l'équilibre, la force F, si elle n'est pas nulle, doit être normale à la courbe. Si cette condition est remplie, la force F sera détruite par la résistance de la courbe et l'équilibre aura lieu.

L'action de la courbe sur le point est une force normale MN qu'on appelle *réaction normale :* le point M exerce sur la courbe une pression égale et opposée à cette réaction. Lorsque le point est en équilibre, la réaction normale est égale et opposée à la force F ; la pression du point sur la courbe est égale à F (*fig.* 68).

Soient

$$f(x, y, z) = o, \qquad f_1(x, y, z) = o$$

les équations de la courbe rapportée à trois axes rectangulaires, et X, Y, Z les projections de la résultante F des forces appliquées au point M(x, y, z). Pour exprimer qu'il y a équilibre, il suffit d'écrire que F est égale et directement opposée à la réaction nor-

Fig. 68.

male N. Cette dernière force peut toujours se décomposer en deux autres dirigées suivant les normales MN′ et MN″ aux deux surfaces $f = 0$, $f_1 = 0$, qui, par leur intersection, définissent la courbe, car les trois directions MN, MN′, MN″ sont dans le plan normal. Ces deux composantes de la réaction MN′ et MN″ auront respectivement pour projections

$$\lambda \frac{\partial f}{\partial x}, \quad \lambda \frac{\partial f}{\partial y}, \quad \lambda \frac{\partial f}{\partial z}; \quad \lambda_1 \frac{\partial f_1}{\partial x}, \quad \lambda_1 \frac{\partial f_1}{\partial y}, \quad \lambda_1 \frac{\partial f_1}{\partial z}.$$

Puisqu'il y a équilibre entre ces deux forces et la force F, on a

$$X + \lambda \frac{\partial f}{\partial x} + \lambda_1 \frac{\partial f_1}{\partial x} = 0, \quad Y + \lambda \frac{\partial f}{\partial y} + \lambda_1 \frac{\partial f_1}{\partial y} = 0, \quad Z + \lambda \frac{\partial f}{\partial z} + \lambda_1 \frac{\partial f_1}{\partial z} = 0.$$

Ces trois équations, jointes aux deux équations de la courbe, déterminent les cinq inconnues x, y, z, λ et λ_1.

On simplifie le calcul en supposant que les coordonnées d'un point de la courbe soient exprimées en fonction d'un paramètre q par les équations

$$x = \varphi(q), \quad y = \psi(q), \quad z = \varpi(q).$$

Les cosinus directeurs de la tangente étant proportionnels à $\varphi'(q)$, $\psi'(q)$, $\varpi'(q)$, la condition d'équilibre s'obtient en *égalant à zéro* la quantité

$$X \varphi'(q) + Y \psi'(q) + Z \varpi'(q),$$

que nous désignerons par Q. A chaque valeur de q annulant Q correspond une position d'équilibre. Dans le cas actuel, la recherche des positions d'équilibre se ramène toujours à la *recherche des maxima et minima d'une fonction qui ne dépend plus que d'une variable.* Posons, en effet,

$$U(q) = \int X\,dx + Y\,dy + Z\,dz = \int Q\,dq,$$

où l'on suppose, dans la première intégrale, x, y, z remplacés par leurs valeurs en fonction de q, de façon à rendre cette intégrale identique à la deuxième : la condition d'équilibre s'obtient en cherchant les valeurs de q qui annulent la dérivée de U par rapport à q; on les trouve donc en cherchant les maxima et minima de U. Lorsqu'il existe une fonction des forces U (x, y, z), la fonction U (q) s'obtient évidemment en y remplaçant x, y, z par leurs expressions en fonction de q. Nous verrons plus tard, par une méthode générale, qu'à un maximum effectif de U (q) correspond une position d'équilibre *stable*. Nous indiquons, à titre d'exercice (fin du Chapitre, Exercice 7), une méthode particulière pour vérifier cette proposition.

II. — ENSEMBLE DE POINTS MATÉRIELS.

97. Principes généraux relatifs aux ensembles de points matériels. — Si l'ensemble est formé de points libres et indépendants les uns des autres, on peut répéter pour chacun d'eux ce que nous avons dit sur le point matériel complètement libre. Pour que l'équilibre existe, il faut et il suffit que la résultante des forces qui agissent sur chaque point soit nulle. Cette condition n'est plus nécessaire si l'ensemble est soumis à des liaisons définies géométriquement ou exprimées par des équations entre les coordonnées des points. C'est ce qui arrive, par exemple, si l'un des points est assujetti à rester sur une surface; ou encore, si la distance de deux points de l'ensemble est constante. Relativement à ces ensembles, nous poserons les deux principes suivants :

1° *Si un ensemble est en équilibre sous l'action d'un système de forces, l'équilibre sera conservé si, sans changer les forces, on introduit de nouvelles liaisons.*

2° *Si un ensemble est en équilibre sous l'action d'un système de forces* (A), *l'équilibre sera conservé, si l'on ajoute ou supprime à* (A) *un système* (B) *qui maintient l'ensemble en équilibre.*

Si les forces qui agissent sur chacun des points ont une résultante nulle, l'ensemble est en équilibre; c'est une conséquence immédiate du premier principe. En particulier, un système quelconque de forces (A) sera maintenu en équilibre par le système (— A), obtenu en changeant le sens de toutes les forces de (A).

98. Équivalence des systèmes de forces appliquées à un ensemble. — *Deux systèmes de forces* (A) *et* (B) *sont dits équivalents relativement à un ensemble, s'il existe un troisième système* (C), *qui maintient séparément* (A) *et* (B) *en équilibre.*

Dans ces conditions, tout système qui maintient (A) en équilibre produit le même effet sur (B). En effet, soit (D) un tel système, (A) + (D) et (B) + (C) étant en équilibre, il en est de même (deuxième principe) du système (A) + (B) + (C) + (D); on peut supprimer (A) + (C) qui est en équilibre. Il reste un système en équilibre formé de (B) et (D). En particulier, (B) sera maintenu en équilibre par (— A).

Si l'on remplace toutes les forces qui agissent sur chacun des points par leurs résultantes, on obtient un système équivalent. En effet, soit (A) le système primitif, (R) le système formé par l'ensemble des résultantes, chacun d'eux est maintenu en équilibre (§ 97) par le système (— R).

On voit facilement que les opérations suivantes transforment un système en un système équivalent :

Adjonction ou suppression d'un système en équilibre.

Remplacement d'une partie des forces par un système équivalent.

III. — RÉDUCTION DES FORCES APPLIQUÉES A UN CORPS SOLIDE. ÉQUILIBRE.

99. Corps solide. — *Un corps solide est un ensemble de points matériels invariablement liés entre eux.* — Lorsqu'une force est appliquée à l'un de ces points, on dit qu'elle est appliquée au corps. Le corps solide ainsi défini est une abstraction. Tous les corps de la nature se déforment sous l'action des forces qui leur sont appliquées; mais les corps appelés communément *solides* subissent des déformations très petites, qui peuvent être négligées dans une première approximation.

On admet les deux propositions suivantes :

1° *Deux forces égales et directement opposées appliquées à un corps solide se font équilibre;*

2° *Un corps solide mobile autour d'un axe fixe, soumis à l'action d'une seule force, perpendiculaire à l'axe, ne rencontrant pas l'axe, n'est pas en équilibre.*

De la première de ces propositions il résulte immédiatement que :

Si l'on ajoute ou supprime deux forces égales et directement opposées, on obtient un nouveau système de forces équivalent au système primitif.

On en déduit, comme nous l'avons montré dans la théorie des vecteurs (n° 15), la proposition suivante :

Si l'on transporte le point d'application d'une force en un point quelconque de sa direction, pourvu que ce point soit invariablement lié au corps solide, le nouveau système de forces est équivalent au système primitif.

Nous pouvons maintenant démontrer un théorème qui est la réciproque de la première des propositions ci-dessus :

Deux forces appliquées à un corps solide ne peuvent se faire équilibre que si elles sont égales et directement opposées.

Soient P et Q les deux forces considérées, A et B leurs points d'application; puisque le corps solide est en équilibre, il restera encore en équilibre si l'on fixe certains de ses points; c'est ce qui résulte du premier principe (97) et ce qu'on peut d'ailleurs concevoir directement, car le corps, restant immobile quand il est entièrement libre, restera évidemment immobile si on limite d'une manière quelconque les mouvements qu'il peut prendre.

Soit O un point de la droite AP; si Q ne passe pas par O, on

pourra mener par O, un axe perpendiculaire à Q ne rencontrant
pas Q. Fixons cet axe, ce qui ne détruit pas l'équilibre (premier
principe 97). La force P, qui peut être transportée en O, est
détruite par la fixité de l'axe (*fig.* 69). La seule force Q devrait

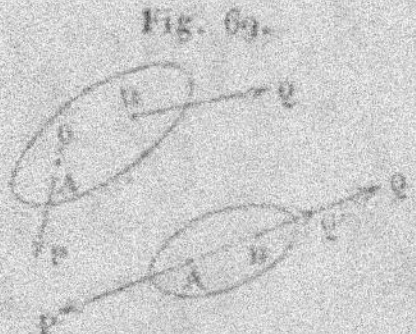

Fig. 69.

maintenir le corps en équilibre, ce qui est incompatible avec la
deuxième proposition ci-dessus. Donc, si l'équilibre a lieu, la
direction BQ passe par le point O, *choisi arbitrairement sur*
AP : les deux droites indéfinies AP et BQ coïncident. Dès lors,
la force Q peut être transportée au point A en Q', et les deux
forces P et Q' ayant même direction et appliquées au point A
sont égales et opposées puisqu'elles se font équilibre. Les deux
forces primitives P et Q sont donc égales et directement opposées.

100. Réduction des forces appliquées à un corps solide. — Systèmes équivalents. — Équilibre. — D'après ce qui précède, on
obtient un système de forces équivalent au système primitif en
effectuant les opérations élémentaires suivantes :

Adjonction ou suppression de deux forces égales et directement opposées; transport d'une force en un point de sa direction.

*Composition de plusieurs forces concourantes en une seule,
ou décomposition d'une force en forces concourantes.*

Nous avons vu que tous les systèmes de vecteurs obtenus à l'aide
de ces opérations sont *équivalents*, c'est-à-dire ont même résultante générale et même moment résultant; et que, réciproquement, deux systèmes de vecteurs équivalents peuvent se ramener
l'un à l'autre par ces opérations. Donc, *deux systèmes de forces
représentés par des systèmes de vecteurs équivalents sont
équivalents.*

Réciproquement, *deux systèmes de forces équivalents sont représentés par deux systèmes de vecteurs équivalents.*

En effet, soient (A) et (B) les deux systèmes de forces équivalents, le système (— A) + (B) est en équilibre. A l'aide des deux opérations élémentaires ci-dessus, on pourra le réduire à deux forces qui devront être égales et opposées (§ 99). Le système de vecteurs (— A) + (B) est équivalent à zéro; (A) et (B) sont équivalents.

En particulier, pour qu'il y ait équilibre, il faut et il suffit que le système des forces appliquées au corps soit équivalent à zéro.

101. Réduction à deux forces. — Comme nous l'avons démontré dans la théorie des vecteurs, un système (S) de forces appliqué à un corps solide peut être réduit, par les opérations élémentaires, à deux, F et Φ, dont l'une est appliquée en un point pris arbitrairement. Ces deux forces F et Φ forment un système équivalent au système donné.

102. Réduction à une force et à un couple. — D'après ce que nous avons vu dans la théorie des vecteurs, un système quelconque de forces (S) peut être remplacé par une force unique R égale à la résultante générale appliquée en un point arbitraire O et par un couple dont l'axe est égal au moment résultant OG par rapport au point O.

Pour qu'il y ait équilibre, il faut et il suffit que le système (S) soit équivalent à zéro, c'est-à-dire que la résultante générale OR et le moment résultant OG soient nuls.

103. Équations d'équilibre. — Appelant X, Y, Z les sommes des projections des forces sur les trois axes, L, M, N les sommes de leurs moments par rapport aux trois axes, on a les six équations d'équilibre

$$X = o, \quad Y = o, \quad Z = o; \quad L = o, \quad M = o, \quad N = o.$$

104. Cas particuliers de la réduction. — Pour que le système (S) admette une *résultante unique,* il faut et il suffit que la résultante générale OR soit différente de zéro et que *le moment* *résultant OG soit perpendiculaire à la direction de la résultante générale.* La résultante unique est alors dirigée *suivant l'axe central.* Analytiquement, on a les conditions

$$X^2 + Y^2 + Z^2 > o, \qquad LX + MY + NZ = o.$$

Pour que le système (S) se réduise à un couple unique, il faut et il suffit que *la résultante générale soit nulle,* sans que le moment résultant le soit.

$$X = o, \qquad Y = o, \qquad Z = o.$$

105. Autre forme des conditions d'équilibre. — *Pour l'équilibre, il faut et il suffit que la somme des moments des forces par rapport à chacune des six arêtes d'un tétraèdre soit nulle.* Cette condition est évidemment nécessaire : elle est suffisante. En effet, supposons-la remplie pour un tétraèdre ABCD : la somme des moments étant nulle par rapport aux trois arêtes AB, AC, AD, issues du sommet A, le moment résultant par rapport au point A est nul, et les forces considérées ont une résultante unique passant par A ou bien se font équilibre. Le même raisonnement pouvant être appliqué à chaque sommet, les forces *se font équilibre,* car il est impossible qu'elles aient une résultante unique *passant par les quatre sommets.*

Comme application, on démontre que quatre forces appliquées aux quatre sommets d'un tétraèdre, proportionnelles aux aires des faces opposées et dirigées normalement vers ces faces, se font équilibre. On vérifie que la somme des moments par rapport à chacune des six arêtes du tétraèdre est nulle (*fig.* 70).

Fig. 70.

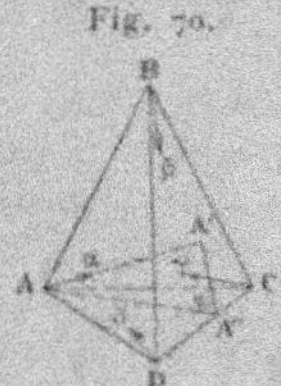

En effet, soient α, β, γ, δ les forces appliquées aux sommets A, B, C, D du tétraèdre,

$$\alpha = k.\overline{BCD}, \qquad \beta = k.\overline{CDA}, \qquad \gamma = k.\overline{DAB}, \qquad \delta = k.\overline{ABC}.$$

Prenons les moments par rapport à l'arête CD : les forces γ et δ ont des moments nuls; les forces α et β ont des moments de signes contraires. La force α étant dirigée suivant la hauteur AA', l'angle de α avec CD est droit, et la plus courte distance de α à CD est la perpendiculaire A'A", abaissée de A' sur CD; le moment de α par rapport à CD a donc pour valeur absolue

$$\alpha . \overline{A'A''} = \alpha . \overline{AA'} . \cot \varphi = k . \overline{BCD} . \overline{AA'} . \cot \varphi = 3 k V \cot \varphi,$$

V désignant le volume du tétraèdre et φ l'angle dièdre suivant l'arête CD. Le moment de β a la même valeur absolue. La somme des moments par rapport à une arête quelconque CD est donc nulle.

IV. — APPLICATIONS. FORCES DANS UN PLAN. FORCES PARALLÈLES; CENTRES DE GRAVITÉ.

106. Forces dans un plan. — Prenons ce plan pour plan des xy, nous aurons évidemment

$$Z = 0, \quad L = 0, \quad M = 0,$$
$$LX + MY + NZ = 0.$$

Par conséquent :

Si $X^2 + Y^2 > 0$, le système a une résultante unique dirigée suivant l'axe central;

Si $X = 0$, $Y = 0$ avec $N \gtrless 0$, le système se réduit à un couple;

Si $X = 0$, $Y = 0$, $N = 0$, le système est en équilibre.

Lorsque N est nul, les forces ont une résultante passant par le point O ou se font équilibre; si donc la somme des moments des forces par rapport à deux points du plan est nulle, la résultante passe par ces points, ou bien il y a équilibre; enfin, si cette somme est nulle pour trois points du plan, non en ligne droite, il y a nécessairement équilibre.

107. Exemples. — 1° Prenons dans le plan des xy un polygone quelconque et appliquons au milieu de chacun de ses côtés et perpendiculairement à sa direction une force proportionnelle à sa longueur et dirigée vers l'extérieur du polygone; ces forces se font équilibre. Nous allons établir géométriquement cette proposition. Démontrons-la tout d'abord pour un triangle ABC.

Les trois forces A'(K.BC), B'(K.AC), C'(K.AB) sont concourantes comme étant perpendiculaires aux milieux des côtés du triangle; de plus, la somme de leurs projections sur un axe quelconque est évidemment nulle; ces trois forces se font donc équilibre (*fig.* 71).

Passons maintenant au cas d'un polygone quelconque. A l'aide de diagonales issues d'un sommet, partageons-le en triangles. Perpendiculairement aux côtés de chacun des triangles ainsi déterminés et en leurs milieux appliquons une série de forces proportionnelles à ces côtés et dirigées vers l'extérieur du triangle correspondant. D'après ce qui vient d'être dit, ce

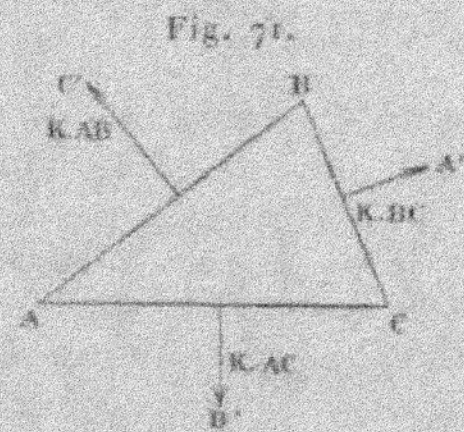

Fig. 71.

système de forces est en équilibre : or au milieu de chaque diagonale sont appliquées deux forces égales et opposées ; on peut donc les supprimer sans troubler l'équilibre, et le polygone reste en repos sous l'action des forces appliquées normalement à ses côtés ; la proposition est donc démontrée.

2° Soit donné un polygone plan ABCDE (*fig.* 72), sur lequel nous déterminons un sens de circulation ; appliquons à chaque sommet de ce poly-

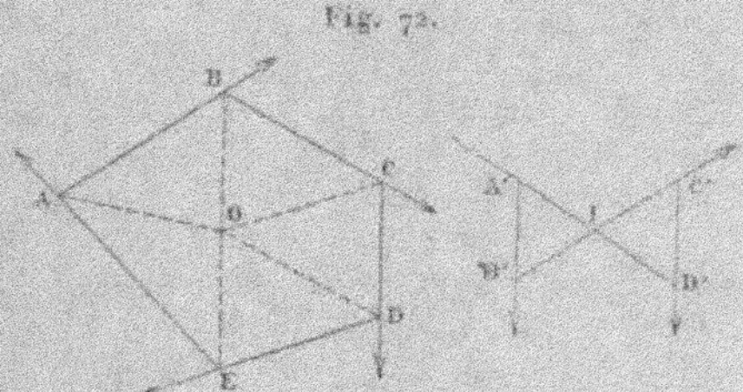

Fig. 72.

gone une force dirigée dans le sens du côté qui y aboutit et proportionnelle à sa longueur. Si le polygone est convexe, ces forces se réduisent à un couple. En effet, la somme des projections de ces forces sur un axe quelconque est nulle comme égale à K fois la projection du contour fermé ABCDE. De plus, la somme des moments par rapport à un point quelconque O du plan du polygone n'est pas nulle ; en effet, c'est

$$N = \pm 2K [\text{surf. } OAB + \text{surf. } OBC + \dots],$$

c'est-à-dire

$$N = \pm 2K \text{ surf. } (ABCDE).$$

Il ne peut donc pas y avoir équilibre.

I.   9

Si le polygone est concave, il n'en est plus de même; prenons, en effet, le polygone $A'B'C'D'$; la somme des moments par rapport à un point O du plan sera, en ayant égard à leurs signes,

$$\pm 2K(\text{surf. } D'IC' - \text{surf. } B'IA');$$

il y aura donc équilibre si les deux triangles $D'IC'$, $B'IA'$ sont équivalents.

108. Centre d'un système de forces situées dans un plan et admettant une résultante. — Soit une figure plane $A_1 A_2 \ldots A_n$ de forme invariable, aux différents points de laquelle sont appliquées des forces F_1, $F_2, \ldots, F_n$, toutes situées dans le plan de la figure et admettant une résultante R. Déplaçons la figure plane dans son plan, en supposant que les forces $F_1, \ldots, F_n$ restent appliquées aux mêmes points $A_1, A_2, \ldots, A_n$ de la figure mobile, et conservent chacune une grandeur et une direction constantes. La résultante R est alors également constante en grandeur et en direction, et passe par un point fixe C, invariablement lié à la figure mobile, qu'on appelle, d'après Möbius, *centre des forces* F_1, $F_2, \ldots, F_n$. Pour le démontrer, on peut évidemment, au lieu de déplacer la figure en laissant aux forces leurs directions et leurs grandeurs, laisser la figure immobile en faisant tourner toutes les forces dans le même sens d'un même angle autour de leurs points d'application; car, dans les deux façons de procéder, les positions relatives de la figure et des forces sont les mêmes.

Démontrons d'abord le théorème pour deux forces F_1 et F_2 (*fig*. 73).

Fig. 73.

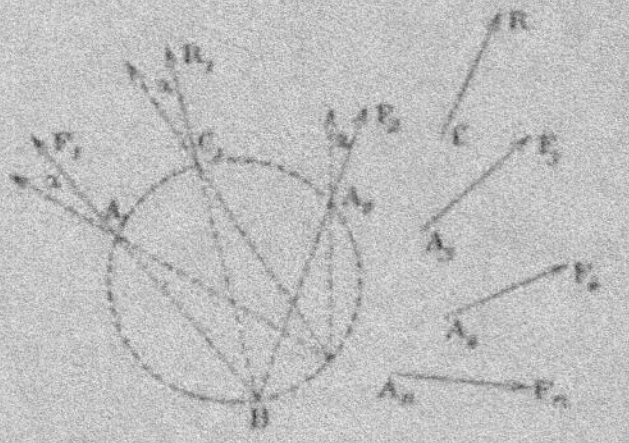

Quand on fait tourner F_1 et F_2, d'un même angle α, autour de A_1 et A_2 dans le même sens, l'angle $A_1 B A_2$ de leurs directions ne change pas, et le point B décrit une circonférence σ passant par les points A_1 et A_2. La résultante R_1 des deux forces F_1 et F_2 est constante en grandeur et fait avec chacune des forces F_1 et F_2 un angle constant: car le parallélogramme des forces F_1 et F_2 a une forme invariable. La direction de la résultante RB_1 rencontre donc le cercle σ en un point fixe C_1, où l'on peut toujours la supposer transportée; et cette résultante tourne autour du point C_1 du même angle α que les forces F_1 et F_2 autour de leurs points d'application.

Si maintenant on compose de même R_1 avec F_3, ces deux forces ont une résultante R_2 appliquée en un point déterminé C_2, autour duquel elle ne fait que tourner de l'angle α quand F_1, F_2, F_3 tournent de l'angle α autour de leurs points d'application. On composera R_2 avec F_4, ..., et l'on arrivera finalement à la résultante R de toutes les forces proposées appliquée au centre C de ces forces.

109. Cas du couple; directions principales. — Supposons maintenant que les forces F_1, F_2, ..., F_n (*fig.* 74) forment un couple : en déplaçant

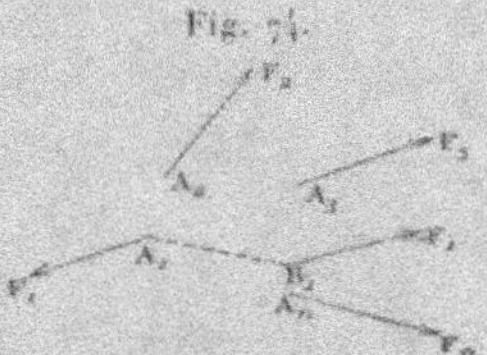

Fig. 74.

la figure dans son plan et laissant les forces constantes en grandeurs et directions, on peut toujours amener la figure dans une position d'équilibre. En effet, les $(n-1)$ forces F_2, F_3, ..., F_n ont une résultante $-F_1$ qui est égale et opposée à F_1 et qu'on peut supposer appliquée au centre B_1 des forces F_2, F_3, ..., F_n. L'ensemble de toutes les forces est alors remplacé par le couple F_1, $-F_1$ dont les forces sont appliquées aux points A_1 et B_1, invariablement liés à la figure mobile. Pour amener la figure à être en équilibre, il faut et il suffit qu'on la déplace de manière à rendre la droite $A_1 B_1$ parallèle à la direction fixe F_1. On obtient ainsi deux positions d'équilibre dont l'une se déduit de l'autre par une rotation de 180°.

Il existe deux directions rectangulaires OP et OQ (*fig.* 75), *invaria-*

Fig. 75.

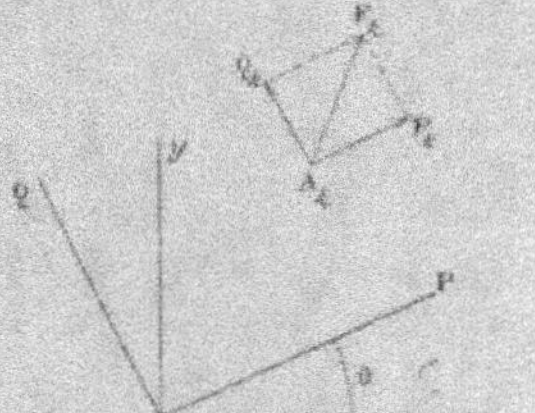

blement liées à la figure mobile et caractérisées par la propriété suivante : lorsque la figure est amenée dans la position particulière où l'équilibre a lieu, si l'on décompose chaque force F_k en deux composantes P_k et Q_k respectivement parallèles à OP et OQ, les forces parallèles P_k se font équilibre et les forces Q_k également. Ces directions se nomment *directions principales* (Möbius).

En effet, la figure étant amenée dans la position d'équilibre, rapportons-la à deux axes rectangulaires Ox et Oy; nous aurons les trois conditions d'équilibre

$$(\text{I}) \qquad \Sigma X_k = 0, \qquad \Sigma Y_k = 0, \qquad \Sigma x_k Y_k = \Sigma y_k X_k.$$

Soit θ l'angle d'une direction OP avec Ox, la composante P_k de F_k parallèlement à OP est

$$P_k = X_k \cos\theta + Y_k \sin\theta,$$

et les projections X'_k et Y'_k de P_k sur les axes sont

$$X'_k = X_k \cos^2\theta + Y_k \cos\theta \sin\theta, \qquad Y'_k = X_k \cos\theta \sin\theta + Y_k \sin^2\theta.$$

Les sommes $\Sigma X'_k$ et $\Sigma Y'_k$ sont évidemment nulles; pour que les forces P_k se fassent équilibre, il faut et il suffit que la somme $\Sigma(x_k Y'_k - y_k X'_k)$ soit nulle aussi, ce qui donne, en vertu de la troisième des équations (I),

$$\frac{\sin 2\theta}{2} \Sigma(x_k X_k - y_k Y_k) - \cos 2\theta \, \Sigma x_k Y_k = 0,$$

d'où l'on tire une valeur pour $\tang 2\theta$ et, par suite, deux valeurs pour θ fournissant deux directions rectangulaires OP et OQ. Les directions principales se trouvent ainsi déterminées. En les prenant comme axes coordonnés on doit trouver pour $\tang 2\theta$ la valeur 0; donc, pour que les axes coïncident avec les directions principales, il faut et il suffit que l'on ait, en supposant l'équilibre établi,

$$\Sigma x_k Y_k = \Sigma y_k X_k = 0.$$

Remarque. — Si de plus $\Sigma(x_k X_k - y_k Y_k)$ est nulle, θ est indéterminé; toutes les directions sont alors principales.

110. Forces parallèles. — Soit un corps solide sollicité par des forces parallèles à une même direction; appelons α, β, γ les cosinus directeurs d'une demi-droite OD parallèle à cette direction, P_1, P_2, ..., P_n les valeurs algébriques des forces parallèles estimées positivement dans le sens OD, négativement en sens contraire, et x_k, y_k, z_k les coordonnées du point d'application de P_k. Les différents cas possibles sont les suivants (n° 28).

1° $\Sigma P_k \gtrless 0$. Résultante unique, parallèle à la direction donnée, ayant pour valeur algébrique ΣP_k et appliquée au centre des forces parallèles

$$\xi = \frac{\Sigma P_k x_k}{\Sigma P_k}, \qquad \eta = \frac{\Sigma P_k y_k}{\Sigma P_k}, \qquad \zeta = \frac{\Sigma P_k z_k}{\Sigma P_k},$$

dont la position est indépendante de la direction des forces;

2° $\Sigma P_k = 0$, avec $L^2 + M^2 + N^2 > 0$. Couple unique d'axe L, M, N;

3° $\Sigma P_k = 0$, $\qquad \dfrac{\Sigma P_k x_k}{\alpha} = \dfrac{\Sigma P_k y_k}{\beta} = \dfrac{\Sigma P_k z_k}{\gamma}$. Équilibre.

Équilibre astatique. — Supposons que, le corps se déplaçant, les forces parallèles restent constantes en grandeur, direction et sens et demeurent appliquées en des points fixes du corps; l'équilibre est dit *astatique* quand il subsiste quelle que soit l'orientation du corps ou, ce qui revient au même, quelle que soit l'orientation des forces par rapport au corps, c'est-à-dire quels que soient α, β, γ. Pour cela, il faut et il suffit que l'on ait

$$\Sigma P_k = 0, \qquad \Sigma P_k x_k = 0, \qquad \Sigma P_k y_k = 0, \qquad \Sigma P_k z_k = 0.$$

Dans ce cas, le centre de celles des forces parallèles, qui tirent dans un sens, coïncide avec le centre de celles qui tirent en sens contraire, de sorte que ces deux systèmes de forces se font toujours équilibre.

111. Centres de gravité. — Nous avons déjà défini le *poids* d'un point matériel : c'est une force verticale dont l'intensité p est égale à la masse du point matériel multipliée par l'accélération g due à la pesanteur, accélération qui, en un même lieu, est la même pour tous les corps. La direction de la verticale change d'un lieu à l'autre; l'observation a prouvé que la valeur de g varie avec la latitude et l'altitude; mais ces variations sont insensibles dans l'étendue d'un corps de dimensions ordinaires. Un corps solide pesant peut donc être considéré comme une réunion d'un grand nombre de points matériels liés entre eux et sollicités par des forces verticales parallèles proportionnelles à leurs masses. La résultante de ces forces, qui est égale à leur somme, s'appelle le *poids du corps*. Le point d'application de cette résultante, ou le centre des forces parallèles, se nomme spécialement *centre de gravité*; il occupe dans le corps une position indépendante de l'orientation de celui-ci; car, lorsque le corps se déplace, tout se passe, pour un observateur entraîné avec lui, comme si, le corps restant immobile, les forces parallèles tournaient d'un même angle autour de leurs points d'application, ce qui n'altère pas la position du centre des forces parallèles. Ainsi, *le centre de gravité est le point du corps par lequel passe constamment le poids du corps quelle que soit son orientation*. Si donc on fixe le centre de gravité, en laissant au corps solide la liberté de tourner autour de ce point, le corps, soumis uniquement à l'action de la pesanteur, reste en équilibre dans toutes les positions qu'il peut prendre.

112. Expression des coordonnées du centre de gravité. — Soient m_1, m_2, ..., m_n les masses, p_1, p_2, ... p_n les poids des points matériels qui constituent un corps solide, (x_1, y_1, z_1), (x_2, y_2, z_2), ..., (x_n, y_n, z_n) leurs coordonnées, P et M le poids et la masse du corps. On aura

$$p_k = m_k g, \qquad \mathrm{P} = p_1 + p_2 + \ldots + p_n = \mathrm{M}g.$$

Si l'on désigne par (ξ, η, ζ) les coordonnées du centre de gravité, on a, d'après les formules qui donnent le centre des forces parallèles,

$$\xi = \frac{p_1 x_1 + p_2 x_2 + \ldots + p_n x_n}{p_1 + p_2 + \ldots + p_n} = \frac{m_1 x_1 + m_2 x_2 + \ldots + m_n x_n}{m_1 + m_2 + \ldots + m_n},$$

ou, sous forme abrégée,

$$\xi = \frac{\Sigma p x}{\Sigma p} = \frac{\Sigma m x}{\Sigma m}, \qquad \eta = \frac{\Sigma p y}{\Sigma p} = \frac{\Sigma m y}{\Sigma m}, \qquad \zeta = \frac{\Sigma p z}{\Sigma p} = \frac{\Sigma m z}{\Sigma m}.$$

On voit, d'après ces formules, que la position du centre de gravité dépend uniquement des *masses* des points.

Cette observation est importante, car elle permet d'étendre la notion de centre de gravité à des systèmes non pesants. Même, dans certaines questions relatives à des points matériels de masses m_1, m_2, ... m_n non *invariablement* liés entre eux, il est utile d'introduire le point dont les coordonnées ξ, η, ζ sont définies par les formules précédentes : ce point qu'Euler proposait d'appeler *centre d'inertie* continue à porter le nom de *centre de gravité*, quoique les considérations qui conduisent à la notion du centre de gravité ne soient plus applicables. Le centre de gravité est évidemment situé à l'intérieur de toute surface convexe entourant les points considérés (n° 30, *Remarque*).

Lorsque l'on connaît les centres de gravité G_1 et G_2 de deux parties d'un corps et leurs masses M_1 et M_2, on en déduit immédiatement le centre de gravité du corps, car ce centre est le centre des forces parallèles $M_1 g$ et $M_2 g$ appliquées aux deux points G_1 et G_2. D'une manière générale, lorsque l'on connaît les centres de gravité G_1, G_2, ..., G_p de plusieurs parties d'un corps et leurs masses M_1, M_2, ..., M_p, le centre de gravité du corps est le centre des forces parallèles $M_1 g$, $M_2 g$, ..., $M_p g$ appliquées aux points G_1, G_2, ..., G_p. En appelant $x_1, y_1, z_1, x_2, y_2, z_2, \ldots,$ x_p, y_p, z_p les coordonnées des centres de gravité de ces diverses parties, on aura pour les coordonnées ξ, η, ζ du centre de gravité du corps

$$\xi = \frac{M_1 x_1 + M_2 x_2 + \ldots + M_p x_p}{M_1 + M_2 + \ldots + M_p}, \qquad \eta = \frac{\Sigma M y}{\Sigma M}, \qquad \zeta = \frac{\Sigma M z}{\Sigma M}.$$

Lorsque l'on veut déterminer le centre de gravité d'un corps solide de forme donnée, par exemple d'une masse de métal, on doit appliquer les formules précédentes à un corps formé d'un nombre extrêmement grand de points matériels situés à des distances mutuelles extrêmement petites. On tourne la difficulté en regardant le corps comme continu, ce qui n'est pas conforme à la réalité, mais fournit une approximation très suffisante pour les applications. Nous renverrons le lecteur désireux de se rendre compte d'une façon détaillée de la légitimité de cette substitution d'un corps continu à un corps donné au Chapitre VI de la *Mécanique* de Poisson relatif à l'attraction des corps. Un corps solide étant ainsi assimilé à un volume continu, on le supposera divisé en un nombre infiniment grand de parties infiniment petites dans tous les sens, en plaçant le centre de gravité de chacune de ces parties en un point quelconque de sa masse ; les formules qui donnent les coordonnées du centre de gravité d'un corps divisé en parties de masses M_1, M_2, ..., M_p contiennent alors, à la place des sommes qui figurent au numérateur et au dénominateur, des intégrales triples. Lorsqu'un corps a une épaisseur très petite par rapport à ses autres dimensions, on assimile le corps à une surface : telle est, par exemple, une feuille de papier ou de métal très mince. De même, il est des cas où l'on peut considérer un corps comme réduit *à une ligne :* tel est le cas d'un fil long et fin.

Nous indiquerons à la fin du Chapitre quelques formules pour la détermination du centre de gravité des lignes, des surfaces et des volumes.

V. — SUITE DES APPLICATIONS. FORCES QUELCONQUES DANS L'ESPACE.

113. **Exemples d'équilibre.** — 1° *Des forces appliquées aux centres de gravité* A', B', C', D' *des faces d'un tétraèdre* ABCD, *proportionnelles aux aires des faces et dirigées normalement à ces faces, toutes vers l'intérieur, se font équilibre.* En effet, ces forces sont, par rapport au tétraèdre $A'B'C'D'$ ayant pour sommets les centres de gravité des faces du premier, dans la position indiquée à la fin du n° 105. On conclut de là que *des forces appliquées aux centres de gravité des faces d'un polyèdre, proportionnelles aux aires des faces et dirigées normalement aux faces, toutes vers l'intérieur, se font équilibre.* Il suffit de décomposer le polyèdre en tétraèdres et d'appliquer à cet ensemble de tétraèdres un raisonnement identique à celui qui a été employé à la fin du premier exemple du n° 107;

2° *Des couples dont les axes sont proportionnels aux aires des faces d'un polyèdre et dirigés normalement à ces faces, tous vers l'intérieur, se font équilibre.* En effet, la somme des projections des axes de ces couples sur une direction quelconque est nulle.

114. **Conditions pour qu'on puisse diriger suivant trois, quatre, cinq, six droites des forces en équilibre.** — Cherchons comment doivent être situées dans l'espace trois ou quatre, ou cinq, ou six droites, pour qu'on puisse diriger suivant ces droites des forces se faisant équilibre. Nous ferons d'abord la remarque suivante : lorsque plusieurs forces F_1, F_2, ..., F_n se font équilibre, la somme de leurs moments par rapport à un axe quelconque est nulle; donc, si l'on peut mener un axe Δ s'appuyant sur les directions de $(n-1)$ des forces, le moment de chacune de ces forces étant nul, le moment de la dernière force est nul aussi, et l'axe Δ rencontre également la direction de cette dernière force, à distance finie ou infinie. Cette propriété a même lieu pour un axe Δ *imaginaire,* quoiqu'on ne puisse plus parler de moments par rapport à cet axe : en effet, soient (x', y', z') et (x'', y'', z'') deux points *réels ou imaginaires,* Δ l'axe joignant ces deux points, et X_k, Y_k, Z_k, L_k, M_k, N_k les projections et les moments d'une

force F_k appliquée au point x_k, y_k, z_k. La condition pour que l'axe Δ et la force F_k soient dans un même plan s'obtient, d'après les formules élémentaires de la Géométrie analytique, en écrivant que la quantité

$$\mathfrak{M}_k = (x'' - x')L_k + (y'' - y')M_k + (z'' - z')N_k + (y'z'' - z'y'')X_k$$
$$+ (z'x'' - x'z'')Y_k + (x'y'' - y'x'')Z_k$$

est nulle. Les forces F_1, F_2, ..., F_n se faisant équilibre, la somme

$$\mathfrak{M}_1 + \mathfrak{M}_2 + \ldots + \mathfrak{M}_n$$

est évidemment nulle : si donc les quantités $\mathfrak{M}_1$, $\mathfrak{M}_2$, ..., $\mathfrak{M}_{n-1}$ sont nulles, c'est-à-dire si l'axe Δ rencontre les $(n-1)$ premières forces, la quantité $\mathfrak{M}_n$ est aussi nulle, et l'axe Δ rencontre aussi la dernière force à distance finie ou infinie. Si le point x', y', z' est réel, la condition $\mathfrak{M}_k = 0$ signifie que le moment de F_k par rapport à ce point est normal à Δ.

1° *Trois droites*. — Supposons que suivant trois droites on ait dirigé trois forces en équilibre. Tout axe s'appuyant sur deux de ces droites devra s'appuyer sur la troisième. *Les trois droites sont donc nécessairement dans un même plan : si deux d'entre elles sont concourantes, la troisième doit passer par leur point de concours; sinon, les trois droites sont parallèles.* Ces conditions sont nécessaires. Si elles sont satisfaites, on peut évidemment diriger suivant les trois droites des forces en équilibre.

2° *Quatre droites*. — Supposons que, suivant quatre droites, D_1, D_2, D_3, D_4, on ait dirigé quatre forces se faisant équilibre. Tout axe Δ s'appuyant sur trois de ces droites doit rencontrer la quatrième. Si donc nous nous plaçons dans le cas général, où il n'existe pas de plan contenant à la fois deux des droites, la surface réglée du second ordre (hyperboloïde ou paraboloïde), engendrée par un axe Δ s'appuyant sur trois des droites, devra admettre la quatrième comme génératrice du même système que les trois premières. On a ainsi la condition nécessaire indiquée par Möbius : *il faut que* D_1, D_2, D_3, D_4 *soient quatre génératrices d'un même système d'une surface du second ordre*. Pour établir que cette condition est suffisante, nous emprunterons à M. Darboux la démonstration suivante (Note insérée dans le premier volume de la *Mécanique* de Despeyrous; Hermann, éditeur) :

Prenons sur un hyperboloïde quatre génératrices D_1, D_2, D_3, D_4 d'un même système : par un point A de l'espace (*fig.* 76), menons des parallèles A_1, A_2, A_3, A_4 à ces génératrices; appliquons sur A_1 une force F'_1 et soient F'_1, F'_2, F'_3 les composantes suivant les droites A_1, A_2, A_3 d'une force égale et contraire à F_1 appliquée au point A. Les quatre forces F'_1, F'_2, F'_3, F'_4 ainsi obtenues ont évidemment une somme géométrique *nulle*. Transportons maintenant ces forces parallèlement à elles-mêmes sur les droites D_1, D_2, D_3, D_4 en F_1, F_2, F_3, F_4. Ces quatre nouvelles forces se font équilibre : en effet, leur résultante générale est nulle; leur moment résultant est donc le même par rapport à tous les points de l'espace. Ce moment résultant est ou bien nul, ou bien perpendiculaire à toutes les génératrices Δ du second système de l'hyperboloïde, car chacune de ces génératrices Δ, rencontrant les quatre droites D_1, D_2, D_3, D_4, la somme des moments par rapport à Δ, c'est-à-dire la projection du moment résultant sur Δ, est nulle.

Fig. 76.

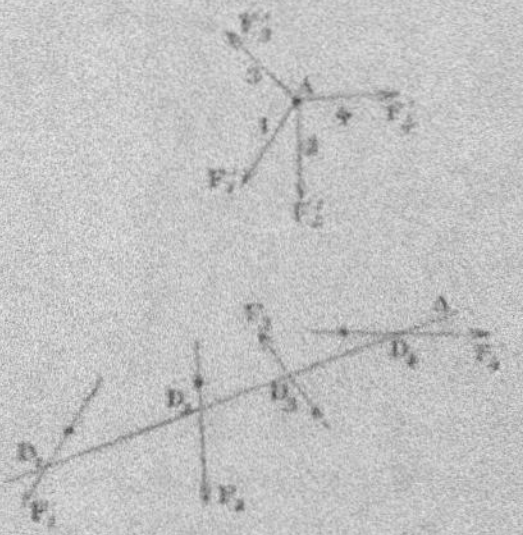

Le moment résultant est donc nul, puisqu'il ne peut pas être perpendiculaire à toutes les génératrices d'un même système d'un hyperboloïde qui ne sont pas parallèles à un même plan. Il y a donc équilibre.

Si les quatre droites D_1, D_2, D_3, D_4 sont des génératrices d'un même système d'un paraboloïde hyperbolique, les droites auxiliaires A_1, A_2, A_3, A_4 sont *dans un même plan*. On peut alors, en procédant comme dans le cas précédent, placer sur les *trois* premières droites D_1, D_2, D_3 trois forces f_1, f_2, f_3, dont la résultante générale est nulle et dont le moment résultant de longueur a, le même pour tous les points de l'espace, est dirigé perpendiculairement à toutes les génératrices Δ du second système, c'est-à-dire perpendiculairement au second plan directeur. On peut de même placer sur D_1, D_2 et D_4 trois forces g_1, g_2, g_3, dont la résultante générale est nulle et dont le moment résultant b est normal au second plan directeur, c'est-à-dire a même direction que a. Si l'on place sur les quatre droites les forces

$$F_1 = \lambda f_1 + \mu g_1, \qquad F_2 = \lambda f_2 + \mu g_2, \qquad F_3 = \lambda f_3, \qquad F_4 = \mu g_3,$$

obtenues en superposant les forces du premier système multipliées par λ à celles du second multipliées par μ, la résultante générale est nulle et le moment résultant perpendiculaire au second plan directeur est $\lambda a + \mu b$. On peut disposer du rapport de λ et μ, de façon que ce moment soit nul : les quatre forces se font alors équilibre.

3° *Cinq droites.* — Si, suivant cinq droites D_1, D_2, D_3, D_4, D_5, on peut diriger cinq forces se faisant équilibre, toute transversale rencontrant quatre d'entre elles doit rencontrer la cinquième. Il existe deux droites réelles ou imaginaires Δ' et Δ'' rencontrant D_1, D_2, D_3, D_4; en effet, les droites Δ s'appuyant sur D_1, D_2, D_3 engendrent une surface du second ordre S, que la droite D_4 rencontre en deux points réels ou imaginaires p' et p''; les deux génératrices de S du système Δ, passant par ces deux points, forment deux transversales rencontrant les quatre droites D_1, D_2, D_3, D_4. Ces deux transversales Δ' et Δ'' doivent rencontrer également D_5. *Il faut donc qu'il existe deux droites s'appuyant à la fois sur les cinq droites données*, ou, d'après le langage de la Géométrie des droites, que *les cinq droites appartiennent à une congruence linéaire*. On montre, par un raisonnement identique au précédent (cas du paraboloïde), que la condition est suffisante.

4° *Six droites*. — *Pour que suivant six droites on puisse diriger des forces se faisant équilibre, il faut et il suffit qu'elles appartiennent à un complexe linéaire.*

Employons une méthode analytique due à Möbius et Somoff. Sur l'une des six droites D_k prenons, dans un sens déterminé, un segment d_k de longueur 1, et soient α_k, β_k, γ_k les projections de ce segment sur les trois axes, λ_k, μ_k, ν_k ses moments par rapport aux trois axes. Ces six quantités, liées par l'identité

$$\alpha_k \lambda_k + \beta_k \mu_k + \gamma_k \nu_k = 0,$$

sont proportionnelles aux quantités que Plücker appelle les *coordonnées de la droite* D_k. Suivant la droite D_k dirigeons maintenant une force dont la valeur algébrique, estimée dans le sens du segment d_k, soit F_k. Les projections et les moments de cette force seront

$$\alpha_k F_k, \quad \beta_k F_k, \quad \gamma_k F_k; \quad \lambda_k F_k, \quad \mu_k F_k, \quad \nu_k F_k.$$

Si l'on fait la même opération pour chacune des six droites considérées ($k = 1, 2, 3, \ldots, 6$), on a, en exprimant que les six forces se font équilibre, les six équations

$$(1) \quad \begin{cases} \Sigma \alpha_k F_k = 0, & \Sigma \beta_k F_k = 0, & \Sigma \gamma_k F_k = 0, \\ \Sigma \lambda_k F_k = 0, & \Sigma \mu_k F_k = 0, & \Sigma \nu_k F_k = 0, \end{cases}$$

chaque somme Σ étant étendue aux six forces. Ces six équations, étant linéaires et homogènes en F_1, F_2, F_3, F_4, F_5, F_6, donneront pour ces quantités inconnues des valeurs *nulles*, à moins que le déterminant des coefficients des inconnues soit nul. On a donc la condition nécessaire et suffisante

$$\begin{vmatrix} \alpha_1 & \beta_1 & \gamma_1 & \lambda_1 & \mu_1 & \nu_1 \\ \alpha_2 & \beta_2 & \gamma_2 & \lambda_2 & \mu_2 & \nu_2 \\ \cdots & \cdots & \cdots & \cdots & \cdots & \cdots \\ \alpha_6 & \beta_6 & \gamma_6 & \lambda_6 & \mu_6 & \nu_6 \end{vmatrix} = 0,$$

qui exprime que les six droites appartiennent à un même complexe linéaire.

Un calcul identique montre que, si le nombre des droites données était supérieur à *six*, on pourrait toujours diriger suivant ces droites des forces en équilibre, car les six équations (1) contiendraient des inconnues F_k en nombre supérieur à six.

115. Plan central dans un corps solide sollicité par des forces dont la résultante générale n'est pas nulle. — Soit un corps solide sollicité par des forces *dont la résultante générale n'est pas nulle*; supposons que, lorsque le corps se déplace, chaque force conserve une grandeur et une direction constante et reste appliquée en un point fixe dans le corps. C'est ce qui arriverait, par exemple, pour un corps solide pesant constitué par la réunion de plusieurs corps aimantés : l'action de la terre sur chaque aimant donne lieu à un couple dont les forces sont constantes en grandeur et direction et appliquées aux pôles de l'aimant; le poids total du système est également une force constante en grandeur et direction, appliquée en un point fixe dans le corps. Ce système de forces admet une résultante générale égale au poids.

Il est évident qu'une translation du corps ne change rien à l'état du corps : il suffira donc d'étudier l'effet des rotations.

Soient F_k (X_k, Y_k, Z_k) une des forces, A_k (x_k, y_k, z_k) son point d'application (*fig.* 77); considérons une droite Op, faisant avec les axes coordonnés des angles dont les cosinus sont α, β, γ, et décomposons chaque force F_k en une force p_k parallèle à Op et en une force perpendiculaire. La valeur algébrique de p_k est

$$p_k = \alpha X_k + \beta Y_k + \gamma Z_k;$$

les coordonnées ξ, η, ζ du centre des forces parallèles p_k sont données par les formules

$$(1) \quad \begin{cases} \xi(\alpha\Sigma X + \beta\Sigma Y + \gamma\Sigma Z) = \alpha\Sigma x X + \beta\Sigma x Y + \gamma\Sigma x Z, \\ \eta(\alpha\Sigma X + \beta\Sigma Y + \gamma\Sigma Z) = \alpha\Sigma y X + \beta\Sigma y Y + \gamma\Sigma y Z, \\ \zeta(\alpha\Sigma X + \beta\Sigma Y + \gamma\Sigma Z) = \alpha\Sigma z X + \beta\Sigma z Y + \gamma\Sigma z Z. \end{cases}$$

où les sommes Σ sont étendues à toutes les forces du système, et où l'on n'a pas écrit l'indice k. Si l'on fait varier la direction Op d'une manière arbitraire, le lieu du point (ξ, η, ζ) est, en général, un plan Π, dont on obtiendrait l'équation en éliminant α, β, γ entre les trois équations linéaires et homogènes ci-dessus (1). Ce plan se nomme, d'après Möbius, *plan central* : il est fixe dans le corps quelle que soit son orientation, car lorsque le corps se déplace le centre des forces p_k, parallèles à une direction fixe Op, reste fixe dans le corps. Dans certains cas particuliers, le lieu du point ξ, η, ζ dans le corps peut être *une droite* (ligne centrale) et même un *point* (centre des forces), ce dernier cas se présentant quand ξ, η, ζ sont indépendants de α, β, γ.

116. Plans principaux; positions réduites du corps et des axes. — Déplaçons d'abord le corps de telle façon que le plan central II qui est invariablement lié au corps devienne perpendiculaire à la direction de la résultante générale qui est fixe dans l'espace. Prenons ensuite pour origine O le centre des composantes des forces F_k parallèles à la direction de cette résultante, point qui se trouve dans le plan II; prenons le plan II lui-même pour plan de xy et pour axe des z la normale au plan. Nous avons, en laissant pour le moment les directions des axes Ox et Oy indéterminées ainsi que l'orientation du corps autour de l'axe Oz

$$\Sigma X = o, \qquad \Sigma Y = o, \qquad \Sigma Z = R,$$

Fig. 77

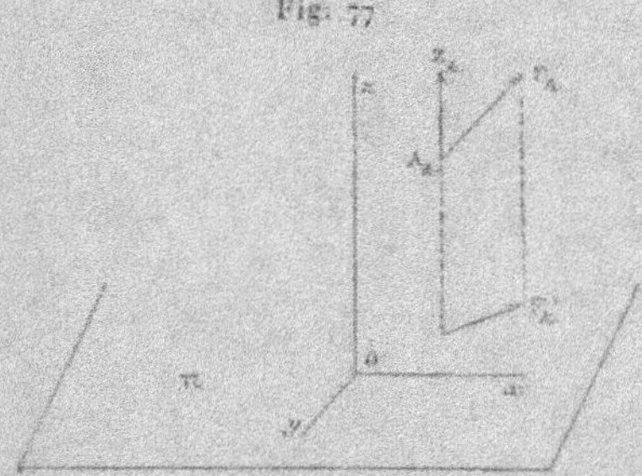

car la résultante générale est parallèle à Oz, puis

$$\Sigma x Z = o, \qquad \Sigma y Z = o, \qquad \Sigma z Z = o, \qquad \Sigma z X = o, \qquad \Sigma z Y = o,$$

car le centre des forces parallèles formées par les composantes Z_1, Z_2, ..., Z_n se trouve à l'origine, et le point ξ, η, ζ défini par les formules (1) servant à déterminer le plan central doit être dans le plan $\zeta = o$ quels que soient α, β, γ.

Les projections F'_1, F'_2, ..., F'_n des forces F_k sur le plan II ou plan des xy constituent un système de forces situées dans un plan et formant un couple : d'après ce que nous avons vu n° 109, on peut, en faisant tourner le corps autour de Oz, ramener ces forces F'_k à se faire équilibre. Puis, en prenant alors pour axes Ox et Oy les *directions principales* du système de forces F'_k, on aura

$$\Sigma x Y = \Sigma y X = o.$$

La position du corps et celle des axes coordonnés étant ainsi déterminées (*positions réduites*), les seules sommes qui ne sont pas nulles sont les trois suivantes

$$\Sigma Z = R, \qquad \Sigma x X = A, \qquad \Sigma y Y = B,$$

que nous désignons par R, A et B. Les plans zOx et zOy sont les *plans principaux* du corps.

117. Théorème de Minding. — Déplaçons le corps d'une manière quelconque en supposant toujours les forces F_k constantes en grandeurs et directions (*fig.* 78). Nous allons montrer qu'il existe une infinité de positions pour lesquelles les forces F_k admettent une résultante unique : l'ensemble de ces résultantes uniques forme dans le corps une congruence dont les rayons rencontrent deux coniques fixes situées dans les plans principaux.

Au lieu de déplacer le corps en laissant les forces constantes en grandeurs et en directions, on obtient les mêmes dispositions relatives du corps et des forces en laissant le corps immobile et faisant varier simultanément les directions de toutes les forces de la façon suivante. Chaque

Fig. 78.

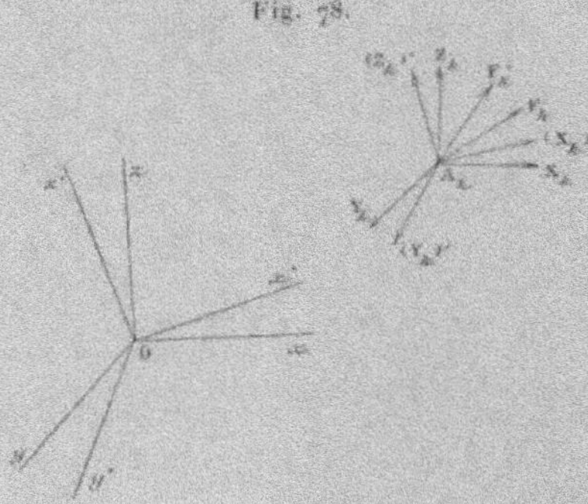

force F_k étant décomposée en ses trois composantes X_k, Y_k, Z_k parallèles aux axes choisis dans le numéro précédent, faisons tourner tous les trièdres, tels que $X_k Y_k Z_k$, autour des points d'application A_k, de façon que ces trièdres restent parallèles à un même trièdre trirectangle $Ox'y'z'$ dont les arêtes font avec les axes fixes des angles dont les cosinus sont α, α', α''; β, β', β''; γ, γ', γ''. Les forces F_k résultantes de X_k, Y_k, Z_k prennent alors d'autres positions F'_k dont les projections sur les axes $Oxyz$ sont

$$X'_k = \alpha X_k + \beta Y_k + \gamma Z_k,$$
$$Y'_k = \alpha' X_k + \beta' Y_k + \gamma' Z_k,$$
$$Z'_k = \alpha'' X_k + \beta'' Y_k + \gamma'' Z_k.$$

La nouvelle résultante générale R' a pour projections

$$(1) \qquad\qquad X' = \gamma R, \qquad Y' = \gamma' R, \qquad Z' = \gamma'' R.$$

et le nouveau moment résultant par rapport au point O a pour projections

$$(2)\quad\begin{cases} L' = \Sigma(y_k Z'_k - z_k Y'_k) = B\beta'', \\ M' = \Sigma(z_k X'_k - x_k Z'_k) = -A\alpha'', \\ N' = \Sigma(x_k Y'_k - y_k X'_k) = A\alpha' - B\beta, \end{cases}$$

comme on le voit en remplaçant X'_k, Y'_k, Z'_k par leurs valeurs et supprimant les sommes telles que $\Sigma x Y$, $\Sigma x Z$, ..., qui sont nulles d'après le choix des axes. Pour que dans leurs nouvelles positions les forces F'_k admettent une résultante unique, il faut et il suffit que l'on ait

$$L'X' + M'Y' + N'Z' = 0,$$

c'est-à-dire

$$A(\alpha'\gamma'' - \gamma'\alpha'') - B(\beta\gamma'' - \gamma\beta'') = 0,$$

ou encore, d'après des formules élémentaires bien connues qui apprennent que $\gamma'\alpha'' - \alpha'\gamma''$ et $\gamma\beta'' - \beta\gamma''$ sont respectivement égaux à β et α',

$$(3)\quad\quad\quad A\beta - B\alpha' = 0.$$

Cette condition étant remplie, les forces ont une résultante unique dont les équations sont

$$L' = yZ' - zY', \quad\quad M' = zX' - xZ', \quad\quad N' = xY' - yX',$$

de sorte que X', Y', Z' et L', M', N' sont les coordonnées de la résultante d'après Plücker.

On montre comme il suit que cette résultante rencontre deux coniques fixes. En résolvant l'équation (3) et la dernière des équations (2) par rapport à β et α', on trouve

$$(4)\quad\quad \beta = \frac{BN'}{A^2 - B^2}, \quad\quad \alpha' = \frac{AN'}{A^2 - B^2}, \quad\quad \alpha'^2 - \beta^2 = \frac{N'^2}{A^2 - B^2}.$$

Cela posé, les deux relations évidentes

$$\alpha^2 + \alpha'^2 + \alpha''^2 = \alpha^2 + \beta^2 + \gamma^2,$$
$$\beta^2 + \beta'^2 + \beta''^2 = \alpha'^2 + \beta'^2 + \gamma'^2$$

deviennent, si l'on y remplace les cosinus par leurs valeurs tirées des équations (1), (2) et (4),

$$(5)\quad\begin{cases} \dfrac{N'^2}{A^2 - B^2} + \dfrac{M'^2}{A^2} - \dfrac{X'^2}{R^2} = 0, \\[2mm] \dfrac{N'^2}{A^2 - B^2} - \dfrac{L'^2}{B^2} + \dfrac{Y'^2}{R^2} = 0, \end{cases}$$

relations qui expriment que la direction de la résultante appartient à deux complexes du second degré. Les coordonnées du point où la résultante coupe le plan zOy étant

$$x = 0, \qquad y = -\frac{N'}{X'}, \qquad z = \frac{M'}{X'},$$

la première des conditions ci-dessus exprime que ce point est sur la conique

$$x = 0, \qquad \frac{y^2}{A^2 - B^2} + \frac{z^2}{A^2} - \frac{1}{R^2} = 0.$$

La deuxième de ces conditions exprime de même que le point d'intersection de la résultante avec zOx est sur la conique

$$y = 0, \qquad \frac{x^2}{A^2 - B^2} - \frac{z^2}{B^2} + \frac{1}{B^2} = 0,$$

focale de la précédente. On trouvera des développements détaillés sur cette théorie dans les Mémoires de Minding (*Crelle*, t. 14 et 15).

118. Axes d'équilibre. — Imaginons un corps solide libre remplissant les mêmes conditions que précédemment : lorsque ce corps change de position, les forces qui le sollicitent restent constantes en grandeur et direction et leurs points d'application restent fixes dans le corps. Comme nous l'avons dit : *une translation ne change rien à l'état du corps ; il suffit donc d'étudier l'effet des rotations. Supposons le corps en équilibre* dans la position actuelle et posons avec Möbius (*Statique*, Chapitre VIII)

$$\Sigma yZ = \Sigma zY = F, \qquad \Sigma zX = \Sigma xZ = G, \qquad \Sigma xY = \Sigma yX = H,$$
$$\Sigma xX = l, \qquad \Sigma yY = m, \qquad \Sigma zZ = n,$$

les sommes étant étendues à toutes les forces. Möbius nomme *axe d'équilibre* une droite telle que le corps solide reste en équilibre quand on le fait tourner d'un angle quelconque autour de cette droite. Pour que l'axe Oz soit un axe d'équilibre, il faut et il suffit que l'on ait, *outre les six équations d'équilibre*, les conditions suivantes

$$(1) \qquad\qquad F = 0, \qquad G = 0, \qquad l + m = 0.$$

En effet, le corps tournant d'un angle quelconque α autour de Oz, et les axes Ox, Oy restant fixes, les projections des forces ne changent pas, les coordonnées du point (x, y, z) du corps deviennent

$$x' = x\cos\alpha - y\sin\alpha, \qquad y' = x\sin\alpha + y\cos\alpha, \qquad z' = z.$$

L'équilibre subsistant dans cette nouvelle position, on doit avoir, quel que soit α,

$$\Sigma(x'Y - y'X) = 0, \qquad \Sigma(y'Z - z'Y) = 0, \qquad \Sigma(z'X - x'Z) = 0;$$

en remplaçant x', y', z' par leurs valeurs, réduisant, puis égalant à zéro les coefficients de $\sin\alpha$, $\cos\alpha$ et les termes indépendants de α, on obtient les conditions (1). Toute droite parallèle à Oz est alors un axe d'équilibre : pour le vérifier, il suffit de transporter les axes parallèlement à eux-mêmes et de vérifier que les trois mêmes conditions sont remplies. La théorie générale des axes d'équilibre est proposée comme exercice à la fin du Chapitre (*voir* exercice 28).

119. Équilibre astatique. — On dit que l'équilibre est astatique quand il subsiste quelle que soit la position donnée au corps, les hypothèses sur les forces étant les mêmes que dans le numéro précédent. Il faut pour cela que chacun des trois axes coordonnés Ox, Oy, Oz soit un axe d'équilibre, c'est-à-dire que l'on ait, avec les six conditions d'équilibre, les six conditions suivantes

$$F=0, \quad G=0, \quad H=0, \quad l=0, \quad m=0, \quad n=0.$$

Ces conditions nécessaires pour l'équilibre astatique sont suffisantes : en effet, si elles sont remplies, les composantes des forces parallèlement à chacun des trois axes sont séparément en équilibre astatique, comme on le voit en comparant les conditions ci-dessus avec celles que l'on a trouvées pour l'équilibre astatique d'un système de forces parallèles (n° 110). On trouvera des développements étendus sur cette question dans le Mémoire de M. Darboux sur *l'équilibre astatique*, dans une Note de M. Darboux placée à la fin de la *Mécanique* de Despeyrous, et dans les *Mécaniques* de Somoff et de Moigno (leçons de Cauchy) auxquelles nous avons fait plusieurs emprunts.

VI. — CORPS SOLIDES ASSUJETTIS A DES LIAISONS.

120. Méthode. — La méthode générale que nous emploierons consiste à regarder les corps comme libres, en introduisant comme inconnues auxiliaires les réactions provenant des liaisons qui leur sont imposées, réactions que l'on nomme *forces de liaison*.

121. Corps ayant un point fixe. — Imaginons un solide ayant un point O fixe, autour duquel il peut tourner librement. Désignons par F_1, F_2, ..., F_n les forces qui agissent sur ce solide. Un tel corps est ce que l'on peut appeler un *levier* dans le sens le plus général du mot. Nous cherchons donc les conditions d'équilibre d'un levier.

Le corps solide exerce sur le point fixe une pression R (*fig.* 79);

1.

en vertu du principe de l'égalité de l'action et de la réaction, le
point fixe exerce sur le corps une réaction Q égale et directement
opposée à R, de sorte que le corps solide peut être considéré

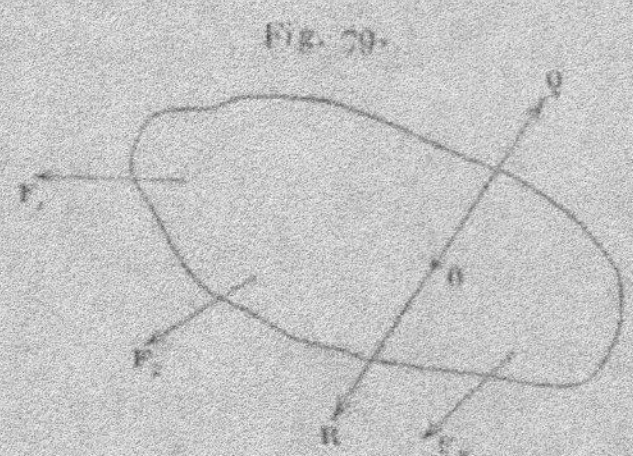

Fig. 79.

comme libre sous l'action des forces F_1, F_2, ..., F_n, Q. Si le
corps est en équilibre, c'est que les *n* premières forces ont une
résultante unique, égale et directement opposée à Q; la condition
d'équilibre est donc que les forces données aient une résultante
unique passant par le point fixe. Cette condition est suffisante,
car, en remplaçant les forces appliquées au corps par cette résultante, celle-ci est détruite par la résistance du point fixe qui développe une réaction égale et directement opposée.

Nous pouvons retrouver analytiquement ces résultats; prenons
des axes rectangulaires passant par le point fixe O; désignons
par X, Y, Z, L, M, N les projections de la résultante générale et
du moment résultant par rapport à l'origine des forces F appliquées au corps solide, et par X', Y', Z' les projections de la réaction Q du point fixe; les conditions d'équilibre seront

$$(1) \qquad X + X' = 0, \qquad Y + Y' = 0, \qquad Z + Z' = 0$$

$$(2) \qquad L = 0, \qquad M = 0, \qquad N = 0;$$

les équations (2), ne contenant pas la réaction, sont les conditions nécessaires de l'équilibre; elles expriment d'ailleurs que les
forces F appliquées au corps se réduisent à une force unique passant par l'origine. Les équations (1) montrent alors que la réaction (X', Y', Z') est égale et opposée à cette résultante (X, Y, Z),
qui n'est donc autre que la *pression* sur le point fixe.

Prenons le cas particulier d'un levier soumis à deux forces seulement F_1, F_2; pour qu'il y ait équilibre, il faut et il suffit que ces

forces soient tenues en équilibre par la réaction Q du point O.
Les trois forces F_1, F_2, Q devant se faire équilibre, il faut que
F_1, F_2 soient dans un même plan avec O et que la somme des moments des forces F_1, F_2 par rapport à O soit nulle; c'est la condition élémentaire bien connue de l'équilibre du levier.

122. Corps ayant un axe fixe. — Soient F_1, F_2, ..., F_n les forces qui agissent sur le corps solide; celui-ci exercera sur les divers points de l'axe des pressions P', P″, P‴...., et l'axe exercera à son tour des réactions Q', Q″, Q‴, ... Le corps pourra être considéré comme libre, mais sollicité par les forces F_1, F_2, ..., F_n, Q', Q″, ... Pour qu'il y ait équilibre, il faut, en particulier, que la somme des moments de toutes ces forces, par rapport à l'axe fixe que nous prenons pour axe des z, soit nulle. Et comme les moments des réactions Q', Q″, ... sont nuls, il faut que l'on ait

$$N = o.$$

C'est une condition nécessaire de l'équilibre. Elle est suffisante: en effet, si elle est remplie, les forces se réduisent à une résultante générale OR, qui est détruite par la résistance de l'axe et un couple dont l'axe OG est perpendiculaire à Oz, puisque N est nul. On peut faire tourner ce couple dans son plan, de façon que son bras de levier coïncide avec l'axe; alors les forces $\varphi\varphi'$ qui le constituent, étant appliquées en des points de l'axe, sont détruites par sa résistance; le corps est donc bien en équilibre.

Le problème que nous venons de traiter donne les conditions d'équilibre d'un treuil.

Calculons maintenant les réactions de l'axe. On peut toujours admettre que la fixité de l'axe a été obtenue en rendant invariables deux de ses points, O, O'. Ces points exerceront sur le solide des réactions Q', Q″. Prenons le point O pour origine. Désignons par X, Y, Z, L, M, N les mêmes éléments que précédemment, et par X', Y', Z', X″, Y″, Z″ les projections des réactions Q', Q″. Soit h la distance OO'. Nous aurons les conditions d'équilibre (*fig.* 80)

$$X + X' + X'' = o, \qquad Y - Y' + Y'' = o, \qquad Z + Z' + Z'' = o;$$
$$L - hY'' = o, \qquad M + hX'' = o, \qquad N = o.$$

La dernière de ces équations est indépendante des réactions:

c'est la condition nécessaire et suffisante de l'équilibre. Les deux équations précédentes donnent X'' et Y''. Portant alors dans les

Fig. 80.

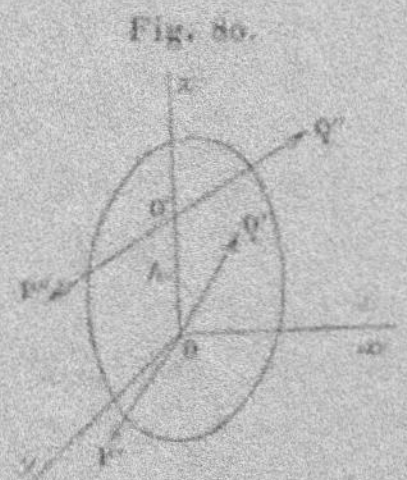

deux premières, on calcule X' et Y'; mais Z' et Z'' ne sont assujetties qu'à la condition unique

$$Z + Z' - Z'' = o,$$

et il est impossible de calculer complètement les réactions.

Au point de vue physique, les réactions Q', Q'' sont cependant bien déterminées; mais les solides naturels ne possèdent pas les propriétés que l'on suppose aux corps solides en Mécanique rationnelle : ils sont déformables et leur déformation met en jeu des forces élastiques; en tenant compte de ces forces, on peut déterminer complètement les réactions.

123. Corps tournant autour d'un axe et glissant le long de l'axe. — Dans ce cas, les réactions Q', Q'', Q''',.... de l'axe sur le corps sont normales à l'axe ; en prenant l'axe pour axe Oz, on a les deux conditions d'équilibre

$$N = o, \quad Z = o.$$

124. Corps s'appuyant sur un plan fixe.

1° *Cas d'un seul point d'appui*. — Considérons d'abord le cas où le corps ne s'appuie que par un point sur le plan fixe; le plan exerce sur le corps une réaction normale, si nous supposons que le corps peut glisser sans frottement. Le corps peut être considéré comme libre, mais soumis aux forces F_1, F_2, ..., F_n, qui agissent directement sur lui, et à cette réaction Q. Pour que le corps soit en équilibre, il faut que les forces F aient une résultante unique, égale et directement opposée à Q (*fig.* 81), c'est-à-dire

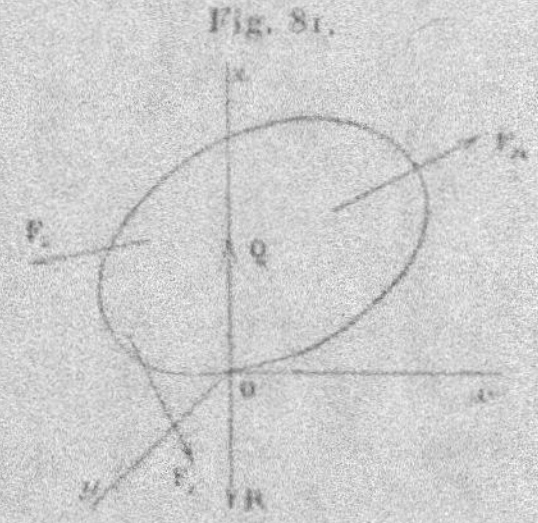

Fig. 81.

que les forces données aient une résultante passant par le point d'appui, normale au plan et dirigée de façon à appliquer le corps sur le plan. Ces conditions sont évidemment suffisantes, car, lorsqu'elles sont remplies, la résultante ne peut déterminer aucun glissement et est détruite par la fixité du plan qui développe une réaction égale et opposée Q. Il serait aisé de retrouver analytiquement ces résultats.

2° *Cas de plusieurs points d'appui en ligne droite.* — Admettons que le corps s'appuie sur le plan fixe par des points A_1, A_2, ..., A_p de la droite Ox. En tous ces points, le plan exerce des réactions normales Q_1, Q_2, ..., Q_p, toutes dirigées dans le même sens (*fig.* 82). Ces forces ont une résultante Q normale au

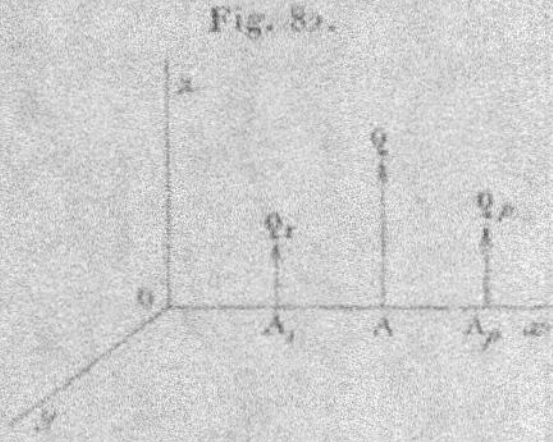

Fig. 82.

plan, dirigée dans le même sens, et dont le point d'application tombe sur Ox entre les points extrêmes A_1, A_p.

Pour que l'équilibre ait lieu, il faut que les forces données fassent équilibre aux réactions du plan, c'est-à-dire qu'elles aient une résultante unique, normale au plan, dirigée de façon à appliquer le corps sur le plan, et dont le prolongement rencontre Ox en un point situé entre A_1 et A_p. Ces conditions nécessaires sont suffisantes, car cette résultante peut alors être décomposée en deux autres, normales au plan et appliquées en deux points d'appui; ces forces seront détruites par la résistance du plan.

Pour exprimer analytiquement ces conditions, nous prendrons pour axe des x la droite Ox, l'axe des z normal au plan et situé du même côté que le corps par rapport à ce plan. Toutes les réactions Q_1, Q_2, ..., Q_p sont alors positives. Les équations d'équilibre sont

$$X = 0, \quad Y = 0, \quad Z + Q_1 + Q_2 + \ldots + Q_p = 0;$$
$$L = 0, \quad M - a_1 Q_1 - a_2 Q_2 \ldots - a_p Q_p = 0, \quad N = 0,$$

en désignant par a_1, a_2, ..., a_p les abscisses des points d'appui.

Quatre de ces équations, qui sont indépendantes des réactions, expriment des conditions nécessaires d'équilibre; elles montrent que les forces données doivent avoir une résultante unique normale au plan des xy et rencontrant l'axe des x. La troisième équation nous montre que Z doit être négatif, c'est-à-dire que la résultante doit être dirigée de façon à appliquer le corps sur le plan. Soit x l'abscisse du point où la résultante rencontre Ox. Son moment par rapport à Oy sera $M = -xZ$; on devra donc avoir

$$xZ + a_1 Q_1 + a_2 Q_2 + \ldots + a_p Q_p = 0,$$

d'où l'on tire, en remplaçant Z par sa valeur,

$$x = \frac{a_1 Q_1 + a_2 Q_2 + \ldots + a_p Q_p}{Q_1 + Q_2 + \ldots + Q_p},$$

et cette quantité est, comme on sait, comprise entre les deux valeurs extrêmes a_1 et a_p, car les quantités Q_1, Q_2, ..., Q_p sont positives; le prolongement de la résultante rencontre donc Ox entre les points d'appui extrêmes.

Les réactions du plan doivent maintenant vérifier les deux équations

$$Z + Q_1 + Q_2 + \ldots + Q_p = 0,$$
$$M - a_1 Q_1 - a_2 Q_2 - \ldots - a_p Q_p = 0.$$

S'il n'y a que deux points d'appui, elles donnent les deux réactions. S'il y a plus de deux points d'appui, les réactions ne sont pas déterminées par ces deux relations. On les déterminerait complètement en introduisant des considérations d'élasticité.

3° *Cas général.* — Supposons que le corps solide repose sur le plan fixe par une série de points A_1, A_2, ..., A_p non en ligne droite. Le plan exerce des réactions normales Q_1, Q_2, ..., Q_p, qui ont une résultante unique Q, car elles sont toutes dirigées dans le même sens et, d'après ce que l'on a vu sur la composition des forces parallèles, le point où cette résultante perce le plan est situé à l'intérieur de tout polygone convexe qui renferme tous les points d'appui; en particulier, il est à l'intérieur du polygone de *sustentation*, polygone convexe dont les sommets sont des points d'appui et qui renferme tous les autres. Pour qu'il y ait équilibre, il faut que les forces données fassent équilibre à la résultante Q; il faut donc que les forces F aient une résultante unique normale au plan, dirigée de façon à appliquer le corps sur le plan et qui le traverse à l'intérieur du polygone de sustentation. Ces conditions sont suffisantes, car, dans ces hypothèses, on pourra toujours décomposer cette résultante en trois forces normales au plan et appliquées à trois des points d'appui, forces qui seront détruites par la résistance du plan.

Prenons toujours le même système d'axes; le corps pouvant être considéré comme libre, mais soumis à l'action des forces F_1, F_2, ..., F_n, Q_1, Q_2, ..., Q_p, les conditions d'équilibre seront, en désignant par a_1, b_1, a_2, b_2, ... les coordonnées des points d'appui,

$$(1) \qquad X = 0, \qquad Y = 0, \qquad N = 0;$$

$$(2) \qquad \begin{cases} Z + Q_1 + Q_2 + \ldots + Q_p = 0, \\ L + b_1 Q_1 + b_2 Q_2 + \ldots + b_p Q_p = 0, \\ M - a_1 Q_1 - a_2 Q_2 - \ldots - a_p Q_p = 0. \end{cases}$$

Les équations (1), étant indépendantes des réactions, expriment une condition nécessaire d'équilibre : c'est que les forces données aient une résultante unique normale au plan ; en effet, la quantité $LX + MY + NZ$ est nulle, et l'on ne peut avoir $Z = 0$, sans quoi toutes les réactions seraient nulles, puisqu'elles ne peuvent être que positives ou nulles. Dans ce cas particulier, où toutes les réactions seraient nulles, Z, L et M seraient nuls, il y aurait équilibre entre les forces directement appliquées. En écartant ce cas d'équilibre évident, on voit que les forces F_1, ..., F_n doivent avoir une résultante normale au plan ; il faut, en outre, que Z soit négatif, comme il résulte de la première des équations (2), et que la résultante unique perce le plan des xy à l'intérieur du polygone de sustentation, condition que l'on déduirait des deux dernières équations (2). S'il n'y a que trois points d'appui, les équations (2) permettent de déterminer les trois réactions. S'il y en a plus, il faut tenir compte de l'élasticité des corps.

4° Application. — Pour montrer comment on peut déterminer les conditions auxiliaires d'équilibre, nous traiterons le cas d'une table rectangulaire reposant par quatre pieds sur un plan horizontal.

Soit $A_1 A_2 A_3 A_4$ cette table, sur laquelle nous placerons des corps quelconques. Soit P le poids total de ces corps et de la table, et A le point où la verticale du centre de gravité perce la table ; désignons par B_1, B_2, B_3, B_4 (*fig.* 83) les points d'appui ; prenons le plan horizontal fixe pour

Fig. 83.

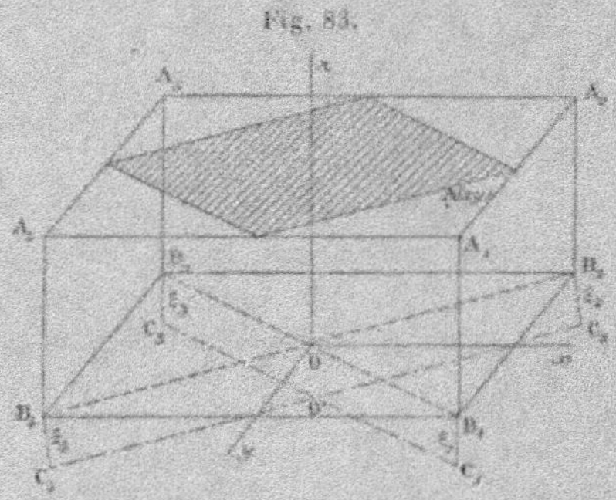

plan des xy, le centre du rectangle de sustentation pour origine et des axes des x et des y parallèles aux côtés de ce rectangle ; les coordonnées des points d'appui B_1, B_2, B_3, B_4 seront respectivement (a, b), $(a, -b)$, $(-a, -b)$, $(-a, b)$. Soient xy les coordonnées de A ; désignons par Q_1,

Q_3, Q_2, Q_1 les réactions du sol. Nous écrirons d'abord les conditions générales d'équilibre qui se réduisent ici à

$$(1) \quad \begin{cases} Q_1 + Q_2 + Q_3 + Q_4 - P = 0, \\ bQ_1 - bQ_2 - bQ_3 + bQ_4 - Py = 0, \\ -aQ_1 - aQ_2 + aQ_3 + aQ_4 + Px = 0. \end{cases}$$

Pour avoir une nouvelle condition, nous admettrons que le sol n'est pas
absolument rigide et qu'il cède en chaque point d'une quantité très petite
proportionnelle à la pression qu'il subit; désignons par z_1, z_2, z_3, z_4 les quantités dont les quatre pieds pénètrent dans le sol, nous aurons par hypothèse

$$\frac{z_1}{Q_1} = \frac{z_2}{Q_2} = \frac{z_3}{Q_3} = \frac{z_4}{Q_4};$$

le point O considéré successivement comme milieu de $B_1 B_3$ et $B_2 B_4$ s'est
abaissé de

$$OO' = \frac{z_1 + z_3}{2}, \qquad OO' = \frac{z_2 + z_4}{2}.$$

On doit donc avoir

$$z_1 + z_3 = z_2 + z_4$$

et, par suite,

$$(2) \quad Q_1 - Q_2 + Q_3 - Q_4 = 0.$$

S'il y avait eu p points d'appui, en écrivant qu'ils sont restés dans un
même plan après la déformation du sol, on aurait eu $p - 3$ conditions,
qui, jointes aux trois équations générales, auraient permis de déterminer
toutes les réactions.

Dans notre cas particulier, les équations (1) et (2), résolues par rapport
à Q_1, Q_2, Q_3, Q_4, donnent pour ces quantités les valeurs

$$\frac{P}{4}\left(1 \pm \frac{x}{a} \pm \frac{y}{b}\right).$$

Q_1 correspondant aux signes $+ +$, Q_2 aux signes $+ -$, Q_3 $- -$ et
Q_4 $- +$; il faut que ces valeurs soient positives, ce qui revient à dire que
le point A doit se trouver à l'intérieur du losange ayant pour sommets les
milieux des côtés de la table. Si le point A se trouvait à l'extérieur de ce
losange, du côté de A_1, par exemple ($fig.$ 83), la réaction Q_2 serait négative
et les trois autres positives; cela étant impossible, on admet que le pied B_2
ne porte plus sur le sol et l'on calcule les réactions Q_1, Q_3, Q_4, comme si la
table ne reposait que sur trois pieds, ce qui revient à supposer $Q_2 = 0$
dans les équations (1).

125. Plusieurs corps solides. — Pour trouver les conditions
d'équilibre du système formé par plusieurs corps solides assujettis

à des liaisons mutuelles, on peut employer la méthode suivante. On exprime que chacun des corps du système est en équilibre sous l'action des forces qui lui sont directement appliquées et des réactions des autres corps sur lui, ces dernières forces étant soumises à la loi de l'égalité de l'action et de la réaction. Nous ne traitons pas ici d'application de cette méthode; nous verrons plus loin (Chapitre VII) que le principe des vitesses virtuelles fou rnit une méthode bien plus rapide pour résoudre ces sortes de questions.

VII. — QUELQUES FORMULES POUR LE CALCUL DES CENTRES DE GRAVITÉ.

126. **Lignes**. — Sur la ligne AB, prenons deux points P et P' (*fig.* 84) et désignons par m la masse de l'arc PP'; le rapport $\dfrac{m}{\text{arc PP}'}$ est la densité moyenne de l'arc PP'. Si ce rapport est indépendant de la position

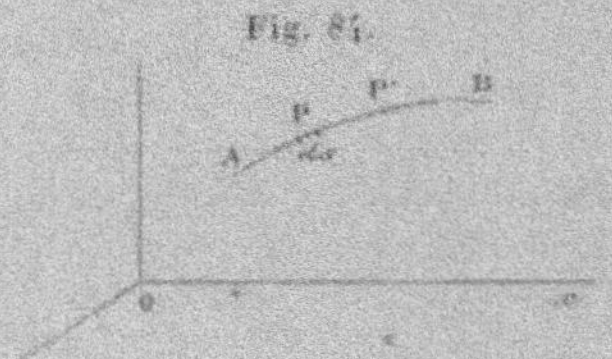

Fig. 84.

des points P et P', on dit que la ligne AB est *homogène*. S'il est variable, on appelle *densité* de la ligne au point P la limite ρ de la densité moyenne de l'arc PP' quand P' tend vers P. La densité ρ au point P variant avec la position du point est une fonction du paramètre qui détermine la position de P sur la courbe. Soit ds un élément de courbe infiniment petit comprenant le point P de coordonnées x, y, z: la masse dm de cet élément est $\rho\,ds$, et l'on a, en appelant M la masse totale de la courbe, ξ, η, ζ les coordonnées du centre de gravité

$$\text{M} = \int \rho\,ds, \qquad \text{M}\xi = \int x\rho\,ds, \qquad \text{M}\eta = \int y\rho\,ds, \qquad \text{M}\zeta = \int z\rho\,ds.$$

Quand la ligne est homogène, ρ est constant, la masse M est alors ρl, l désignant la longueur de la courbe, et l'on a

$$l\xi = \int x\,ds, \qquad l\eta = \int y\,ds, \qquad l\zeta = \int z\,ds.$$

127. Théorème de Guldin. — *L'aire engendrée par une courbe plane tournant autour d'un axe situé dans son plan, qui ne la traverse pas, est égale à la longueur de la courbe multipliée par la circonférence que décrit le centre de gravité de la courbe supposée homogène.*

En effet, rapportons la courbe plane à l'axe de rotation (*fig.* 84) pris comme axe Ox et à une perpendiculaire Oy. Un élément ds, ayant pour ordonnée y, engendre en tournant un élément superficiel dA, que l'on peut assimiler à la surface latérale d'un tronc de cône

$$dA = 2\pi y\, ds;$$

on a donc

$$A = 2\pi \int y\, ds = 2\pi \eta\, l,$$

ce qui démontre le théorème.

Si l'axe traversait la courbe, l'expression trouvée pour A représenterait, non la surface totale, mais la différence des surfaces engendrées par les portions de la courbe situées de part et d'autre de l'axe, car dans l'intégrale A l'élément $y\, ds$ est positif ou négatif, suivant que l'élément ds est au-dessus ou au-dessous de l'axe.

128. Surfaces. — Soit m la masse d'un élément de la surface d'aire σ, le rapport $\dfrac{m}{\sigma}$ est la densité moyenne de l'élément σ. La densité ρ de la surface en un point P est la limite du rapport $\dfrac{m}{\sigma}$ quand σ est un *élément superficiel infiniment petit* entourant le point P. En général, ρ est une fonction des deux paramètres qui définissent la position du point P sur la surface. Quand ρ est constant, la surface est dite *homogène*.

Soit $d\sigma$ un élément superficiel infiniment petit entourant le point P de coordonnées x, y, z; la masse dm de cet élément est $\rho\, d\sigma$, et l'on a, en appelant M la masse totale, ξ, η, ζ les coordonnées du centre de gravité

$$M = \iint \rho\, d\sigma, \qquad M\xi = \iint x \rho\, d\sigma, \qquad M\eta = \iint y \rho\, d\sigma, \qquad M\zeta = \iint z \rho\, d\sigma.$$

Quand la surface est homogène, ρ est constant, la masse M est ρS, S désignant l'aire de la surface, et l'on a

$$S\xi = \iint x\, d\sigma, \qquad S\eta = \iint y\, d\sigma, \qquad S\zeta = \iint z\, d\sigma.$$

129. Aires planes. — Prenons le plan de l'aire pour plan des xy; la coordonnée ζ est alors évidemment nulle. L'élément $d\sigma$ aura différentes expressions suivant le système de coordonnées employé; par exemple, en coordonnées polaires r et θ, $d\sigma$ doit être pris égal à $r\,dr\,d\theta$; en coordonnées cartésiennes d'angle α, $d\sigma$ est égal à $dx\,dy\,\sin\alpha$, … En particulier, si l'on a une aire plane homogène rapportée à des coordonnées cartésiennes rectangulaires, les formules deviennent

$$\mathrm{S} = \int\!\int dx\,dy, \qquad \mathrm{S}\xi = \int\!\int x\,dx\,dy, \qquad \mathrm{S}\eta = \int\!\int y\,dx\,dy,$$

formules dans lesquelles on peut toujours effectuer une intégration.

130. **Théorème de Guldin.** — *Le volume engendré par une aire plane tournant autour d'un axe situé dans son plan et qui ne la traverse pas est égal à l'aire donnée, multipliée par la circonférence décrite par le centre de gravité de cette aire supposée homogène.*

Un élément $dx\,dy$ de l'aire S engendre par sa rotation autour de l'axe Ox un élément de volume, qui est la différence des volumes des cylindres engendrés par les rectangles ABCD, A′B′C′D (*fig.* 85), c'est-à-dire aux infiniment petits du troisième ordre près

$$2\pi y\,dx\,dy;$$

donc le volume V est

$$\mathrm{V} = 2\pi \int\!\int y\,dx\,dy = 2\pi\eta\,\mathrm{S},$$

ce qui démontre le théorème.

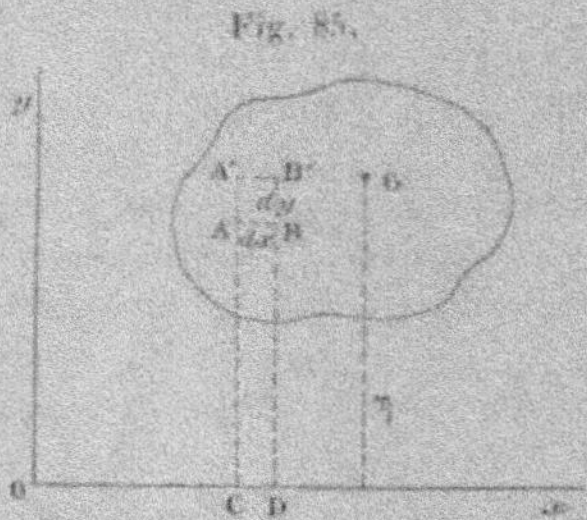

Fig. 85.

Remarquons que, si l'axe traversait la courbe, la formule ci-dessus représenterait la différence des volumes engendrés par les portions d'aire situées de part et d'autre de Ox.

Comme généralisation de ce théorème, nous signalerons d'importantes recherches de M. *Kœnigs* sur les volumes engendrés par un contour (*Journal de M. Jordan*, t. V; 1889), recherches qui donnent une application nouvelle de la théorie des vecteurs.

131. Volumes. — Dans un corps solide, prenons un volume v comprenant une masse m; le rapport $\dfrac{m}{v}$ est dit *densité moyenne* de ce volume. Lorsque le volume v tend vers zéro et se réduit à un point P, nous admettons que le rapport $\dfrac{m}{v}$ tend vers une limite ρ, qu'on nomme *densité* au point P. Cette quantité ρ est une fonction des coordonnées du point P; quand ρ est constant, on dit que le corps est homogène.

La masse dm d'un élément de volume dv entourant le point P de coordonnées x, y, z est $\rho\,dv$. On a donc, en appelant M la *masse totale*, les formules

$$\mathrm{M} = \iiint \rho\,dv, \qquad \mathrm{M}\xi = \iiint x\rho\,dv, \qquad \mathrm{M}\eta = \iiint y\rho\,dv, \qquad \mathrm{M}\zeta = \iiint z\rho\,dv.$$

Si le corps est homogène et a pour volume V, M est égal à ρV et l'on a

$$\mathrm{V}\xi = \iiint x\,dv, \qquad \mathrm{V}\eta = \iiint y\,dv, \qquad \mathrm{V}\zeta = \iiint z\,dv.$$

L'expression de dv dépend du système de coordonnées employées : en coordonnées cartésiennes obliques, il faut prendre dv égal à $k\,dx\,dy\,dz$, en désignant par k le volume du parallélépipède dont les arêtes, parallèles aux axes, ont pour longueur l'unité; en coordonnées polaires dans l'espace r, θ, φ, on a pour dv l'expression $r^2\,dr\sin\theta\,d\theta\,d\varphi$, etc.

Dans le cas d'un corps homogène, on pourra toujours commencer par effectuer l'une des trois intégrations et ramener les intégrales triples à des intégrales doubles.

EXERCICES.

1. Si n forces concourantes se font équilibre, leur point commun d'application est le centre de gravité de n points de masses égales placés à leurs extrémités (LEIBNITZ).

2. Positions d'équilibre d'un point libre M attiré par des centres fixes $O_1, O_2, \ldots, O_n$ en raison inverse de la distance. Il existe une fonction des forces $\log \overline{MO_1}, \overline{MO_2}, \ldots, \overline{MO_n}$. Chaque position d'équilibre O' est le centre des moyennes distances des inverses des points O_k par rapport à O'. Quand les points O_k sont dans un même plan, les positions d'équilibre sont les racines de la dérivée d'un polynôme en z ayant pour racines les quantités imaginaires représentées par les points O_k (CHASLES). (*Voir* F. LUCAS, *Comptes rendus*, 1879 et 1888.)

3. Soit un point M en équilibre dans une position déterminée A sous l'action de forces déterminées $P_1, P_2, \ldots, P_n$; sur AP_k on prend un point O_k tel que $\overline{MO_k} = (hP_k)^{\frac{1}{v}}$, h et v désignant des constantes ($v \gtrless -1$). Démontrer que la fonction $\overline{MO_1}^{v+1} + \overline{MO_2}^{v+1} + \ldots + \overline{MO_n}^{v+1}$ est maximum ou minimum quand le point M coïncide avec la position d'équilibre A. Si $v = -1$, il faut remplacer

cette fonction par $\log \overline{MO}_1$, $\overline{MO}_2$, ..., $\overline{MO}_n$. Si $c = 1$, le point A est le centre des moyennes distances des points O_i.

4. Positions d'équilibre d'un point pesant mobile sans frottement sur une hélice tracée sur un cylindre de révolution d'axe vertical et attiré par un point de l'axe proportionnellement à la distance.

Réponse. — Une position d'équilibre stable.

5. Positions d'équilibre d'un point M mobile sans frottement sur une circonférence de rayon a, sollicité par une force dont la direction passe par un point fixe A de la circonférence et dont la valeur algébrique estimée en prenant AM comme sens positif est $1 - \dfrac{a}{AM}$.

Réponse. — Trois positions d'équilibre : deux pour lesquelles $AM = a$, une pour laquelle $AM = 2a$; les deux premières stables, la troisième instable.

6. Étant donnée une force F dont les projections X, Y, Z dépendent de x, y, z, trouver une surface S telle qu'un point mobile sans frottement sur cette surface et soumis à l'action de F soit en équilibre dans toutes les positions sur la surface S.

Réponse. — S'il existe un facteur intégrant μ tel que l'on ait

$$\mu (X\,dx + Y\,dy + Z\,dz) = df(x, y, z) ;$$

les surfaces cherchées sont $f(x, y, z) = \text{const.}$; s'il existe une fonction de forces, les surfaces cherchées sont les surfaces de niveau.

6 *bis.* Trouver de même des courbes sur lesquelles le point est en équilibre dans toutes les positions.

(Ces courbes existent toujours : elles sont assujetties à vérifier l'équation

$$X\,dx + Y\,dy + Z\,dz = 0,$$

qui permet de prendre arbitrairement x et y en fonction d'un paramètre q et de déterminer ensuite z.)

7. Un point M sollicité par une force F peut glisser sans frottement sur une courbe fixe dont les coordonnées sont exprimées en fonction d'un paramètre q. On mène à cette courbe la tangente MT dans le sens des q croissants. Démontrer que le cosinus de l'angle TMF a le signe de la fonction appelée Q (n° 96) ; en conclure que, pour qu'une position d'équilibre $q = q_1$ soit stable, il faut et il suffit que la fonction Q s'annule en passant du positif au négatif quand q atteint et dépasse la valeur q_1.

8. Positions d'équilibre d'un point mobile M posé sur la surface extérieure d'un ellipsoïde et repoussé par un point fixe P proportionnellement à la distance. (Le point M pouvant quitter la surface vers l'extérieur, il faut tenir compte du signe de λ. Si P est extérieur à l'ellipsoïde, une position d'équilibre instable ; s'il est intérieur, pas de position d'équilibre. Géométriquement, le problème revient à mener du point P des normales à la surface ; il faut ensuite choisir parmi les pieds des normales.)

9. Un point mobile sur une parabole $y^2 - 2px = 0$ est attiré par un point fixe

(a, b) du plan de la courbe proportionnellement à la distance. Positions d'équilibre. Stabilité. On a

$$X = \mu (a - x), \qquad Y = \mu (b - y), \qquad \mu > a.$$

Les ordonnées des positions d'équilibre (pieds des normales issues de a, b) sont les valeurs de y annulant la fonction $\Phi (y) = \mu \left[\left(a - \dfrac{y^2}{2p} \right) \dfrac{y}{p} + (b - y) \right]$, valeurs que l'on trouverait en cherchant à rendre maximum ou minimum la fonction

$$- \frac{\mu}{2} [(a - x)^2 + (b - y)^2]$$

exprimée en fonction de y. Il y a stabilité quand cette fonction est maximum.

10. Aux trois sommets A, B, C d'un triangle, on attache des fils élastiques dont les longueurs naturelles sont α, β, γ; on les allonge pour les attacher ensemble en un nœud et l'on suppose que la force élastique de chaque fil est proportionnelle à son allongement par unité de longueur (par exemple, x étant l'allongement du premier fil, sa force élastique est $\dfrac{kx}{\alpha}$; k est le même pour les trois fils). Quelles relations faut-il établir entre les trois longueurs α, β, γ pour que la position d'équilibre du nœud se trouve au centre de gravité du triangle?

11. Un système de forces appliquées à un corps solide étant rapporté à des axes obliques, démontrer que les six équations d'équilibre gardent la même forme qu'en coordonnées rectangulaires

$$\sum X_i = 0, \quad \sum Y_k = 0, \quad \sum Z_k = 0, \quad \sum (y_i Z_i - z_i Y_i) = 0, \quad \ldots$$

12. Si l'on considère un polygone plan fermé et que, dans le plan de ce polygone, on applique perpendiculairement à tous les côtés *moins un* des forces proportionnelles à ces côtés, toutes dirigées vers l'extérieur, ces forces ont une résultante perpendiculaire et proportionnelle au dernier côté.

13. Si plusieurs forces appliquées à un corps solide se font équilibre ou se réduisent à un couple, le centre de gravité de masses égales placées aux extrémités de ces forces coïncide avec le centre de gravité de masses égales placées aux points d'application (CROFTON).

14. Étant donné un polygone gauche fermé P, on dirige, suivant les côtés de ce polygone, dans un même sens de circulation, des forces égales aux côtés. Démontrer : 1° que ces forces se réduisent à un couple; 2° que, si l'on construit dans le plan de ce couple, un polygone Π dont l'aire soit la moitié du moment du couple, la projection de P sur un plan quelconque a même aire que la projection de Π sur le même plan (GUICHARD)?

15. Étant donné un quadrilatère plan convexe ABCD, diriger suivant les côtés de ce quadrilatère quatre forces se faisant équilibre (*voir* MÖBIUS, *Statique*, § 29).

16. Sur une planchette, on a fixé deux aiguilles aimantées dont les lignes des pôles de longueur a et b se coupent à angle droit en leurs milieux. La planchette

flottant sur un liquide immobile, trouver : 1° sa position d'équilibre; 2° les directions principales (n° 109) On sait que l'action de la terre sur une aiguille aimantée régulièrement, c'est-à-dire n'ayant que deux pôles et une ligne neutre, se réduit à un couple dont les forces sont constantes en grandeur et direction et appliquées aux pôles de l'aimant. On appellera, dans l'exercice proposé, P la valeur commune de la projection horizontale des deux forces du couple agissant sur l'aiguille a, Q la même quantité pour l'aiguille b. Les forces P et Q sont dirigées suivant le méridien magnétique du lieu.

17. Quand un corps solide est sollicité par deux forces appliquées en des points fixes dans le corps, constantes en grandeur, direction et sens, il existe toujours un axe parallèle à une direction donnée tel que, en fixant cet axe, le corps soit en équilibre indifférent dans toutes les positions qu'il peut prendre (Mōbius).

18. Quand un corps est en équilibre astatique, si l'on considère les composantes des forces parallèles à une direction donnée, on obtient un système de forces parallèles en équilibre. Le centre de celles de ces forces parallèles qui ont un sens déterminé coïncide avec le centre de celles de ces forces parallèles qui ont le sens opposé.

19. Considérons un corps solide sollicité par des forces appliquées en des points fixes du corps, constantes en grandeur, direction et sens. Quelles sont les conditions nécessaires et suffisantes pour qu'on puisse amener ce corps à être en équilibre astatique par l'adjonction d'une seule force, appliquée en un point fixe P, constante en grandeur, direction et sens ?

Réponse.

$$\frac{\Sigma X x}{\Sigma X} = \frac{\Sigma Y x}{\Sigma Y} = \frac{\Sigma Z x}{\Sigma Z}$$

et deux proportions analogues dans lesquelles x serait remplacé par y ou z. Le point P existe alors et se nomme *centre des forces* du système. Dans ce cas, les coordonnées du point ξ, η, ζ, calculées dans le numéro 115, sont indépendantes de α, β, γ : ce point est précisément le point P.

20. Chercher de même les conditions pour qu'il existe une *ligne centrale*, c'est-à-dire pour que le point ξ, η, ζ du numéro 115 décrive une droite. Dans ce cas, on peut toujours ajouter au système deux forces, de façon à réaliser l'équilibre astatique.

21. Lorsque le point ξ, η, ζ décrit effectivement un plan (*plan central*), on peut ajouter trois forces, de façon à établir l'équilibre astatique.

22. Un corps solide est mobile autour d'un point fixe et sollicité par des forces appliquées en des points invariables du corps, constantes en grandeur et direction. Quelles conditions doivent remplir ces forces pour que le corps soit en équilibre dans toutes les positions qu'il peut prendre autour du point O (équilibre astatique du levier)?

23. Même question en supposant le corps mobile autour d'un axe fixe.

24. Même question en supposant qu'il puisse tourner autour d'un axe et glisser le long de cet axe.

25. Un corps solide, mobile autour d'un point ou d'un axe fixe, est sollicité par des forces constantes en grandeur et direction appliquées en des points invariables du corps, trouver les positions d'équilibre du corps. (*Voyez* les exercices 27; *voyez aussi* Moigno, *Leçons de Mécanique analytique*, d'après Cauchy, p. 234 et suiv.)

26. Étant donné un système de forces appliquées à un corps solide et un trièdre quelconque OP, OQ, OS, on décompose chaque force F_i en trois composantes p_i, q_i, s_i, parallèles aux arêtes du trièdre, et l'on appelle A le centre des forces parallèles p_i, et $p = \Sigma p_i$ leur résultante, B celui des forces q_i, C celui des forces s_i, q et s leurs résultantes. Démontrer que le produit de la surface du triangle ABC par le volume du parallélépipède, ayant pour arêtes p, q, s, est constant, quelle que soit l'orientation du trièdre OPQS (MINDING).

27. *Exercices sur le théorème de Minding.* — 1° Une droite quelconque Δ, s'appuyant sur les deux coniques focales trouvées dans le n° 117, étant choisie, démontrer qu'il existe une position du corps (c'est-à-dire un système de valeurs des neuf cosinus) pour laquelle les forces ont une résultante unique dirigée suivant Δ. (Il faut remarquer que, les axes mobiles devant pouvoir coïncider avec les axes fixes, le déterminant des neuf cosinus égale $+1$; il est commode d'exprimer les cosinus à l'aide des angles d'Euler.)

2° Par un point P quelconque du corps, on peut mener quatre droites s'appuyant sur les deux coniques focales : il existe donc quatre positions du corps, pour lesquelles les forces admettent une résultante passant par un point P du corps.

3° Si les forces, agissant sur un solide, restent constantes en grandeur et direction et appliquées en des points fixes dans le solide; si, de plus, ces forces se réduisent à un couple, il existe quatre positions d'équilibre du corps.

(En effet, les forces étant F_1, F_2, ..., F_n, appliquées aux points A_1, A_2, ..., A_n, les forces F_2, F_3, ..., F_n ont une résultante générale R égale et opposée à F_1. D'après ce qui précède, il existe quatre positions du corps pour lesquelles les forces F_2, F_3, ..., F_n ont une résultante unique R passant par le point A_1 du corps. Ces quatre positions sont alors évidemment des positions d'équilibre, puisque, dans chacune d'elles, R et F_1 sont égales et *directement* opposées).

Les théorèmes précédents ont lieu dans les cas les plus généraux. Si les forces ont des positions particulières, le nombre quatre peut être augmenté et devenir même infini.

28. *Axes d'équilibre.* — Un corps étant en équilibre dans la position actuelle, on demande, en faisant les hypothèses du n° 118, si ce corps admet un axe d'équilibre.

(*Solution.* — Il suffit de chercher s'il existe un axe d'équilibre Oz' passant par O : pour cela, on rapporte le système à trois nouveaux axes Ox', Oy', Oz', faisant avec les anciens des angles dont les cosinus sont α, α', α''; β, β', β''; γ, γ', γ'', et l'on évalue les quantités F', G', H', l', m', n' relatives à ces nouveaux axes. Si l'on pose, pour abréger,

$$m - n = f, \quad n - l = g, \quad l - m = h,$$

et si l'on appelle f', g', h' les quantités analogues par rapport aux nouveaux axes, on arrive au résultat suivant. Considérant la forme quadratique

$$\psi(u, u', u'') = fu^2 + gu'^2 + hu''^2 - 2F\,u'u'' - 2G\,u''u - 2H\,uu',$$

on peut écrire

$$f' = \psi(\alpha, \alpha', \alpha''), \qquad g' = \psi(\beta, \beta', \beta''), \qquad h' = \psi(\gamma, \gamma', \gamma''),$$

$$F' = -\frac{1}{2}\left(\gamma\,\frac{\partial\psi}{\partial\beta} + \gamma'\,\frac{\partial\psi}{\partial\beta'} + \gamma''\,\frac{\partial\psi}{\partial\beta''}\right), \quad G' = -\frac{1}{2}\left(\alpha\,\frac{\partial\psi}{\partial\gamma} + \dots\right), \quad H' = -\frac{1}{2}\left(\beta\,\frac{\partial\psi}{\partial\alpha} + \dots\right).$$

Pour que l'axe Oz', défini par les cosinus γ, γ', γ'', soit un axe d'équilibre, il faut et il suffit que l'on puisse déterminer γ, γ', γ'' par les équations

$$\frac{\partial\psi}{\partial\gamma} = 0, \qquad \frac{\partial\psi}{\partial\gamma'} = 0, \qquad \frac{\partial\psi}{\partial\gamma''} = 0,$$

qui exigent que le discriminant de ψ soit nul).

29. Soient des points matériels de masses m_1, m_2, ..., m_n; M la somme de ces masses, G leur centre de gravité, A un point arbitraire; démontrer les deux relations

$$\Sigma\, m_i.\overline{m_i A}^2 = \Sigma\, m_i.\overline{m_i G}^2 + M.\overline{AG}^2,$$

$$M\,\Sigma\, m_i.\overline{m_i A}^2 = M^2.\overline{AG}^2 + \Sigma\, m_i\, m_k.\overline{m_i m_k}^2,$$

$\overline{m_i m_k}$ désignant la distance du point m_i au point m_k (LAGRANGE).

30. *Centres de gravité de lignes homogènes. Arc de cercle.* — La distance du centre de gravité au centre du cercle est une quatrième proportionnelle entre l'arc, le rayon et la corde.

Arc de chaînette $y = \dfrac{a}{2}\left(e^{\frac{x}{a}} + e^{-\frac{x}{a}}\right).$ — Le centre de gravité d'un arc AB a même abscisse que le point de concours des tangentes aux extrémités A et B. Si le point A est le sommet de la courbe, l'ordonnée du centre de gravité est la moitié de l'ordonnée du point où la normale en B rencontre Oy.

31. *Aires planes homogènes.* — Si une aire plane homogène admet un diamètre rectiligne conjugué d'une certaine direction de cordes, le centre de gravité est sur ce diamètre.

EXEMPLES : *Centre de gravité de l'aire d'un triangle* (il coïncide avec le centre de gravité de masses égales placées aux trois sommets); *d'un trapèze* (il est situé sur la droite joignant les milieux des bases b et B, et divise cette droite dans le rapport de $2B + b$ à $2b + B$).

Centre de gravité d'une portion de plan limitée par un arc de chaînette AB, *l'axe des* x, *base de la chaînette, et les deux ordonnées des points* A *et* B. (L'abscisse du centre de gravité est égale à celle du centre de gravité de l'arc AB; son ordonnée est égale à la moitié de celle du centre de gravité de l'arc.)

32. *Aires non homogènes. Centres de percussion.* — Soit une aire plane S; considérons une droite AA' de son plan et supposons que la densité ρ soit propor-

tionnelle à la distance δ de ce point à la droite AA'. Le centre de gravité G de la surface matérielle ainsi définie est appelé le *centre de percussion* de cette surface par rapport à l'axe AA'. Ce point se présente dans la théorie des percussions; il se présente aussi en Hydrostatique. Démontrer que le centre de percussion G et l'axe AA' forment un système de pôles et polaires par rapport à une conique fixe imaginaire, ayant pour centre le centre de gravité de l'aire S supposée homogène.

33. *Aires courbes homogènes.* — Soient S une portion d'aire sphérique de rayon R, σ sa projection sur un plan diamétral et δ la distance du centre de gravité de l'aire à ce plan; démontrer la formule

$$S\delta = R\sigma.$$

34. *Volumes homogènes.* — Si un volume homogène admet un plan diamétral conjugué d'une certaine direction de cordes, le centre de gravité est dans ce plan.

EXEMPLES : *Tétraèdre* (le centre de gravité coïncide avec le centre de gravité de quatre masses égales placées aux quatre sommets). *Cylindre tronqué* (le centre de gravité est au milieu de la droite parallèle aux génératrices, joignant les centres de percussion des deux bases par rapport à la droite d'intersection des plans des deux bases).

35. Soient trois axes obliques Ox, Oy, Oz; désignons par S_z l'aire de la section faite dans un solide homogène par un plan parallèle au plan xOy; par ξ', η', z les coordonnées du centre de gravité de cette aire supposée homogène; démontrer que le centre de gravité du solide a pour coordonnées

$$V\xi = k \int_{z_0}^{z_1} S_z \xi'\, dz, \qquad V\eta = k \int_{z_0}^{z_1} S_z \eta'\, dz, \qquad V z = k \int_{z_0}^{z_1} S_z z\, dz,$$

z_0 et z_1 désignant les ordonnées z des plans limitant le solide, V le volume du solide $\left(V = k \int_{z_0}^{z_1} S_z\, dz\right)$ et k le volume du parallélépipède, dont la base parallèle au plan des xy a l'unité pour surface et dont l'arête parallèle à Oz a pour longueur l'unité.

(On décompose le solide en tranches infiniment minces par des plans parallèle au plan xOy.)

36. De là résulte que, *si les centres de gravité des sections planes parallèles sont dans un plan fixe, le centre de gravité du solide est aussi dans ce plan. Si les centres de gravité des sections se déplacent sur une droite, le centre de gravité du volume est sur cette droite.* Cette dernière circonstance se présente pour la partie d'un solide de révolution comprise entre deux plans perpendiculaires à l'axe, et pour le volume limité par une surface du second ordre et deux plans parallèles.

37. Si l'aire S_z est une fonction du second degré de z, on a, en désignant par S_0, S_1, σ les aires des deux bases du solide et de la section équidistante des bases, et par h la hauteur du solide,

$$V = \frac{h}{6}(S_0 + S_1 + 4\sigma);$$

les distances du centre de gravité du volume aux deux bases S_2 et S_1 sont entre elles comme $S_1 + 2\sigma$ est à $S_2 + 2\sigma$. Ces formules s'appliquent aux troncs de pyramide et de cône, aux segments des surfaces réglées compris entre des plans parallèles.

38. Dans les solides que nous venons de citer, on a ce théorème : *Le centre de gravité du solide est le centre de gravité de trois masses, placées aux centres de gravité des deux bases et de la section moyenne, et égales respectivement aux aires des bases et au quadruple de l'aire de la section moyenne.* (Darboux, Note de la *Mécanique* de Despeyrous, p. 383-388.)

CHAPITRE VI.

SYSTÈMES DÉFORMABLES.

132. Principe de solidification. — Nous avons étudié, jusqu'à présent, les conditions d'équilibre d'un corps solide, c'est-à-dire d'un système de forme invariable. Imaginons un système matériel dont les différentes parties sont liées les unes aux autres d'une certaine façon, mais non d'une façon invariable : le système est alors déformable. Nous pourrons, pour tous ces systèmes, énoncer la proposition suivante, qu'on appelle quelquefois *principe de solidification* et qui est un cas particulier du premier principe énoncé dans le n° 97.

Quand un système déformable est en équilibre, les forces extérieures (c'est-à-dire les forces autres que les réactions mutuelles des différentes parties) *qui lui sont appliquées satisfont aux conditions d'équilibre des forces appliquées à un corps solide.* En effet, le système, étant en équilibre, y restera évidemment si l'on relie les points matériels les uns aux autres d'une manière invariable, c'est-à-dire si l'on solidifie le système. Les forces extérieures doivent se faire équilibre sur le corps solide ainsi constitué ; elles satisfont donc aux six équations générales de l'équilibre. Ces conditions, nécessaires, ne sont pas, en général, suffisantes.

I. — POLYGONE FUNICULAIRE.

133. Définition. — On appelle ainsi un système de points matériels M_1, M_2, ..., M_n, chacun d'eux étant relié au suivant par un cordon flexible et inextensible. Les différents sommets du polygone sont soumis à des forces F_1, F_2, ..., F_n, sous l'action desquelles la figure peut prendre une certaine position d'équilibre qui sera un polygone plan ou gauche ; nous allons chercher les conditions de cet équilibre.

Considérons d'abord le cas où il n'y aurait que deux points M_1, M_2, et deux forces F_1, F_2 ; d'après le principe de solidification, l'équilibre ne peut avoir lieu que si les forces F_1, F_2, qui agissent sur M_1, M_2, sont égales et directement opposées. Cette condition, nécessaire, n'est pas suffisante ; il faut, en outre, que ces forces soient dirigées de façon à tendre le cordon. Si elles étaient dirigées de façon à rapprocher les deux points, l'équilibre serait évidemment rompu : pour maintenir l'équilibre, il faudrait alors remplacer le cordon par une *tige rigide* (*fig*. 86).

Fig. 86.

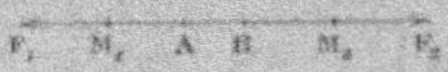

F_1 M_1 A   B M_2 F_2

134. Tension. — L'équilibre ayant lieu, prenons sur le cordon $M_1 M_2$ un point quelconque A et isolons la portion $M_1 A$: le cordon $M_1 A$ obtenu est en équilibre ; or il n'est sollicité que par la force F_1 et par l'action de la portion AM_2 du fil ; il faut donc que cette action puisse se remplacer par une force égale et directement opposée à F_1. Cette force est appelée *tension* du cordon en A ; elle est égale en valeur absolue à F_1 ; elle est la même en tous les points du cordon. La portion AM_2 est de même en équilibre sous l'action de F_2 et de la tension appliquée en A dans le sens AM_1 ; enfin une portion quelconque AB du fil est en équilibre sous l'action des tensions appliquées à ses deux extrémités dans les sens AM_1 et BM_2.

En général, si l'on considère une portion quelconque, par exemple $PM_3 M_4 M_5 M_6 Q$ d'un polygone funiculaire en équilibre, obtenue en coupant les cordons $M_2 M_3$ et $M_6 M_7$ en P et Q, elle peut être regardée comme étant en équilibre sous l'action des forces directement appliquées aux sommets M_3, M_4, M_5, M_6 (*fig*. 87) et des tensions des côtés PM_3, $M_6 Q$ appliquées en P et Q dans les sens $M_3 P$ et $M_6 Q$. Ces forces et ces deux tensions satisfont donc aux conditions d'équilibre de forces appliquées à un corps solide.

Par exemple, si les forces F_3, F_4, F_5, F_6 ont une résultante unique R, il y aura équilibre entre les tensions des côtés extrêmes

$M_2 P$ et $M_6 Q$ et cette résultante : les deux côtés extrêmes se couperont donc en un point de la résultante R (n° 114).

Fig. 87.

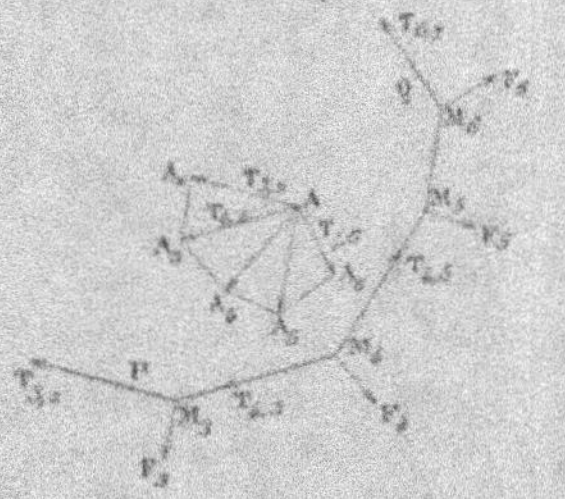

135. *Équilibre du polygone funiculaire. Polygone de Varignon.* — Considérons un polygone funiculaire en équilibre sous l'action de forces appliquées en ces différents sommets. Pour éviter toute confusion sur le sens des tensions, appelons $T_{i, i+1}$ la tension du côté $M_i M_{i+1}$ portée sur ce côté dans le sens $M_i M_{i+1}$ et $T_{i+1, i}$ la même tension portée en sens contraire, de telle sorte que $T_{i, i+1}$ et $T_{i+1, i}$ soient deux forces égales et directement opposées.

Supposons que l'on coupe les cordons $M_2 M_3$ et $M_6 M_7$ en P et Q et que l'on considère la partie $P M_3 M_4 M_5 M_6 Q$ du polygone funiculaire ; cette partie est en équilibre sous l'action des tensions $T_{3,2}$ et $T_{6,7}$ appliquées aux points P et Q et des forces données F_3, F_4, F_5, F_6 agissant sur les sommets intermédiaires. Le point M_3 considéré comme libre est sollicité par la force F_3 et les deux tensions $T_{3,2}$, $T_{3,4}$ des cordons attachés à ce point : ces trois forces sont donc en équilibre ; de même le point M_4 est en équilibre sous l'action de la force directement appliquée F_4 et des deux tensions $T_{4,3}$, $T_{4,5}$ des cordons attachés à ce point ; et ainsi de suite. On aura donc les conditions d'équilibre en exprimant que chaque sommet est en équilibre sous l'action de la force qui lui est appliquée et des tensions des cordons aboutissant à ce sommet.

Ces conditions se résument d'une manière simple dans la construction suivante qui conduit au polygone de Varignon. Par un point arbitraire A, menons un vecteur AA_2 égal et parallèle à la tension $T_{3,2}$ du premier côté considéré et par le point A_2 un vecteur

$A_2 A_3$ identique à F_3 : puisque les trois forces $T_{3,2}$, F_3 et $T_{3,4}$ se font équilibre, le vecteur $A_3 A$ fermant le triangle $A A_2 A_3$ est égal et parallèle à $T_{3,4}$, et, par suite, le vecteur $A A_3$ est identique à $T_{4,3}$. Maintenant, comme les forces $T_{4,3}$, F_4 et $T_{4,5}$ se font équilibre, si par le point A_3, extrémité d'un vecteur $A A_3$ égal et parallèle à $T_{4,3}$, on mène un vecteur $A_3 A_4$ identique à F_4, le vecteur $A_4 A$ est identique à $T_{4,5}$ et le vecteur de sens contraire $A A_4$ est identique à $T_{5,4}$; on continue ainsi de proche en proche et l'on arrive finalement à mener le vecteur $A_5 A_6$ égal et parallèle à F_6 et le vecteur $A A_6$ identique à la dernière tension $T_{7,6}$.

En résumé, pour que la partie considérée (voir *fig.* 87) $P M_3 M_4 M_5 M_6 Q$ du polygone funiculaire soit en équilibre, il faut et il suffit qu'en portant bout à bout des vecteurs $A_2 A_3$, $A_3 A_4$, $A_4 A_5$, $A_5 A_6$ égaux et parallèles aux forces F_3, F_4, F_5, F_6 appliquées aux sommets, on puisse trouver un point A tel que les vecteurs $A A_2$, $A A_3$, $A A_4$, $A A_5$, $A A_6$ soient parallèles à $P M_3$, $M_3 M_4$, $M_4 M_5$, $M_5 M_6$, $M_6 Q$ et dirigés en sens contraire de ces cordons ; cette dernière condition résulte de ce qu'un vecteur tel que $A A_3$ est identique à la tension $T_{4,3}$, laquelle est dirigée dans le sens $M_3 M_4$.

Ces conditions sont suffisantes : car, si elles sont remplies, chaque sommet M_i est en équilibre sous l'action de la force F_i et de deux tensions $T_{i,i-1}$, $T_{i,i+1}$ respectivement égales aux vecteurs $A A_{i-1}$, $A_i A$.

Le moment résultant des tensions extrêmes $T_{3,2}$, $T_{6,7}$ et des forces F_3, F_4, F_5, F_6 est alors nul, ainsi que le moment résultant de chaque force F_i et des deux tensions $T_{i,i-1}$, $T_{i,i+1}$ appliquées au point M_i. En considérant les moments des forces et des tensions par rapport à un même point, on aurait donc des vecteurs avec lesquels on pourrait construire un polygone analogue à celui de Varignon.

Il peut arriver que toutes les conditions d'équilibre soient remplies, sauf celles qui sont relatives aux sens des tensions par rapport aux côtés ; alors certains côtés sont comprimés au lieu d'être tendus et l'équilibre ne subsiste pas. Pour le maintenir, il faudrait remplacer ces côtés par des barres rigides pouvant résister à la compression.

136. Conditions aux limites. — Les conditions d'équilibre que nous venons d'indiquer doivent être remplies par une portion quelconque du polygone. Les sommets extrêmes du polygone funiculaire peuvent être assujettis à des conditions de différentes natures appelées *conditions aux limites*.

1° *Les extrémités sont libres.* — Il peut se faire que le polygone funiculaire $M_1 M_2 \ldots M_n$ soit libre dans l'espace, les extrémités M_1 et M_n étant libres et sollicitées par des forces connues F_1 et F_n. Supposons, pour simplifier, $n = 5$, le polygone étant $M_1 M_2 M_3 M_4 M_5$. Alors les tensions des côtés extrêmes $M_1 M_2$ et $M_4 M_5$ sont connues ; en effet, M_1 est en équilibre sous l'action de F_1 et de la tension $T_{1,2}$: cette tension est donc égale et opposée à F_1. De même $T_{5,4}$ est égale et opposée à F_5. Si l'on construit le polygone de Varignon correspondant au polygone funiculaire total, le premier côté AA_1 sera égal et parallèle à F_1, le deuxième $A_1 A_2$ égal et parallèle à F_2, …, le dernier $A_4 A_5$ égal et parallèle à F_5 (*fig.* 88). Le polygone ainsi construit est le polygone des

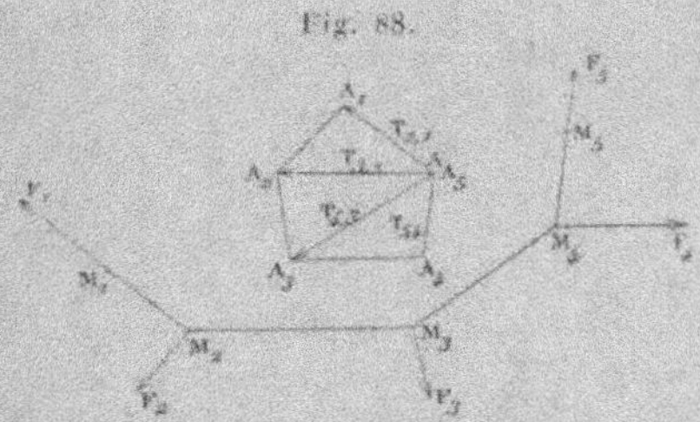

Fig. 88.

forces F_1, F_2, F_3, F_4, F_5 ; ce polygone doit se fermer : A_5 doit coïncider avec A, car les forces F_k remplissant les conditions d'équilibre de forces appliquées à un corps solide, leur résultante générale est nulle. Les tensions telles que $T_{k+1,k}$ sont égales et parallèles aux diagonales AA_k du polygone de Varignon.

2° *Les extrémités M_1 et M_n sont attachées en des points fixes.* — Il faut alors prendre comme inconnues auxiliaires les forces F_1 et F_n, représentant les actions des points fixes sur les extrémités M_1 et M_n ou, ce qui revient au même, les deux tensions extrêmes $T_{2,1}$, $T_{n-1,n}$.

3° *Le polygone funiculaire est fermé.* — Le polygone est fermé quand le dernier point M_5 est lié directement au premier M_1 par un cordon. Dans ce cas, on pourra appliquer les conditions générales d'équilibre et la construction de Varignon à l'ensemble du polygone en imaginant qu'on coupe le cordon $M_1 M_5$ en deux points P et Q et qu'on applique suivant M_1P la tension $T_{1,5}$, et suivant M_5Q la tension $T_{5,1}$. Il faudra alors mener par A un vecteur $A A_0$ égal et parallèle à $T_{1,5}$, puis, à la suite, des vecteurs $A_0 A_1$, $A_1 A_2$, ..., $A_4 A_5$, égaux et parallèles à F_1, F_2, ..., F_5 (*fig.* 89):

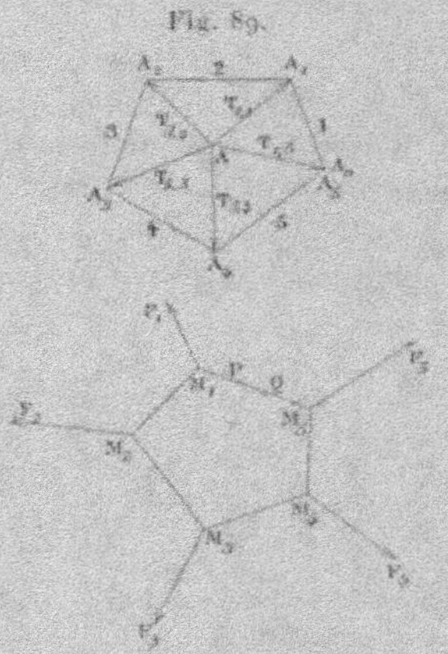

les tensions des cordons seront égales et parallèles à $A A_1$, $A A_2$, ..., $A A_5$, la tension $T_{1,2}$ étant égale et parallèle à $A A_0$, $T_{2,3}$ à $A A_1$, ..., $T_{k+1,k}$ à $A A_k$, ... La dernière tension $T_{1,5}$ sera égale et parallèle à $A A_5$; par suite, A_5 coïncidera avec A_0, car $A A_0$ est aussi égal et parallèle à $T_{1,5}$.

Donc, pour l'équilibre d'un polygone funiculaire fermé, il faut et il suffit : 1° que le polygone des forces directement appliquées se ferme; 2° qu'il existe un point A tel que chaque côté $M_i M_{i+1}$ du polygone funiculaire soit parallèle à la diagonale $A A_i$ et de sens contraire.

Remarque. — Si le nombre des côtés du polygone funiculaire augmente indéfiniment, chacun d'eux tendant vers zéro, ce polygone devient une courbe, le polygone de Varignon aussi. Ce cas limite sera traité directement dans le § II.

En général, la figure d'équilibre est un polygone gauche; ce polygone sera plan si les forces $F_2, \ldots, F_{n-1}$ sont concourantes ou parallèles.

137. Forces concourantes. — *Que le polygone soit ouvert ou fermé, si toutes les forces F, sauf les forces extrêmes F_1 et F_n, sont concourantes, la figure d'équilibre est plane, et les moments des tensions par rapport au point de concours des forces sont tous égaux.*

Soit O le point de concours des forces, nous avons vu qu'on peut considérer le point matériel M_2 comme en équilibre sous l'action de F_2 et des tensions $T_{2,1}$, $T_{2,3}$; ces forces, devant se faire équilibre, sont dans un même plan; donc M_1, M_2, M_3, O sont dans un même plan P. On verra de même que M_2, M_3, M_4, O sont dans un même plan, qui n'est autre que P, comme ayant en commun avec lui les trois points O, M_2, M_3, ... et ainsi de suite : la figure d'équilibre sera donc plane et son plan passera par le point O.

Le point M_2 étant en équilibre sous l'action des forces F_2, $T_{2,1}$, $T_{2,3}$, la somme algébrique des moments de ces forces par rapport au point O est nulle; et, puisque le moment de F_2 est nul, on voit que la somme des moments de $T_{2,1}$ et de $T_{2,3}$ est nulle, ou que le moment de $T_{2,1}$ égale celui de $T_{2,3}$. En continuant de la sorte, on verra que toutes les tensions $T_{r,r+1}$ ont même moment par rapport au point O (*fig.* 90).

Fig. 90.

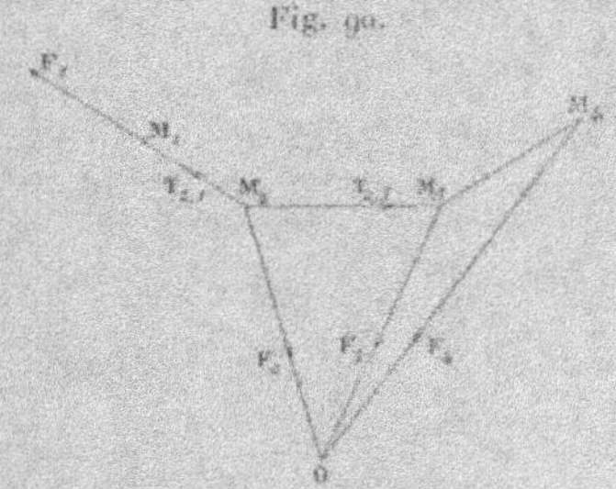

138. Forces parallèles. — *La figure d'équilibre est encore plane quand toutes les forces, sauf les deux extrêmes, sont parallèles. Dans ce cas, les projections des tensions sur une perpendiculaire à la direction commune des forces sont égales.*

La première partie de cette proposition s'établit comme pour les forces concourantes; pour démontrer la deuxième, observons que les forces F_2, $T_{2,1}$, $T_{2,3}$ se faisant équilibre, la somme algébrique de leurs projections sur une perpendiculaire $x'x$ à la direction des forces est nulle, et, comme la projection de F_2 est nulle, il en résulte que la projection de $T_{1,2}$ est égale à celle de $T_{2,3}$; celle-ci est de même égale à la projection de $T_{3,4}$, etc.

Supposons, par exemple, que les deux extrémités du polygone soient attachées en deux points fixes et que les forces agissant sur les sommets intermédiaires soient des poids : le polygone est alors dans le plan vertical des deux points fixes. Nous admettons, de plus, qu'il y a un côté horizontal $M_0 M_1$ dont nous appelons la tension T_0, les tensions des côtés suivants $M_1 M_2$, $M_2 M_3$, ... étant $T_{1,2}$, $T_{2,3}$ ..., et les inclinaisons de ces côtés sur l'horizon, α_1, α_2, ... ; les points M_1, M_2, ... sont sollicités par des poids p_1, p_2, ... Pour construire actuellement le polygone des forces relatif à la portion $M_0 M_1 M_2$, ... du polygone funiculaire (*fig*. 91), il faut

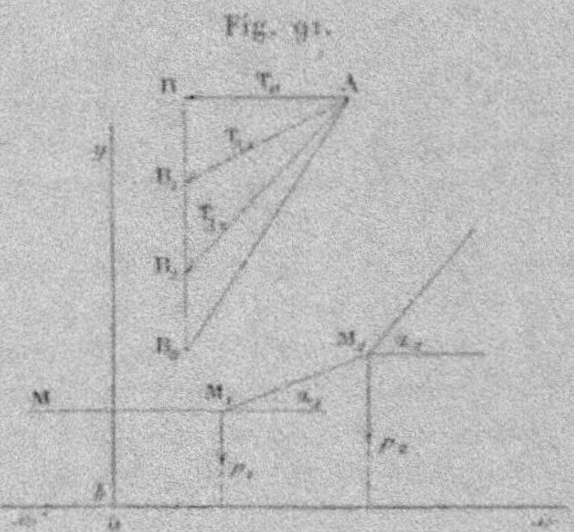

Fig. 91.

mener par un point A un vecteur AB égal et parallèle à la tension T_0 dans le sens $M_1 M_2$, puis des vecteurs BB_1, $B_1 B_2$, ..., égaux et parallèles à p_1, p_2, ... Les points B, B_1, B_2, ... sont sur une verticale, les diagonales AB_1, AB_2, ... parallèles aux côtés $M_1 M_2$, $M_2 M_3$, ... et égales aux tensions $T_{2,1}$, $T_{3,2}$, ... On a donc

$$(1) \quad \begin{cases} \tan\alpha_1 = \dfrac{p_1}{T_0}, \qquad \tan\alpha_2 = \dfrac{p_1 + p_2}{T_0}, \qquad \tan\alpha_k = \dfrac{p_1 + p_2 + \ldots + p_k}{T_0}, \\[2ex] T_0 = T_{2,1} \cos\alpha_1 = T_{3,2} \cos\alpha_2 = \ldots = T_{k+1,k} \cos\alpha_k. \end{cases}$$

Si l'on suppose que le nombre des sommets M_1, M_2, ... augmente indéfiniment, chaque côté tendant vers zéro, le polygone devient une courbe plane telle qu'en appelant α l'angle de la tangente en un point M avec l'horizon, T la tension en ce point et P le poids total de l'arc $M_0 M$, compté à partir du point le plus bas M_0 où la tension est T_0, on ait

$$\tan\alpha = \frac{P}{T_0}, \qquad T_0 = T \cos\alpha.$$

Par exemple, si l'on imagine un fil homogène pesant en équilibre, le poids P du fil, compté depuis le point le plus bas M_0 jusqu'en M, est proportionnel à l'arc $M_0 M$ ou s : on a donc pour la courbe d'équilibre (chaînette)

$$\operatorname{tang} \alpha = \frac{s}{a} \qquad (a \text{ constante});$$

nous donnons plus loin l'équation de cette courbe sous forme finie (n° 131).

Si le fil pesant n'est pas homogène, mais si sa densité linéaire δ (telle qu'elle est définie au n° 126) est une fonction connue de l'arc s, compté depuis le point M_0, on a $P = g \int_0^s \delta \, ds$, $\operatorname{tang} \alpha = \frac{1}{a} \int_0^s \delta \, ds$, a désignant encore une constante.

Ponts suspendus. — Nous supposerons les tringles de support verticales, équidistantes et portant le même poids, nous négligerons le poids du câble et des tringles, nous admettrons enfin que le câble, symétrique par rapport à un plan vertical perpendiculaire au plan qui le contient, est flexible et inextensible. Prenons le plan vertical contenant le câble pour plan du tableau, la trace du plan de symétrie pour axe des y, et pour axe des x la trace $x x'$ du tablier du pont, supposé horizontal. Nous admettrons que le nombre des tringles est pair, c'est-à-dire qu'au milieu du polygone il y a un côté MM_1 horizontal (*fig.* 91). Appelons a la distance de deux tringles et désignons par x_k, y_k les coordonnées du sommet M_k. Les coordonnées de M_1 seront $\frac{a}{2}$, b. Les coordonnées des autres sommets se calculeront de proche en proche à l'aide des formules

$$x_k = x_{k-1} + a, \qquad y_k = y_{k-1} + a \operatorname{tang} \alpha_{k-1},$$

dans lesquelles $\operatorname{tang} \alpha_{k-1}$ est égal à $\dfrac{(k-1)p}{T_0}$, car tous les poids $p_1, p_2, \ldots$ sont égaux à un même poids p. On trouve ainsi

$$\begin{cases} x_k = \dfrac{a}{2} + (k-1)a, \\[2mm] y_k = b + \dfrac{ap}{T_0}[1 + 2 + \ldots + (k-1)] = b + \dfrac{ap}{T_0}\dfrac{k(k-1)}{2}. \end{cases}$$

Dans ces expressions figure encore la tension inconnue T_0; on la détermine en remarquant que l'on connaît le point d'attache du dernier sommet M_n : soit h la hauteur de ce point; on devra avoir

$$h = b + \frac{ap}{T_0}\frac{n(n-1)}{2},$$

formule qui donne T_0. Les sommets du polygone sont sur une parabole d'axe vertical. Si, en effet, dans les formules

$$x = \frac{a}{2} + (k-1)a, \qquad y = b + \frac{ap}{T_0}\frac{k(k-1)}{2},$$

on fait varier k d'une façon continue, le point x, y décrit une parabole dont l'axe est vertical, et les sommets du polygone sont les points de cette parabole qui correspondent à des valeurs entières de k. On démontrera aisément, en outre, que les côtés du polygone sont tangents en leurs milieux à une deuxième parabole d'axe vertical.

Si le nombre des triangles était très grand et les côtés très petits, le polygone pourrait être assimilé à une courbe qui serait nécessairement une parabole, d'après ce qui précède. On peut le vérifier aussi en remarquant que la tangente de l'inclinaison du côté $M_k M_{k+1}$ est proportionnelle à l'abscisse du milieu de ce côté; si le polygone est assimilé à une courbe, le coefficient angulaire de la tangente en un point de cette courbe doit être proportionnel à l'abscisse de ce point, propriété caractéristique d'une parabole d'axe vertical.

139. Applications graphiques de la théorie des polygones funiculaires. — Les propriétés géométriques et mécaniques des polygones funiculaires donnent lieu à d'importantes théories dont le germe est dans une Note de Poncelet et qui se trouvent développées dans les *Traités de Statique graphique* de Culmann, de M. Cremona, de M. Maurice Lévy, de M. Rouché. Nous nous bornons dans ce qui suit à traiter des exemples.

$1°$ *Détermination graphique de la résultante de plusieurs forces situées dans un plan.* — Soit dans un plan un nombre quelconque de forces, quatre, par exemple, F_1, F_2, F_3, F_4, admettant une résultante générale différente de zéro. Construisons le polygone de ces forces en menant par un point A_0 un vecteur A_0A_1 égal et parallèle à F_1, par A_1 un vecteur A_1A_2 égal et parallèle à F_2, ..., par A_3 un vecteur A_3A_4 égal et parallèle à F_4, et numérotons les côtés de ce polygone en appelant r le côté parallèle et égal à F_r. La résultante des forces F_1, ..., F_4 est égale et parallèle à A_0A_4, côté que nous numéroterons 5. Prenons un point A dans le plan et joignons-le aux sommets A_0, A_1, A_2, A_3, A_4 du polygone des forces : nous appellerons (r, s) la diagonale joignant le point A au point d'intersection des côtés r et s. Nous avons ainsi un polygone de Varignon; nous allons construire un polygone funiculaire correspondant. Pour cela menons une droite arbitraire L_5M_1 parallèle à la diagonale $(5,1)$ et appelons M_1 le point où elle rencontre la direction F_1; par M_1, menons une droite M_1M_2 (*fig.* 92) parallèle à $(1,2)$ et appelons M_2 le point où elle rencontre la direction de F_2, et ainsi de suite, ..., par M_4 menons $M_4 N_5$ parallèle à $(4, 5)$. Cette dernière droite coupe la première $L_5 M_1$ en un point M_5 qui appartient à la résultante R. En effet, si l'on suppose les

Fig. 92.

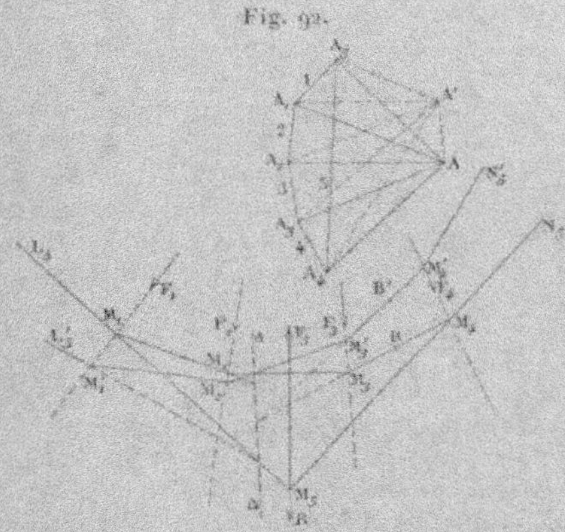

droites $L_5 M_1$, $M_1 M_2$, ..., $M_4 N_5$ remplacées par des cordons ou des barres rigides, les forces F_1, F_2, F_3, F_4 transportées aux points M_1, M_2, ..., M_4 de leurs directions, et les deux cordons extrêmes $L_5 M_1$, $M_4 N_5$ tirés par des tensions égales aux diagonales $(1, 5)$ et $(4, 5)$ du polygone de Varignon, on a un polygone funiculaire en équilibre. D'après le principe de solidification, il y a équilibre entre ces deux tensions extrêmes dirigées suivant les côtés $M_1 L_5$, $M_4 N_5$, et les forces F_1, F_2, F_3, F_4 appliquées aux sommets. La résultante de ces dernières forces est donc égale et directement opposée à la résultante des deux tensions extrêmes; elle passe par le point M_5, intersection des côtés $L_5 M_1$ et $M_4 N_5$. La résultante est ainsi entièrement déterminée, car on connaît en $A_5 A_4$ sa grandeur et sa direction.

Si l'on fait varier la position du premier côté $L_5 M_1$, en déplaçant ce côté parallèlement à lui-même, le polygone funiculaire se déforme, le point M_5 se déplace et décrit la résultante des forces F_1, F_2, F_3, F_4.

On a choisi arbitrairement le point A. En donnant à ce point une autre position A', on obtiendrait par les mêmes considérations un deuxième polygone funiculaire correspondant L'_5, M'_1, M'_2, M'_3, M'_4, N'_5, dont les côtés extrêmes se couperaient également sur la résultante. On a de plus le théorème suivant :

Les points d'intersection des côtés correspondants $M_k M_{k+1}$ et $M'_k M'_{k+1}$ du premier polygone funiculaire et du second sont sur une droite Δ parallèle à AA'.

En effet, prenons le premier polygone funiculaire supposé coupé en un point B d'un côté, $M_3 M_4$, par exemple; la partie $L_3 M_1 M_2 M_3 B$ de ce polygone est en équilibre sous l'action des forces F_1, F_2, F_3 et des tensions $T_{1,3} T_{3,4}$ des côtés extrêmes $M_1 L_3$ et $M_3 B$: les deux tensions $T_{1,3} T_{3,4}$ ont donc une résultante égale et opposée à celle des forces F_1, F_2, F_3. Si l'on applique le même raisonnement à la portion $L'_3 M'_1 M'_2 M'_3 B'$ du deuxième polygone supposé coupé au point B' du côté $M'_3 M'_4$, on voit que les tensions des côtés extrêmes $M'_1 L'_3$ et $M'_2 B$, que nous appellerons $T'_{1,3}$ et $T'_{2,4}$, ont une résultante égale et opposée à celle des forces F'_1, F'_2, F'_3. De sorte que les tensions $T_{1,3}$ et $T_{3,4}$ ont une résultante identique à celle des tensions $T'_{1,3}$ et $T'_{3,4}$. On peut encore dire, en changeant les deux dernières tensions de sens, que l'ensemble des quatre vecteurs $T_{1,3}$, $T_{3,4}$ et $T'_{3,1}$, $T'_{4,3}$ est équivalent à zéro. La résultante des deux tensions $T_{3,4}$ et $T'_{4,3}$, qui passe par le point d'intersection des côtés $M_3 M_4$ et $M'_3 M'_4$, est donc égale et directement opposée à la résultante Δ des deux tensions $T_{1,3}$ et $T'_{3,4}$, qui passe par le point de concours des côtés $L_3 M_1$ et $L'_3 M'_1$. Le point de concours des côtés $M_3 M_4$ et $M'_3 M'_4$ se trouve donc enfin sur la droite fixe Δ; il en est de même du point de concours de deux côtés correspondants quelconques des deux polygones. Cette droite fixe Δ est parallèle à AA', car la tension $T_{1,3}$ est égale et parallèle à $A A_3$ et est dirigée dans le sens $A A_3$, la tension $T'_{3,1}$ est égale et parallèle à $A_3 A'$ et dirigée dans le sens $A_3 A'$; la résultante Δ de ces deux tensions est donc égale et parallèle à la résultante de $A A_3$ et $A_3 A'$, c'est-à-dire à AA'.

2° Construction d'un polygone funiculaire fermé correspondant à un système de forces en équilibre dans un plan. — Soient, dans un plan, un système de forces F_1, F_2, ..., F_5 en équilibre (*fig.* 92), c'est-à-dire telles que leur résultante générale et leur moment résultant soient nuls. Construisons le polygone des forces $A_1 A_2 ... A_5$; ce sera un polygone fermé dont les côtés 1, 2, 3, 4, 5 sont respectivement parallèles aux forces F_1, F_2, ..., F_5; puis prenons dans le plan un point arbitraire A; à ce point, on fait correspondre un polygone funiculaire fermé de la façon suivante:

Joignons ce point aux différents sommets du polygone des forces, et soit (r, s) la droite joignant le point A au point d'intersection des côtés r et s; on obtient ainsi cinq droites $(1, 2)$, $(2, 3)$, ..., $(5, 1)$. Construisons ensuite un polygone fermé $M_1 M_2 M_3 M_4 M_5$ ayant ses sommets respectifs sur les droites F_1, F_2, ..., F_5, regardées comme indéfinies, et ses côtés $M_5 M_1$, $M_1 M_2$, $M_2 M_3$, ..., $M_4 M_5$, parallèles aux droites $(5, 1)$, $(1, 2)$, $(2, 3)$, ..., $(4, 5)$. D'après le cas traité précédemment, on peut prendre arbitrairement la position du côté $M_5 M_1$ ou $L_5 M_1$; les côtés suivants $M_1 M_2$, $M_2 M_3$, ..., $M_4 N_5$ sont alors déterminés, et le point d'intersection M_5 des côtés $L_5 M_1$ et $M_4 N_5$ est sur la résultante des forces F_1, F_2, ..., F_4, c'est-à-dire sur F_5 qui est égale et directement opposée à cette résultante: le polygone construit est donc bien fermé.

Le polygone M_1, M_2, ..., M_5 ainsi construit s'appelle le *polygone funiculaire*, répondant au point A. Si l'on suppose les points M_1, M_2, ..., M_5

remplacés par des points matériels et les côtés M_1M_2, M_2M_3, ..., M_5M_1 par des cordons inextensibles, en transportant les forces aux points M_1, M_2, ..., M_5, on a un polygone funiculaire fermé en équilibre dans lequel la tension du côté $M_r M_s$ est égale et parallèle à la droite (r, s). Il peut se faire que certains côtés subissent des compressions; il faut alors les remplacer par des barres rigides ; c'est ce qui arrive dans la figure pour M_1M_2 et M_5M_1.

Si l'on prend un deuxième point A', il lui correspond de la même façon un deuxième polygone funiculaire $M_1' M_2' M_3' \ldots$; les côtés correspondants des deux polygones se coupent sur une droite Δ parallèle à AA', comme nous l'avons démontré.

Si les forces F_1, ..., F_5, au lieu d'être en équilibre, se réduisaient à un couple, on en serait averti dans la construction, parce que $L_5 M_1$ et $M_4 N_5$ ne se couperaient pas sur F_5, car alors la résultante R de F_1, F_2, F_3, F_4, serait dirigée suivant une droite parallèle à F_5, mais différente de F_5.

3° *Cas particulier; exemple de figures réciproques.* — Supposons que les forces F_1, F_2, F_3, F_4, F_5, qui se font équilibre, concourent en un même point O, le polygone funiculaire (O) $M_1 M_2 M_3 M_4 M_5$, construit comme nous venons de le dire, et le polygone de Varignon (A) $A_1 A_2 A_3 A_4 A_5$ sont alors *réciproques.* Voici ce qu'il faut entendre par là. Dans ce polygone funiculaire, $M_1 \ldots M_5$, les tensions $T_{2,1}$, $T_{3,2}$, ..., $T_{1,5}$ des côtés M_2M_1,

Fig. 93.

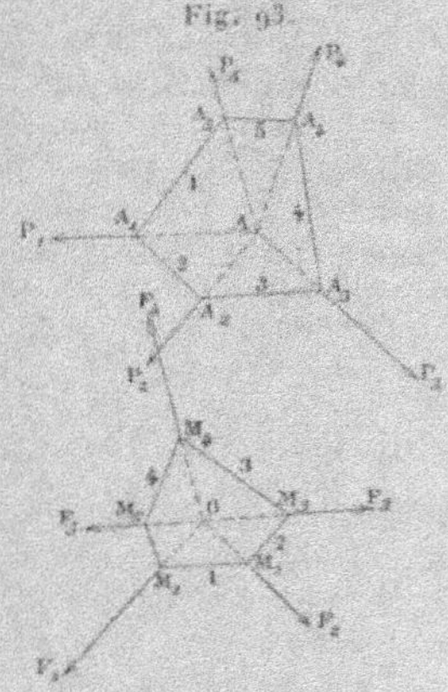

M_3M_2, ..., M_1M_5 sont respectivement égales et parallèles aux diagonales AA_1, AA_2, ..., AA_5 du polygone de Varignon. Suivant chacune de ces diagonales, appliquons aux sommets A_1, A_2, ..., A_5 du polygone de Varignon des forces P_1, P_2, ..., P_5, égales et parallèles aux côtés correspondants M_2M_1, M_3M_2, ..., M_1M_5 du polygone funiculaire, et remplaçons les côtés A_1A_2, A_2A_3, ..., A_5A_1 par des cordons. Le nouveau polygone funiculaire $A_1A_2 \ldots A_5$, ainsi construit, est en équilibre et les tensions des côtés 1, 2, 3 ... de ce polygone sont égales et parallèles aux diagonales OM_1, OM_2, OM_3, ... du polygone funiculaire primitif, qui est ainsi le polygone de Varignon du nouveau polygone funiculaire. En résumé, chacun des deux polygones funiculaires (A) et (O) est alors le polygone de Varignon de l'autre.

140. Anneaux glissant sur un cordon. — Supposons qu'un cordon flexible et inextensible soit fixé par ses deux extrémités A et B et que des anneaux infiniment petits puissent glisser sans frottement le long de ce fil; ces anneaux sont soumis à des forces connues : on demande la position d'équilibre du système.

S'il n'y a qu'un anneau C, il faut que la force F soit bissectrice de l'angle

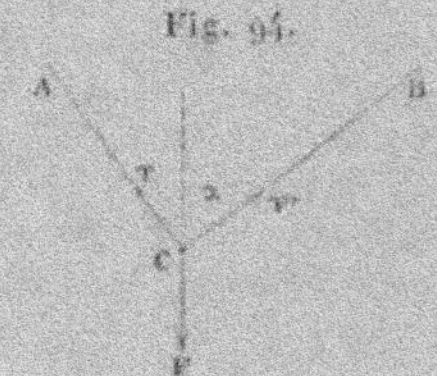

Fig. 94.

ACB; car le point C peut être considéré comme mobile sans frottement sur une ellipse ayant A et B pour foyers; il faut donc que la force soit normale à cette ellipse et dirigée vers l'extérieur, c'est-à-dire de façon à tendre le fil. La pression de l'anneau sur le fil est alors égale à F. L'élément du fil situé en C est sollicité par les deux tensions T, T' et la pression F; celle-ci étant bissectrice de l'angle de T et T' et devant leur faire équilibre, ces deux tensions sont égales et l'on a

$$F = 2\,T\cos\frac{\alpha}{2}.$$

On traitera maintenant sans difficulté le cas où l'on a plusieurs anneaux : s'il y a équilibre, chaque force est dirigée suivant la bissectrice des deux cordons qui aboutissent à l'anneau correspondant, la tension T du fil est partout la même, et si $F_1, F_2, \ldots$ sont les diverses forces, $\alpha_1, \alpha_2, \ldots$ les angles successifs des divers brins de fil, on aura (POINSOT)

$$T = \frac{F_1}{2\cos\dfrac{\alpha_1}{2}} = \frac{F_2}{2\cos\dfrac{\alpha_2}{2}} = \ldots \text{etc.}$$

Le système, étant en équilibre, y restera évidemment si l'on fixe les anneaux au fil dans les positions qu'ils occupent ; on peut donc appliquer à cette figure d'équilibre tout ce qui a été dit sur le polygone funiculaire. Actuellement, toutes les tensions étant égales, le polygone de Varignon ($fig.$ 87) a tous ses sommets A_1, A_2, A_3, ..., sauf le premier A, sur une sphère dont le centre se trouve au sommet A. Si le polygone est plan, les sommets A_1, A_2, ... sont sur un cercle de centre A.

141. Travures réticulaires. — Des considérations analogues à celles que nous avons employées pour les polygones funiculaires conduisent aux conditions d'équilibre des travures réticulaires, c'est-à-dire des systèmes de barres rectilignes, dont on néglige la masse, réunies à leurs extrémités par des articulations. Le système total est supposé soumis à des forces extérieures appliquées aux articulations ou nœuds. Chaque barre telle que AB devant être isolément en équilibre sous l'action des forces agissant sur ses deux extrémités, ces forces, qui sont les actions des nœuds A et B sur la barre, se réduisent à deux pressions ou tractions égales et directement opposées. Chaque nœud sera en équilibre sous l'action des forces qui lui sont directement appliquées et des actions, sur ce point, des barres qui y aboutissent, actions dirigées respectivement suivant ces barres en vertu du principe de l'égalité de l'action et de la réaction ; car les actions des barres sur les nœuds sont égales et opposées à celles des nœuds sur les barres.

Exemple. — Un système de six tiges non pesantes, formant un tétraèdre régulier articulé SABC, est suspendu par trois cordons verticaux AA', BB',

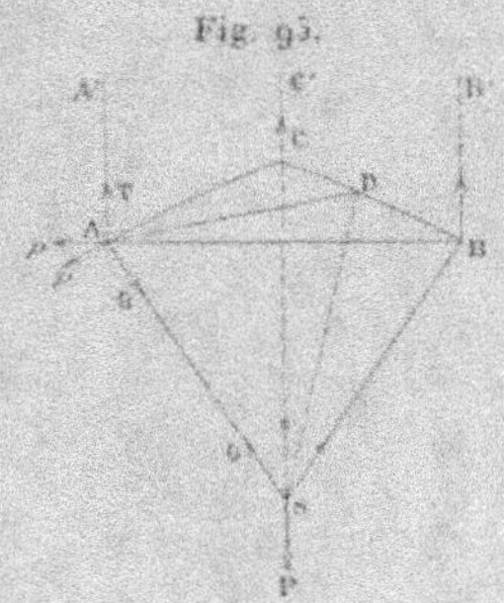

Fig. 93.

CC' dans une position telle que la base ABC soit horizontale : au sommet S est suspendu un poids P ; trouver les tensions et les pressions des barres et des cordons. Appelons θ la valeur commune des tensions des barres SA, SB, SC : on a, en projetant sur la verticale et écrivant que la somme des projections des quatre forces P et θ appliquées au nœud S est nulle,

$$P - \theta\sqrt{6} = 0, \qquad \theta = \frac{P\sqrt{6}}{6},$$

car le cosinus de l'angle d'une arête SA avec la verticale est $\frac{\sqrt{6}}{3}$. Les côtés de la base subiront des compressions : appelons p la valeur commune de ces compressions et T la valeur commune des trois tensions des cordons AA', BB', CC'. Le point A est en équilibre sous l'action de la force θ, de la tension T et des deux forces p. En projetant sur la verticale AA', on a

$$T = \frac{\theta\sqrt{6}}{3} = \frac{P}{3},$$

ce qui est évident, car les trois forces T et la force P doivent se faire équilibre. Puis, projetant les quatre forces appliquées en A sur la hauteur AD du triangle ABC, on a

$$\frac{\theta\sqrt{3}}{3} - 2p\,\frac{\sqrt{3}}{2} = 0, \qquad p = \frac{\theta}{3},$$

car $\cos \mathrm{DAB} = \frac{\sqrt{3}}{2}$ et $\cos \mathrm{SAD} = \frac{\sqrt{3}}{3}$.

II. — ÉQUILIBRE DES FILS.

142. **Équations d'équilibre.** — Cherchons les conditions d'équilibre d'un fil, flexible et inextensible, sollicité par des forces continues. On pourrait considérer ce problème comme le cas limite des polygones funiculaires, mais nous l'aborderons directement.

Désignons par s la longueur du fil, comptée à partir d'une origine A, positivement dans un sens déterminé AB (*fig.* 96). Nous admettrons que les forces extérieures appliquées à un élément d'arc ds peuvent être remplacées par une force unique de l'ordre de ds, F ds, appliquée en un point de cet élément ; les projections de cette force seront

$$\mathrm{X}\,ds, \quad \mathrm{Y}\,ds, \quad \mathrm{Z}\,ds,$$

en désignant par X, Y, Z les projections de F, que l'on appelle *force rapportée à l'unité de longueur*.

Si l'on considère une portion AM du fil et si l'on supprime la portion MB, il faudra, pour maintenir l'équilibre de AM, appliquer en M une force T, unique, puisque le fil est supposé parfai-

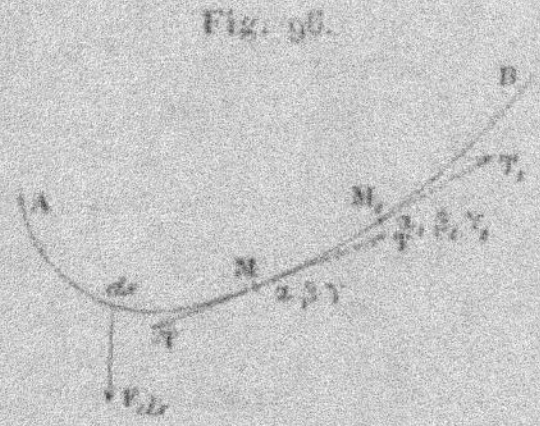

Fig. 96.

tement flexible; la force T est dite la *tension* du fil. Désignons par α, β, γ les cosinus directeurs de cette tension; ses projections sont

$$T\alpha, \quad T\beta, \quad T\gamma.$$

Si, après avoir coupé le fil en M, on avait supprimé la portion MA, on aurait dû, pour maintenir l'équilibre de MB, appliquer en M une force $-(T)$, en vertu du principe de l'égalité de l'action et de la réaction. Les projections de cette nouvelle tension sont

$$-T\alpha, \quad -T\beta, \quad -T\gamma.$$

Coupons le fil en deux points infiniment voisins M, M_1 et ne conservons que l'élément MM_1. Cet élément est en équilibre sous l'influence de la force $F\,ds$, qui agit sur lui, et des deux tensions $-T, T_1$, qui remplacent les actions des portions supprimées du fil; si l'on désigne par $\alpha_1, \beta_1, \gamma_1$ les cosinus directeurs de T_1, ses projections sont

$$T_1\alpha_1, \quad T_1\beta_1, \quad T_1\gamma_1.$$

Écrivons que la somme des projections des trois forces est nulle, nous avons, en remarquant que

$$T_1\alpha_1 - T\alpha = d(T\alpha), \qquad T_1\beta_1 - T\beta = d(T\beta), \qquad T_1\gamma_1 - T\gamma = d(T\gamma),$$

$$(1) \qquad \begin{cases} d(T\alpha) + X\,ds = 0, \\ d(T\beta) + Y\,ds = 0, \\ d(T\gamma) + Z\,ds = 0. \end{cases}$$

Les moments des trois forces $-\mathrm{T}$, T_1, F, par rapport à l'axe des x, sont respectivement

$$-(y\,\mathrm{T}\gamma - z\,\mathrm{T}\beta),\quad y_1\,\mathrm{T}_1\gamma_1 - z_1\,\mathrm{T}_1\beta_1,\quad (y\mathrm{Z} - z\mathrm{Y})\,ds,$$

où nous avons représenté par xyz, $x_1y_1z_1$ les coordonnées des extrémités de l'arc ds; la somme des moments de $-\mathrm{T}$ et T_1 est donc $d(y\,\mathrm{T}\gamma - z\,\mathrm{T}\beta)$; et le théorème des moments donne

$$(2)\quad \begin{cases} d(y\mathrm{T}\gamma - z\mathrm{T}\beta) + (y\mathrm{Z} - z\mathrm{Y})\,ds = 0, \\ d(z\mathrm{T}\alpha - x\mathrm{T}\gamma) + (z\mathrm{X} - x\mathrm{Z})\,ds = 0, \\ d(x\mathrm{T}\beta - y\mathrm{T}\alpha) + (x\mathrm{Y} - y\mathrm{X})\,ds = 0. \end{cases}$$

La première des équations (2) peut s'écrire en développant

$$\mathrm{T}\gamma\,dy + y\,d(\mathrm{T}\gamma) - \mathrm{T}\beta\,dz - z\,d(\mathrm{T}\beta) + (y\mathrm{Z} - z\mathrm{Y})\,ds = 0.$$

En vertu des équations (1), les termes en y et z disparaissent : il reste alors

$$\gamma\,dy - \beta\,dz = 0,\qquad \frac{dy}{\beta} = \frac{dz}{\gamma};$$

la deuxième des équations (2) montrerait que l'on a

$$\frac{dx}{\alpha} = \frac{dy}{\beta} = \frac{dz}{\gamma},$$

ce qui signifie que la tension est tangente à la courbe. On aurait d'ailleurs pu admettre ce résultat en considérant le fil comme la limite d'un polygone funiculaire. La valeur commune des trois rapports est manifestement $\pm ds$; mais les tensions doivent être dirigées de façon à tendre le cordon : la tension appelée T est donc dirigée dans le sens des arcs croissants et le signe $+$ convient seul; on a donc

$$\alpha = \frac{dx}{ds},\qquad \beta = \frac{dy}{ds},\qquad \gamma = \frac{dz}{ds}.$$

En portant dans les équations (1), il vient

$$(3)\quad \begin{cases} d\left(\mathrm{T}\dfrac{dx}{ds}\right) + \mathrm{X}\,ds = 0, \\[2mm] d\left(\mathrm{T}\dfrac{dy}{ds}\right) + \mathrm{Y}\,ds = 0, \\[2mm] d\left(\mathrm{T}\dfrac{dz}{ds}\right) + \mathrm{Z}\,ds = 0. \end{cases}$$

et les équations (2) sont des conséquences de celles-ci.

143. Théorèmes généraux. — Les formules (1) et (2) donnent comme conséquence immédiate ces deux théorèmes :

Si la force F *est perpendiculaire à un axe,* Ox *par exemple, la projection de la tension sur cet axe est constante.* En effet, $X = o$ entraîne $T\alpha = $ const.

Si la force F *est constamment dans un même plan avec un axe,* Ox *par exemple, le moment de la tension par rapport à cet axe est constant.* En effet, $yZ — zY = o$ entraîne $yT\gamma — zT\beta = $ const.

Ces deux théorèmes sont des cas particuliers du suivant :

Si la force F *tout le long de la courbe appartient à un complexe linéaire, le moment de la tension par rapport au complexe est constant.* En effet, la force appartenant à un complexe linéaire, on a une équation de la forme

$$pX + qY + rZ + a(yZ — zY) + b(zX — xZ) + c(xY — yX) = o,$$

p, q, r, a, b, c désignant des constantes. Remplaçant, dans cette équation, les termes tels que X par $\dfrac{dT\alpha}{ds}, \ldots$ et les termes tels que $yZ — zY$ par $\dfrac{d}{ds} T(y\gamma — z\beta), \ldots$, on obtient une équation qui s'intègre et donne

$$pT\alpha + qT\beta + rT\gamma + aT(y\gamma — z\beta) + bT(zx — x\gamma)$$
$$+ cT(x\beta — yz) = \text{const.},$$

équation qui exprime que le moment relatif de la tension (n° 24 *bis*) et du système de vecteurs dont les coordonnées sont p, q, r, a, b, c est constant (PENNACHIETTI, *Rendiconti del Circolo math. di Palermo*, t. VI).

144. Intégrales générales. — Le cas le plus général est celui où la force F, rapportée à l'unité de longueur, dépendrait de la position et de l'orientation de l'élément ds dans l'espace, ainsi que de sa position sur le fil; alors X, Y, Z seraient des fonctions de $x, y, z, s,$ $\dfrac{dx}{ds}, \dfrac{dy}{ds}, \dfrac{dz}{ds}$. Dans ces conditions, les trois équations d'équilibre (3) écrites plus haut, jointes à

$$\left(\frac{dx}{ds}\right)^2 + \left(\frac{dy}{ds}\right)^2 + \left(\frac{dz}{ds}\right)^2 = 1,$$

constituent un système de quatre équations différentielles, qui déterminent x, y, z, T en fonction de s. Ces équations sont du premier ordre par rapport à T, mais du deuxième par rapport à x, y, z; il y aura donc, dans les intégrales générales, six constantes qui seront, par exemple, pour une valeur initiale $s = s_0$, les valeurs arbitrairement choisies des six quantités x, y, z, T, $\frac{dx}{ds}$, $\frac{dy}{ds}$. On trouvera ainsi d'une façon générale

$$x = \varphi\,(s, C_1, C_2, \ldots, C_6),$$
$$y = \psi\,(s, C_1, C_2, \ldots, C_6),$$
$$z = \varpi\,(s, C_1, C_2, \ldots, C_6),$$
$$T = f\,(s, C_1, C_2, \ldots, C_6).$$

145. Détermination des constantes, conditions aux limites. — Il faudra déterminer les six constantes arbitraires par les conditions aux limites. Le problème le plus simple est celui d'un fil de longueur donnée, l, attaché par ses deux extrémités $M_0\,(x_0, y_0, z_0)$, $M_1\,(x_1, y_1, z_1)$. En prenant pour origine des arcs le point M_0 et écrivant que, pour $s = 0$, $s = l$, les valeurs de x, y, z se réduisent aux coordonnées des deux points M_0 et M_1, on obtient six équations déterminant les six constantes. Il faudra discuter ce système qui pourra admettre une, deux, et même une infinité de solutions.

On peut supposer encore que le fil attaché à l'une de ses extrémités, $M_0\,(x_0, y_0, z_0)$, est terminé à l'autre extrémité par un anneau infiniment petit pouvant glisser sans frottement sur une courbe invariable C ayant pour équations

$$(\mathrm{C}) \qquad \begin{cases} \Phi\,(x, y, z) = 0, \\ \Psi\,(x, y, z) = 0. \end{cases}$$

On aura d'abord trois équations en écrivant que, pour $s = 0$, x, y, z prennent les valeurs x_0, y_0, z_0 correspondant au point M_0; il faudra écrire, en outre, que pour $s = l$ les valeurs x_1, y_1, z_1 de x, y, z satisfont aux équations (C) de la courbe et que la direction de la tension, c'est-à-dire de la tangente au point M_1 est normale à cette courbe, puisque l'anneau peut glisser sans frottement; nous obtiendrons encore ainsi six équations pour déterminer les constantes.

De même, si une extrémité M_1 du fil était mobile sans frottement sur une surface donnée, il faudrait exprimer que, pour $s = l$, les valeurs x_1, y_1, z_1 vérifient l'équation de la surface et que la tangente en M_1 est normale à la surface.

146. Cas où la force ne dépend pas de l'arc. — Il arrive fréquemment que X, Y, Z ne contiennent pas explicitement s; en remplaçant alors partout, dans (3), ds par $\sqrt{dx^2 + dy^2 + dz^2}$, on pourra prendre x pour variable indépendante, et l'on aura trois équations pour déterminer y, z, T en fonction de x; les intégrales ne comprennent alors que cinq constantes qui seront, par exemple, les valeurs que prennent y, z, T, $\dfrac{dy}{dx}$, $\dfrac{dz}{dx}$, pour la valeur initiale $x = x_0$. Soient

$$y = \varphi(x, C_1, C_2, \ldots, C_5),$$
$$z = \psi(x, C_1, C_2, \ldots, C_5),$$
$$T = f(x, C_1, C_2, \ldots, C_5)$$

les intégrales générales; si l'on veut exprimer que le fil a une longueur donnée et est attaché par ses deux extrémités aux points (x_0, y_0, z_0) (x_1, y_1, z_1), on exprime que, pour $x = x_0$, y et z prennent les valeurs y_0, z_0 et pour $x = x_1$ les valeurs y_1, z_1; en écrivant enfin que la longueur du fil est égale à l, on a les cinq équations nécessaires pour déterminer les constantes.

147. Remarque sur la tension. — La solution trouvée ne sera acceptable que si T est positif en tous les points de la courbe, car si T était négatif pour un élément, cet élément serait soumis à une *pression* et non à une *tension*. On pourra interpréter les solutions dans lesquelles T est négatif en supposant le fil remplacé par un chapelet de sphères solides infiniment petites : chaque sphère subira alors des pressions de la précédente et de la suivante et l'équilibre subsistera (Poinsot).

148. Équations intrinsèques de l'équilibre d'un fil. — On appelle ainsi les conditions d'équilibre indépendantes des axes coordonnés.

Nous avons déjà désigné par α, β, γ les cosinus directeurs de la tangente Mt, dans le sens des arcs croissants ; désignons par α', β', γ' les cosinus directeurs de la normale principale Mn dirigée vers la concavité, et par ρ le rayon de courbure. On connaît les formules de Frenet et Serret

$$\frac{d\alpha}{ds} = \frac{\alpha'}{\rho}, \qquad \frac{d\beta}{ds} = \frac{\beta'}{\rho}, \qquad \frac{d\gamma}{ds} = \frac{\gamma'}{\rho};$$

la première équation d'équilibre

$$\frac{d}{ds}(T\alpha) + X = o$$

peut donc s'écrire

$$\alpha \frac{dT}{ds} + \frac{T}{\rho}\alpha' + X = o;$$

on obtient ainsi les trois équations

$$(4) \qquad \begin{cases} X = -\alpha \dfrac{dT}{ds} - \alpha' \dfrac{T}{\rho}, \\[2mm] Y = -\beta \dfrac{dT}{ds} - \beta' \dfrac{T}{\rho}, \\[2mm] Z = -\gamma \dfrac{dT}{ds} - \gamma' \dfrac{T}{\rho}. \end{cases}$$

Ces équations expriment que F est la résultante de deux segments qui sont portés respectivement sur la tangente et la

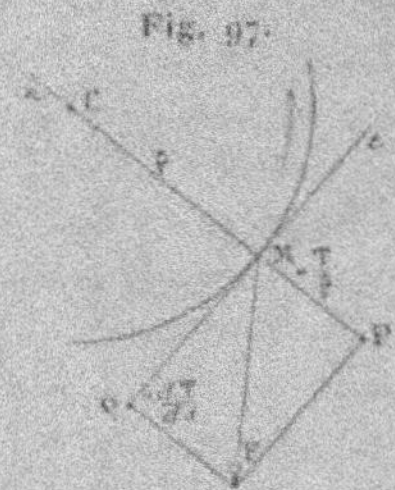

Fig. 97.

normale principale, et dont les valeurs algébriques estimées suivant Mt et Mn sont $-\dfrac{dT}{ds}$ et $-\dfrac{T}{\rho}$. La force F est donc dans le plan osculateur à la courbe, dirigée du côté de la convexité et dans le sens des tensions décroissantes. Ses projections sur la normale principale, la tangente et la binormale sont données par les formules

$$(5) \qquad F_n = -\frac{T}{\rho}, \qquad F_t = -\frac{dT}{ds}, \qquad F_b = 0,$$

qui sont les *équations intrinsèques d'équilibre*.

Si la force est constamment normale au fil, la tension est constante, car on a alors $F_t = 0$; la dérivée de la tension est donc nulle.

149. Formule donnant la tension quand il existe une fonction de forces. — Multiplions respectivement les équations d'équilibre (4) par α, β, γ et ajoutous, en remplaçant α, β, γ par $\frac{dx}{ds}$, $\frac{dy}{ds}$, $\frac{dz}{ds}$, il vient

$$dT = -(X\,dx + Y\,dy + Z\,dz),$$

formule qui n'est autre que la seconde des équations intrinsèques (5).

Cette dernière équation est très importante; elle permet de déterminer directement la tension lorsque X, Y, Z, ne dépendant que de x, y, z, dérivent d'une *fonction de forces* $U(x, y, z)$. On a alors, en désignant par h une constante,

$$dT = -\,dU, \qquad T = -(U + h),$$

formule qui donne la tension sous forme finie sans que l'on connaisse la figure d'équilibre. On portera cette valeur de la tension dans les équations d'équilibre qui se réduiront alors à deux.

Lorsque U reprend la même valeur, la tension redevient la même; si donc U est une fonction uniforme de x, y, z, la tension est la même en tous les points du fil qui sont sur une même surface de niveau. Mais si U n'est pas une fonction uniforme, si l'on a, par exemple, $U = \arctan\frac{y}{x}$, les surfaces de niveau sont les plans $y = x \tan C$, et lorsque le fil traverse un de ces plans, à plusieurs reprises, la tension peut prendre l'une des valeurs $C \pm k\pi$. On pourrait répéter ici, au sujet de cette expression de T, tout ce qui a été dit dans le Chapitre IV au sujet du travail total.

150. Forces parallèles. — Le cas le plus simple est celui où les forces extérieures sont parallèles à une même direction; la figure d'équilibre est alors une courbe plane, dont le plan est parallèle à la direction de ces forces, et la projection de la tension sur une perpendiculaire à cette direction est constante. Ces deux propriétés peuvent être considérées comme résultant des propriétés semblables établies pour les polygones funiculaires; nous allons les démontrer directement.

Supposons l'axe Oy parallèle à la direction commune des forces; X et Z seront constamment nulles; la première et la dernière des équations d'équilibre (3) donnent, en intégrant,

$$T\left(\frac{dx}{ds}\right) = A, \qquad T\left(\frac{dz}{ds}\right) = B;$$

éliminons T entre ces deux équations, il reste

$$A\,dz - B\,dx = 0, \qquad Az - Bx = C.$$

C'est l'équation d'un plan parallèle à Oy; la première partie de notre proposition est donc démontrée. Prenons alors ce plan pour plan des xy. Nous aurons les deux équations d'équilibre

$$T\frac{dx}{ds} = A, \qquad d\left(T\,\frac{dy}{ds}\right) + Y\,ds = 0.$$

En tirant T de la première et portant dans la seconde, puis désignant par y' la dérivée $\frac{dy}{dx}$, on a la relation

$$(6) \qquad\qquad\qquad A\,dy' + Y\,ds = 0,$$

qui est l'équation différentielle de la figure d'équilibre.

Dans le cas le plus général de l'équilibre des fils, la force peut être fonction des six quantités x, y, z, s, $\frac{dx}{ds}$, $\frac{dy}{ds}$; ici, puisque la courbe est plane, on a $z = 0$ et $\left(\frac{dx}{ds}\right)^2 + \left(\frac{dy}{ds}\right)^2 = 1$; donc Y peut être fonction de x, y, s, y'. Dans le cas où Y ne dépend que d'une seule des quantités x, y, s, y', le problème se ramène à des quadratures.

Soit, par exemple, $Y = f(x)$; en remplaçant ds par sa valeur $\sqrt{1 + y'^2}\,dx$, on voit que les variables y' et x se séparent et l'on a, en intégrant,

$$AL\left(y' + \sqrt{1 + y'^2}\right) + \int f(x)\,dx = C;$$

cette équation donne y' en fonction de x et, par conséquent, y se trouve par une nouvelle quadrature.

Soit encore $Y = f(y)$, on prend $ds = \dfrac{\sqrt{1 + y'^2}}{y'}\, dy$, et dans l'équation (6) les variables sont immédiatement séparées. Dans ce cas, il existe une fonction de forces et l'on peut calculer la tension directement, comme nous l'avons vu.

L'intégration de l'équation (6) est enfin immédiate si Y est fonction de s ou de y'.

Équation intrinsèque. — Soient α l'angle de la tangente à la figure d'équilibre avec l'axe des x et ρ le rayon de courbure au point de contact. En écrivant que la composante normale de la force est égale à $\dfrac{T}{\rho}$ en valeur absolue, on a

$$Y \cos \alpha = \frac{T}{\rho},$$

et, comme la projection $T \cos \alpha$ de la tension sur Ox est une constante A, on a, pour l'équation différentielle de la courbe

$$Y \rho \cos^2 \alpha = A,$$

équation qui est identique à (6). Si, par exemple, on avait

$$Y = \frac{K}{\cos^3 \alpha},$$

l'équation précédente donnerait pour ρ une valeur constante et la figure d'équilibre serait un arc de cercle.

151. Chaînette. — Appliquons ces calculs à la recherche de la figure d'équilibre d'une chaînette homogène et pesante. Galilée avait cru que cette figure d'équilibre était une parabole : l'erreur de Galilée fut corrigée par Huygens.

Soit p le poids de l'unité de longueur de la chaînette; sur un élément ds agit une force, $p\, ds$, verticale; la figure d'équilibre est donc plane et située dans le plan vertical passant par les deux points de suspension. Prenons alors ce plan pour plan des xy et pour axe des y une verticale dirigée vers le haut, nous avons

$$Y\, ds = -p\, ds \qquad \text{ou} \qquad Y = -p;$$

les équations d'équilibre sont

$$(1) \qquad \mathrm{T}\frac{dx}{ds} = \mathrm{A},$$

$$(2) \qquad \mathrm{A}\,dy' - p\,ds = 0.$$

On peut toujours supposer A positif; T est, en effet, essentiellement positive : donc, si l'on prend sur la courbe un sens de circulation tel que x et s croissent simultanément, $\dfrac{dx}{ds}$ sera positif; la constante A sera, par suite, également positive. Nous pourrons la désigner par pa, a étant une quantité positive. Remplaçons ds par sa valeur

$$ds = +\sqrt{1+y'^2}\,dx,$$

l'équation devient

$$\frac{dy'}{\sqrt{1+y'^2}} = \frac{dx}{a};$$

d'où, en intégrant,

$$(3) \qquad y' + \sqrt{1+y'^2} = e^{\frac{x-x_0}{a}};$$

on en conclut

$$(4) \qquad y' - \sqrt{1+y'^2} = -e^{-\frac{x-x_0}{a}};$$

en ajoutant ces deux équations, on a y', et, intégrant de nouveau, on trouve pour l'équation de la courbe

$$y - y_0 = \frac{a}{2}\left(e^{\frac{x-x_0}{a}} + e^{-\frac{x-x_0}{a}}\right).$$

Transportons l'origine au point $O_1\,(x_0, y_0)$ ($fig.\ 98$); la nouvelle équation de la courbe sera

$$y_1 = \frac{a}{2}\left(e^{\frac{x_1}{a}} + e^{-\frac{x_1}{a}}\right).$$

C'est une courbe symétrique par rapport à l'axe $O_1 y_1$; l'axe $O_1 x_1$ s'appelle la *base* de la chaînette.

En retranchant les équations (3) et (4), il vient

$$\sqrt{1+y'^2} = \frac{1}{2}\left(e^{\frac{x-x_0}{a}} + e^{-\frac{x-x_0}{a}}\right) = \frac{y_1}{a};$$

la formule (1) donne alors la tension

$$\mathrm{T} = \mathrm{A}\frac{ds}{dx} = \mathrm{A}\sqrt{1+y'^2} = \mathrm{A}\frac{y_1}{a} = p y_1.$$

La tension en un point M est donc égale au poids d'une portion du fil ayant pour longueur l'ordonnée MQ de ce point au-dessus de la base. Si donc en M on place une poulie infiniment petite, et si on laisse pendre la portion du fil primitivement située au-dessus du point M en le coupant au point Q, l'équilibre ne sera pas rompu.

152. Détermination des constantes. — 1° *Les extrémités sont attachées.* L'équation de la chaînette contient trois constantes x_0, y_0, a, qu'on détermine par les conditions aux limites. D'après les conventions faites précédemment, la constante a doit être positive. Prenons pour origine le point d'attache situé le plus bas et dirigeons l'axe des x de façon que le deuxième point d'attache soit dans l'angle des coordonnées positives. Soient α, β les coordonnées de ce point et l la longueur du fil (voir *fig.* 98).

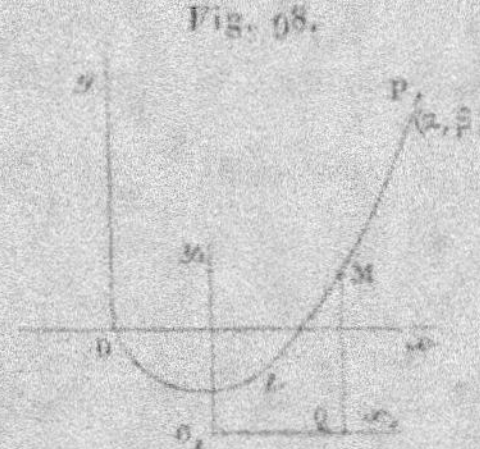

Fig. 98.

Exprimons que la courbe passe par les deux points O (o, o) et P(α, β) :

$$(1) \qquad -y_0 = \frac{a}{2}\left(e^{-\frac{x_0}{a}} + e^{\frac{x_0}{a}}\right),$$

$$(2) \qquad \beta - y_0 = \frac{a}{2}\left(e^{\frac{\alpha - x_0}{a}} + e^{-\frac{\alpha - x_0}{a}}\right),$$

Pour avoir la troisième équation, nous écrirons que le fil a une longueur l. On a

$$ds = \sqrt{1 + y'^2}\,dx = \frac{1}{2}\left(e^{\frac{x - x_0}{a}} + e^{-\frac{x - x_0}{a}}\right)dx;$$

en intégrant entre les limites o et α, on a la longueur du fil

$$(3) \qquad l = \frac{a}{2}\left(e^{\frac{\alpha - x_0}{a}} - e^{-\frac{\alpha - x_0}{a}} - e^{-\frac{x_0}{a}} + e^{\frac{x_0}{a}}\right);$$

en retranchant (1) et (2), nous éliminerons y_0, et nous aurons

$$(4) \qquad \beta = \frac{a}{2}\left(e^{\frac{\alpha - x_0}{a}} + e^{-\frac{\alpha - x_0}{a}} - e^{-\frac{x_0}{a}} - e^{\frac{x_0}{a}}\right).$$

Les équations (3) et (4) vont déterminer a et x_0. On en déduit aisément

$$l + \beta = a\left(e^{\frac{\alpha - x_0}{a}} - e^{-\frac{x_0}{a}}\right) = ae^{-\frac{x_0}{a}}\left(e^{\frac{\alpha}{a}} - 1\right),$$

$$l - \beta = a\left(e^{\frac{x_0}{a}} - e^{-\frac{\alpha - x_0}{a}}\right) = ae^{\frac{x_0}{a}}\left(1 - e^{-\frac{\alpha}{a}}\right);$$

pour éliminer x_0, il nous suffit de multiplier membre à membre, ce qui donne

$$l^2 - \beta^2 = a^2\left(e^{\frac{\alpha}{a}} + e^{-\frac{\alpha}{a}} - 2\right);$$

la parenthèse est le carré de $e^{\frac{\alpha}{2a}} - e^{-\frac{\alpha}{2a}}$; on a donc

$$+\sqrt{l^2 - \beta^2} = \pm a\left(e^{\frac{\alpha}{2a}} - e^{-\frac{\alpha}{2a}}\right).$$

Il semblerait qu'il y a deux signes à considérer; mais, d'après le choix des axes, x et α sont positifs, par conséquent $a\left(e^{\frac{\alpha}{2a}} - e^{-\frac{\alpha}{2a}}\right)$ est positif, de sorte que le signe $+$ convient seul. Posons $\frac{\alpha}{2a} = u$: l'inconnue u est positive et l'équation en u devient

$$\frac{\sqrt{l^2 - \beta^2}}{\alpha} = \frac{e^u - e^{-u}}{2u};$$

nous avons à chercher les solutions positives de cette équation. En remplaçant le second membre par son développement en série, on a

$$\frac{\sqrt{l^2 - \beta^2}}{\alpha} = 1 + \frac{u^2}{1.2.3} + \frac{u^4}{1.2.3.4.5} + \ldots + \frac{u^{2n}}{(2n+1)!} + \ldots$$

Le second membre croît constamment de 1 à l'infini lorsque u croît de o à l'infini; par suite, pour qu'il y ait une racine positive, il faut et il suffit que le premier membre soit plus grand que 1, auquel cas l'équation aura une racine positive et une seule. La seule condition de possibilité du problème est donc que

$$\frac{\sqrt{l^2 - \beta^2}}{\alpha} > 1, \quad l > \sqrt{\alpha^2 + \beta^2},$$

c'est-à-dire que la longueur du fil soit supérieure à la distance des points d'attache. Lorsque cette condition est remplie, on détermine la valeur de u, et, en remontant le cours des calculs, on voit que les trois constantes a, x_0, y_0 ont un système unique de valeurs; il y a donc, dans ce cas, une position d'équilibre et une seule.

Soit u' la racine positive de l'équation en u; cette équation admet également la racine négative $- u'$. Poinsot interprète ainsi cette solution : la

chaînette renversée que donne $u = -u'$ est la figure d'équilibre d'une
sorte de voûte formée par une suite de billes sphériques solides égales et
parfaitement polies, de diamètre infiniment petit.

$2°$ *Les extrémités glissent sur deux droites.* — Supposons que la
chaînette homogène pesante ait une longueur donnée l et que ses extrémités A et B soient assujetties à glisser sans frottement sur deux droites
données, PQ et PR, situées dans un plan vertical. Il faut déterminer les

Fig. 99.

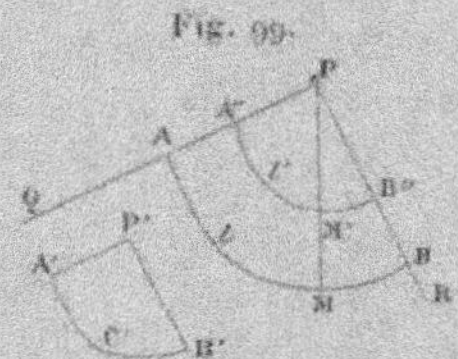

constantes x_0, y_0, a, de façon que la chaînette *coupe normalement les
deux droites* et ait entre ces deux droites une longueur donnée $l =$ arc AB.
Proposant la solution analytique comme exercice, nous donnerons une solution géométrique du problème en nous appuyant sur ce que deux chaînettes ayant leurs bases parallèles sont homothétiques, et que, réciproquement, la figure homothétique de toute chaînette ayant sa base
horizontale est une autre chaînette placée de la même manière. Imaginons une chaînette auxiliaire C' à base horizontale, et menons-lui des
normales A'P' et B'P' parallèles aux droites données QP et RP, ce qui
est toujours possible d'une seule manière, car, x variant de $-\infty$ à $+\infty$,
le coefficient angulaire de la tangente à une chaînette passe une fois et
une seule fois par toute valeur donnée : l'arc A'B' aura une certaine longueur l'. En transportant l'angle A'P'B' avec l'arc A'B' sur l'angle P
en A″P″B″, on aura un arc de chaînette A″B″, de longueur l', à base horizontale, normal aux deux droites données. L'arc cherché AB est alors homothétique de A″B″ par rapport au point P, car les tangentes aux deux
arcs en A et A″ sont parallèles ainsi qu'en B et B″; le rapport d'homothétie est $\dfrac{l}{l'}$. Il suffira donc de faire correspondre à chaque point M' de
l'arc A″B″ un point M tel que $\dfrac{PM}{PM'} = \dfrac{l}{l'}$, et le point M décrira l'arc cherché. La solution est donc unique; on voit de plus qu'en disposant plu-
sieurs chaînettes de longueurs différentes en équilibre sur les deux droites
dans les mêmes conditions que la proposée, elles sont toutes homothétiques par rapport au point P.

153. Forces centrales. — La figure d'équilibre est une courbe
plane dont le plan passe par le point de concours des forces; et le
moment de la tension par rapport à ce point est constant.

<table><tr><td>I.</td><td align="right">13</td></tr></table>

Ces propositions pourraient être considérées comme résultant des propositions analogues établies pour les polygones funiculaires; nous allons les démontrer directement.

Nous avons vu (n° 143) que, *si le moment de la force F par rapport à un axe est constamment nul, le moment de la tension par rapport à cet axe est constant.*

Puisque les forces extérieures sont concourantes, nous pouvons prendre le point de concours pour origine; le théorème ci-dessus s'applique aux trois axes et donne

$$T\left(y\,\frac{dz}{ds} - z\,\frac{dy}{ds} \right) = A,$$
$$T\left(z\,\frac{dx}{ds} - x\,\frac{dz}{ds} \right) = B,$$
$$T\left(x\,\frac{dy}{ds} - y\,\frac{dx}{ds} \right) = C;$$

multiplions ces équations respectivement par x, y, z, et ajoutons-les membre à membre, il vient

$$A\,x + B\,y + C\,z = 0.$$

La courbe d'équilibre est donc plane et son plan passe par l'origine.

Si l'on prend alors ce plan pour plan des xy, et si l'on désigne par F la force par unité de longueur, considérée comme positive si elle est répulsive, et comme négative si elle est attractive, les projections de cette force seront

$$X = F\,\frac{x}{r}, \qquad Y = F\,\frac{y}{r}.$$

Les équations d'équilibre se transforment comme il suit (*fig.* 100). L'équation des moments par rapport à Oz donne, avons-nous vu

$$T\left(x\,\frac{dy}{ds} - y\,\frac{dx}{ds} \right) = C.$$

et l'on a d'autre part

$$dT + X\,dx + Y\,dy = 0;$$

en introduisant les coordonnées polaires r et θ, ces deux équations deviennent

$$T\, r^2 \frac{d\theta}{ds} = C, \qquad dT + F\, dr = 0.$$

Le cas le plus fréquent dans la pratique est celui où F est une fonction $\varphi(r)$ de r. Il y a alors une intégrale première facile à

Fig. 100.

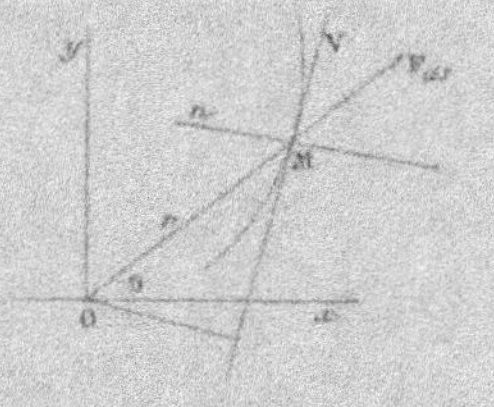

trouver : en effet, il existe une fonction des forces, et T s'obtient par une quadrature

$$T = -\int_{r_0}^{r} \varphi(r)\, dr - h = \Psi(r);$$

ayant la tension, on trouve aisément l'équation différentielle de la courbe d'équilibre, en remplaçant T par sa valeur dans la première des équations, qui devient alors

$$\Psi(r)\, r^2\, d\theta = C\, ds,$$

équation qui s'intègre par des quadratures ; en effet,

$$ds^2 = dr^2 + r^2\, d\theta^2;$$

en substituant dans l'équation précédente élevée au carré, et résolvant par rapport à $d\theta$, on a pour l'équation de la courbe

$$\theta - \theta_0 = \int_{r_0}^{r} \pm \frac{C\, dr}{r\sqrt{r^2\,[\Psi(r)]^2 - C^2}}.$$

Si l'on suppose, par exemple, $F = k$ (constante), on a

$$T = \Psi(r) = -k\, r - h;$$

l'équation de la courbe dépend d'une intégrale elliptique; mais, si l'on astreint T à avoir la valeur $T = -kr$ $(k < 0)$, la courbe cherchée est une hyperbole équilatère de centre O.

Équation intrinsèque. — Soit V l'angle de la tangente au fil avec le rayon vecteur OM prolongé : la distance de la tangente au pôle O est $r \sin V$ (*fig.* 100), donc, en écrivant que le moment de la tension est constant, on a

$$T r \sin V = C.$$

Puis, écrivant que la projection de la force F sur la normale est $\dfrac{T}{\rho}$, on a

$$F \sin V = \frac{T}{\rho}.$$

L'élimination de T entre ces deux relations fournit l'équation

$$F \rho r \sin^2 V = C,$$

qui est l'équation différentielle de la courbe.

154. Exemple d'un cas dans lequel il existe une infinité de positions d'équilibre. — *Un fil est attaché en deux points de l'axe Ox et chaque élément du fil est repoussé par l'axe proportionnellement à sa longueur et à sa distance à l'axe.* Ce problème se présente quand on cherche la figure d'équilibre relatif d'un fil non pesant tournant avec une vitesse angulaire constante autour d'un axe fixe Ox.

Toutes les forces agissant sur le fil rencontrant l'axe Ox, le moment de la tension par rapport à cet axe est constant tout le long du fil; mais comme le fil est attaché en deux points de l'axe, le moment de la tension aux extrémités est *nul*; ce moment est donc constamment nul et l'on a

$$T \left(y \frac{dz}{ds} - z \frac{dy}{ds} \right) = 0,$$

d'où

$$\frac{dy}{y} - \frac{dz}{z} = 0, \quad y = mz,$$

m étant une constante. La figure d'équilibre est donc dans un plan passant par l'axe Ox. Prenons ce plan pour plan des xy; la force agissant sur l'élément ds est perpendiculaire à Ox, répulsive et proportionnelle à l'ordonnée y

$$Y \, ds = \mu y \, ds.$$

Les équations d'équilibre sont donc

$$d \left(T \frac{dx}{ds} \right) = 0, \quad d \left(T \frac{dy}{ds} \right) + \mu y \, ds = 0;$$

la première donne $T \dfrac{dx}{ds} = A$, où l'on peut toujours supposer A positif en comptant les arcs s dans un sens tel que x croisse avec s; en portant cette valeur de T dans la deuxième équation et posant

$$\frac{dy}{dx} = y', \qquad \frac{\mu}{A} = \frac{2}{a^2}, \qquad ds = dx\sqrt{1 + y'^2} = \frac{dy\sqrt{1 + y'^2}}{y'},$$

on a l'équation

$$\frac{y'\,dy'}{\sqrt{1 + y'^2}} + \frac{2y\,dy}{a^2} = 0,$$

et en intégrant

$$\sqrt{1 + y'^2} + \frac{y^2}{a^2} = \frac{b^2}{a^2},$$

b^2 désignant une constante nécessairement positive puisque le premier membre est positif. Isolant le radical, élevant au carré et remettant pour y' sa valeur $\dfrac{dy}{dx}$, on a

$$dx = \pm\,\frac{a^2\,dy}{\sqrt{(b^2 - y^2)^2 - a^4}}.$$

Comme le fil est attaché à l'axe Ox, l'équation doit donner une valeur réelle pour y' quand $y = 0$, donc $b^2 > a^2$. En désignant par $\varphi(y)$ le polynôme bicarré placé sous le radical, on a

$$\varphi(y) = (b^2 + a^2 - y^2)(b^2 - a^2 - y^2);$$

y partant de zéro ne peut varier qu'entre $-\sqrt{b^2 - a^2}$ et $+\sqrt{b^2 - a^2}$. Construisons la courbe. Supposons que le fil soit attaché en O (*fig.* 101)

Fig. 101.

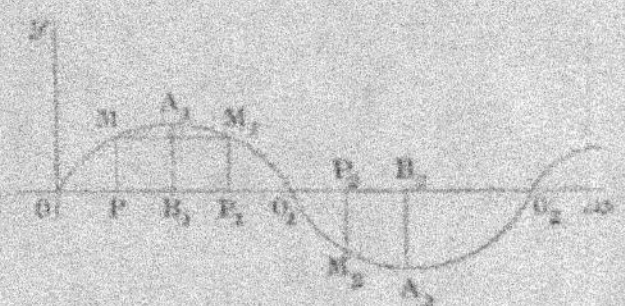

et qu'il soit situé dans l'angle yOx : alors x croît d'abord avec y, $\dfrac{dx}{dy}$ est positif, et l'on a

(C) $$x = \int_0^y \frac{a^2\,dy}{\sqrt{\varphi(y)}};$$

y croissant, x croît, jusqu'à ce que $y = \sqrt{b^2 - a^2}$, x atteint alors la valeur

$$\xi = \int_0^{\sqrt{b^2 - a^2}} \frac{a^2\, dy}{\sqrt{\varphi(y)}};$$

on a ainsi la branche OA_1; la tangente en A_1 est *horizontale*. A partir de cette valeur, y décroît et, pour que x continue à croître, il faut prendre le signe $-$ devant $\sqrt{\varphi(y)}$: on a ainsi une nouvelle branche $A_1 M_1 O_1$ symétrique de la première OMA_1 par rapport à l'ordonnée $A_1 B_1$, car à des variations égales de y correspondent des variations égales de x. Pour $y = 0$ on obtient le point O_1 d'abscisse 2ξ; puis y devenant négatif peut décroître jusqu'à la valeur $-\sqrt{b^2 - a^2}$: l'abscisse croît toujours jusqu'à la valeur 3ξ, ce qui donne le point A_2, où la tangente est horizontale. Ensuite y augmente de nouveau de $-\sqrt{b^2 - a^2}$ à $+\sqrt{b^2 - a^2}$; il faut prendre, à partir de A_2, le signe $+$ devant le radical, et l'on obtient l'arc $A_2 O_2 A_3$ coupant l'axe au point O_2 d'abscisse 4ξ, etc. Les boucles successives ainsi obtenues sont toutes égales à la première. La courbe est donc analogue à une *sinusoïde*.

Les équations s'intègrent aisément par les fonctions elliptiques. Faisons dans l'équation (C) de la courbe

$$(1) \quad y = t\sqrt{b^2 - a^2}, \quad k^2 = \frac{b^2 - a^2}{b^2 + a^2} < 1, \quad 1 - k^2 = k'^2 = \frac{2a^2}{b^2 + a^2};$$

elle prend la forme suivante :

$$\frac{x\sqrt{2}}{a k'} = \int_0^t \frac{dt}{\sqrt{(1 - t^2)(1 - k^2 t^2)}};$$

d'où

$$t = \operatorname{sn} \frac{x\sqrt{2}}{a k'}, \qquad y = \sqrt{b^2 - a^2}\,\operatorname{sn} \frac{x\sqrt{2}}{a k'}.$$

La différentielle ds de l'arc de courbe est

$$ds = \sqrt{1 + \left(\frac{dx}{dy}\right)^2}\, dy = \frac{(b^2 - y^2)\, dy}{\sqrt{\varphi(y)}};$$

en faisant dans cette formule la substitution (1) ci-dessus, on trouve pour l'abscisse ξ du point A_1 et la longueur λ de la demi-boucle OA_1 les deux expressions

$$(2) \quad \begin{cases} \xi = \dfrac{a k'}{\sqrt{2}} \displaystyle\int_0^1 \frac{dt}{\sqrt{(1 - t^2)(1 - k^2 t^2)}} = \dfrac{a k'}{\sqrt{2}}\,K, \\[3mm] \lambda = \dfrac{a}{k'\sqrt{2}} \displaystyle\int_0^1 \frac{(1 + k^2 - 2 k^2 t^2)\, dt}{\sqrt{(1 - t^2)(1 - k^2 t^2)}}, \end{cases}$$

car le point A_1 s'obtient en faisant $t = 1$.

Quand λ et ξ sont *donnés*, λ étant supérieur à ξ, car l'arc OA_1 est supérieur à sa projection OB_1, les constantes a et k^2 ont un seul système de valeurs, sous la condition $k^2 < 1$. En effet, en calculant $\lambda-\xi$ et $\lambda+\xi$, on trouve

$$(3) \qquad \frac{\lambda-\xi}{\lambda+\xi} = k^2 \frac{\displaystyle\int_0^1 \sqrt{\frac{1-t^2}{1-k^2 t^2}}\, dt}{\displaystyle\int_0^1 \sqrt{\frac{1-k^2 t^2}{1-t^2}}\, dt}.$$

Pour $k^2 = 0$, le rapport du second membre est nul; k^2 augmentant, le numérateur augmente évidemment et le dénominateur diminue : donc le rapport augmente et pour $k^2 = 1$ le rapport est 1. Ce rapport passe donc une fois et une seule fois par la valeur donnée $\dfrac{\lambda-\xi}{\lambda+\xi}$. La constante k^2 a donc une valeur et une seule; l'expression (2) de ξ donne alors pour a une seule valeur $\dfrac{\xi\sqrt{2}}{Kk}$.

Détermination des constantes. — Le fil ayant une longueur donnée l et étant attaché au point O et au point O' de l'axe Ox d'abscisse x, il y a une infinité de cas possibles.

1° Le fil n'a qu'une onde entre O et O' (*fig.* 102). Alors ξ est la moitié

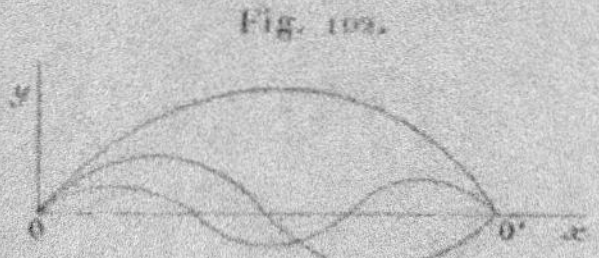

Fig. 102.

de x, λ la moitié de l. Les quantités ξ et λ étant connues, la constante k^2 a une seule valeur donnée par l'équation (3); puis $a = \dfrac{x\sqrt{2}}{2Kk}$.

2° Le fil a deux ondes entre O et O'. Alors $\xi = \dfrac{x}{4}$, $\lambda = \dfrac{l}{4}$; k^2 a la même valeur que dans le cas précédent, car $\dfrac{\lambda-\xi}{\lambda+\xi}$ est le même $\dfrac{l-x}{l+x}$; ensuite $a = \dfrac{x\sqrt{2}}{4Kk}$, etc......

En général, si le fil a n ondes entre O et O'; $\xi = \dfrac{x}{2n}$, $\lambda = \dfrac{l}{2n}$, k^2 a toujours la même valeur, mais $a = \dfrac{x\sqrt{2}}{2nKk}$.

Il y a donc une infinité de positions d'équilibre qui sont toutes homothé-

tiques de la première par rapport à O, les rapports d'homothétie étant $\frac{1}{2}$,
$\frac{1}{3}$, ..., $\frac{1}{n}$.

155. Équilibre d'un fil sur une surface. — Soit $f(x, y, z) = o$
l'équation de la surface, rapportée à trois axes rectangulaires. Le
fil étant soumis à des forces extérieures continues, nous désignerons par F(X, Y, Z) la force rapportée à l'unité de longueur au
point considéré.

Le fil pouvant glisser sans frottement, la réaction de la surface est normale; soit N cette réaction rapportée à l'unité de
longueur. Ses projections sont

$$\lambda \frac{\partial f}{\partial x}, \quad \lambda \frac{\partial f}{\partial y}, \quad \lambda \frac{\partial f}{\partial z};$$

le fil peut être considéré comme en équilibre sous l'action des
forces Fds et Nds, qui ont une résultante Φds. En appliquant
les formules générales de l'équilibre des fils, on a les trois
équations

$$(1) \quad \begin{cases} d\left(T \dfrac{dx}{ds}\right) + X\,ds + \lambda \dfrac{\partial f}{\partial x}\,ds = o, \\[2mm] d\left(T \dfrac{dy}{ds}\right) + Y\,ds + \lambda \dfrac{\partial f}{\partial y}\,ds = o, \\[2mm] d\left(T \dfrac{dz}{ds}\right) + Z\,ds + \lambda \dfrac{\partial f}{\partial z}\,ds = o, \end{cases}$$

qui, jointes à

$$\left(\frac{dx}{ds}\right)^2 + \left(\frac{dy}{ds}\right)^2 + \left(\frac{dz}{ds}\right)^2 = 1, \qquad f(x, y, z) = o.$$

déterminent x, y, z, T, λ en fonction de s. λ étant connu, on
connaît la réaction normale qui est dirigée, par rapport à la surface $f = o$, du côté où f devient positif ou négatif, selon que λ
est positif ou négatif. Comme pour le cas d'un fil libre, si X, Y, Z
ne contiennent pas explicitement s, on peut réduire à quatre le
nombre des inconnues en remplaçant partout ds par

$$\sqrt{dx^2 + dy^2 + dz^2},$$

et l'on calcule, par exemple, z, y, T et λ en fonction de x.

Pour déterminer la tension, rappelons que nous avons trouvé dans le cas général

$$(2) \qquad d\mathrm{T} = -(\mathrm{X}\,dx + \mathrm{Y}\,dy + \mathrm{Z}\,dz).$$

Ici cette formule devient

$$d\mathrm{T} = -\left[\left(\mathrm{X} - \lambda\,\frac{\partial f}{\partial x}\right)dx + \left(\mathrm{Y} + \lambda\,\frac{\partial f}{\partial y}\right)dy + \left(\mathrm{Z} + \lambda\,\frac{\partial f}{\partial z}\right)dz\right];$$

le fil étant entièrement situé sur la surface, le coefficient de λ est nul ; il reste alors la même formule (2) que dans le cas d'un fil libre ; s'il y a une fonction des forces $\mathrm{U}(x, y, z)$, on a

$$d\mathrm{T} = -d\mathrm{U}, \qquad \mathrm{T} = -(\mathrm{U} + h).$$

Par exemple, si l'on place un fil homogène pesant sur une surface, en prenant un axe Oz vertical dirigé vers le haut, la force F est parallèle à cet axe, dirigée en sens contraire et égale en valeur absolue au poids p de l'unité de longueur du fil ; on a alors

$$d\mathrm{T} = p\,dz, \qquad \mathrm{T} = p(z - h).$$

Considérons le plan fixe $z = h$: la formule ci-dessus montre que la tension en un point M est égale au poids d'une portion du fil égale à la dis-

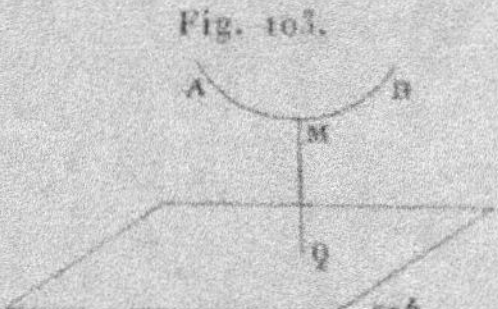

tance MQ du point M à ce plan. Si donc on supprime la partie MB du fil et qu'on en laisse pendre une portion égale à MQ, en plaçant une petite poulie en M, l'équilibre ne sera pas rompu.

156. Exemples. 1° *Lignes géodésiques.* — Le cas le plus simple est celui d'un fil tendu sur une surface sans être sollicité par des forces autres que la réaction normale N ; l'équation précédente se réduit alors à $d\mathrm{T} = 0$, et la tension du fil est constante. Le fil va se disposer suivant une ligne géodésique de la surface ; le plan osculateur en un point devant, en effet, contenir la force N, sera normal à la surface, ce qui caractérise les lignes géodésiques.

Appliquons ceci à la sphère : les réactions passant par le centre, le fil est sollicité par des forces centrales; sa figure d'équilibre sera donc dans un plan passant par le centre; ce sera par suite un arc de grand cercle.

On sait que la ligne la plus courte joignant deux points sur une surface est l'une des lignes géodésiques passant par ces deux points; mais il est inexact de dire que chacune de ces lignes est minima par rapport aux lignes infiniment voisines. Par exemple, l'arc de grand cercle plus grand que 180°, qui joint deux points sur une sphère, est une ligne géodésique; et cependant il est possible de trouver entre les deux points un chemin *infiniment voisin et plus court*. Sur un cylindre fermé au contraire, les lignes géodésiques qui sont des hélices sont toutes minima. Il y a une infinité de ces lignes joignant deux points du cylindre; on les obtient en tendant un fil sur la surface entre les deux points, après l'avoir enroulé une fois, deux fois, ..., n fois autour du cylindre.

2° *Chaînette sphérique.* — La figure d'équilibre d'un fil homogène pesant sur la sphère a été étudiée par Bobillier (Gergonne, 1829), par Minding (*Crelle*, t. XII), puis (*ibid.*, t. XXXIII) par Gudermann qui donna les expressions des intégrales à l'aide des fonctions elliptiques; la solution fut complétée par Clebsch (*Crelle*, t. LVII, § 6) par Biermann (*Dissertation inaugurale*, Berlin, 1865) et par Schlegel (*Programm des Königlichen Wilhelms Gymnasium*, Berlin, 1884).

En prenant le centre de la sphère pour origine, pour axe des z la verticale vers le haut et appelant p le poids de l'unité de longueur du fil, on a d'abord pour la tension T la valeur $p(z - h)$ (n° 153). Comme la résultante des forces (poids et réaction normale) qui agissent sur ds est constamment dans un même plan avec Oz, le moment de la tension, par rapport à cet axe, est constant. On a donc, en prenant des coordonnées polaires r et θ dans le plan xOy,

$$T r^2 d\theta = C ds,$$

C étant une constante arbitraire. Remplaçons, dans cette équation, T par sa valeur et C par Ap, nous avons

$$(z - h) r^2 d\theta = A ds,$$

qui est l'équation différentielle de la figure d'équilibre. Pour intégrer cette équation, élevons les deux membres au carré et remarquons que

$$ds^2 = dr^2 + r^2 d\theta^2 + dz^2 = \frac{a^2 dz^2}{r^2} + r^2 d\theta^2,$$

à cause de la relation

$$r = \sqrt{a^2 - z^2},$$

où a désigne le rayon de la sphère. Nous avons, en résolvant par rapport à $d\theta$,

$$d\theta = \frac{A a \, dz}{(a^2 - z^2)\sqrt{(h - z)^2 (a^2 - z^2) - A^2}},$$

ce qui donne θ en z par une quadrature. La variable z ne peut prendre que des valeurs rendant positif le polynôme

$$\varphi(z) = (h - z)^2(a^2 - z^2) - A^2;$$

donc, en appelant z_0 le z d'un point du fil, par exemple d'un des points d'attache, on a $\varphi(z_0) > 0$; d'ailleurs $\varphi(a)$ et $\varphi(-a)$ sont < 0; le polynôme $\varphi(z)$ a donc une racine α entre z_0 et a, une autre β entre z_0 et $-a$: la variable z ne pourra varier qu'entre les limites α et β. La courbe sur la sphère sera comprise entre deux parallèles α et β qu'elle touchera successivement. On peut exprimer les coordonnées x, y, z d'un point de la courbe en fonctions uniformes du paramètre u défini par l'équation

$$du = \frac{a\,dz}{\sqrt{(h - z)^2(a^2 - z^2) - A^2}}.$$

(Voyez *Bulletin de la Société mathématique*, 1885.)

157. Équations intrinsèques de l'équilibre d'un fil sur une surface. — Soient AA' la courbe d'équilibre, At la tangente en A dans le sens des

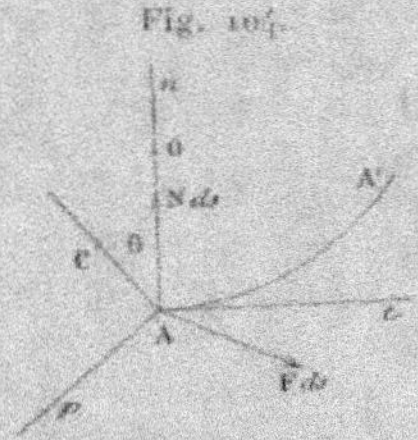
Fig. 104.

arcs positifs, An la normale à la surface en A comptée positivement dans le sens qui va du point A au centre de courbure O de la section normale menée par At, et R le rayon de courbure AO de cette section. Si C est le centre de courbure du fil au même point A et $AC = \rho$ le rayon de courbure du fil, on a, d'après le théorème de Meusnier, $\rho = R\cos\theta$, θ désignant l'angle CAO. Appelons enfin Ap la projection de la direction AC sur le plan tangent à la surface en A. L'élément ds du fil est sollicité par la force donnée $F\,ds$ et par la réaction normale $N\,ds$ comptée positivement dans le sens AO. La résultante $(N) - (F)$ des deux forces N et F est, d'après les équations intrinsèques de l'équilibre d'un fil libre, égale à la résultante des forces $-\dfrac{dT}{ds}$ et $-\dfrac{T}{\rho}$ dirigées respectivement suivant At et AC. Donc la somme des projections de F et N sur un axe égale la somme des projections de $-\dfrac{dT}{ds}$ et $-\dfrac{T}{\rho}$ sur le même axe. Projetons successive-

ment, sur At, Ap, An, en appelant F_t, F_p, F_n les projections de F sur
ces trois axes. Nous avons

$$-\frac{dT}{ds} = F_t, \qquad -\frac{T}{\rho}\sin\theta = F_p, \qquad -\frac{T}{\rho}\cos\theta = F_n - N.$$

La dernière de ces équations donne la réaction N

$$N = -\frac{T}{R} - F_n.$$

Les deux premières sont les équations intrinsèques de l'équilibre du fil
sur la surface; dans ces équations, $\frac{\rho}{\sin\theta}$ est le *rayon de courbure géodésique du fil*.

Par exemple, pour la chaînette sphérique (n° 156), F_n désigne la projection du poids p sur le rayon de la sphère : F_n est donc égal à $p\,\frac{z}{a}$;
comme R est égal au rayon a de la sphère et T à $p(z-h)$, la réaction normale pour la chaînette sphérique est $-\frac{p}{a}(2z-h)$. Si l'on suppose le fil
placé entre deux surfaces sphériques infiniment voisines, il pressera sur la
sphère intérieure aux points où cette valeur de N est positive et sur la
sphère extérieure aux points où elle est négative; les points où $N = 0$
donnent en projection horizontale des points d'inflexion.

Revenons au cas général : Supposons le fil en équilibre et déformons la
surface de façon que les longueurs des lignes tracées sur elle *ne changent pas*. La courbure géodésique de ces lignes reste alors *invariable*.
En même temps, maintenons à la tension du fil les mêmes valeurs et
modifions F de façon que F_t et F_p ne changent pas : les deux équations
intrinsèques d'équilibre continueront à être satisfaites et *le fil restera en
équilibre*. La réaction normale N sera seule changée.

D'après cela, on peut ramener la recherche de la figure d'équilibre
d'un fil sur une surface développable au cas où la surface est *un plan*.
Par exemple, la figure d'équilibre d'une chaînette homogène pesante
sur un cylindre vertical est une courbe qui par le développement du
cylindre sur un plan vertical donne une chaînette. La figure d'équilibre
d'une chaînette homogène pesante sur un cône de révolution d'axe vertical
est une courbe qui, par le développement du cône, se transforme en la figure d'équilibre d'un fil dont chaque élément est *attiré* ou *repoussé* par
un point fixe (sommet du cône) avec une intensité constante, courbe dont
nous avons obtenu l'équation différentielle (n° 153).

III. — ÉTUDE D'UNE INTÉGRALE DÉFINIE.

158. Problème de Géométrie. — La recherche de la figure d'équilibre d'un fil dans le cas où il existe une fonction des forces peut être rattachée d'une façon intéressante à la recherche du *maximum ou du minimum d'une certaine intégrale définie*, qui s'offre aussi dans la détermination des courbes brachistochrones, dans la démonstration du principe de la moindre action et dans le problème général de la réfraction.

Soit $\varphi(x, y, z)$ une fonction continue des coordonnées cartésiennes d'un point, définie dans une région de l'espace dans laquelle seront situées toutes les courbes dont nous nous occuperons. Nous résoudrons d'abord le problème de Géométrie suivant.

Parmi toutes les courbes joignant deux points fixes A et B, (fig. 105), trouver celles qui rendent l'intégrale

$$I = \int_{(A)}^{(B)} \varphi(x, y, z)\, ds$$

Fig. 105.

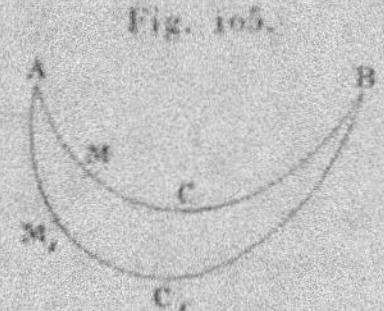

maximum ou minimum. Dans cette intégrale, ds désigne un élément de longueur de la courbe, et l'intégrale est supposée étendue à toute la courbe de A en B. On conçoit facilement que, pour certaines courbes C, l'expression I soit un *maximum* ou un *minimum*; par exemple, si la fonction $\varphi(x, y, z)$ est positive pour toutes les valeurs de x, y, z, l'intégrale I est positive et ne peut pas devenir nulle; il y a donc évidemment un minimum. En particulier, si $\varphi(x, y, z) = 1$, l'intégrale I a pour valeur la longueur de la courbe joignant les points A et B; la courbe C qui réalise le minimum est alors la droite AB.

Soit, d'une manière générale, C la courbe qui réalise le maximum ou le minimum de l'intégrale : exprimons les coordonnées

x, y, z d'un point M de cette courbe en fonction d'un paramètre q qui variera de a à b quand le point M décrira l'arc AMB; désignons par x', y', z' les dérivées de x, y, z par rapport à q et posons $R = \sqrt{x'^2 + y'^2 + z'^2}$; nous avons $ds = R\,dq$, et l'intégrale I le long de C a pour valeur

$$I = \int_a^b \varphi(x, y, z)\,R\,dq.$$

Pour exprimer que I est un minimum, il faut exprimer que la valeur I_1 de la même intégrale, prise le long d'une *courbe quelconque* C_1 *infiniment voisine de* C et allant de A en B, est *supérieure* à I.

Soient ξ, η, ζ trois fonctions arbitraires de q, s'annulant aux limites a et b et ayant pour dérivées ξ', η', ζ'; posons

$$(M_1) \qquad x_1 = x + \varepsilon\xi, \qquad y_1 = y + \varepsilon\eta, \qquad z_1 = z + \varepsilon\zeta,$$

ε désignant une constante infiniment petite. Lorsque q varie de a à b, le point M_1 de coordonnées x_1, y_1, z_1 décrit une courbe C_1 infiniment voisine de C et allant de A en B. On a le long de C_1

$$I_1 = \int_a^b \varphi(x_1, y_1, z_1)\sqrt{x_1'^2 + y_1'^2 + z_1'^2}\,dq.$$

Pour évaluer la différence $I_1 - I$, c'est-à-dire la variation δI que subit l'intégrale quand on passe de la courbe C à la courbe C_1, développons I_1 suivant les puissances croissantes de ε, en nous arrêtant aux termes du second ordre en ε. On a

$$\varphi(x_1, y_1, z_1) = \varphi(x + \varepsilon\xi, y + \varepsilon\eta, z + \varepsilon\zeta)$$
$$= \varphi + \varepsilon\left[\xi\frac{d\varphi}{dx} + \eta\frac{d\varphi}{dy} + \zeta\frac{d\varphi}{dz}\right] + \varepsilon^2 P,$$
$$\sqrt{x_1'^2 + y_1'^2 + z_1'^2} = \sqrt{(x' + \varepsilon\xi')^2 + (y' + \varepsilon\eta')^2 + (z' + \varepsilon\zeta')^2}$$
$$= R + \varepsilon\left[\xi'\frac{\partial R}{\partial x'} + \eta'\frac{\partial R}{\partial y'} + \zeta'\frac{\partial R}{\partial z'}\right] + \varepsilon^2 Q,$$

où l'on écrit φ au lieu de $\varphi(x, y, z)$. Multiplions membre à membre, nous avons

$$\varphi(x_1, y_1, z_1)\sqrt{x_1'^2 + y_1'^2 + z_1'^2} - \varphi R$$
$$= \varepsilon\left[R\left(\xi\frac{\partial\varphi}{\partial x} + \eta\frac{\partial\varphi}{\partial y} + \zeta\frac{\partial\varphi}{\partial z}\right) + \varphi\left(\xi'\frac{\partial R}{\partial x'} + \eta'\frac{\partial R}{\partial y'} + \zeta'\frac{\partial R}{\partial z'}\right)\right] + \varepsilon^2 S.$$

Multiplions les deux membres par dq et intégrons de a à b, en remarquant que

$$R\,dq = ds, \qquad \frac{\partial R}{\partial x} = \frac{x'}{R} = \frac{dx}{ds}, \qquad \frac{\partial R}{\partial y} = \frac{dy}{ds}, \qquad \frac{\partial R}{\partial z} = \frac{dz}{ds},$$

nous avons

$$(1)\quad I_1 - I = \varepsilon \int_a^b \left[\left(\xi\,\frac{\partial \varphi}{\partial x} + \eta\,\frac{\partial \varphi}{\partial y} + \zeta\,\frac{\partial \varphi}{\partial z} \right) ds + \varphi \left(\xi'\,\frac{dx}{ds} + \eta'\,\frac{dy}{ds} + \zeta'\,\frac{dz}{ds} \right) dq \right] + \varepsilon^2 K.$$

Faisons disparaître ξ', η', ζ' par l'intégration par parties : nous avons

$$\int_a^b \varphi\,\frac{dx}{ds}\,\xi'\,dq = \left| \varphi\,\frac{dx}{ds}\,\xi \right|_a^b - \int_a^b \xi\,d\left(\varphi\,\frac{dx}{ds} \right).$$

et deux formules analogues pour les termes en η' et ζ'. Donc enfin

$$(2)\qquad I_1 - I = \varepsilon \left| \left(\xi\,\frac{dx}{ds} + \eta\,\frac{dy}{ds} + \zeta\,\frac{dz}{ds} \right) \varphi \right|_a^b + \varepsilon J + \varepsilon^2 K.$$

en posant

$$J = \int_a^b \xi \left[\frac{\partial \varphi}{\partial x}\,ds - d\left(\varphi\,\frac{dx}{ds} \right) \right]$$

$$+ \eta \left[\frac{\partial \varphi}{\partial y}\,ds - d\left(\varphi\,\frac{dy}{ds} \right) \right] + \zeta \left[\frac{\partial \varphi}{\partial z}\,ds - d\left(\varphi\,\frac{dz}{ds} \right) \right].$$

La partie intégrée est nulle, car ξ, η, ζ sont nuls aux limites a et b. Pour que l'intégrale I le long de la courbe C soit un maximum ou un minimum, il faut que le signe de $I_1 - I$ reste constant pour toutes les valeurs infiniment petites positives ou négatives de ε : il faut donc que le coefficient J de ε soit *nul*, car autrement, pour des valeurs suffisamment petites de ε, la différence $I_1 - I$ aurait le signe de εJ. Pour qu'il y ait maximum ou minimum, il faut donc que l'intégrale appelée J soit nulle et cela quelles que soient les fonctions ξ, η, ζ qui ont été choisies arbitrairement. Or cette condition exige que, dans l'intégrale J, les coefficients de ξ, η, ζ soient *identiquement nuls*; car, s'ils ne l'étaient pas, en choisissant pour ξ, η, ζ des fonctions ayant pour chaque valeur de q les mêmes signes que leurs coefficients respectifs, on rendrait *positifs* tous les éléments de l'intégralité J qui serait évidemment différente de zéro. La courbe cherchée C qui réalise le maximum ou le minimum doit donc vérifier les équations

$$(3)\qquad\begin{cases} d\left(\varphi\,\dfrac{dx}{ds}\right)-\dfrac{\partial\varphi}{\partial x}\,ds = 0, \\[2ex] d\left(\varphi\,\dfrac{dy}{ds}\right)-\dfrac{\partial\varphi}{\partial y}\,ds = 0, \\[2ex] d\left(\varphi\,\dfrac{dz}{ds}\right)-\dfrac{\partial\varphi}{\partial z}\,ds = 0, \end{cases}$$

qui se réduisent à *deux*, comme on le vérifie immédiatement en les ajoutant après les avoir multipliées respectivement par $\dfrac{dx}{ds}$, $\dfrac{dy}{ds}$, $\dfrac{dz}{ds}$, et en ayant égard aux relations bien connues

$$\left(\frac{dx}{ds}\right)^2+\left(\frac{dy}{ds}\right)^2+\left(\frac{dz}{ds}\right)^2=1,\qquad \frac{dx}{ds}\,d\,\frac{dx}{ds}+\frac{dy}{ds}\,d\,\frac{dy}{ds}+\frac{dz}{ds}\,d\,\frac{dz}{ds}=0;$$

on obtient ainsi l'identité évidente

$$d\varphi-\left(\frac{\partial\varphi}{\partial x}\,dx+\frac{\partial\varphi}{\partial y}\,dy+\frac{\partial\varphi}{\partial z}\,dz\right)=0.$$

Les équations (3), dans lesquelles on remplace ds par $\sqrt{dx^2+dy^2+dz^2}$, donnent deux équations différentielles du second ordre dont les intégrales définissent y et z en fonction de x et de quatre constantes arbitraires

$$(\mathrm{C})\qquad\begin{cases} y=\psi\,(x,c_1,c_2,c_3,c_4), \\[1ex] z=\chi\,(x,c_1,c_2,c_3,c_4). \end{cases}$$

On détermine les constantes en écrivant que la courbe passe par les deux points donnés A et B, ce qui donne quatre équations entre les quatre constantes. On a ainsi les courbes cherchées joignant les deux points. Elles ne donnent pas toutes un maximum ou un minimum pour l'intégrale, mais c'est parmi les courbes ainsi trouvées que sont celles qui réalisent le maximum ou le minimum. Comme les équations générales des courbes C renferment quatre constantes, une de ces courbes est déterminée par quatre conditions, par exemple, sauf des cas exceptionnels, par les conditions de passer par un point donné et d'admettre en ce point une tangente donnée. On vérifie sans peine que, si φ est constant, les courbes C obtenues par l'intégration des équations (3) sont des droites

$$y = c_1 x + c_2, \qquad z = c_3 x + c_4,$$

comme nous l'avons vu *a priori*.

On voit d'après les équations (3) que *les courbes cherchées* C *sont les figures d'équilibre d'un fil sollicité par une force* F *dérivant de la fonction des forces* $- \varphi(x, y, z)$, *la tension du fil étant assujettie à avoir la valeur* $\varphi(x, y, z)$. Réciproquement, soit un fil en équilibre, les équations d'équilibre étant

$$d\left(T \frac{dx}{ds}\right) + \frac{\partial U}{\partial x}\, ds = 0, \ldots, \quad \text{avec } T = -(U + h);$$

si, sur le fil, on prend deux points fixes A et B, la figure d'équilibre rend, en général, maximum ou minimum l'intégrale

$$\int_A^B \varphi\, ds, \qquad \text{où} \qquad \varphi = -(U + h);$$

dans tous les cas, elle annule la variation de cette intégrale. (Möbius, *Statique*, 2ᵉ Partie, Chap. VII).

159. Formule de Tait et Thomson. — Le calcul que nous venons de faire, étant interprété d'une façon un peu différente, conduit à un important théorème dû à MM. *Tait* et *Thompson*. Soit C un arc d'une des courbes vérifiant les équations (3) ayant pour extrémités les points A et B, et C_1 une autre courbe infiniment voisine de la première ayant pour extré-

Fig. 106.

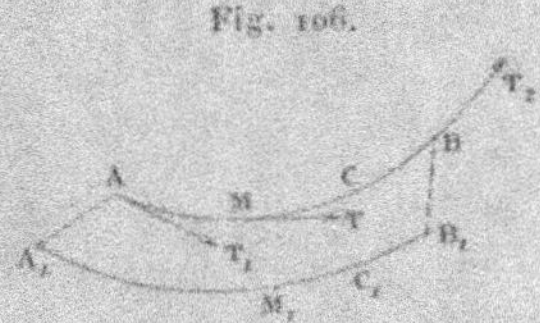

mités les points A_1, B_1 infiniment voisins de A et B (*fig.* 106). On pourra, comme plus haut, passer de la courbe C à C_1 en posant

$$x_1 = x + \varepsilon \xi, \qquad y_1 = y + \varepsilon \eta, \qquad z_1 = z + \varepsilon \zeta,$$

avec cette différence que $\varepsilon\xi$, $\varepsilon\eta$, $\varepsilon\zeta$ *ne s'annulent plus* aux limites a et b, mais prennent pour $q = a$ des valeurs $(\varepsilon\xi)_1$, $(\varepsilon\eta)_1$, $(\varepsilon\zeta)_1$ égales aux projections du segment AA_1 sur les axes, et pour $q = b$ des valeurs $(\varepsilon\xi)_2$, $(\varepsilon\eta)_2$, $(\varepsilon\zeta)_2$ égales aux projections du segment BB_1. La différence $I_1 - I$

I.   14

des valeurs de l'intégrale $\int \varphi \, ds$ le long des deux courbes C_1 et C est encore donnée par la formule (2) dans laquelle la partie intégrée formant le premier terme *n'est plus nulle*, tandis que l'intégrale J qui figure dans le second terme est *nulle*, la courbe C vérifiant par hypothèse les équations (1), de sorte que tous les éléments de J sont nuls. On a donc, en négligeant les infiniment petits du second ordre, $\varepsilon^2 K$ dans la formule (2),

$$I_1 - I = \delta I = \varepsilon \left| \left(\xi \frac{dx}{ds} + \eta \frac{dy}{ds} + \zeta \frac{dz}{ds} \right) \varphi \right|_a^b.$$

Les valeurs de $\varepsilon\xi$, $\varepsilon\eta$, $\varepsilon\zeta$ aux deux limites a et b viennent d'être indiquées; appelons $\varphi(A)$ et $\varphi(B)$ les valeurs de la fonction φ aux deux points A et B; remarquons enfin que $\frac{dx}{ds}$, $\frac{dy}{ds}$, $\frac{dz}{ds}$ étant les cosinus directeurs α, β, γ de la tangente MT à la courbe C menée dans le sens des arcs croissants, c'est-à-dire de A vers B, les valeurs de ces quantités aux deux limites sont les cosinus directeurs α_1, β_1, γ_1 et α_2, β_2, γ_2 des deux tangentes AT_1 et BT_2 aux deux extrémités. On a donc, pour δI, l'expression

$$\delta I = \quad [(\varepsilon\xi)_2 \alpha_2 + (\varepsilon\eta)_2 \beta_2 + (\varepsilon\zeta)_2 \gamma_2] \varphi(B)$$
$$- [(\varepsilon\xi)_1 \alpha_1 + (\varepsilon\eta)_1 \beta_1 + (\varepsilon\zeta)_1 \gamma_1] \varphi(A)$$

dont l'interprétation géométrique est simple. La quantité

$$(\varepsilon\xi)_2 \alpha_2 + (\varepsilon\eta)_2 \beta_2 + (\varepsilon\zeta)_2 \gamma_2$$

représente la projection du segment BB_1 sur la tangente BT_2, elle est donc égale à $\overline{BB_1} \cos \widehat{T_2 BB_1}$; la deuxième des quantités qui figure dans δI est de même $\overline{AA_1} \cos \widehat{T_1 AA_1}$; donc enfin

$$\delta I = \overline{BB_1}\, \varphi(B) \cos \widehat{T_2 BB_1} - \overline{AA_1}\, \varphi(A) \cos \widehat{T_1 AA_1},$$

ou, sous une forme plus symétrique,

$$(4) \qquad \delta I = - \overline{AA_1}\, \varphi(A) \cos \widehat{BAA_1} - \overline{BB_1}\, \varphi(B) \cos \widehat{ABB_1},$$

car l'angle ABB_1 est supplémentaire de $T_2 BB_1$ et BAA_1 égal à $T_1 AA_1$.

Cette formule est entièrement analogue à la formule élémentaire bien connue qui donne la variation de longueur d'un segment de droite et que l'on obtiendrait en supposant $\varphi = 1$ (*voyez* le *Traité de Calcul différentiel* de M. Bertrand, p. 22).

Les conséquences de la formule (4) sont identiques à celles que l'on tire de la formule analogue relative aux droites, pour la théorie des développées et celles des courbes et surfaces parallèles. Nous indiquerons les suivantes, qui donnent des résultats intéressants dans la *théorie des courbes brachistochrones, le principe de la moindre action et le problème de la réfraction*. Nous supposons dans ce qui suit que φ ne s'annule pas dans la portion de l'espace considérée.

Applications. — Étant données deux surfaces S et Σ, *quelle courbe faut-il tracer de l'une des surfaces à l'autre* pour que l'intégrale I prise le long de cette courbe soit *minimum ou maximum*. Soient A et B (*fig.* 107) les deux points *inconnus* où la courbe cherchée rencontre les deux surfaces. Cette courbe sera en particulier, parmi toutes celles qui joignent les deux points A et B, celle qui rend I maximum ou minimum : c'est donc une courbe C définie par les équations (3). Pour déterminer les points A et B, remarquons que, quand on passe de la courbe ACB, qui rend I maximum ou minimum entre les deux surfaces, à une courbe quelconque infiniment voisine, et en particulier à une autre courbe C infiniment voisine, δI doit être *nul*. Calculons cette variation quand on passe de la courbe ACB à une autre courbe C infiniment voisine AEB₁, partant du même point A, pour aboutir à un autre point B₁ de Σ. On a alors, d'après la formule ci-dessus,

$$\delta \mathrm{I} = -\overline{\mathrm{BB_1}}\,\varphi(\mathrm{B})\cos\widehat{\mathrm{ABB_1}}.$$

Comme δI est nul, le cosinus doit l'être; l'angle ABB₁ est donc droit pour toutes les positions de B₁ sur Σ, et la courbe C cherchée coupe Σ *normalement*; elle coupera de même S *normalement*. En particulier, si $\varphi = 1$, on retrouve ce théorème élémentaire que la plus courte distance de S à Σ s'obtient en menant une normale commune aux deux surfaces. On voit que la courbe cherchée C est la figure d'équilibre d'un fil dont les extrémités glissent sans frottement sur les deux surfaces, la tension étant φ et la fonction des forces — φ. Il est évident que le même théorème subsiste si l'une des surfaces est remplacée par une courbe fixe donnée ou par un point.

2ᵉ THÉORÈME DE TAIT ET THOMSON. — *Si l'on considère les courbes C définies par les équations* (3) *normales à une surface donnée S et si, sur chacune de ces courbes, on prend, à partir du point A où elle rencontre la surface S, un arc AB tel que l'intégrale*

$$\mathrm{I} = \int_{(\mathrm{A})}^{(\mathrm{B})} \varphi\, ds,$$

prise sur cette courbe, ait une valeur constante, la même pour toutes les courbes, le lieu des points B est une surface Σ, normale à toutes les courbes.

En effet (*fig.* 107), si l'on passe de la courbe C à la courbe infiniment voisine C₁, la variation δI de l'intégrale donnée par la formule (4) est nulle par hypothèse. Comme $\cos \widehat{BAA_1}$ est nul, la courbe C étant normale

à S, $\cos \widehat{ABB_1}$ est nul aussi, et la courbe C est normale à Σ.

Ce théorème, qui comprend comme cas particulier ($\varphi = 1$) la théorie

Fig. 107.

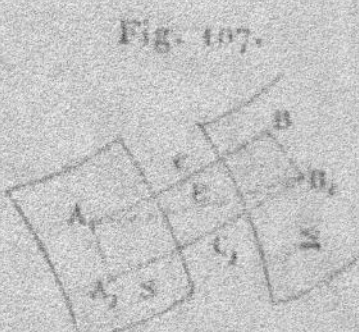

des surfaces parallèles, s'applique évidemment au cas limite où la surface S
se réduit à une sphère de rayon infiniment petit, c'est-à-dire où les
courbes C passent par un point fixe.

Exemples. — 1° Prenons pour $\varphi(x, y, z)$ l'expression pz et ne considérons que des courbes tracées dans la partie de l'espace située au-dessus
du plan des xy. Les courbes C sont les figures d'équilibre d'un fil dont
chaque élément ds est sollicité par une force verticale dont la projection
sur Oz est $-p\,ds$, la tension T étant pz. Ce sont donc des chaînettes situées dans des plans verticaux et ayant leurs bases dans le plan horizontal xOy; nous avons vu en effet que, z_0 étant l'ordonnée de la base d'une
chaînette en équilibre, la tension T est $p(z - z_0)$; z_0 doit donc être nul.

Ce résultat s'interprète géométriquement d'une façon intéressante.
Soient, dans un plan vertical zOx, deux points fixes A et B situés au-

Fig. 108.

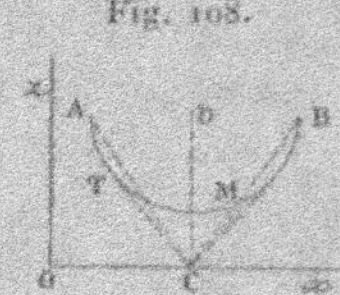

dessus de Ox et une courbe AMB joignant ces deux points. L'aire engendrée par la révolution de cette courbe autour de Ox est

$$2\pi \int_{(A)}^{(B)} z\,ds.$$

La courbe AMB, qui engendre l'aire *minimum*, est donc la chaînette qui
joint les deux points A, B et qui a pour base Ox. En cherchant à déterminer la chaînette remplissant ces conditions, on trouve qu'elle n'existe
pas toujours : par exemple, si les deux points A et B ont même ordonnée,
elle n'existe que si le demi-angle au sommet C du triangle isocèle ACB,

ayant sa base en AB et son sommet en C sur l'axe, est moindre que $33°32'$, car c'est là l'angle que (*fig.* 108) fait avec l'axe de symétrie CD d'une chaînette la tangente CT à la courbe issue du pied de l'axe de symétrie sur la base. Nous ne donnerons pas ici les conditions pour que la chaînette existe quand les deux points A et B sont quelconques : ces conditions ont été déterminées pour la première fois par Goldschmidt (*Determinatio superficiei minimæ*, etc. Göttingen, 1831).

Lorsque la chaînette n'existe pas, la courbe AMB qui, en tournant autour de Ox, engendre l'aire minimum, est composée des deux ordonnées AA', BB' des points donnés et de la portion d'axe Ox comprise entre A' et B'. En effet, les équations différentielles de la courbe sont

$$d\left(pz\frac{dx}{ds}\right) = 0, \qquad d\left(pz\frac{dz}{ds}\right) - p\,ds = 0,$$

équations qui se réduisent à une. La première donne $pz\dfrac{dx}{ds} = k$. Si k est différent de zéro, on a une chaînette : cette solution est donc à rejeter si la chaînette n'existe pas. Il faut alors supposer k *nul*, et l'on trouve

$$pz\frac{dx}{ds} = 0,$$

équation qui montre que z est nul ou que x est constant. La portion de courbe non confondue avec Ox est donc formée de droites perpendiculaires à Ox.

2° Soit φ égal à $\dfrac{1}{z}$, les points et les courbes considérés étant encore situés au-dessus du plan xOy. Les courbes C sont toujours placées dans des plans verticaux, et, dans un de ces plans zOx, elles ont pour équations différentielles

$$d\left(\frac{1}{z}\frac{dx}{ds}\right) = 0, \qquad d\left(\frac{1}{z}\frac{dz}{ds}\right) + \frac{1}{z^2}\,ds = 0,$$

équations qui se réduisent à une. La première donne

$$\frac{1}{z}\frac{dx}{ds} = \frac{1}{c}, \qquad dx = \pm\frac{z\,dz}{\sqrt{c^2 - z^2}},$$

en remplaçant ds par sa valeur $\sqrt{dx^2 + dz^2}$ et séparant les variables. L'intégration est immédiate, et l'on trouve, en appelant a une nouvelle constante,

$$(x - a)^2 + z^2 - c^2 = 0,$$

équation d'un cercle ayant son centre sur Ox. Donc, dans l'espace, les courbes C sont des cercles *orthogonaux au plan des xy*. Par deux points A et B passe évidemment un de ces cercles et un seul.

La Géométrie que l'on obtient en faisant jouer à ces cercles C le même rôle qu'aux droites dans la Géométrie ordinaire, en conservant la notion élémentaire d'angle et en appelant longueur d'un arc de courbe la valeur de l'intégrale $\int \dfrac{ds}{z}$ étendue à cet arc, est la Géométrie non-euclidienne de Lowatchevski.

161. Même problème sur une surface. — La recherche de la figure d'équilibre d'un fil sur une surface, dans le cas où il existe une fonction des forces, se rattache de même à la recherche du maximum ou du minimum d'une intégrale définie.

Cherchons quelle est, parmi toutes les courbes tracées sur une surface fixe S et joignant deux points fixes A et B de cette surface, celle qui rend minimum ou maximum l'intégrale

$$I = \int_{(A)}^{(B)} \varphi(x, y, z)\, ds.$$

Soit C la courbe cherchée, C_1 une courbe infiniment voisine *tracée sur la surface* entre les deux mêmes points A et B. En appelant x, y, z les coordonnées d'un point M de la courbe C, les coordonnées du point M_1 de C_1 infiniment voisin de M seront

$$x_1 = x + \delta x, \qquad y_1 = y + \delta y, \qquad z_1 = z + \delta z,$$

en modifiant un peu les notations du n° 158 et désignant, pour abréger, par δx, δy, δz les quantités appelées précédemment $\varepsilon \xi$, $\varepsilon \eta$, $\varepsilon \zeta$.

D'après le calcul du n° 158, la variation δI que subit l'intégrale I, quand on passe de la courbe C à la courbe C_1, ayant les mêmes extrémités, est, en négligeant les termes en ε^2,

$$(1) \quad \begin{aligned} \delta I = \int_{(A)}^{(B)} \ &\delta x \left[\frac{\partial \varphi}{\partial x} ds - d\left(\varphi \frac{dx}{ds} \right) \right] \\ &+ \delta y \left[\frac{\partial \varphi}{\partial y} ds - d\left(\varphi \frac{dy}{ds} \right) \right] + \delta z \left[\frac{\partial \varphi}{\partial z} ds - d\left(\varphi \frac{dz}{ds} \right) \right]. \end{aligned}$$

Dans le cas actuel, cette variation δI doit être nulle quand on passe de la courbe C, non plus à une courbe voisine quelconque, mais à une courbe infiniment voisine *située sur la surface*. Les variations δx, δy, δz ne sont plus arbitraires toutes les trois; en désignant par

$$f(x, y, z) = 0$$

l'équation de la surface S, on aura la condition

$$(2) \quad \frac{\partial f}{\partial x} \delta x + \frac{\partial f}{\partial y} \delta y + \frac{\partial f}{\partial z} \delta z = 0.$$

qui exprime que la variation de $f(x, y, z)$ est nulle quand on passe de C
à C_1, et qui montre que l'une des trois variations δx, par exemple, est
fonction des deux autres δy et δz, qui restent arbitraires. D'après cette
condition, on a, en désignant par λ une fonction quelconque,

$$\int_{(A)}^{(B)} \lambda \left(\frac{\partial f}{\partial x} \delta x + \frac{\partial f}{\partial y} \delta y + \frac{\partial f}{\partial z} \delta z \right) ds = 0.$$

Retranchons cette intégrale nulle de celle qui donne δI, nous aurons

$$\delta I = \int_{(A)}^{(B)} \delta x \left[\left(\frac{\partial \varphi}{\partial x} - \lambda \frac{\partial f}{\partial x} \right) ds - d \left(\varphi \frac{dx}{ds} \right) \right]$$
$$+ \delta y \left[\left(\frac{\partial \varphi}{\partial y} - \lambda \frac{\partial f}{\partial y} \right) ds - d \left(\varphi \frac{dy}{ds} \right) \right] + \delta z \, [\ldots],$$

où le terme en δz est analogue aux deux premiers. Cette variation δI devra
être nulle quels que soient λ, δy et δz. Nous pourrons disposer de λ de
façon à annuler le coefficient de δx : la quantité sous le signe d'intégration ne contiendra plus que les termes en δy et δz, et comme δI doit être
nul quels que soient δy et δz, les coefficients de ces deux variations
devront être nuls aussi. Donc, pour une détermination convenable de λ,
on aura les trois équations suivantes, que nous écrivons en changeant les
signes,

$$d \left(\varphi \frac{dx}{ds} \right) + \left(- \frac{\partial \varphi}{\partial x} + \lambda \frac{\partial f}{\partial x} \right) ds = 0,$$
$$d \left(\varphi \frac{dy}{ds} \right) + \left(- \frac{\partial \varphi}{\partial y} + \lambda \frac{\partial f}{\partial y} \right) ds = 0,$$
$$d \left(\varphi \frac{dz}{ds} \right) + \left(- \frac{\partial \varphi}{\partial z} + \lambda \frac{\partial f}{\partial z} \right) ds = 0;$$

ces équations, jointes à l'équation de la surface, déterminent les courbes C
cherchées.

Or, ce sont *précisément les équations d'équilibre d'un fil placé
sur la surface* S, *la fonction des forces étant* $- \varphi$ *et la tension* φ. On
retrouve donc un résultat identique à celui qui a été obtenu pour le cas
des courbes dans l'espace.

Exemple. — Si $\varphi = 1$, l'intégrale I donne la longueur de la courbe AB ;
si donc on cherche les courbes de longueur minimum tracées sur la surface de A en B, on trouve les figures d'équilibre d'un fil qui est tendu
sur la surface et qui n'est sollicité par aucune force directement appliquée (N° 159).

162. **Réfraction.** — Nous allons montrer rapidement comment cette
même intégrale $\int \varphi(x, y, z) \, ds$ se rencontre également dans le problème

général de la réfraction. Ce fait a été déjà remarqué, du moins dans des
cas simples, par Maupertuis, Jean Bernoulli, Euler; Laplace a même rat-
taché à ce point de vue la théorie de la double réfraction (*Mémoires de
l'Institut*, 1809).

Quand un rayon lumineux passe du vide dans un milieu homogène limité
par une surface quelconque S, il suit les deux lois suivantes :

1° Le rayon incident AP, le rayon réfracté PA_1 et la normale PN à la
surface S sont dans un même plan;

2° On a (*fig.* 109)

$$\frac{\sin i}{\sin r} = n,$$

i étant l'angle APN, r l'angle $A_1 PN_1$, et n une constante appelée *indice*

Fig. 109.

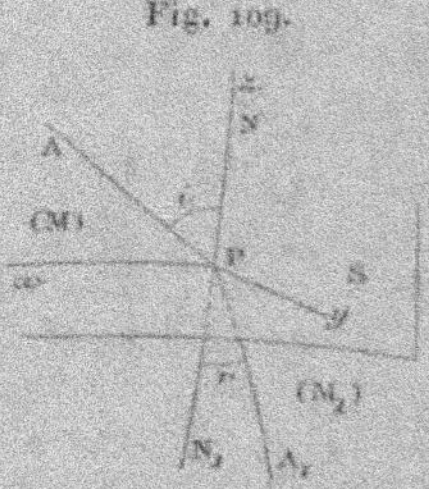

*de réfraction du milieu par rapport au vide ou indice absolu de
réfraction.*

Soient deux milieux homogènes (M) et (M_1) séparés par une surface S,
n et n_1 les indices de réfraction absolus des deux milieux; si un rayon
lumineux passe du premier milieu dans le deuxième, la première loi est
la même, et l'on a

$$\frac{\sin i}{\sin r} = \frac{n_1}{n}.$$

Ces lois étant rappelées, posons le problème suivant :

Soient A et A_1 deux points fixes de part et d'autre de S et P un point
quelconque de cette surface. Quelle doit être la position du point P pour
que la somme

$$\sigma = n\,\overline{AP} + n_1\,\overline{A_1P}$$

soit *minimum*? Nous allons montrer que le minimum a lieu quand les
deux droites AP et PA_1 vérifient les lois de la réfraction de la lumière
du milieu (M) dans le milieu (M_1). En effet, si l'on appelle a, b, c et a_1,
b_1, c_1 les coordonnées des points A et A_1, et x, y, z les coordonnées d'un

point P de la surface S, les distances $\overline{AP}$ et $\overline{A_1P}$ ont pour valeurs respectives

$$\sqrt{(x-a)^2-(y-b)^2+(z-c)^2} \quad \text{et} \quad \sqrt{(x-a_1)^2+(y-b_1)^2+(z-c_1)^2}.$$

La somme σ est alors une fonction des deux variables indépendantes x et y, car z est une fonction de x et y définie par l'équation de la surface S, $f(x,y,z)=o$. Pour obtenir les valeurs de x et y rendant σ minimum, il faut égaler à zéro les dérivées partielles de σ par rapport à x et y, ce qui donne les deux équations

$$n\frac{(x-a)+(z-c)\frac{\partial z}{\partial x}}{\overline{PA}}+n_1\frac{(x-a_1)+(z-c_1)\frac{\partial z}{\partial x}}{\overline{PA_1}}=o,$$

$$n\frac{(y-b)+(z-c)\frac{\partial z}{\partial y}}{\overline{PA}}+n_1\frac{(y-b_1)+(z-c_1)\frac{\partial z}{\partial y}}{\overline{PA_1}}=o,$$

qui, jointes à l'équation de la surface, déterminent les coordonnées du point P. Ce point étant ainsi déterminé, faisons un changement d'axes coordonnés : prenons le point P pour origine (*fig.* 109), pour axe des z la normale du côté du point A, pour plan des zx le plan contenant le point A de telle façon que l'ordonnée b de A devienne nulle, a et c étant positifs. Les quantités x, y, z, $\frac{\partial z}{\partial x}$, $\frac{\partial z}{\partial y}$ relatives au point P sont alors nulles et les équations ci-dessus deviennent

$$-\frac{na}{\overline{PA}}-\frac{n_1a_1}{\overline{PA_1}}=o, \qquad b_1=o.$$

La seconde de ces équations montre que le point A_1 est aussi dans le plan zPx, ce qui est la première loi de la réfraction : la première indique que a_1 est négatif et donne, si l'on appelle i et r les angles de AP et PA$_1$ avec la normale Pz,

$$n\sin i-n_1\sin r=o,$$

car $\frac{a}{\overline{PA}}$ et $-\frac{a_1}{\overline{PA_1}}$ sont égaux à $\sin i$ et $\sin r$; ce qui est la seconde loi de la réfraction. Ainsi le minimum cherché est fourni par le trajet d'un rayon allant de A en A_1.

Imaginons maintenant plusieurs surfaces S_1, S_2, ... S_p séparant des milieux homogènes. Soit, au-dessus de S_1, un milieu d'indice absolu n, entre S_1 et S_2 un milieu d'indice n_1, entre S_2 et S_3 un milieu d'indice n_2, ..., enfin, au-dessous de S_p un milieu d'indice n_p. Prenons un point A dans le premier milieu, un point B dans le dernier et considérons un polygone A, P_1, P_2, P_3, ..., P_p, B ayant un sommet sur chaque surface, allant du point A au point B. Si l'on cherche (*fig.* 110) quel doit être ce polygone pour que la somme

$$\sigma = n\,\overline{\mathrm{AP_1}} + n_1\,\overline{\mathrm{P_1P_2}} + n_2\,\overline{\mathrm{P_2P_3}} + \ldots + n_p\,\overline{\mathrm{P_p B}}$$

soit *minimum*, on trouve, d'après ce qui précède, que ce polygone doit

Fig. 110.

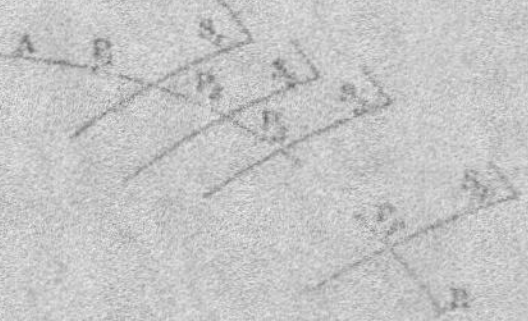

être *le trajet d'un rayon lumineux allant de* A *en* B *et suivant les lois de la réfraction.*

Supposons enfin que le nombre des surfaces augmente indéfiniment, de façon que les côtés du polygone tendent vers zéro, ainsi que les différences $n - n_1,\ n_1 - n_2,\ \ldots$; l'ensemble des milieux considérés devient un *milieu continu* dans lequel l'indice de réfraction absolu n est une fonction continue $\varphi(x, y, z)$ des coordonnées. Le polygone suivi par le rayon lumineux devient une courbe, la somme σ devient l'intégrale

$$\mathrm{I} = \int_{(\mathrm{A})}^{(\mathrm{B})} n\,ds.$$

Le trajet du rayon lumineux de A en B est donc la courbe rendant l'intégrale I *minimum*, courbe dont nous avons indiqué les équations différentielles. On pourra consulter à ce sujet un article de M. O. Bonnet (*Nouvelles Annales de Mathématiques*, 1887). Ces mêmes courbes ont été étudiées par M. Vicaire (*Comptes rendus*, rapport de M. Jordan, t. CVIII, p. 330); leurs propriétés essentielles ont déjà été données par Euler, dans sa *théorie des brachistochrones*.

EXERCICES.

1. Un fil tendu non pesant passe dans des anneaux fixes équidistants $A_0, A_1, \ldots, A_n$. Prouver que, si l'équilibre existe, la tension est constante et la pression sur chaque anneau A_i inversement proportionnelle au rayon du cercle A_{i-1}, A_i, A_{i+1} passant par cet anneau et les deux qui le comprennent. En conclure comme cas limite, pour un fil non pesant tendu sur une courbe fixe sur laquelle il peut glisser sans frottement, la loi de la pression du fil sur la courbe (POISSON, *Statique*).

2. Un fil non pesant de longueur donnée est attaché par ses extrémités à deux points fixes A et B ; sur ce fil glissent sans frottement deux anneaux M_1 et M_2 sur lesquels agissent respectivement des forces F_1 et F_2, données en grandeur, direction et sens. Trouver la position d'équilibre du système. (On s'appuie sur la remarque faite à la fin du n° 140.)

3. Un polygone funiculaire étant en équilibre, on prend les moments σ_i des forces et ceux $\tau_{i,j}$ des tensions par rapport à un point. Prouver qu'avec ces vecteurs on peut construire un polygone analogue à celui de Varignon, en remplaçant les vecteurs F_i et $T_{i,j}$ par σ_i et $\tau_{i,j}$.

4. Si un polygone funiculaire est en équilibre, prouver qu'en construisant les vecteurs conjugués des forces et des tensions, et les droites conjuguées des côtés par rapport à une sphère (imaginaire), comme on l'a indiqué dans l'exercice 3, à la fin du Chapitre I, on obtient un nouveau polygone en équilibre. Les côtés de l'un de ces polygones sont les droites conjuguées des côtés de l'autre; les sommets de l'un, les points conjugués des plans formés par deux côtés consécutifs de l'autre.

5. *Travures réticulaires.* — *Théorème de Rankine* (voyez *Philos. Magazine*, vol. XXVII, p. 92; 1864. CLERK MAXWELL, *ibid.*, p. 250). — Des forces appliquées aux articulations d'un système polyédral de barres sont en équilibre quand elles sont perpendiculaires et proportionnelles aux faces d'un polyèdre dont les arêtes sont dans des plans menés, par un point fixe O, normalement aux barres du système.

Solution. — En supposant le système polyédral de barres en équilibre, on construira le polyèdre obtenu en prenant les vecteurs conjugués des forces et des tensions par rapport à une sphère imaginaire de centre O, conformément à la méthode indiquée antérieurement (exercice 3, à la fin du Chapitre I).

(*Voyez* un article de M. GUIDO HAUCK, *Journal de Crelle*, t. C. p. 365.)

6. Un quadrilatère articulé, formé de quatre tiges de longueurs invariables a, b, c, d, est sollicité par quatre forces appliquées aux quatre sommets. Que doivent être ces forces pour qu'il y ait équilibre? (Ce problème est résolu par MÖBIUS, *Statique.*)

7. *Système articulé de Fuss.* — On considère un polygone plan, formé de barres matérielles rigides articulées à leurs extrémités : dans le plan du polygone, on applique au milieu de chaque barre, perpendiculairement à la barre, une force proportionnelle à sa longueur.

Démontrer que la figure d'équilibre est un polygone inscriptible.

8. Dans un fil homogène pesant en équilibre, le rayon de courbure varie proportionnellement au carré de la tension (Möbius).

9. Supposons plusieurs fils homogènes identiques, d'abord tendus en ligne droite depuis un point P jusqu'à des points N, N_1, N_2, ..., N_i, situés sur une même verticale, puis déplaçons un peu le point P sur une horizontale, de façon à le rapprocher de la verticale en l'amenant en M. Alors les fils supposés pesants se disposent suivant des chaînettes; démontrer :

1° Que toutes ces chaînettes ont même paramètre a;

2° Que leurs sommets sont sur une chaînette de même paramètre a tournant sa concavité vers le bas et ayant son sommet en M (Möbius).

10. Positions d'équilibre d'un fil homogène pesant assujetti aux conditions aux limites indiquées par l'un des énoncés suivants, dans lesquels la longueur du fil est supposée donnée.

1° L'une des extrémités est attachée en un point fixe A; l'autre passe sur une poulie infiniment petite B, située à la même hauteur que A, puis pend librement.

2° Le fil passe sur deux poulies infiniment petites, placées à la même hauteur, et les deux extrémités pendent librement. (*Rép.* : Les deux parties pendantes ont même longueur et se terminent sur la base de la chaînette; il y a deux positions d'équilibre, une stable, l'autre instable).

3° Les extrémités du fil glissent sans frottement sur deux circonférences égales, tangentes extérieurement et ayant leurs centres à la même hauteur.

4° Le fil est fermé et passe sur deux poulies infiniment petites A et B. [*Rép.* : Deux chaînettes ASB, AS'B de même base; si, par la poulie la plus basse A, on mène une horizontale AU'U coupant les deux courbes en U' et U, les longueurs des deux chaînettes ASB et AS'B sont inversement proportionnelles aux arcs UB et U'B (Möbius)].

5° Les deux extrémités sont attachées en deux points fixes placés à la même hauteur; le long du fil peut glisser sans frottement un anneau infiniment petit M auquel est suspendu un poids P. (*Rép.* : L'anneau va se placer au milieu du fil : les deux parties MA et MB sont deux chaînettes de même base; en M il y a un point anguleux; les tensions des arcs MA et MB font équilibre au poids P.)

11. Trouver la figure d'équilibre que prend, sous l'action du vent, une voile rectangulaire ABCD fixée par deux bords opposés à deux vergues verticales AB et CD. (On néglige l'action de la pesanteur; on suppose que le vent souffle horizontalement et que la pression du vent sur un élément de voile lui est normale, proportionnelle à sa surface et au carré de la composante normale de la vitesse du vent. On peut regarder comme évident que la voile prend la forme d'un cylindre à génératrices verticales et que la nature de la section droite est indépendante de la hauteur. Il suffit donc d'exprimer qu'une bande comprise entre deux plans de section droite infiniment voisins est en équilibre. Cette bande est assimilable à un fil flexible et inextensible : en appliquant les équations intrinsèques, on trouve qu'elle prend la forme d'une chaînette et que la tension est constante.)

12. Figure d'équilibre d'un fil dont chaque élément est sollicité par une force verticale proportionnelle à la projection horizontale de l'élément. (Parabole. — Cas limite du polygone funiculaire des ponts suspendus.)

Déterminer les constantes, sachant que le fil a une longueur donnée et est attaché en deux points donnés.

13. Figure d'équilibre d'un fil pesant dans lequel la densité varie proportionnellement à l'arc s compté à partir du point le plus bas.

14. Même question, en supposant la densité égale à $\dfrac{k}{\cos^3 \dfrac{s}{a}}$ (cercle).

15. Calculer la loi que doit suivre la densité d'un fil pesant en fonction de s, pour qu'il se dispose sous l'action de la pesanteur suivant une courbe donnée (parabole d'axe vertical, circonférence, etc.). On aura la solution de cette question en partant de l'équation intrinsèque du n° 150.

16. *Chaînette d'égale résistance.* — On appelle ainsi une chaîne d'épaisseur variable telle que, dans la figure d'équilibre, l'épaisseur soit en chaque point proportionnelle à la tension en ce point : dans ce cas, il n'y a pas plus de chance de rupture en un point qu'en un autre (CORIOLIS). On demande l'équation de cette courbe et la loi de l'épaisseur.

Réponse. — Soit z la section droite de la chaîne, variable avec s, p le poids de l'unité de volume, le poids de l'élément ds est $pz\,ds$. La courbe a pour équation, en prenant comme origine le point le plus bas,

$$e^{\frac{z}{a}} \cos \frac{x}{a} = 1,$$

et la loi de l'épaisseur σ est $\sigma = \dfrac{T_0}{a \cos \dfrac{x}{a}}.$

17. Figure d'équilibre d'un fil dont chaque élément ds est sollicité par une force $F\,ds$ normale à un axe fixe qu'elle rencontre, F étant fonction de la distance r de l'élément à l'axe.

Réponse. — Prenant l'axe pour axe Oz et appelant r et θ les coordonnées polaires dans le plan xOy, on a les trois équations

$$T = -\int F\,dr, \qquad T\frac{dz}{ds} = C, \qquad Tr^2 \frac{d\theta}{ds} = K.$$

Quelle que soit la loi de la force, on a une équation différentielle de la forme

$$dz = \frac{K}{C}\, r^2\, d\theta,$$

qui montre que les tangentes à la courbe appartiennent à un complexe linéaire.

18. Cas particulier du problème précédent, où $F = \mu r$ (μ constante), les conditions aux limites étant quelconques. Ce problème est traité par Clebsch par une méthode spéciale, qui sera exposée en *Mécanique analytique* (*Journal de Crelle*, t. LVII, p. 93).

Nous avons donné dans le texte (n° 154) le cas où les deux extrémités du fil sont attachées en des points de l'axe.

19. Trouver la figure d'équilibre d'un fil dans un plan, sachant que chaque élément est sollicité par une force proportionnelle à cet élément et faisant avec lui un angle constant. [On emploie les équations intrinsèques : la courbe est une spirale logarithmique. (O. BONNET.)]

20. Trouver la loi de la force verticale sous l'action de laquelle un fil se dispose suivant une courbe plane donnée.

(Le problème n'est pas entièrement déterminé, si l'on n'ajoute rien à l'énoncé relativement à la nature de la force. Pour que le problème soit déterminé, il faut donner la variable en fonction de laquelle la force doit être exprimée. Le fil étant dans le plan xOy et la force $Y\,ds$ parallèle à Oy, Y peut être exprimé en fonction de l'une des quantités suivantes x, y, s, z, α étant l'angle de la tangente avec Ox, ou de plusieurs de ces quantités à la fois. Par exemple, si la courbe donnée est le cercle $x^2 + y^2 - a^2 = o$, l'équation intrinsèque (n° 150) donne

$$(1) \qquad Y = \frac{A}{a \cos^3 \alpha},$$

puis, comme $\tang \alpha = -\dfrac{x}{y}$ et $s = a\alpha$,

$$(2) \qquad Y = \frac{A a}{y^2},$$

$$(3) \qquad Y = \frac{A a}{a^2 - x^2},$$

$$(4) \qquad Y = \frac{A}{a \cos^3 \dfrac{s}{a}}.$$

Voilà donc autant de lois de forces différentes conduisant au cercle donné.) Réciproquement, trouver la figure d'équilibre d'un fil sollicité par une force verticale dont la loi est exprimée par l'une des formules précédentes (1), (2), (3), (4). On trouvera des courbes entièrement différentes suivant celle des lois choisies ; toutes, par la particularisation des constantes, devront donner le cercle $x^2 + y^2 - a^2 = o$.

21. Trouver la loi d'une force centrale sous l'action de laquelle un fil se dispose suivant une courbe plane donnée.

[On peut répéter ici les mêmes remarques que sur l'exercice (20). En appelant r et θ les coordonnées polaires, le centre des forces étant à l'origine, on trouve

$$F = -C \frac{d}{dr}\left(\frac{ds}{r^2 d\theta} \right),$$

où F est regardé comme positif ou négatif, suivant que la force est répulsive ou attractive.] Exemple :

$$\text{cercle } r = 2a\cos\theta, \qquad ds = 2a\,d\theta, \qquad F = \frac{4aC}{r^5}.$$

22. Figure d'équilibre d'un fil dont chaque élément est attiré ou repoussé par un centre fixe en raison inverse du carré de la distance. (On trouve une équation de la forme $\dfrac{1}{r} = a + b\cos m\theta$ ou $\dfrac{1}{r} = a + b\cos\text{hyp.}\,m\theta$, ou comme cas intermédiaire $\dfrac{1}{r} = a + b\theta^2$).

23. Si une même courbe est la position d'équilibre d'un fil sous l'action d'une force F_1, la tension étant T_1, puis sous l'action d'une force F_2, la tension étant T_2, elle est aussi la figure d'équilibre du fil sous l'action d'une force $(F) = (k_1 F_1) + (k_2 F_2)$, la tension étant $(T) = (k_1 T_1) + (k_2 T_2)$; k_1 et k_2 désignant des constantes et ces équations étant prises dans un sens géométrique (BONNET). On emploie les équations intrinsèques.

24. Un fil libre sous l'action d'une force donnée F se dispose suivant une courbe C ; on réalise cette courbe matériellement, puis, soumettant le fil à la

même force F, ou le tend sur la courbe C; démontrer que dans cette seconde expérience la réaction normale de la courbe C sur l'élément ds est dans le plan osculateur et a pour valeur $\dfrac{k\,ds}{\rho}$, k constante, ρ rayon de courbure.

25. Soit M un point quelconque d'un fil en équilibre. Démontrer que le moment résultant, par rapport à M, de toutes les forces extérieures agissant sur le fil depuis une extrémité M_0 jusqu'au point M *est nul* (Möbius). (Ce résultat se déduit du principe de solidification appliqué à l'arc M_0M. — On trouvera sous une autre forme des résultats indiqués dans le texte, en appliquant cette condition à la portion d'une chaînette en équilibre comprise entre le sommet M_0 et un point M, et introduisant la tension T_0 en M_0 comme inconnue auxiliaire.)

26. Dans une chaînette pesante, de densité variable, en équilibre sur une sphère, l'hyperboloïde ayant pour génératrices d'un même système les tensions en deux points A et B et la verticale du centre de gravité de l'arc AB passe par le centre de la sphère. (On le démontre en supposant l'arc AB solidifié, et remarquant que les forces appliquées à cet arc, tensions en A et B, poids et réaction de la sphère doivent se faire équilibre.)

27. Figure d'équilibre d'un fil flexible et inextensible non pesant, traversé par un courant et soumis à l'influence du pôle d'un aimant O.

[Ligne géodésique d'un cône de révolution de sommet O (Darboux).]

Rappelons que l'action du pôle O sur l'élément ds, situé à une distance r de O, est normale au plan $O\,ds$ et a pour intensité $\dfrac{ds}{r^2}\sin\widehat{r,ds}$.

28. On considère sur une surface fixe S les courbes C qui, parmi toutes les courbes *tracées sur cette surface* entre deux points, rendent minimum l'intégrale $I = \displaystyle\int \varphi\,ds$, courbes qui ont été déterminées dans le n° 161. Démontrer que, quand on passe d'une de ces courbes AB à une courbe infiniment voisine A_1B_1 sur la surface, la variation de l'intégrale est encore donnée par la formule de Tait et Thomson. En déduire les mêmes conséquences que pour les courbes C dans l'espace (n° 159).

29. On considère dans un plan zOx des chaînettes ayant Ox pour base et coupant normalement une courbe fixe C : à partir du point A, où chaque chaînette coupe cette courbe, on prend sur cette chaînette un arc AB tel que, en tournant autour de Ox, cet arc engendre une aire déterminée S. Démontrer que le lieu des points B est une courbe C' normale à toutes les chaînettes. (Application du théorème de Tait et Thomson.)

30. Étant donnés deux points fixes A et B et des surfaces fixes $S_1, S_2, \ldots, S_p$ (voyez *fig.* 110, n° 162), on imagine des points mobiles $P_1, P_2, \ldots, P_p$, glissant sans frottement sur ces surfaces. Le premier point P_1 est attiré par le point A avec une intensité constante n et par le point P_2 avec une intensité constante n_1, le deuxième point P_2 est attiré par P_1 avec une intensité constante n_1 et par P_3 avec une intensité constante n_2, ..., et ainsi de suite. Démontrer que la position d'équilibre du système est le trajet d'un rayon lumineux allant de A en B, suivant les lois de la réfraction, tel qu'il a été indiqué dans le texte.

31. Le trajet $AP_1P_2\ldots P_pB$ d'un rayon lumineux de A en B, suivant les lois de la réfraction (n° 162), est la figure d'équilibre d'un polygone funiculaire dont

les sommets A et B seraient fixes, les sommets $P_1, P_2, \ldots, P_p$ mobiles sans frottement sur les surfaces $S_1, S_2, \ldots, S_p$, et dans lequel la tension du côté $P_k P_{k+1}$ serait n_k. (Autre forme de l'énoncé précédent.)

32. Si le long d'une courbe C (n° 158) joignant deux points A et B, la fonction $\varphi(x,y,z)$ *devient positive et négative,* l'intégrale

$$\int_{(A)}^{(B)} \varphi(x,y,z)\, ds,$$

prise le long de cette courbe, ne peut être ni maximum, ni minimum (WEIERSTRASS. *Voyez* une Note de M. Kobb, *Annales de la Faculté des Sciences de Toulouse;* 1891).

33. Soient A et B deux points placés l'un au-dessus, l'autre au-dessous du plan xOy; si l'on cherche parmi les courbes joignant ces deux points celle qui rend maximum et minimum l'intégrale

$$\int_{(A)}^{(B)} z^n\, dz,$$

où n est un entier positif pair, on trouve que cette courbe est formée des perpendiculaires AA' et BB', abaissées des points A et B sur le plan xOy et de la droite A'B'.

34. Considérons une fonction $\varphi(x,y,z)$, finie et continue dans la région de l'espace située d'un côté d'une surface S sur laquelle cette fonction prend la valeur constante k; soit $\varphi_1(x,y,z)$ une deuxième fonction finie et continue de l'autre côté de cette surface S et prenant sur S une valeur constante k_1; soient enfin A un point placé dans la première région, B un point de la deuxième. Chercher par quelle courbe il faut joindre les deux points, pour que, en appelant P le point où elle coupe la surface S, on obtienne pour l'intégrale

$$\mathrm{I} = \int_{(A)}^{(P)} \varphi(x,y,z)\, ds + \int_{(P)}^{(B)} \varphi_1(x,y,z)\, ds$$

un *maximum* ou un *minimum.*

(Les arcs AP et BP sont respectivement des courbes rendant la première et la deuxième intégrale maximum ou minimum; les tangentes t et t_1 à ces courbes au point P sont dans un même plan avec la normale à S en P et font avec cette normale des angles i et i_1, tels que $\dfrac{\sin i}{\sin i_1} = \dfrac{k_1}{k}.$)

35. Si l'arc AP se déplace normalement à une surface Σ, qu'il rencontre en A, et si l'on prend sur les courbes AP et PB de l'exercice précédent des longueurs telles que l'intégrale I *ait une valeur constante,* le lieu du point B est une deuxième surface Σ_1 normale aux arcs PB.

(Cette propriété se démontre à l'aide de la relation de Tait et Thomson, n° 159, appliquée successivement à la variation de chacune des deux intégrales qui composent I.)

CHAPITRE VII.

PRINCIPE DES VITESSES VIRTUELLES.

163. Historique. — Le principe des vitesses virtuelles a été employé par Galilée dans la théorie de quelques machines simples, puis par Wallis dans sa *Mécanique*; Descartes s'est servi d'une règle, qui revient à celle de Galilée, pour réduire toute la Statique à un principe unique. Mais (citons textuellement Lagrange), « Jean Bernoulli est le premier qui ait aperçu la grande généralité du principe des vitesses virtuelles et son utilité pour résoudre les problèmes de Statique. C'est ce que l'on voit dans une de ses lettres à Varignon, datée de 1717, que ce dernier a placée à la tête de la Section neuvième de sa nouvelle Mécanique, Section employée tout entière à montrer par différentes applications la vérité et l'usage du principe dont il s'agit. Ce même principe a donné lieu ensuite à celui que Maupertuis a proposé dans les *Mémoires de l'Académie des Sciences de Paris* pour l'année 1740, sous le nom de *Loi du repos*, et qu'Euler a développé davantage et rendu plus général dans les *Mémoires de l'Académie de Berlin* pour l'année 1751. Enfin c'est encore le même principe qui sert de base à celui que Courtivron a donné dans les *Mémoires de l'Académie des Sciences de Paris* pour 1748 et 1749. Et, en général, je crois pouvoir avancer que tous les principes généraux que l'on pourrait peut-être encore découvrir dans la Science de l'équilibre, ne seront que le même principe des vitesses virtuelles, envisagé différemment, et dont ils ne différeront que dans l'expression. Mais ce principe est non seulement en lui-même très simple et très général : il a, de plus, l'avantage précieux et unique de pouvoir se traduire en une formule générale qui renferme tous les problèmes que

I.   15

l'on peut proposer sur l'équilibre des corps » (LAGRANGE, *Mécanique analytique*, première Partie, § 17).

Depuis Lagrange, on a proposé plusieurs démonstrations du principe des vitesses virtuelles : une des plus connues est celle d'Ampère que l'on trouvera exposée, par exemple, dans la *Mécanique* de Despeyrous ; récemment M. C. Neumann a proposé une autre démonstration (*Berichte der Sächsischen Gesellschaft der Wissenschaften*, mars 1886). Nous exposerons une démonstration classique qui repose sur l'analyse des diverses sortes de liaisons simples.

I. — ÉNONCÉ ET DÉMONSTRATION DU PRINCIPE.

164. Déplacement et travail virtuels. — Soit M un point matériel auquel est appliquée entre autres une force F : imaginons que l'on imprime à ce point un déplacement infiniment petit arbitraire $\overline{MM'}$: on appelle ce déplacement *déplacement virtuel* imprimé au point pour le distinguer du *déplacement réel* que prend le point sous l'action des forces qui agissent sur lui. Le travail élémentaire de la force F

$$(1) \qquad F.\overline{MM'}.\cos \widehat{F\,MM'}$$

est appelé *travail virtuel* de F correspondant au déplacement MM'. On peut alors appliquer à ce travail virtuel tout ce qui a été dit du travail élémentaire (Chap. IV). Bornons-nous à rappeler les deux propositions suivantes :

Pour un même déplacement virtuel $\overline{MM'}$, le travail virtuel de la résultante de plusieurs forces appliquées au point M est égal à la somme des travaux des composantes.

Si le déplacement virtuel MM' est la somme géométrique de plusieurs déplacements, le travail d'une même force correspondant au déplacement MM' est égal à la somme des travaux de cette force correspondant aux déplacements composants.

Si l'on désigne par δt l'espace de temps infiniment court pendant lequel s'effectue le déplacement virtuel MM', le vecteur V égal à $\dfrac{\overline{MM'}}{\delta t}$, dirigé dans le sens MM', est appelé *vitesse virtuelle* imprimée au point M; et le travail virtuel peut s'écrire, en remplaçant MM' par $V\,\delta t$,

$$(2) \qquad\qquad FV\cos(F, V)\,\delta t,$$

car l'angle de F avec V est le même que l'angle de F avec MM'.

Analytiquement, si l'on suppose les axes rectangulaires et si l'on désigne par X, Y, Z les projections de la force F, par δx, δy, δz les projections du déplacement MM', le travail virtuel est

$$X\,\delta x + Y\,\delta y + Z\,\delta z.$$

Nous prendrons, habituellement, le travail virtuel sous la forme (1) : primitivement on le prenait plutôt sous la forme (2). Lorsque l'on emploie cette forme (2) et que l'on imprime des déplacements virtuels à différents points, il est convenu que, pour tous ces points, δt a la même valeur.

165. Énoncé du principe. — Cela posé, imaginons un système de points assujettis à des liaisons *sans frottement*. Divisons les forces appliquées aux différents points en deux classes : *les forces de liaison* qui proviennent des liaisons imposées au système, et *les forces directement appliquées* ou *forces données* que l'on fait agir sur le système; le principe des vitesses virtuelles s'énonce alors de la façon suivante :

La condition nécessaire et suffisante de l'équilibre d'un système est que, pour tout déplacement virtuel de ce système, compatible avec les liaisons, la somme des travaux virtuels des forces directement appliquées soit nulle. Nous allons d'abord vérifier ce principe dans un certain nombre de cas simples.

166. Point libre. — Soient un point matériel entièrement libre et X, Y, Z la résultante des forces directement appliquées à ce point. Tout déplacement est ici possible, puisqu'il n'y a pas de liaisons; le travail virtuel correspondant à l'un des déplacements est

$$\varepsilon = X\,\delta x + Y\,\delta y + Z\,\delta z.$$

Si le point est en équilibre, X, Y, Z sont nuls; il en résulte que l'on a bien $\varepsilon = 0$ quel que soit le déplacement δx, δy, δz. Réciproquement, si ϖ est nul, quels que soient δx, δy, δz, il faut que l'on ait

$$X = 0, \qquad Y = 0, \qquad Z = 0,$$

et le point est en équilibre.

167. Point sur une surface. — Soit maintenant un point pouvant se déplacer sans frottement sur une surface fixe

$$f(x, y, z) = 0$$

sous l'action de la force F. Il y a ici une liaison exprimée par l'équation précédente et les seuls déplacements compatibles avec cette liaison sont ceux qui s'effectuent sur la surface. Si le point est en équilibre, c'est que la force est normale à la surface et par conséquent à tous ces déplacements virtuels; le travail virtuel est constamment nul. Inversement, si le travail ϖ est nul pour un déplacement quelconque MM' situé sur la surface, on a, d'après l'égalité

$$\varpi = F . MM' \cos(F, MM'),$$

soit $F = 0$, soit $\cos(F, MM') = 0$. Donc, ou bien la force est nulle, et il y a équilibre, ou bien la force est normale à la surface et il y a encore équilibre.

Nous allons, à titre d'exercice, retrouver les équations d'équilibre d'un point sur une surface en partant du principe des vitesses virtuelles. Nous devons avoir

$$\varpi = X \delta x + Y \delta y + Z \delta z = 0,$$

sous la seule condition que δx soit lié aux accroissements arbitraires δy, δz par la relation

$$\frac{\partial f}{\partial x} \delta x + \frac{\partial f}{\partial y} \delta y + \frac{\partial f}{\partial z} \delta z = 0,$$

qui exprime que le déplacement MM' est effectué sur la surface. Multiplions cette dernière équation par λ et ajoutons à la première. Nous aurons

$$\left(X + \lambda \frac{\partial f}{\partial x} \right) \delta x + \left(Y + \lambda \frac{\partial f}{\partial y} \right) \delta y + \left(Z + \lambda \frac{\partial f}{\partial z} \right) \delta z = 0,$$

quels que soient λ, δy et δz. Supposons λ déterminé de façon à annuler le premier coefficient; δy, δz étant arbitraires, leurs coefficients devront être identiquement nuls; nous aurons donc simultanément

$$X + \lambda \frac{\partial f}{\partial x} = 0,$$

$$Y + \lambda \frac{\partial f}{\partial y} = 0,$$

$$Z + \lambda \frac{\partial f}{\partial z} = 0.$$

Ce sont bien les équations trouvées antérieurement (n° 95). La force produite par la liaison est la réaction normale N de la surface : les équations d'équilibre que nous venons d'écrire montrent que le point matériel M, supposé entièrement libre, serait en équilibre sous l'action simultanée de la force donnée et d'une force ayant pour projections $\lambda \frac{\partial f}{\partial x}$, $\lambda \frac{\partial f}{\partial y}$, $\lambda \frac{\partial f}{\partial z}$; il en résulte que cette dernière n'est autre que la réaction normale. Cette réaction s'appelle *force de liaison* : elle provient de la liaison imposée au point.

Si la surface était donnée par des équations de la forme

$$x = \varphi(q_1, q_2), \qquad y = \psi(q_1, q_2), \qquad z = \varpi(q_1, q_2),$$

pour toutes les variations δq_1 et δq_2 de q_1 et q_2, le déplacement δx, δy, δz donné par ces équations se ferait sur la surface; le travail virtuel

$$X \delta x + Y \delta y + Z \delta z$$

prendrait, pour un tel déplacement, la forme

$$Q_1 \delta q_1 + Q_2 \delta q_2,$$

et les conditions d'équilibre seraient celles précédemment trouvées

$$Q_1 = 0, \qquad Q_2 = 0.$$

Remarquons que, dans tous les cas, que le *point soit en équilibre ou non*, pour tout déplacement virtuel compatible avec la liaison, le travail de la force de liaison, c'est-à-dire de la réaction normale, est *nul*.

168. Point sur une courbe. — Lorsque le point matériel est assujetti à rester sur une courbe fixe

$$f(x, y, z) = 0, \qquad f_1(x, y, z) = 0;$$

le seul déplacement compatible avec cette liaison est celui qui se fait sur la courbe. On voit immédiatement que s'il y a équilibre le travail virtuel de la force donnée est nul, puisqu'elle est normale à la courbe, et réciproquement, si le travail est nul pour ce déplacement, la force est ou nulle ou normale et dans les deux cas il y a équilibre. Nous allons déduire de là les équations d'équilibre, telles qu'elles ont été établies antérieurement (n° 96).

Nous devons avoir

$$\varpi = X\,\delta x + Y\,\delta y + Z\,\delta z = 0$$

pour tous les déplacements compatibles avec les liaisons, c'est-à-dire pour toutes les valeurs δx, δy, δz vérifiant les deux équations

$$\frac{\partial f}{\partial x}\delta x + \frac{\partial f}{\partial y}\delta y + \frac{\partial f}{\partial z}\delta z = 0, \qquad \frac{\partial f_1}{\partial x}\delta x + \frac{\partial f_1}{\partial y}\delta y + \frac{\partial f_1}{\partial z}\delta z = 0,$$

qui expriment que le déplacement a lieu sur la courbe. Une seule des quantités δx, δy, δz, la dernière, par exemple, reste donc arbitraire. Multiplions alors les deux dernières équations par λ et λ_1, et ajoutons-les à la première, nous aurons

$$\left(X + \lambda\frac{\partial f}{\partial x} + \lambda_1\frac{\partial f_1}{\partial x}\right)\delta x$$
$$+ \left(Y + \lambda\frac{\partial f}{\partial y} + \lambda_1\frac{\partial f_1}{\partial y}\right)\delta y + \left(Z + \lambda\frac{\partial f}{\partial z} + \lambda_1\frac{\partial f_1}{\partial z}\right)\delta z = 0,$$

quels que soient λ, λ_1 et δz. Si l'on détermine λ et λ_1 de façon que les deux premiers coefficients soient nuls, le troisième devra l'être aussi pour que cette expression soit nulle quel que soit δz. Nous aurons donc simultanément

$$X + \lambda\frac{\partial f}{\partial x} + \lambda_1\frac{\partial f_1}{\partial x} = 0,$$

$$Y + \lambda\frac{\partial f}{\partial y} + \lambda_1\frac{\partial f_1}{\partial y} = 0,$$

$$Z + \lambda\frac{\partial f}{\partial z} + \lambda_1\frac{\partial f_1}{\partial z} = 0,$$

équations qui expriment qu'il y a équilibre entre la force directement appliquée et une force ayant pour projections

$$\lambda \frac{\partial f}{\partial x} + \lambda_1 \frac{\partial f_1}{\partial x}, \quad \lambda \frac{\partial f}{\partial y} + \lambda_1 \frac{\partial f_1}{\partial y}, \quad \lambda \frac{\partial f}{\partial z} + \lambda_1 \frac{\partial f_1}{\partial z};$$

c'est la réaction normale ou *force de liaison*.

Si les équations de la courbe se présentaient sous la forme

$$x = \varphi(q), \quad y = \psi(q), \quad z = \varpi(q),$$

le travail virtuel serait

$$\bar{\varpi} = (X \varphi' + Y \psi' + Z \varpi') \delta q,$$

et la condition d'équilibre

$$X \varphi' + Y \psi' + Z \varpi' = 0.$$

Dans le cas actuel, comme dans le précédent, que le point soit
en équilibre ou non, pour tout déplacement compatible avec les
liaisons, le travail de la réaction normale ou force de liaison est
nul.

169. Corps solide entièrement libre. — Soit un solide libre sollicité par des forces données F_1, F_2, ..., F_n. Ce solide est formé
d'un grand nombre de points matériels assujettis à rester à des
distances invariables les uns des autres : ce sont là les liaisons imposées au système. Dans ce nouveau cas, les seuls déplacements
possibles, compatibles avec les liaisons, sont ceux pour lesquels la
forme du solide reste invariable. Soient, pour un de ces déplacements, a, b, c les projections de la vitesse de translation et p, q, r
celles de la rotation instantanée; ces six quantités peuvent être
choisies arbitrairement, car on peut imprimer au corps solide tel
déplacement que l'on veut. La vitesse d'un point x, y, z a pour
projections

$$V_x = a + qz - ry, \quad V_y = b + rx - pz, \quad V_z = c + py - qx,$$

de sorte que le travail virtuel

$$\bar{\varpi}_\nu = X_\nu \delta x_\nu + Y_\nu \delta y_\nu + Z_\nu \delta z_\nu,$$

de la force F_ν, appliquée au point x_ν, y_ν, z_ν est

$$\mathcal{C}_\nu = X_\nu(a + qz_\nu - ry_\nu)\delta t + Y_\nu(b + rx_\nu - pz_\nu)\delta t + Z_\nu(c + py_\nu - qx_\nu)\delta t;$$

nous pouvons écrire cette expression

$$\mathcal{C}_\nu = \delta t \left[aX_\nu + bY_\nu + cZ_\nu + p(y_\nu Z_\nu - z_\nu Y_\nu) + q(z_\nu X_\nu - x_\nu Z_\nu) \right.$$
$$\left. + r(x_\nu Y_\nu - y_\nu X_\nu) \right];$$

la somme des travaux virtuels de toutes les forces directement appliquées est donc

$$\mathcal{C} = \Sigma\, \mathcal{C}_\nu = \delta t \left[a\Sigma X + b\Sigma Y + c\Sigma Z - p\Sigma(yZ - zY) \right.$$
$$\left. + q\Sigma(zX - xZ) + r\Sigma(xY - yX) \right].$$

Si le corps est en équilibre, les coefficients des six arbitraires sont nuls et l'on a bien

$$\mathcal{C} = 0$$

pour tout déplacement compatible avec les liaisons; et réciproquement, si $\mathcal{C}$ est nul, quels que soient ces arbitraires, il faut que leurs coefficients soient égaux à o, c'est-à-dire que les conditions d'équilibre soient satisfaites.

Que le corps soit en équilibre ou non, la somme des travaux des forces de liaisons, qui sont ici les actions mutuelles des points du système, est nulle pour tout déplacement compatible avec les liaisons. En effet, soient M_1 et M_2 deux points du corps placés à une distance r l'un de l'autre. Le point M_1 exercera sur M_2 une certaine action F_1 dirigée suivant $M_1 M_2$ et M_2 exercera sur M_1 une action *égale et opposée* F_2, d'après le principe de l'égalité de l'action et de la réaction (n° **92**, *fig*. 65); ces deux forces sont les forces de liaisons provenant de l'action mutuelle des deux points M_1 et M_2 qui sont liés de façon à rester à une *distance invariable l'un de l'autre*. Pour se représenter cette liaison, on peut imaginer les deux points liés l'un à l'autre par une tige rigide et sans masse. Convenons, comme précédemment, d'appeler *valeur algébrique* F de l'action mutuelle des deux points la valeur absolue de cette action précédée du signe $+$ ou du signe $-$ suivant que les points se repoussent ou s'attirent. Pour des déplacements virtuels quelconques imprimés aux deux points, la somme des travaux des deux forces est (n° **92**)

$$F\,\delta r.$$

Si les déplacements virtuels imprimés aux deux points sont compatibles avec la liaison imposée aux deux points de rester à *une distance invariable*, r reste constant, δr est nul et la somme des travaux des forces de liaisons est nulle. Le même fait ayant lieu pour toutes les actions mutuelles des points du corps solide associés deux à deux, la proposition énoncée se trouve établie.

170. Lemme. — Nous allons ériger cette remarque, que nous venons de faire dans les trois exemples examinés, en règle générale et établir le lemme suivant :

Qu'un système de points matériels soit en équilibre ou non, pour tout déplacement virtuel compatible avec les liaisons, la somme des travaux virtuels des forces dues à ces liaisons est nulle, en supposant essentiellement qu'il n'y a pas de frottement.

Il suffit évidemment d'établir ce lemme pour chacune des liaisons du système et, pour cela, nous passerons en revue les diverses sortes de liaisons. Nous les diviserons en deux catégories :

1° Liaisons des corps du système avec des corps fixes ;

2° Liaisons des corps du système entre eux.

Première catégorie. — (*a*) Le cas le plus simple est celui où un corps solide a un point fixe ; le seul déplacement possible est une rotation autour de ce point ; le travail de la force de liaison ou réaction du point fixe est nul, puisque son point d'application ne se déplace pas dans ce mouvement. Le même fait a lieu si le corps a deux points fixes, c'est-à-dire tourne autour d'un axe fixe.

(*b*) Supposons qu'une surface S, liée à un corps solide du système, soit assujettie à glisser sans frottement sur une surface fixe S'. La force de liaison est la réaction normale MN de cette surface S' sur S (*fig.* 112) ; son point d'application est le point M de S en contact avec S'. Comme le déplacement de ce point doit être dans le plan tangent commun à S et S', le travail de la réaction normale est nul. L'une des deux surfaces S et S' peut être réduite à une ligne ou à un point.

(*c*) Supposons enfin qu'une surface S, liée à un corps solide du système, soit assujettie à rouler et à pivoter sans glissement sur

une surface fixe S' (n° 55). La réaction MP de S' sur S (*fig.* 113)
est encore appliquée au point M de S qui se trouve en contact, mais
cette réaction n'est plus normale, car la liaison établie entre S' et S
s'oppose au glissement. Imprimons au système un déplacement
compatible avec la liaison considérée, c'est-à-dire faisons rouler
et pivoter S sur S', et soit V_r la vitesse virtuelle du point M : le travail virtuel de P est $PV_r \cos (P, V_r) \delta t$; ce travail est *nul*, car dans le
mouvement de roulement et pivotement la vitesse V_r du point M au
contact est *nulle*.

L'exemple le plus simple de ce genre de liaisons est le suivant :

Dans un plan fixe, une roue S est assujettie à rouler sans glisser
sur une courbe fixe S' (*fig.* 111). On peut réaliser cette liaison en

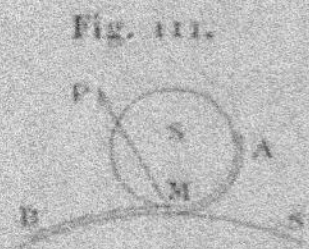

Fig. 111.

armant la circonférence de la roue et la courbe de dents infiniment petites qui engrènent les unes avec les autres, ou encore en
attachant un fil inextensible sans masse en un point A de la circonférence de la roue, le tendant sur la roue jusqu'au point de
contact M, puis sur la courbe S' jusqu'en un point fixe B où on
l'attache.

Deuxième catégorie. — (*a*) Soient d'abord deux corps solides,
mobiles tous deux, articulés en un point O. Les forces de liaisons
sont les réactions égales et opposées P, P' des deux corps ; leurs
points d'application restant confondus dans tous les déplacements
admissibles, la somme des travaux virtuels de ces deux forces
reste nulle. Il en est de même si les corps doivent avoir plus de
deux points communs ; si, par exemple, ils sont articulés par une
charnière.

(*b*) Considérons maintenant deux surfaces du système, mobiles
toutes deux, assujetties à glisser sans frottement l'une sur l'autre
(*fig.* 112) ; les forces de liaisons qui sont les réactions N, N' de ces
surfaces sont égales, opposées et normales au plan tangent commun au point de contact. Soient V et V' les vitesses virtuelles des

points M et M' de S et S' qui sont actuellement au contact. Ces vitesses ne sont pas les mêmes, car on peut, par exemple, obtenir un déplacement compatible avec les liaisons en laissant S fixe et

Fig. 112.

faisant glisser S' sur S. En désignant par V_n, $V'_{n'}$ les projections respectives des vitesses virtuelles V et V' sur N et N', nous aurons pour expression du travail virtuel total

$$\mathfrak{T}' = \delta t\,(N V_n + N' V'_{n'}) = N\,\delta t\,(V_n + V'_{n'}).$$

Le mouvement relatif de S par rapport à S' étant un glissement, la vitesse relative V_r du point M par rapport à S' est dans le plan tangent commun, et l'on a, pour la vitesse absolue de M,

$$(V) = (V_e) + (V_r).$$

V_e désignant la vitesse d'entraînement de M. Cette vitesse V_e est par définition la vitesse du point du système de comparaison S' qui coïncide avec M, c'est-à-dire la vitesse V' du point M'. On a donc

$$(V) = (V') + (V_r)$$

et, en projetant sur la direction N'N,

$$V_n = V'_n$$

puisque V_r, étant dans le plan tangent, a une projection nulle. Mais V'_n est égal à $-V'_{n'}$, car ces deux quantités désignent les projections d'un vecteur V' sur deux directions N' et N directement opposées ; on a donc

$$V_n + V'_{n'} = 0$$

et le travail $\mathfrak{T}'$ est nul.

(c) Supposons enfin qu'un corps solide du système soit terminé par une surface S assujettie à rouler et pivoter, sans glissement, sur une surface S' faisant partie également d'un corps du système.

L'action mutuelle des deux surfaces S et S', en leur point de contact, n'est plus normale au plan tangent commun puisqu'elle s'oppose au glissement. Soient MP l'action de S' sur S appliquée au point M de S qui se trouve en contact, M'P' la réaction de S sur S' appliquée au point de S' qui se trouve au contact; ces deux forces sont égales et opposées. Imprimons au système un déplacement compatible avec les liaisons, c'est-à-dire un déplacement dans lequel S et S' se déplacent, S roulant sur S'. Soient, comme précédemment, V et V' les vitesses virtuelles des points M et M', V_p et $V'_{p'}$ leurs projections respectives sur MP et M'P'. La somme des travaux virtuels des deux forces de liaison P et P' est

$$\mathscr{C}' = \delta t\,(\mathrm{P}V_p + \mathrm{P}'V'_{p'}) = \mathrm{P}\,\delta t\,(V_p + V'_{p'}).$$

Le mouvement relatif de S par rapport à S' étant un roulement et un pivotement, la vitesse relative V_r du point M par rapport à

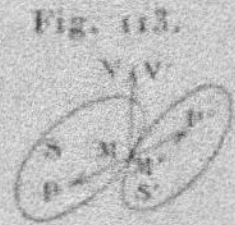

S' est nulle; la vitesse d'entraînement du point M est, comme précédemment, la vitesse V' du point M' et la formule générale

$$(V) = (V_e) + (V_r)$$

donne

$$(V) = (V').$$

Les deux vitesses V et V' étant égales, leurs projections V_p et $V'_{p'}$ sur deux directions opposées sont égales et de signes contraires et le travail $\mathscr{C}'$ est bien nul.

174. Combinaisons des liaisons précédentes. — Les liaisons réalisées dans les machines sont des combinaisons des précédentes. Ainsi il est aisé de faire rentrer dans les liaisons examinées ci-dessus les liaisons réalisées à l'aide de fils ou de chaînes.

Imaginons, par exemple, que deux points M et M_t du système sont liés l'un à l'autre par une chaîne C inextensible, tendue dans une partie de sa longueur sur une surface S sur laquelle elle peut

glisser sans frottement, cette surface S étant d'ailleurs fixe ou mobile. Cette liaison est une combinaison des précédentes ; les chaî-
nons sont des corps solides ; chacun d'eux est articulé au suivant
en un point ou suivant un axe ; ceux qui sont en contact avec la
surface glissent sans frottement sur une surface S. L'un des deux
points, M_1 par exemple, pourrait, de plus, être lié invariablement
à la surface S : ce serait encore une liaison précédemment examinée. Ce genre de liaisons comprend en particulier les liaisons
effectuées à l'aide de poulies.

172. Conception générale des liaisons sans frottement. — Nous
venons de voir que, pour les liaisons les plus simples et leurs
combinaisons, la somme des travaux virtuels des forces de liaison
est nulle, pour tout déplacement virtuel compatible avec les liaisons, du moment qu'il n'y a pas de frottement. Pour des liaisons
d'une nature plus compliquée, par exemple des liaisons qui sont
exprimées par des équations, on prend la propriété précédente
comme la définition même de l'absence de frottement ; les liaisons
sont sans frottement si, pour tout déplacement compatible avec
les liaisons, la somme des travaux des forces de liaison est nulle.

173. Démonstration du principe. — Soit un système de points
matériels M_1, M_2, ..., M_n, assujettis à des liaisons données et sollicités par des forces directement appliquées. Appelons x_ν, y_ν, z_ν
les coordonnées d'un de ces points M_ν ; X_ν, Y_ν, Z_ν les projections
de la résultante F_ν des forces directement appliquées à ce point.

Nous voulons démontrer la proposition suivante : *Pour que le
système soit en équilibre dans une certaine position, il faut et
il suffit que, si l'on imprime au système un déplacement virtuel
quelconque compatible avec les liaisons, la somme des travaux
virtuels des forces directement appliquées soit nulle.*

La condition est nécessaire. En effet, si l'équilibre a lieu, chaque
point M_ν est en équilibre sous l'action de toutes les forces qui lui
sont appliquées, tant données que de liaison ; d'une façon plus
précise, on peut regarder ce point comme libre, à condition de lui
appliquer certaines forces F'_ν, F''_ν, ... provenant des liaisons ; le
point est alors en équilibre sous l'action des forces données de résultante F_ν et des forces de liaison F'_ν, F''_ν, ... Pour un déplace-

ment virtuel arbitraire imprimé à ce point, la somme des travaux
de toutes ces forces est nul. Le même fait ayant lieu pour chaque
point du système, si l'on imprime aux points du système des déplacements arbitraires compatibles ou non avec les liaisons, la
somme des travaux de toutes les forces tant données que de liaison est nulle

$$\tau + \tau' = 0,$$

τ désignant la somme des travaux des forces données, τ' la somme
des travaux des forces de liaison. Mais, si les déplacements sont
compatibles avec les liaisons, d'après le lemme précédent, τ' est
nulle, et donc aussi

$$\tau = 0.$$

La condition est suffisante. Si, pour tous les déplacements compatibles avec les liaisons, la somme τ des travaux des forces données est *nulle*, le système est en équilibre. Pour le démontrer, nous
allons faire voir que, si le système n'est pas en équilibre, il y a au
moins un déplacement compatible avec les liaisons pour lequel τ
n'est pas nulle. En effet, si le système n'est pas en équilibre, et si
on l'abandonne à lui-même, il entre en mouvement : le déplacement que prennent alors les points est compatible avec les liaisons et chaque point M_v regardé comme libre se déplace dans le
sens de la résultante de toutes les forces agissant sur lui F_v, F'_v,
F''_v, ..., tant données que de liaisons. Dans ce déplacement réel
toutes les vitesses initiales sont nulles ; mais nous pouvons imprimer au système un déplacement virtuel dans lequel chaque
point se déplace suivant la même direction et le même sens que
dans le déplacement réel, les vitesses virtuelles des points M_v
n'étant pas toutes nulles. Alors la somme des travaux des forces
F_v, F'_v, F''_v, ..., étant égale au travail de leur résultante, est positive, puisque le déplacement a la direction et le sens de cette
résultante ; la même chose ayant lieu pour chaque point, la somme
$\tau + \tau'$ des travaux des forces données et des forces de liaison est
positive pour le déplacement considéré et non nulle. Mais ce
déplacement étant compatible avec les liaisons, τ' est nulle et l'on a

$$\tau > 0.$$

Il en résulte que, si pour tous les déplacements possibles, compatibles avec les liaisons, τ est nulle, l'équilibre a lieu.

174. Remarque sur le travail d'une force. — L'analyse que nous avons faite des diverses sortes de liaisons possibles met en évidence un point sur lequel il n'est pas inutile d'insister. C'est que, pour évaluer le travail élémentaire d'une force, soit virtuel, soit réel, il ne faut pas confondre le point matériel auquel la force est appliquée avec le point géométrique d'application de la force. Dans l'expression du travail élémentaire

$$F.\overline{MM'}.\cos\widehat{F,MM'}, \quad FV\cos(\widehat{F,V})\,\delta t,$$

MM' et V désignent le déplacement infiniment petit et la vitesse *du point matériel auquel est appliquée la force* et non le déplacement et la vitesse du point géométrique d'application de la force. Par exemple, si une roue R (*fig.* 114) roule sur une courbe

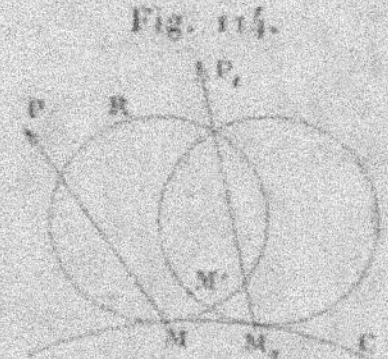

Fig. 114.

fixe C, la réaction P de la courbe est appliquée au point matériel de la roue M qui se trouve au contact; après un intervalle de temps δt, la roue a pris une position infiniment voisine, un nouveau point M_1 de la roue est au contact et la réaction P_1 est appliquée en M_1; quant au point matériel M, primitivement au contact, il est venu en M'. C'est le déplacement MM' et la vitesse $\frac{MM'}{\delta t}$ du point matériel M (vitesse nulle à cause du roulement) qui figurent dans le travail de P, et non pas le déplacement MM_1 et la vitesse $\frac{MM_1}{\delta t}$ du point géométrique d'application.

175. Sur les liaisons effectuées à l'aide de corps sans masse. — Il arrive quelquefois que, dans un système en mouvement ou en équilibre, il se trouve des corps dont on néglige la masse par rapport aux autres corps du système et qu'on regarde comme ayant une masse nulle. On traduit cette hypothèse en exprimant que les forces appliquées à un corps sans masse se font équilibre. En effet, les équations du mouvement d'un point sont

$$m\,\frac{d^2x}{dt^2} = X, \qquad m\,\frac{d^2y}{dt^2} = Y, \qquad m\,\frac{d^2z}{dt^2} = Z,$$

X, Y, Z désignant les projections de la résultante des forces appliquées au point. Le point m étant supposé appartenir à un système en mouvement, son accélération est finie, de sorte que, si m est une masse très petite, X, Y, Z sont elles-mêmes des quantités très petites. Si l'on suppose $m = 0$, X, Y, Z doivent être *nulles* et les forces appliquées au point se font équilibre. Si l'on imagine maintenant un système sans masse, chaque point du système a une masse nulle et toutes les forces appliquées à ce point se font équilibre : l'ensemble de toutes les forces appliquées à ce système est donc en équilibre.

Par exemple, si deux points matériels M et M′ sont liés l'un à l'autre par *une tige rigide et sans masse*, les actions de la tige sur les deux points sont deux forces F et F′ égales et directement opposées. En effet, l'action de la tige sur le point M étant F, celle de M sur la tige est — F ; de même, celle de M′ sur la tige est — F′. Les forces appliquées à la tige sont donc — F et — F′ et, comme elles doivent se faire équilibre, elles sont égales et directement opposées. On retombe ainsi sur une liaison qui a été examinée précédemment (n° 169).

Soient encore deux points matériels M et M′ liés par un fil *inextensible et sans masse* passant sur une surface S fixe ou mobile sur laquelle il peut glisser sans frottement. Soient T et T′ les actions exercées par le fil sur les deux points M et M′, et, par suite, — T et — T′ les actions exercées sur le fil par les points. Le fil est sollicité à ses deux extrémités par les forces — T et — T′ et, dans la partie qui touche la surface S, par des forces normales provenant de la réaction de la surface. Comme il doit être en équilibre, sa tension est la même partout et il est disposé suivant une ligne géodésique de la surface (n° 156) ; en particulier T = T′. Ce genre de liaisons rentre dans les liaisons examinées précédemment (n° 171) ; il conduit à quelques conséquences géométriques que nous indiquerons, comme exercices, à la fin du Chapitre (Exercices 1 et 2).

II. — PREMIERS EXEMPLES. SYSTÈMES A LIAISONS COMPLÈTES. MACHINES SIMPLES.

176. Systèmes à liaisons complètes. — On dit qu'un système de points matériels est à liaisons complètes quand sa position ne dépend que d'un paramètre. Dans un tel système, chaque point décrit une courbe fixe déterminée, et la position d'un point sur sa trajectoire suffit pour déterminer la position de tous les autres points. Par exemple, un corps solide, assujetti à tourner autour d'un axe fixe, est un système à liaisons complètes : la position du corps ne dépend que de l'angle dont le corps tourne à partir d'une position initiale; chaque point du corps décrit un cercle dont le plan est perpendiculaire à l'axe et dont le centre est sur l'axe; la position d'un de ces points suffit pour déterminer celle de tous les autres. Une vis mobile dans un écrou fixe, une chaîne assujettie à glisser le long d'une courbe fixe, sont des systèmes à liaisons complètes.

Ces systèmes sont les plus simples de tous, car on peut leur imprimer un seul déplacement virtuel compatible avec les liaisons, à savoir le déplacement obtenu en faisant varier infiniment peu le paramètre unique dont dépend la position du système. Il y aura donc une seule condition d'équilibre.

177. Machines simples. — Les machines simples sont des systèmes à liaisons complètes sur lesquels agissent deux forces : l'une P est appelée la *puissance*, l'autre R la *résistance*. Pour trouver la condition d'équilibre, on imprime à la machine le déplacement virtuel unique compatible avec les liaisons. Soient, dans ce déplacement, δP la projection sur P du déplacement AA' du point d'application A de la puissance, et δR la projection sur R du déplacement BB' du point d'application B de la résistance (*fig.* 115). La condition d'équilibre est

$$P\,\delta P + R\,\delta R = 0.$$

En introduisant les vitesses virtuelles au lieu des déplacements, on a la condition

$$PU_P + RV_R = 0, \qquad \frac{P}{R} = -\frac{V_R}{U_P},$$

I.

où U_p désigne la projection sur P de la vitesse virtuelle U du point A, et V_R la projection sur R de la vitesse virtuelle V du point B. Dans l'équilibre, la puissance et la résistance sont donc

Fig. 115.

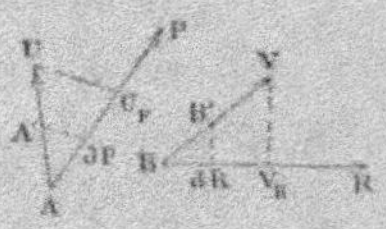

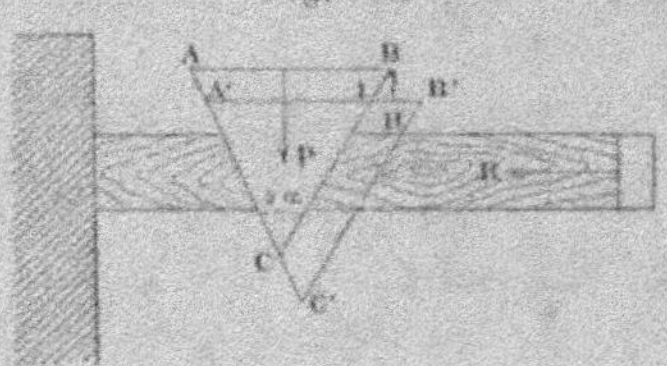

entre elles dans le rapport inverse des vitesses virtuelles de leurs points d'application estimées suivant leurs directions. C'est ce que Galilée énonçait sous la forme suivante : « ce que l'on gagne en force, on le perd en vitesse. »

1° *Presse à coin*. — Le coin est un prisme triangulaire isoscèle placé entre deux madriers, l'un fixe, l'autre assujetti à se déplacer horizontalement. La puissance est une pression exercée verticalement sur la base du coin supposée horizontale. La résistance est la force horizontale R qui s'oppose au déplacement du madrier mobile. Imaginons un déplacement virtuel amenant le coin ABC en A'B'C' (*fig*. 116) de façon qu'il descende de

$$BH = \delta P;$$

Fig. 116.

le déplacement δR est égal à IB' pris négativement, c'est-à-dire l'angle C étant 2α,

$$\delta R = - 2 BH \tang\alpha = - 2 \delta P \tang\alpha;$$

la condition d'équilibre est donc

$$P \delta P - 2 R \tang\alpha \delta P = o$$

ou

$$P = 2 R \tang\alpha;$$

l'emploi du coin sera d'autant plus avantageux que l'angle sera plus petit.

2° *Vis de pression.* — Nous supposerons que la puissance est une force P perpendiculaire à l'axe Bz (*fig.* 117) de la vis et appliquée en A

Fig. 117.

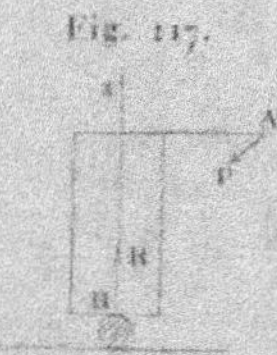

à une distance a de cet axe, normalement au plan AzB, la résistance R exerçant son action suivant cet axe même. Pour une rotation infiniment petite $\delta\theta$, seul déplacement compatible avec les liaisons, la projection sur P du petit arc d'hélice que décrit le point A est un arc de cercle de rayon a et d'ouverture $\delta\theta$

$$\delta P = a\,\delta\theta.$$

Quant à δR, il a pour valeur

$$\delta R = -\frac{h}{2\pi}\delta\theta,$$

en désignant par h le pas de la vis; car le glissement de la vis le long de son axe est proportionnel à sa rotation, et le pas h est la valeur du glissement pour un tour entier de la vis. La condition d'équilibre est donc

$$P\,a\,\delta\theta - R\frac{h}{2\pi}\delta\theta = 0, \qquad P = \frac{h}{2\pi a}R,$$

et il y aura avantage à augmenter la distance a et à diminuer le pas de la vis.

3° *Bascule ou balance de Quintenz.* — La bascule se compose d'un fléau ABC (*fig.* 118) mobile autour du point O, et qui supporte, à l'aide

Fig. 118.

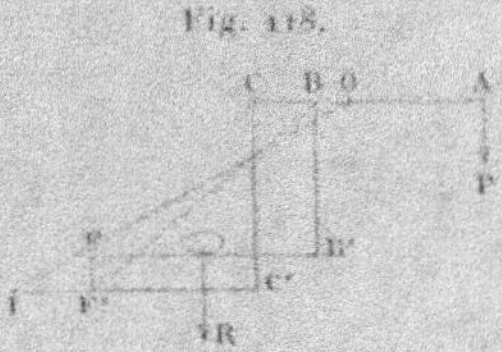

de tiges articulées BB', CC', deux plateaux horizontaux s'appuyant l'un en I sur un couteau fixe, l'autre en F sur un couteau FF' invariablement lié au plateau IC'. On place le corps à peser sur le plateau supérieur, et on lui fait équilibre par un poids P placé en A, le fléau ABC étant horizontal. Pour une rotation $\delta\theta$ du fléau autour de son axe, on a évidemment

$$\delta p = \overline{OA}\,\delta\theta.$$

Quant à δR, il dépendra de la position du fardeau sur le tablier FB', à moins que ce tablier ne se déplace parallèlement à lui-même, c'est-à-dire que les points F et B' s'élèvent d'une même quantité. Pour exprimer cette condition, nous observerons que B' s'élève autant que B, c'est-à-dire de $\overline{OB}\,\delta\theta$; le point C s'élevant d'ailleurs de $\overline{OC}\,\delta\theta$, il en sera de même de C',
et le point F qui entraîne F' s'élèvera de $\dfrac{\overline{IF'}}{\overline{IC'}}\,\overline{OC}\,\delta\theta$; la condition cherchée est donc

$$\overline{OB} = \overline{OC}\,\frac{\overline{IF'}}{\overline{IC'}}, \qquad \frac{\overline{IF'}}{\overline{IC'}} = \frac{\overline{OB}}{\overline{OC}};$$

elle exprime que les droites OI et BF' se coupent sur CC'. Dans cette hypothèse, on aura

$$\delta R = \overline{OB}\,\delta\theta;$$

la bascule sera en équilibre, si l'on satisfait à la condition

$$P.\overline{OA}.\delta\theta - R.\overline{OB}.\delta\theta = 0, \qquad \frac{P}{R} = \frac{\overline{OB}}{\overline{OA}},$$

et tout se passe comme si le corps à peser était directement suspendu au point B.

4° *Balance de Roberval.* — Un parallélogramme articulé ABCD (*fig.* 119) est susceptible de tourner autour des milieux OO' de deux côtés opposés;

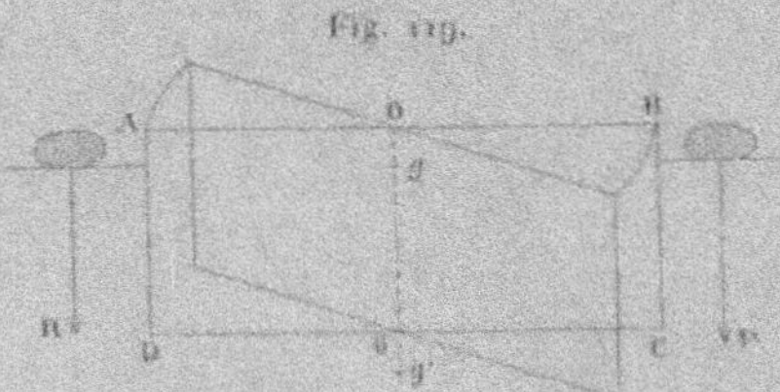

Fig. 119.

ces deux points étant situés sur la même verticale, les côtés AD, BC resteront évidemment verticaux. Si l'on y fixe deux plateaux, leurs déplacements virtuels seront égaux et de signes contraires, de sorte que, pour que deux poids, P et R, placés dans ces plateaux se fassent équilibre, il faut qu'ils soient égaux. Comme pour la bascule, la condition d'équilibre ne dépend pas de la position des corps dans les plateaux; de plus, l'équilibre a lieu dans toutes les positions : il est indifférent.

Dans ce qui précède, nous n'avons pas eu à tenir compte du poids des tiges ; car, les poids des tiges verticales AD et BC étant égaux, la somme de leurs travaux virtuels est nulle, et les poids des tiges AB et CD étant appliqués en des points fixes O et O', la somme de leurs travaux est également nulle. En réalité, les tiges AB et CD sont remplacées par des corps solides de poids p et p', dont les centres de gravité sont en g et g' quand les lignes AB et CD sont *horizontales*. Supposons l'équilibre établi *dans cette position* ; pour un déplacement virtuel du système, les points g et g' se déplacent normalement aux poids p et p', en décrivant des arcs de cercle de centres respectifs O et O'. Donc la somme des travaux virtuels de ces poids est encore nulle, et l'on a toujours P = R pour la condition d'équilibre ; seulement l'équilibre n'est plus indifférent, car, dans une autre position, les travaux des poids p et p' interviendraient.

5° *Genou.* — Une tige AO (*fig.* 120) est articulée par ses deux extré-

Fig. 120.

mités : en A avec un axe fixe, en O avec une tige OB, de longueur b, dont l'extrémité B glisse sans frottement sur la verticale du point A. Sur la poignée F, invariablement liée à AO, s'exerce la puissance FP, que nous pouvons supposer transportée au point E de sa direction, pied de la perpendiculaire abaissée de A sur P ; la résistance est la force verticale BR qui s'oppose au mouvement de B.

Le seul déplacement compatible avec les liaisons est celui qu'on obtient en faisant tourner la tige AO d'un angle $\delta\alpha$; dans ce déplacement, le travail de P est

$$P\,\delta P = - P.\overline{AE}\,\delta\alpha.$$

Quant au travail de la résistance, c'est $- R\,\delta x$, en désignant par x la distance AB. Nous avons d'ailleurs, dans le triangle AOB,

$$b^2 = x^2 + a^2 - 2\,ax\cos\alpha$$

et, en différentiant,

$$o = x\,\delta x - a\cos\alpha\,\delta x + ax\sin\alpha\,\delta\alpha,$$

d'où

$$\delta x = - \frac{ax\sin\alpha}{x - a\cos\alpha}\,\delta\alpha.$$

la condition d'équilibre est alors

$$P = \frac{R}{AE} \frac{a x \sin \alpha}{x - a \cos \alpha}.$$

Menant OD et AC perpendiculairement à AB et appelant C le point de rencontre de la dernière perpendiculaire avec BO prolongé, on a

$$OD = a \sin \alpha, \qquad BD = x - a \cos \alpha. \qquad \frac{x}{\overline{BD}} = \frac{\overline{AC}}{\overline{OD}}.$$

La condition d'équilibre prend alors la forme simple

$$\frac{P}{R} = \frac{x.\overline{OD}}{\overline{AE}.\overline{BD}} = \frac{\overline{AC}}{\overline{AE}}.$$

6° *Moufles et palans*. — Une moufle se compose de deux systèmes de poulies, assemblés chacun dans une même chape et montés sur le même axe ou sur des axes particuliers; le premier système est fixe, le second mobile (*fig*. 121). Supposons chaque système composé de trois poulies : le

Fig. 121.

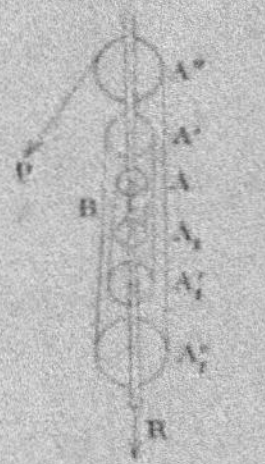

premier des poulies A, A′, A″; le deuxième des poulies A_1, A'_1, A''_1. En un point fixe B de la chape du premier système on fixe une corde qui passe successivement en AA_1, $A'A'_1$, …. La puissance P est une traction exercée sur l'extrémité libre de la corde; la résistance R, un poids suspendu au-dessous du système mobile. Les six parties de la corde comprises entre les deux systèmes de poulies peuvent être regardées comme parallèles : la longueur totale de la corde étant constante, si l'on exerce en P une traction qui allonge la partie libre de la corde de δP, chacune des six parties de la corde comprises entre les deux systèmes de poulies se raccourcit de $\frac{1}{6}\delta P$; cette expression changée de signe est la valeur de δR, et l'on a, pour l'équilibre,

$$P = \tfrac{1}{6} R.$$

7° *Chaîne inextensible glissant sans frottement sur une courbe fixe.* — Soient A et B les extrémités de la chaîne, dont l'épaisseur est supposée infiniment petite, F la force directement appliquée à un élément ds placé en C, F_t la projection de F sur la tangente à la courbe en C dans le sens AB. Imprimons au système le seul déplacement virtuel qui soit compatible avec les liaisons, déplacement dans lequel la chaîne tout entière et, par suite, chaque élément glissent le long de la courbe d'une même quantité CC' égale à $\delta\sigma$ (*fig.* 122). Le travail virtuel de la force F

Fig. 122.

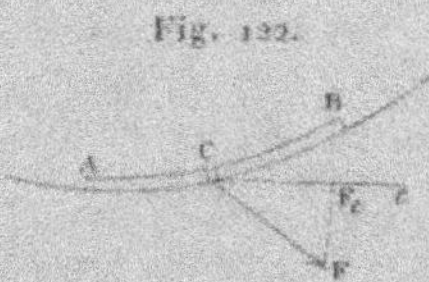

est $F_t\,\delta\sigma$; en écrivant que la somme de ces travaux est nulle et remarquant que $\delta\sigma$ peut être mis en facteur dans la somme, on trouve, pour la condition de l'équilibre,

$$\sum F_t = 0.$$

Cette condition est suffisante à condition d'admettre que la chaîne est tendue en tous ses points et non pressée. Par exemple, si aucune force n'est directement appliquée à la chaîne, sauf deux forces P et R appliquées aux deux extrémités, la condition d'équilibre est

$$P_t + R_t = 0.$$

8° *Équilibre d'un fluide incompressible dans un tuyau très étroit.* — Galilée s'est déjà servi du principe des vitesses virtuelles pour démontrer les principaux théorèmes d'Hydrostatique ; Descartes et Pascal ont également employé ce principe pour étudier l'équilibre des fluides. Pour qu'on puisse appliquer le principe des vitesses virtuelles à un fluide, sans tenir compte des travaux des forces intérieures, il faut que les travaux des forces intérieures du fluide ou forces de liaisons soient nuls pour tout déplacement virtuel compatible avec les liaisons, c'est-à-dire que les molécules voisines restent à une distance constante (fluide incompressible) et qu'il n'y ait pas de frottements intérieurs (fluidité parfaite). Nous empruntons l'exemple suivant à Lagrange (*Statique,* 7° Section).

Considérons un fluide incompressible enfermé dans un tuyau infiniment étroit dont la forme est donnée et dont la section droite ω varie suivant une loi donnée. Pour plus de précision, on peut se représenter le tube comme engendré par un élément plan ω d'aire infiniment petite se déplaçant en restant normal à une courbe donnée S (*fig.* 123). Soient A et B les extrémités de la colonne fluide supposées maintenues par deux pistons infiniment petits, *dm* un élément de la colonne fluide placé en un point C où la section droite est ω ; désignons par F la force appliquée à l'élément *dm* et par F_t sa projection sur la tangente à la courbe S dans le sens AB, c'est-à-dire sur la normale à ω. Imprimons à la colonne fluide le seul dé-

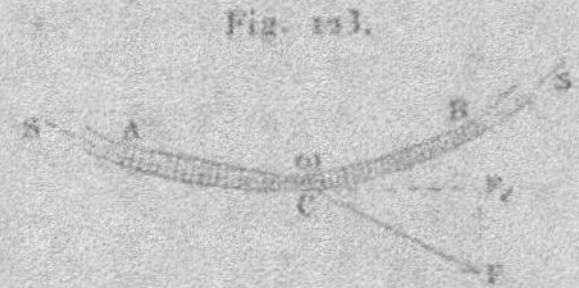
Fig. 123.

placement virtuel qui soit compatible avec les liaisons, déplacement qui consiste à faire glisser la colonne tout entière d'une quantité infiniment petite. Dans ce glissement, l'élément *dm* placé en C parcourt sur la courbe S un arc δs : de sorte que $\omega\,\delta s$ est la quantité du fluide qui passe par la section ω du canal. A cause de l'incompressibilité du fluide, il faut que cette quantité soit la même partout ; on peut donc poser $\omega\,\delta s = \alpha$, α étant le même tout le long du tube. Le travail de F est alors $F_t\,\delta s$ ou $\dfrac{\alpha}{\omega}\,F_t$, et la somme des travaux virtuels des forces F directement appliquées est $\alpha\sum\dfrac{F_t}{\omega}$. La condition nécessaire et suffisante de l'équilibre est donc

$$\sum\frac{F_t}{\omega} = 0,$$

en supposant que la colonne soit comprimée en tous ses points.

Par exemple, si les seules forces appliquées à la colonne fluide sont deux pressions P_0 et P_1 appliquées normalement sur les deux pistons A et B de sections ω_0 et ω_1, la condition d'équilibre est

$$\frac{P_0}{\omega_0} - \frac{P_1}{\omega_1} = 0.$$

Remarque. — On arrive à cette même équation pour l'équilibre d'un fluide dans les conditions suivantes. Imaginons un vase de forme quelconque entièrement clos dont partent deux tubes cylindriques A et B de sections ω_0 et ω_1. Supposons le vase rempli d'un liquide sur lequel n'agit aucune force directement appliquée et les deux tubes bouchés par deux pistons A et B sur lesquels on exerce des pressions normales P_0 et P_1. Si l'on enfonce le piston A d'une quantité infiniment petite ε_0, le volume intérieur diminue de $\varepsilon_0\omega_0$: il faut donc que le piston B s'élève d'une quantité ε_1 telle que $\varepsilon_0\omega_0 = \varepsilon_1\omega_1$. La somme des travaux virtuels de P_0 et P_1 étant évidemment $P_0\varepsilon_0 - P_1\varepsilon_1$, on a, pour l'équilibre,

$$P_0\varepsilon_0 - P_1\varepsilon_1 = 0, \qquad P_0\omega_1 - P_1\omega_0 = 0,$$

relation sur laquelle est fondée la presse hydraulique.

III. — CONDITIONS GÉNÉRALES D'ÉQUILIBRE DÉDUITES DU PRINCIPE DES VITESSES VIRTUELLES.

178. Équation générale de la Statique. — Nous suivrons la méthode qui a été indiquée par Lagrange. Soit donné un système formé de n points

$$M_1(x_1, y_1, z_1), \quad M_2(x_2, y_2, z_2), \quad \ldots \quad M_n(x_n, y_n, z_n),$$

soumis à des liaisons qui s'expriment par des relations entre leurs coordonnées

$$(1) \quad \begin{cases} f_1(x_1, y_1, z_1, x_2, y_2, z_2, \ldots, x_n, y_n, z_n) = 0, \\ f_2(x_1, y_1, z_1, \ldots, \ldots, x_n, y_n, z_n) = 0, \\ \ldots\ldots\ldots\ldots\ldots\ldots\ldots\ldots\ldots\ldots \\ f_h(x_1, y_1, z_1, \ldots, \ldots, x_n, y_n, z_n) = 0. \end{cases}$$

Le nombre h de ces équations est nécessairement inférieur à celui $3n$ des coordonnées, sans quoi le système serait entièrement déterminé par ces liaisons ; nous poserons donc

$$h = 3n - k ;$$

dans le cas où l'on aurait $k = 1$, le système serait à liaisons complètes, car sa position ne dépendrait que d'un paramètre, de l'une des coordonnées convenablement choisie, par exemple. En général, la position du système dépendra de k paramètres : on dit qu'il y a k degrés de liberté.

Désignons par $F_\nu(X_\nu, Y_\nu, Z_\nu)$ la résultante des forces données qui agissent sur M_ν, le principe des vitesses virtuelles nous donnera l'équation

$$(2) \quad \sum_{\nu=1}^{\nu=n} (X_\nu \, \delta x_\nu + Y_\nu \, \delta y_\nu + Z_\nu \, \delta z_\nu) = 0,$$

qui devra être vérifiée pour tout déplacement $\delta x_\nu, \delta y_\nu, \delta z_\nu$ compatible avec les liaisons. On peut dire que c'est là l'équation générale de la Statique.

179. Multiplicateurs de Lagrange. — Entre les déplacements des points M existent h relations qui s'obtiennent par la différentiation des équations (1), savoir

$$(3) \quad \left\{ \begin{aligned}
&\frac{\partial f_1}{\partial x_1} \delta x_1 + \frac{\partial f_1}{\partial y_1} \delta y_1 + \frac{\partial f_1}{\partial z_1} \delta z_1 + \ldots + \frac{\partial f_1}{\partial z_n} \delta z_n = 0, \\
&\frac{\partial f_2}{\partial x_1} \delta x_1 + \frac{\partial f_2}{\partial y_1} \delta y_1 + \frac{\partial f_2}{\partial z_1} \delta z_1 + \ldots + \frac{\partial f_2}{\partial z_n} \delta z_n = 0, \\
&\ldots\ldots\ldots\ldots\ldots\ldots\ldots\ldots\ldots\ldots\ldots\ldots\ldots\ldots\ldots\ldots\ldots\ldots, \\
&\frac{\partial f_h}{\partial x_1} \delta x_1 + \frac{\partial f_h}{\partial y_1} \delta y_1 + \frac{\partial f_h}{\partial z_1} \delta z_1 + \ldots + \frac{\partial f_h}{\partial z_n} \delta z_n = 0;
\end{aligned} \right.$$

ces h relations entre les $3n$ variations des coordonnées montrent que k de ces variations peuvent être choisies arbitrairement ; nous appellerons ces variations les *variations arbitraires*, et les autres, qui sont déterminées par les équations (3), les *variations dépendantes*.

Pour trouver les conditions d'équilibre, nous emploierons la méthode des indéterminées de Lagrange : multiplions les h équations (3) respectivement par des coefficients λ_1, λ_2, ..., λ_h et ajoutons-les à l'équation (2) ; déterminons ensuite ces multiplicateurs de façon à annuler les coefficients des h variations dépendantes ; il faudra alors que les coefficients des k variations arbitraires soient nuls aussi ; en définitive, il faudra pouvoir déterminer les λ de façon à annuler tous les coefficients, et l'on aura les $3n$ équations simultanées

$$\left. \begin{aligned}
&X_\nu - \lambda_1 \frac{\partial f_1}{\partial x_\nu} - \lambda_2 \frac{\partial f_2}{\partial x_\nu} - \ldots - \lambda_h \frac{\partial f_h}{\partial x_\nu} = 0 \\
&Y_\nu - \lambda_1 \frac{\partial f_1}{\partial y_\nu} - \lambda_2 \frac{\partial f_2}{\partial y_\nu} - \ldots - \lambda_h \frac{\partial f_h}{\partial y_\nu} = 0 \\
&Z_\nu - \lambda_1 \frac{\partial f_1}{\partial z_\nu} - \lambda_2 \frac{\partial f_2}{\partial z_\nu} - \ldots - \lambda_h \frac{\partial f_h}{\partial z_\nu} = 0
\end{aligned} \right\} \nu = 1, 2, 3, \ldots, n;$$

ces équations jointes aux h équations de liaison (1) donneront un total de $3n + h$ équations qui détermineront les $3n$ coordonnées et les h inconnues auxiliaires λ.

Telles sont les équations générales de la Statique.

Les λ une fois connus détermineront les *forces de liaison* ; on voit, en effet, que les équations de l'équilibre ne changeraient pas si l'on supprimait la liaison $f_1 = 0$, et si l'on ajoutait aux forces données agissant sur le point M_ν une force ayant pour projections

$\lambda_1 \dfrac{\partial f_1}{\partial x_\nu}$, $\lambda_1 \dfrac{\partial f_1}{\partial y_\nu}$, $\lambda_1 \dfrac{\partial f_1}{\partial z_\nu}$; cette force est donc l'effet de la liaison sur le point M_ν : c'est ce que nous avons appelé la *force de liaison*. Nous avons immédiatement sa grandeur; sa direction $\dfrac{\partial f_1}{\partial x_\nu}$, $\dfrac{\partial f_1}{\partial y_\nu}$, $\dfrac{\partial f_1}{\partial z_\nu}$ est normale à la surface obtenue en supposant que, dans l'équation $f_1 = o$, on donne à toutes les coordonnées, sauf x_ν, y_ν, z_ν, les valeurs numériques qui correspondent à la position d'équilibre, x_ν, y_ν, z_ν étant les coordonnées courantes.

Exemple. — Appliquons les considérations qui précèdent à l'équilibre d'un polygone funiculaire de n côtés dont les extrémités sont attachées en deux points donnés; les équations de liaison sont ici au nombre de n, savoir

$$\sqrt{(x_\nu - x_{\nu+1})^2 + (y_\nu - y_{\nu+1})^2 + (z_\nu - z_{\nu+1})^2} - l_\nu = o$$
$$(\nu = o, 1, 2, \ldots, n-1),$$

les coordonnées x_0, y_0, z_0, ..., x_n, y_n, z_n étant données. Les équations générales d'équilibre seront

$$X_\nu + \lambda_{\nu-1} \frac{x_\nu - x_{\nu-1}}{l_{\nu-1}} - \lambda_\nu \frac{x_\nu - x_{\nu+1}}{l_\nu} = o,$$

$$Y_\nu + \lambda_{\nu-1} \frac{y_\nu - y_{\nu-1}}{l_{\nu-1}} - \lambda_\nu \frac{y_\nu - y_{\nu+1}}{l_\nu} = o,$$

$$Z_\nu + \lambda_{\nu-1} \frac{z_\nu - z_{\nu-1}}{l_{\nu-1}} - \lambda_\nu \frac{z_\nu - z_{\nu+1}}{l_\nu} = o;$$

ce sont bien celles qu'on écrirait par les méthodes élémentaires en exprimant que la force F_ν fait équilibre aux tensions des deux fils qui aboutissent au point M_ν. Les coefficients des λ dans ces équations étant les cosinus directeurs des côtés du polygone funiculaire, ces λ sont les valeurs absolues des tensions, celles-ci étant d'ailleurs dirigées suivant ces côtés; on voit bien qu'elles sont normales aux surfaces

$$\sqrt{(x_\nu - x_{\nu+1})^2 + (y_\nu - y_{\nu+1})^2 + (z_\nu - z_{\nu+1})^2} = l_\nu \quad \text{ou} \quad l_{\nu-1},$$

où x_ν, y_ν, z_ν sont seules variables, puisque ce sont là deux sphères ayant pour centres $M_{\nu+1}$ et $M_{\nu-1}$.

180. Réduction des équations d'équilibre au nombre minimum. — La méthode que nous venons d'exposer est impraticable lorsque le nombre des points du système et le nombre des liaisons sont très considérables : on peut chercher à ramener le problème à la résolution du plus petit nombre possible d'équations; c'est à quoi l'on arrive de la façon suivante.

Nous avons vu que la configuration du système dépend en général de k paramètres; nous prendrons pour ceux-ci des fonctions des coordonnées convenablement choisies

$$q_1 = f_{h+1}(x_1, \ldots, z_n),$$
$$q_2 = f_{h+2}(x_1, \ldots, z_n), \quad \ldots \quad q_k = f_{h+k}(x_1, \ldots, z_n);$$

ces égalités, jointes aux $h = 3n - k$ équations de liaison, permettront de déterminer les $3n$ coordonnées en fonction des paramètres q

$$x_\nu = \varphi_\nu(q_1, q_2, \ldots, q_k),$$
$$y_\nu = \psi_\nu(q_1, q_2, \ldots, q_k),$$
$$z_\nu = \varpi_\nu(q_1, q_2, \ldots, q_k).$$

En donnant aux k paramètres des accroissements quelconques, on obtiendra toujours un déplacement compatible avec les liaisons, car, d'après la façon dont on a formé les fonctions φ, ψ, ϖ, les équations de liaison sont satisfaites quels que soient q_1, q_2, …, q_k. On aura ainsi

$$\delta x_\nu = \frac{\partial \varphi_\nu}{\partial q_1}\delta q_1 + \frac{\partial \varphi_\nu}{\partial q_2}\delta q_2 + \ldots + \frac{\partial \varphi_\nu}{\partial q_k}\delta q_k,$$
$$\delta y_\nu = \frac{\partial \psi_\nu}{\partial q_1}\delta q_1 + \frac{\partial \psi_\nu}{\partial q_2}\delta q_2 + \ldots + \frac{\partial \psi_\nu}{\partial q_k}\delta q_k,$$
$$\delta z_\nu = \frac{\partial \varpi_\nu}{\partial q_1}\delta q_1 + \frac{\partial \varpi_\nu}{\partial q_2}\delta q_2 + \ldots + \frac{\partial \varpi_\nu}{\partial q_k}\delta q_k;$$

en portant ces valeurs dans l'équation générale de la Statique

$$\sum (X_\nu \delta x_\nu + Y_\nu \delta y_\nu + Z_\nu \delta z_\nu) = 0,$$

elle prendra la forme

$$Q_1 \delta q_1 + Q_2 \delta q_2 + \ldots + Q_k \delta q_k = 0$$

avec

$$Q_j = \sum_{\nu=1}^{\nu=n} \left(X_\nu \frac{\partial \varphi_\nu}{\partial q_j} + Y_\nu \frac{\partial \psi_\nu}{\partial q_j} + Z_\nu \frac{\partial \varpi_\nu}{\partial q_j} \right).$$

L'équation précédente, devant être satisfaite quels que soient

$\delta q_1, \delta q_2, \ldots, \delta q_k$, exige que l'on ait simultanément

$$Q_1 = 0, \qquad Q_2 = 0, \qquad \ldots \qquad Q_k = 0;$$

ces k équations détermineront les valeurs des paramètres q qui correspondent à la position d'équilibre.

Ces résultats ont une forme intéressante quand l'expression du travail virtuel

$$Q_1 \delta q_1 + Q_2 \delta q_2 + \ldots + Q_k \delta q_k$$

où $Q_1, Q_2, \ldots, Q_k$ sont exprimés en fonction des q, est la différentielle totale exacte d'une fonction U de $q_1, q_2, \ldots, q_k$, c'est-à-dire si l'on a

$$Q_1 = \frac{\partial U}{\partial q_1}, \qquad Q_2 = \frac{\partial U}{\partial q_2}, \qquad \ldots, \qquad Q_k = \frac{\partial U}{\partial q_k};$$

les équations d'équilibre sont alors celles qu'on écrirait si l'on voulait chercher les maxima et les minima de la fonction U; nous démontrerons en Dynamique que, si, pour un système déterminé de valeurs des q, cette fonction U est réellement maximum, la position d'équilibre correspondante est une position d'équilibre stable (Lejeune-Dirichlet).

Le cas où il y a une fonction de forces, c'est-à-dire celui où

$$\Sigma(X_\nu \delta x_\nu + Y_\nu \delta y_\nu + Z_\nu \delta z_\nu)$$

est la différentielle totale exacte d'une fonction de $x_1, y_1, z_1, x_2, y_2, z_2, \ldots, x_n, y_n, z_n$ rentre dans celui que nous venons d'étudier, car, si l'on remplace les coordonnées et leurs différentielles par leurs valeurs en fonction des q et des δq, l'expression considérée reste une différentielle totale exacte. Mais la réciproque n'est pas vraie : il peut se faire que $Q_1 \delta q_1 + Q_2 \delta q_2 + \ldots + Q_k \delta q_k$ soit une différentielle exacte, sans qu'il y ait une fonction des forces.

181. Application. Système pesant. — Quand le système dont on cherche les positions d'équilibre est sollicité uniquement par la pesanteur, comme force directement appliquée, il existe évidemment une fonction des forces directement appliquées. En effet, en supposant un axe Oz vertical, dirigé vers le bas, le poids d'un point m_i du système est $m_i g$ et le travail virtuel de ce poids $m_i g \delta z_i$; la somme des travaux virtuels des poids est donc

$$g \Sigma m_i \delta z_i = g M \delta \zeta,$$

en appelant ζ l'ordonnée du centre de gravité. Les positions d'équilibre sont alors celles qui annulent $\delta\zeta$; ce sont celles qu'on trouverait en cherchant les maxima et les minima de ζ considéré comme fonction des k paramètres géométriquement indépendants $q_1, q_2, \ldots, q_k$, qui définissent la position du système.

Exemples. — 1° Cherchons les positions d'équilibre d'une barre homogène pesante AB (*fig.* 124) dont les extrémités glissent sans frottement

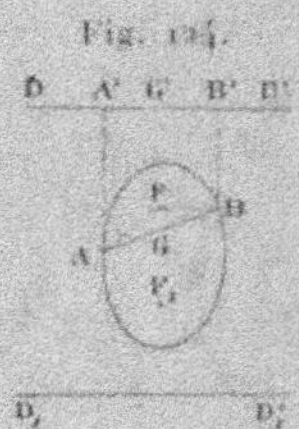

Fig. 124.

sur une conique dont l'axe focal est vertical (système avec un degré de liberté). On a d'abord comme positions d'équilibre évidentes les positions horizontales, si elles sont possibles. Pour trouver d'autres positions d'équilibre, considérons une directrice DD′, et soient AA′ et BB′ les distances des points A et B à cette directrice. La distance à la droite DD′ du centre de gravité G, situé au milieu de AB, est

$$\overline{GG'} = \frac{\overline{AA'} + \overline{BB'}}{2}.$$

Or, en appelant e l'excentricité et F le foyer correspondant à DD′, on voit que AA′ et BB′ sont égaux respectivement à $\frac{1}{e}\,\overline{AF}$ et $\frac{1}{e}\,\overline{BF}$, d'où l'on conclut

$$\overline{GG'} = \frac{\overline{AF} + \overline{BF}}{2e}.$$

La distance GG′ est donc maximum ou minimum en même temps que $\overline{AF} + \overline{BF}$, et cette dernière somme est évidemment minimum quand la droite AB passe par le foyer F. Donc, si la droite peut passer par un foyer, chacune de ces positions est une position d'équilibre. Dans le cas de la figure, lorsque la droite passe par F, elle est en équilibre instable, car dans cette position le centre de gravité est plus haut que dans les positions voisines; elle est en équilibre stable quand elle passe par l'autre foyer F_1, comme on le voit en prenant l'autre directrice $D_1 D'_1$.

2° Une chaînette pesante, homogène ou non, dont les extrémités sont fixes ou assujetties à glisser sans frottement sur des courbes ou des surfaces fixes données, prend une position d'équilibre qui est, parmi toutes les positions que peut prendre la chaînette, celle qui rend la hauteur du centre de gravité maximum ou minimum. Par exemple, de toutes les courbes homogènes de longueur donnée l passant par deux points fixes, celle dont le centre de gravité est le plus bas est la chaînette précédemment déterminée (n° 152). On en conclut que si, dans un plan, on prend un axe fixe Ox et deux points fixes A, B, de toutes les courbes de longueur l situées dans le plan et passant par les deux points, celle qui, en tournant autour de Ox, engendre l'aire minimum est une chaînette; on le vérifie d'après le théorème de Guldin, car l'aire engendrée étant $l . 2\pi \overline{GG'}$ atteint son minimum en même temps que $\overline{GG'}$. On peut laisser de côté la condition relative à la longueur et retrouver ainsi, du moins en partie, un résultat déjà obtenu. Parmi toutes les courbes situées dans le plan et passant par AB, celle qui engendre l'aire minimum est une certaine chaînette; en effet, soit C cette courbe, elle est, en particulier, parmi toutes les courbes de même longueur qu'elle, celle qui engendre l'aire minimum; c'est donc bien une chaînette ayant sa base parallèle à Ox. Il restera à choisir parmi toutes ces chaînettes en nombre infini celle qui donne l'aire minimum; c'est, comme nous l'avons vu (n° 159, *exemple* 1), celle qui a Ox pour base.

182. Principe de Torricelli. — Nous venons de voir, comme une conséquence du principe des vitesses virtuelles, que, pour obtenir les positions d'équilibre d'un système pesant, il suffit d'égaler à zéro la variation de la hauteur du centre de gravité. Lagrange a fait la remarque importante que si, avec Torricelli, on admet comme un principe évident cette condition d'équilibre d'un système pesant, le principe des vitesses virtuelles en résulte dans toute sa généralité (*Mécanique analytique*, Section I et Section III, § V). Soit, en effet, un système de points $M_1, M_2, \ldots, M_n$ assujettis à des liaisons données et sollicités par des forces données $F_1, F_2, \ldots, F_n$ (*fig.* 125). Considérons une position déterminée du système dans laquelle les points occupent des positions $m_1, m_2, \ldots, m_n$, les forces ayant les valeurs $f_1, f_2, \ldots, f_n$. Sur la direction de f_ν, imaginons un point fixe O_ν à une distance $\overline{m_\nu O_\nu} = r_\nu$. Si l'on déplace infiniment peu le système à partir de la position déterminée considérée, m_ν viendra en m'_ν, et le travail virtuel de f_ν sera $- f_\nu \delta r_\nu$, car on a évidemment (n° 89, *exemple* 3)

$$\delta r_\nu = - \overline{m_\nu m'_\nu} \cos\left(\widehat{f_\nu, m_\nu m'_\nu}\right).$$

La somme des travaux virtuels des forces f_ν est donc

$$\mathfrak{C} = - \Sigma f_\nu \delta r_\nu.$$

Il s'agit de prouver que la condition nécessaire et suffisante pour que la position particulière considérée soit une position d'équilibre est $\mathfrak{C} = 0$.

Fig. 125.

Pour cela, remarquons que nous pouvons remplacer l'action de la force f_ν par la tension d'un fil inextensible, attaché en m_ν, passant sur une poulie infiniment petite O_ν et supportant un poids tenseur p_ν égal à f_ν. Si nous faisons cette opération pour chaque force f_ν, nous remplaçons le système proposé par un système pesant, le système primitif ne servant plus qu'à établir des liaisons entre les poids p_ν. Le système pesant sera en équilibre ou non dans la position considérée, si le système primitif est en équilibre ou non dans cette même position. Or, pour que le système pesant soit en équilibre, il faut et il suffit que la variation $\delta\zeta$ de l'ordonnée du centre de gravité des poids p_ν soit nulle; cette variation est donnée par

$$P\,\delta\zeta = p_1\,\delta z_1 + p_2\,\delta z_2 + \ldots + p_n\,\delta z_n,$$

l'axe des z étant vertical vers le bas, P désignant le poids total et z_1, z_2, ..., z_n les coordonnées des centres de gravité des poids $p_1, p_2, \ldots, p_n$. Il est évident que δz_ν est égal à $-\delta r_\nu$, car le fil $m_\nu O_\nu p_\nu$ a une longueur constante; on a donc

$$P\,\delta\zeta = - \Sigma p_\nu \delta r_\nu = - \Sigma f_\nu \delta r_\nu = \mathfrak{C},$$

puisque p_ν est égal à f_ν. Pour que le système primitif soit en équilibre, il faut et il suffit que $\delta\zeta = 0$, c'est-à-dire que $\mathfrak{C} = 0$ pour tous les déplacements compatibles avec les liaisons, ce qui est le principe des vitesses virtuelles dans sa généralité.

Remarque. — Si l'on plaçait le système matériel avec les fils et les poids $p_1, p_2, \ldots, p_n$ dans une position *quelconque* M_1, M_2, ..., M_n autre que la position particulière considérée, les forces données seraient F_1, F_2, ..., F_n et les tensions des cordons $M_1 O_1$, $M_2 O_2$, ... seraient des forces ρ_1, ρ_2, ..., ρ_n entièrement différentes en grandeur, direction et sens de F_1, F_2, ..., F_n. Ce n'est que dans la position particulière considérée m_1, m_2, ..., m_n que les forces données f_ν deviennent égales aux tensions, de sorte que, si cette position est une position d'équilibre du système sous l'action des forces données, elle l'est aussi sous l'action des tensions. Mais comme, déjà dans la position infiniment voisine de m_1, m_2, ..., m_n, les forces F_y sont différentes des tensions, il peut arriver que cette position particulière soit une position d'équilibre stable du système sous l'action des forces données F_y, instable sous l'action des poids p_y.

On trouvera dans les Exercices (n° 6) quelques propriétés d'une position d'équilibre d'un système analogues à celle que nous venons d'exposer en détail, notamment une propriété due à Gauss et à Möbius sur le minimum de la somme des carrés des distances.

183. Application du principe des vitesses virtuelles à l'équilibre des fils. — Soit ds un élément du fil, $X\,ds$, $Y\,ds$, $Z\,ds$ les projections de la résultante des forces extérieures appliquées à cet élément : pour un déplacement virtuel δx, δy, δz imprimé à l'élément, le travail de cette force est

$$(X\,\delta x + Y\,\delta y + Z\,\delta z)\,ds;$$

δx, δy, δz devront être considérées comme des fonctions de l'arc s, car chaque élément du fil subit un déplacement variant avec la position de l'élément sur le fil. Pour l'équilibre, il faut et il suffit que la somme des travaux virtuels

$$\delta = \int_0^l (X\,\delta x + Y\,\delta y + Z\,\delta z)\,ds$$

soit nulle pour tous les déplacements compatibles avec les liaisons. Supposons, pour fixer les idées, le fil attaché aux deux bouts; alors δx, δy, δz s'annulent aux deux limites de l'intégrale; de plus, le fil étant inextensible, on a

$$(1) \qquad \left(\frac{dx}{ds}\right)^2 + \left(\frac{dy}{ds}\right)^2 + \left(\frac{dz}{ds}\right)^2 = 1,$$

d'où, en écrivant que la variation du premier membre est nulle et remarquant que la variation d'une dérivée telle que $\dfrac{dx}{ds}$ est égale à la dérivée de la variation $\dfrac{d\delta x}{ds}$,

$$(2) \qquad \frac{dx}{ds}\frac{d\delta x}{ds} + \frac{dy}{ds}\frac{d\delta y}{ds} + \frac{dz}{ds}\frac{d\delta z}{ds} = 0.$$

Cette condition montre qu'on peut prendre pour δx et δy des fonctions arbitraires de s s'annulant aux limites 0 et l; δz est alors déterminé par la relation (2) jointe à la condition que δz s'annule aux limites. D'après cette relation (2), on a, en désignant par λ une fonction pour le moment quelconque de l'arc s,

$$\delta = \int_0^l (X\,\delta x + Y\,\delta y + Z\,\delta z)\,ds + \lambda\left(\frac{dx}{ds}\,d\delta x + \frac{dy}{ds}\,d\delta y + \frac{dz}{ds}\,d\delta z\right).$$

I.17

En intégrant les derniers termes par parties, on a des formules comme celle-ci

$$\int_0^l \lambda \frac{dx}{ds}\, d\,\delta x = \left| \lambda \frac{dx}{ds}\, \delta x \right|_0^l - \int_0^l \delta x\, d\left(\lambda \frac{dx}{ds} \right),$$

d'où, comme la partie intégrée est nulle aux limites,

$$\varpi = \int_0^l \left[X\, ds - d\left(\lambda \frac{dx}{ds} \right) \right] \delta x + \left[Y\, ds - d\left(\lambda \frac{dy}{ds} \right) \right] \delta y + \left[Z\, ds - d\left(\lambda \frac{dz}{ds} \right) \right] \delta z.$$

Pour qu'il y ait équilibre, il faut et il suffit que cette expression ϖ soit nulle, quelles que soient les fonctions δx, δy et λ de s. Disposons de λ de façon à annuler le coefficient de δz : l'expression restante devra être nulle quelles que soient les fonctions δx, δy dans l'intervalle 0, l; pour cela il faut évidemment que les coefficients de δx et δy soient nuls aussi. (Ce raisonnement est analogue à celui qui a été fait n° 167). On a donc les conditions d'équilibre

$$X\, ds - d\left(\lambda \frac{dx}{ds} \right) = 0, \qquad Y\, ds - d\left(\lambda \frac{dy}{ds} \right) = 0, \qquad Z\, ds - d\left(\lambda \frac{dz}{ds} \right) = 0,$$

qui sont identiques à celles qu'on a établies directement, sauf le changement de T en $-\lambda$.

Cas particuliers. — Supposons que X, Y, Z soient les dérivées partielles par rapport à x, y, z d'une fonction de x, y, z et s, $U(x, y, z, s)$,

$$X = \frac{\partial U}{\partial x}, \qquad Y = \frac{\partial U}{\partial y}, \qquad Z = \frac{\partial U}{\partial z}.$$

On a alors

$$\varpi = \int_0^l (X\, \delta x + Y\, \delta y + Z\, \delta z)\, ds = \delta \int_0^l U(x, y, z, s)\, ds;$$

la position d'équilibre s'obtient donc en cherchant les fonctions x, y, z de s rendant maximum ou minimum l'intégrale

$$\int_0^l U(x, y, z, s)\, ds,$$

sous la condition (1). Par exemple, pour un fil hétérogène pesant, le poids de l'élément ds est de la forme $g\varphi(s)\,ds$; alors, l'axe des z étant vertical vers le haut, on a

$$U = -g\,z\,\varphi(s),$$

et la position d'équilibre rend maximum ou minimum l'intégrale

$$-g \int_0^l z\varphi(s)\, ds,$$

c'est-à-dire la hauteur du centre de gravité.

On a, en général, pour déterminer la tension, l'équation

$$d\mathrm{T} + \mathrm{X}\, dx + \mathrm{Y}\, dy + \mathrm{Z}\, dz = 0,$$

qui devient, dans l'hypothèse actuelle,

$$d\mathrm{T} + \frac{\partial \mathrm{U}}{\partial x}\, dx + \frac{\partial \mathrm{U}}{\partial y}\, dy + \frac{\partial \mathrm{U}}{\partial z}\, dz = 0;$$

or, quand s croît de ds, on a

$$d\mathrm{U} = \frac{\partial \mathrm{U}}{\partial x}\, dx + \frac{\partial \mathrm{U}}{\partial y}\, dy + \frac{\partial \mathrm{U}}{\partial z}\, dz + \frac{\partial \mathrm{U}}{\partial s}\, ds,$$

d'où

$$d\mathrm{T} + d\mathrm{U} - \frac{\partial \mathrm{U}}{\partial s}\, ds = 0.$$

Lorsque U est *indépendant* de s, on trouve donc

$$\mathrm{T} + \mathrm{U} = h,$$

comme nous l'avons vu précédemment n° 149. Dans ce cas particulier, U indépendant de s, la théorie que nous venons de développer permet de retrouver les résultats obtenus directement dans le § III du Chapitre VI; ces résultats se trouvent ainsi rattachés au principe des vitesses virtuelles.

IV. — THÉORÈMES GÉNÉRAUX DÉDUITS DU PRINCIPE DES VITESSES VIRTUELLES.

181. Les liaisons permettent une translation d'ensemble du système parallèle à un axe. — Supposons que les liaisons permettent une translation d'ensemble de tout le système parallèlement à un axe que nous prendrons pour axe Ox. Dans l'équation générale de la Statique appliquée au système

$$\sum (\mathrm{X}_\nu \delta x_\nu + \mathrm{Y}_\nu \delta y_\nu + \mathrm{Z}_\nu \delta z_\nu) = 0,$$

on pourra, en considérant ce déplacement particulier, supposer

$$\delta y_\nu = 0, \qquad \delta z_\nu = 0, \qquad \delta x_1 = \delta x_2 = \ldots = \delta x_n;$$

ce qui donne, en mettant en facteur cette valeur commune des δx_ν,

$$\sum X_\nu = 0.$$

Pour l'équilibre du système, il faut donc alors que la somme des projections, sur l'axe considéré Ox, des forces directement appliquées soit nulle.

185. Les liaisons permettent une rotation d'ensemble du système autour d'un axe. — Supposons que les liaisons permettent une rotation d'ensemble de tout le système autour d'un axe que nous prendrons pour axe Oz. On a, en appelant r_ν et θ_ν les coordonnées polaires de la projection du point x_ν, y_ν, z_ν sur le plan xOy,

$$x_\nu = r_\nu \cos\theta_\nu, \qquad y_\nu = r_\nu \sin\theta_\nu;$$

pour imprimer au système le déplacement considéré, il faut laisser r_ν et z_ν constants et faire varier tous les angles polaires θ_ν d'une même quantité $\delta\theta$; on a ainsi, pour δx_ν, δy_ν, δz_ν, les valeurs

$$\delta x_\nu = - r_\nu \sin\theta_\nu\, \delta\theta = - y_\nu\, \delta\theta, \qquad \delta y_\nu = x_\nu\, \delta\theta, \qquad \delta z_\nu = 0.$$

La somme des travaux virtuels des forces directement appliquées est, pour ce déplacement particulier,

$$\sum (X_\nu \delta x_\nu + Y_\nu \delta y_\nu + Z_\nu \delta z_\nu) = \delta\theta \sum (x_\nu Y_\nu - y_\nu X_\nu);$$

elle est donc égale au produit de $\delta\theta$ par la somme N des moments des forces directement appliquées par rapport à l'axe considéré. Pour l'équilibre, il faut que cette somme N soit nulle.

On voit que la notion du moment par rapport à un axe s'introduit ainsi de la manière la plus naturelle.

186. Les liaisons permettent un déplacement hélicoïdal de tout le système. — Prenons pour axe Oz l'axe du mouvement hélicoïdal : soient $\delta\theta$ l'angle infiniment petit dont le système tourne autour de Oz et δz la quantité dont il glisse le long de Oz; posons $\delta z = f\,\delta\theta$, f sera ce que nous avons appelé la *flèche* du mouvement hélicoïdal ou du mouvement de torsion. Le déplacement infiniment petit de chaque point du système étant la somme géométrique du déplacement dû à la rotation et du déplacement dû au glissement, la somme des travaux virtuels des forces directement appliquées est la somme des travaux qui seraient dus aux deux déplacements envisagés séparément ; on a donc, pour cette somme,

$$\mathfrak{G} = \delta z \sum Z_i + \delta\theta \sum (x_i Y_i - y_i Z_i) = \delta\theta (N + fZ),$$

N désignant la somme des moments par rapport à l'axe Oz et Z la somme des projections sur Oz. Pour l'équilibre, il faut donc

$$N + fZ = 0.$$

Remarque. — On retrouve, dans l'expression de $\mathfrak{G}$, le moment relatif de deux systèmes de vecteurs, l'un formé par les forces directement appliquées, l'autre ayant pour axe central l'axe Oz du mouvement hélicoïdal, pour résultante générale $\delta\theta$ et pour moment minimum $\delta z = f\,\delta\theta$ (n° **24** *bis*).

187. Application aux conditions d'équilibre d'un solide. — Dans le Tableau qui suit, nous appelons X, Y, Z, L, M, N les projections sur les axes de la résultante générale et du moment résultant des forces directement appliquées à un corps solide par rapport à l'origine O.

Nous indiquons de plus le nombre des degrés de liberté d'un corps solide assujetti aux diverses liaisons considérées. Pour un corps solide libre, ce nombre est *six*; car la position d'un solide libre dépend des trois coordonnées x_0, y_0, z_0 d'un point O fixe dans le corps et des trois angles indépendants (les angles d'Euler, par exemple) qui déterminent l'orientation d'un trièdre trirectangle $Oxyz$ lié au corps par rapport à un trièdre fixe $O_1 x_1 y_1 z_1$.

NATURE des liaisons.	DEGRÉS de liberté.	DÉPLACEMENTS POSSIBLES		CONDITIONS D'ÉQUILIBRE en nombre égal aux degrés de liberté.
		parallèles à	autour de	
Aucune..........	6	Ox, Oy, Oz	Ox, Oy, Oz	$X = Y = Z = L = M = N = 0$
Un point fixe O.	3	—	Ox, Oy, Oz	$L = M = N = 0$
Un axe fixe Oz.	1	—	Oz	$N = 0$
Le corps tourne autour de Oz et glisse le long de cet axe....	2	Oz	Oz	$Z = N = 0$
Il repose sur le plan xOy : 1° par un point O............	5	Ox, Oy	Ox, Oy, Oz	$X = Y = L = M = N = 0$
2° par plusieurs points sur Ox.	4	Ox, Oy	Ox, Oz	$X = Y = L = N = 0$
3° par des points non en ligne droite.........	3	Ox, Oy	Oz	$X = Y = N = 0$

V. — APPLICATIONS GÉOMÉTRIQUES.

188. Surfaces en coordonnées normales. — Soient n surfaces fixes $S_1, S_2, \ldots, S_n$ et M un point dont les distances, estimées normalement aux surfaces fixes, sont $r_1, r_2, \ldots, r_n$. Une équation de la forme

$$(1) \qquad f(r_1, r_2, \ldots, r_n) = 0$$

représente une surface S, lieu du point M, dont nous nous proposons de construire la normale. Pour cela, imprimons au point un déplacement arbitraire MM' sur la surface S, et soient $\delta r_1, \delta r_2, \ldots, \delta r_n$ les variations des distances $r_1, r_2, \ldots, r_n$: comme la relation (1) continue à être satisfaite, on a

$$(2) \qquad \frac{\partial f}{\partial r_1} \delta r_1 + \frac{\partial f}{\partial r_2} \delta r_2 + \ldots + \frac{\partial f}{\partial r_n} \delta r_n = 0,$$

équation qui s'interprète de la façon suivante. Portons, à partir de M sur la normale MP_1 ou r_1 à la première surface S_1, un segment MF_1 dont la valeur algébrique estimée positivement dans le sens MP_1 soit $\dfrac{\partial f}{\partial r_1}$; portons de même, à partir de M sur MP_2, un segment MF_2 égal à $\dfrac{\partial f}{\partial r_2}$, ..., sur MP_n, un segment MF_n égal à $\dfrac{\partial f}{\partial r_n}$. L'équation (2) exprime que, pour un déplacement MM' effectué sur la surface S, la somme des travaux des forces F_1, F_2, ..., F_n est nulle. En effet, l'une quelconque des distances MP_i a pour expression, en coordonnées rectangulaires,

$$r_i = \sqrt{(x-a_i)^2 + (y-b_i)^2 + (z-c_i)^2},$$

x, y, z désignant les coordonnées du point M, a_i, b_i, c_i celles du point P_i, pied de la normale. Pour un déplacement virtuel du point M, nous aurons

$$\delta r_i = \frac{(x-a_i)\delta(x-a_i) + (y-b_i)\delta(y-b_i) + (z-c_i)\delta(z-c_i)}{r_i},$$

que nous pouvons écrire

$$\delta r_i = \frac{x-a_i}{r_i}\,\delta x + \frac{y-b_i}{r_i}\,\delta y + \frac{z-c_i}{r_i}\,\delta z - \frac{x-a_i}{r_i}\,\delta a_i - \frac{y-b_i}{r_i}\,\delta b_i - \frac{z-c_i}{r_i}\,\delta c_i.$$

Mais le point P_i se déplaçant normalement à la direction MP_i, nous aurons

$$\frac{x-a_i}{r_i}\,\delta a_i + \frac{y-b_i}{r_i}\,\delta b_i + \frac{z-c_i}{r_i}\,\delta c_i = 0,$$

et l'expression de δr_i se réduira à

$$\delta r_i = \frac{x-a_i}{r_i}\,\delta x + \frac{y-b_i}{r_i}\,\delta y + \frac{z-c_i}{r_i}\,\delta z.$$

Or les projections de la force F_i sur les trois axes étant $\dfrac{\partial f}{\partial r_i}\dfrac{a_i-x}{r_i}$, $\dfrac{\partial f}{\partial r_i}\dfrac{b_i-y}{r_i}$, $\dfrac{\partial f}{\partial r_i}\dfrac{c_i-z}{r_i}$, le travail élémentaire de cette force correspondant à un déplacement δx, δy, δz du point M a pour expression

$$\frac{\partial f}{\partial r_i}\left(\frac{a_i-x}{r_i}\,\delta x + \frac{b_i-y}{r_i}\,\delta y + \frac{c_i-z}{r_i}\,\delta z\right),$$

c'est-à-dire $-\dfrac{\partial f}{\partial r_i}\,\delta r_i$. La somme des travaux virtuels des forces F_1, F_2, ..., F_n est donc

$$-\left(\frac{\partial f}{\partial r_1}\,\delta r_1 + \frac{\partial f}{\partial r_2}\,\delta r_2 + \ldots + \frac{\partial f}{\partial r_n}\,\delta r_n\right),$$

expression qui est bien nulle d'après (2).

L'équation (2) signifie donc que la somme des travaux de F_1, F_2, ..., F_n est nulle pour un déplacement effectué sur la surface S : ce qui prouve que *leur résultante* est *normale* à S. On a ainsi une construction simple de la normale. On voit aussi que le plan tangent à S au point M reste le même quand, sans changer l'équation $f(r_1, r_2, ..., r_n) = 0$, on substitue aux surfaces S_1, S_2, ..., S_n d'autres surfaces S'_1, S'_2, ..., S'_n tangentes aux premières en P_1, P_2, ..., P_n.

La proposition que nous venons d'établir donne immédiatement la tangente aux coniques, aux ovales de Descartes, aux ovales de Cassini, etc.

189. Centre instantané de rotation. — Soit, dans un plan, une figure de forme invariable dont deux points A_1 et A_2 sont assujettis à glisser sur des courbes données C_1 et C_2; un troisième point M de cette figure est sollicité par une force P située dans le plan; cherchons les conditions d'équilibre (*fig.* 126).

Fig. 126.

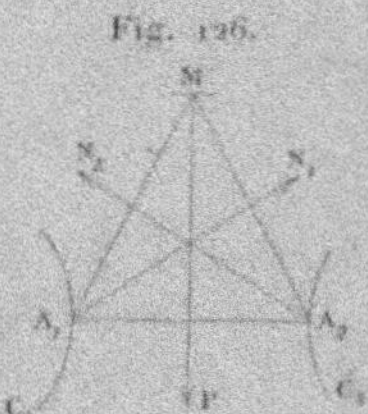

D'abord, si l'on applique le principe des vitesses virtuelles, la seule force directement appliquée étant P, pour qu'il y ait équilibre, il faut et il suffit que pour un déplacement compatible avec les liaisons, c'est-à-dire obtenu en faisant glisser A_1 et A_2 sur C_1 et C_2, le *travail* de P *soit nul*, ou encore que P soit normale à la courbe décrite par le point M. D'autre part, la figure invariable MA_1A_2 peut être regardée comme libre sous l'action de la force P et des réactions normales N_1 et N_2 des deux courbes C_1 et C_2. Puisqu'elle doit être en équilibre, ces trois forces sont concourantes et P passe par le point d'intersection des réactions normales N_1 et N_2. En rapprochant ce résultat du précédent, on voit que la normale à la courbe lieu du point M passe par le point de rencontre des normales aux courbes décrites par A_1 et A_2, ce qui est la propriété fondamentale du centre instantané de rotation.

190. Théorème de Schonemann et Mannheim. — On peut, d'une manière analogue, établir un théorème qui est la généralisation du précédent pour un déplacement dans l'espace. C'est ce que nous allons montrer, d'après M. Collignon (*Traité de Mécanique*, t. II, 3ᵉ édition, p. 216).

Soit un corps solide C dont quatre points A_1, A_2, A_3, A_4 sont assujettis à glisser sans frottement sur quatre surfaces fixes S_1, S_2, S_3, S_4. Ce corps

possède encore deux degrés de liberté, c'est-à-dire que sa position dépend
encore de deux paramètres variables : en effet, la position d'un corps solide entièrement libre dépend de six paramètres; en écrivant que quatre
points du corps sont assujettis à rester sur quatre surfaces fixes données,
on établit quatre relations entre ces six paramètres : deux d'entre ces paramètres restent donc indépendants. Prenons un cinquième point M fixe
dans le corps : ce point décrit aussi, quand le corps se déplace, une surface S; nous nous proposons de construire la normale à cette surface,
connaissant les normales N_1, N_2, N_3, N_4 aux surfaces S_1, S_2, S_3, S_4. Pour
cela, faisons agir une force F sur le point M et cherchons les conditions
d'équilibre du corps.

Tout d'abord, en vertu du principe des vitesses virtuelles, il faut et il
suffit que, pour tout déplacement compatible avec les liaisons, c'est-à-dire
obtenu en faisant glisser les quatre points A_v sur les quatre surfaces S_v,
le travail de F soit nul; ce qui revient à dire que F doit être normal à la
surface S lieu du point M. D'autre part, le corps peut être considéré
comme libre sous l'action de F et des quatre réactions normales N_1, N_2,
N_3, N_4 des surfaces fixes; il doit donc être en équilibre sous l'action des cinq
forces F, N_1, N_2, N_3, N_4, ce qui exige, comme nous l'avons vu (n° 114, 3°),
que ces forces rencontrent deux mêmes droites Δ et Δ' réelles ou imaginaires.

En rapprochant cette condition de la précédente, on voit que la normale à la surface S et les normales aux quatre surfaces S_1, S_2, S_3, S_4
doivent rencontrer deux mêmes droites Δ et Δ'. D'où la construction de
la normale à S en M : on construira les deux transversales Δ et Δ' s'appuyant sur les quatre normales N_1, N_2, N_3, N_4; la normale cherchée sera
la droite passant par M et s'appuyant sur Δ et Δ'.

Nous n'insisterons pas sur les cas particuliers qui peuvent se présenter
et nous renverrons le lecteur, pour l'étude de cette question de Géométrie, aux *Leçons sur la théorie générale des surfaces*, par M. Darboux
(t. I, Chap. VII).

EXERCICES.

1. Vérifier que, si deux points $M(x, y, z)$ et $M'(x', y', z')$ d'un système sont
reliés par un fil inextensible et sans masse passant sur une courbe C, la somme
des travaux des forces de liaisons (tensions du fil aux points M et M') est nulle
pour un déplacement compatible avec les liaisons.

(*Réponse*. — Appelant $A(a, b, c)$ le point où le fil s'appuie sur la courbe, et
T la valeur de la tension, qui est la même tout le long du fil, on a, après réduction, pour la somme des travaux des tensions agissant sur les points M et M',

$$\mathrm{T}\left[\left(\frac{a-x}{\mathrm{A\,M}}-\frac{a-x'}{\mathrm{A\,M'}}\right)\delta a+\left(\frac{b-y}{\mathrm{A\,M}}-\frac{b-y'}{\mathrm{A\,M'}}\right)\delta b+\left(\frac{c-z}{\mathrm{A\,M}}+\frac{c-z'}{\mathrm{A\,M'}}\right)\delta c\right],$$

c'est-à-dire zéro, car l'élément ds du fil sans masse qui se trouve en A étant
en équilibre sous l'action des deux tensions aux extrémités de cet élément et

de la réaction normale de la courbe, cette réaction est bissectrice de l'angle MAM'.)

2. Vérifier le même fait si les deux points M et M' sont reliés par un fil sans masse glissant sans frottement sur une surface fixe S.

[Le fil se dispose suivant une partie rectiligne MA, puis sur la surface S suivant une ligne géodésique AA' et enfin suivant une partie rectiligne A'M'; la tension du fil a tout le long du fil une même valeur T : ces propriétés tiennent à ce que, le fil étant sans masse, les forces qui lui sont appliquées se font équilibre. Appelant (a, b, c) et (a', b', c') les coordonnées des points A et A', on a

$$\mathrm{MA} + \mathrm{arc}\ \mathrm{AA'} + \mathrm{A'M'} = \mathrm{const.}$$

Si l'on imprime au système un déplacement virtuel compatible avec les liaisons, on amène l'arc AA' en $A_1 A'_1$, et, en essayant de vérifier que la somme des travaux des tensions en M et M' est nulle, on arrive à la relation géométrique

$$\delta\,\overline{\mathrm{arc}\ \mathrm{AA'}} + \overline{\mathrm{AA}_1}\cos A_1\mathrm{AA'} + \overline{\mathrm{A'A'}_1}\cos A'_1\mathrm{A'A} = 0,$$

exprimant une propriété des lignes géodésiques d'une surface. (Exercice à la fin du Chapitre précédent, dans le cas $\varphi = 1$.)]

3. Un disque, limité par une courbe C, se meut dans un plan : un fil sans masse attaché en un point M du contour C du disque est enroulé sur le disque, puis tendu jusqu'en un point M' du système où il est attaché. Vérifier que, pour un déplacement compatible avec cette liaison, la somme des travaux des forces de liaison est nulle.

(Il suffit de remarquer que la liaison rentre dans une des liaisons examinées dans le texte, car le point M' est assujetti à glisser sans frottement sur une des développantes de la courbe C; on peut aussi répéter le raisonnement de la page 236.)

4. *Équilibre du cric simple :* machine formée d'un pignon de rayon a, que l'on fait tourner sur son axe au moyen d'une manivelle de longueur b; ce pignon engrène avec une barre rigide dentée, de manière qu'en tournant sur son axe il oblige la barre à se mouvoir dans le sens de sa longueur; la puissance P est appliquée perpendiculairement à l'extrémité du rayon de la manivelle; la résistance s'oppose au mouvement de la barre. (Condition d'équilibre $Pb - Ra = 0$.)

5. *Treuil différentiel.* — Cette machine est formée de deux cylindres de même axe invariablement liés entre eux, mais de rayons différents r et r'; la corde, qui porte une poulie, s'enroule en sens contraire sur les deux cylindres. La puissance P est appliquée perpendiculairement à une manivelle de rayon a, la résistance R est un poids suspendu à la poulie. [Condition d'équilibre $2aP = (r - r')R.$]

6. *Principe du minimum de la somme des carrés des distances* (MÖBIUS et GAUSS, *Journal de Crelle*, t. IV). — Soit un système de points $M_1, M_2, \ldots, M_n$ sollicité par des forces $P_1, P_2, \ldots, P_n$. Le système étant en équilibre dans les positions $m_1, m_2, \ldots, m_n$ où les forces sont $p_1, p_2, \ldots, p_n$, prenons, à partir du point m_1,

sur la direction de la force p_1, une longueur $\overline{m_1 O_1}$ égale à $\dfrac{p_1}{k}$, à partir de m_2 sur la direction de p_2 une longueur $\overline{m_2 O_2}$ égale à $\dfrac{p_2}{k}$, ..., k désignant une constante différente de zéro. Considérant ensuite une position quelconque M_1, M_2, ..., M_n du système, faisons agir sur les points M_1, M_2, ..., M_n des forces P'_1, P'_2, ..., P'_n, dirigées respectivement suivant les droites $\overline{M_1 O_1}$, $\overline{M_2 O_2}$, ..., $\overline{M_n O_n}$ et égales à $k\,\overline{M_1 O_1}$, $k\,\overline{M_2 O_2}$, $k\,\overline{M_n O_n}$. Sous l'action de ces nouvelles forces, le système est encore en équilibre dans la même position m_1, m_2, ..., m_n, car dans cette position spéciale les forces P'_1, P'_2, ..., P'_n coïncident avec p_1, p_2, ..., p_n. Comme le nouveau système de forces P'_1, P'_2, ..., P'_n dérive de la fonction des forces

$$T = -k\left(\overline{M_1 O_1}^2 + \overline{M_2 O_2}^2 + \ldots + \overline{M_n O_n}^2\right),$$

on voit que la position d'équilibre considérée rend cette fonction maximum ou minimum en général, et que, dans tous les cas, la variation de la fonction T s'annule pour cette position d'équilibre.

En appliquant ce théorème au cas le plus simple, on voit que, si un point m est en équilibre sous l'action de trois forces $\overline{m O_1}$, $\overline{m O_2}$, $\overline{m O_3}$, cette position d'équilibre est la position du point M pour laquelle la somme

$$\overline{MO_1}^2 + \overline{MO_2}^2 + \overline{MO_3}^2$$

est minimum, ce qui est une propriété bien connue du centre de gravité du triangle $O_1 O_2 O_3$.

7. *En général*, considérons un système de points matériels $M_1(x_1, y_1, z_1)$, $M_2(x_2, y_2, z_2)$, ..., $M_n(x_n, y_n, z_n)$ assujettis à des liaisons données indépendantes du temps et sollicités par des forces directement appliquées, le point M_1 par des forces que nous supposons, pour simplifier, réduites à une force $P_1(X_1, Y_1, Z_1)$, le point M_2 par une force $P_2(X_2, Y_2, Z_2)$, ... Soit, pour ce système, une position d'équilibre déterminée dans laquelle les points M_1, M_2, ..., M_n occupent des positions déterminées $m_1, m_2, \ldots, m_n$ de coordonnées (a_1, b_1, c_1), (a_2, b_2, c_2), ... (a_n, b_n, c_n), les forces correspondantes étant des forces déterminées $p_1, p_2, \ldots, p_n$ de projections respectives (A_1, B_1, C_1), (A_2, B_2, C_2), ..., (A_n, B_n, C_n).

Formons une fonction U de x_1, y_1, z_1; x_2, y_2, z_2; ...; x_n, y_n, z_n dont les dérivées partielles $\dfrac{\partial U}{\partial x_i}$, $\dfrac{\partial U}{\partial y_i}$, $\dfrac{\partial U}{\partial z_i}$ prennent les valeurs A_i, B_i, C_i $(i = 1, 2, \ldots, n)$ quand le système est dans la position d'équilibre considérée, c'est-à-dire quand les coordonnées x_1, y_1, z_1; x_2, y_2, z_2; ...; x_n, y_n, z_n prennent les valeurs a_1, b_1, c_1; a_2, b_2, c_2; ...; a_n, b_n, c_n. Le même système, sollicité par des forces P'_1, P'_2, ..., P'_n dérivant de la fonction des forces U, sera encore en équilibre dans la même position $m_1, m_2, \ldots, m_n$, car, dans cette position, les forces P'_1, P'_2, ..., P'_n coïncident avec p_1, p_2, ..., p_n. Donc la fonction U est en général maximum ou minimum pour cette position d'équilibre et, dans tous les cas, sa variation s'annule pour cette position.

8. Un double cône pesant formé par la réunion de deux cônes égaux accolés par la base est posé sur deux droites qui se rencontrent et sont également inclinées sur l'horizon, de façon que le centre de gravité du cône se trouve dans le plan

vertical de la bissectrice de l'angle des deux droites. Condition d'équilibre (système pesant, $\delta\zeta = 0$).

Géométriquement, il faut et il suffit que le plan passant par le centre de gravité et les deux points de contact du cône avec les droites soit vertical, ou encore que l'intersection des plans tangents aux deux cônes, aux points de contact, soit horizontale.

Analytiquement, m désignant le demi-angle au sommet des cônes, α l'inclinaison du plan des deux droites sur l'horizon et β la moitié de l'angle des plans verticaux menés par ces deux droites, on a la condition $\tang\alpha = \tang m \, \tang\beta$.

(H. FLEURY, Annales de Mathématiques, 1854.)

9. Comme application de ce fait, que l'on obtient l'équilibre d'un système pesant, en écrivant que la variation de la hauteur G du centre de gravité est nulle, démontrer que la surface libre d'un liquide pesant en équilibre doit être horizontale.

(Supposant à la surface libre une forme quelconque, on montre par le calcul des variations, que, pour que $\delta\zeta$ soit nul pour toutes les déformations de cette surface qui n'altèrent pas le volume, il faut que la surface soit un plan horizontal.)

10. Si les trois points m_1, m_2, m_3 sont liés de telle façon que l'aire du triangle $m_1 m_2 m_3$ soit constante et si trois forces P_1, P_2, P_3 agissent sur ces points, il faut et il suffit pour l'équilibre que ces forces soient perpendiculaires et proportionnelles aux côtés opposés du triangle.

Si quatre points sont liés de telle façon que le volume du tétraèdre dont ils sont les sommets reste constant, et si quatre forces agissent sur ces points, il faut et il suffit pour l'équilibre qu'elles soient perpendiculaires et proportionnelles aux faces opposées du tétraèdre.
(C. NEUMANN).

11. Dans un plan vertical, une barre homogène pesante OA est mobile autour d'une extrémité O qui est fixe : un fil est attaché en A, passe sur une poulie infiniment petite B située sur la verticale de O et porte à son extrémité un contrepoids Q glissant sans frottement sur une courbe C dans le même plan vertical.

Que doit être cette courbe pour que le système soit en équilibre indifférent? (Pont-levis de Bélidor.)

[Il faut que le centre de gravité du système se déplace horizontalement : prenant B pour origine, on trouve une équation en coordonnées polaires de la forme $r^2 - r(a + b\cos\theta) + c = 0$. Ovale de Descartes, dans un cas particulier, $c = 0$, limaçon de Pascal.]

12. Même question en supposant que la courbe C passe par B et que le fil, au lieu d'être tendu en ligne droite, soit tendu sur la courbe (Cycloïde).

13. Position d'équilibre d'une barre homogène pesante de longueur $2a$ située dans un plan vertical, s'appuyant d'une part sur un point fixe O le long duquel elle peut glisser et, d'autre part, par une extrémité A contre un mur vertical.

($\delta\zeta = 0$. Le point O étant à une distance b du mur, on trouve pour l'équilibre $OA = \sqrt[3]{ab^2}$, quantité qui doit être inférieure à a.)

14. Une tige homogène pesante AB de longueur $2a$ repose, d'une part, sur le bord d'une demi-circonférence de diamètre $2R$ horizontal et, d'autre part, sur le fond de la demi-circonférence par une extrémité. Équilibre (L'inclinaison i de la

barre est donnée par $\frac{1}{4}R\cos^2 i - a\cos i - 2R = o$; pour la possibilité il faut

$$\frac{a\sqrt{6}}{2} > R > \frac{a}{2}\cdot\Big)$$

15. Dans un plan vertical on trace deux courbes fixes C et C' : deux points matériels pesants de masses m et m' glissent sans frottement sur ces courbes et sont rattachés l'un à l'autre par un fil inextensible et sans masse passant sur une poulie infiniment petite O. L'une de ces courbes étant donnée, que doit être l'autre pour que l'équilibre soit indifférent ? (Prenant un axe polaire horizontal, il faut et il suffit que

$$m\,\overline{Om}\sin\theta + m'\,\overline{Om'}\sin\theta' = \text{const.})$$

16. On considère deux tiges pesantes homogènes égales AB et AC articulées en A et on les place tangentiellement à un cercle dans un plan vertical, de telle façon que le point A se trouve sur la verticale du centre. Positions d'équilibre.

($2l$ étant la longueur des barres, x leur inclinaison sur l'horizon, R le rayon du cercle, on a $\tang^3 x + \tang x - \dfrac{l}{R} = o$; une position; est-elle stable?)

17. Un triangle isocèle homogène pesant, dont les côtés égaux ont une longueur a et la hauteur la valeur h, est placé dans une sphère de façon que ses trois sommets reposent sur la surface sphérique. Positions d'équilibre. (Wrighley.)

18. Un triangle équilatéral homogène pesant ABC se trouve dans un plan vertical : un de ses sommets A est assujetti à glisser sans frottement sur une droite verticale Ox, et le milieu M du côté AB est attaché à un point fixe O de cette droite par un fil inextensible et sans masse.

Positions d'équilibre. Stabilité. $\Big[$ En appelant x l'angle de OM avec Ox, on est ramené à chercher le maximum ou le minimum de $\sin\left(x + \dfrac{\pi}{3}\right)\cdot\Big]$

19. Un disque elliptique homogène pesant, situé dans un plan vertical, est tangent à un axe horizontal sur lequel il peut glisser sans frottement : sur le contour du disque est enroulé un fil portant à son extrémité un poids donné. Positions d'équilibre du système. (On peut ramener le problème à celui-ci : mener à une ellipse une tangente et une normale parallèles telles que le rapport de leurs distances au centre soit donné.)

20. Une plaque homogène pesante, située dans un plan vertical ABCDE, a la forme suivante : AB est une droite horizontale de longueur $c + x$, BC une verticale de longueur b, CD une horizontale de longueur c, DE un arc d'une courbe indéfinie inconnue Γ partant du point D et s'élevant au-dessus de CD, du côté du point A, enfin EA est une droite verticale. La plaque peut tourner librement autour du point B supposé fixe : elle est soumise à son poids et à une force horizontale donnée F appliquée en E. Quelle doit être la forme de la courbe Γ pour que l'équilibre ait lieu, quelle que soit la position de l'ordonnée limite EA, c'est-à-dire quelle que soit la valeur de x, b et c étant regardés comme constants ?   (Fuhrmann.)

En prenant des axes coordonnés d'origine D, l'un horizontal, l'autre vertical, on trouve $y + b = be^{\frac{x^2 + 2cx}{c^2}}$ pour équation de la courbe.

21. On donne une droite verticale OB, dirigée vers le haut, et deux tiges non pesantes BD et OC articulées en un point C situé entre B et D; la tige OC tourne autour du point O et l'extrémité B de BD glisse sans frottement sur la droite fixe OB. Au point D est suspendu un poids; trouver les positions d'équilibre. Dans quel cas l'équilibre est-il indifférent?

22. Six tiges égales homogènes pesantes, de poids p, sont articulées à leurs extrémités, de façon à former un hexagone situé dans un plan vertical ayant son côté supérieur AB *horizontal et fixe,* et les autres côtés symétriquement placés par rapport à la verticale du milieu de AB.

Quelle force verticale F faut-il appliquer au milieu du côté horizontal, opposé à AB, pour maintenir le système en équilibre? ($F = 3p$.)

23. *Corps solide avec cinq degrés de liberté.* — La position d'un corps solide libre dans l'espace dépend de six paramètres (n° 187). Si l'on établit une relation entre ces six paramètres, le corps n'a plus que cinq degrés de liberté et sa position dépend de cinq paramètres $q_1, q_2, \ldots, q_5$. Le corps étant alors placé dans une position déterminée, démontrer que tous les déplacements virtuels compatibles avec la liaison imposée au corps sont assujettis à remplir la condition géométrique suivante : il existe une droite fixe D telle que la projection sur cette droite de la vitesse de translation imprimée à un point déterminé du corps soit dans un rapport constant avec la projection sur le même axe de la rotation instantanée imprimée au corps. (On remarque que les coordonnées x_0, y_0, z_0 d'un point déterminé O du corps et les neuf cosinus des angles que font les arêtes Ox, Oy, Oz d'un trièdre trirectangle lié au corps avec des axes fixes $O_1 x_1, y_1, z_1$ (n° 49) sont des fonctions des cinq paramètres q_i. Supposant qu'on fasse subir à ces paramètres des variations arbitraires $\delta q_1, \delta q_2, \ldots, \delta q_5$ pendant le temps δt, les projections V_x^0, V_y^0, V_z^0 de la vitesse virtuelle du point O sur les axes Ox, y, z et les composantes p, q, r de la rotation instantanée virtuelle suivant les mêmes axes, sont des fonctions linéaires et homogènes de $\dfrac{\delta q_1}{\delta t}$, $\dfrac{\delta q_2}{\delta t}$, $\ldots$, $\dfrac{\delta q_5}{\delta t}$. L'élimination de ces cinq quantités arbitraires fournira entre les six quantités V_x^0, V_y^0, V_z^0, p, q, r une relation linéaire et homogène à coefficients fonctions de $q_1, q_2, \ldots, q_5$. L'interprétation de cette relation donne le théorème énoncé. On trouve dans le *Treatise of natural Philosophy,* de TAIT et THOMSON, n° 201, la description d'un mécanisme permettant de réaliser ce genre de déplacements.)

CHAPITRE VIII.

NOTIONS SUR LE FROTTEMENT.

191. Frottement de glissement. — Jusqu'à présent, nous avons considéré les corps solides comme parfaitement rigides et parfaitement polis, et nous avons admis que, si deux corps en repos ou en mouvement sont en contact par un point et peuvent glisser l'un sur l'autre, leur action mutuelle est normale au plan tangent commun en ce point.

Cette hypothèse est contraire à l'expérience : les solides naturels ne sont ni parfaitement rigides ni parfaitement polis. Quand deux solides naturels sont en contact, le contact n'a jamais lieu en un point unique; les deux corps subissent des déformations, généralement très petites, qui les mettent en contact suivant une petite portion de surface : ces déformations, permanentes si les corps sont en équilibre, sont variables quand les corps glissent l'un sur l'autre; il se produit alors des vibrations moléculaires et il se développe également de la chaleur ou de l'électricité, dont la production absorbe une partie du travail des forces motrices.

On a trouvé qu'on peut introduire ces phénomènes très compliqués dans le calcul, en supposant qu'à la réaction normale des deux corps en contact se joigne une réaction tangentielle appelée *frottement*. Les premières expériences sur le frottement, faites en 1781 par *Coulomb*, furent reprises et confirmées par le général Morin. Il importe de distinguer deux cas dans le frottement de glissement : 1° le frottement à l'état de repos et, en particulier, le frottement au départ; 2° le frottement à l'état de mouvement.

192. Loi du frottement de glissement à l'état de repos. — Supposons un bloc pesant placé sur une table horizontale : le système est en équilibre et, par suite, les actions de la table sur le bloc ont actuellement une résultante N normale à la table, égale et opposée au poids P du corps (*fig.* 127). Appliquons maintenant au corps, dans un plan vertical du centre de gravité, aussi près que

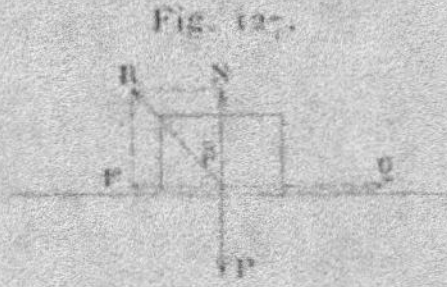

Fig. 127.

possible de la table, une force horizontale Q dont nous ferons croître graduellement l'intensité à partir de zéro. Quand cette force Q est très petite, le corps ne glisse pas : il reste en équilibre. Il faut donc que la réaction R de la table sur le corps soit égale et opposée à la résultante du poids P et de la force Q ; cette réaction peut se décomposer en deux, l'une normale N, égale et directement opposée à P, l'autre tangentielle F, égale et opposée à Q ; cette composante tangentielle est la force de frottement. L'angle β de R avec la normale N est

$$\operatorname{tang} \beta = \frac{F}{N} = \frac{Q}{P}.$$

Si l'on fait croître graduellement Q, il arrive un moment où, cette force ayant acquis une intensité Φ, le corps se met en mouvement. La valeur correspondante de F, $F = \Phi$, s'appelle le *frottement au départ* ; la valeur correspondante φ de l'angle β,

$$\operatorname{tang} \varphi = \frac{\Phi}{P},$$

s'appelle *angle de frottement*.

Coulomb a mesuré Φ et φ à l'aide d'une disposition expérimentale (chariot tiré par des poids croissants) permettant de réaliser les conditions précédentes ; il a trouvé les trois lois suivantes :

1° Le frottement au départ est indépendant de l'étendue des surfaces en contact ;

2° Il dépend de leur nature ;

3° Il est proportionnel à la composante normale de la réaction ou, ce qui revient au même, à la composante normale de la pression.

Le rapport *constant f* du frottement au départ Φ avec la réaction normale N ou la pression normale P s'appelle *coefficient de frottement*

$$\frac{\Phi}{N} = \frac{\Phi}{P} = f.$$

L'angle de frottement φ est alors donné par

$$\operatorname{tang} \varphi = f;$$

l'angle β, tant que l'équilibre subsiste, est moindre que φ.

Par exemple, si le corps et la table sont en métal sec, on a

$$f = 0,19, \qquad \varphi = 10°46'.$$

Remarque. — Nous avons dit plus haut qu'il faut appliquer la force Q aussi près que possible du plan. Voici la raison de cette restriction : si la force Q était placée trop haut, avant qu'elle atteigne la valeur limite Φ produisant le glissement, la résultante de Q et P pourrait tomber en dehors de la base du corps ; elle ne serait plus détruite et le corps basculerait.

193. Équilibre des solides naturels avec frottement. — 1° *Un point de contact.* — Considérons un corps S reposant sur un autre S' qu'il touche par une portion de surface très petite que nous sup-

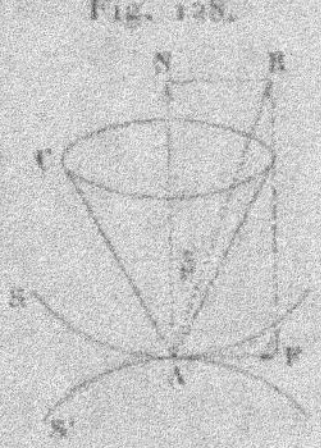

Fig. 128.

poserons réduite à un point A. La réaction R de S' sur S se compose (*fig.* 128) d'une réaction normale N et d'une réaction tangentielle F, dont la direction est inconnue et dont le *maximum* est fN; l'angle β de R avec N est donc moindre que l'angle de frottement φ.

I.   18

Pour que le corps S soit en équilibre, il faut qu'il y ait équilibre entre les forces directement appliquées au corps S et la réaction R, ou encore que les forces appliquées au corps aient une résultante unique égale et directement opposée à R, c'est-à-dire : 1° passant par le point A; 2° faisant, avec la normale AN, un angle moindre que l'angle de frottement.

Ces conditions nécessaires sont suffisantes, car, si elles sont remplies, on peut supposer la résultante des forces directement appliquées transportée au point A, et la décomposer en deux forces, l'une normale P et l'autre tangentielle Q sous l'action desquelles le glissement ne se produira pas, car, l'angle de la résultante avec la normale étant moindre que φ, on a (*fig.* 127)

$$\frac{Q}{P} < f, \qquad Q < Pf;$$

et la composante tangentielle est plus petite que le frottement au départ.

Si l'on considère le cône de révolution C d'axe AN engendré par une droite AD faisant avec AN l'angle φ, il faut et il suffit pour l'équilibre que les forces admettent une résultante passant par A et située dans le cône C.

On peut conclure aussi du raisonnement précédent que toute force appliquée au corps S qui passe par le point A et dont la direction fait avec la normale un angle moindre que φ, c'est-à-dire est dans l'intérieur du cône C, est détruite par la réaction de S', car on peut décomposer cette force comme on vient de l'expliquer.

2° *Plusieurs points de contact.* — Imaginons un solide S reposant sur plusieurs solides S_1, S_2, ..., S_p par des points A_1, A_2, ..., A_p, les coefficients de frottement sur S_1, S_2, ..., S_p étant f_1, f_2, ..., f_p et les angles de frottement φ_1, φ_2, ..., φ_p; le solide S étant sollicité par des forces données F_1, F_2, ..., F_n, cherchons les conditions d'équilibre. La réaction de S_ν sur S est une force R_ν appliquée au point A_ν et faisant avec la normale N_ν un angle moindre que l'angle de frottement φ_ν, c'est-à-dire située dans le cône C_ν de sommet A_ν, d'axe N_ν et d'angle φ_ν. Pour qu'il y ait équilibre, il faut et il suffit que le système des forces données F_1, F_2, ..., F_n soit tenu en équilibre par un système de réactions

R_1, R_2, ..., R_p satisfaisant aux conditions précédentes, c'est-à-dire que le système des forces données soit équivalent à un système de forces $-R_1$, $-R_2$, ..., $-R_p$ passant respectivement par les points A_1, A_2, ... A_p et situées dans les cônes C_1, C_2, ..., C_p. Ces dernières forces seront toutes détruites par les réactions des surfaces S_1, S_2, ... S_p.

3° *Infinité de points de contact.* — Si le corps S touche certains des corps fixes suivant des aires d'étendue finie, il faut et il suffit que le système des forces F_1, F_2, ..., F_n soit équivalent à un système de forces en nombre quelconque rencontrant les aires de contact et faisant, avec les normales aux points de rencontre, des angles moindres que les angles de frottement correspondants.

194. **Exemples**. — 1° *Échelle.* — Soit une échelle AB appuyée sur un sol horizontal et contre un mur vertical; supposons la ligne médiane de l'échelle située dans un plan perpendiculaire au sol et au mur (*fig.* 129), plan que nous prenons pour plan de la figure.

Fig. 129.

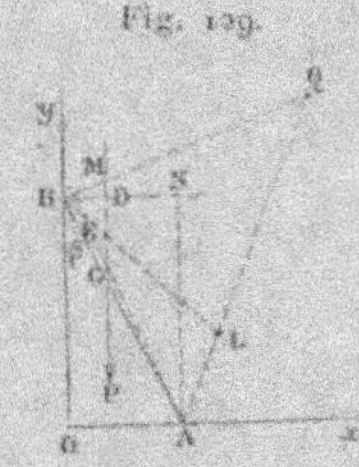

Appelons G le centre de gravité de l'échelle et d'une personne placée sur l'échelle dans une position variable et cherchons les conditions d'équilibre, en supposant que les coefficients de frottement en A et B sont égaux à une même quantité f et, par suite, les angles de frottement égaux à un même angle φ.

Tout d'abord, si l'échelle fait avec le mur un angle β moindre que l'angle de frottement φ, l'équilibre subsiste, quelle que soit la position de G. En effet, on peut toujours, après avoir transporté le poids total P appliqué en G en un point de sa direction, le décomposer en deux forces, l'une dirigée suivant DB normalement au mur, l'autre suivant DA faisant, avec la normale AN au sol, un angle DAN moindre que β et, par suite, moindre que l'angle de frottement; ces deux composantes sont détruites.

Supposons maintenant que l'angle de l'échelle avec le mur soit supérieur à l'angle de frottement φ. Comme le poids et les deux réactions du mur et du sol doivent se faire équilibre, ces trois forces sont concourantes et se trouvent situées dans le plan de la figure. Menons en A et B les normales AN et BN au mur et au sol, puis deux droites AKM et ALQ faisant avec AN l'angle φ, et deux droites BQ et BL faisant avec BN l'angle φ. Ces quatre droites, qui sont les traces sur le plan de la figure des cônes considérés dans le cas général, forment un quadrilatère MQLK. Les réactions du mur et du sol faisant avec les normales des angles moindres que φ, leur point d'intersection est dans l'intérieur du quadrilatère MQLK; le poids P, c'est-à-dire la verticale de G, devant passer par ce point d'intersection, cette verticale doit *traverser l'aire du quadrilatère* pour que l'équilibre puisse exister. Cette condition est alors suffisante, car si la verticale de G traverse cette aire, en prenant un point D sur cette verticale dans l'intérieur du quadrilatère, on peut supposer le poids P transporté en D et le décomposer en deux forces dirigées suivant DA et DB qui seront détruites par les réactions du mur et du sol.

Prenons OA et OB pour axes Ox et Oy, en appelant a et b les distances OA et OB. Le point M le plus près du mur étant à l'intersection des deux droites

$$\text{BM} \dots\dots\dots\dots\dots\dots\dots\dots\quad y - b = xf,$$

$$\text{AM} \dots\dots\dots\dots\dots\dots\dots\dots\quad y = -\frac{x-a}{f},$$

a pour abscisse

$$x = \frac{a - bf}{1 + f^2},$$

quantité positive; car $\dfrac{a}{b}$ est supposé supérieur à f, l'angle β étant supérieur à φ. Pour qu'il y ait équilibre, il faut et il suffit que l'abscisse ξ du centre de gravité G soit supérieure à x. Soient m la masse de l'échelle et m_1 la masse de la personne placée sur l'échelle à une distance x_1 du mur, on a, en écrivant que ξ est supérieur à x,

$$\frac{m\dfrac{a}{2} + m_1 x_1}{m + m_1} > \frac{a - bf}{1 + f^2},$$

ce qui peut donner une limite supérieure pour x_1. Pour que la stabilité soit assurée, quelle que soit la position de la personne, il faut et il suffit qu'on ait

$$\frac{m\dfrac{a}{2}}{m + m_1} > \frac{a - bf}{1 + f^2},$$

formule déterminant la valeur limite de l'angle β, dont la tangente est $\dfrac{a}{b}$.

2° *Corde enroulée sur la section droite d'un cylindre.* — Supposons une corde enroulée sur la section droite d'un cylindre convexe sur lequel elle glisse avec frottement, le coefficient de frottement étant f. Le contact a lieu suivant l'arc AB (*fig.* 130); la corde est tirée à ses deux extrémités M_0 et M_1 par des tensions T_0 et T_1, $T_1 > T_0$; cherchons la condition d'équilibre, en supposant que la corde soit sur le point de glisser dans le

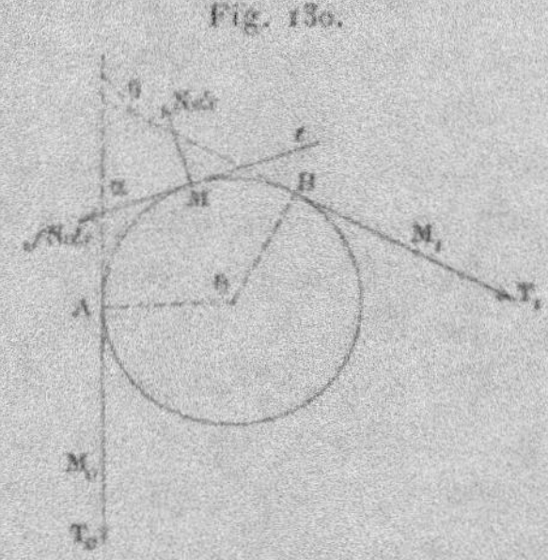

Fig. 130.

sens AB; nous trouverons ainsi la limite supérieure que ne doit pas dépasser T_1 pour que l'équilibre subsiste. Soient s l'arc AM; ds un élément placé en M; $N\,ds$ la valeur absolue de la réaction normale du cylindre qui est dirigée vers l'extérieur; $fN\,ds$ la valeur absolue de la réaction tangentielle qui est dirigée dans le sens MA. On a, d'après les équations intrinsèques de l'équilibre d'un fil,

$$\frac{dT}{ds} - fN = 0, \qquad \frac{T}{\rho} - N = 0;$$

car la valeur de la réaction, estimée suivant la normale principale, est $-N\,ds$, et suivant la tangente Mt, dans le sens des arcs croissants, $-fN\,ds$. L'élimination de N donne

$$\frac{dT}{T} = \frac{f\,ds}{\rho} = f\,d\alpha,$$

α désignant l'angle de la tangente Mt avec la tangente fixe $T_0 M_0$, car ρ a pour valeur $\frac{ds}{d\alpha}$. Donc, en intégrant depuis le point M_0 jusqu'en M_1, et appelant θ l'angle des deux tangentes extrêmes ou son égal l'angle AOB des normales extrêmes,

$$\mathrm{Log}\,T_1 - \mathrm{Log}\,T_0 = f\theta, \qquad T_1 = T_0 e^{f\theta}.$$

Telle est la condition d'équilibre. Si la corde est enroulée plusieurs fois sur le cylindre, θ peut être supérieur à 2π. Cette formule montre qu'avec une tension petite T_0 on peut faire équilibre à une tension considérable T_1, en supposant θ suffisamment grand. (Poisson, *Traité de Mécanique*, § 303.)

195. Frottement de glissement pendant le mouvement. — Dans le cas du mouvement, le frottement est parfaitement déterminé. Supposons qu'un solide en mouvement terminé par une surface S soit en contact avec un solide S' par un point A; s'il y a frottement, la réaction de S' sur S se décompose en deux forces : l'une normale N, qui se nomme *réaction normale,* et l'autre tangentielle F, qui est la force de frottement assujettie aux trois lois suivantes :

1° La force de frottement est dirigée en sens contraire de la vitesse relative du point matériel A par rapport à S'.

2° Elle est indépendante de la grandeur de cette vitesse.

3° Elle est proportionnelle à la réaction normale : $F = fN$. Ce coefficient f est le coefficient de frottement de S sur S'; il est un peu plus petit que le coefficient du frottement au départ.

D'après des expériences de Hirn, ces lois sont applicables surtout dans le cas des frottements *immédiats* (ceux où les surfaces frottantes sont sèches). Elles doivent être modifiées si les surfaces sont séparées par une matière onctueuse; le rapport $\frac{F}{N}$ dépend alors *de la vitesse* et de N. (Voir *Comptes rendus*, t. XCIX. p. 953.)

196. Frottement de roulement au départ et pendant le mouvement. — Lorsqu'un cylindre peut rouler et glisser sur un plan, on tient compte, dans le calcul, de la déformation des solides et des vibrations des molécules de la façon suivante. Négligeons l'étendue de la déformation et exprimons-nous comme si le cylindre était en contact avec le plan suivant une génératrice A. Supposons, en outre, qu'on fasse agir sur le cylindre des forces situées dans le plan de la section droite prise pour plan de la figure. Faisons la réduction de ces forces au point A : nous obtiendrons une résultante unique AR appliquée au point du cylindre qui est en A, et un couple résultant G dont l'axe AG est perpendiculaire au plan de la figure. Décomposons AR (*fig.* 131) en deux forces : l'une AP, normale au plan; l'autre AQ, parallèle au plan. La force Q tend à faire *glisser* le cylindre; le couple G tend à le faire tourner autour de la génératrice de contact, c'est-à-dire à le faire rouler sur le plan; car, dans le roulement, cette génératrice est axe instantané de rotation.

Imaginons d'abord le couple G nul; alors il pourra se produire uniquement un glissement; pour que ce glissement n'ait pas lieu, il faut et il suffit que

$$(1) \qquad\qquad Q < Pf,$$

f étant le coefficient du frottement de glissement. Supposons cette condition remplie, puis ajoutons un couple AG dont l'axe

Fig. 131.

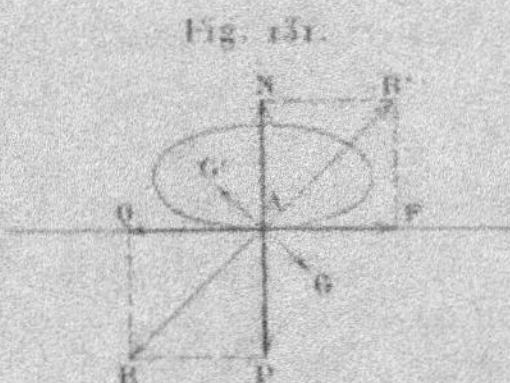

est normal au plan de la figure. S'il n'y avait aucune résistance au roulement, ce couple si petit qu'il soit ferait rouler le corps : l'expérience montre qu'il n'en est pas ainsi et que le roulement ne se produit pas tant que le moment G du couple est inférieur à une certaine limite

$$(2) \qquad\qquad G < P\delta,$$

dans laquelle P désigne, comme plus haut, la composante normale de la force R et δ *un certain coefficient linéaire* qui se nomme *coefficient du frottement de roulement*. D'après Coulomb et Morin, ce coefficient δ est indépendant de la force R et de la section droite du cylindre roulant, du moins dans de certaines limites.

Ce coefficient δ étant connu, on voit que les conditions d'équilibre du cylindre sur le plan sont données par les deux équations (1) et (2), exprimant l'une qu'il n'y a pas glissement, l'autre qu'il n'y a pas roulement : le plan développe alors une réaction composée d'une force unique R' égale et opposée à R et d'un couple G' égal et opposé à G. Cela s'explique par ce que le contact se faisant en réalité sur une étendue finie autour du point A, en réduisant les réactions du plan en A, on aura une force et un couple.

On peut encore présenter ce résultat comme il suit : pour exprimer qu'il y a équilibre, il faut exprimer que les forces, directement appliquées au cylindre (supposées situées dans un plan de section droite), sont tenues en équilibre par une force normale N (égale et opposée à P), une force tangentielle F (égale et opposée à Q), appliquées en A, et un couple de moment G' et d'axe parallèle aux génératrices, avec les conditions d'inégalité

$$F < Nf, \qquad G' < N\delta.$$

Il peut se faire que l'une des conditions (1) ou (2) soit remplie et pas l'autre : alors, au premier instant, le cylindre roule sans glisser ou glisse sans rouler. Si aucune des deux conditions n'est remplie, il y a, à la fois, roulement et glissement, en ce sens que le déplacement élémentaire du cylindre est le déplacement résultant d'un glissement et d'une rotation autour de la génératrice de contact.

Une fois le cylindre en mouvement, on admet que, s'il y a roulement, la réaction du plan s'opposant au roulement atteint constamment son maximum, de sorte que, pendant le roulement, le couple représentant le frottement de roulement est égal constamment à $N\delta$, N désignant la composante normale de la réaction du plan, de même que, s'il y a glissement, la composante tangentielle F de la réaction est constamment égale à Nf (n° 195). S'il y a, à la fois, roulement et glissement, il faut introduire simultanément les deux frottements. Dans ce cas, on néglige habituellement le frottement de roulement.

197. Frottement de pivotement. — Nous avons vu (n° 55) que, si deux solides sont en contact par un point, le déplacement relatif de l'un par rapport à l'autre est le déplacement résultant d'un *glissement* et d'une rotation autour d'un axe passant par le point de contact : cette rotation se décompose en deux autres, l'une autour d'un axe situé dans le plan tangent commun, ce qui constitue un *roulement*, l'autre autour d'un axe normal au plan tangent, ce qui constitue un *pivotement*. On voit donc que les résistances à un déplacement relatif quelconque sont un frottement de glissement, un frottement de roulement et un frottement de pivotement. La théorie du frottement de pivotement a été exposée par M. Léauté dans sa Thèse de Doctorat (1876) ; nous nous bornerons à indiquer le résultat principal qu'il a obtenu. Supposons un solide mobile S en contact avec un solide fixe S' par un point géométrique A ; faisons agir sur le solide S des forces admettant une résultante unique P passant par A et normale au plan tangent commun en A : l'équilibre s'établit alors, les deux corps se déforment et, au lieu de se toucher par un simple point, se touchent suivant une aire que l'on peut regarder comme limitée par une petite ellipse de centre A dont nous appellerons E le périmètre. S'il n'y avait pas de frottement de pivotement, on détruirait l'équilibre en faisant agir sur le solide mobile un couple quelconque g dont l'axe serait dirigé suivant la normale commune aux deux surfaces en A ; mais, à cause de la résistance au pivotement, le mouvement ne se produit que si le moment g du couple est supérieur à une limite $P\lambda$, où λ désigne un coefficient linéaire qui est le coefficient du frottement de pivotement au départ. Le coefficient λ est donné par la formule

$$\lambda = \frac{4f}{15\pi} E,$$

f désignant le coefficient du frottement de glissement de S sur S'. Si maintenant le pivotement se produit, la résistance au pivotement est à chaque instant représentée par un couple de moment $P\lambda$, λ ayant la valeur ci-dessus qui est variable, car l'ellipse E se déforme d'une manière continue pendant le mouvement suivant une loi qu'il serait trop long d'indiquer ici.

<h3 style="text-align:center">EXERCICES.</h3>

1. Un corps pesant étant posé sur un plan incliné dont on fait varier l'inclinaison, prouver que le glissement se produit quand l'inclinaison du plan devient égale ou supérieure à l'angle de frottement.

2. Équilibre de la presse à coin quand on tient compte du frottement des deux faces du coin sur les madriers (n° 177, *fig.* 116). En appelant f le coefficient de frottement des deux faces sur les deux madriers, on trouve que, dans le cas limite où le coin commence à glisser, on a

$$P = 2R \frac{\sin\alpha - f\cos\alpha}{\cos\alpha - f\sin\alpha}.$$

3. Positions d'équilibre d'une barre homogène pesante AB dont les extrémités glissent avec frottement sur deux plans, l'un horizontal, l'autre vertical. (Il faut

que la verticale du centre de gravité passe dans la partie commune aux deux cônes de révolution de sommets A et B ayant pour axes les normales aux deux plans, et pour demi-angles au sommet les angles de frottement).

4. Dans le problème précédent, on suppose le point B par lequel la barre s'appuie sur le plan vertical assujetti à se déplacer sur une verticale du plan; déterminer : 1° les points limites entre lesquels B doit se déplacer sur cette verticale; 2° la courbe à l'intérieur de laquelle doit se trouver le point A pour que l'équilibre ait lieu.

5. Un cylindre de révolution homogène pesant est posé sur un plan incliné de façon que ses génératrices soient horizontales. On connaît le coefficient δ du frottement de roulement : quelle valeur minimum faut-il donner à l'inclinaison du plan pour que le roulement se produise? (On admet dans cet exercice que le roulement se produit pour une inclinaison moindre que le glissement.)

TROISIÈME PARTIE.

DYNAMIQUE DU POINT.

CHAPITRE IX.

GÉNÉRALITÉS. MOUVEMENT RECTILIGNE. MOUVEMENT DES PROJECTILES.

I. — THÉORÈMES GÉNÉRAUX.

198. Équations du mouvement. Intégrales. — Nous avons vu dans le Chapitre III que, si un mobile M est en mouvement sous l'action de certaines forces, dont la résultante est F, l'accélération J du mobile et la force F ont même direction et même sens, et que leurs grandeurs sont liées par la relation

$$F = mJ,$$

m désignant la masse du mobile. C'est en traduisant algébriquement ce fait que nous avons obtenu les équations différentielles du mouvement.

Soient x, y, z les coordonnées du mobile par rapport à trois axes quelconques; X, Y, Z les composantes de F suivant ces trois axes; les projections de F sont égales à celles de J multipliées par m, on a ainsi les trois équations du mouvement

$$(1) \qquad m\frac{d^2x}{dt^2} = X, \qquad m\frac{d^2y}{dt^2} = Y, \qquad m\frac{d^2z}{dt^2} = Z.$$

Les forces qui agissent sur le mobile sont, dans le cas le plus général, des fonctions de sa position, de sa vitesse et du temps : les projections X, Y, Z de la résultante sont donc des fonctions données de x, y, z, $\dfrac{dx}{dt}$, $\dfrac{dy}{dt}$, $\dfrac{dz}{dt}$ et t. Les équations (1) forment alors un système de trois équations différentielles simultanées du second ordre, définissant x, y, z en fonction de t. Les intégrales générales de ces équations contiendront six constantes arbitraires : elles seront de la forme

$$(2) \qquad \begin{cases} x = \varphi\,(t,\; C_1,\; C_2,\; C_3,\; C_4,\; C_5,\; C_6), \\ y = \psi\,(t,\; C_1,\; C_2,\; C_3,\; C_4,\; C_5,\; C_6), \\ z = \varpi\,(t,\; C_1,\; C_2,\; C_3,\; C_4,\; C_5,\; C_6); \end{cases}$$

on en déduit

$$(3) \qquad \begin{cases} \dfrac{dx}{dt} = \varphi'\,(t,\; C_1,\; \ldots,\; C_6), \\[2mm] \dfrac{dy}{dt} = \psi'\,(t,\; C_1,\; \ldots,\; C_6), \\[2mm] \dfrac{dz}{dt} = \varpi'\,(t,\; C_1,\; \ldots,\; C_6). \end{cases}$$

φ', ψ', ϖ' désignant les dérivées de φ, ψ, ϖ par rapport à t.

Dans chaque problème particulier, les constantes arbitraires doivent être déterminées à l'aide des conditions initiales. On se donne la position du mobile à l'instant $t = t_0$ et sa vitesse : il faut alors déterminer C_1, C_2, ..., C_6 de telle façon que, pour $t = t_0$, x, y, z prennent des valeurs données d'avance x_0, y_0, z_0 et $\dfrac{dx}{dt}$, $\dfrac{dy}{dt}$, $\dfrac{dz}{dt}$ des valeurs données x'_0, y'_0, z'_0. Pour que cette détermination soit possible, quelles que soient les valeurs initiales données pour x, y, z, $\dfrac{dx}{dt}$, $\dfrac{dy}{dt}$, $\dfrac{dz}{dt}$, il faut que l'on puisse résoudre, au moins théoriquement, le système des six équations (2) et (3) par rapport à C_1, C_2, ..., C_6, c'est-à-dire que ces équations (2) et (3), dans lesquelles C_1, C_2, ..., C_6 sont regardées comme des inconnues, ne soient ni incompatibles, ni indéterminées. On en tirera alors, pour ces six constantes, des valeurs de la forme

$$(4) \qquad C_k = f_k\left(t,\; x,\; y,\; z,\; \frac{dx}{dt},\; \frac{dy}{dt},\; \frac{dz}{dt}\right) \qquad (k = 1,\, 2,\, \ldots,\, 6);$$

qui donneront immédiatement les valeurs numériques des constantes quand on donnera les valeurs initiales de $x, y, z, \dfrac{dx}{dt}, \dfrac{dy}{dt}, \dfrac{dz}{dt}$.

On admet que : *à des conditions initiales données correspond un seul mouvement.* Ce fait, que nous vérifierons sur tous les exemples qui seront traités, résulte du théorème de Cauchy, tant que X, Y, Z sont des fonctions régulières de $x, y, z, \dfrac{dx}{dt}, \dfrac{dy}{dt}, \dfrac{dz}{dt}, t$; si les six constantes arbitraires sont $x_0, y_0, z_0, x'_0, y'_0, z'_0$, on peut résoudre les intégrales par rapport à ces constantes. (GOURSAT, *Leçons sur les équations aux dérivées partielles*.) Par conséquent, si l'on trouve par des considérations quelconques un certain mouvement possible, c'est-à-dire satisfaisant aux équations du mouvement et aux conditions initiales, ce mouvement est celui que prendra réellement le mobile.

199. Intégrales premières. — On appelle *intégrale première des équations du mouvement* une équation entre $t, x, y, z, \dfrac{dx}{dt}, \dfrac{dy}{dt}, \dfrac{dz}{dt}$ et *une constante arbitraire* qui se trouve satisfaite en vertu des équations du mouvement, quelles que soient les conditions initiales,

$$\Phi\left(t, x, y, z, \frac{dx}{dt}, \frac{dy}{dt}, \frac{dz}{dt}, C\right) = 0.$$

On peut toujours imaginer cette équation résolue par rapport à C et l'écrire

$$C = f\left(t, x, y, z, \frac{dx}{dt}, \frac{dy}{dt}, \frac{dz}{dt}\right).$$

Voici comment on vérifiera immédiatement qu'une relation de cette forme est une intégrale première : en différentiant par rapport à t, on aura, en appelant x', y', z' les dérivées $\dfrac{dx}{dt}, \dfrac{dy}{dt}, \dfrac{dz}{dt}$,

$$\frac{\partial f}{\partial t} + \frac{\partial f}{\partial x}\frac{dx}{dt} + \frac{\partial f}{\partial y}\frac{dy}{dt} + \frac{\partial f}{\partial z}\frac{dz}{dt} + \frac{\partial f}{\partial x'}\frac{d^2x}{dt^2} + \frac{\partial f}{\partial y'}\frac{d^2y}{dt^2} + \frac{\partial f}{\partial z'}\frac{d^2z}{dt^2} = 0.$$

ou, en remplaçant les dérivées secondes de x, y, z par leurs valeurs tirées des équations du mouvement,

$$\frac{\partial f}{\partial t} + \frac{\partial f}{\partial x}\frac{dx}{dt} + \frac{\partial f}{\partial y}\frac{dy}{dt} + \frac{\partial f}{\partial z}\frac{dz}{dt} + \frac{1}{m}\left(\frac{\partial f}{\partial x'}X + \frac{\partial f}{\partial y'}Y + \frac{\partial f}{\partial z'}Z\right) = 0.$$

Cette dernière relation ne contient plus que les quantités t, x, y, z, $\dfrac{dx}{dt}$, $\dfrac{dy}{dt}$, $\dfrac{dz}{dt}$, et, comme elle doit avoir lieu quelles que soient les conditions initiales, c'est-à-dire quelles que soient les valeurs attribuées à toutes ces quantités, elle devra être identiquement vérifiée.

Plusieurs intégrales premières

$$(5) \quad \begin{cases} C' = f_1\left(t, x, y, z, \dfrac{dx}{dt}, \dfrac{dy}{dt}, \dfrac{dz}{dt}\right), \\[2mm] C'' = f_2\left(t, x, y, z, \dfrac{dx}{dt}, \dfrac{dy}{dt}, \dfrac{dz}{dt}\right), \\[2mm] \cdots\cdots\cdots\cdots\cdots\cdots\cdots\cdots\cdots\cdots \\[2mm] C^{(\nu)} = f_\nu\left(t, x, y, z, \dfrac{dx}{dt}, \dfrac{dy}{dt}, \dfrac{dz}{dt}\right) \end{cases}$$

sont *distinctes* quand on ne peut pas éliminer entre elles toutes les quantités x, y, z, $\dfrac{dx}{dt}$, $\dfrac{dy}{dt}$, $\dfrac{dz}{dt}$: si cette élimination était possible, elle conduirait à une relation entre les constantes C', C'', ..., $C^{(\nu)}$, relation qui évidemment ne pourrait pas contenir la variable indépendante t qui est arbitraire. Il résulte de là que le nombre des intégrales premières distinctes qu'on peut trouver est égal à six ; car, ν étant supérieur à six, on pourra toujours éliminer les six quantités x, y, z, $\dfrac{dx}{dt}$, $\dfrac{dy}{dt}$, $\dfrac{dz}{dt}$.

Par exemple, les six équations (4), obtenues en résolvant les intégrales générales des équations du mouvement par rapport aux constantes arbitraires, forment six intégrales premières distinctes.

Réciproquement, si l'on possède six intégrales premières distinctes telles que (5), l'entier ν étant égal à 6, ces équations résolues par rapport à x, y, z, $\dfrac{dx}{dt}$, $\dfrac{dy}{dt}$, $\dfrac{dz}{dt}$ fourniront les intégrales générales des équations du mouvement.

200. Équations intrinsèques (Euler). — Prenons sur la trajectoire une origine O des arcs, le mouvement sera défini sur cette courbe si l'arc $OM = s$ est connu en fonction de t. Menons la tangente MT (*fig.* 132) du côté des arcs positifs. Nous conviendrons de compter la vitesse positivement si le mouvement se fait

dans le sens MT, et négativement dans le cas contraire; la vitesse
sera en grandeur et signe

$$v = \frac{ds}{dt}.$$

Soit J l'accélération du mobile; on sait que les projections de

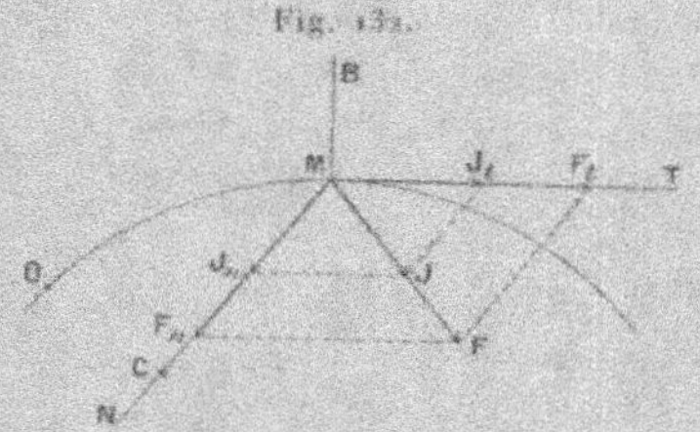
Fig. 132.

cette accélération sur la tangente et la normale principale sont
respectivement (n° 38)

$$J_t = \frac{dv}{dt} = \frac{d^2s}{dt^2}, \qquad J_n = \frac{v^2}{\rho},$$

et que sa projection sur la binormale est nulle. Comme le segment représentatif de la force est égal au segment représentatif
de l'accélération multiplié par la masse, on a, en appelant F_t,
F_n, F_b les projections de F sur la tangente, la normale principale et la binormale

$$F_t = m\frac{dv}{dt} = m\frac{d^2s}{dt^2}, \qquad F_n = \frac{mv^2}{\rho}, \qquad F_b = 0.$$

Ces trois équations forment un système équivalent aux trois équations du mouvement. Comme F_n est toujours positif et F_b nul,
on voit que la force est toujours située dans le plan osculateur
de la trajectoire du côté de la concavité.

Si la force est constamment normale à la trajectoire, $F_t = 0$, la
vitesse est constante et la force varie en raison inverse du rayon
de courbure.

Si la force est constamment tangente à la trajectoire, on a

$$F_n = \frac{v^2}{\rho} = 0.$$

et, comme v n'est pas nul, ρ reste infini, c'est-à-dire que la trajectoire est rectiligne.

On peut faire d'intéressants rapprochements, déjà signalés par Mac-Laurin, entre ces équations et celles de l'équilibre des fils. Möbius en a indiqué un grand nombre dans sa *Statique*, ainsi que Ossian Bonnet, dans le Tome IX du *Journal de Mathématiques*, et M. Paul Serret dans sa *Théorie nouvelle des lignes à double courbure* (Mallet-Bachelier, 1860). (*Voir* les Exercices.)

Nous allons établir maintenant des théorèmes qui, dans beaucoup de cas, permettent de trouver des intégrales premières.

201. Quantité de mouvement. — On appelle *quantité de mouvement d'un point* M un vecteur MQ, qui a même direction et même sens que la vitesse et dont la longueur est égale au produit de la vitesse par la masse : mV (*fig.* 134). Les projections de la

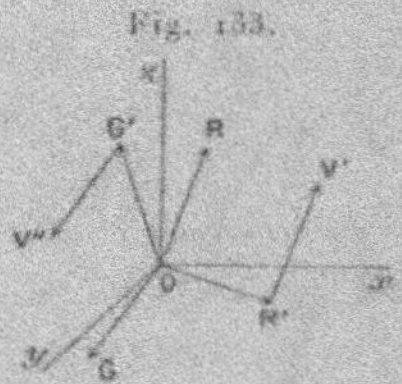

vitesse sur les trois axes étant $\dfrac{dx}{dt}$, $\dfrac{dy}{dt}$, $\dfrac{dz}{dt}$, celles de la quantité de mouvement sont

$$(\text{MQ}) \qquad m\,\frac{dx}{dt}, \qquad m\,\frac{dy}{dt}, \qquad m\,\frac{dz}{dt};$$

les moments de la quantité de mouvement par rapport aux trois axes sont de même

$$(\text{OG}') \quad m\left(y\,\frac{dz}{dt} - z\,\frac{dy}{dt} \right), \quad m\left(z\,\frac{dx}{dt} - x\,\frac{dz}{dt} \right), \quad m\left(x\,\frac{dy}{dt} - y\,\frac{dx}{dt} \right);$$

de sorte que le moment de la quantité de mouvement par rapport au point O est un vecteur OG' (*fig.* 133), ayant pour projections les trois quantités ci-dessus.

202. Théorème de la projection de la quantité de mouvement. — La première des équations du mouvement peut s'écrire

$$\frac{d}{dt}\left(m\,\frac{dx}{dt} \right) = \mathrm{X};$$

comme l'axe des x est arbitraire, cette équation exprime que :

La dérivée par rapport au temps de la projection de la quantité de mouvement sur un axe est égale à la somme des projections sur le même axe des forces appliquées au mobile.

En particulier, si la somme des projections des forces sur un axe est constamment nulle, ce théorème fournit une intégrale première. En effet, en prenant cet axe pour axe $O x$, on a

$$\frac{d}{dt}\left(m\,\frac{dx}{dt} \right) = 0, \qquad m\,\frac{dx}{dt} = \mathrm{A},$$

la valeur de la constante A étant la projection sur $O x$ de la quantité de mouvement initiale. En intégrant de nouveau, on a

$$mx = \mathrm{A}t + \mathrm{A}';$$

la projection du mouvement sur $O x$ est donc alors un mouvement uniforme.

Exemple. Forces parallèles. — Supposons la force F parallèle à une direction fixe. La trajectoire est alors *dans un plan* parallèle à cette direction. En effet, prenant pour axe $O z$ une parallèle à la direction de la résultante F, on a constamment $\mathrm{X} = 0$, $\mathrm{Y} = 0$. Donc

$$m\,\frac{dx}{dt} = \mathrm{A}, \qquad m\,\frac{dy}{dt} = \mathrm{B},$$
$$\mathrm{A}\,dy - \mathrm{B}\,dx = 0, \qquad \mathrm{A}y - \mathrm{B}x = \mathrm{C},$$

équation d'un plan parallèle à l'axe $O z$. Ce plan, dans lequel se fait le mouvement, est déterminé par les conditions initiales : c'est le plan mené par la vitesse initiale parallèlement à la direction constante de la force.

203. Théorème du moment de la quantité de mouvement. Principe des aires. — On peut aussi, des équations du mouvement, déduire un théorème analogue au précédent relatif aux moments des quantités de mouvement. Les deux équations

$$m \frac{d^2 x}{dt^2} = X, \qquad m \frac{d^2 y}{dt^2} = Y$$

fournissent la combinaison

$$x \, m \frac{d^2 y}{dt^2} - y \, m \frac{d^2 x}{dt^2} = x Y - y X,$$

qu'on peut écrire

$$\frac{d}{dt} \left[m \left(x \frac{dy}{dt} - y \frac{dx}{dt} \right) \right] = x Y - y X.$$

c'est-à-dire :

La dérivée par rapport au temps du moment de la quantité de mouvement, par rapport à un axe (l'axe Oz), est égale au moment de la résultante des forces par rapport au même axe.

Ce théorème donne une intégrale première des équations du mouvement dans le cas où $x Y - y X$ est constamment nul, c'est-à-dire quand la résultante des forces appliquées au point matériel est constamment dans un même plan avec l'axe Oz. Cette intégrale est

$$x \frac{dy}{dt} - y \frac{dx}{dt} = C;$$

elle a une interprétation géométrique très simple. Soient, en effet

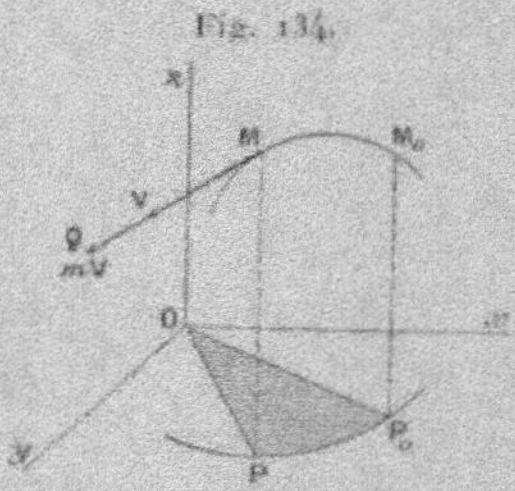

Fig. 134.

($fig.$ 134), P la projection du mobile M sur le plan des xy et P_0

la position initiale de cette projection; considérons le secteur limité par la projection de la trajectoire et les deux rayons OP_0, OP; en appelant S la surface de ce secteur comptée positivement dans le sens positif des rotations autour de Oz, on a

$$dS = \tfrac{1}{2}(x\,dy - y\,dx);$$

l'équation précédente devient donc

$$2\frac{dS}{dt} = C,$$

d'où, en intégrant,

$$S = \tfrac{1}{2}C(t - t_0),$$

autrement dit : *l'aire* S *est proportionnelle au temps employé à la décrire*. On dit alors que le théorème des aires s'applique à la projection du mouvement sur le plan xOy.

La constante des aires, C, qui entre dans la formule précédente, est le rapport du double de l'aire balayée par le vecteur OP au temps employé à la décrire; elle sera déterminée par les conditions initiales du mouvement : ce sera la valeur que prend $x\dfrac{dy}{dt} - y\dfrac{dx}{dt}$ au début du mouvement, c'est-à-dire le moment de la vitesse initiale par rapport à Oz.

Inversement, si le théorème des aires s'applique à la projection du mouvement sur un plan xOy autour du point O, la force est dans un même plan avec Oz, car l'équation $x\dfrac{dy}{dt} - y\dfrac{dx}{dt} = C$ donne par différentiation

$$x\frac{d^2y}{dt^2} - y\frac{d^2x}{dt^2} = 0, \qquad \text{d'où} \qquad xY - yX = 0.$$

Exemple. Forces centrales. — Supposons que la résultante F des forces appliquées au point soit centrale, c'est-à-dire que sa direction passe constamment par un point fixe O. Si l'on prend ce point pour origine, le moment de F par rapport à chacun des trois axes coordonnés est nul et le théorème des aires s'applique à la projection du mouvement sur chacun des trois plans coordonnés. La trajectoire est dans un plan passant par le centre des forces. On a, en effet, les trois équations

$$x\frac{dy}{dt} - y\frac{dx}{dt} = \mathrm{C},$$

$$y\frac{dz}{dt} - z\frac{dy}{dt} = \mathrm{A},$$

$$z\frac{dx}{dt} - x\frac{dz}{dt} = \mathrm{B}.$$

Multipliant par z, x, y et ajoutant, on trouve

$$\mathrm{A}x + \mathrm{B}y + \mathrm{C}z = 0,$$

équation d'un plan passant par le point O. Ce plan est déterminé par la vitesse initiale et le point O.

204. **Interprétation géométrique des deux théorèmes précédents.** — Menons par l'origine O un vecteur OR égal et parallèle à la résultante des forces appliquées au point et un vecteur OR' égal et parallèle à la quantité de mouvement du point. Le point R' a pour coordonnées

$$\alpha = m\frac{dx}{dt}, \qquad \beta = m\frac{dy}{dt}, \qquad \gamma = m\frac{dz}{dt}.$$

Les équations du mouvement exprimant le théorème de la projection de la quantité de mouvement sur chaque axe s'écrivent

$$\frac{d\alpha}{dt} = \mathrm{X}, \qquad \frac{d\beta}{dt} = \mathrm{Y}, \qquad \frac{d\gamma}{dt} = \mathrm{Z},$$

équations qui signifient que la vitesse V' du point géométrique R' est à chaque instant égale et parallèle à R (voir *fig.* 133).

Soient, de même, OG le moment de la résultante des forces appliquées au point M par rapport au point O et OG' le moment de la quantité de mouvement par rapport au même point. Les coordonnées λ, μ, ν du point G' sont

$$(\mathrm{G'}) \quad \begin{cases} \lambda = m\left(y\frac{dz}{dt} - z\frac{dy}{dt}\right), \\[2mm] \mu = m\left(z\frac{dx}{dt} - x\frac{dz}{dt}\right), \\[2mm] \nu = m\left(x\frac{dy}{dt} - y\frac{dx}{dt}\right), \end{cases}$$

et les projections de OG

$$(\mathrm{G}) \qquad \mathrm{L} = y\mathrm{Z} - z\mathrm{Y}, \qquad \mathrm{M} = z\mathrm{X} - x\mathrm{Z}, \qquad \mathrm{N} = x\mathrm{Y} - y\mathrm{X}.$$

Nous venons d'établir l'équation $\dfrac{d\nu}{dt} = N$; on trouverait de même

$$\frac{d\lambda}{dt} = L, \qquad \frac{d\mu}{dt} = M,$$

équations qui expriment que le point G' possède, à chaque instant, une vitesse V' égale et parallèle à OG; ce qui confirme l'analogie entre les deux théorèmes précédents.

Par exemple, si la résultante des forces agissant sur le mobile passe par le point fixe O, les quantités λ, μ, ν sont constantes, le segment OG' est fixe pendant toute la durée du mouvement. Nous avons vu que la trajectoire est alors plane; elle est dans un plan perpendiculaire à ce segment OG'.

205. Cas où la force appartient à un complexe linéaire. — On obtient encore une intégrale première dans le cas suivant, qui comprend comme cas particuliers ceux que nous venons de traiter : *Si la résultante F des forces agissant sur le mobile appartient à un complexe linéaire, le moment de la quantité de mouvement par rapport à ce complexe est constant.* En effet, la force F appartenant à un complexe, les six coordonnées X, Y. Z, L, M, N du vecteur F vérifient une relation de la forme

$$p X + q Y + r Z + a(yZ - zY) + b(zX - xZ) + c(xY - yX) = o,$$

p, q, r, a, b, c désignant des constantes. Remplaçant X par $\dfrac{d}{dt}\left(m\,\dfrac{dx}{dt} \right)$, $yZ - zY$ par $\dfrac{d}{dt}\left[m\left(y\,\dfrac{dz}{dt} - z\,\dfrac{dy}{dt} \right) \right]$, ..., etc., on a une équation dont tous les termes sont des dérivées exactes et qui donne par l'intégration

$$m\left[p\,\frac{dx}{dt} + q\,\frac{dy}{dt} + r\,\frac{dz}{dt} + a\left(y\,\frac{dz}{dt} - z\,\frac{dy}{dt} \right) \right.$$
$$\left. + b\left(z\,\frac{dx}{dt} - x\,\frac{dz}{dt} \right) + c\left(x\,\frac{dy}{dt} - y\,\frac{dx}{dt} \right) \right] = \text{const.}$$

Cette intégrale première exprime que le moment relatif du vecteur MQ (quantité de mouvement) et d'un système de vecteurs dont les coordonnées seraient a, b, c, p, q, r est *constant*. C'est ce qu'on exprime en disant que le moment de la quantité de mouvement par rapport au complexe considéré est constant (n° 24 *bis*).

206. Théorème des forces vives. — Reprenons les équations du mouvement

$$m\,\frac{d^2 x}{dt^2} = X, \qquad m\,\frac{d^2 y}{dt^2} = Y, \qquad m\,\frac{d^2 z}{dt^2} = Z,$$

et ajoutons-les membre à membre après avoir multiplié la première par dx, la deuxième par dy, la troisième par dz; il vient

$$m \left(\frac{d^2 x}{dt^2} dx + \frac{d^2 y}{dt^2} dy + \frac{d^2 z}{dt^2} dz \right) = X\, dx + Y\, dy + Z\, dz;$$

en remarquant que le carré de la vitesse est

$$v^2 = \left(\frac{dx}{dt} \right)^2 + \left(\frac{dy}{dt} \right)^2 + \left(\frac{dz}{dt} \right)^2,$$

on peut écrire cette équation

$$(1) \qquad d\,\frac{mv^2}{2} = X\, dx + Y\, dy + Z\, dz.$$

On appelle *force vive le produit de la masse par le carré de la vitesse* mv^2 : l'équation ci-dessus s'énonce alors de la façon suivante :

La différentielle de la demi-force vive, pendant l'intervalle de temps dt, est égale au travail élémentaire de la résultante des forces agissant sur le mobile pendant le même intervalle. Le second membre de l'équation

$$X\, dx + Y\, dy + Z\, dz$$

est, en effet, le travail élémentaire de la force X, Y, Z correspondant au déplacement réel dx, dy, dz que subit le mobile pendant le temps dt; on peut, comme nous l'avons vu (n° 82), remplacer le travail de la résultante X, Y, Z des forces appliquées au point par la somme des travaux des composantes.

L'équation (1) résulte aussi immédiatement de la première des équations intrinsèques du mouvement

$$m\frac{dv}{dt} = F_t.$$

Multipliant par ds et remplaçant $\frac{ds}{dt}$ par v, on a

$$d\,\frac{mv^2}{2} = F_t\, ds,$$

équation dont le deuxième membre est le travail élémentaire de F correspondant au déplacement ds.

Si l'on intègre l'équation (1) depuis l'instant t_0 jusqu'à t, on a, en appelant v_0 la vitesse à l'instant t_0,

$$(2) \qquad \frac{mv^2}{2} - \frac{mv_0^2}{2} = \int_{t_0}^{t} X\,dx + Y\,dy + Z\,dz;$$

d'où ce théorème :

La variation de la demi-force vive du point, pendant un intervalle de temps quelconque, est égale au travail total des forces appliquées au point pendant le même intervalle.

Au point de vue de l'évaluation du travail total, il faut distinguer trois cas, comme nous l'avons montré dans le Chapitre IV :

1° Dans le cas le plus général où X, Y, Z dépendent de x, y, z, $\frac{dx}{dt}$, $\frac{dy}{dt}$, $\frac{dz}{dt}$, t, il faut, pour évaluer le travail total, connaître les expressions de x, y, z en fonction de t, c'est-à-dire le mouvement ;

2° Dans le cas où X, Y, Z dépendent de x, y, z seulement, il suffit, pour évaluer le travail total, de connaître la trajectoire du mobile entre la position M_0 qu'il occupe à l'instant t_0 et la position M qu'il occupe à l'instant t ;

3° Enfin, si la résultante X, Y, Z ne dépend que de la position du mobile et *dérive d'une fonction de forces* $U(x, y, z)$

$$X\,dx + Y\,dy + Z\,dz = dU(x, y, z),$$

on peut évaluer le travail total en connaissant uniquement les deux positions M_0 et M. Dans ce cas, *le théorème des forces vives fournit une intégrale première :* on a, en effet, en intégrant le deuxième membre de l'équation (2),

$$\frac{mv^2}{2} - \frac{mv_0^2}{2} = U(x, y, z) - U(x_0, y_0, z_0)$$

ou

$$mv^2 = 2[U(x, y, z) + h],$$

h désignant la constante arbitraire $\frac{mv_0^2}{2} - U(x_0, y_0, z_0)$: cette constante se nomme *constante des forces vives*. D'après cette équation, la vitesse du mobile redevient la même chaque fois que $U(x, y, z)$ reprend la même valeur. Si $U(x, y, z)$ est une fonction uniforme de x, y, z, on peut dire que la vitesse du mobile redevient la même, quand le mobile revient sur la même surface de niveau $U(x, y, z) = $ const. Quand la fonction U est à déterminations multiples, comme, par exemple, $U(x, y, z) = \operatorname{arc\,tang} \dfrac{y}{x}$, la vitesse ne redevient pas nécessairement la même quand le point revient sur la même surface de niveau, car, sur une surface de niveau déterminée, $U(x, y, z)$ et, par suite, le travail total, prennent des valeurs différentes suivant le chemin suivi (*voir* n° 87).

Exemples. — 1° Considérons un point pesant entièrement libre, mobile dans le vide. Si nous prenons un axe Oz vertical et dirigé vers le haut, la seule force appliquée au point est le poids dont les projections sont

$$X = o, \qquad Y = o, \qquad Z = - mg;$$

le théorème des forces vives donne donc

$$d\,\frac{mv^2}{2} = - mg\,dz,$$

équation dont le second membre est une différentielle totale exacte, ce qui montre, comme nous l'avons déjà plusieurs fois remarqué, que le poids dérive d'une fonction de forces. En intégrant, on a

$$\frac{v^2 - v_0^2}{2} = - g(z - z_0) \qquad \text{ou} \qquad v^2 = 2(- gz + h).$$

Cette équation montre que la vitesse reprend la même valeur numérique chaque fois que le mobile repasse à la même hauteur, c'est-à-dire revient sur la même surface de niveau; car ces surfaces sont actuellement des plans horizontaux.

Plus généralement, si le mobile était sollicité par une force verticale fonction de z,

$$X = o, \qquad Y = o, \qquad Z = \varphi(z),$$

on aurait

$$d\,\frac{mv^2}{2} = \varphi(z)\,dz, \qquad \frac{mv^2}{2} - \frac{mv_0^2}{2} = \int_{z_0}^{z} \varphi(z)\,dz;$$

les surfaces de niveau seraient encore des plans horizontaux. Dans tous ces mouvements, la trajectoire serait plane (n° 202, ex.).

2° Considérons un point M attiré par un centre fixe O en raison inverse du carré de la distance. La force attractive aura une expression de la forme $\dfrac{m\mu}{r^2}$, μ étant une constante et r la distance OM. La valeur algébrique de cette force estimée dans le sens de OM est $-\dfrac{m\mu}{r^2}$ et, d'après ce que nous avons vu dans le n° 89 le travail élémentaire de cette force est $-\dfrac{m\mu}{r^2}\,dr$. Le théorème des forces vives donne donc

$$d\,\frac{mv^2}{2} = -\frac{m\mu}{r^2}\,dr, \qquad \frac{v^2-v_0^2}{2} = \mu\left(\frac{1}{r}-\frac{1}{r_0}\right)$$

ou

$$v^2 = 2\left(\frac{\mu}{r}-h\right).$$

Les surfaces de niveau sont les sphères $\dfrac{\mu}{r} = \text{const.}$; la vitesse reprend la même valeur numérique à la même distance du centre attractif O.

Plus généralement, si le point M est sollicité par une force centrale fonction de r, dont la valeur algébrique estimée dans le sens OM est $\varphi(r)$, on a

$$d\,\frac{mv^2}{2} = \varphi(r)\,dr, \qquad \frac{mv^2}{2}-\frac{mv_0^2}{2} = \int_{r_0}^{r}\varphi(r)\,dr.$$

Les surfaces de niveau sont encore des sphères de centre O. Dans tous ces mouvements, la trajectoire serait plane (n° 203, ex.).

3° Considérons un point pesant M attiré par un centre fixe A, en raison inverse du carré de la distance et repoussé par un centre fixe A' proportionnellement à la distance (*fig.* 135). Nous prendrons encore un axe Oz

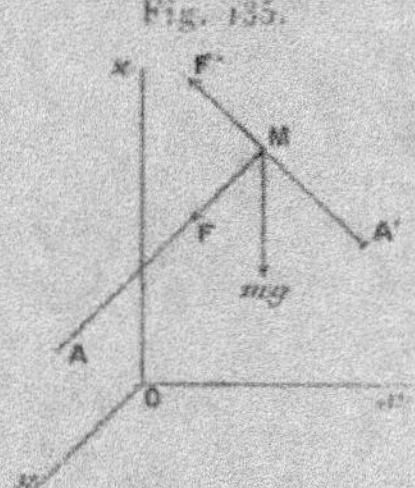

Fig. 135.

vertical vers le haut, de sorte que le travail élémentaire du poids sera $-mg\,dz$; si nous appelons r la distance AM, la valeur algébrique de la force attractive F estimée positivement dans le sens AM est $-\dfrac{m\mu}{r^2}$ et son travail élémentaire $-\dfrac{m\mu}{r^2}\,dr$; enfin, si nous appelons r' la distance MA', la valeur algébrique de la force répulsive F' proportionnelle à la distance est $m\mu'r'$ et son travail élémentaire $m\mu'r'\,dr'$. D'après le théorème des forces vives, la différentielle $d\dfrac{mv^2}{2}$ est égale au travail élémentaire de la résultante des forces appliquées au point M, c'est-à-dire à la somme des travaux des composantes, et l'on a

$$d\,\frac{mv^2}{2} = -mg\,dz - \frac{m\mu}{r^2}\,dr + m\mu'\,r'\,dr'.$$

Le second membre de cette expression est une différentielle exacte et il existe une fonction des forces; c'est ce dont on était certain à l'avance, d'après les théorèmes établis dans le Chapitre IV. On a donc en intégrant, après avoir divisé par m,

$$v^2 = 2\left(-gz + \frac{\mu}{r} + \frac{\mu'\,r'^2}{2} + h\right).$$

La fonction des forces est encore ici une fonction uniforme et la vitesse redevient la même chaque fois que le mobile repasse sur la même surface de niveau

$$-gz + \frac{\mu}{r} + \frac{\mu'\,r'^2}{2} = \text{const.}$$

Ces surfaces sont du sixième ordre; elles se réduisent au second si μ est nul, c'est-à-dire si l'on supprime le centre attractif A.

207. Remarque sur l'intégrale des forces vives. — L'intégrale des forces vives

$$mv^2 = 2[U(x, y, z) + h]$$

montre que le mobile ne peut pas sortir de la région de l'espace dans laquelle $U(x, y, z) + h$ est positif, car le premier membre est essentiellement positif. Quand cette région ne comprend pas tout l'espace, elle est en général limitée par la surface de niveau ayant pour équation

$$U(x, y, z) + h = 0,$$

surface dont la nature dépend de la constante des forces vives, c'est-à-dire de la position initiale et de la grandeur, mais non de la direction de la vitesse. On cherchera, à titre d'exercice, ce que sont ces surfaces pour les exemples traités ci-dessus.

Cette remarque évidente, dont on trouvera quelques applications dans un Mémoire de M. Bohlin (*Acta mathematica*, t. X), donne immédiatement le théorème de Lejeune-Dirichlet sur la stabilité de l'équilibre.

208. Stabilité de l'équilibre d'un point matériel libre. Théorème de Lejeune-Dirichlet. — Soit un point libre $M(x, y, z)$ sollicité par des forces dont la résultante (X, Y, Z) dérive d'une fonction de forces $U(x, y, z)$

$$X = \frac{\partial U}{\partial x}, \qquad Y = \frac{\partial U}{\partial y}, \qquad Z = \frac{\partial U}{\partial z}.$$

Les positions d'équilibre du point s'obtiennent en égalant à zéro X, Y, Z, c'est-à-dire en cherchant les maxima et minima de U. *Si dans une position donnée O du point la fonction U est réellement maximum, l'équilibre correspondant est stable.* Prenons cette position O pour origine et supposons que la fonction U s'annule au point O, ce qui est toujours permis, car, la fonction U n'étant déterminée qu'à une constante additive près, on peut disposer de cette constante de façon que U s'annule en un point donné. Pour préciser la notion du maximum, décrivons du point O comme centre une sphère dont le rayon ρ est inférieur à une certaine limite assez petite pour que, dans la sphère et sur la sphère la fonction $U(x, y, z)$ soit *négative* et non nulle, l'origine seule où la fonction devient nulle étant exceptée.

Le rayon ρ étant choisi aussi petit qu'on le veut, nous allons montrer qu'il existe deux nombres positifs ε et u possédant la propriété suivante : en plaçant le point mobile dans une position initiale distante de O de moins de ε et lui imprimant une vitesse initiale moindre que u, on obtient un mouvement dans lequel *le mobile reste à l'intérieur de la sphère de rayon ρ*. En effet, la fonction U est, sur la surface de la sphère ρ, négative et différente de zéro; on peut donc assigner un nombre positif p assez petit pour que, sur la surface de la sphère ρ, on ait constamment

$$-U > p, \qquad U + p < o.$$

Donnons alors au point M une position initiale $M_0(x_0, y_0, z_0)$ à l'intérieur de la sphère ρ et imprimons-lui une vitesse initiale v_0. Dans le mouvement qui prend naissance, on a, d'après le théorème des forces vives

$$(1) \qquad \frac{mv^2}{2} = U - \left(\frac{mv_0^2}{2} - U_0 \right),$$

U_0 désignant la valeur de U au point M_0, valeur négative. Déterminons la position et la vitesse initiale par la condition

$$(2) \qquad \frac{m v_0^2}{2} - U_0 < p ;$$

pour cela, il suffit, par exemple, de prendre

$$\frac{m v_0^2}{2} < \frac{p}{2}, \qquad - U_0 < \frac{p}{2}.$$

La première inégalité donne pour v_0 une limite supérieure u égale à $\sqrt{\frac{p}{m}}$; puis, la fonction U étant continue et s'annulant à l'origine, il existe un nombre positif ε assez petit pour que, la distance OM_0 étant moindre que ε, $- U_0$ soit moindre que $\frac{p}{2}$. Alors, en donnant au mobile une position initiale distante de O de moins de ε et une vitesse initiale moindre que $\sqrt{\frac{p}{m}}$, on satisfait à l'inégalité (2) et par suite, d'après le théorème des forces vives (1), à l'inégalité

$$(3) \qquad \frac{m v^2}{2} < U + p,$$

qui montre que le mobile ne peut pas sortir de la sphère ρ : en effet, si le mobile arrivait sur la surface de la sphère, $U + p$ deviendrait négatif et la demi-force vive, qui est une quantité essentiellement positive, deviendrait moindre qu'une quantité négative; ce qui est absurde. Le théorème est donc démontré. Par exemple, si le point est attiré par O proportionnellement à la distance, O est une position d'équilibre stable (n° 94).

On peut, dans le mouvement obtenu, assigner une limite supérieure à la vitesse, car U étant négatif, d'après la formule (3), $\frac{m v^2}{2}$ est inférieur à p et v à $\sqrt{\frac{2p}{m}}$.

Remarque. — Lorsqu'un mobile sollicité par une force *ne dérivant pas d'une fonction de forces* est en équilibre dans une certaine position, on reconnaît si l'équilibre est stable ou non en étudiant le mouvement que prend le point quand on l'écarte infiniment peu de sa position d'équilibre et qu'on lui donne une vitesse infiniment petite.

II. — MOUVEMENT RECTILIGNE.

209. Cas général où la trajectoire est plane. — Lorsqu'un mobile est sollicité par une force constamment parallèle à un plan fixe Π et que sa vitesse initiale v_0 est parallèle à ce plan, la trajectoire est située dans le plan mené par v_0 parallèlement à Π.

On peut regarder ce théorème comme évident, par raison de symétrie, parce qu'il n'y a aucune raison pour que le mobile quitte ce plan d'un côté ou de l'autre. On peut aussi le déduire des équations du mouvement : supposons la force parallèle au plan des xy, et le mobile placé en $M_0(x_0, y_0, z_0)$ et lancé parallèlement au plan des xy. On aura alors $Z = 0$ et la troisième équation du mouvement donnera

$$m\frac{d^2z}{dt^2} = 0, \qquad \frac{dz}{dt} = z'_0,$$

z'_0 désignant la projection de la vitesse initiale sur Oz. Mais, par hypothèse, cette projection est nulle; donc

$$\frac{dz}{dt} = 0, \qquad z = z_0,$$

ce qu'il fallait démontrer.

210. Cas général où le mouvement est rectiligne. — Si la force qui agit sur un mobile est constamment parallèle à un axe et si la vitesse initiale est parallèle à cet axe, le mobile décrit la droite v_0 parallèle à la même direction. Ce théorème résulte du précédent, puisque la trajectoire doit se trouver dans tout plan mené par v_0 parallèlement à l'axe. On peut le démontrer comme le précédent en supposant la force parallèle à Ox; on aura

$$\frac{d^2z}{dt^2} = 0, \qquad \frac{d^2y}{dt^2} = 0,$$

d'où

$$\frac{dz}{dt} = z'_0 = 0, \qquad \frac{dy}{dt} = y'_0 = 0,$$

en appelant z'_0 et y'_0 les projections de la vitesse initiale sur Oz

et Oy, projections qui sont nulles par hypothèse; donc, en intégrant de nouveau,

$$z = z_0, \qquad y = y_0.$$

211. Équations du mouvement rectiligne. Cas simples d'intégrabilité. — Plaçons-nous dans ce cas particulier où le mouvement est rectiligne et prenons pour axe Ox la droite que décrit le mobile; l'équation unique du mouvement s'écrira

$$(1) \qquad m\frac{d^2 x}{dt^2} = X.$$

Le cas le plus général est celui où X est à la fois fonction de x, de v et de t; on aura dans ce cas

$$m\frac{d^2 x}{dt^2} = \Phi\left(x, \frac{dx}{dt}, t\right),$$

car la valeur algébrique de v est $\dfrac{dx}{dt}$. C'est une équation différentielle du second ordre, qui permettra de calculer x en fonction de t. L'intégrale générale contiendra deux constantes arbitraires

$$x = f(t, c, c').$$

On déterminera les constantes par les conditions initiales

$$x_0 = f(t_0, c, c') \qquad v_0 = f'_t(t_0, c, c').$$

Il peut arriver que l'expression analytique de la force change suivant la position du mobile ou le sens de la vitesse. Un exemple de ce fait se rencontre dans l'exercice 3° du n° **212**.

L'intégration de l'équation différentielle (1) se ramène à des quadratures si X contient seulement l'une des quantités x, v, t.

1° *La force dépend uniquement de la position.* — Soit d'abord

$$m\frac{d^2 x}{dt^2} = \varphi(x),$$

multiplions les deux membres par $2\dfrac{dx}{dt}$, il vient

$$2m\frac{d^2 x}{dt^2}\frac{dx}{dt} = 2\varphi(x)\frac{dx}{dt};$$

on peut intégrer, et l'on a

$$m\left(\frac{dx}{dt}\right)^2 = 2\int_{x_0}^{x} \varphi(x)\,dx + h,$$

équation qui n'est autre que l'équation des forces vives appliquée au cas particulier actuel; pour déterminer la constante, faisons $x = x_0$, nous obtenons pour h la valeur mv_0^2. La quadrature ci-dessus étant effectuée, on trouve une équation de la forme

$$\left(\frac{dx}{dt}\right)^2 = \psi(x), \qquad \frac{dx}{dt} = \pm\sqrt{\psi(x)};$$

il n'y a aucune ambiguïté sur le signe à prendre, car pour $x = x_0$ on doit avoir $\left(\frac{dx}{dt}\right)_0 = v_0$; on doit donc partir avec le signe de v_0 devant le radical; si v_0 était nul, le mouvement se ferait dans le sens de la force, ce qui déterminerait encore le signe du radical. On écrira alors

$$dt = \frac{dx}{\pm\sqrt{\psi(x)}}, \qquad t - t_0 = \int_{x_0}^{x} \frac{dx}{\pm\sqrt{\psi(x)}};$$

cette équation, résolue par rapport à x, donnerait la loi des espaces; elle exprime directement le temps nécessaire pour parcourir un espace donné. Nous la discuterons plus loin (n° 212, exemple 5°), après avoir étudié quelques cas particuliers simples.

2° *La force dépend uniquement de la vitesse.* — Supposons maintenant X fonction de v, on écrira

$$m\frac{dv}{dt} = \varphi(v), \qquad dt = \frac{m\,dv}{\varphi(v)};$$

en intégrant,

$$t = \int_{v_0}^{v} \frac{m\,dv}{\varphi(v)} + t_0,$$

et, comme $dx = v\,dt$, on aura

$$dx = \frac{mv\,dv}{\varphi(v)}, \qquad x = \int_{v_0}^{v} \frac{mv\,dv}{\varphi(v)} + x_0.$$

x et t sont alors exprimés en fonction de la variable auxiliaire v. La dernière équation $mv\,dv = \varphi(v)\,dx$ résulte aussi du théorème

des forces vives, car $\varphi(v)\,dx$ est le travail élémentaire de la force et
$mv\,dv = \dfrac{dmv^2}{2}$.

3° *La force dépend uniquement du temps.* — Si enfin X est
fonction de t seulement, on a

$$m\,\frac{d^2x}{dt^2} = \varphi(t).$$

Intégrons une première fois, il vient

$$m\,\frac{dx}{dt} = \int_{t_0}^{t} \varphi(t)\,dt + mv_0;$$

enfin une nouvelle intégration donne

$$mx = \int_{t_0}^{t} dt \left[\int_{t_0}^{t} \varphi(t)\,dt \right] + mv_0(t - t_0) + mx_0.$$

212. Applications à des mouvements produits par une force dépendant de la seule position.

1° *Mouvement vertical d'un corps pesant dans le vide.*

Nous prendrons pour axe la verticale passant par la position initiale du
mobile et dirigée vers le haut. Désignons par v_0 la valeur algébrique de la
vitesse initiale, supposée verticale. La force qui agit sur le mobile est, à
chaque instant, $-mg$; l'équation du mouvement est donc

$$(1) \qquad m\,\frac{d^2x}{dt^2} = -mg, \qquad \frac{d^2x}{dt^2} = -g.$$

Une première intégration donne

$$(2) \qquad \frac{dx}{dt} = v = -gt + v_0,$$

en comptant le temps à partir de l'instant où le mobile se met en mouvement. En intégrant une deuxième fois, on a

$$(3) \qquad x = -\frac{gt^2}{2} + v_0 t,$$

en comptant les distances à partir de la position initiale du mobile. Si v_0
est positif, la vitesse, d'abord positive, va constamment en diminuant et
s'annule au bout du temps $\dfrac{v_0}{g}$; à partir de cet instant, la vitesse qui est

négative croît indéfiniment en valeur absolue. En éliminant t entre les équations (2) et (3), on trouve

$$v^2 = v_0^2 - 2gx.$$

On arriverait à cette relation en appliquant le théorème des forces vives, c'est-à-dire en multipliant les deux membres de (1) par $2\dfrac{dx}{dt}$ et intégrant. On a donc

$$v = \pm \sqrt{v_0^2 - 2gx}.$$

Dans l'hypothèse où nous nous plaçons, $v_0 > 0$, le corps est d'abord lancé vers le haut et au début du mouvement la vitesse est positive; on devra donc prendre le signe $+$ devant le radical. Lorsque x croît jusqu'à $\dfrac{v_0^2}{2g}$, v diminue jusqu'à 0; à partir de ce moment, le corps retombe et l'on prendra le signe $-$. L'expression que nous venons de trouver pour la vitesse montre que, lorsque le mobile passe par une position déterminée, sa vitesse est la même en valeur absolue, qu'il monte ou qu'il descende : il repasse alors par une même surface de niveau.

2° *Mouvement d'un point matériel attiré ou repoussé par un centre fixe O proportionnellement à la distance.*

Prenons pour origine le point O (*fig.* 136) et pour axe la droite OM_0,

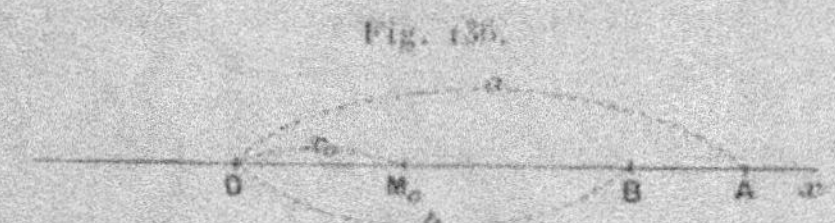

Fig. 136.

qui sera la trajectoire; choisissons pour sens positif le sens OM_0, M_0 désignant la position initiale, et désignons par v_0 la vitesse initiale.

Prenons d'abord le cas de l'attraction : la force, à un instant quelconque, sera $-\mu x$, μ étant positif, et l'on aura pour équation du mouvement, en posant $\dfrac{\mu}{m} = k^2$,

$$\frac{d^2x}{dt^2} = -k^2 x.$$

Cette équation convient, que le point mobile soit à droite ou à gauche du centre attirant O. Le deuxième membre ne dépendant que de x, nous intégrerons en multipliant par $2\dfrac{dx}{dt}$, ce qui revient à appliquer le théorème des forces vives; nous avons ainsi

$$\left(\frac{dx}{dt}\right)^2 = v^2 = -k^2 x^2 + h.$$

Pour $x = x_0$ on a $v = v_0$, donc

$$h = v_0^2 + k^2 x_0^2;$$

h est une quantité essentiellement positive et supérieure à $k^2 x_0^2$; nous pourrons donc poser h égal à un carré $k^2 a^2$, avec $a > x_0$. L'équation du mouvement devient alors

$$\left(\frac{dx}{dt}\right)^2 = k^2(a^2 - x^2), \qquad \frac{dx}{dt} = \pm k\sqrt{a^2 - x^2},$$

et le temps sera donné par une quadrature élémentaire

$$(1) \qquad\qquad kt = \int_{x_0}^{x} \frac{dx}{\pm\sqrt{a^2 - x^2}}.$$

Supposons le mobile lancé avec une vitesse initiale, v_0, positive, il faudra prendre au début le signe $+$ devant le radical; lorsque x augmente, la vitesse diminue et s'annulerait pour $x = a$; nous allons établir que nous pouvons effectivement faire $x = a$, c'est-à-dire que le temps qu'il faut au mobile pour décrire l'espace $a - x_0$ est fini. Tout d'abord, le mobile pourra s'approcher autant qu'on le voudra du point A, c'est-à-dire qu'il arrivera nécessairement en tout point B de l'intervalle $M_0 A$, car l'abscisse de B étant b, la vitesse du mobile est constamment supérieure à $k\sqrt{a^2 - b^2}$ lorsqu'il se trouve entre M_0 et B; donc au bout du temps $\dfrac{b - x_0}{k\sqrt{a^2 - b^2}}$, il aura décrit une longueur plus grande que $b - x_0$ et aura dépassé le point B. En outre le mobile arrive au point A lui-même, car l'intégrale (1), qui donne le temps employé à arriver au point d'abscisse x, reste finie lorsque x tend vers a. Le mobile s'éloignera donc du point O pendant le temps

$$\frac{1}{k} \int_{x_0}^{a} \frac{dx}{\sqrt{a^2 - x^2}}.$$

Au bout de ce temps, la vitesse s'annulera et, la force étant attractive, le mobile se rapprochera du point O; il faudra changer le signe de v et prendre

$$\frac{dx}{dt} = -k\sqrt{a^2 - x^2};$$

le mobile se rapprochera constamment du point O avec une vitesse qui croîtra jusqu'à ka et y arrivera au bout du temps.

$$\frac{1}{k} \int_0^a \frac{dx}{\sqrt{a^2 - x^2}} = \frac{\pi}{2k};$$

le mobile dépassera alors le point O et cette nouvelle phase du mouvement sera inverse de celle qui l'a amené de A en O; il s'éloignera donc jusqu'en A', symétrique de A, où il s'arrêtera pour revenir vers O, et ainsi de suite. Le mobile sera donc animé d'un mouvement d'oscillation, la durée d'une oscillation simple étant $\frac{\pi}{k}$.

En supposant la vitesse initiale nulle, on trouvera

$$a = x_0,$$

et le mobile étant placé en un point quelconque x_0 de la droite sans vitesse initiale arrivera en O au bout du temps $\frac{\pi}{2k}$ indépendant de x_0; on dit alors que le mouvement est *tautochrone*.

Pour avoir dans ce mouvement la relation qui existe entre x et t, on pourrait effectuer la quadrature que nous avons considérée plus haut et qui donne un arc sinus; on y arrivera plus simplement en remarquant que l'équation du mouvement

$$\frac{d^2 x}{dt^2} + k^2 x = 0$$

est linéaire et du second ordre à coefficients constants; son intégrale générale est donc

$$x = A \cos kt + B \sin kt,$$

d'où, en différentiant,

$$v = - A k \sin kt + B k \cos kt.$$

Pour $t = 0$, on aura

$$x_0 = A, \qquad v_0 = B k,$$

donc

$$x = x_0 \cos kt + \frac{v_0}{k} \sin kt.$$

Si $v_0 = 0$, l'expression ci-dessus se réduit à

$$x = x_0 \cos kt;$$

pour que x soit nul, il faut que kt soit égal à $\frac{\pi}{2}$; donc le temps que met le mobile à arriver à l'origine est bien $\frac{\pi}{2k}$, valeur indépendante de la position initiale.

Traitons maintenant le *cas où la force est répulsive*; l'équation du mouvement est

$$\frac{d^2 x}{dt^2} = k^2 x.$$

Multiplions les deux membres par $2\dfrac{dx}{dt}$ et intégrons, il vient (théorème des forces vives)

$$\left(\frac{dx}{dt}\right)^2 = k^2 x^2 + h$$

avec $h = v_0^2 - k^2 x_0^2$; donc

$$\frac{dx}{dt} = \pm \sqrt{k^2 x^2 + h}.$$

Supposons d'abord $v_0 > 0$; le mobile s'éloigne constamment du centre attractif et sa vitesse croît indéfiniment avec x.

Supposons maintenant $v_0 < 0$; au début, la vitesse sera négative; il faudra donc prendre le signe $-$ devant le radical. Supposons $h > 0$; à mesure que le point s'approche de O, sa vitesse diminue jusqu'à $\sqrt{h}$; le mobile dépassera le point O avec cette vitesse et s'éloignera avec une vitesse indéfiniment croissante. Si h est négatif on peut poser h égal à $- k^2 a^2$ et l'on a

$$\frac{dx}{dt} = - k\sqrt{x^2 - a^2},$$

où a est nécessairement moindre que x_0, car pour $x = x_0$ la vitesse v_0 est réelle; le mobile s'approchera donc du point A d'abscisse a et l'on démontre facilement qu'il atteindra tout point B situé entre la position

Fig. 137.

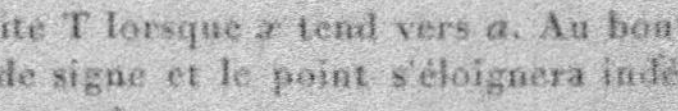

initiale M_0 et A; d'ailleurs il arrivera en ce dernier point en un temps fini, car le temps qu'il lui faut pour parcourir l'espace $x_0 - x$

$$t = \frac{1}{k} \int_{x_0}^{x} \frac{- dx}{\sqrt{x^2 - a^2}}$$

tend vers une limite T lorsque x tend vers a. Au bout de ce temps T, la vitesse changera de signe et le point s'éloignera indéfiniment de a avec une vitesse toujours croissante.

Il est intéressant d'étudier le cas intermédiaire $h = 0$. Dans cette hypothèse, on a

$$\frac{dx}{dt} = - \sqrt{k^2 x^2} = - kx.$$

La vitesse diminue constamment à mesure que le point se rapproche de l'origine; on démontre, comme précédemment, que le mobile s'approchera indéfiniment du point O, *mais il ne pourra l'atteindre dans un temps fini*, car le temps qu'il lui faut pour arriver à une distance x de l'origine est

$$\frac{1}{k}\int_{x_0}^{x}\frac{-dx}{x}=\frac{1}{k}\log\frac{x_0}{x},$$

et cette expression croît indéfiniment lorsque x tend vers o. Le point O se distingue par cette particularité que c'est une position d'équilibre instable; le mobile placé en O sans vitesse initiale resterait au repos; mais si on l'en écartait un peu, la répulsion l'écarterait davantage; le plus souvent, lorsqu'un mobile s'approche d'une position d'équilibre instable avec une vitesse qui tend vers zéro, il s'approche indéfiniment de cette position sans jamais l'atteindre.

Si dans le problème que nous venons de traiter on voulait avoir la relation entre t et x, il faudrait effectuer une quadrature; mais l'équation du mouvement étant

$$\frac{d^2 x}{dt^2}=k^2 x,$$

elle a pour intégrale générale

$$x=\mathrm{A}\,e^{kt}+\mathrm{B}\,e^{-kt},$$

d'où

$$v=\mathrm{A}\,k e^{kt}-\mathrm{B}\,k e^{-kt};$$

pour $t=$ o, on a

$$x_0=\mathrm{A}+\mathrm{B},\qquad \frac{v_0}{k}=\mathrm{A}-\mathrm{B},\qquad \mathrm{A}=\frac{1}{2}\left(x_0+\frac{v_0}{k}\right),\qquad \mathrm{B}=\frac{1}{2}\left(x_0-\frac{v_0}{k}\right).$$

Si l'on supposait les conditions initiales telles que $\mathrm{A}=$ o, c'est-à-dire $v_0=-k x_0$ et, par conséquent, $h=$ o, le mouvement serait donné par

$$x=x_0 e^{-kt},$$

et t croissant indéfiniment x tendrait vers o; ce qui est bien le résultat trouvé plus haut.

3° *Mouvement d'un point attiré par un centre fixe en raison inverse du carré de la distance.*

Lorsque x est positif, la force est

$$\mathrm{X}=-\frac{\mu}{x^2};$$

si x était négatif, il faudrait prendre

$$\mathrm{X}=\frac{\mu}{x^2}.$$

Nous traiterons le premier cas; alors l'équation du mouvement sera, si l'on pose $\mu = mk^2$,

$$\frac{d^2 x}{dt^2} = -\frac{k^2}{x^2}.$$

Multiplions par $2\frac{dx}{dt}$ et intégrons (théorème des forces vives)

$$\left(\frac{dx}{dt}\right)^2 = \frac{2k^2}{x} + h,$$

où $h = v_0^2 - \frac{2k^2}{x_0}$. Supposons que le mobile parte de M_0 avec une vitesse v_0 négative, c'est-à-dire dirigée vers le point O ou avec une vitesse nulle; il faudra, au début, prendre

$$\frac{dx}{dt} = -\sqrt{\frac{2k^2}{x} + h}$$

et le mobile s'approchera de O avec une vitesse croissant indéfiniment, circonstance qui ne peut évidemment pas se réaliser physiquement : il y aura choc avant que la distance des deux corps s'annule. Si le mobile était lancé dans le sens positif, il faudrait prendre d'abord

$$\frac{dx}{dt} = +\sqrt{\frac{2k^2}{x} + h}.$$

Si h est > 0, à mesure que x croît, v décroît constamment, mais reste toujours supérieur à $\sqrt{h}$; le mobile s'éloignera donc indéfiniment; et comme sa vitesse tend vers $\sqrt{h}$, on peut, après un certain temps, considérer le mouvement rectiligne comme uniforme.

Si h est nul, le mobile arrive nécessairement en tout point de la droite, si éloigné soit-il, car, entre M_0 et un point quelconque P d'abscisse p, sa vitesse est supérieure à $\sqrt{\frac{2k^2}{p}}$; il s'ensuit qu'il s'éloigne indéfiniment avec une vitesse qui tend vers zéro.

Si h est négatif, on posera $h = \frac{-2k^2}{a}$ et l'équation du mouvement sera

$$\frac{dx}{dt} = +\sqrt{\frac{2k^2}{x} - \frac{2k^2}{a}};$$

d'ailleurs $a > x_0$ (voir *fig.* 136), car le radical doit être réel pour $x = x_0$; la vitesse, d'abord dirigée vers la droite, va donc d'abord en diminuant à mesure que x croît. On verrait, comme précédemment, que le mobile s'approche autant que l'on veut du point A d'abscisse a et y arrive en un temps fini; au bout de ce temps, le mouvement change de sens, car la force est attractive et elle ramène le mobile vers le point O, comme dans le premier cas $v_0 > o$.

On pourrait discuter autrement le problème en effectuant la quadrature qui donne t en fonction de x; on a en effet

$$t = \int_{x_0}^{x} \pm \frac{dx}{\sqrt{\dfrac{2k^2}{x} + h}}.$$

Si l'on pose alors $\dfrac{2k^2}{x} + h = u^2$, on est ramené à l'intégration d'une fraction rationnelle.

4° *Mobile attiré par un centre fixe proportionnellement à la $n^{\text{ième}}$ puissance de la distance*

$$X = - \mu x^n.$$

On trouvera que, si le mobile est abandonné sans vitesse initiale à une distance x_0 de l'origine, il y arrive au bout du temps

$$T = x_0^{\frac{1-n}{2}} \frac{1}{n+1} \sqrt{\frac{m(n+1)}{2\mu}} \int_0^1 z^{\frac{1}{n+1}-1} (1-z)^{-\frac{1}{2}} dz,$$

expression dans laquelle l'intégrale définie est l'intégrale eulérienne $B\left(\dfrac{1}{n+1}, \dfrac{1}{2}\right)$. Par conséquent, la seule valeur de n pour laquelle T est indépendant de x_0 est $n = 1$ (exemple 2°).

5° *Discussion du cas général.*

L'équation du mouvement étant

$$m \frac{d^2 x}{dt^2} = \varphi(x),$$

une première intégration donne (théorème des forces vives)

$$m \left(\frac{dx}{dt}\right)^2 = 2 \int \varphi(x)\,dx + h = f(x)$$

ou

$$\sqrt{m}\, \frac{dx}{dt} = \pm \sqrt{f(x)}.$$

Pour fixer les idées, supposons $f(x)$ une fraction rationnelle; le signe du radical au début du mouvement sera donné par le sens dans lequel le mobile commence à se déplacer.

Imaginons, par exemple, qu'il faille prendre le signe $+$; le mobile s'éloignera vers la droite. Les seules singularités sont les zéros et les infinis de f; supposons qu'en faisant croître x on arrive d'abord à un infini de f: dans ce cas, le mobile ira tomber sur le point A correspondant à cet infini avec une vitesse croissant indéfiniment, et le problème sera terminé. Supposons maintenant que la première singularité soit un *zéro simple*, on écrira

$$f(x) = (a - x)\Psi(x),$$

Ψ ne s'annulant pas de x_0 à a, et l'on aura

$$\sqrt{m}\,\frac{dx}{dt} = \sqrt{a - x}\,\sqrt{\Psi(x)},$$

$\Psi(x)$ étant positif de x_0 à a, pour que $\dfrac{dx}{dt}$ soit réel; le mobile arrive aussi près que l'on veut du point A d'abscisse a, car sur un segment $M_0 B$ (*fig.* 138) la vitesse ne s'annule pas; elle reste donc supérieure à

Fig. 138.

C   M₀   B   A

une certaine limite v_1 et le mobile arrive nécessairement en B; il arrive d'ailleurs en A en un temps fini, car le temps

$$\int_{x_0}^{x} \sqrt{m}\,\frac{dx}{\sqrt{a - x}\,\sqrt{\Psi(x)}}$$

qu'il lui faut pour parcourir l'espace de x_0 à x reste fini quand x tend vers a; il arrive en ce point avec une vitesse nulle et le sens du mouvement est ensuite déterminé par le sens de la force; le mobile revient nécessairement sur ses pas, car, si x dépassait a, $\dfrac{dx}{dt}$ deviendrait imaginaire.

Si la singularité $x = a$ est *racine double* ou *multiple*, le mobile s'approche indéfiniment du point A, mais n'y arrive pas en un temps fini, car on a, en supposant la racine double,

$$f(x) = (a - x)^2 \Psi(x),$$

par suite

$$\sqrt{m}\,\frac{dx}{dt} = (a - x)\sqrt{\Psi(x)},$$

$\Psi(x)$ étant encore positif dans l'intervalle $x_0 a$; et le temps qu'il faut au mobile pour parcourir l'intervalle $x_0 x$

$$\sqrt{m}\int_{x_0}^{x} \frac{dx}{(a - x)\sqrt{\Psi(x)}}$$

croît indéfiniment lorsque x tend vers a. On peut remarquer que si $x = a$

est une racine double, la position correspondante est une position d'équilibre instable; en effet, on a

$$f(x) = (a-x)^2 \Psi(x);$$

d'ailleurs

$$f(x) = 2 \int \varphi(x)\,dx + h;$$

par suite, en dérivant les deux membres par rapport à x, on a pour la force X

$$X = \varphi(x) = \frac{1}{2}[(a-x)^2 \Psi'(x) - 2(a-x)\Psi(x)],$$

et cette expression s'annule bien pour $x = a$. La force s'annulant pour $x = a$, la position A correspondante est une position d'équilibre. Elle est instable, car, si l'on écartait infiniment peu le mobile de cette position, en donnant à x une valeur infiniment voisine de a plus petite que a, l'expression ci-dessus, dans laquelle $\Psi(x)$ est positif au voisinage de $x = a$, montre que X deviendrait négatif; le point tendrait donc à s'approcher de l'origine et à s'écarter encore davantage de la position d'équilibre.

Un cas particulier qui se présente fréquemment est le suivant : le mobile partant de la position initiale x_0 avec une vitesse v_0, les premières valeurs remarquables que l'on rencontre en faisant croître et décroître x, à partir de x_0, sont deux zéros simples de $f(x)$, a et c, $a > x_0 > c$. On peut alors écrire

$$f(x) = (a-x)(x-c)\Psi(x),$$

$\Psi(x)$ restant positif entre a et c. On a, dans ce cas,

$$t = \sqrt{m} \int_{x_0}^{x} \frac{dx}{\pm \sqrt{(a-x)(x-c)}\sqrt{\Psi(x)}},$$

où le signe doit être choisi alternativement positif et négatif, car, d'après ce qui précède, le mobile oscille entre les deux points A et C d'abscisses a et c (voir *fig.* 138). La durée de l'oscillation (aller et retour) est

$$T = 2\sqrt{m} \int_{c}^{a} \frac{dx}{\sqrt{(a-x)(x-c)}\sqrt{\Psi(x)}}.$$

Si donc l'on conçoit x comme fonction de t (inversion de l'intégrale), x est une fonction périodique de t avec la période T. D'après le théorème de Fourier, on peut développer x en une série trigonométrique de la forme

$$x = a_0 + a_1 \cos \frac{2\pi t}{T} + b_1 \sin \frac{2\pi t}{T} + a_2 \cos \frac{4\pi t}{T} + b_2 \sin \frac{4\pi t}{T} + \dots,$$

convergente, quel que soit t. La détermination des coefficients a_n et b_n présente de grandes difficultés, sauf dans le cas où $\Psi(x)$ est un polynôme en x de degré égal ou inférieur à 2, cas dans lequel x est une fonction circulaire ou elliptique de t. Pour le calcul des coefficients dans le cas général, nous renverrons à un Mémoire de M. Weierstrass : *Ueber eine Gattung reell periodischer Functionen* (*Monatsbericht der Akademie der Wissenschaften zu Berlin*, 1866).

213. Mouvements produits par une force dépendant de la seule vitesse. — *Mouvement vertical des projectiles dans un milieu résistant.* — Nous avons jusqu'à présent traité des exemples dans lesquels la force ne dépend que de la position du point. Voici un genre de questions dans lesquelles on a à considérer un point matériel sollicité par une force dépendant de la vitesse. Imaginons un corps pesant mobile dans un milieu résistant comme l'air. Le milieu exerce sur chaque élément de surface du corps une certaine action, et toutes ces actions se composent en une force et un couple appliqués au corps. Dans le cas particulier où le projectile est de révolution et est animé d'un mouvement de translation parallèle à l'axe de révolution, il est évident, par raison de symétrie, que le couple est nul et que la résultante des actions du milieu sur les éléments superficiels du corps est une force dirigée suivant l'axe et en sens contraire du mouvement. Cette dernière circonstance se présente, par exemple, lorsqu'on laisse tomber dans l'air immobile une sphère ou un projectile cylindro-conique d'axe vertical.

Plaçons-nous dans ce cas particulier; d'après le théorème du mouvement du centre de gravité, que nous établirons plus tard, le mouvement du centre de gravité est le même que si toute la masse du corps y était condensée, et si toutes les forces extérieures appliquées au corps étaient transportées parallèlement à elles-mêmes en ce point. Le centre de gravité se meut donc comme un point pesant, sollicité par une force verticale R dirigée en sens contraire de la vitesse. On est ainsi conduit à étudier le mouvement d'un point matériel sollicité par son poids et gêné dans son mouvement par une résistance R. L'expérience a montré que, pour des vitesses très faibles, la résistance est sensiblement proportionnelle à la vitesse v; si la vitesse est notable, mais encore inférieure à 300^m par seconde, la résistance varie comme v^2; au delà, il faut introduire un terme en v^3 ou v^4. Nous nous placerons dans l'hypothèse

générale que la résistance est donnée en fonction de la vitesse par
la formule

$$R = mkv^n,$$

k et n étant des constantes positives.

1° *Mouvement descendant.* — Le mouvement étant descendant

Fig. 139.

par hypothèse, prenons pour origine la position initiale du mobile et un axe vertical dirigé vers le bas. L'équation du mouvement sera

$$m \frac{d^2 x}{dt^2} = mg - R = mg - m k v^n$$

ou

$$\frac{dv}{dt} = g - k v^n;$$

posons $\frac{g}{k} = \alpha^n$, nous avons

$$\alpha = \left(\frac{g}{k} \right)^{\frac{1}{n}},$$

et nous obtenons l'équation

$$(1) \qquad \frac{dv}{dt} = k(\alpha^n - v^n);$$

on en déduit, par une quadrature, le temps en fonction de la vitesse,

$$(2) \qquad kt = \int_0^v \frac{dv}{\alpha^n - v^n};$$

on a d'ailleurs, en remplaçant dans (1) dt par $\frac{dx}{v}$,

$$k \, dx = \frac{v \, dv}{\alpha^n - v^n};$$

l'espace sera aussi déterminé en fonction de la vitesse par une
quadrature

$$(3) \qquad kx = \int_{v_0}^{v} \frac{v\,dv}{\alpha^n - v^n}.$$

La formule (1) montre que $\frac{dv}{dt}$ a le même signe que $\alpha^n - v^n$.
Supposons que la vitesse initiale, qui est positive, soit inférieure
à α, $\frac{dv}{dt}$ commence par être positif et v croît avec le temps depuis
sa valeur initiale v_0; la vitesse croîtra tant que $\alpha^n - v^n$ sera positif. Nous allons montrer que v ne peut devenir égal à α en un
temps fini. En effet, dans l'équation (2), l'élément différentiel
$\frac{dv}{\alpha^n - v^n}$ devient infini pour $v = \alpha$, et cela de façon que $\frac{1}{\alpha^n - v^n}(\alpha - v)$
tende vers une limite $\frac{1}{n\,\alpha^{n-1}}$; par conséquent, l'intégrale devient
infinie pour $v = \alpha$; l'équation (3) montre de même que x devient
infini pour cette valeur; de là résulte que la vitesse croît con-
stamment, mais tend vers la limite finie $\alpha = \left(\frac{g}{k}\right)^{\frac{1}{n}}$.

Si la vitesse initiale v_0 était plus grande que α, au début $\frac{dv}{dt}$
serait négatif, la vitesse irait en décroissant et se rapprocherait
de α; on verrait, comme précédemment, que t et x croissent indéfiniment lorsque v tend vers α.

En résumé, quelle que soit la vitesse initiale, la vitesse tend vers
la même limite α, et, au bout d'un temps suffisamment long, le
mouvement est sensiblement uniforme et de vitesse α. De là
résulte que, si la vitesse initiale est précisément α, le mouvement
sera rigoureusement uniforme; d'ailleurs l'équation différentielle
du mouvement $\frac{dv}{dt} = k(\alpha^n - v^n)$ admet bien la solution $v = \alpha$.

Supposons qu'on laisse tomber dans l'air deux sphères homogènes égales de masses différentes; à vitesse égale, la résistance
de l'air sera la même; nous aurons donc

$$m\,k\,v^n = m'\,k'\,v^n,$$

c'est-à-dire

$$m\,k = m'\,k';$$

les coefficients k, k' sont en raison inverse des masses. D'ailleurs on a posé

$$\frac{g}{k} = \alpha^n, \qquad \frac{g}{k'} = \alpha'^n;$$

on en déduit

$$\left(\frac{\alpha}{\alpha'}\right)^n = \frac{k'}{k} = \frac{m}{m'},$$

ce qui montre qu'à la plus grande masse correspond la plus grande vitesse limite, résultat d'accord avec ce fait d'expérience que les corps les plus lourds tombent le plus vite.

Lorsque n est entier, les quadratures que nous avons à effectuer portent sur des fractions rationnelles; si n était rationnel $n = \frac{p}{q}$, on poserait $v = u^q$ et l'on serait encore ramené à des différentielles rationnelles.

Faisons, par exemple, $n = 1$; l'équation (2) s'intègre immédiatement et donne

$$k t = \log \frac{\alpha - v_0}{\alpha - v};$$

par suite, nous avons l'intégrale première

$$\alpha - v = (\alpha - v_0) e^{-kt};$$

nous retrouvons bien ici les résultats généraux : $\alpha - v$ a toujours le signe de $\alpha - v_0$; et, lorsque t croit indéfiniment, l'exponentielle tend vers zéro, et v tend vers α. Cette dernière équation s'intègre facilement, en y remplaçant v par $\frac{dx}{dt}$; on trouve

$$\alpha t - x = -\frac{1}{k}(\alpha - v_0) e^{-kt} + C.$$

Comme pour $t = 0$, on a $x = 0$, il vient

$$C = \frac{\alpha - v_0}{k},$$

par suite,

$$\alpha t - x = (\alpha - v_0) \frac{1 - e^{-kt}}{k}.$$

On a ainsi x en fonction du temps

$$x = \frac{g}{k}\left(t - \frac{1 - e^{-kt}}{k}\right) + v_0 \frac{1 - e^{-kt}}{k},$$

en remplaçant α par sa valeur $\frac{g}{k}$.

Nous allons vérifier que, si l'on fait tendre k vers zéro, l'équation qui définit x se réduit à l'équation $x = v_0 t + \frac{1}{2} g t^2$ qui donne la chute libre dans le vide. En effet, si dans la formule précédente nous remplaçons e^{-kt} par son développement en série, nous avons

$$x = g \left[\frac{t^2}{1 \cdot 2} - k \left(\frac{t^3}{1 \cdot 2 \cdot 3} + \dots \right) \right] + v_0 \left[t - k \left(\frac{t^2}{1 \cdot 2} + \dots \right) \right];$$

si nous faisons alors $k = 0$, il reste bien

$$x = v_0 t + \frac{1}{2} g t^2.$$

2° *Mouvement ascendant*. — Nous prendrons maintenant l'axe Ox dirigé vers le haut (*fig.* 140). Nous aurons encore

Fig. 140.

$R = mk v^n$, et l'équation du mouvement sera

$$m \frac{d^2 x}{dt^2} = -mg - mk v^n,$$

c'est-à-dire

$$\frac{dv}{dt} = -(g + k v^n),$$

d'où l'on déduit, comme précédemment,

$$t = -\int_{v_0}^{v} \frac{dv}{g + k v^n}, \qquad x = -\int_{v_0}^{v} \frac{v\,dv}{g + k v^n}.$$

Dans ce cas, $\dfrac{dv}{dt}$ est toujours négatif : la vitesse va donc constamment en décroissant; elle s'annulera au bout du temps fini

$$T = -\int_{v_0}^{0} \frac{dv}{g + k v^n},$$

et la plus grande hauteur à laquelle le mobile peut monter est

$$H = -\int_{v_0}^{0} \frac{v\,dv}{g + kv^n};$$

si k était nul, ou aurait les formules du mouvement dans le vide

$$T_1 = -\int_{v_0}^{0} \frac{dv}{g}, \qquad H_1 = -\int_{v_0}^{0} \frac{v\,dv}{g}.$$

Lorsque k n'est pas nul, il est positif; par suite, les éléments de H sont toujours plus petits que les éléments correspondants de H_1; donc H est inférieur à H_1, et le mobile monte moins haut dans l'air que dans le vide; on voit de même que T est inférieur à T_1, et le mobile met moins de temps pour arriver à sa hauteur maxima que si le mouvement avait lieu dans le vide.

Au bout du temps T, le mobile s'arrête, puis il redescend en suivant les lois déjà vues du mouvement descendant sans vitesse initiale. Lorsque le mobile repassera par sa position initiale, il aura une vitesse moindre que v_0; en effet, il est monté moins haut que s'il avait été lancé dans le vide avec la même vitesse initiale; et, de plus, il est retombé moins vite que si sa chute avait eu lieu à l'abri de l'air; pour ces deux raisons, la vitesse au retour sera moindre que celle qui correspondrait au mouvement dans le vide, c'est-à-dire que v_0.

Nous pourrons intégrer facilement dans le cas de $n = 1$; nous aurons

$$kt = -\int_{v_0}^{0} \frac{k\,dv}{g + kv} = -\log \frac{g + kv}{g + kv_0};$$

passant des logarithmes aux nombres

$$(e) \qquad g + kv = (g + kv_0)e^{-kt};$$

le mobile arrivera à la hauteur maxima au bout du temps

$$T = \frac{1}{k}\log\left(1 + \frac{k}{g}v_0\right).$$

Dans l'équation (e), remplaçons v par $\dfrac{dx}{dt}$ et intégrons, nous aurons

$$gt + kx = (g + kv_0)\frac{1 - e^{-kt}}{k};$$

en faisant tendre k vers zéro, on retrouve la formule du mouvement dans le vide

$$x = v_0 t - \tfrac{1}{2} g t^2.$$

Supposons maintenant $n = 2$; nous aurons

$$kt = -\int_{v_0}^{v} \frac{\dfrac{k}{g}\,dv}{1 + \dfrac{k}{g} v^2} = -\sqrt{\frac{k}{g}}\, \text{arc tang}\, v \sqrt{\frac{k}{g}} + C;$$

d'où, en posant $\beta = C\sqrt{\dfrac{g}{k}}$,

$$v\sqrt{\frac{k}{g}} = \text{tang}\,(\beta - t\sqrt{kg}).$$

On déterminera la constante β par la condition initiale $v_0\sqrt{\dfrac{k}{g}} = \text{tang}\,\beta$. Le temps T que met le projectile à arriver au point le plus haut $v = 0$ est $T = \dfrac{\beta}{\sqrt{kg}}$. Partant de l'expression de la vitesse dans laquelle $v = \dfrac{dx}{dt}$, on a, par une quadrature,

$$x = \frac{1}{k} \log \frac{\cos(\beta - t\sqrt{kg})}{\cos\beta}.$$

Mouvement rectiligne d'un point matériel pesant mobile avec frottement sur un plan incliné dans un milieu résistant. — Le point étant lancé du point O (*fig.* 141), suivant une ligne de plus grande pente

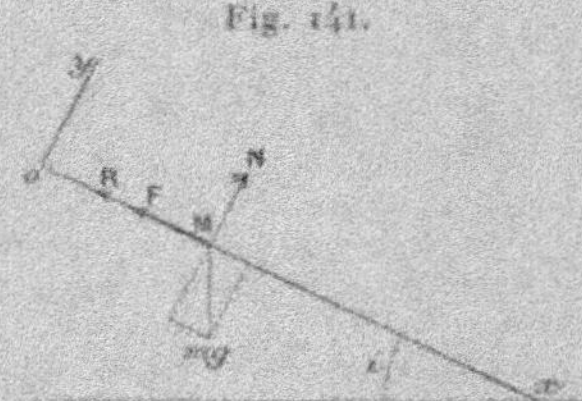

Fig. 141.

du plan Ox, décrira cette ligne dont nous appellerons i l'inclinaison sur l'horizon. Les forces appliquées au point mobile m sont le poids mg, la résistance du milieu $R = mkv^2$ dirigée en sens contraire de la vitesse, la réaction normale N du plan et, enfin, la force F de frottement dirigée également en sens contraire de la vitesse. D'après les lois expérimentales du frottement (n° 195), cette force est indépendante de la vitesse du point;

elle est proportionnelle à la réaction normale N : $F = fN$, f étant ce que l'on appelle le *coefficient de frottement*.

Traitons en détail le mouvement descendant. Nous prendrons alors l'axe Ox dirigé vers le bas, comme dans la figure, et un axe Oy perpendiculaire. En écrivant les deux équations du mouvement, on a

$$m \frac{d^2 x}{dt^2} = mg \sin i - R - F, \qquad m \frac{d^2 y}{dt^2} = N - mg \cos i;$$

comme y est constamment nul, on a

$$N = mg \cos i, \qquad F = fN = fmg \cos i;$$

remplaçant aussi R par sa valeur mkv^n, on a l'équation

$$(1) \qquad \frac{d^2 x}{dt^2} = (g \sin i - fg \cos i) - kv^n.$$

Trois cas sont à distinguer, suivant que le premier terme est positif, négatif ou nul.

Premier cas, $\tan i > f$. — Le premier terme $(g \sin i - fg \cos i)$ est alors une constante positive; en l'appelant g', on a

$$\frac{d^2 x}{dt^2} = g' - kv^n,$$

équation identique à celle du mouvement *descendant* étudié dans le cas d'une chute verticale dans un milieu résistant, sauf le changement de g en g'. La vitesse tend donc vers une limite $\left(\dfrac{g'}{k} \right)^{\frac{1}{n}}$.

Deuxième cas, $\tan i < f$. — Le premier terme est alors négatif; en l'appelant g_1, on a

$$\frac{d^2 x}{dt^2} = - g_1 - kv^n,$$

équation identique à celle du mouvement *ascendant* étudié dans le cas du mouvement vertical dans un milieu résistant, sauf le changement de g en g_1. La vitesse diminue et s'annule au bout d'un temps fini T : le mobile arrive donc, au bout de ce temps, dans une position A, où la résistance de l'air et le frottement de glissement s'annulent, car la vitesse devient nulle. Le point restera indéfiniment dans cette position; car, s'il tendait à se remettre en mouvement, les forces de résistance et de frottement de glissement apparaîtraient immédiatement pour réduire de nouveau sa vitesse à zéro. Dans cette position A, il y a donc équilibre entre le poids et une réaction oblique du plan, due au frottement au repos examiné dans le Chapitre VIII.

I.   21

Troisième cas, $\tang i = f$. — L'équation est alors

$$\frac{d^2x}{dt^2} = -kv^n, \qquad \frac{dv}{dt} = -kv^n.$$

La vitesse va donc en diminuant, car sa dérivée est négative. Peut-elle s'annuler? On a, en intégrant,

$$kt = \frac{1}{n-1}(v^{1-n} - v_0^{1-n}),$$

si n est différent de 1, et

$$kt = \log\frac{v_0}{v},$$

si $n = 1$. Donc, si n est supérieur ou égal à 1, t augmente indéfiniment quand v tend vers zéro ; le mouvement continue indéfiniment avec une vitesse tendant vers zéro.

Si n est moindre que 1, t tend vers une limite T quand v tend vers zéro

$$kT = \frac{v_0^{1-n}}{1-n}.$$

Au bout de ce temps, la vitesse s'annule et le mobile s'arrête ; car, la vitesse étant nulle, la résistance s'annule aussi comme dans le cas précédent.

L'espace parcouru x est fini ou infini, suivant que n est inférieur ou non à 2.

214. Mouvement rectiligne tautochrone. — On dit qu'un mouvement rectiligne est *tautochrone* quand le mobile, abandonné à lui-même sans vitesse sous l'action de forces données, emploie le même temps pour atteindre un point déterminé, quel que soit le point de départ.

1° *La résultante des forces dépend uniquement de la position du mobile* (méthode de Puiseux). — Prenons le point d'arrivée ou *point de tautochronisme* pour origine O ; soient X la résultante des forces appliquées au point, x_0 l'abscisse de la position initiale supposée positive. Le théorème des forces vives donne

$$\frac{mv^2}{2} = \int_{x_0}^{x} X\,dx;$$

X est par hypothèse une fonction de x évidemment négative pour les valeurs positives de x, car, le mobile devant se mouvoir vers l'origine O, quelle que soit la position initiale, la force doit être toujours dirigée vers O. Posons, pour abréger,

$$\int_0^x X\,dx = -\varphi(x);$$

$\varphi(x)$ étant une fonction positive croissant avec x et s'annulant pour $x = 0$; l'équation devient

$$m\left(\frac{dx}{dt}\right)^2 = 2[\varphi(x_0) - \varphi(x)].$$

et le temps T que met le mobile à arriver au point O est donné par la formule

$$T = \sqrt{\frac{m}{2}} \int_0^{x_0} \frac{dx}{\sqrt{\varphi(x_0) - \varphi(x)}}.$$

Posons

$$\varphi(x) = z, \qquad \varphi(x_0) = z_0, \qquad x = \psi(z),$$

ψ désignant la fonction inverse de φ; il vient

$$T = \sqrt{\frac{m}{2}} \int_0^{z_0} \frac{\psi'(z)\,dz}{\sqrt{z_0 - z}}.$$

Pour que le mouvement soit tautochrone, il faut et il suffit que T soit indépendant de x_0, c'est-à-dire de z_0. Nous exprimerons ce fait en écrivant que la dérivée de T, par rapport au paramètre z_0, est *nulle*. Pour éviter des termes infinis dans l'expression de cette dérivée, rendons les limites indépendantes de z_0 en posant $z = z_0 u$; alors

$$T = \sqrt{\frac{m}{2}} \int_0^1 \frac{\psi'(z_0 u)\sqrt{z_0}\,du}{\sqrt{1-u}},$$

$$\frac{dT}{dz_0} = \sqrt{\frac{m}{2}} \int_0^1 \frac{\psi''(z_0 u)z_0 u + \frac{1}{2}\psi'(z_0 u)}{\sqrt{z_0 - z_0 u}}\,du$$

ou, en remettant la variable $z = z_0 u$,

$$\frac{dT}{dz_0} = \sqrt{\frac{m}{2}} \int_0^{z_0} \frac{z\psi''(z) + \frac{1}{2}\psi'(z)}{z_0\sqrt{z_0 - z}}\,dz.$$

Cette expression doit être nulle quel que soit z_0, ce qui exige que la fonction soumise à l'intégration soit identiquement nulle; car, si elle ne l'était pas, on pourrait prendre z_0 assez petit pour que, entre les limites o et z_0, cette fonction garde un signe constant et, par suite, que l'intégrale ne soit pas nulle. La fonction ψ doit donc vérifier l'équation différentielle

$$z\,\psi''(z) + \frac{1}{2}\,\psi'(z) = o$$

qui donne

$$\frac{\psi''(z)}{\psi'(z)} + \frac{1}{2z} = o, \qquad \psi'(z)\sqrt{z} = C, \qquad \psi(z) = 2\,C\sqrt{z} - C'.$$

Comme $\psi(z)$ s'annule avec z, car les variables z et x s'annulent en même temps, on a $C' = o$, $\psi(z) = 2\,C\sqrt{z}$. L'équation $x = \psi(z)$ donne enfin

$$x = 2\,C\sqrt{z}, \qquad z = \frac{x^2}{4\,C^2},$$

ce qui montre que la fonction $\varphi(x)$ est $\dfrac{x^2}{4\,C^2}$ et que la force X est donnée par

$$X = -\varphi'(x) = -\frac{x}{2\,C^2}.$$

La seule loi de force fonction de x produisant un mouvement rectiligne tautochrone est donc une attraction proportionnelle à la distance; ce mouvement a été étudié précédemment (n° **212**).

2° La résultante des forces dépend de la position et de la vitesse du mobile. L'équation du mouvement est alors de la forme

$$m\,\frac{d^2 x}{dt^2} = f\left(x, \frac{dx}{dt} \right)$$

et l'on pourrait se proposer de déterminer la loi de la force de telle façon qu'il y ait tautochronisme. Ce problème ne paraît pas avoir été résolu; nous en indiquons une solution avec une fonction arbitraire de deux variables dans les exercices 5 et 5 *bis* placés à la fin du Chapitre. Actuellement nous nous bornerons à traiter deux cas particuliers importants, que nous rattacherons ensuite à une formule de Lagrange.

Appelons v la vitesse $\dfrac{dx}{dt}$ et supposons qu'on prenne pour origine le point que le mobile atteint toujours dans le même temps (*point de tautochronisme*). En appliquant le théorème des forces vives, nous mettrons l'équation du mouvement sous la forme

$$(1) \qquad d\,\frac{mv^2}{2} = f(x,v)\,dx,$$

équation différentielle entre x et v. Nous examinerons les deux cas suivants : *l'équation est homogène en v et x; l'équation est linéaire en v^2*.

a. *L'équation est homogène en v et x.* — Si l'équation précédente (1) est de la forme

$$\frac{dv}{dx} = \psi\left(\frac{v}{x}\right),$$

il y a tautochronisme, à condition que le temps employé par le mobile à atteindre l'origine soit réel et fini. En effet, posant $v = ux$, on a

$$\frac{dx}{x} = \frac{du}{\psi(u) - u},$$

et en intégrant entre les limites x_0 et x pour x, 0 et u pour u, car v_0 est supposé nul, on a

$$\log \frac{x}{x_0} = \int_0^u \frac{du}{\psi(u) - u}.$$

On tire de là u, c'est-à-dire $\frac{v}{x}$ en fonction du seul rapport $\frac{x}{x_0}$,

$$u = \frac{v}{x} = \chi\left(\frac{x}{x_0}\right),$$

et comme $v = \frac{dx}{dt}$ on a, en résolvant par rapport à dt et intégrant de x_0 à 0,

$$T = \int_{x_0}^0 \frac{dx}{x\,\chi\left(\dfrac{x}{x_0}\right)}$$

pour le temps que met le mobile à atteindre l'origine. Si ce temps est fini, il est indépendant de x_0, car, en faisant $x = x_0\xi$, on a

$$T = \int_1^0 \frac{d\xi}{\xi\,\chi(\xi)},$$

valeur qui ne contient plus x_0.

Par exemple, si l'on prend $\psi\left(\dfrac{v}{x}\right) = -k^2\dfrac{x}{v}$, k désignant une constante,
on a pour l'équation du mouvement

$$\frac{dv}{dx} = -k^2\frac{x}{v}, \qquad \frac{d^2x}{dt^2} = -k^2x;$$

on retrouve ainsi l'attraction proportionnelle à la distance précédemment
étudiée.

b. *L'équation est linéaire en v^2.* — Si l'équation du mouvement (1) est
linéaire en v^2, on peut l'écrire

$$\frac{dv^2}{dx} = pv^2 + q,$$

p et q étant des fonctions de x. Cherchons quelle relation il doit exister
entre ces fonctions pour qu'il y ait tautochronisme, le point de tautochronisme étant l'origine. Si nous posons, pour abréger,

$$(2)\qquad e^{-\int_0^x p\,dx} = P(x), \qquad -\int_0^x q\,P(x)\,dx = Q(x),$$

l'intégrale de l'équation linéaire, qui s'annule pour $x = x_0$, est

$$v^2 P(x) = Q(x_0) - Q(x).$$

En remplaçant v^2 par $\left(\dfrac{dx}{dt}\right)^2$ et résolvant par rapport à dt, puis intégrant
de x_0 à o, on trouve

$$T = \int_0^{x_0} \frac{\sqrt{P(x)}\,dx}{\sqrt{Q(x_0) - Q(x)}},$$

les radicaux étant pris positivement, car, comme le mobile s'approche
de l'origine, il faut prendre pour $\dfrac{dx}{dt}$ la valeur négative et intégrer de x_0
à o. Cette valeur T doit être indépendante de x_0. Faisons

$$(3)\qquad Q(x) = z, \qquad Q(x_0) = z_0, \qquad \sqrt{P(x)}\,dx = \psi(z)\,dz,$$

l'intégrale devient

$$T = \int_0^{z_0} \frac{\psi(z)\,dz}{\sqrt{z_0 - z}}$$

et elle doit être indépendante de z_0. Pour cela, il faut et il suffit, d'après
le calcul fait pour le cas où la force dépend uniquement de x, que

$$\psi(z) = \frac{C}{\sqrt{z}},$$

condition qui devient, d'après les notations (3),

$$(4) \qquad \sqrt{P(x)\,Q(x)} = C\,Q'(x).$$

Comme $Q(x)$ s'annule avec x, cette relation montre que $Q'(x)$ ou son égal $-q\,P(x)$ s'annule avec x, et comme $P(o)$ est égal à 1, q s'annule avec x, ce qui peut être regardé comme évident, car le point de tautochronisme étant une position d'équilibre, la force doit y être nulle pour $v = o$.

Remplaçant P et Q par leurs valeurs (2), on aura la condition cherchée entre p et q compliquée de signes de quadratures. On peut obtenir cette relation entre les coefficients p et q sous une forme plus simple, en remarquant que les relations (2) donnent par différentiation

$$(5) \qquad P' = -p\,P, \qquad Q' = -q\,P, \qquad Q'' = -q\,P' - P\frac{dq}{dx}.$$

La relation (4), résolue par rapport à Q, puis différentiée, donne

$$Q' = C^2\left(\frac{2\,Q'\,Q''}{P} - \frac{Q'^2\,P'}{P^2}\right),$$

d'où enfin, en divisant par Q', puis remplaçant P', Q', Q'' par leurs valeurs (5),

$$pq - 2\frac{dq}{dx} = \frac{1}{C^2}.$$

Donc, pour qu'il y ait tautochronisme, il faut et il suffit que q s'annule au point de tautochronisme et que $\left(pq - 2\frac{dq}{dx}\right)$ soit une constante positive. Posant $q = f(x)$, on a immédiatement p et l'on trouve, pour l'équation du mouvement, la forme

$$\frac{dv^2}{dx} = \left[2\frac{f'(x)}{f(x)} + \frac{1}{C^2 f(x)}\right]v^2 + f(x),$$

avec une fonction arbitraire.

c. *Formule de Lagrange.* — Lagrange a donné (*Mémoires* de Berlin, 1765 et 1770) une loi générale de force pour laquelle le tautochronisme a lieu nécessairement et qui comprend, comme cas particulier, les lois précédentes; mais, comme l'a remarqué M. Bertrand, la formule de Lagrange ne donne pas toutes les lois de force pour lesquelles le mouvement est tautochrone. M. Bertrand rattache la formule de Lagrange au cas que nous avons traité ci-dessus (*a*) d'une équation homogène en v et x, à l'aide de la remarque suivante.

Supposons qu'on ait trouvé une loi de force $f\left(x, \dfrac{dx}{dt}\right)$ pour laquelle le mouvement défini par l'équation

$$m \frac{d^2 x}{dt^2} = f\left(x, \frac{dx}{dt} \right)$$

soit tautochrone, le point de tautochronisme que le mobile atteint toujours dans le même temps étant $x = 0$.

Considérons un second mobile dont l'abscisse x' est liée à x par une loi quelconque $x = \varphi(x')$, $\varphi(x')$ désignant une fonction déterminée, x' variant de x'_0 à a quand x varie de x_0 à 0. Le mouvement du second mobile est défini par une équation de la forme

$$m \frac{d^2 x'}{dt^2} = f_1\left(x', \frac{dx'}{dt} \right)$$

déduite de la première par le changement de fonction $x = \varphi(x')$. *Le mouvement de ce second mobile est également tautochrone*, le point de tautochronisme étant le point d'abscisse $x' = a$ correspondant à $x = 0$. En effet, la vitesse du premier mobile étant $v = \dfrac{dx}{dt}$ et la vitesse du second $v' = \dfrac{dx'}{dt}$, on a, en différentiant la formule, $x = \varphi(x')$,

$$v = \varphi'(x') v'.$$

Le temps que met le premier mobile à aller sans vitesse initiale du point x_0 au point O est

$$T = \int_{x_0}^{0} \frac{dx}{v},$$

intégrale qui, par hypothèse, est indépendante de x_0. Si l'on y fait $x = \varphi(x')$, les limites pour x' sont x'_0 et a et l'on a

$$T = \int_{x'_0}^{a} \frac{\varphi'(x')\, dx'}{v} = \int_{x'_0}^{a} \frac{dx'}{v'},$$

où la dernière intégrale donne le temps que met le deuxième mobile à aller sans vitesse initiale du point d'abscisse x'_0 au point d'abscisse a. Ce temps T est indépendant de x'_0, et, comme nous l'avons dit, le second mouvement est tautochrone.

Ainsi, de toute loi de force donnant un mouvement tautochrone, on peut en déduire une autre plus générale par un changement de fonction $x = \varphi(x')$. Appliquons cette transformation au cas de l'équation homogène en x et v

$$\frac{dv}{dx} = \psi\left(\frac{v}{x} \right),$$

ou bien, en remplaçant v par $\dfrac{dx}{dt}$,

$$\frac{d^2 x}{dt^2} = \frac{dx}{dt}\,\psi\left(\frac{1}{x}\,\frac{dx}{dt}\right).$$

La substitution $x = \varphi(x')$ donne

$$\varphi'\,\frac{d^2 x'}{dt^2} + \varphi''\left(\frac{dx'}{dt}\right)^2 = \frac{dx'}{dt}\,\varphi'\,\psi\left(\frac{\varphi'}{\varphi}\,\frac{dx'}{dt}\right),$$

ou, en posant

$$\frac{\varphi'}{\varphi} = f(x'), \qquad \frac{\varphi''}{\varphi'} = \frac{1 - f'(x')}{f(x')},$$

$$\frac{d^2 x'}{dt^2} = \left(\frac{dx'}{dt}\right)^2 \frac{f'}{f} + \frac{dx'}{dt}\left[\psi\left(\frac{1}{f}\,\frac{dx'}{dt}\right) - \frac{1}{f}\,\frac{dx'}{dt}\right].$$

Dans le dernier terme, le coefficient de $\dfrac{dx'}{dt}$ est une fonction quelconque de $\dfrac{1}{f}\,\dfrac{dx'}{dt}$. Si nous supprimons l'accent de x', nous avons finalement l'équation d'un mouvement tautochrone sous la forme générale

$$\frac{d^2 x}{dt^2} = \left(\frac{dx}{dt}\right)^2 \frac{f'(x)}{f(x)} + \frac{dx}{dt}\,F\left(\frac{1}{f(x)}\,\frac{dx}{dt}\right),$$

avec deux fonctions arbitraires f et F d'une variable; c'est là la formule de Lagrange.

Si l'on fait en particulier

$$F\left(\frac{1}{f(x)}\,\frac{dx}{dt}\right) = \frac{1}{2\,C^2 f(x)}\,\frac{dx}{dt} + \frac{1}{2}\,\frac{f(x)}{\dfrac{dx}{dt}},$$

et si l'on prend comme inconnue la vitesse $v = \dfrac{dx}{dt}$, on a l'équation

$$\frac{dv^2}{dx} = v^2\left[2\,\frac{f'(x)}{f(x)} + \frac{1}{C^2 f(x)}\right] + f(x)$$

identique à celle que nous avons obtenue directement page 327.

Remarque. — Cette dernière équation restant linéaire en v^2 quand on fait un changement de fonction $x = \varphi(x')$ doit conserver la même forme après ce changement. En effet, en partant de l'équation linéaire

$$\frac{dv^2}{dx} = p v^2 + q,$$

on aurait, en faisant $x = \varphi(x')$, $v = \varphi'(x')v'$, la nouvelle équation

$$\frac{dv'^2}{dx'} = p_1 v'^2 + q_1$$

également linéaire en v'^2, p_1 et q_1 ayant les valeurs

$$p_1 = p\varphi' - \frac{2\varphi''}{\varphi'}, \qquad q_1 = \frac{q}{\varphi'}.$$

Les deux mouvements étant tautochrones en même temps, il faut que la condition

$$pq - 2\frac{dq}{dx} = \text{const.},$$

qui exprime que le premier mouvement est tautochrone, entraine la condition analogue pour le deuxième

$$p_1 q_1 - 2\frac{dq_1}{dx'} = \text{const.};$$

ce qu'on vérifie aisément, car on a, quel que soit φ,

$$p_1 q_1 - 2\frac{dq_1}{dx'} = pq - 2\frac{dq}{dx},$$

de sorte que cette expression est un invariant absolu de l'équation différentielle pour tous les changements de fonctions.

Signalons, en terminant, un article de M. Brioschi contenant une formule plus générale que celle de Lagrange (*Annali...da Tortolini;* Rome, 1853, et *Mécanique de Jullien,* t. I) et un article de M. Haton de la Goupillière (*Journal de Liouville,* t. XIII, 2ᵉ série). (*Voir* Exercices 5 et 5 *bis.*)

213. Étant donnée la loi d'un mouvement rectiligne, trouver la force. — Ce problème est déterminé ou non suivant qu'on donne la loi générale d'un mouvement rectiligne avec deux constantes arbitraires, ou seulement un mouvement particulier.

Supposons qu'on donne

$$(1) \qquad\qquad x = \varphi(t, x_0, v_0),$$

x_0 étant la position initiale du mobile pour $t = 0$ et v_0 sa vitesse initiale. On se propose de trouver la loi de la force capable d'imprimer au mobile, placé dans la position arbitraire x_0 et lancé avec la vitesse arbitraire v_0, le mouvement donné. Ce problème est déterminé. On a

$$(2) \qquad\qquad \frac{dx}{dt} = \varphi'(t, x_0, v_0),$$

$$X = m\frac{d^2x}{dt^2} = m\varphi''(t, x_0, v_0).$$

Résolvant les équations (1) et (2) par rapport à x_0 et v_0 et portant dans l'expression de X, on aura la loi cherchée

$$X = \Phi\left(x, \frac{dx}{dt}, t\right).$$

Exemple. — Si le mouvement donné est défini par la formule

$$x^2 = \frac{\mu t^2}{x_0^2} + (x_0 - v_0 t)^2,$$

on trouve

$$X = \frac{m\mu}{x^3}.$$

Si, au contraire, on donne seulement un mouvement particulier sans constantes arbitraires, ou avec une seule constante arbitraire, le problème n'est pas déterminé. Supposons, par exemple, qu'il n'y ait pas de constante du tout et que l'on se donne

$$(3) \qquad\qquad x = \varphi(t),$$

on aura

$$v = \varphi'(t), \qquad X = m\varphi''(t).$$

On pourra, à l'aide de ces équations, exprimer X en x, v et t d'une infinité de manières; on aura donc une infinité de lois de forces capables de produire le mouvement particulier donné.

La question pourrait être précisée si l'on imposait d'avance certaines conditions à X: ainsi en imposant à X la condition de dépendre uniquement de la position x, on aurait un problème précis, car il faudrait tirer t de l'équation du mouvement (3) et le porter dans l'expression de X. De même on aurait un problème précis en imposant à X la condition de dépendre de v ou t seul.

Exemple. — Soit $x = \sin t$; pour $t = 0$, on a $x_0 = 0$, $v_0 = 1$. Cette équation donne

$$v = \cos t, \qquad X = - m \sin t.$$

On aurait donc comme lois de forces X les suivantes

$$(\alpha)\ - m \sin t, \quad (\beta)\ - m\sqrt{1-v^2}, \quad (\gamma)\ - mx, \quad (\delta)\ - \frac{m}{2}(x + \sin t), \quad \ldots,$$

où l'on peut varier les combinaisons à l'infini. Si l'on cherche le mouvement le plus général produit par une de ces forces, on trouve des mouvements très différents qui, tous, pour les conditions initiales particulières $x_0 = 0$,

$c_0 = 1$, donnent le mouvement proposé $x = \sin t$. On trouve, par exemple, pour les quatre premières lois de forces, les mouvements suivants :

$$(\alpha) \qquad x = \sin t + Ct + C',$$

$$(\beta) \qquad x = \sin(t + C) + C',$$

$$(\gamma) \qquad x = C\cos t + C' \sin t,$$

$$(\delta) \qquad x = C\cos \frac{t}{\sqrt{2}} + C' \sin \frac{t}{\sqrt{2}} + \sin t$$

qui, tous, pour des déterminations convenables des constantes C et C', se réduisent à $x = \sin t$.

III. — MOUVEMENT CURVILIGNE.
POINT PESANT DANS LE VIDE ET DANS UN MILIEU RÉSISTANT.

216. Force de direction constante. — Supposons que la force qui agit sur le mobile soit constamment parallèle à une direction fixe ; la trajectoire sera dans le plan contenant la vitesse initiale et la direction de la force. Ce résultat, qui peut être considéré comme évident par raison de symétrie, a été établi plus haut ; nous prendrons le plan de la trajectoire pour plan des xy et l'axe Oy parallèle à la force. Les équations du mouvement seront alors

$$m\frac{d^2 x}{dt^2} = 0, \qquad m\frac{d^2 y}{dt^2} = Y ;$$

la première de ces équations donne

$$\frac{dx}{dt} = a, \qquad x = at + b ;$$

la projection du mobile sur l'axe Ox est animée d'un mouvement uniforme. On déterminera des constantes a et b en écrivant que pour $t = t_0$ on a $x = x_0$ et $\left(\frac{dx}{dt}\right)_0 = x'_0$. Dans le cas le plus général, on aura pour la seconde équation

$$m\frac{d^2 y}{dt^2} = \Phi\left(x, y, \frac{dx}{dt}, \frac{dy}{dt}, t\right).$$

En remplaçant x par $at + b$, cette équation prend la forme

$$m\frac{d^2 y}{dt^2} = \Psi\left(y, \frac{dy}{dt}, t\right) ;$$

c'est une équation de même forme que celle qu'on trouve dans le cas d'un mouvement rectiligne ; si l'on sait l'intégrer, le problème est complètement résolu.

217. Équations intrinsèques. — Les équations intrinsèques du mouvement vont ici se simplifier. Prenons des axes rectangulaires ; soit α l'angle

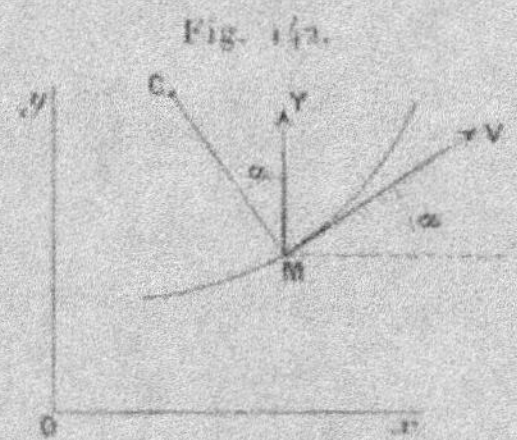

Fig. 142.

de la vitesse avec Ox (*fig.* 142) ; projetons la force sur la normale, nous aurons

$$Y \cos \alpha = \frac{m v^2}{\rho};$$

En projetant sur la tangente, nous aurions une deuxième équation, mais il est plus simple d'observer que l'on a trouvé plus haut que la projection $\frac{dx}{dt}$ de la vitesse est une constante a, ce qui donne

$$v \cos \alpha = a;$$

éliminons la vitesse entre ces deux équations, nous aurons pour équation intrinsèque de la trajectoire

$$Y \rho \cos^3 \alpha = \text{const.}$$

Si, par exemple, on suppose $Y = \text{const.}$, on a pour équation de la courbe

$$\rho \cos^3 \alpha = k;$$

c'est l'équation intrinsèque d'une parabole, comme il résulte du problème suivant.

218. Mouvement d'un point pesant dans le vide. — Nous prendrons pour origine la position initiale du mobile, pour axe des y une verticale dirigée vers le haut, et pour axe des x une horizontale dans le plan de la trajectoire ; les équations du mouvement seront

$$m \frac{d^2 x}{dt^2} = 0, \qquad m \frac{d^2 y}{dt^2} = -mg;$$

la première donne

$$(1) \qquad \frac{dx}{dt} = v_0 \cos\alpha,$$

$$(2) \qquad x = v_0 t \cos\alpha;$$

la deuxième équation s'intègre aussi immédiatement et donne

$$(1') \qquad \frac{dy}{dt} = -gt + v_0 \sin\alpha,$$

$$(2') \qquad y = -\frac{gt^2}{2} + v_0 t \sin\alpha.$$

Les équations (1), (1') donnent la vitesse

$$(3) \qquad v^2 = v_0^2 \cos^2\alpha + (v_0 \sin\alpha - gt)^2 = v_0^2 - 2gy;$$

la valeur numérique de la vitesse à chaque instant est la même que si le mobile tombait sans vitesse initiale d'un point dont l'ordonnée serait $\frac{v_0^2}{2g}$. Cette formule donnant la vitesse résulte immédiatement du théorème des forces vives.

Entre les équations (2), (2'), éliminons le temps, nous obtenons l'équation de la trajectoire

$$y = -\frac{gx^2}{2v_0^2 \cos^2\alpha} + x \tang\alpha.$$

C'est une parabole d'axe vertical qui tourne sa concavité vers le bas, car le coefficient de x^2 est négatif.

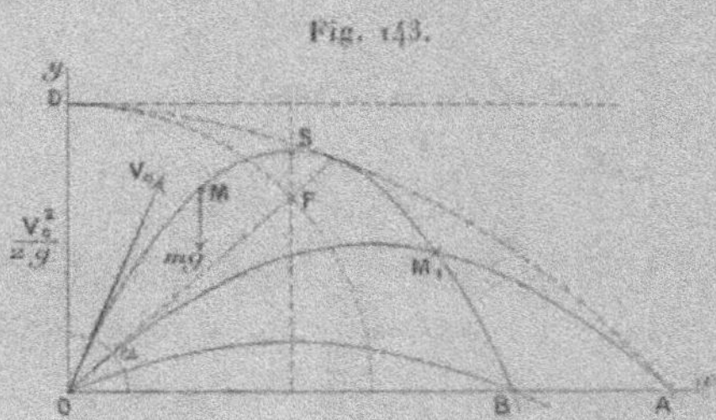

Fig. 143.

Si α était négatif, $\frac{dy}{dt}$ serait, d'après (1'), toujours négatif : donc y irait constamment en décroissant et le mobile ne passerait pas par le sommet de la parabole.

Supposons maintenant $\alpha > 0$, $\frac{dy}{dt}$ commence par être positif et le mobile monte ; il monte jusqu'à ce que $\frac{dy}{dt}$ s'annule ; ce qui se produira au bout d'un temps t' donné par l'équation

$$-gt' + v_0 \sin\alpha = 0, \qquad t' = \frac{v_0 \sin\alpha}{g};$$

le mobile étant arrivé à sa hauteur maximum, sa vitesse est minimum en vertu de la relation (3). Les coordonnées du point le plus haut S, sommet de la parabole, seront

$$x' = v_0 t' \cos\alpha = \frac{v_0^2 \sin 2\alpha}{2g},$$

$$y' = -\frac{gt'^2}{2} + v_0 t' \sin\alpha = \frac{v_0^2}{2g} \sin^2\alpha.$$

Après cet instant t', $\dfrac{dy}{dt}$ devient négatif et le mobile redescend. Lorsqu'il repasse à la même hauteur, la valeur numérique de la vitesse redevient la même. En particulier, il repasse au point A au niveau de O avec la vitesse v_0. La portée horizontale OA est double de l'abscisse x' du sommet

$$OA = \frac{v_0^2 \sin 2\alpha}{g}.$$

Pour que OA soit le plus grand possible avec une vitesse initiale donnée, il faudra que $\sin 2\alpha$ soit maximum, c'est-à-dire que α soit égal à $\dfrac{\pi}{4}$. Supposons que l'on veuille atteindre un point B de Ox d'une abscisse moindre que $\dfrac{v_0^2}{g}$, l'inclinaison du tir sera donnée par

$$\sin 2\alpha = \frac{g}{v_0^2} OB.$$

On voit qu'il y a deux solutions également distantes de $\dfrac{\pi}{4}$. On atteindra donc le point B par deux paraboles; on verrait aisément que c'est par la parabole inférieure qu'on y arrive dans le temps le plus court.

On peut déterminer géométriquement la position de la parabole correspondant à un angle donné α; pour cela, nous allons d'abord établir que toutes les paraboles, obtenues en faisant varier α, ont pour directrice la droite D,

$$y = \frac{v_0^2}{2g}.$$

En effet, le paramètre de la parabole décrite par le mobile est

$$P = \frac{v_0^2 \cos^2\alpha}{g};$$

l'ordonnée du sommet étant $y' = \dfrac{v_0^2 \sin^2\alpha}{2g}$, l'équation de la directrice sera

$$v = y' + \frac{P}{2} = \frac{v_0^2}{2g};$$

c'est donc bien la droite D, située à la hauteur à laquelle monterait le mobile s'il était lancé verticalement avec la vitesse v_0.

Ceci posé, supposons donnée la tangente à l'origine ; le foyer devra se trouver sur la droite OF telle que Ov_0 soit bissectrice de l'angle FOD ; il devra de plus se trouver sur le cercle décrit de O comme centre avec OD pour rayon : il est donc à leur intersection. Cette construction nous montre en passant que le lieu des foyers de ces paraboles est le cercle de centre O et de rayon OD.

Proposons-nous de chercher sous quel angle il faudrait lancer le projectile pour atteindre un point donné $M_1(x_1, y_1)$ du plan. En posant $\tang \alpha = u$, l'équation de la trajectoire devient

$$(1) \qquad y = -\frac{gx^2}{2v_0^2}(1 + u^2) + ux;$$

en exprimant qu'elle passe par (x_1, y_1), on a pour déterminer u l'équation du second degré

$$y_1 = -\frac{gx_1^2}{2v_0^2}(1 + u^2) + ux_1.$$

La condition de réalité des racines est

$$(2) \qquad \frac{v_0^2}{2g} - y_1 - \frac{g}{2v_0^2}x_1^2 \gtrless 0.$$

Pour l'interpréter géométriquement, considérons la parabole ayant pour équation

$$(3) \qquad \frac{v_0^2}{2g} - y - \frac{g}{2v_0^2}x^2 = 0.$$

Cette parabole a pour paramètre $\dfrac{v_0^2}{g}$ et pour sommet le point $x = 0$, $y = \dfrac{v_0^2}{2g}$, c'est-à-dire le point D ; elle a donc pour foyer l'origine. La condition de réalité (2) exprime que le point M_1 doit être *dans* ou *sur* cette parabole (*parabole de sûreté*). Si le point M_1 est dans la parabole de sûreté, l'équation en u a deux racines réelles distinctes, et il y a deux façons d'atteindre le point M_1 en lançant le projectile sous deux angles différents (*fig.* 143). Si M_1 est sur la parabole de sûreté, l'équation en u a une racine double et il n'y a plus qu'une façon d'atteindre le point M_1. Dans le cas où l'équation en u a deux racines distinctes, il y a deux trajectoires passant par M_1, correspondant aux deux valeurs α_1 et α_1' de l'angle α ; les temps mis à arriver au point M_1 par les deux trajectoires sont respectivement

$$t_1 = \frac{x_1}{v_0 \cos\alpha_1}, \qquad t_1' = \frac{x_1}{v_0 \cos\alpha_1'};$$

le plus court de ces deux temps est celui qui correspond au plus petit des angles α_1, α_1'.

La parabole de sûreté est l'enveloppe des trajectoires obtenues en faisant varier α, c'est-à-dire u. En effet, pour trouver l'enveloppe des courbes représentées par l'équation (1), dans laquelle u est un paramètre variable, il suffit d'exprimer que cette équation, considérée comme une équation en u, admet une racine double. Or c'est ce que nous avons fait pour trouver la parabole de sûreté.

Les mêmes résultats s'obtiennent facilement par une méthode géométrique. Il faut construire une parabole passant par deux points et ayant une directrice donnée. Le foyer sera, comme nous l'avons vu, sur le cercle de centre O et de rayon OD. Il sera de même sur un cercle ayant pour centre le point M_1, par où doit passer la parabole, et pour rayon la perpendiculaire $M_1 P$ abaissée du point M_1 sur la directrice D. Ces deux cer-

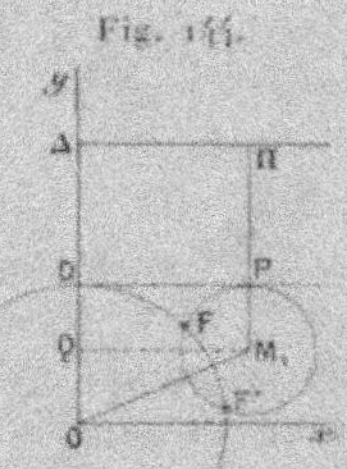

Fig. 155.

cles pourront se couper en deux points F, F'; il peut donc y avoir deux paraboles. Pour que ces cercles se coupent, il faut que la distance OM_1 des centres soit plus petite que la somme et plus grande que la différence des rayons; la dernière de ces conditions est évidemment remplie, car on a $OM_1 > OQ$ et OQ est la différence des rayons. Il suffit donc d'écrire que

$$OM_1 < OD + M_1 P.$$

Menons la droite Δ à une distance $2OD$ de l'axe des x et prolongeons $M_1 P$ jusqu'au point de rencontre H avec cette droite, la condition à remplir devient

$$M_1 O < M_1 H.$$

Or le lieu des points pour lesquels on a $M_1 O = M_1 H$ est la parabole ayant pour foyer l'origine et pour directrice Δ : c'est la parabole de sûreté. Si le point M_1 est à l'intérieur de cette parabole, on pourra l'atteindre de deux façons ; s'il est sur cette parabole, il n'y a qu'une trajectoire qui y passe; d'ailleurs, pour un tel point M_1, le foyer de la trajectoire et le foyer de la parabole de sûreté sont en ligne droite avec M_1. La construction élémen-

J.

taire qui détermine la tangente en M_1 montre immédiatement que cette tangente est la même pour les deux paraboles; de là résulte que la parabole de sûreté est l'enveloppe des trajectoires.

219. Détermination de la force parallèle quand on connaît la trajectoire. — Nous avons traité le problème qui consiste, étant donnée une force parallèle à un axe Oy, à trouver le mouvement qu'elle imprime à un point matériel. On peut se proposer le problème inverse : connaissant un mouvement plan, tel que la projection du mobile sur l'axe des x soit animée d'un mouvement uniforme, trouver une loi de forces parallèles à Oy qui puisse produire ce mouvement.

Donnons-nous la trajectoire $y = f(x)$, que nous supposons parcourue par le mobile sous l'action d'une force parallèle à Oy. Nous avons, par hypothèse, $x = at + b$, et l'équation de la trajectoire définit y en fonction de t, en y remplaçant x par sa valeur. On a alors

$$\frac{dy}{dt} = a f'_x(x), \qquad \frac{d^2 y}{dt^2} = a^2 f_{x^2}(x);$$

la loi de la force sera donc

$$Y = m \frac{d^2 y}{dt^2} = m a^2 f''(x).$$

On pourra transformer cette expression de la force en tenant compte de l'équation de la trajectoire; on pourra, par exemple, tirer de cette équation x en fonction de y et exprimer la force à l'aide de cette seule variable; mais on pourrait encore remplacer x partiellement en fonction de y, ou de t, ou de $\frac{dy}{dt}$, et d'une façon générale on aurait la loi de force

$$Y = m a^2 f''(x) - \Psi\left(x, y, \frac{dx}{dt}, \frac{dy}{dt}, t\right)[y - f(x)],$$

qui se réduit bien à $m a^2 f''(x)$ sur la trajectoire proposée. Si, partant d'une quelconque de ces distributions de forces, on cherche la trajectoire d'un mobile qui y est soumis, en particularisant convenablement les conditions initiales du mouvement, on devra nécessairement trouver la trajectoire donnée $y = f(x)$.

Prenons, par exemple, le cas du cercle

$$y = \sqrt{R^2 - x^2};$$

en appliquant ce qui vient d'être dit, on trouve les lois

$$Y = \frac{\mu}{y^3}, \qquad Y = \frac{\mu}{(R^2 - x^2)^{\frac{3}{2}}}.$$

Pour ces deux lois, on trouve deux systèmes de coniques absolument différents, mais chacun d'eux contient le cercle $y = \sqrt{R^2 - x^2}$.

220. Mouvement curviligne d'un corps pesant dans un milieu résistant. — Lorsqu'un projectile est en mouvement, son centre de gravité se meut comme si la masse du corps y était concentrée et toutes les forces extérieures appliquées au projectile transportées parallèlement à elles-mêmes en ce point.

Dans le cas qui nous occupe, le centre de gravité est sollicité par deux forces : le poids du projectile et la résistance du milieu R, qui est la résultante des pressions superficielles transportées parallèlement à elles-mêmes au centre de gravité. Les pressions en elles-mêmes n'ont pas de résultante : elles peuvent, en général, se réduire à une résultante R appliquée au centre de gravité et à un couple. Si la forme du projectile est quelconque, on ne sait rien sur la direction de cette résistance, qui peut faire sortir le centre de gravité du plan vertical dans lequel il est lancé à l'instant $t = 0$. Mais, lorsque le projectile est sphérique et ne tourne pas, la résistance est dans le plan vertical contenant la vitesse du point G et, par raison de symétrie, la trajectoire est plane. Nous admettrons de plus, pour simplifier autant que possible, que cette résistance est une force R dirigée en sens contraire de la vitesse du *centre de gravité :* ce sera une fonction de cette vitesse v assujettie à croître avec v.

Si l'on admet que la résistance est dans le plan vertical passant par la vitesse du centre de gravité, on peut démontrer analytiquement que la trajectoire est plane. En effet, rapportons le mouvement à trois axes rectangulaires Ox, Oy, Oz, l'axe Oz étant une verticale dirigée vers le haut. En appelant R_x, R_y, R_z les projections de la résistance, les équations du mouvement du centre de gravité seront

$$m \frac{d^2 x}{dt^2} = R_x, \qquad m \frac{d^2 y}{dt^2} = R_y, \qquad m \frac{d^2 z}{dt^2} = R_z - mg.$$

Des deux premières, on déduit

$$\frac{\dfrac{d^2 x}{dt^2}}{R_x} = \frac{\dfrac{d^2 y}{dt^2}}{R_y}.$$

Or, le plan projetant horizontalement la résistance, coïncidant avec le plan projetant la vitesse, R_x et R_y sont proportionnels à $\dfrac{dx}{dt}$ et $\dfrac{dy}{dt}$. La relation précédente devient, par suite,

$$\frac{\dfrac{d^2x}{dt^2}}{\dfrac{dx}{dt}} = \frac{\dfrac{d^2y}{dt^2}}{\dfrac{dy}{dt}},$$

ou, en intégrant,

$$\log \frac{dy}{dt} = \log C \, \frac{dx}{dt};$$

passant aux nombres et intégrant de nouveau, il vient

$$y = Cx + C';$$

la courbe est plane et son plan est vertical; ce plan est d'ailleurs celui qui projette horizontalement la vitesse initiale. Prenons ce plan pour plan des xy, la position initiale du mobile pour origine, Oy vertical dirigé vers le haut, et Ox situé, par rapport à Oy, du même côté que la vitesse initiale.

Nous partirons des équations intrinsèques du mouvement. Désignons par s l'arc de trajectoire OM, par α l'angle de la vitesse v avec Ox, et par ρ le rayon de courbure MC (*fig.* 145). Les forces

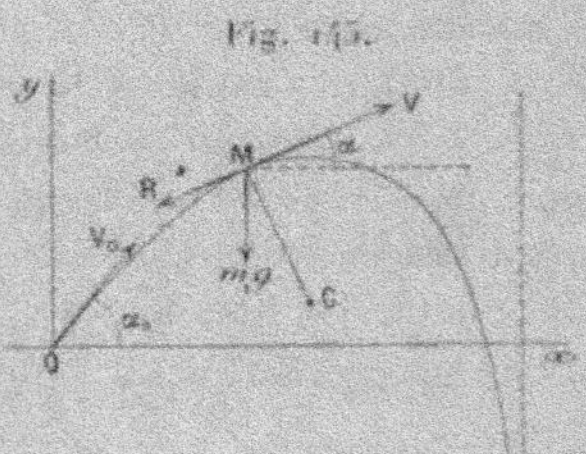

qui agissent sur le point sont la résistance R et le poids mg; leur résultante est toujours située du côté des y négatifs par rapport à la tangente R. Or la direction de la force entraine le sens de la concavité; il en résulte que la trajectoire tournera sa concavité du côté des y négatifs. L'angle α va donc constamment en diminuant; il part d'une valeur connue α_0, il s'annule au point le plus haut de la trajectoire et diminue ensuite, et nous verrons plus loin que sa limite est $-\dfrac{\pi}{2}$.

Projetons les forces sur la tangente, nous aurons (n° **200**)

$$m\frac{dv}{dt} = \mathrm{F}_t = -mg\sin\alpha - \mathrm{R}.$$

Dans cette équation, R est une fonction de la vitesse, que nous écrirons

$$\mathrm{R} = mg\,\varphi(v);$$

par suite

$$(1)\qquad \frac{dv}{dt} = -g\left[\sin\alpha + \varphi(v)\right].$$

Projetons maintenant sur la normale

$$m\frac{v^2}{\rho} = mg\cos\alpha;$$

mais on a

$$\rho = -\frac{ds}{d\alpha} = -\frac{ds}{dt}\frac{dt}{d\alpha} = -v\frac{dt}{d\alpha};$$

on doit prendre le signe — puisque α décroît lorsque s croît, et que ρ est la valeur absolue du rayon de courbure. Portant cette valeur dans l'équation précédente, elle devient

$$(2)\qquad -v\frac{d\alpha}{dt} = g\cos\alpha.$$

Les équations (1) et (2) permettent de trouver t et v en fonction de α; éliminons dt en les divisant membre à membre; nous obtiendrons l'équation

$$(3)\qquad \frac{dv}{v\,d\alpha} = \tang\alpha + \frac{\varphi(v)}{\cos\alpha};$$

cette équation, du premier ordre, donnera v en fonction de α

$$v = \Psi(\alpha),$$

l'équation (2) donnera alors

$$t = -\frac{1}{g}\int_{\alpha_0}^{\alpha} \frac{\Psi(\alpha)}{\cos\alpha}\,d\alpha.$$

On peut exprimer aussi x et y en fonction de α par de nouvelles quadratures; on a, en effet,

$$dx = v \cos \alpha\, dt, \qquad x = -\frac{1}{g} \int_{\alpha_0}^{\alpha} [\Psi(\alpha)]^2\, d\alpha,$$

$$dy = v \sin \alpha\, dt, \qquad y = -\frac{1}{g} \int_{\alpha_0}^{\alpha} [\Psi(\alpha)]^2 \tang \alpha\, d\alpha;$$

lors donc que l'on a trouvé $\Psi(\alpha)$, on achève le problème au moyen de simples quadratures.

L'expression qui donne dt

$$\frac{dt}{d\alpha} = -\frac{1}{g}\frac{v}{\cos \alpha}$$

montre que, tant que α est supérieur à $-\frac{\pi}{2}$, $\frac{dt}{d\alpha}$ est négatif, et le temps va bien en croissant quand α diminue; il en est de même pour x, car $dx = v \cos \alpha\, dt$. Quant à y, il commence par croître jusqu'à $\alpha = 0$, puis, $\frac{dy}{dt}$ changeant de signe, il décroît et le mobile redescend. On obtient les valeurs de x, y, t qui correspondent au point le plus haut en faisant $\alpha = 0$ dans les intégrales précédentes.

Une fois connue la fonction Ψ, on aura aisément l'équation intrinsèque de la courbe; nous avons en effet trouvé

$$\frac{v^2}{\rho} = g \cos \alpha,$$

donc

$$\rho = \frac{v^2}{g \cos \alpha} = \frac{[\Psi(\alpha)]^2}{g \cos \alpha}.$$

Nous traiterons complètement le cas (Legendre) où la résistance est supposée donnée par

$$\varphi(v) = a + bv^n,$$

a, b, n étant tous trois positifs. Nous supposerons a *inférieur à l'unité*, sans quoi, en abandonnant le corps sans vitesse initiale, la résistance mga serait plus grande que le poids et le projectile ne tomberait pas.

L'équation (3) deviendra dans ce cas

$$\frac{dv}{v\, d\alpha} = \tang \alpha + \frac{a + bv^n}{\cos \alpha};$$

divisons les deux membres par $-\dfrac{v^n}{n}$ et prenons pour nouvelle inconnue $\dfrac{1}{v^n}$, il vient

$$\frac{d\left(\dfrac{1}{v^n}\right)}{d\alpha} + \frac{n}{v^n}\left(\tang\alpha + \frac{a}{\cos\alpha}\right) + \frac{nb}{\cos\alpha} = 0;$$

pour intégrer cette équation linéaire, posons

$$\frac{1}{v^n} = pq,$$

elle devient

$$p\,\frac{dq}{d\alpha} + q\,\frac{dp}{d\alpha} + npq\left(\tang\alpha + \frac{a}{\cos\alpha}\right) + \frac{nb}{\cos\alpha} = 0;$$

disposons de q de façon à annuler le coefficient de p, nous avons l'équation

$$\frac{dq}{q} = -n\,\tang\alpha\,d\alpha - \frac{na\,d\alpha}{\cos\alpha},$$

qui admet l'intégrale particulière

$$\log q = n\log\cos\alpha - na\log\tang\left(\frac{\alpha}{2} + \frac{\pi}{4}\right),$$

$$q = \cos^n\alpha\left[\tang\left(\frac{\alpha}{2} + \frac{\pi}{4}\right)\right]^{-na};$$

en adoptant cette valeur de q, il nous reste, pour déterminer p, l'équation

$$\frac{dp}{d\alpha} = -\frac{nb}{q\cos\alpha},$$

d'où, en intégrant de α_0 à α et appelant q_0 la valeur de q pour $\alpha = \alpha_0$ et v_0 la vitesse initiale,

$$p = \frac{1}{q v^n} = C - nb\int_{\alpha_0}^{\alpha}\frac{d\alpha}{q\cos\alpha},$$

où la constante C a pour valeur $\dfrac{1}{q_0 v_0^n}$, comme on le voit en supposant $\alpha = \alpha_0$. La fonction q étant remplacée par sa valeur trouvée plus haut, on aura v en fonction de α; on obtiendra ensuite x, y, t par les formules déjà trouvées

$$t = -\frac{1}{g}\int_{\alpha_0}^{\alpha}\frac{v\,d\alpha}{\cos\alpha}, \qquad x = -\frac{1}{g}\int_{\alpha_0}^{\alpha}v^2\,d\alpha, \qquad y = -\frac{1}{g}\int_{\alpha_0}^{\alpha}v^2\tang\alpha\,d\alpha.$$

Nous allons établir que, lorsque α décroît jusqu'à $-\dfrac{\pi}{2}$, le temps croît indéfiniment, y devient infini mais négatif, tandis que v et x ont tous deux une limite : la courbe a une asymptote verticale à distance finie, et le mouvement tend à devenir rectiligne et uniforme.

En effet, l'expression qui donne $\dfrac{1}{v^n}$ peut s'écrire, en multipliant par q,

$$\frac{1}{v^n} = \frac{q}{q_0 v_0^n} - nbq \int_{z_0}^{z} \frac{dz}{q \cos z}.$$

Quand z tend vers $-\dfrac{\pi}{2}$, q tend vers zéro, car a est moindre que 1; d'autre part, l'intégrale du second membre devient infinie. Comme le terme $\dfrac{q}{q_0 v_0^n}$ tend vers zéro, il suffit de chercher la limite du second terme du second membre, terme qu'on peut écrire sous forme d'un rapport.

$$\frac{-nb \int_{z_0}^{z} \dfrac{dz}{q \cos z}}{\dfrac{1}{q}},$$

prenant la forme $\dfrac{\infty}{\infty}$. Le rapport des dérivées par rapport à z est

$$\frac{nb\,q\,dz}{\cos z\,dq},$$

ou encore, en remplaçant $\dfrac{dq}{q\,dz}$ par sa valeur calculée plus haut,

$$\frac{b}{-\sin z - a};$$

faisant enfin $z = -\dfrac{\pi}{2}$, on trouve que $\dfrac{1}{v^n}$ tend vers la limite $\dfrac{b}{1-a}$, et v vers la limite

$$v_1 = \left(\frac{1-a}{b}\right)^{\frac{1}{n}}.$$

L'intégrale qui donne x

$$x = -\frac{1}{g} \int_{z_0}^{z} v^2\,dz$$

restera finie lorsque z tendra vers $-\dfrac{\pi}{2}$; en effet, v a une limite finie v_1 et, l'élément de l'intégrale restant fini, il en est de même de x qui tend vers

$$x_1 = -\frac{1}{g} \int_{z_0}^{-\frac{\pi}{2}} v^2\,dz;$$

d'ailleurs t devient infini pour $\alpha = -\dfrac{\pi}{2}$; on a, en effet,

$$t = -\frac{1}{g} \int_{\alpha_0}^{\alpha} \frac{v\,d\alpha}{\cos\alpha},$$

et l'élément différentiel devient infini pour $\alpha = -\dfrac{\pi}{2}$, mais de façon que $\dfrac{v}{\cos\alpha}\left(\alpha + \dfrac{\pi}{2}\right)$ tende vers la limite finie v_1; cette intégrale se comporte donc au voisinage de $\alpha = -\dfrac{\pi}{2}$ comme $\displaystyle\int \frac{v_1\,d\alpha}{\alpha + \dfrac{\pi}{2}}$ au voisinage de $\alpha = -\dfrac{\pi}{2}$, c'est-à-dire qu'elle devient infinie. Pour la même raison, l'expression de y

$$y = -\frac{1}{g} \int_{\alpha_0}^{\alpha} v^2 \tan g\,\alpha\,d\alpha$$

croît indéfiniment lorsque α tend vers $-\dfrac{\pi}{2}$. Les propositions énoncées plus haut sont donc établies.

Remarque. — Si l'on voulait, dans un cas particulier déterminé, effectuer les quadratures, ou du moins calculer approximativement les valeurs de v, x, y, t dans le voisinage de $\alpha = -\dfrac{\pi}{2}$, le plus simple serait de poser

$$u = \tan g\left(\frac{\alpha}{2} + \frac{\pi}{4}\right), \qquad \frac{du}{u} = \frac{d\alpha}{\cos\alpha}, \qquad \cos\alpha = \frac{2u}{1 + u^2};$$

la variable u, d'abord positive, est égale à 1 pour $\alpha = 0$ et tend vers zéro quand α tend vers $-\dfrac{\pi}{2}$.

La valeur de q devient

$$q = \frac{2^n u^{n-na}}{(1 + u^2)^n} = \frac{2^n u^{na'}}{(1 + u^2)^n},$$

l'exposant n' étant positif, car a est inférieur à 1. Portant dans l'expression de $\dfrac{1}{v^n}$, on trouve

$$\frac{1}{v^n} = \frac{2^n u^{na'}}{(1 + u^2)^n}\left[C - \frac{nb}{2^n}\int_{a_0}^{u} \frac{(1 + u^2)^n}{u^{na'+1}}\,du\right],$$

expression dans laquelle on pourrait effectuer la quadrature si n était entier. Cette expression se prête facilement au développement en série.

221. Mouvement d'un point pesant sur un plan incliné avec frottement et résistance de milieu. — L'inclinaison du plan sur l'horizon étant i, prenons pour origine la position initiale du mobile, pour axe Oy la ligne de plus grande pente dirigée vers le haut, pour axe Ox une horizontale du plan et pour axe Oz une normale au plan. Les forces qui agissent sur le mobile sont le poids mg, la résistance de milieu R dirigée en sens contraire de la vitesse, la réaction normale N du plan, et enfin la force de frottement fN dirigée en sens contraire de la vitesse, f désignant le coefficient de frottement.

Comme $\dfrac{d^2z}{dt^2}$ est évidemment nul, on a, en projetant sur Oz,

$$o = N - mg \cos i;$$

la force de frottement fN est donc constante et égale à $fmg \cos i$. La réaction normale N étant égale et opposée à la composante normale du poids, on peut supprimer ces deux forces qui se font équilibre et il reste à chercher dans le plan le mouvement d'un point m sollicité par les forces suivantes : 1° la projection du poids mg sur le plan qui a pour valeur $mg \sin i$ et qui est dirigée en sens contraire de Oy; 2° la résistance de milieu R et la force de frottement $fmg \cos i$ qui sont dirigées toutes deux en sens contraire de la vitesse et qui se composent en une seule force

$$R_1 = fmg \cos i + R.$$

Si l'on désigne $g \sin i$ par g_1, on a à chercher le mouvement d'un point sollicité par une force mg_1 parallèle à Oy et une résistance R_1. On a donc les mêmes équations que dans le problème précédent, sauf le changement de g en g_1 et de R en R_1.

Par exemple, si la loi de la résistance R est la même que dans le cas précédent $mg(a + bv^n)$, avec $n \geqq o$. On a

$$R_1 = mg_1 \left(f \cot i + \frac{a}{\sin i} + \frac{b}{\sin i} v^n \right) = mg_1 (a_1 + b_1 v^n),$$

a_1 et b_1 désignant deux nouvelles constantes. Il suffira donc, dans le cas qui a été traité en détail, de remplacer g, a et b par g_1, a_1 et b_1. Précédemment a était inférieur à 1, mais actuellement a_1 peut être inférieur, égal ou supérieur à 1, suivant les valeurs de i et f. Nous nous bornons à indiquer les résultats que nous proposons de démontrer à titre d'exercice.

Si $a_1 < 1$, on trouve, comme ci-dessus, que la trajectoire a une asymptote parallèle à Oy et que la vitesse a une limite.

Si $a_1 > 1$, on trouve, par une discussion analogue à celle que nous avons faite plus haut, que la vitesse s'annule *au bout d'un temps fini :* la force de frottement de glissement et de résistance de milieu s'annulent alors et le point reste indéfiniment immobile, en équilibre sur le plan incliné avec frottement statique.

Si $\alpha_1 = 1$, la vitesse s'annule au bout d'un temps fini ou infini, suivant que n est inférieur ou non à 1; x tend vers une limite; y reste fini ou devient infini, suivant que n est inférieur ou non à 2. Ces différentes circonstances se reconnaissent sur les formules du numéro précédent, soit directement, soit en introduisant à la place de z la variable auxiliaire u que nous avons indiquée.

EXERCICES.

1. Mouvement rectiligne d'un point attiré par un centre fixe en raison inverse du cube de la distance, $X = -\dfrac{m\mu}{x^3}$.

On trouve

$$x^2 = -\frac{\mu\, t^2}{x_0^2} + (x_0 - v_0\, t)^2.$$

2. Mouvement rectiligne d'un point entre deux centres attractifs (la Terre et la Lune, par exemple) supposés fixes et attirant le point en raison inverse du carré de la distance.

Réponse. — En appelant a la distance des deux centres fixes et prenant l'un d'eux pour origine, on a

$$X = -\frac{mk^2}{x^2} + \frac{mk'^2}{(a - x)^2}.$$

Actuellement, il y a entre les deux centres une position d'équilibre instable E. Le mobile n'étant pas dans cette position, si on le lance vers cette position avec une vitesse suffisante pour la lui faire dépasser, il ira tomber sur le deuxième centre attractif; si la vitesse du mobile s'annule avant qu'il atteigne le point E, il retombe sur le premier centre attractif. Enfin, si l'expression algébrique de la vitesse s'annule au point E, le mobile se rapproche indéfiniment de E avec une vitesse tendant vers zéro, mais n'y arrive jamais.

3. Soit $x = f(t, x_0, v_0)$ l'équation du mouvement produit par une force $X = \varphi(x)$, dépendant uniquement de la position du mobile, l'abscisse et la vitesse initiale étant x_0 et v_0. Démontrer qu'un deuxième point matériel de même masse dont l'abscisse est

$$x_1 = f\left(\alpha t,\ x_0,\ \frac{v_0}{\alpha}\right)$$

α désignant une constante, se meut sous l'action, la force $X_1 = \alpha^2 X$, l'abscisse et la vitesse initiale étant x_0 et v_0.

En particulier, si $\alpha = \sqrt{-1}$, le point dont le mouvement est donné par la formule

$$x_1 = f\left(t\sqrt{-1},\ x_0,\ -v_0\sqrt{-1}\right),$$

se meut sous l'action de la force $X_1 = -X$ (*Comptes rendus*, 30 décembre 1878).

Appliquer à

$$X = g, \qquad X = -\mu x, \qquad X = -\frac{\mu}{x^2}.$$

4. Si la loi d'un mouvement tautochrone rentre dans la formule de Lagrange,

montrer qu'en ajoutant à la force une résistance proportionnelle à la vitesse, on a encore un mouvement tautochrone (ROUTH).

5. Trouver l'expression de la vitesse v dans un mouvement rectiligne en fonction de x et x_0 de telle façon que le mouvement correspondant soit tautochrone.

Réponse. — Le point de tautochronisme étant à l'origine, supposons l'expression de v écrite sous la forme

$$v = \frac{1}{\varphi\left(x_0, \frac{x}{x_0}\right)} = \frac{1}{\varphi(x_0, \xi)},$$

où ξ désigne le rapport $\frac{x}{x_0}$. Cette expression v est supposée s'annuler pour $x = x_0$, c'est-à-dire pour $\xi = 1$. Le temps T employé par le mobile à atteindre l'origine est

$$T = -\int_0^{x_0} \varphi(x_0, \xi)\,dx = -\int_0^1 x_0\,\varphi(x_0, \xi)\,d\xi,$$

en remplaçant x par $x_0\xi$. L'intégrale T étant indépendante de x_0, sa dérivée

$$\frac{\partial T}{\partial x_0} = -\int_0^1 \frac{\partial[x_0\,\varphi(x_0, \xi)]}{\partial x_0}\,d\xi$$

doit être nulle. Appelons $\theta(x_0, \xi)$ l'intégrale indéfinie

$$\int_0^\xi \frac{\partial[x_0\,\varphi(x_0, \xi)]}{\partial x_0}\,d\xi,$$

de telle façon que

$$(1) \qquad \frac{\partial[x_0\,\varphi(x_0, \xi)]}{\partial x_0} = \frac{\partial\theta(x_0, \xi)}{\partial\xi},$$

la fonction θ s'annule avec ξ et la condition de tautochronisme est que θ s'annule aussi pour $\xi = 1$. Réciproquement, si θ est une fonction arbitraire de x_0 et ξ s'annulant pour $\xi = 0$ et $\xi = 1$, l'intégrale $\frac{\partial T}{\partial x_0}$ est nulle. Intégrant l'équation (1) par rapport à x_0, ξ étant regardé comme une variable indépendante de x_0, on a

$$x_0\,\varphi(x_0, \xi) = \int_a^{x_0} \frac{\partial\theta(x_0, \xi)}{\partial\xi}\,dx_0 + \lambda(\xi),$$

$\lambda(\xi)$ désignant une fonction arbitraire et a une constante arbitraire. On a donc pour v l'expression

$$v = \frac{x_0}{\displaystyle\int_a^{x_0} \frac{\partial\theta(x_0, \xi)}{\partial\xi}\,dx_0 + \lambda(\xi)},$$

où θ est une fonction arbitraire de x_0 et ξ assujettie seulement à s'annuler pour $\xi = 0$ et $\xi = 1$. *Après* la quadrature il faut remplacer ξ par $\frac{x}{x_0}$. La vitesse v devant s'annuler pour $\xi = 1$ et rester finie, il faut de plus que le dénominateur devienne infini pour $\xi = 1$ et reste différent de zéro quand ξ varie de 1 à 0.

Une fois v trouvé en fonction de x et x_0, pour avoir la loi de la force, il suffit d'éliminer x_0 entre v et $\dfrac{dv}{dx}$, ce qui ne peut se faire qu'après un choix déterminé de la fonction $\theta(x_0, \xi)$. On obtient ainsi $\dfrac{dv}{dx} = f(x, v)$ et la loi de la force est

$$F = mv\frac{dv}{dx} = mvf(x, v).$$

Par exemple, si θ est identiquement nul, on retrouve le cas où l'équation différentielle du mouvement est homogène en x et v. M. Bertrand a remarqué depuis longtemps que la formule générale du mouvement rectiligne tautochrone doit contenir une fonction arbitraire de deux variables.

5 *bis*. *Mouvements tautochrones* (méthode de M. Guichard). — Considérons des mouvements tautochrones quelconques, le mobile part du point x_0 pour arriver à l'origine dans un temps qu'on peut supposer égal à 1. La vitesse v_0 du mobile, à l'origine, varie avec x_0. Prenons le mouvement inverse; le mobile partira de l'origine à l'instant $t = 0$, avec une vitesse variable v_0, il atteindra le point x_0 variable avec v_0 au bout du temps $t = 1$. Pour ce mouvement, on aura

$$(1) \qquad v = (1 - t) f(t, v_0).$$

f se réduit à v_0 pour $t = 0$; de plus, f est positif, quel que soit v_0 pour t compris entre 0 et 1. On aura ensuite, en appelant γ l'accélération,

$$(2) \qquad x = \int_0^t (1 - t) f(t, v_0),$$

$$(3) \qquad \gamma = (1 - t) f'_t(t, v_0) - f(t, v_0).$$

Des formules (1) et (2) tirons t et v_0, puis portons dans la troisième, on aura $\gamma = \Pi(x, v)$. En prenant enfin $F = -m\Pi(x, v)$, on aura un mouvement tautochrone.

6. Trouver les lois de forces produisant les mouvements rectilignes suivants :

$$x = x_0 \cos t + v_0 \sin t,$$
$$x = x_0 \cos t + v_0 \sin t + g t^2,$$
$$x^2 = -\frac{g t^2}{x_0^2} + (x_0 + v_0 t)^2.$$

7. Un mobile animé d'un mouvement rectiligne est sollicité uniquement par une résistance de milieu $R = m \varphi(v)$, fonction continue de la vitesse v, essentiellement positive et croissant avec la vitesse. Démontrer : 1° que si $\varphi(0)$ est différent de zéro, le mobile s'arrête au bout d'un certain temps, après avoir parcouru un espace fini; 2° que, si $\varphi(0)$ est nul, de telle façon que le produit $v^{-n} \varphi(v)$ tende vers une limite différente de zéro lorsque v tend vers zéro, le mobile s'arrête quand n est inférieur à 1, et continue à marcher indéfiniment, avec une vitesse tendant vers zéro, quand n est égal ou supérieur à 1; dans ce second cas, l'espace parcouru par le mobile est fini quand n est inférieur à 2; il est infini quand n est égal ou supérieur à 2.

8. Mouvement d'un point attiré par un plan proportionnellement à la distance.

9. Mouvement d'un point sollicité par une force parallèle à l'axe Oz, ayant pour expression

$1°$
$$Z = \frac{\mu}{(Ax + By + Cz + D)^3};$$

$2°$
$$Z = \frac{\mu}{(Ax^2 + 2Bxy + Cy^2 + 2Dx + 2Ey + F)^{\frac{3}{2}}},$$

μ, A, B, C, D, E, F désignant des constantes.

Réponse. — La trajectoire est une conique, quelles que soient les conditions initiales.

10. Mouvement d'un point pesant dans un milieu résistant, la loi de la résistance R étant donnée par

$$R = mg(A + B \log v),$$

A et B constantes. (Loi ne pouvant être adoptée que pour $v > 1$, car autrement la résistance croîtrait quand v diminuerait.)

Cette loi peut s'obtenir comme cas limite de celle qui a été adoptée dans le texte.

$$R = mg(a + bv^n).$$

Il suffit de poser $a = A - \dfrac{B}{n}$, $b = \dfrac{B}{n}$ et de faire tendre n vers zéro.

11. Achever les calculs du texte (220) en supposant $n = 1$ et $a = \frac{1}{2}$. On peut effectuer toutes les intégrations.

12. Un point pesant se meut dans un milieu résistant : démontrer que, R désignant la résistance, on a, entre l'ordonnée y et l'abscisse x d'un point de la trajectoire, la relation

$$\frac{d^2 y}{dx^2} = - \frac{2 g R}{v^2 \cos^2 \alpha},$$

v désignant la vitesse et α l'angle de la tangente avec l'horizontale Ox.

En particulier, si la résistance est proportionnelle à v^2, l'équation différentielle de la trajectoire est

$$\frac{d^2 y}{dx^2} = \frac{k}{\cos^2 \alpha} = k \left[1 + \left(\frac{dy}{dx} \right)^2 \right]^{\frac{3}{2}}.$$

(DE SPARRE, *Comptes rendus*, 23 et 3o mai 1892 et *Mémorial de l'Artillerie de la Marine*, 1892).

13. Un point se meut dans un plan xOy, sous l'action d'une force dont les composantes X et Y sont

$$X = \frac{\partial U}{\partial y}, \qquad Y = \frac{\partial U}{\partial x},$$

U étant une fonction de x et y.

Démontrer que les équations du mouvement admettent l'intégrale première

$$m \frac{dx}{dt} \frac{dy}{dt} = U + h.$$

14. Un point se meut dans un plan xOy, sous l'action d'une force dont les composantes X et Y sont des fonctions de x et y vérifiant les deux conditions

$$\frac{\partial X}{\partial y} = -\frac{\partial Y}{\partial x}, \qquad \frac{\partial X}{\partial x} = \frac{\partial Y}{\partial y}.$$

Démontrer que l'intégration des équations du mouvement peut être effectuée à l'aide de quadratures.

Réponse. — Dans ce cas, la quantité $X + Yi$ est une fonction de la variable complexe $z = x + yi$, $X + Yi = \varphi(z)$. Les deux équations du mouvement peuvent alors se condenser en une

$$m\frac{d^2 z}{dt^2} = \varphi(z),$$

et l'intégration est ramenée à deux quadratures successives : la première,

$$m\left(\frac{dz}{dt}\right)^2 - m\left(\frac{dz}{dt}\right)^2 = 2\int_{z_0}^{z} \varphi(z)\,dz,$$

puis la seconde, donnant t en z.

(LECORNU, Comptes rendus, t. CI, p. 1044; Journal
de l'École Polytechnique, LVe Cahier.)

15. Plus généralement, si l'on a

$$a\frac{\partial X}{\partial y} = b\frac{\partial Y}{\partial x}, \qquad \frac{\partial X}{\partial x} = \frac{\partial Y}{\partial y},$$

a et b désignant des constantes, l'intégration des équations du mouvement se ramène à des quadratures.

Réponse. — On ramène ce cas au précédent par les substitutions

$$X = \sqrt{b}\,X', \qquad Y = \sqrt{-a}\,Y', \qquad x = \sqrt{b}\,x', \qquad y = \sqrt{-a}\,y'.$$

16. Un point se meut dans l'espace, sous l'action d'une force dont les composantes X, Y, Z sont des fonctions de x, y, z, vérifiant les relations

$$\frac{\partial X}{\partial x} = \frac{\partial Y}{\partial y} = \frac{\partial Z}{\partial z}, \qquad \frac{\partial X}{\partial y} = \frac{\partial Y}{\partial z} = \frac{\partial Z}{\partial x}, \qquad \frac{\partial X}{\partial z} = \frac{\partial Y}{\partial x} = \frac{\partial Z}{\partial y}.$$

Démontrer que l'intégration des équations du mouvement se ramène à des quadratures.

Réponse. — En appelant α et α^2 les racines cubiques imaginaires de l'unité et posant

$$x + y + z = p, \qquad x + \alpha y + \alpha^2 z = q, \qquad x + \alpha^2 y + \alpha z = r,$$
$$X + Y + Z = P, \qquad X + \alpha Y + \alpha^2 Z = Q, \qquad X + \alpha^2 Y + \alpha Z = R,$$

on trouve que P est fonction de p seul, Q de q, R de r. Les équations du mouvement sont alors équivalentes aux trois suivantes

$$m\frac{d^2 p}{dt^2} = P, \qquad m\frac{d^2 q}{dt^2} = Q, \qquad m\frac{d^2 r}{dt^2} = R,$$

dont chacune s'intègre par deux quadratures. Exemple :

$$X = x^2 + 2yz, \qquad Y = z^2 + 2xy, \qquad Z = y^2 + 2zx.$$

(Comptes rendus, 19 mars 1877.)

17. Étant donné un point matériel soumis à une force qui ne dépend que de sa position, les intégrales des équations différentielles du mouvement restent réelles si l'on y remplace t par $t\sqrt{-1}$, et les projections x'_0, y'_0, z'_0 de la vitesse initiale par $-x'_0\sqrt{-1}$, $-y'_0\sqrt{-1}$, $-z'_0\sqrt{-1}$. Les expressions nouvelles ainsi obtenues sont les équations du nouveau mouvement que prendrait le même point matériel si, placé dans les mêmes conditions initiales, il était sollicité par une force égale et contraire à celle qui produisait le premier mouvement.

(Comptes rendus, 30 décembre 1878.)

18. Un point pesant se meut dans un milieu résistant, la résistance R étant, comme on l'a supposé dans le texte, une force dirigée en sens contraire de la vitesse v et fonction de v, $R = mg\,\varphi(v)$. Supposons, de plus, la fonction $\varphi(v)$ continue, positive et croissante avec v. Démontrer les propositions générales suivantes :

1° Si $\varphi(0) > 1$, le mobile décrit en un temps fini un arc de trajectoire fini qui se termine en un point où la tangente est verticale et où le mobile arrive avec une vitesse nulle. Le mobile reste alors immobile; car, s'il tend à se remettre en mouvement, la résistance qui se produit est supérieure au poids. [Ce cas peut se présenter, par exemple, pour le mouvement d'un point pesant avec frottement sur un plan incliné (221)].

2° Si $\varphi(0) < 1$ (cas des projectiles d'artillerie), le mobile décrit une courbe avec une branche infinie possédant une asymptote verticale, et la vitesse tend vers une limite v_1 égale à la racine de l'équation $1 - \varphi(v) = 0$, équation qui admet évidemment une seule racine, d'après les hypothèses faites sur $\varphi(v)$.

3° Si $\varphi(0) = 1$, v tend vers 0, x tend vers une limite finie; mais, pour t et y, différents cas particuliers peuvent se présenter, suivant la façon dont $\varphi(v)$ tend vers 1 quand v tend vers zéro. Si $v^{-n}[1 - \varphi(v)]$ reste fini, résultats de l'ex. 7.

Indication sur la méthode à suivre. — L'équation (3), page 341, donne

$$v\cos\alpha = v_0\cos\alpha_0\, e^{\int_{\alpha_0}^{\alpha}\frac{\varphi(v)}{\cos\alpha}\,d\alpha},$$

équation qui montre que $v\cos\alpha$ tend vers zéro quand α tend vers $-\dfrac{\pi}{2}$; en la résolvant par rapport à v, on a une expression qui, pour $\alpha = -\dfrac{\pi}{2}$, prend la forme $\dfrac{0}{0}$. D'après les règles ordinaires, on en conclut, en appelant v_1 la limite de v, la condition

$$v_1[1 - \varphi(v_1)] = 0,$$

qui montre que v_1 est nul ou racine de $1 - \varphi(v)$. On achève ensuite la discussion à l'aide des formules de la page 342. (Morin.)

19. *Analogies entre l'équilibre d'un fil et le mouvement d'un point.* — Ces analogies se révèlent immédiatement par la comparaison des équations intrin-

séques de l'équilibre d'un fil (n° 148) et du mouvement d'un point. On a ainsi les théorèmes suivants :

(a) Si un fil est en équilibre sous l'action d'une force $F\,ds$, la tension étant T, un point matériel de masse m, décrivant la courbe funiculaire avec une vitesse v égale à k T en chaque point (k constante), est sollicité par une force Φ opposée à F d'intensité mk^2 FT ou mk Fv. On peut passer inversement du mouvement du point à l'équilibre du fil ; il suffit de supposer $T = \dfrac{v}{k}$ et la force F opposée à Φ d'intensité $\dfrac{\Phi}{m\,kv}$.

(b) Un point matériel sollicité par une force verticale dirigée vers le haut et proportionnelle à sa vitesse décrit une chaînette.

(c) Un fil dont chaque élément ds est sollicité par une force verticale $F\,ds$, inversement proportionnelle à sa tension $F\,ds = \dfrac{k\,ds}{T}$, se dispose suivant une parabole. $\left(\text{On peut aussi dire que cette force } F\,ds \text{ varie proportionnellement à la projection horizontale } dx \text{ de l'élément } ds, \text{ car } T\,\dfrac{dx}{ds} = C.\right)$

(d) Si l'on transforme de cette façon les équations qui pour un point matériel expriment le principe des aires (n° 203) et le principe des forces vives (n° 206), on trouve, pour les fils, les théorèmes exprimés par les deux équations

$$T\left(x\,\frac{dy}{ds} - y\,\frac{dx}{ds}\right) = C,$$
$$dT + X\,dx + Y\,dy + Z\,dz = 0,$$

dont la première a lieu quand la force a, tout le long du fil, son moment nul par rapport à Oz (n° 113).

(e) Des théorèmes analogues s'appliquent à l'équilibre d'un fil sur une surface comparé au mouvement d'un point sur une surface. (*Voyez* Möbius, *Statique*, deuxième Partie, Chap. VII, et Paul Serret, *Théorie des lignes à double courbure*, Mallet-Bachelier, 1860.)

20. Si plusieurs masses m, m', m'', ..., respectivement soumises à l'action des forces F, F', F'', ..., fonctions des seules coordonnées et partant toutes d'un point A avec des vitesses v_0, v_0', v_0'', ..., de grandeurs différentes, mais de même direction, décrivent la même courbe ACB ; la masse quelconque M, soumise à l'action de la résultante des forces αF, α'F', α''F'', ..., où α, α', α'', ... désignent des constantes positives ou négatives et partant du point A avec la vitesse V_0, ayant la même direction que v_0, v_0', ..., décrira encore la même courbe, pourvu que la force vive initiale de la masse M soit déterminée par la formule

$$MV_0^2 = \alpha\,m v_0^2 + \alpha'\,m'\,v_0'^2 + \alpha''\,m''\,v_0''^2 + \dots$$

(Bonnet, Note au Tome II de la *Mécanique analytique* de Lagrange). Ce théorème se démontre à l'aide des équations intrinsèques du mouvement.

<hr>

CHAPITRE X.

FORCES CENTRALES. MOUVEMENT ELLIPTIQUE DES PLANÈTES.

I. — FORCES CENTRALES.

222. Équations du mouvement. — Une force est dite *centrale* quand sa direction passe constamment par un point fixe : *ce point est le centre des forces*. Prenons pour origine le centre des forces et convenons de désigner par F la valeur absolue de la force précédée du signe + ou du signe —, selon qu'elle est *répulsive* ou *attractive*. Nous avons vu précédemment (n° 203) que la trajectoire est une courbe plane dont le plan passe par le centre des forces. Ce plan est déterminé par la position et la vitesse initiales du mobile. Si la vitesse initiale était dirigée suivant le rayon vecteur, ce plan serait indéterminé, mais alors le mouvement serait rectiligne et aurait lieu sur le rayon vecteur.

Prenons le plan de la trajectoire pour plan des xy. Les projections de la force seront avec la convention faite sur le signe de F, $\frac{Fx}{r}$ et $\frac{Fy}{r}$. Nous pourrions employer les équations générales du mouvement plan; il est plus simple de partir des équations fournies par le *principe des aires* et le *théorème des forces vives*.

L'intégrale des aires

$$x\frac{dy}{dt} - y\frac{dx}{dt} = C$$

s'écrit en employant les coordonnées polaires

$$(1) \qquad r^2\frac{d\theta}{dt} = C.$$

Nous avons vu que C est le moment de la vitesse initiale par rapport à Oz. Soient v_0 la vitesse initiale et p_0 sa distance à l'origine, la constante C a pour valeur absolue $p_0 v_0$; il faut prendre les signes $+$ ou $-$, suivant que le mouvement se fait d'abord

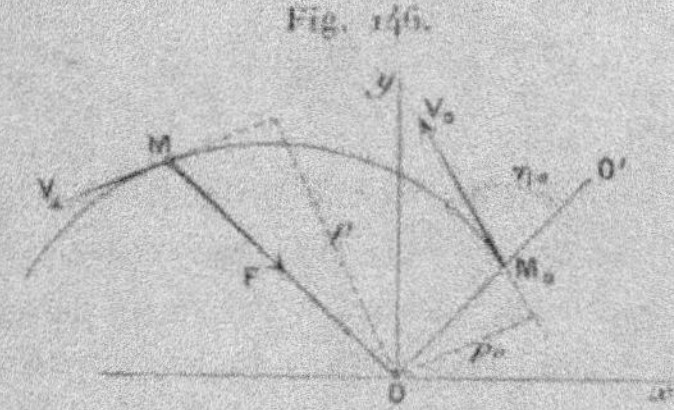

Fig. 146.

dans le sens positif ou dans le sens négatif des rotations autour de Oz; soient r_0, θ_0 les coordonnées de M_0, et τ_{i0} l'angle de la vitesse initiale $M_0 v_0$ avec le prolongement de OM_0, on a

$$p_0 = r_0 \sin \tau_{i0}$$

et, par suite,

$$C = r_0 v_0 \sin \tau_{i0}$$

en valeur absolue. Si l'on convient de compter positivement l'angle τ_{i0} à partir du prolongement $M_0 O'$ du rayon vecteur dans le sens positif des rotations, cette égalité est aussi vraie en signes, puisque, r_0 et v_0 étant supposés positifs, le signe de C est précisément celui de $\sin \tau_{i0}$. Cette constante C ne peut être nulle qu'avec r_0, v_0 ou $\sin \tau_{i0}$; le mouvement se fait alors sur le rayon vecteur.

Appliquons maintenant le théorème des forces vives, nous obtenons

$$(2) \qquad \frac{d\, mv^2}{2} = F\, dr.$$

Les équations (1) et (2) définissent entièrement le mouvement, elles serviront à trouver r et θ en fonction du temps.

La vitesse a pour expression

$$v^2 = \frac{dr^2 + r^2\, d\theta^2}{dt^2};$$

à l'aide de l'équation (1) nous pouvons éliminer dans cette expression $d\theta$ ou dt, cela nous donne successivement

$$(3) \qquad v^2 = \left(\frac{dr}{dt}\right)^2 + \frac{C^2}{r^2},$$

$$(4) \qquad v^2 = C^2 \left[\left(\frac{d\frac{1}{r}}{d\theta}\right)^2 + \left(\frac{1}{r}\right)^2\right], \quad \text{en remplaçant} \quad \frac{1}{r^4}\left(\frac{dr}{d\theta}\right)^2 \text{ par } \left(\frac{d\frac{1}{r}}{d\theta}\right)^2.$$

Le cas le plus simple est celui où la force dépend uniquement de la distance r : on est alors ramené à des quadratures, car, $F\,dr$ étant une différentielle totale exacte, l'équation (2) donnera v^2 en fonction de r ; en portant cette valeur de v^2 dans les équations (3) et (4), on trouvera t et θ par des quadratures.

Revenons au cas général. Nous pouvons obtenir encore deux équations importantes, en remplaçant v^2 par la valeur (3) ou (4) dans l'équation des forces vives. En nous servant d'abord de (3) et écrivant l'équation des forces vives $\frac{1}{2}\frac{dmv^2}{dt} = F\frac{dr}{dt}$, nous avons

$$\frac{d}{dt}\left\{\frac{m}{2}\left[\left(\frac{dr}{dt}\right)^2 + \frac{C^2}{r^2}\right]\right\} = F\frac{dr}{dt},$$

c'est-à-dire en effectuant la différentiation et divisant par $\frac{dr}{dt}$

$$m\left(\frac{d^2 r}{dt^2} - \frac{C^2}{r^3}\right) = F,$$

que nous conserverons sous la forme

$$(5) \qquad m\frac{d^2 r}{dt^2} = F + m\frac{C^2}{r^3}.$$

Cette équation définit le mouvement relatif du mobile sur le rayon vecteur ; elle montre que *ce mouvement est le même que si le rayon vecteur était fixe, et si la force qui agit sur le point était augmentée de* $m\frac{C^2}{r^3}$. Cette même relation donnera r en fonction de t lorsque F sera une fonction de la distance seule, ou plus généralement de r et t.

Servons-nous maintenant de l'expression (4) de v^2 pour la porter dans l'équation des forces vives ; nous obtiendrons, en écrivant l'équation des forces vives $\frac{1}{2}\frac{dmv^2}{d\theta} = F\frac{dr}{d\theta}$,

$$\frac{d}{d\theta}\left\{\frac{m\,C^2}{2}\left[\left(\frac{d\frac{1}{r}}{d\theta}\right)^2 + \left(\frac{1}{r}\right)^2\right]\right\} = F\frac{dr}{d\theta};$$

en effectuant la différentiation et remplaçant $\dfrac{d\frac{1}{r}}{d\theta}$ par sa valeur $-\dfrac{1}{r^2}\dfrac{dr}{d\theta}$, nous pouvons diviser par $\dfrac{dr}{d\theta}$ et il reste alors la formule suivante, due à Binet,

$$(6) \qquad F = -\frac{m\,C^2}{r^2}\left(\frac{1}{r} + \frac{d^2\frac{1}{r}}{d\theta^2}\right).$$

Cette équation peut servir à trouver r en fonction de θ, c'est-à-dire l'équation de la trajectoire, si F ne dépend que de r, ou plus généralement de r et θ. Les signes des deux membres de l'équation (6) montrent que la force est toujours dirigée vers la concavité de la trajectoire; on sait, en effet, que $\left(\dfrac{1}{r} + \dfrac{d^2\frac{1}{r}}{d\theta^2}\right)$ est négatif ou positif selon que cette trajectoire tourne ou non sa convexité vers le pôle; si la force est nulle dans une certaine position du mobile, il y a un point d'inflexion sur la trajectoire.

223. La force est fonction de la seule distance. — Étudions plus complètement le cas important où l'on a

$$F = \varphi(r);$$

l'équation (2) s'intègre immédiatement et donne

$$\frac{mv^2}{2} = \int \varphi(r)\,dr + h;$$

pour avoir la relation entre r et t, nous remplacerons v^2 par sa valeur (3) et nous aurons une équation de la forme

$$\left(\frac{dr}{dt}\right)^2 = \psi(r), \qquad dt = \frac{dr}{\pm\sqrt{\psi(r)}};$$

t sera donc donné par une simple quadrature. L'équation de la trajectoire s'obtient alors aisément; en effet l'équation (1) nous donne

$$d\theta = \frac{C}{r^2} dt = \frac{C\,dr}{\pm\, r^2 \sqrt{\psi(r)}},$$

et θ est fourni par une quadrature.

Il faut maintenant déterminer le signe que l'on doit prendre devant le radical; il sera déterminé par les conditions initiales. On sait que la projection de la vitesse sur le rayon vecteur est $\frac{dr}{dt}$; la connaissance de la vitesse initiale entraînera celle du signe de $\left(\frac{dr}{dt}\right)_0$; au début, on mettra devant le radical le signe de cette quantité, et on le gardera jusqu'au moment où $\psi(r)$ s'annulera, puis on déterminera le signe qu'il faut prendre ensuite. Il n'y a de difficulté que lorsque $\psi(r_0)$ est nul, c'est-à-dire quand la vitesse initiale est perpendiculaire au rayon vecteur. Considérons alors l'équation du mouvement sur le rayon vecteur; la vitesse initiale $\left(\frac{dr}{dt}\right)_0$ de ce mouvement est nulle, et ce mouvement se fait comme si, le rayon vecteur étant fixe, la force était $F + \frac{m\,C^2}{r^3}$; si donc cette force apparente est positive au commencement, r va d'abord en croissant, et l'on prendra le signe $+$; si elle est négative, r va d'abord en diminuant, et l'on prendra le signe $-$. Supposons enfin que $F_0 + \frac{m\,C^2}{r_0^3} = 0$; dans ce cas, pour un observateur entraîné avec le rayon vecteur, le point restera immobile, puisque le point se meut sur le rayon vecteur, comme si ce rayon était fixe et si le point était abandonné sans vitesse initiale dans une position où la force apparente est nulle. La trajectoire sera une circonférence de rayon r_0; et, en vertu du théorème des aires, le mouvement sera uniforme.

Voyons dans quelles conditions initiales précises il faut placer le mobile pour réaliser ce mouvement circulaire. Il faut que la vitesse initiale soit perpendiculaire au rayon vecteur initial $\tau_{i_0} = \pm \frac{\pi}{2}$, d'où $C = \pm\, r_0 v_0$ et que $F_0 + \frac{m\,C^2}{r_0^3} = 0$, d'où en remplaçant C par sa valeur

$$v_0 = \sqrt{\frac{-F_0\, r_0}{m}},$$

valeur qui n'est réelle que si F_0 est négatif, c'est-à-dire si la force est attractive.

Exemple. — Les deux applications les plus importantes de la théorie précédente sont relatives aux cas d'une force proportionnelle à la distance et d'une force inversement proportionnelle au carré de la distance. Le second cas sera traité en détail dans la théorie de mouvement des planètes; occupons-nous du premier et considérons d'abord un mobile *attiré* par un point O (*fig.* 147) proportionnellement à la distance

$$F = -mk^2 r, \qquad v^2 = -k^2 r^2 + h.$$

Fig. 147.

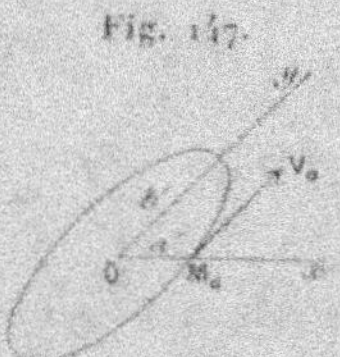

Les méthodes générales indiquées ci-dessus donneront l'équation de la trajectoire et le temps. Mais il est plus simple de partir des équations du mouvement qui sont, même par rapport à des axes obliques,

$$\frac{d^2 x}{dt^2} = -k^2 x, \qquad \frac{d^2 y}{dt^2} = -k^2 y,$$

équations linéaires à coefficients constants dont les intégrales générales sont

$$x = x_0 \cos kt + \frac{x'_0}{k} \sin kt, \qquad y = y_0 \cos kt + \frac{y'_0}{k} \sin kt,$$

x'_0 et y'_0 désignant les projections de la vitesse du mobile à l'instant $t = 0$ sur les axes (n° 212). Si, en particulier, on prend pour axe Ox le rayon vecteur initial et pour axe Oy une parallèle à la vitesse initiale, on a

$$x_0 = r_0, \qquad y'_0 = v_0, \qquad y_0 = x'_0 = 0,$$

$$x = r_0 \cos kt, \qquad y = \frac{v_0}{k} \sin kt,$$

d'où, pour l'équation de la trajectoire,

$$\frac{x^2}{r_0^2} + \frac{y^2 k^2}{v_0^2} = 1,$$

équation d'une ellipse rapportée à deux diamètres conjugués de longueurs $a' = r_0$, $b' = \dfrac{v_0}{k}$. La durée d'une révolution sur l'ellipse est $\dfrac{2\pi}{k}$.

Comme un instant quelconque peut être choisi comme instant initial, on voit que la vitesse du mobile dans une position quelconque est égale à kb', b' désignant la longueur du demi-diamètre parallèle à la vitesse, c'est-à-dire conjugué du rayon vecteur.

Si le mobile est *repoussé* par O proportionnellement à la distance $F = mk^2 r$, on trouve des équations qui se déduisent des précédentes par le changement de k en $k\sqrt{-1}$; on a donc, en choisissant les axes comme ci-dessus,

$$x = r_0 \frac{e^{kt} + e^{-kt}}{2}, \qquad y = \frac{v_0}{k} \frac{e^{kt} - e^{-kt}}{2};$$

la trajectoire est alors une hyperbole

$$\frac{x^2}{r_0^2} - \frac{k^2 y^2}{v_0^2} = 1$$

ayant pour centre le point O : la vitesse en un point est encore égale au produit de k par la longueur du demi-diamètre parallèle à la vitesse.

224. La force est de la forme $r^{-2}\varphi(\theta)$. — Jacobi a montré que l'on peut ramener à des quadratures le cas où la force centrale a une expression de la forme $F = r^{-2}\varphi(\theta)$, c'est-à-dire, en coordonnées cartésiennes x et y, une expression qui est homogène et de degré -2 en x et y. Dans ce cas, la formule

$$F = -\frac{m\,C^2}{r^2}\left(\frac{1}{r} + \frac{d^2 \frac{1}{r}}{d\theta^2} \right)$$

donne, pour définir la trajectoire, l'équation

$$\frac{d^2 \frac{1}{r}}{d\theta^2} + \frac{1}{r} = -\frac{\varphi(\theta)}{m\,C^2},$$

équation linéaire à coefficients constants avec second membre dont l'intégrale générale est de la forme

$$\frac{1}{r} = A\cos\theta + B\sin\theta + \psi(\theta),$$

A et B désignant des constantes arbitraires et $\psi(\theta)$ une intégrale particulière de l'équation que l'on peut toujours trouver par des quadratures.

Soit, comme exemple, $F = -m\mu r^{-3}(\cos 2\theta)^{-\frac{3}{2}}$, μ étant une constante réelle positive ou négative. On aura à intégrer l'équation

$$\frac{d^2\frac{1}{r}}{d\theta^2} + \frac{1}{r} = \frac{\mu}{C^2}(\cos 2\theta)^{-\frac{3}{2}}$$

dont l'intégrale générale est

$$\frac{1}{r} = A\cos\theta + B\sin\theta - \frac{\mu}{C^2}\sqrt{\cos 2\theta},$$

ou en coordonnées cartésiennes

$$(1 - Ax - By)^2 = \frac{\mu^2}{C^4}(x^2 - y^2).$$

équation d'une conique tangente aux deux droites (*fig.* 148) OP et OQ.

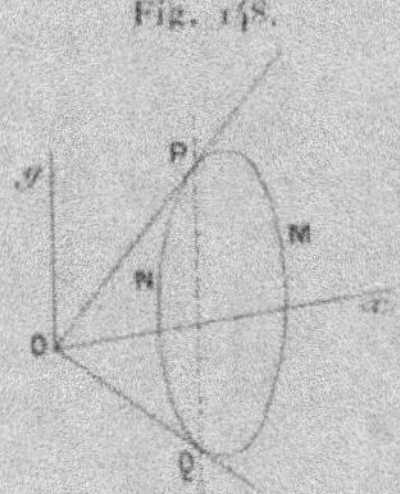

Fig. 148.

ayant pour équations $x^2 - y^2 = 0$, aux points où elles sont rencontrées par la droite $o = 1 - Ax - By$ qui varie avec les conditions initiales. La position initiale du mobile se trouve nécessairement dans l'angle POQ ou dans son opposé au sommet, car l'expression de F serait imaginaire à l'extérieur de ces angles. Supposons, pour fixer les idées, que la courbe soit une ellipse. Si μ est positif, la trajectoire, devant tourner sa concavité vers O, se compose d'une partie de l'arc QMP : quand le mobile arrive en l'un des points P ou Q, la force devient infinie et le problème n'a plus de sens. Si μ est négatif, le mobile décrit une portion de l'arc QNP.

On détermine le temps à l'aide de l'équation des aires

$$dt = \frac{r^2\,d\theta}{C},$$

dans laquelle on remplace r^2 par sa valeur en fonction de θ ; on est ainsi conduit à une quadrature qui est *elliptique*, sauf pour des déterminations convenables de A et B.

Remarque. — On ramène, de même, à des quadratures le problème plus général où l'expression de la force serait de la forme

$$F = r^{-2}\varphi(\theta) + kr^{-3},$$

k désignant une constante. On est encore conduit à intégrer une équation linéaire en $\dfrac{1}{r}$ à coefficients constants avec second membre.

225. Problème inverse. Détermination de la force centrale quand la trajectoire est donnée. — Proposons-nous le problème suivant :

Un mobile décrit une trajectoire plane suivant la loi des aires autour d'un point fixe, trouver la force qui produit ce mouvement.

Tout d'abord la force est centrale; en effet, prenons le point fixe pour origine, la loi des aires donne l'équation

$$x \frac{dy}{dt} - y \frac{dx}{dt} = C,$$

ou, en différentiant,

$$x \frac{d^2 y}{dt^2} - y \frac{d^2 x}{dt^2} = 0,$$

équation qui montre que l'accélération et, par suite, la force passent constamment par l'origine. Soit alors F la valeur algébrique de la force; on a, en vertu de l'équation (6),

$$F = -\frac{m C^2}{r^2} \left(\frac{1}{r} + \frac{d^2 \frac{1}{r}}{d\theta^2} \right);$$

par hypothèse on connaît l'équation de la trajectoire $f(r, \theta)$ qui définit $\dfrac{1}{r}$ comme fonction de θ, $\dfrac{1}{r} = \varphi(\theta)$; on aura donc

$$F = -\frac{m C^2}{r^2} [\varphi(\theta) + \varphi''(\theta)].$$

Si l'on ne s'impose à l'avance aucune forme pour l'expression de F, le problème présente une indétermination, car, r et θ étant liés par une équation donnée, on pourra transformer d'une infinité de façons cette expression de F. On peut, et c'est ce que l'on cherche en général, exprimer F en fonction de r seulement, ce qui se fait en éliminant θ entre l'équation précédente et celle de la trajectoire.

Exemples. — Prenons le cas d'une conique parcourue suivant la loi des aires relativement à son foyer et tournant sa concavité vers ce point; en le prenant pour pôle, on a pour l'équation de la conique

$$r = \frac{p}{1 + e \cos\theta},$$

p étant le *paramètre* et e l'*excentricité*. On en déduit

$$\frac{1}{r} + \frac{d^2\left(\frac{1}{r}\right)}{d\theta^2} = \frac{1}{p}, \qquad F = -\frac{mC^2}{pr^2};$$

la force est donc une attraction qui varie en raison inverse du carré de la distance.

Si l'on traite le même problème pour une branche d'hyperbole tournant sa convexité vers le foyer et dont l'équation est

$$\frac{1}{r} = \frac{e \cos\theta - 1}{p},$$

on trouve

$$F = \frac{mC^2}{pr^2},$$

et la force suit la même loi, mais est répulsive.

La plupart des courbes usuelles peuvent rentrer dans l'équation

$$r^k = a \cos k\theta + b,$$

où a, b, k sont des constantes; si l'on suppose ces courbes parcourues suivant la loi des aires par rapport à l'origine, on trouve pour loi de force en fonction de r

$$F = -mC^2\left[\frac{(k+1)(a^2 - b^2)}{r^{2k+3}} + \frac{(k+2)b}{r^{k+3}}\right].$$

(Cas particuliers $k = -1$, coniques ayant le pôle pour foyer, $k = -2$, coniques ayant le pôle pour centre, $k = 1$ *limaçon de Pascal*, $k = 2$, $b = 0$, *lemniscate*, ...)

II. — MOUVEMENT DES PLANÈTES.

226. Conséquences des lois de Képler. — Dans tout ce qui va suivre, nous ne parlerons que du mouvement du centre de gravité des planètes. D'après un théorème que nous démontrerons plus tard, le mouvement de ce centre de gravité est le même que si toute la masse de la planète était condensée en ce point et toutes les forces, appliquées à la planète, transportées parallèlement à elles-mêmes en ce même point.

Les lois du mouvement des planètes ont été déduites par Képler des observations de Tycho Brahé. Ces lois sont les suivantes :

1° *Les planètes décrivent autour du Soleil des courbes planes suivant la loi des aires;*

2° *Ces courbes sont des ellipses ayant le Soleil pour foyer;*

3° *Les carrés des temps des révolutions sidérales sont proportionnels aux cubes des grands axes des orbites.*

De ces lois Newton a déduit la loi de la force qui produit le mouvement.

Puisque la trajectoire est plane et que la loi des aires a lieu par rapport au centre du Soleil, la force est centrale et passe par ce point. Puisque la trajectoire est une ellipse ayant le Soleil pour foyer, la force qui agit sur la planète est inversement proportionnelle au carré de sa distance au Soleil; nous avons trouvé pour l'expression de cette force (premier exemple du numéro précédent)

$$F = -\frac{mC^2}{pr^2},$$

où C est la constante des aires et p le paramètre de la conique. On peut l'écrire en posant $\mu = \dfrac{C^2}{p}$

$$F = -\frac{m\mu}{r^2}.$$

La dernière loi de Képler montre que μ est indépendant de la planète considérée. La constante des aires C est, en effet, égale au double du rapport de l'aire décrite par le rayon vecteur au temps employé à la décrire; si T est la durée de la révolution, le rayon vecteur décrit l'aire πab dans un temps T; donc

$$C = \frac{2\pi ab}{T}.$$

Comme p est égal à $\dfrac{b^2}{a}$, on a, pour l'expression de μ,

$$\mu = \frac{C^2}{p} = \frac{4\pi^2 a^3}{T^2}.$$

D'après la loi dont nous parlons, $\dfrac{a^3}{T^2}$ est le même pour toutes les planètes; par suite, la force sera pour une planète quelconque

$$F = -\frac{m\mu}{r^2}.$$

En résumé, chaque planète est sollicitée vers le centre du Soleil par une force proportionnelle à sa masse et inversement proportionnelle au carré de sa distance au Soleil.

227. Problème direct. — Après avoir trouvé ce résultat, Newton s'est proposé la question suivante :

Trouver le mouvement d'un point matériel attiré par un centre fixe en raison inverse du carré de la distance.

La force centrale étant

$$F = -\frac{m\mu}{r^2},$$

l'équation des forces vives donne

$$d\frac{v^2}{2} = -\frac{\mu}{r^2}\,dr, \qquad v^2 = \frac{2\mu}{r} + h.$$

On a d'ailleurs, d'après la théorie des forces centrales (formule 4, p. 356),

$$v^2 = C^2\left[\left(\frac{d\frac{1}{r}}{d\theta}\right)^2 + \frac{1}{r^2}\right].$$

Remplaçons v^2 par sa valeur, nous aurons

$$\left(\frac{d\frac{1}{r}}{d\theta}\right)^2 + \frac{1}{r^2} = \frac{1}{C^2}\left(\frac{2\mu}{r} + h\right).$$

c'est l'équation différentielle de la trajectoire; on peut l'écrire

$$\left(\frac{d\frac{1}{r}}{d\theta}\right)^2 = -\left(\frac{1}{r} - \frac{\mu}{C^2}\right)^2 + \frac{\mu^2}{C^3} + \frac{h}{C^2}.$$

Posons

$$\frac{1}{r} - \frac{\mu}{C^2} = \rho\sqrt{\frac{\mu^2}{C^3} + \frac{h}{C^2}},$$

l'équation en ρ est

$$\left(\frac{d\rho}{d\theta}\right)^2 = 1 - \rho^2, \qquad d\theta = \frac{\pm\, d\rho}{\sqrt{1 - \rho^2}},$$

d'où, en intégrant,

$$\theta - \alpha = \pm \arccos\rho, \qquad \rho = \cos(\theta - \alpha).$$

L'équation de la trajectoire prend donc la forme

$$\frac{1}{r} = \frac{\mu}{C^2} + \sqrt{\frac{\mu^2}{C^3} + \frac{h}{C^2}}\,\cos(\theta - \alpha),$$

où l'on peut toujours supposer le radical pris positivement, car, en ajoutant π à la constante arbitraire α, on ramènera le radical à être positif dans le cas où il serait négatif. On reconnaît là l'équation d'une conique ayant le pôle pour foyer; on sait, en effet, que l'équation générale des coniques, ayant le pôle pour foyer, est

$$\frac{1}{r} = \frac{1}{p} + \frac{e}{p}\cos(\theta - \alpha),$$

où p est le paramètre et e l'excentricité. En identifiant ces deux équations, on a d'abord

$$p = \frac{C^2}{\mu},$$

résultat déjà obtenu, puis

$$e = p\sqrt{\frac{\mu^2}{C^3} + \frac{h}{C^2}}$$

et, en tenant compte de la valeur de p,

$$e = \sqrt{1 + \frac{h\,C^2}{\mu^2}}.$$

Cette expression nous donne le genre de la conique qui, comme

nous allons le voir, dépend uniquement du signe de la constante
des forces vives h.

Si h est négatif, la trajectoire est une ellipse, car $e < 1$; c'est
une parabole ou une branche d'hyperbole si h est nul ou positif.
La valeur de la constante des forces vives, h, est

$$v_0^2 - \frac{2\mu}{r_0};$$

elle *ne dépend que de la valeur numérique de la vitesse et non
de sa direction;* si donc des conditions initiales déterminées ont
donné pour trajectoire une ellipse, on aura encore une ellipse en
lançant le mobile du même point avec la même vitesse initiale
dans toute autre direction.

Le calcul que nous venons de faire contient implicitement le
cas de la répulsion; pour traiter ce cas, il suffit de supposer μ
négatif dans toutes nos formules. Dans ces conditions, la constante h est nécessairement > 0 et l'on a toujours une branche
d'hyperbole; cette branche d'hyperbole tourne sa convexité vers
l'origine, car la force est située dans la concavité de la trajectoire.

Plaçons-nous dans le cas de l'ellipse, en supposant $h < 0$ et
exprimons les éléments de la trajectoire au moyen des valeurs initiales des variables. Nous avons trouvé

$$p = \frac{C^2}{\mu}, \qquad e = \sqrt{1 + \frac{hC^2}{\mu^2}},$$

d'où

$$h = \frac{\mu^2}{C^2}(e^2 - 1) = \frac{\mu}{p}(e^2 - 1)$$

et, en introduisant les axes de l'ellipse

$$h = \frac{\mu}{\dfrac{b^2}{a}}\left(\frac{c^2}{a^2} - 1\right) = -\frac{\mu}{a}.$$

Cette dernière relation donnera le grand axe de l'ellipse qui ne
dépend que de la constante des forces vives; le petit axe sera
donné ensuite par

$$p = \frac{b^2}{a} = \frac{C^2}{\mu}.$$

Ayant ainsi calculé le demi grand axe a, on construit facilement l'ellipse, connaissant la position initiale M_0 et la vitesse ini-

tiale V_0. On prend le symétrique P du foyer par rapport à la tangente V_0, on joint PM_0 et l'on porte sur cette droite PM_0 une longueur $PM_0O' = 2a$; le point O' est le deuxième foyer de l'ellipse.

228. Comètes. — Képler n'avait pas étudié le mouvement des comètes qu'il considérait comme des météores passagers. Newton, ayant remarqué qu'un point matériel, attiré par le Soleil en raison inverse du carré de la distance, pouvait décrire non seulement une ellipse, mais une parabole ou une branche d'hyperbole ayant le Soleil pour foyer, fut amené à penser que les comètes décrivent, comme les planètes, des ellipses dont le Soleil occupe un foyer. Seulement, tandis que les planètes décrivent des ellipses de petite excentricité situées à peu près dans un même plan, il supposa que les comètes décrivaient des ellipses très allongées et situées dans des plans quelconques. Elles nous apparaissent rarement parce que nous ne les voyons que dans la partie de leur orbite la plus voisine du Soleil. Comme le grand axe de l'orbite d'une comète est très grand, cette partie de l'orbite voisine du Soleil est à peu près la même que si le grand axe était infini, c'est-à-dire si l'ellipse était remplacée par une parabole de même foyer et de même sommet. Newton fut ainsi conduit à penser que, dans le voisinage du Soleil, une comète devait décrire, suivant la loi des aires, un arc de parabole ayant le Soleil pour foyer : il eut l'occasion de vérifier ses prévisions sur une comète qui parut en 1680. Halley, contemporain de Newton, fit la même vérification sur vingt-quatre comètes : toutes les observations postérieures ont confirmé les vues de Newton. Imaginons une comète de masse m décrivant, suivant la loi des aires, un arc de parabole ayant pour foyer le centre du Soleil : cette comète sera sollicitée par une force F dirigée vers le Soleil, ayant pour expression, d'après ce que nous avons vu précédemment,

$$F = -\frac{mC^2}{p}\frac{1}{r^2},$$

p étant le paramètre de l'arc de parabole. Pour une deuxième comète de masse m', on trouvera de même comme loi de la force

$$F' = -\frac{m'C'^2}{p'}\frac{1}{r'^2},$$

L'observation montre que les rapports $\dfrac{C^2}{p}$ et $\dfrac{C'^2}{p'}$ sont égaux entre eux et ont pour valeur commune la quantité $\dfrac{4\pi^2 a^3}{T^2}$ relative à une planète quelconque. L'expression de la force centrale qui sollicite une comète est donc, comme pour les planètes,

$$F = -\frac{m\mu}{r^2},$$

le coefficient μ ayant la même valeur pour toutes les comètes et toutes les planètes.

229. Satellites. — Les observations démontrent que les satellites, dans leurs mouvements autour des planètes, suivent, à très peu près, les lois de Képler; on en conclut que chaque planète attire ses satellites proportionnellement à leurs masses, et en raison inverse du carré de leurs distances au centre de la planète. L'attraction des planètes s'exerce aussi sur les corps placés à leur surface; elle contribue à produire, comme nous l'avons vu dans le Chapitre II, la pesanteur. Ainsi, c'est principalement l'attraction de la Terre sur les corps placés à sa surface qui les fait tomber verticalement quand on les abandonne sans vitesse, ou leur fait décrire, quand on les lance obliquement, un arc de parabole qui n'est autre chose qu'une partie d'ellipse très allongée ayant un foyer au centre de la Terre, comme il résulte de ce que l'attraction de la Terre sur un point extérieur est sensiblement la même que si toute la masse de la Terre était concentrée en son centre.

La force qui retient la Lune dans son orbite est donc de même nature que la pesanteur : c'est ce que Newton a vérifié de la manière suivante. Soient a_1 le demi grand axe de l'orbite lunaire, T_1 la durée de la révolution sidérale et m_1 la masse de la Lune. L'attraction de la Terre sur la Lune a pour expression

$$F = -\frac{4\pi^2 a_1^3}{T_1^2}\frac{m_1}{r^2},$$

l'excentricité de l'orbite lunaire étant très petite, regardons cette orbite comme un cercle dont le centre coïncide avec celui de la Terre, alors $r = a_1$ et

$$F = -\frac{4\pi^2 a_1}{T_1^2}m_1.$$

L. 24

D'autre part, un point pesant de masse m_1, placé à la surface de
la Terre, c'est-à-dire à une distance du centre égale au rayon ρ
de la Terre, est sollicité par une force attractive qui diffère peu
du poids, comme nous le verrons plus loin, et que nous confon-
dons ici avec le poids

$$F' = -m_1 g.$$

Ces forces devant être en raison inverse des carrés des distances a_1
et ρ, on doit avoir, puisque $a_1 = 60\rho$,

$$\frac{F'}{F} = \frac{a_1^2}{\rho^2} = 60^2,$$

d'où

$$g = \frac{4\pi^2\rho}{T^2}\, 60^2.$$

En mètres, on a $2\pi\rho = 40000000$, et en secondes

$$T = 27^j 7^h 43^m = 39343.60.$$

Substituant et effectuant les calculs, on trouve $g = 9^m,7$, valeur
fort peu différente de l'accélération moyenne due à la pesanteur à
la surface de la Terre $g = 9^m,8$. La petite différence tient aux
approximations que nous avons faites et disparaîtrait complètement si l'on faisait le calcul plus rigoureusement.

230. Attraction universelle. — Ainsi le Soleil attire les planètes
et les comètes, les planètes attirent leurs satellites et cette attraction est de la nature de la pesanteur qui agit, comme on sait, sur
toutes les particules de matière. La Terre, par exemple, attire les
points à sa surface comme elle attire la Lune et l'intensité de cette
attraction sur un point de masse m' est $\dfrac{m'\mu'}{r^2}$; cette attraction doit
s'exercer à une distance quelconque; elle s'étend donc jusqu'au
Soleil et en appelant m' la masse du Soleil, l'attraction de la
Terre sur le Soleil sera donnée par la formule ci-dessus. D'autre
part, le Soleil attire la Terre supposée de masse m avec une
intensité $\dfrac{m\mu}{r^2}$; ces deux attractions sont égales en vertu du principe de l'égalité de l'action et de la réaction; on a donc

$$m\mu = m'\mu', \qquad \frac{\mu}{m'} = \frac{\mu'}{m} = f,$$

et l'attraction mutuelle du Soleil et de la Terre est donnée par la formule

$$\frac{fmm'}{r^2}.$$

Newton généralisant ce résultat énonce ainsi la loi de l'*attraction* ou *gravitation universelle. Deux points matériels quelconques, de masses m et m', placés à une distance r l'un de l'autre, s'attirent avec une intensité* $\dfrac{fmm'}{r^2}$. Le coefficient constant f est l'attraction de l'unité de masse sur l'unité de masse à l'unité de distance.

En prenant comme unités fondamentales le mètre, le gramme force et la seconde de temps moyen, on a, d'après les expériences de Cavendish (*Philosophical Transactions,* 1798) et les expériences récentes de MM. Cornu et Baille (*Comptes rendus,* t. LXXVI et LXXXVI).

$$f = 0{,}0^{14}676\,g^2.$$

Ce chiffre n'est pas définitif : MM. Cornu et Baille terminent actuellement l'étude de quelques erreurs systématiques qui permettra d'arriver à un résultat d'une approximation bien définie.

231. Étoiles doubles. — La loi d'attraction découverte par Newton s'étend au delà des limites du système solaire ; il est, en effet, très probable que cette loi préside aux mouvements des *étoiles doubles.* Voici ce que l'observation apprend sur ces mouvements. Remarquons tout d'abord que l'observation nous fait connaître non l'orbite réelle de l'étoile satellite autour de l'étoile principale, mais la projection de cette orbite sur le plan tangent à la sphère céleste, c'est-à-dire sur le plan mené par l'étoile principale E perpendiculaire au rayon TE joignant la terre T à cette étoile : cette projection est l'orbite apparente de l'étoile satellite. L'observation montre que :

1° L'orbite apparente est parcourue suivant la loi des aires autour de l'étoile principale E ;

2° Cette orbite est une ellipse dans laquelle l'étoile principale E occupe une position quelconque distincte du foyer.

Le fait que la loi des aires a lieu pour la projection du mouvement sur le plan mené par l'étoile E perpendiculairement au rayon TE joignant la Terre à l'étoile nous apprend (203) que la force qui agit sur l'étoile satellite rencontre constamment la droite TE ; comme cette circonstance se présente pour toutes les étoiles doubles et que la Terre occupe dans l'espace une position qui n'a aucune relation avec les étoiles doubles, il est naturel d'admettre que la force qui agit sur l'étoile satellite rencontre constamment l'étoile principale E. La force étant centrale, l'orbite est plane et.

comme sa projection est une ellipse, elle est elle-même une ellipse. On peut alors chercher à se rendre compte de la nature de la force qui produit ce mouvement. Puisque chaque étoile satellite est sollicitée vers l'étoile principale par une force qui lui fait décrire une ellipse, on est conduit à penser que la loi de cette force est telle qu'elle ferait décrire une conique à un point matériel, quelles que soient les conditions initiales où il est placé. Pour trouver cette loi de force, il faut résoudre le problème suivant :

232. Problème de M. Bertrand. — *Trouver les lois de forces centrales dépendant de la seule position du mobile et faisant décrire au mobile une conique, quelles que soient les conditions initiales.*

Ce problème a été posé par M. Bertrand dans le Tome LXXXIV des *Comptes rendus* et résolu simultanément par MM. Darboux et Halphen. M. Darboux a développé sa solution dans une Note placée à la fin de la *Mécanique* de Despeyrous. Nous exposerons celle d'Halphen avec quelques modifications destinées à simplifier les calculs. Cette méthode d'Halphen repose sur la formation de l'équation différentielle des coniques.

L'équation générale des coniques résolue par rapport à y est

$$y = \alpha x + \beta + \sqrt{ax^2 + 2bx + c},$$

avec cinq coefficients arbitraires α, β, a, b, c. En différentiant deux fois et appelant y', y'', ... les dérivées de y par rapport à x, on trouve

$$y'' = (ac - b^2)(ax^2 + 2bx + c)^{-\frac{3}{2}};$$

la quantité $y''^{-\frac{2}{3}}$ est donc un trinôme du second degré en x et, par suite, sa dérivée troisième est nulle. On a ainsi l'*équation différentielle des coniques* telle qu'elle a été donnée par Halphen.

$$\left(y''^{-\frac{2}{3}}\right)''' = 0,$$

équation qui est bien du cinquième ordre.

Cela posé, considérons un mobile de masse 1, sollicité par une force centrale F_1 dépendant seulement des coordonnées (x_1, y_1) de son point d'application par rapport à deux axes rectangulaires $O_1 x_1$, $O_1 y_1$ ayant pour origine le centre O_1 par lequel passe la force. Les équations du mouvement sont, en appelant le temps t_1,

$$(1) \qquad \frac{d^2 x_1}{dt_1^2} = F_1 \frac{x_1}{r_1}, \qquad \frac{d^2 y_1}{dt_1^2} = F_1 \frac{y_1}{r_1},$$

où

$$r_1 = \sqrt{x_1^2 + y_1^2}.$$

L'intégrale des aires donne

$$x_1 \frac{dy_1}{dt_1} - y_1 \frac{dx_1}{dt_1} = \alpha.$$

Faisons maintenant la transformation homographique

$$(2) \qquad x = \frac{x_1}{y_1}, \qquad y = \frac{1}{y_1}$$

et posons

$$dt = -\frac{dt_1}{y_1^2};$$

nous aurons

$$\frac{dx}{dt} = \frac{y_1 \dfrac{dx_1}{dt_1} - x_1 \dfrac{dy_1}{dt_1}}{y_1^2} \frac{dt_1}{dt} = z, \qquad \frac{dy}{dt} = -\frac{1}{y_1^2} \frac{dy_1}{dt_1} \frac{dt_1}{dt} = \frac{dy_1}{dt_1},$$

puis

$$(3) \qquad \frac{d^2x}{dt^2} = 0, \qquad \frac{d^2y}{dt^2} = \frac{d^2y_1}{dt_1^2} \frac{dt_1}{dt} = -F_1 \frac{y_1^3}{r_1}.$$

Ces équations montrent que le point (x, y) se meut, dans le temps t, comme un mobile sollicité par une force

$$(4) \qquad Y = -F_1 \frac{y_1^3}{r_1}$$

constamment parallèle à l'axe Oy. Cette force Y est d'ailleurs fonction de x_1 et y_1, et, par suite, d'après (2), de x et y. Si le point (x_1, y_1) décrit une conique, le point (x, y) en décrit une autre, transformée homographique de la première, et inversement. Nous sommes donc ramené à chercher toutes les lois de forces parallèles Y faisant décrire à leur point d'application (x, y) une conique, quelles que soient les conditions initiales. Or ce problème se résout comme il suit.

Les équations du mouvement étant

$$\frac{d^2x}{dt^2} = 0, \qquad \frac{d^2y}{dt^2} = Y,$$

on a $\dfrac{dx}{dt} = z$ et l'équation différentielle de la trajectoire est

$$(5) \qquad \frac{d^2y}{dx^2} = \frac{1}{z^2} Y,$$

Y étant une fonction de x et y. Désignons par $y', y'', y''', \ldots$ les dérivées de y par rapport à x, l'expression (5) de y'' devra vérifier l'équation différentielle des coniques $\left(y''^{-\frac{2}{3}} \right)'' = 0$, quelles que soient les conditions initiales. Soit, en désignant par μ une constante,

$$(6) \qquad y''^{-\frac{2}{3}} = \mu^{-\frac{2}{3}} \varphi(x, y), \qquad Y = \mu [\varphi(x, y)]^{-\frac{3}{2}};$$

on devra avoir $[\varphi(x,y)]'' = 0$. Développant les calculs, on a

$$[\varphi(x,y)]' = \frac{\partial\varphi}{\partial x} + \frac{\partial\varphi}{\partial y}\, y',$$

$$\varphi' = \frac{\partial^2\varphi}{\partial x^2} + 2y'\frac{\partial^2\varphi}{\partial x\,\partial y} + y'^2\frac{\partial^2\varphi}{\partial y^2} + y''\frac{\partial\varphi}{\partial y},$$

$$\varphi'' = \frac{\partial^3\varphi}{\partial x^3} + 3y'\frac{\partial^3\varphi}{\partial x^2\,\partial y} + 3y'^2\frac{\partial^3\varphi}{\partial x\,\partial y^2}$$

$$+ y'^3\frac{\partial^3\varphi}{\partial y^3} + 3y''\left(\frac{\partial^2\varphi}{\partial x\,\partial y} + y'\frac{\partial^2\varphi}{\partial y^2}\right) + y'''\frac{\partial\varphi}{\partial y}.$$

Comme, d'après (5),

$$y'' = \frac{2}{z^3}\varphi^{-\frac{1}{2}}, \qquad y''' = -\frac{3}{2}\frac{2}{z^3}\varphi^{-\frac{3}{2}}\left(\frac{\partial\varphi}{\partial x} + y'\frac{\partial\varphi}{\partial y}\right),$$

l'équation $\varphi'' = 0$ s'écrit

$$\frac{\partial^3\varphi}{\partial x^3} + 3y'\frac{\partial^3\varphi}{\partial x^2\,\partial y} + 3y'^2\frac{\partial^3\varphi}{\partial x\,\partial y^2} + y'^3\frac{\partial^3\varphi}{\partial y^3}$$

$$+ \frac{3}{2}\frac{2}{z^2}\varphi^{-\frac{3}{2}}\left(2\varphi\frac{\partial^2\varphi}{\partial x\,\partial y} - \frac{\partial\varphi}{\partial x}\frac{\partial\varphi}{\partial y}\right) + \frac{3\,y'}{2\,z^2}\varphi^{-\frac{3}{2}}\left[2\varphi\frac{\partial^2\varphi}{\partial y^2} - \left(\frac{\partial\varphi}{\partial y}\right)^2\right] = 0.$$

Cette condition, devant être remplie quelles que soient les conditions initiales, devra être vérifiée identiquement quels que soient x, y, y' et z, puisque, au commencement du mouvement, ces quatre quantités sont arbitraires. On a donc

$$(7) \qquad \frac{\partial^3\varphi}{\partial x^3} = 0, \qquad \frac{\partial^3\varphi}{\partial x^2\,\partial y} = 0, \qquad \frac{\partial^3\varphi}{\partial x\,\partial y^2} = 0, \qquad \frac{\partial^3\varphi}{\partial y^3} = 0,$$

$$(8) \qquad 2\varphi\frac{\partial^2\varphi}{\partial x\,\partial y} - \frac{\partial\varphi}{\partial x}\frac{\partial\varphi}{\partial y} = 0, \qquad 2\varphi\frac{\partial^2\varphi}{\partial y^2} - \left(\frac{\partial\varphi}{\partial y}\right)^2 = 0.$$

Les conditions (7) montrent que φ est un polynôme du second degré en x et y

$$\varphi(x,y) = Ax^2 + 2Bxy + Cy^2 + 2Dx + 2Ey + F.$$

Ce polynôme devant vérifier les conditions (8), deux cas sont à distinguer suivant que C est différent de zéro ou non.

1° $C \gtrless 0$. Alors $\dfrac{\partial^2\varphi}{\partial y^2} = 2C$; la seconde des identités (8) donne

$$\varphi = \frac{1}{C}(Bx + Cy + E)^2,$$

expression qui satisfait aussi à la première des identités (8), comme on le vérifie immédiatement.

2° $C = o$. Alors, la seconde des identités (8) donne $\dfrac{\partial \varphi}{\partial y} = o$, φ ne dépend donc pas de y; on a

$$B = C = E = o,$$
$$\varphi = Ax^2 + 2Dx + F;$$

et la première des identités (8) est évidemment satisfaite.

Il y a donc deux lois de forces parallèles répondant à la question : ce sont, d'après (6), les lois exprimées par les formules

$$Y = \frac{\mu C^{\frac{3}{2}}}{(Bx + Cy + E)^3},$$
$$Y = \frac{\mu}{(Ax^2 + 2Dx + F)^{\frac{3}{2}}}.$$

Il y a donc également deux lois de forces centrales répondant à la question. D'après les formules de transformation (2) et (4),

$$x = \frac{x_1}{y_1}, \qquad y = \frac{1}{y_1}, \qquad F_1 = -\frac{Y r_1}{y_1};$$

elles sont données par les formules

$$F_1 = -\frac{\mu r_1 C^{\frac{3}{2}}}{(Bx_1 + Ey_1 + C)^3},$$
$$F_1 = -\frac{\mu r_1}{(Ax_1^2 + 2Dx_1 y_1 + Fy_1^2)^{\frac{3}{2}}}.$$

Ce sont là les deux lois de force découvertes par MM. Darboux et Halphen.

Si l'on passe aux coordonnées polaires $x_1 = r_1\cos\theta$, $y_1 = r_1\sin\theta$, on trouve les deux lois de forces suivantes, où l'on écrit μ' à la place de $\mu C^{\frac{3}{2}}$,

$$\frac{\mu' r_1}{(Br_1\cos\theta + Er_1\sin\theta + C)^3}, \qquad \frac{\mu}{r_1^2(A\cos^2\theta + 2D\sin\theta\cos\theta + F\sin^2\theta)^{\frac{3}{2}}}.$$

Si l'on admet que l'action exercée par une étoile sur un point matériel ne dépend que de la distance r_1 du point à l'étoile et non de l'orientation θ du rayon vecteur, les deux forces ne doivent pas dépendre de θ, ce qui exige pour la première $B = E = o$, et pour la deuxième $D = o$, $A = F$. C'est d'ailleurs dans ces cas seulement qu'il existe une fonction des forces pour l'une ou l'autre des deux lois. On trouve alors les deux lois

$$-\frac{\mu'}{C^3}r_1, \qquad -\frac{\mu}{A^{\frac{3}{2}}}\frac{1}{r_1^2}.$$

La première, dans laquelle la force est proportionnelle à la distance, fait décrire à son point d'application une conique ayant pour centre le centre des forces, ce qui n'a pas lieu pour les étoiles doubles; car, si l'orbite réelle de l'étoile satellite avait pour centre l'étoile principale, il en serait de même de l'orbite apparente.

Il ne reste donc que la deuxième loi, dans laquelle la force varie *en raison inverse du carré de la distance* : c'est la loi de Newton. D'après cette loi, l'étoile satellite décrit autour de l'étoile principale une ellipse dont l'étoile principale occupe un foyer. Pour trouver l'orbite réelle de l'étoile satellite, on se trouvera ramené au problème de Géométrie suivant :

Connaissant la projection d'une ellipse sur un plan et sachant que l'un des foyers de l'ellipse se trouve en un point donné E *du plan, déterminer cette ellipse dans l'espace.*

On trouve deux solutions symétriques par rapport au plan de projection.

233. Indications sommaires sur quelques problèmes. — Dans un ordre d'idées analogues, M. Bertrand a résolu le problème suivant :

Sachant que la force qui produit le mouvement d'une planète autour du Soleil dépend seulement de la distance et est telle qu'elle fasse décrire à son point d'application une courbe fermée, quelles que soient les conditions initiales, pourvu que la vitesse reste inférieure à une certaine limite, trouver la loi de cette force.

M. Bertrand démontre (*Comptes rendus*, t. LXXVII) que les seules lois de force répondant à la question sont

$$\mu r, \quad -\frac{\alpha}{r^2},$$

dont la première doit être écartée pour les raisons que nous venons d'indiquer.

Dans le Tome LXXXIV des *Comptes rendus*, M. Bertrand résout le problème suivant :

Sachant que la force qui agit sur un mobile dépend seulement de sa position et lui fait décrire une section conique ayant pour foyer un point S *fixe, quelles que soient les conditions initiales, trouver la loi de cette force.*

Il montre que la force doit passer constamment par S et varier en raison inverse du carré de la distance. Si donc on admet la première loi de Képler comme une loi générale, et si, de plus, on admet que la force qui agit sur une planète ne dépend que de sa position, ces seules hypothèses entraînent la loi de Newton.

C'est à la suite de ce travail que M. Bertrand a proposé la question suivante :

Sachant qu'une force qui dépend seulement de la position du mobile lui fait toujours décrire une conique, quelles que soient les conditions initiales, trouver la loi de cette force.

Ce problème a été ramené par MM. Halphen et Darboux (*Comptes rendus*, t. LXXXIV) au problème particulier dont nous avons exposé la solution plus haut (n° 232). M. Halphen a démontré analytiquement que lorsqu'une force dépendant seulement de la position du mobile lui fait, en toutes circonstances, décrire une trajectoire plane, cette force est centrale ou parallèle à une direction fixe.

M. Darboux a donné de cette même proposition la démonstration suivante (Note insérée dans la *Mécanique* de Despeyrous) :

Plaçons le mobile en M_0 et lançons-le avec une vitesse initiale V_0 obliquement sur la force; le plan de la trajectoire sera FM_0V_0. Nous allons démontrer que la force qui agirait sur le mobile en un point quelconque de ce plan y est contenue. Puisque la force doit être située dans le plan osculateur, la propriété énoncée est vraie pour tous les points de la trajectoire M_0C; et si nous faisons varier la vitesse initiale en grandeur et direction dans le plan V_0M_0F, elle sera encore vraie pour tous les points de l'aire que décriront ces trajectoires. Cette aire embrassera tout le plan, ou bien sera limitée par une courbe Σ (*fig.* 149). Plaçant alors le mobile

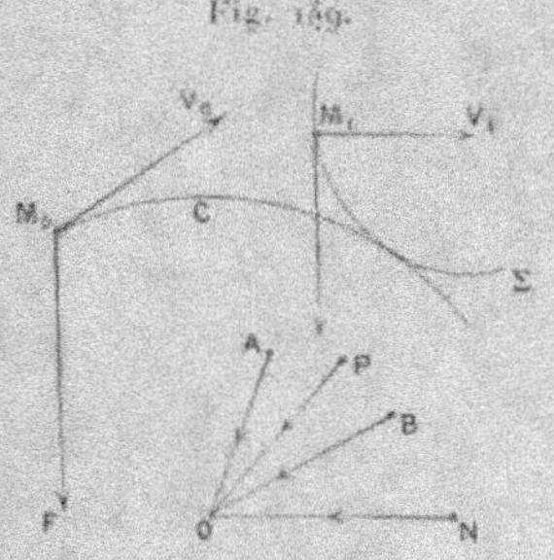

Fig. 149.

en un point M_1 de Σ, et le lançant en dehors de l'aire précédente, mais dans le même plan, nous pourrons, par un raisonnement analogue au précédent, étendre la propriété énoncée à une nouvelle aire. En continuant ainsi, nous arriverons à atteindre tous les points du plan. De là résulte que les forces qui agissent sur deux points quelconques A, B sont toujours dans un même plan. Supposons d'abord ces deux forces concourantes. La force qui agit sur un troisième point variable N hors du plan, devant être dans un même plan avec chacune des deux premières, passera nécessairement par leur point d'intersection O; alors, pour un point P du plan AOB, la force doit être dans ce plan et dans le plan PON; elle doit donc encore passer par le point O, et les forces sont bien centrales. Si les forces agissant en A, B étaient parallèles, on démontrerait de même que toutes les forces doivent être parallèles à leur direction commune. Donc les forces satisfaisant aux conditions du problème posé par M. Bertrand doivent être centrales ou parallèles à une direction fixe. Ce sont celles que nous avons données plus haut.

Enfin M. Kœnigs (*Bulletin de la Société mathématique*, t. XVII) a cherché quelle doit être la loi d'une force centrale fonction de la distance pour que son point d'application décrive une courbe algébrique, quelles que soient les conditions initiales. Il retrouve les lois — μr et — $\dfrac{\mu}{r^2}$.

III. — NOTIONS ÉLÉMENTAIRES DE MÉCANIQUE CÉLESTE.

234. Problème des n corps. — Nous venons de voir de quelle façon Newton a été conduit à la loi de la gravitation universelle. Il s'agit maintenant, en partant de cette loi, d'expliquer les mouvements des corps célestes, et plus particulièrement des corps qui constituent le système solaire : Soleil, planètes et satellites, comètes. Dans cette étude, on peut négliger complètement les actions des étoiles sur les différents corps du système solaire, à cause de la distance immense des étoiles par rapport aux dimensions du système solaire, et se borner aux seules actions mutuelles des différents corps de ce système.

Les deux problèmes principaux de la Mécanique céleste sont : 1° trouver les mouvements des centres de gravité des corps célestes; 2° trouver les mouvements des corps célestes autour de leurs centres de gravité.

Nous nous bornerons ici à donner quelques indications sur le premier problème. Considérons un groupe formé d'une planète P

Fig. 150.

et de ses satellites Σ, Σ', ... Le mouvement du centre de gravité G de ce groupe est le même que si toutes les masses du groupe y étaient réunies et toutes les forces extérieures agissant sur le groupe transportées parallèlement à elles-mêmes en G. Soit M tout autre point du système solaire; comme sa distance aux différents points du groupe P, Σ, Σ', ... est très grande par rapport aux dimensions du groupe, la résultante F des attractions de P, Σ, Σ', ... sur M est sensiblement la même que si le groupe était remplacé par un point matériel de même masse placé en G : c'est ce que nous verrons dans la théorie de l'attraction. Inversement, les attractions exercées par le point M sur les différents points du groupe P, Σ, Σ', ... sont des forces égales et directement opposées aux précédentes; si on les transporte parallèlement à elles-mêmes au point G, elles admettent une résultante F' égale et directement opposée à F. Donc l'action du groupe P, Σ, Σ', ... sur un point M et le mouvement du centre de gravité G du groupe sont sensiblement les mêmes que si toute sa masse était réunie au centre de gravité.

On peut donc d'abord considérer le système solaire comme formé d'un nombre limité de points matériels s'attirant suivant la loi de Newton, et placés, le premier, au centre de gravité du Soleil; le deuxième, au centre de gravité de Mercure; le troisième, à celui de Vénus; le quatrième, au centre de gravité de la Terre et de la Lune; le cinquième, à celui de Mars et de ses deux satellites, ...

En supposant le nombre de ces groupes égal à n, on obtiendra, en écrivant les équations du mouvement des n centres de gravité, un système de $3n$ équations différentielles de second ordre, trois pour chaque centre de gravité. Ces équations, dont l'intégration constitue *le problème des n corps*, admettent sept intégrales premières connues, que nous indiquerons comme applications des théorèmes généraux sur le mouvement des systèmes. Il est impossible, avec les moyens actuellement employés en Analyse, d'effectuer l'intégration de ces équations. On a pu, néanmoins, en Mécanique céleste, calculer à l'aide de ces équations, d'une manière suffisamment approchée, le mouvement des centres de gravité des corps célestes, grâce à cette circonstance, que les masses de tous les corps du système solaire sont très petits par rapport à celle du Soleil. Ainsi, la masse de Jupiter, la plus grande de tout le système, n'atteint pas la millième partie de la masse du Soleil. En réduisant le nombre des corps à *trois*, on obtient le célèbre problème des trois corps.

235. Problème des deux corps. — Considérons le Soleil et une planète déterminée supposés réduits à leurs centres de gravité. Les masses des autres corps du système solaire étant très petites par rapport à celles du Soleil, supposons-les *nulles* dans une première approximation; en d'autres termes, supposons que le système solaire se compose du Soleil et d'une seule planète. Nous serons ainsi conduits à un problème simple, le problème des deux corps, dont on peut trouver toutes les intégrales. Ces intégrales une fois calculées, on cherche, en Mécanique céleste, comment il faut les modifier pour tenir compte des actions des autres corps du système solaire.

Soient M et m les masses du Soleil S et de la planète P; α, β, γ, x, y, z leurs coordonnées. La force d'attraction des deux points

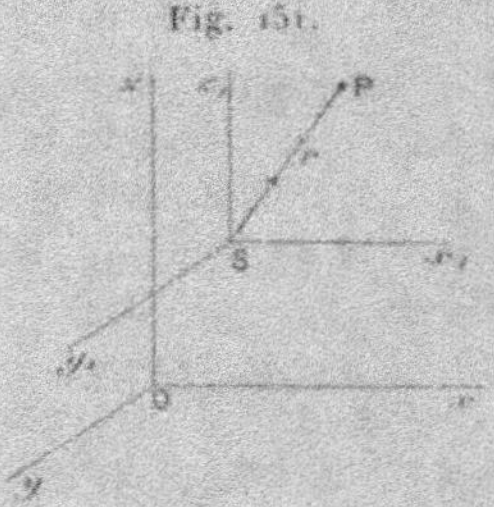

Fig. 151.

ayant pour valeur absolue $\dfrac{f\,\mathrm{M}\,m}{r^2}$, les projections de la force agissant sur S sont

$$\frac{f\,\mathrm{M}\,m}{r^2}\,\frac{x-\alpha}{r}, \qquad \frac{f\,\mathrm{M}\,m}{r^2}\,\frac{y-\beta}{r}, \qquad \frac{f\,\mathrm{M}\,m}{r^2}\,\frac{z-\gamma}{r};$$

les projections de celle qui agit sur P sont ces mêmes expressions changées de signes.

Les équations du mouvement seront alors

$$(S)\quad \begin{cases} \mathrm{M}\,\dfrac{d^2\alpha}{dt^2} = \dfrac{f\,\mathrm{M}\,m}{r^3}\,\dfrac{x-\alpha}{r}, \\[2mm] \mathrm{M}\,\dfrac{d^2\beta}{dt^2} = \dfrac{f\,\mathrm{M}\,m}{r^3}\,\dfrac{y-\beta}{r}, \\[2mm] \mathrm{M}\,\dfrac{d^2\gamma}{dt^2} = \dfrac{f\,\mathrm{M}\,m}{r^3}\,\dfrac{z-\gamma}{r} \end{cases}$$

et

$$(P) \quad \begin{cases} m \dfrac{d^2 x}{dt^2} = \dfrac{f\,\mathrm{M}\,m}{r^2} \dfrac{\alpha - x}{r}, \\[2mm] m \dfrac{d^2 y}{dt^2} = \dfrac{f\,\mathrm{M}\,m}{r^2} \dfrac{\beta - y}{r}, \\[2mm] m \dfrac{d^2 z}{dt^2} = \dfrac{f\,\mathrm{M}\,m}{r^2} \dfrac{\gamma - z}{r}. \end{cases}$$

On peut aisément intégrer ce système, qui donnera α, β, γ, x, y, z en fonction de t, en y joignant la relation

$$r^2 = (x - \alpha)^2 + (y - \beta)^2 + (z - \gamma)^2.$$

Ajoutons membre à membre les équations de même rang des systèmes (S) et (P), nous obtiendrons trois équations telles que

$$\mathrm{M} \frac{d^2 \alpha}{dt^2} + m \frac{d^2 x}{dt^2} = 0, \quad \ldots,$$

qui deviennent, si l'on désigne par ξ, η, ζ les coordonnées du centre de gravité du système,

$$\xi = \frac{\mathrm{M}\alpha + mx}{\mathrm{M} + m}, \quad \ldots,$$

$$\frac{d^2 \xi}{dt^2} = 0, \qquad \frac{d^2 \eta}{dt^2} = 0, \qquad \frac{d^2 \zeta}{dt^2} = 0.$$

Ces trois équations montrent que le centre de gravité du système est animé d'un mouvement rectiligne et uniforme, ce qui n'est qu'un cas particulier du théorème général sur le mouvement du centre de gravité.

Cherchons maintenant le mouvement relatif du point P par rapport à S; pour cela, transportons les axes en $\mathrm{S}_{x, y, z}$, et soient x_1, y_1, z_1 les coordonnées nouvelles de P

$$x_1 = x - \alpha, \quad y_1 = y - \beta, \quad z_1 = z - \gamma.$$

Si l'on retranche les équations (S) des équations (P) membre à membre, après les avoir divisées respectivement par M et m, il vient

$$\frac{d^2 x_1}{dt^2} = - \frac{f(\mathrm{M} + m)}{r^2} \frac{x_1}{r},$$

$$\frac{d^2 y_1}{dt^2} = - \frac{f(\mathrm{M} + m)}{r^2} \frac{y_1}{r},$$

$$\frac{d^2 z_1}{dt^2} = - \frac{f(\mathrm{M} + m)}{r^2} \frac{z_1}{r},$$

Ce sont là les équations du mouvement relatif; leur forme montre que le point x_1, y_1, z_1 se meut par rapport au point S, comme si ce dernier point étant fixe avait pour masse $M + m$ au lieu de M et continuait à attirer P suivant la loi de Newton. En effet, les équations ci-dessus sont les équations du mouvement d'un point de masse m attiré vers une origine fixe par une force $\dfrac{f(M+m)m}{r^2}$, expression de la forme $\dfrac{\mu\, m}{r^2}$ où $\mu = f(M+m)$.

De là résulte que la première loi de Képler s'applique à ce mouvement : la trajectoire relative est une conique ayant S pour foyer, parcourue suivant la loi des aires. Comme il s'agit d'une planète, cette conique est une ellipse, et, si l'on calcule les éléments de cette ellipse, on trouvera, comme nous l'avons vu, qu'en désignant par a le demi grand axe et par T la durée de la révolution, ces deux éléments sont liés par la relation

$$\mu = f(M+m) = \frac{4\pi^2 a^3}{T^2},$$

et nous remarquerons que le rapport $\dfrac{a^3}{T^2}$ n'est pas indépendant de m.

Le coefficient f étant connu (n° **230**), cette relation donne une valeur approchée de $M + m$.

Pour une autre planète, on aurait, au même degré d'approximation,

$$f(M+m_1) = \frac{4\pi^2 a_1^3}{T_1^2},$$

d'où l'on déduit

$$\frac{a^3}{T^2} : \frac{a_1^3}{T_1^2} = \frac{1 + \dfrac{m}{M}}{1 + \dfrac{m_1}{M}};$$

comme les rapports $\dfrac{m}{M}$ et $\dfrac{m_1}{M}$ sont de l'ordre des millièmes, on voit que le second membre est très voisin de l'unité; par conséquent, la dernière loi de Képler n'est qu'une loi approchée.

236. Masse d'une planète accompagnée d'un satellite. — La formule à laquelle nous sommes arrivés

$$f(M+m) = \frac{4\pi^2 a^3}{T^2}$$

permet, comme l'a montré Newton, de calculer la masse d'une planète possédant un satellite.

Soient m, m' les masses de la planète P et de son satellite Σ (*fig.* 152); les actions Φ, Φ' du Soleil et des autres planètes sur

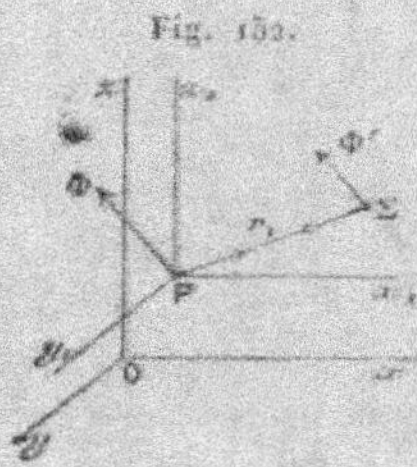

Fig. 152.

la planète considérée et sur son satellite sont sensiblement parallèles et proportionnelles aux masses, puisque la distance r_1 de la planète à son satellite est très faible vis-à-vis des distances de cette planète aux autres corps du système solaire. Si nous désignons alors par (X, Y, Z) les projections de l'attraction de ces autres corps sur l'unité de masse de la planète, les équations du mouvement de la planète et de son satellite seront

$$(P) \quad \begin{cases} m \dfrac{d^2 x}{dt^2} = m X + \dfrac{f\,mm'}{r_1^2} \dfrac{x'-x}{r_1}, \\[2mm] m \dfrac{d^2 y}{dt^2} = m Y + \dfrac{f\,mm'}{r_1^2} \dfrac{y'-y}{r_1}, \\[2mm] m \dfrac{d^2 z}{dt^2} = m Z + \dfrac{f\,mm'}{r_1^2} \dfrac{z'-z}{r_1}, \end{cases}$$

et

$$(\Sigma) \quad \begin{cases} m' \dfrac{d^2 x'}{dt^2} = m' X - \dfrac{f\,mm'}{r_1^2} \dfrac{x'-x}{r_1}, \\[2mm] m' \dfrac{d^2 y'}{dt^2} = m' Y - \dfrac{f\,mm'}{r_1^2} \dfrac{y'-y}{r_1}, \\[2mm] m' \dfrac{d^2 z'}{dt^2} = m' Z - \dfrac{f\,mm'}{r_1^2} \dfrac{z'-z}{r_1}. \end{cases}$$

Transportons les axes parallèlement à eux-mêmes en P, et soient x'_1, y'_1, z'_1 les coordonnées nouvelles de Σ

$$x'_1 = x' - x, \qquad y'_1 = y' - y, \qquad z'_1 = z' - z.$$

Après avoir supprimé les facteurs m et m', on déduira par soustraction des équations (P) et (Σ) les trois équations du mouvement relatif

$$(\Sigma_1) \qquad \left\{ \begin{aligned} \frac{d^2 x'_1}{dt^2} &= -\frac{f(m+m')}{r_1^3}\,\frac{x'_1}{r_1}, \\[2mm] \frac{d^2 y'_1}{dt^2} &= -\frac{f(m+m')}{r_1^3}\,\frac{y'_1}{r_1}, \\[2mm] \frac{d^2 z'_1}{dt^2} &= -\frac{f(m+m')}{r_1^3}\,\frac{z'_1}{r_1}, \end{aligned} \right.$$

où les actions Φ et Φ' ont disparu.

On reconnaît sur les équations (Σ_1) que le satellite décrit une ellipse autour de la planète, comme si celle-ci était fixe et l'attirait avec la force $\dfrac{f(m+m')m'}{r_1^3}$. Si l'on désigne alors par a', T' le demi grand axe de l'orbite du satellite et la durée de sa révolution, on aura

$$f(m+m') = \frac{4\pi^2 a'^3}{T'^2};$$

comme, d'autre part, on a pour la planète elle-même

$$f(m+M) = \frac{4\pi^2 a^3}{T^2},$$

en divisant membre à membre, on obtiendra

$$\frac{m}{M}\,\frac{1+\dfrac{m'}{m}}{1+\dfrac{m}{M}} = \frac{a'^3}{T'^2} : \frac{a^3}{T^2}.$$

Si la masse du satellite est très petite par rapport à celle de la planète, le rapport $\dfrac{1+\dfrac{m'}{m}}{1+\dfrac{m}{M}}$ sera sensiblement égal à l'unité et l'on aura approximativement

$$\frac{m}{M} = \frac{a'^3}{T'^2} : \frac{a^3}{T^2},$$

ce qui permet de calculer le rapport de la masse m de la planète à celle du soleil.

Nous avons supposé, pour établir cette dernière formule, que la masse m' était très faible par rapport à m; il n'en est pas ainsi lorsque l'on veut appliquer ce calcul au système formé par la Terre et la Lune. Dans ce cas, on a recours à un autre procédé :

La formule

$$(1) \qquad f(M + m) = \frac{4\pi^2 a^3}{T^2}$$

subsiste toujours. D'autre part, si à la surface de la Terre on prend un point matériel de masse 1, on peut déterminer, comme nous le verrons plus loin, l'attraction A de la Terre sur ce point; on sait qu'en supposant la Terre sphérique et formée de couches concentriques homogènes, cette force est égale à l'attraction d'un point matériel de masse m placé au centre de la Terre. En d'autres termes, l'attraction A sera

$$(2) \qquad A = \frac{fm}{\rho^2},$$

en désignant par ρ le rayon de la Terre. L'élimination de f entre les équations (1) et (2) donne le rapport cherché

$$\frac{M}{m} = \frac{4\pi^2 a^3}{T^2 A \rho^2} - 1.$$

Le coefficient f étant connu, la formule (2) donne la masse m de la Terre.

237. Détermination du temps dans le mouvement elliptique. — Revenons maintenant au problème des deux corps et rappelons-nous que la planète P de masse m se meut par rapport à des axes de directions fixes menés par le centre S du Soleil, comme si le Soleil était fixe et avait une masse égale à sa masse véritable M, augmentée de m. La planète se meut donc autour du Soleil comme un point de masse m sollicité par une force centrale

$$F = - f \frac{(M + m)m}{r^2} = - \frac{\mu m}{r^2} \qquad [\mu = f(M + m)].$$

L'orbite est une ellipse de foyer S dont nous prenons le plan pour plan des xy. En appelant p le paramètre de cette ellipse, a son demi grand axe, e son excentricité, on a, comme nous

I.   25

l'avons montré (**227**), les expressions suivantes pour la constante
des aires C et la constante des forces vives h :

$$C^2 = \mu p = \mu a(1 - e^2), \qquad h = -\frac{\mu}{a}.$$

Le sommet A (*fig.* 153) le plus rapproché du Soleil est le
périhélie, le sommet A' *l'aphélie*. Désignons par ω l'angle que

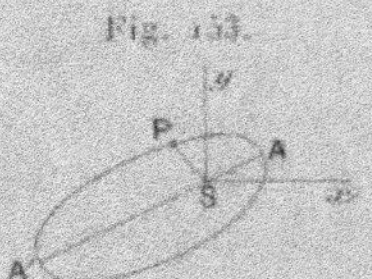

Fig. 153.

fait le rayon vecteur du périhélie avec l'axe Sx, et par v l'angle
ASP que fait le rayon vecteur $r = $ SP de la planète avec SA ; cet
angle est *l'anomalie vraie*. L'angle polaire xSP $= \theta$ est lié à
l'anomalie vraie par la formule évidente $\theta = v + \omega$, où ω est une
constante.

Calculons maintenant le temps que met le mobile à arriver en
un point de la trajectoire. On a trouvé

$$v^2 = \frac{2\mu}{r} + h = \frac{2\mu}{r} - \frac{\mu}{a},$$

et, d'autre part, l'expression de la vitesse dans laquelle on a éli-
miné $d\theta$ à l'aide du théorème des aires $r^2 d\theta = C dt$ est

$$v^2 = \left(\frac{dr}{dt}\right)^2 + \frac{C^2}{r^2}.$$

On aura donc

$$\left(\frac{dr}{dt}\right)^2 + \frac{C^2}{r^2} = \frac{2\mu}{r} - \frac{\mu}{a}.$$

Résolvons par rapport à $\left(\frac{dr}{dt}\right)^2$ et remplaçons C^2 par sa valeur
$\mu a(1 - e^2)$, il vient

$$\left(\frac{dr}{dt}\right)^2 = -\frac{\mu a(1 - e^2)}{r^2} + \frac{2\mu}{r} - \frac{\mu}{a},$$

qu'on peut écrire

$$\left(r\frac{dr}{dt}\right)^2 = \frac{\mu}{a}\left[-(a - r)^2 + a^2 e^2\right]$$

et, par suite,

$$\sqrt{\frac{\mu}{a}}\, dt = \pm \frac{r\, dr}{\sqrt{a^2 e^2 - (a - r)^2}}.$$

Appelons τ l'instant du passage au périhélie; alors r va d'abord en croissant à partir de l'instant τ, $\dfrac{dr}{dt}$ est positif, et l'on doit prendre le signe $+$ dans l'égalité ci-dessus. On conservera ce signe lorsque r croîtra depuis sa valeur minimum $r = a - c = a(1 - e)$ jusqu'à sa valeur maximum $r = a(1 + e)$. Posons

$$a - r = a e \cos u,$$

ce qui est possible, puisque $a - r$ reste plus petit que ae, u variera de 0 à 2π pour toute la durée d'une révolution. On aura alors

$$\sqrt{\frac{\mu}{a}}\, dt = a(1 - e \cos u)\, du,$$

équation qui s'intègre immédiatement et donne, puisque $t - \tau$ s'annule avec u,

$$\frac{1}{a}\sqrt{\frac{\mu}{a}}\,(t - \tau) = u - e \sin u;$$

t est ainsi exprimé en fonction de u, u étant donné en fonction de r par la relation

$$(1) \qquad\qquad r = a(1 - e \cos u).$$

Si l'on veut calculer la position du mobile au bout du temps t, la première de ces équations donnera u et la deuxième permettra de calculer r.

L'angle u que nous avons introduit est appelé *anomalie excentrique*. On écrit, en général, le premier membre de l'équation entre t et u sous la forme $n(t - \tau)$, en posant

$$n = \frac{1}{a}\sqrt{\frac{\mu}{a}};$$

$n(t - \tau)$ est ce qu'on appelle l'*anomalie moyenne*. Comme on a trouvé pour valeur de μ

$$\mu = \frac{4\pi^2 a^3}{T^2},$$

il vient $n = \dfrac{2\pi}{T}$, T étant la durée de la révolution, et l'équation en u prend la forme

$$(2) \qquad n(t - \tau) = u - e \sin u,$$

qui montre bien que l'on doit avoir $n = \dfrac{2\pi}{T}$, puisque le deuxième membre augmente de 2π en même temps que u, c'est-à-dire à chaque révolution ; le coefficient $n = \dfrac{2\pi}{T}$ s'appelle le *moyen mouvement*. L'équation que nous venons d'obtenir porte le nom d'*équation de Képler*.

Nous avons exprimé r en fonction de u : il nous reste à exprimer l'anomalie vraie w en fonction de u. Pour cela on part de l'équation de l'ellipse en coordonnées polaires

$$r = \frac{a(1 - e^2)}{1 + e \cos w},$$

où le numérateur est le paramètre p. En égalant cette valeur de r à la valeur trouvée ci-dessus $a(1 - e \cos u)$, on a l'équation

$$1 - e \cos u = \frac{1 - e^2}{1 + e \cos w},$$

d'où l'on tire

$$1 - \cos w = 2 \sin^2 \frac{w}{2} = \frac{(1 + e)(1 - \cos u)}{1 - e \cos u} = \frac{2a(1 + e)\sin^2 \frac{u}{2}}{r},$$

$$1 + \cos w = 2 \cos^2 \frac{w}{2} = \frac{(1 - e)(1 + \cos u)}{1 - e \cos u} = \frac{2a(1 - e)\cos^2 \frac{u}{2}}{r},$$

et, en extrayant les racines carrées,

$$(3) \quad \sqrt{r} \sin \frac{w}{2} = \sqrt{a(1 + e)} \sin \frac{u}{2}, \qquad \sqrt{r} \cos \frac{w}{2} = \sqrt{a(1 - e)} \cos \frac{u}{2},$$

formules calculables par logarithmes, donnant r et w en fonction de u : on en déduit par division la relation

$$(4) \qquad \tang \frac{w}{2} = \sqrt{\frac{1 + e}{1 - e}} \, \tang \frac{u}{2}$$

qui lie l'anomalie vraie à l'anomalie excentrique.

238. Méthode géométrique. — Pour déterminer la position d'une planète sur son orbite, au temps t, on peut employer une méthode géométrique qui donne la signification des variables précédemment employées. On sait qu'une ellipse peut être considérée comme la projection de son cercle homographique lorsqu'on a fait tourner ce cercle autour de AA' d'un angle dont le cosinus

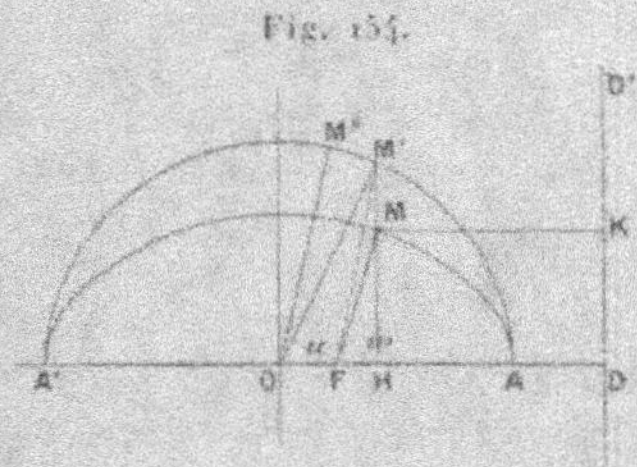

Fig. 154.

est $\dfrac{b}{a}$. Soit alors M un point de l'ellipse et M' le point correspondant du cercle homographique. On aura

$$\text{aire MFA} = \frac{b}{a}\,\text{aire M'FA};$$

l'angle $\text{MFA} = w$ a été précédemment appelé *anomalie vraie*; l'angle M'OA est l'*anomalie excentrique* u. En effet, le secteur M'FA a pour aire

$$\text{M'FA} = \text{M'OA} - \text{M'OF} = \tfrac{1}{2}a^2 u - \tfrac{1}{2}a^2 e \sin u,$$

c'est-à-dire

$$\text{M'FA} = \frac{a^2}{2}\,(u - e\sin u),$$

donc

$$\text{MFA} = \frac{ab}{2}\,(u - e\sin u);$$

l'aire de ce secteur est proportionnelle au temps employé à la décrire : si donc on désigne par $(t - \tau)$ ce temps et par T la durée de la révolution, on devra avoir

$$\frac{\text{aire MFA}}{t - \tau} = \frac{\pi ab}{T}$$

et, en remplaçant MFA par sa valeur r,

$$\frac{\dfrac{ab}{2}(u - e\sin u)}{t - \tau} = \frac{\pi ab}{T}$$

ou

$$\frac{2\pi}{T}(t - \tau) = u - e\sin u;$$

en posant $n = \dfrac{2\pi}{T}$, nous arrivons à l'équation de Képler

$$u - e\sin u = n(t - \tau).$$

Pour avoir la signification géométrique de l'anomalie moyenne $n(t - \tau)$, imaginons un mobile partant de A en même temps que la planète, et décrivant le cercle homographique d'un mouvement uniforme, de façon à arriver au point A' en même temps que la planète. A l'instant t, ce mobile sera en M''; l'angle $\zeta = $ M''OA sera l'anomalie excentrique; on a, en effet,

$$\zeta = \frac{2\pi}{T}(t - \tau) = n(t - \tau).$$

Quant à l'expression de r en fonction de u, elle résulte de ce que le rapport des distances d'un point d'une ellipse au foyer F et à la directrice correspondante DD' est égal à e. On a donc

$$r = e\,\overline{MK} = e\left(\overline{OD} - \overline{OH}\right) = e\left(\frac{a}{e} - a\cos u\right) = a(1 - e\cos u),$$

car la distance OD de la directrice au centre est $\dfrac{a}{e}$.

239. Développements analytiques. — Pour calculer la position de la planète à l'instant t, il faut d'abord calculer l'anomalie excentrique u à l'aide de l'équation de Képler

$$(1) \qquad\qquad u = \zeta + e\sin u \qquad [\zeta = n(t - \tau)];$$

on a ensuite les autres coordonnées qui ont toutes été exprimées en fonction de u. Quel que soit l'arc ζ, l'équation (1) de Képler admet une racine que nous désignerons par u. En effet, ζ est compris entre deux multiples entiers de 2π

$$2\mu\pi < \zeta < 2(\mu + 1)\pi.$$

Dans $\varphi(u) = u - e\sin u - \zeta$ je fais $u = 2\mu\pi$, je trouve

$$\varphi(2\mu\pi) = 2\mu\pi - \zeta < 0,$$

tandis que

$$\varphi[2(\mu+1)\pi] = 2(\mu+1)\pi - \zeta > 0,$$

Il y a donc toujours une racine réelle entre $2(\mu+1)\pi$ et $2\mu\pi$. De plus, cette racine est unique, car la dérivée $\varphi'(u) = 1 - e\cos u$ est toujours positive, puisque e est compris entre 0 et 1.

1° *Approximations successives.* — Voici comment on peut calculer par approximations successives cette racine réelle unique.

Soit u_0 un arc réel quelconque et posons

$$u_1 = e\sin u_0 + \zeta,$$
$$u_2 = e\sin u_1 + \zeta,$$
$$\dots\dots\dots\dots\dots\dots$$
$$u_{i+1} = e\sin u_i + \zeta.$$

Nous devons à l'obligeance de M. Kœnigs la communication de la méthode suivante qui permet de démontrer que les quantités $u_1, u_2, \dots, u_n$ tendent effectivement vers la racine cherchée u et d'évaluer la limite de l'erreur commise en prenant u_n au lieu de u. Cette méthode est l'application à l'équation de Képler des résultats généraux contenus dans les Mémoires de M. Kœnigs sur les équations fonctionnelles (*Annales de l'École Normale*, 1884 et 1885).

En appelant u la racine réelle unique de l'équation, on a

$$\frac{u_{i+1} - u}{u_i - u} = \frac{e\sin u_i + \zeta - u}{u_i - u};$$

mais, puisque

$$\zeta - u = - e\sin u,$$

on peut écrire encore

$$\frac{u_{i+1} - u}{u_i - u} = e\,\frac{\sin u_i - \sin u}{u_i - u} = e\cos\frac{u_i + u}{2}\,\frac{\sin\dfrac{u_i - u}{2}}{\dfrac{u_i - u}{2}},$$

Les modules de $\cos\dfrac{u_i + u}{2}$ et $\dfrac{\sin\dfrac{u_i - u}{2}}{\dfrac{u_i - u}{2}}$ étant moindres que 1, on a

$$\operatorname{mod}\frac{u_{i+1} - u}{u_i - u} \leqq e.$$

De là on peut conclure par multiplication

$$\operatorname{mod}\frac{u_n - u}{u_0 - u} \leqq e^n.$$

Or, e étant compris entre o et 1, e^n tend vers zéro quand n croit indéfiniment; en conséquence, la limite de u_n est la racine cherchée u. La suite des quantités u_0, u_1, ..., u_n a donc u pour limite; mais on voit de plus, d'après l'inégalité précédente, que ces quantités *vont en se rapprochant sans cesse* de leur limite u. Ce fait est remarquable puisque u_0 est choisi arbitrairement. Si par un procédé quelconque on a pu trouver une valeur approchée de u, on pourra prendre pour u_0 cette valeur approchée; u_1, u_2, ... s'approcheront encore plus de u. Supposons, comme on le fait souvent, que l'on prenne pour u_0 la valeur ζ elle-même; nous avons trouvé

$$\operatorname{mod} \frac{u_n - u}{u_0 - u} < e^n.$$

Or de

$$u - e \sin u = \zeta$$

on tire

$$\operatorname{mod}(\zeta - u) < e;$$

donc

$$\operatorname{mod}(u_n - u) < e^{n+1}.$$

On a ainsi une limite de l'erreur commise. Par exemple, pour la Terre, $e = \frac{1}{60}$ à peu près; il suffira de trois opérations ($n = 3$) pour obtenir u avec sept décimales exactes.

2° *Série de Lagrange.* — On peut obtenir des développements de u, $\sin u$, $\cos u$, $u - \zeta$, r, ... en séries procédant suivant les puissances croissantes de e, par la série de Lagrange. Considérons une équation de la forme

$$u = \zeta + e f(u),$$

qui détermine u en fonction des variables ζ et e, et appelons u celle de racines de cette équation qui tend vers ζ quand e tend vers zéro. Lagrange se propose de développer une fonction donnée $F(u)$ de cette racine, en série ordonnée suivant les puissances positives croissantes de e; il donne pour cela la formule

$$F(u) = F(\zeta) + \frac{e}{1} f(\zeta) F'(\zeta) + \frac{e^2}{1.2} \frac{d[f^2(\zeta) F'(\zeta)]}{d\zeta} + \ldots$$
$$+ \frac{e^m}{1.2\ldots m} \frac{d^{m-1}[f^m(\zeta) F'(\zeta)]}{d\zeta^{m-1}} + \ldots.$$

Nous renverrons pour la démonstration de cette formule au Cours d'Analyse professé par M. Hermite à la Faculté des Sciences de Paris, et à un Mémoire de M. Rouché (*Journal de l'École Polytechnique*, XXXIXe Cahier).

Dans l'équation de Képler on a

$$f(\zeta) = \sin \zeta,$$

et l'on pourra prendre successivement, pour $F(u)$, l'anomalie excentrique elle-même u, ou le rayon vecteur $a(1 - e \cos u)$, ... ou toute autre fonction de u développable suivant les puissances de e. On a, par exemple,

$$u = \zeta + e \sin \zeta + \frac{e^2}{2 \cdot 2} \, 2 \sin 2\zeta + \frac{e^3}{2 \cdot 3 \cdot 2^2} (3^2 \sin 3\zeta - 3 \sin \zeta) + \ldots$$

$$\cos u = \cos \zeta + \frac{e}{2} (\cos 2\zeta - 1) + \frac{e^2}{2 \cdot 2^2} (3 \cos 3\zeta - 3 \cos \zeta) + \ldots$$

Laplace a trouvé le premier que ces développements sont convergents tant que e reste inférieur à la limite $0,6627\ldots$ et Cauchy a confirmé ce résultat par une méthode plus directe.

3° *Fonctions de Bessel.* — Les développements précédents sont convergents pour les planètes, mais cessent de l'être pour certaines comètes périodiques décrivant autour du Soleil des ellipses allongées. On peut alors employer, pour $\cos u$, $\sin u$, ..., $\cos ju$, $\sin ju$, ..., où j est un entier positif, un mode de développement qui est valable pour toutes les valeurs de l'excentricité comprises entre 0 et 1 et dans lequel figurent les *fonctions de Bessel*. Pour donner une idée de ces développements, remarquons d'abord que l'équation de Képler

$$u - e \sin u = \zeta$$

définit u comme une fonction impaire de ζ, car l'équation ne cesse pas d'être vérifiée si l'on change simultanément ζ et u de signes; de plus, si l'anomalie moyenne ζ augmente de 2π, il en est de même de l'anomalie excentrique u. D'après cela $\cos ju$ et $\sin ju$, où j désigne un entier positif, sont des fonctions de ζ ne changeant pas de valeur quand ζ augmente de 2π, la première paire, la seconde impaire. On sait que toute fonction réelle finie et continue d'une variable ζ, ne changeant pas quand ζ croît de 2π, est développable par la formule de Fourier en une série procédant suivant les sinus et cosinus des multiples de ζ : dans le cas où la fonction de ζ que l'on développe est *paire*, le développement ne contient que des *cosinus* avec un terme constant, dans le cas où cette fonction est *impaire*, le développement ne contient que des *sinus* sans terme constant.

On aura donc, pour $\cos ju$ et $\sin ju$, des développements de la forme suivante, où nous employons les notations de M. Tisserand dans le Tome I de sa *Mécanique céleste* (Chapitre XII),

$$\cos ju = \tfrac{1}{2} p_0^{(j)} + p_1^{(j)} \cos \zeta + p_2^{(j)} \cos 2\zeta + \ldots + p_i^{(j)} \cos i\zeta + \ldots$$

$$\sin ju = \qquad\qquad q_1^{(j)} \sin \zeta + q_2^{(j)} \sin 2\zeta + \ldots + q_i^{(j)} \sin i\zeta + \ldots$$

les coefficients étant donnés par les formules connues

$$\frac{\pi}{2} p_i^{(j)} = \int_0^\pi \cos ju \cos i\zeta \, d\zeta, \qquad \frac{\pi}{2} q_i^{(j)} = \int_0^\pi \sin ju \sin i\zeta \, d\zeta.$$

dont la première, par exemple, s'obtient immédiatement en multipliant les deux membres du premier développement par $\cos i\zeta \, d\zeta$, intégrant de 0 à π et remarquant que tous les termes du second membre ont des intégrales nulles, sauf le terme en $p_i^{(j)}$. Nous allons exposer le calcul des coefficients $p_i^{(j)}$: le calcul des $q_i^{(j)}$ se fait d'une manière analogue. On a d'abord, en faisant $i = 0$,

$$\frac{\pi}{2} p_0^{(j)} = \int_0^\pi \cos j u \, d\zeta,$$

ou, en remplaçant ζ par $u - e \sin u$ et remarquant que, si u varie de 0 à π, il en est de même de ζ,

$$\frac{\pi}{2} p_0^{(j)} = \int_0^\pi \cos j u \, (1 - e \cos u) \, du.$$

Cette intégrale est nulle quand j est > 1 : pour $j = 1$, elle est $-\dfrac{\pi e}{2}$. Donc

$$p_0^{(1)} = - e, \qquad p_0^{(j)} = 0, \qquad j > 1.$$

Puis on a, en intégrant par parties $(i > 0)$,

$$\frac{\pi}{2} p_i^{(j)} = \int_0^\pi \cos j u \cos i\zeta \, d\zeta = \frac{1}{i} \left| \cos j u \sin i\zeta \right|_0^\pi + \frac{1}{i} \int_0^\pi \sin j u \sin i\zeta \, du.$$

La partie intégrée est nulle; l'autre partie devient, en remplaçant le produit des deux sinus par une différence de cosinus et mettant pour ζ sa valeur $u - e \sin u$,

$$p_i^{j} = \frac{j}{i\pi} \int_0^\pi \cos[u(i-j) - ie \sin u] \, du - \frac{j}{i\pi} \int_0^\pi \cos[u(i+j) - ie \sin u] \, du.$$

C'est ici qu'interviennent les fonctions de Bessel que l'on peut définir comme il suit. Soit k un entier et x un paramètre, l'expression

$$J_k(x) = \frac{1}{\pi} \int_0^\pi \cos(k\varphi - x \sin \varphi) \, d\varphi$$

définit une fonction de Bessel. Il existe donc une infinité de fonctions de Bessel correspondant à toutes les valeurs positives, négatives ou nulles de l'entier k. Il est aisé de voir que l'on peut toujours supposer k positif : en effet, changeant φ en $\pi - \varphi'$, on a

$$d\varphi = - d\varphi',$$

et l'intégrale ci-dessus donne

$$J_k(x) = \frac{(-1)^k}{\pi} \int_0^\pi \cos(-k\varphi' - x \sin \varphi') \, d\varphi' = (-1)^k J_{-k}(x),$$

formule qui permet de passer d'un indice négatif à un indice positif. La
fonction $J_k(x)$ est une fonction transcendante entière de x contenant x^k
en facteur : en développant cette fonction suivant les puissances de x,
on trouve

$$J_k(x) = \frac{\left(\frac{x}{2}\right)^k}{1.2\ldots k}\left[1 - \frac{\left(\frac{x}{2}\right)^2}{1.k+1} + \frac{\left(\frac{x}{2}\right)^4}{1.2(k+1)(k+2)} - \frac{\left(\frac{x}{2}\right)^6}{1.2.3(k+1)(k+2)(k+3)} + \ldots\right].$$

D'après ces notations, on a, pour le coefficient $p_i^{(j)}$, la valeur

$$p_i^{(j)} = \frac{j}{i}\{J_{i-j}(ie) - J_{i+j}(ie)\};$$

on trouve de même

$$q_i^{(j)} = \frac{j}{i}\{J_{i-j}(ie) + J_{i+j}(ie)\}.$$

En portant ces valeurs dans les expressions de $\cos ju$ et $\sin ju$, on obtiendra les développements cherchés convergents pour toutes les valeurs
de e entre o et 1. On a, par exemple,

$$\cos u = -\frac{e}{2} + \sum_{i=1}^{i=\infty} [J_{i-1}(ie) - J_{i+1}(ie)]\frac{\cos i\zeta}{i}.$$

Si, dans ce développement, on cherchait les coefficients de e, e^2, … on
retrouverait ceux que donne la formule de Lagrange écrite plus haut :
néanmoins, les deux développements sont bien distincts, celui de Lagrange
procède suivant les puissances de e et ne converge que si e est plus petit
qu'une certaine limite ; celui que nous venons d'obtenir procède suivant
les cosinus des multiples de ζ et converge pour toutes les valeurs de e
entre o et 1.

Nous renverrons, pour une étude plus détaillée des fonctions de Bessel,
au *Traité de Mécanique céleste* de M. Tisserand, auquel nous avons fait
de nombreux emprunts, et à l'Ouvrage de Todhunter : *On Laplace's,
Lamé's and Bessel's Functions*. Avant Bessel, ces fonctions ont été rencontrées par Fourier.

240. Éléments du mouvement elliptique. — Le mouvement elliptique d'une planète est défini dans l'espace par six constantes.
Menons par le centre S du Soleil trois axes Sx, Sy, Sz de directions fixes ; il est dans l'usage actuel d'adopter pour plan des xy

le plan de l'écliptique au 1ᵉʳ janvier 1850, pour parties positives
de Sx et Sy les droites aboutissant à l'équinoxe du printemps
et au solstice d'été à cette époque et pour partie positive de Sz
celle qui est dirigée vers le pôle boréal de l'écliptique. (Ces axes
sont orientés autrement que ceux que nous employons habituellement). Le plan de l'orbite de la planète coupe le plan des xy sui-

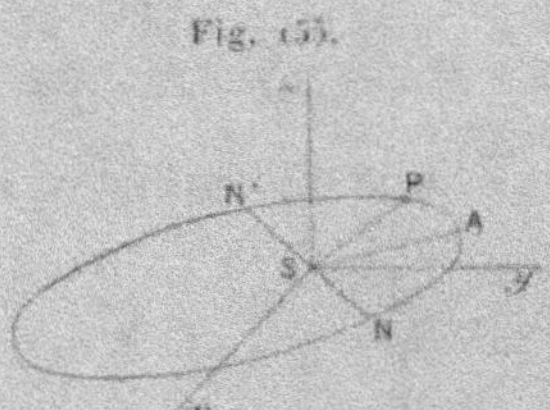

Fig. 155.

vant une ligne NN' qu'on appelle *ligne des nœuds*; l'un des points
d'intersection N de l'orbite avec le plan de l'écliptique est le nœud
ascendant, c'est le point que traverse la planète quand sa coordonnée z de négative devient positive; l'autre nœud N' est le nœud
descendant. Pour définir le plan de l'orbite, on se donne l'angle
$\theta = x$SN compté positivement de Sx vers Sy, angle que l'on appelle *longitude du nœud ascendant*, et l'inclinaison φ du plan de
l'orbite sur le plan de l'écliptique, cet angle φ étant mesuré par
l'angle que font entre elles les perpendiculaires menées au point
N à SN, l'une dans le plan de l'écliptique dans le sens du mouvement de la Terre, c'est-à-dire de Ox vers Oy, l'autre dans le plan
de l'orbite dans le sens du mouvement de la planète (ou de la comète). Une fois le plan de l'orbite déterminé, il faut fixer la position et la grandeur de l'ellipse. Soit A le périhélie; on appelle ϖ
la somme des angles xSN et NSA, ce dernier angle étant compté
à partir de SN dans le sens du mouvement; ϖ se nomme *la
longitude du périhélie*. L'angle NSA est égal à $\varpi - \theta$. Cet angle
fixe la position de l'ellipse; on détermine sa grandeur en se donnant son demi grand axe a et son excentricité e. Enfin, pour indiquer
la façon dont la planète parcourt son orbite, on donne la durée de
la révolution T ou le moyen mouvement $n = \dfrac{2\pi}{T}$ et l'instant τ du
passage au périhélie. Remarquons que a et T ne sont pas des

quantités distinctes, car elles sont liées par la relation établie plus haut (p. 382)

$$f(\mathrm{M} + m) = \frac{4\pi^2 a^3}{\mathrm{T}^2},$$

où M désigne la masse du Soleil et m celle de la planète. En résumé, pour définir le mouvement d'une planète ou d'une comète périodique, il faut connaître six *constantes* θ, φ, ϖ, a, e, τ, qu'on appelle les *six éléments du mouvement elliptique*. A la place de τ on introduit souvent un autre élément ε donné par

$$\varpi - n\tau = \varepsilon,$$

et que l'on appelle *longitude moyenne à l'époque zéro*. Les coordonnées rectangulaires x, y, z de la planète s'expriment alors, par des formules qu'il est inutile d'écrire ici, en fonction du temps et des six éléments elliptiques

$$(\mathrm{A}) \qquad \left\{ \begin{array}{l} x = f_1(t, \theta, \varphi, \varpi, a, e, \varepsilon), \\ y = f_2(t, \theta, \varphi, \varpi, a, e, \varepsilon), \\ z = f_3(t, \theta, \varphi, \varpi, a, e, \varepsilon). \end{array} \right.$$

241. Méthode de la variation des constantes. — Si le système solaire était formé du Soleil et d'une seule planète, les six éléments du mouvement elliptique conserveraient indéfiniment les mêmes valeurs; mais, comme nous l'avons vu, le mouvement elliptique ne donne qu'une première approximation du mouvement de la planète. L'action des autres planètes sur la planète considérée aura pour effet de troubler ce mouvement elliptique : pour représenter ce mouvement troublé, qui est le mouvement réel de la planète et qui diffère peu du mouvement elliptique, on conserve les formules (A) du mouvement elliptique en y regardant les six éléments θ, φ, ϖ, a, e, ε non plus *comme des constantes, mais comme des fonctions de t*. Par la suite des temps, sous l'action des autres planètes, ces éléments subiront des variations $\delta\theta$, $\delta\varphi$, $\delta\varpi$, δa, δe, $\delta\varepsilon$ qu'on appelle *perturbations des éléments*, d'où résulteront des perturbations correspondantes pour les coordonnées x, y, z. La partie de la Mécanique céleste qui a pour but le calcul de ces variations se nomme *Théorie des perturbations*.

242. Mouvement parabolique des comètes. — Imaginons une comète décrivant une parabole ayant pour foyer le centre du Soleil, ce qui est le cas du plus grand nombre des comètes. On a alors en appelant w l'angle que fait le rayon vecteur $SM = r$ avec le rayon vecteur SA du périhélie

$$r = \frac{p}{1 + \cos w} = \frac{p}{2 \cos^2 \frac{w}{2}}.$$

Fig. 156.

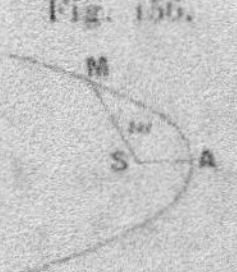

L'intégrale des aires donne

$$r^2\, dw = C\, dt = \sqrt{f(M + m)p}\, dt,$$

m désignant la masse de la comète et M celle du Soleil. Il résulte, en effet, du problème des deux corps que nous avons résolu, que la comète se meut autour du Soleil comme si le Soleil était fixe et la force attractive du Soleil sur la comète égale à

$$\frac{f(M + m)m}{r^2} = \frac{\mu m}{r^2}.$$

La constante des aires est alors $C = \sqrt{\mu p} = \sqrt{f(M + m)p}$. On a donc

$$\frac{2\sqrt{f(M + m)}}{p^{\frac{3}{2}}} = \frac{dw}{2 \cos^4 \frac{w}{2}} = \left(1 + \tan^2 \frac{w}{2}\right) d \tan \frac{w}{2},$$

d'où, en intégrant et appelant τ l'instant du passage au périhélie,

$$\frac{2\sqrt{f(M + m)}}{p^{\frac{3}{2}}}(t - \tau) = \tan \frac{w}{2} + \frac{1}{3} \tan^3 \frac{w}{2}.$$

Telle est l'équation du troisième degré en $\tan \frac{w}{2}$ qu'il faut résoudre pour avoir la position de la comète à l'époque t : cette équation n'a qu'une racine réelle ; on l'écrit comme il suit, en posant $p = 2q$ et remarquant que $\sqrt{M + m}$ peut être remplacé par $\sqrt{M}$, car m est tout à fait négligeable devant la masse du Soleil :

$$\frac{t - \tau}{q^{\frac{3}{2}}} = \sqrt{\frac{2}{f M}}\left(\operatorname{tang}\frac{w}{2} + \frac{1}{3}\operatorname{tang}^3\frac{w}{2}\right).$$

On a construit des Tables numériques donnant la racine de cette équation pour une suite de valeurs attribuées au premier membre, la masse M du Soleil étant prise pour unité.

243. Éléments paraboliques. — Pour définir l'orbite parabolique d'une comète on donne cinq éléments indépendants θ, φ, ϖ, τ et q, dont les quatre premiers ont la même signification que pour les planètes, tandis que $q = \frac{p}{2}$ désigne la *distance périhélie* (voir *Mécanique céleste* de M. Tisserand).

EXERCICES.

1. Pour le mouvement d'un point attiré vers un centre fixe O par une force $F = -mk^2r$ proportionnelle à la distance, on a démontré que la trajectoire est une ellipse de centre O et que la vitesse du mobile dans une position quelconque M est proportionnelle au demi-diamètre b' conjugué de OM : $v = kb'$. Démontrer que, si l'on veut, à l'aide de ce résultat, vérifier les théorèmes des aires et des forces vives, on retrouve les théorèmes d'Apollonius.

Réponse. — Soit $OM = r = a'$; le théorème des aires donne $pv = C$; or ce produit pv est égal à k fois l'aire du parallélogramme construit sur a' et b' ; l'équation des forces vives $v^2 + k^2r^2 = h$ donne $k^2(a'^2 + b'^2) = h$.

2. Trouver le mouvement d'un point sollicité par une force centrale ayant l'expression suivante :

$$F = m\left(\frac{a}{r^2} + \frac{b}{r^3}\right),$$

où a et b désignent des constantes.

Réponse. — Pour trouver la trajectoire on doit intégrer l'équation

$$\frac{d^2\frac{1}{r}}{d\theta^2} + \frac{1}{r}\left(1 + \frac{b}{C^2}\right) + \frac{a}{C^2} = 0,$$

linéaire à coefficients constants en $\frac{1}{r}$. La forme de l'intégrale générale change suivant le signe de $1 + \frac{b}{C^2}$; quand cette quantité est nulle, $\frac{1}{r}$ est un trinôme du second degré en b. Quand elle est positive et admet une racine commensurable, la trajectoire est une courbe algébrique.

3. Soit

$$F = \frac{m(a + b\cos 2\theta)}{r^4}.$$

Réponse. — On est conduit à intégrer l'équation

$$\frac{d^2\frac{1}{r}}{d\theta^2} + \frac{1}{r} = -\frac{a + b\cos 2\theta}{C^2} \qquad \text{(C constante des aires)},$$

dont l'intégrale est

$$\frac{1}{r} = A\cos\theta + B\sin\theta - \frac{a}{C^2} + \frac{b}{3C^2}\cos 2\theta.$$

La trajectoire est une courbe algébrique du quatrième degré, quelles que soient les constantes A, B, C, à moins que $b = 0$; elle est alors une conique, car la loi d'attraction devient la loi de Newton.

L'intégrale des aires donne ensuite t par une quadrature.

4. Soit

$$F = \frac{m\mu}{r^3(a\cos^2\theta + 2b\sin\theta\cos\theta + c\sin^2\theta)^{\frac{3}{2}}} = \frac{m\mu}{r^3(\alpha\cos 2\theta + \beta\sin 2\theta + \gamma)^{\frac{3}{2}}},$$

a, b, c désignant des constantes et α, β, γ ayant les valeurs $\alpha = \dfrac{a - c}{2}$, $\beta = b$, $\gamma = \dfrac{a + c}{2}$. (Cette loi de force centrale est l'une de celles trouvées par MM. Darboux et Halphen.)

Réponse. — En posant $\psi(\theta) = \alpha\cos 2\theta + \beta\sin 2\theta + \gamma$, on devra intégrer l'équation

$$\frac{d^2\frac{1}{r}}{d\theta^2} + \frac{1}{r} = -\frac{\mu}{C^2}[\psi(\theta)]^{-\frac{3}{2}}.$$

Lorsque $\alpha^2 + \beta^2 - \gamma^2$ ou $b^2 - ac$ est différent de zéro, cette équation admet, comme on le vérifie sans peine, une intégrale particulière de la forme

$$\frac{1}{r} = \lambda\sqrt{\psi(\theta)} \qquad \lambda = \frac{\mu}{C^2(\alpha^2 - \beta^2 - \gamma^2)}.$$

La trajectoire a donc pour équation

$$\frac{1}{r} = A\cos\theta + B\sin\theta + \lambda\sqrt{\psi(\theta)}$$

avec les constantes arbitraires A, B, C ou A, B, λ. C'est une conique tangente aux deux droites fixes ayant pour équation

$$\psi(\theta) = 0 \qquad \text{ou} \qquad \alpha(x^2 - y^2) + 2\beta xy + \gamma(x^2 + y^2) = 0.$$

Lorsque $a'^2 + \beta'^2 - \gamma'^2 = 0$, $b^2 - ac = 0$, $\psi(\theta)$ est le carré d'une fonction $\varpi(\theta)$ de la forme $k\cos\theta + l\sin\theta$, $\psi(\theta) = \varpi^2(\theta)$. L'équation admet une solution particulière de la forme $\dfrac{1}{r} = \dfrac{\lambda}{\varpi(\theta)}$, et la trajectoire devient

$$\frac{1}{r} = A\cos\theta + B\sin\theta + \frac{\lambda}{\varpi(\theta)},$$

conique tangente à l'origine à la droite fixe $\varpi(\theta) = 0$, ou $kx + ly = 0$.

5. Démontrer que, si l'on sait trouver la trajectoire d'un mobile sous l'action d'une force centrale $F = m\Phi\left(\dfrac{1}{r},\theta\right)$, on sait également la trouver sous l'action de la force

$$F_1 = m\Phi\left(\frac{1}{r} - a\cos\theta - b\sin\theta,\theta\right)(1 - ar\cos\theta - br\sin\theta)^{-3},$$

a, b désignant des constantes.

Réponse. — On suppose qu'on sache intégrer l'équation différentielle

$$C^2\left(\frac{d^2\frac{1}{r}}{d\theta^2} + \frac{1}{r}\right) = -r^2\Phi\left(\frac{1}{r},\theta\right)$$

et il faut montrer qu'on sait intégrer aussi

$$C^2\left(\frac{d^2\frac{1}{r}}{d\theta^2} + \frac{1}{r}\right) = -\frac{r^2}{(1 - ar\cos\theta - br\sin\theta)^3}\Phi\left(\frac{1}{r} - a\cos\theta - b\sin\theta,\theta\right).$$

Or la seconde équation se ramène à la première par la substitution

$$\frac{1}{r} = \frac{1}{\rho} + a\cos\theta + b\sin\theta.$$

6. Sachant que la force $F = m\mu r$ fait décrire à son point d'application une conique ayant pour centre l'origine, trouver la trajectoire d'un mobile sollicité par la force

$$F_1 = \frac{m\mu}{r^3\left(\frac{1}{r} - a\cos\theta - b\sin\theta\right)}$$

(deuxième des lois de force trouvées par MM. Darboux et Halphen).

Réponse. — Cette question est une application du problème 5. On trouve comme équation générale de la trajectoire du mobile sous l'action de la force F_1

$$\frac{1}{r} = a\cos\theta + b\sin\theta + \sqrt{\alpha\cos^2\theta + \beta\cos\theta\sin\theta + \gamma\sin^2\theta},$$

α, β, γ étant trois constantes arbitraires. Cette trajectoire est une conique telle que la polaire de l'origine par rapport à cette conique est une droite fixe $ax + by - 1 = 0$.

I.   26

7. *Hodographe.* — Dans le mouvement d'une planète autour du Soleil, on mène par le centre du Soleil des segments égaux et parallèles aux vitesses de la planète dans ses différentes positions. Lieu géométrique des extrémités de ces segments; ce lieu s'appelle l'*hodographe*.

Réponse. — Ce lieu est un cercle dont le centre est sur l'ordonnée du foyer et qui contient le foyer dans son intérieur. On peut le démontrer en s'appuyant sur la relation $pv = C$, sur ce que le lieu des projections d'un foyer d'une ellipse sur les tangentes est un cercle et sur ce que la figure inverse d'un cercle est un cercle.

8. Pour obtenir l'hodographe d'un mobile quelconque décrivant une courbe plane, suivant la loi des aires, autour d'un point O, il suffit de faire tourner d'un angle droit autour du point O la transformée par rayons vecteurs réciproques (courbe inverse) de la podaire du point O par rapport à la trajectoire.

9. Un point décrit, suivant la loi des aires, une circonférence passant par le centre des aires O; trouver la loi de la force : 1° en fonction de la distance r; 2° sous la forme $\dfrac{\varphi(\theta)}{r^2}$.

Réponse. — $1° - \dfrac{m\mu}{r^5}$, $2° - \dfrac{m\mu}{r^2\cos^3\theta}$.

10. Mouvement d'un point sollicité par la force centrale $F = -\dfrac{2m\mu}{r^3}$, $\mu > 0$.

Réponse. Le théorème des forces vives donne $v^2 = \dfrac{\mu}{r^2} + h$. Différents cas sont à distinguer, suivant que $h = v_0^2 - \dfrac{\mu}{r_0^2}$ est positif, négatif ou nul. Supposons $h < 0$. On trouve pour équation différentielle de la trajectoire

$$d\theta = \frac{C\,dr}{\sqrt{h\,r^4 - C^2 r^2 + \mu}} = \frac{C\,dr}{\sqrt{h(r^2-a^2)(r^2+b^2)}},$$

en mettant en évidence les racines du trinôme en r^2 qui sont l'une positive et l'autre négative.

Faisant $r = a\cos\varphi$ et $\dfrac{\sqrt{-h(a^2+b^2)}}{C} = g$, on trouve la forme normale

$$g\,d\theta = \frac{d\varphi}{\sqrt{1 - k^2\sin^2\varphi}}, \qquad k^2 = \frac{a^2}{a^2+b^2}.$$

On a donc $\varphi = \operatorname{am} g(\theta - \theta_0)$, d'où, pour la trajectoire,

$$r = a\operatorname{cn} g(\theta - \theta_0).$$

Le temps est donné par

$$C\,dt = r^2\,d\theta,$$

$$Ct = a^2 \int \operatorname{cn}^2 g(\theta - \theta_0)\,d\theta,$$

intégrale de seconde espèce qui s'exprime à l'aide des fonctions Θ et H de Jacobi.

Si l'on suppose $b = \infty$, $h = 0$, $hb^2 = -\dfrac{\mu}{a^2} = -C^2$, $k^2 = 0$, comme il résulte des relations entre les coefficients et les racines, on retrouve le cercle $r = a\cos(\theta - \theta_0)$.

11. *Fonctions de Bessel.* — Démontrer que l'on a les relations suivantes

$$(1) \qquad k\,J_k(x) = \frac{x}{2}\,[J_{k+1}(x) + J_{k-1}(x)],$$

$$(2) \qquad \frac{dJ_k(x)}{dx} = \frac{1}{2}\,[J_{k-1}(x) - J_{k+1}(x)],$$

$$(3) \qquad \frac{d^2 J_k(x)}{dx^2} + \frac{1}{x}\frac{dJ_k(x)}{dx} + \left(1 - \frac{k^2}{x^2}\right)J_k(x) = 0.$$

Ces relations se vérifient sans peine si l'on y remplace les fonctions J par leurs expressions sous forme d'intégrales finies. Prenons, par exemple, la première; on est amené à démontrer la relation

$$\int_0^\pi k\cos(k\varphi - x\sin\varphi)\,d\varphi - \frac{x}{2}\left\{ \cos[(k+1)\varphi - x\sin\varphi] \right.$$
$$\left. + \cos[(k-1)\varphi - x\sin\varphi] \right\}\,d\varphi = 0$$

ou en remplaçant la somme des deux cosinus par un produit de cosinus

$$\int_0^\pi \cos(k\varphi - x\sin\varphi)(k\,d\varphi - x\cos\varphi\,d\varphi) = 0,$$

ce qui est évident, puisque l'intégrale indéfinie de l'expression placée sous le signe $\int$ est la fonction $\sin(k\varphi - x\sin\varphi)$, qui s'annule aux limites.

12. Développer la fonction $J_k(x)$ en série entière ordonnée par rapport aux puissances positives croissantes de x.

Réponse. — On peut se servir de l'expression de $J_k(x)$ sous forme d'intégrale : les coefficients du développement contiendront des intégrales de la forme

$$\int_0^\pi \cos k\varphi \sin^m \varphi\,d\varphi, \qquad \int_0^\pi \sin k\varphi \sin^m \varphi\,d\varphi,$$

aisées à calculer en exprimant $\sin^m\varphi$ en fonction linéaire des cosinus et des sinus des multiples de φ.

On peut également employer l'équation différentielle (3) en y substituant pour $J_k(x)$ une série de la forme

$$J_k = x^k\left(a_0 + a_1\frac{x}{1} + a_2\frac{x^2}{1.2} + \ldots + a_\nu\frac{x^\nu}{1.2\ldots\nu} + \ldots\right)$$

et calculant les coefficients par voie récurrente.

13. *Théorème d'Euler.* — Le temps τ que met une comète à passer sur une orbite parabolique du point P au point P' est donné par la formule

$$6\sqrt{f(\mathrm{M}+m)}\,\tau = (r + r' + \sigma)^{\frac{3}{2}} \mp (r + r' - \sigma)^{\frac{3}{2}},$$

r et r' désignant les rayons vecteurs des deux positions P et P' et z la corde P, P'.

(Nous démontrons ce théorème en Mécanique analytique dans le Tome II. Voyez TISSERAND, *Mécanique céleste*, p. 112.)

14. Un point attiré par un centre fixe, suivant la loi de Newton, décrit une orbite hyperbolique : calculer sa position à chaque instant.

On emploie la même méthode que pour l'ellipse nº 237 ; il s'introduit des logarithmes et des exponentielles à la place des lignes trigonométriques et des fonctions inverses.

15. Méthode des approximations successives pour la résolution de l'équation de Képler. Soit u la racine de l'équation. Démontrer les propositions suivantes :

1º On prend sur le cercle trigonométrique, à partir de l'origine A des arcs, deux arcs AM = AM', égaux et de signes contraires, égaux en valeur absolue à $\frac{\pi}{2} - e$. Si l'arc ζ a son extrémité sur l'arc MAM', $\cos u$ est positif, sinon $\cos u$ est négatif.

2º Si $\cos u$ est positif, ce qu'indique la disposition de ζ, toutes les valeurs de la suite $u_1, u_2, \ldots, u_{61}, \ldots$ iront, *à partir d'un certain moment*, en s'approchant de u toutes par excès ou toutes par défaut.

3º Si $\cos u$ est, au contraire, négatif, les valeurs approchées de u seront, à partir d'un certain moment, *alternativement* approchées par excès et par défaut, à l'instar des fractions continues. (KŒNIGS.)

16. Un centre attractif d'abscisse ζ se meut sur Ox d'un mouvement oscillatoire $\zeta = a \cos at$. Ce point attire un point matériel libre M proportionnellement à la distance : trouver le mouvement du point M.

(La projection de la trajectoire sur le plan des yz est une ellipse de centre O.)

17. La force centrale produisant le mouvement d'un point est proportionnelle à $\frac{v^2 r}{\rho}$, v désignant la vitesse du mobile, r sa distance au centre des forces, ρ le rayon de courbure de la trajectoire.

(RESAL, *Comptes rendus*, t. XC, p. 769.)

18. Mouvement d'un point sollicité par une force centrale d'intensité constante. Discuter la trajectoire (θ est donné en fonction de r par une intégrale elliptique. On verra plus loin, à propos des équations intrinsèques du mouvement d'un point sur une surface, que l'on peut ramener au problème précédent l'étude du mouvement d'un point pesant sur un cône de révolution d'axe vertical).

19. Trouver le mouvement d'un point matériel sollicité par une force centrale

$$ F = - m \left[\frac{2k^2(a^2 + b^2)}{r^4} - \frac{3k^2 a^2 b^2}{r^6} \right] ; $$

a est la distance initiale du point au point attirant. La vitesse initiale est perpendiculaire au rayon vecteur initial et a pour valeur $\frac{k}{a}$.

(La trajectoire est la transformée par rayons vecteurs réciproques d'une ellipse par rapport à son centre.)

20. Trouver le mouvement d'un point sollicité par la force centrale

$$F = -\frac{m\mu}{r^2\cos^3\theta}.$$

(Trajectoire conique; cas particulier des lois trouvées par Halphen et Darboux.)

21. *Forces centrales avec résistance de milieu.* — Un point de masse 1 se meut sous l'action d'une force centrale F et d'une résistance R tangente à la trajectoire. Démontrer que la trajectoire est plane. Puis, prenant le plan de la trajectoire pour plan des xy, et désignant par S la quantité $x\dfrac{dy}{dt} - y\dfrac{dx}{dt}$, par p la distance de la tangente au centre des forces O, et par ρ le rayon de courbure, démontrer les formules $F = -\dfrac{r}{p^3}\dfrac{S^2}{\rho}$, $R = -\dfrac{S}{p^2}\dfrac{dS}{ds}$.

$\Big($On peut partir de l'identité $\dfrac{dx}{dt} = \dfrac{S\,dx}{x\,dy - y\,dx}$ qu'on différentie, en se rappelant que $x\,dy - y\,dx = p\,ds$, $dy\,d^2x - dx\,d^2y = \dfrac{ds}{\rho}$, $v = \dfrac{ds}{dt} = \dfrac{S}{p}$.$\Big)$ En particulier, si $R = kv^2$, on a l'intégrale $S = Ae^{-ks}$ qui remplace l'intégrale des aires, s désignant l'arc de courbe parcouru.

(SIACCI, *Comptes rendus*, t. LXXXVIII.)

22. Si, dans l'exercice précédent, on suppose $R = kv$, résistance proportionnelle à la vitesse, on a l'intégrale

$$S = Ce^{-kt}.$$

(ELLIOT.)

23. Mouvement d'un point de masse 1 sollicité par une force centrale égale à $-\dfrac{\mu}{r^2} - \dfrac{3\mu'}{r^4}$. Cette loi de force est, avec une approximation suffisante pour l'Astronomie, l'expression approchée de l'attraction d'un sphéroïde sur un point éloigné.) (GYLDÉN, *Comptes rendus*, t. XCI, p. 957.)

24. Mouvement d'un point matériel attiré par un centre fixe proportionnellement à la distance et soumis à une résistance de milieu proportionnelle à la vitesse.

(Trajectoire plane; x et y sont donnés en fonction de t par des équations différentielles linéaires à coefficients constants. Discussion.)

CHAPITRE XI.

MOUVEMENT D'UN POINT SUR UNE COURBE FIXE OU MOBILE.

I. — MOUVEMENT SUR UNE COURBE FIXE.

244. Équation du mouvement. — Soient C la courbe sur laquelle le point est assujetti à se mouvoir, et MF la résultante des forces extérieures qui agissent sur le mobile. Celui-ci exerce sur la courbe une certaine pression, et la courbe agit sur le mobile par une réaction égale et opposée qui est normale à la courbe fixe, si l'on suppose qu'il n'y a pas de frottement. Le point peut, par suite, être considéré comme libre dans l'espace, à la condition qu'on lui applique la force F et la réaction normale MN (*fig.* 157).

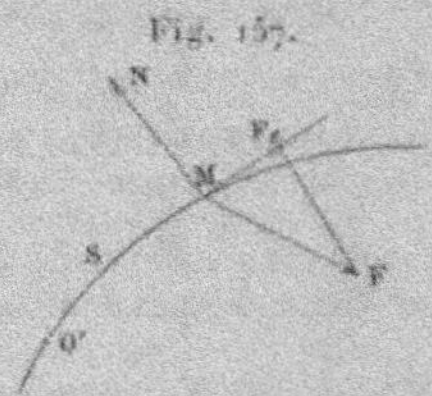

Puisque la position du mobile sur la courbe dépend d'un seul paramètre, il suffit d'une seule équation ne contenant pas la réaction pour définir le mouvement. Cette équation *est donnée par le théorème des forces vives* sous la forme

$$d\,\frac{mv^2}{2} = X\,dx + Y\,dy + Z\,dz,$$

équation où n'entre pas le travail de N, puisque la réaction restant normale au déplacement ne produit aucun travail.

Pour achever le calcul, on exprimera les coordonnées d'un point de la courbe en fonction d'un paramètre q

$$x = \varphi(q), \qquad y = \psi(q), \qquad z = \varpi(q);$$

on aura alors

$$(1) \qquad v^2 = \left(\frac{dx}{dt}\right)^2 + \left(\frac{dy}{dt}\right)^2 + \left(\frac{dz}{dt}\right)^2 = (\varphi'^2 + \psi'^2 + \varpi'^2)\left(\frac{dq}{dt}\right)^2,$$

$$(2) \qquad X\,dx + Y\,dy + Z\,dz = (X\varphi' + Y\psi' + Z\varpi')\,dq = Q\,dq,$$

Q désignant la quantité $X\varphi' + Y\psi' + Z\varpi'$. Dans le cas le plus général qui puisse se présenter, la force dépend à la fois de la position du mobile, de sa vitesse et du temps. Les composantes X, Y, Z et, par conséquent, Q seront alors les fonctions de q, $\frac{dq}{dt}$ et t, et l'équation (1), écrite sous la forme

$$d\left[\frac{m}{2}(\varphi'^2 + \psi'^2 + \varpi'^2)\left(\frac{dq}{dt}\right)^2\right] = Q\,dq,$$

sera une équation différentielle du second ordre, donnant q en fonction de t.

Dans le cas particulier où la force ne dépend que de la position du mobile, Q est une fonction de q seulement et l'intégration de l'équation se ramène à des quadratures. L'équation des forces vives donne en effet

$$d\frac{mv^2}{2} = Q\,dq, \qquad \frac{mv^2}{2} - \frac{mc^2}{2} = \int_{q_0}^{q} Q\,dq.$$

On tire de cette équation, après avoir remplacé v^2 par sa valeur (1), $\left(\frac{dq}{dt}\right)^2$ en fonction de q

$$\left(\frac{dq}{dt}\right)^2 = f(q), \qquad \frac{dq}{dt} = \pm\sqrt{f(q)}, \qquad t - t_0 = \pm\int_{q_0}^{q}\frac{dq}{\sqrt{f(q)}}.$$

Le problème est ainsi résolu par deux quadratures successives. L'expression de $\frac{dq}{dt}$ comporte un double signe; au début du mouvement on sait quel signe il faut prendre, car le sens de la vitesse initiale donne le signe de la valeur initiale de $\frac{dq}{dt}$; on conservera ce signe tant que $\dfrac{dq}{dt}$ ne s'annulera pas; si, au bout d'un temps fini, $f(q)$ s'annule, la vitesse s'annule; le sens de la composante tangentielle de la force détermine alors le sens du mouvement et, par suite, le signe de $\dfrac{dq}{dt}$.

Lorsqu'il existe une fonction des forces $U(x, y, z)$, la première intégration est immédiate; on a

$$\frac{mc^2}{2} = U(x, y, z) + h,$$

h ayant pour valeur $\dfrac{mc_0^2}{2} - U(x_0, y_0, z_0)$. On achève le calcul comme ci-dessus, en remplaçant x, y, z par leurs expressions en fonction de q.

245. Stabilité de l'équilibre. — Supposons que la force X, Y, Z ne dépende que de la position du mobile, la quantité Q est alors une fonction de q seulement, et pour trouver les positions d'équilibre il faut trouver les valeurs q annulant Q (n° 96). Ce problème conduit aux mêmes calculs que la recherche des maxima et minima de la fonction

$$U(q) = \int Q\, dq.$$

qui n'est définie qu'à une constante additive près. Nous voulons démontrer, d'après Lejeune-Dirichlet, que si, pour une valeur $q = a$, cette fonction U est réellement maximum, la position d'équilibre correspondante est *stable*.

Pour simplifier, nous pouvons supposer $a = 0$, car cela revient à prendre, comme nouveau paramètre, $q - a$ au lieu de q. Nous pouvons aussi supposer que la fonction $U(q)$ s'annule dans la position d'équilibre considérée, $q = 0$; car cela revient à déterminer convenablement la constante arbitraire qu'on peut ajouter à $U(q)$, c'est-à-dire à prendre

$$U(q) = \int_0^q Q\, dq.$$

La fonction $U(q)$ est alors nulle et maximum pour $q = 0$: cela veut dire que, ε étant un nombre positif quelconque inférieur à une certaine limite fixe, la fonction $U(q)$ est négative, pour toutes les valeurs de q, autres que o, vérifiant la seule condition

$$-\varepsilon \leqq q \leqq \varepsilon. \tag{1}$$

Ce nombre ε étant choisi arbitrairement aussi petit qu'on le veut, déplaçons le mobile de la position d'équilibre pour l'amener dans une position initiale correspondant à une valeur q_0 du paramètre comprise entre $-\varepsilon$ et $+\varepsilon$, et imprimons-lui une vitesse initiale v_0. Nous allons montrer qu'on peut assigner des nombres positifs α et β tels que, sous les seules conditions

$$v_0 < \alpha, \qquad -\beta < q_0 < \beta,$$

le mobile, dans le mouvement qui se produit, ne sorte pas des positions limites correspondant aux valeurs $\pm \varepsilon$ du paramètre q, et même n'atteigne pas ces limites. En effet, $U(\varepsilon)$ et $U(-\varepsilon)$ étant des quantités négatives et non nulles, on peut déterminer un nombre positif p qui soit plus petit à la fois que $-U(\varepsilon)$ et $-U(-\varepsilon)$, de sorte que la somme $U(q)+p$, positive pour $q=0$, devienne négative pour $q=\pm\varepsilon$. D'après le théorème des forces vives, on a, dans le mouvement qui se produit,

$$\frac{mv^2}{2} = U(q) + \frac{mv_0^2}{2} - U(q_0).$$

Déterminons v_0 et q_0 par les conditions

$$\frac{mv_0^2}{2} < \frac{p}{2}, \qquad -U(q_0) < \frac{p}{2}:$$

la première donne pour v_0 une limite supérieure α égale à $\sqrt{\dfrac{p}{m}}$; la deuxième, à cause de la continuité de la fonction $U(q)$ qui s'annule pour $q=0$, exige que q_0 soit en valeur absolue inférieur à un certain nombre positif β. Alors, si ces conditions sont remplies, on a

$$\frac{mv^2}{2} < U(q) + p$$

et il est évident que q ne peut pas atteindre les limites $\pm\varepsilon$, car, si q atteignait une de ces limites, la demi-force vive $\dfrac{mv^2}{2}$, qui est essentiellement positive, devrait être plus petite que le second membre, qui devient négatif pour $q = \pm \varepsilon$; ce qui est absurde. L'équilibre est donc bien stable.

Remarque. — Lorsque la force dépend de la vitesse, Q dépend de q et $\dfrac{dq}{dt}$; pour obtenir les positions d'équilibre, il faudra chercher les valeurs de q qui annulent Q, sous la condition $\dfrac{dq}{dt} = o$. Une de ces positions étant trouvée, pour reconnaître si elle est stable ou instable, il faut étudier le mouvement du point en le supposant infiniment peu écarté de cette position et animé d'une vitesse initiale infiniment petite. On trouvera dans la théorie du mouvement du pendule simple, soumis à une résistance de milieu proportionnelle à v, un exemple de la marche à suivre. Nous développerons plus tard, d'une manière systématique, l'étude des petits mouvements autour d'une position d'équilibre stable.

246. Mouvement d'un point pesant sur une courbe fixe. — Prenons trois axes rectangulaires, l'axe des z étant une verticale dirigée vers le haut. Les projections de la force étant (*fig.* 158)

$$X = o, \qquad Y = o, \qquad Z = - mg,$$

Fig. 158.

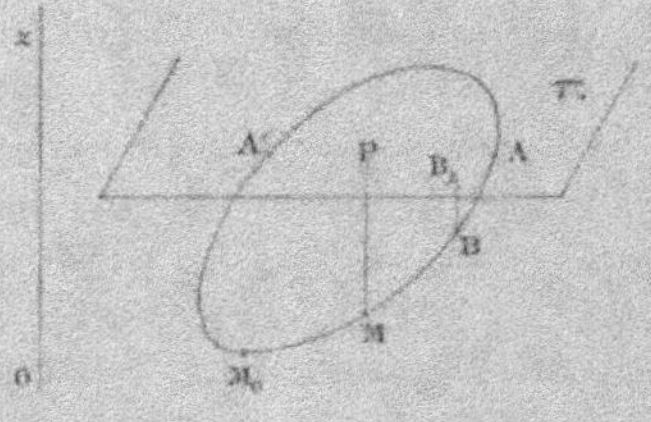

le travail élémentaire du poids est $- mg\,dz$, et l'équation des forces vives donne immédiatement

$$\frac{v^2}{2} = - gz + h,$$

formule qu'on peut écrire

$$v^2 = 2g(a - z),$$

constamment supérieure à sa valeur finale, nous aurons

$$z - \frac{K}{2} s^2 > a - \frac{K}{2} l^2,$$

$$\frac{1}{\sqrt{a-z}} > \sqrt{\frac{2}{K}}\, \frac{1}{\sqrt{l^2 - s^2}},$$

où l est la longueur de l'arc $M_0 A$. En remplaçant $\dfrac{1}{\sqrt{a-z}}$ par le deuxième membre dans l'expression de T, on aura

$$\sqrt{2g}\, T > \sqrt{\frac{2}{K}} \int_0^l \frac{ds}{\sqrt{l^2 - s^2}}; \qquad T > \frac{\pi}{2}\sqrt{\frac{1}{Kg}}.$$

En partant de l'inégalité $\dfrac{d^2 z}{ds^2} - k \geqq 0$, on trouverait de la même façon

$$T < \frac{\pi}{2}\sqrt{\frac{1}{kg}}.$$

Si l'on diminue la vitesse initiale de façon à abaisser le plan H jusqu'au voisinage de M_0, les deux quantités K et k tendent simultanément vers la même limite, à savoir la valeur de $\dfrac{\gamma}{\rho}$ au point le plus bas, valeur que nous caractérisons par l'indice o. Par conséquent, lorsque l'oscillation aura une amplitude infiniment petite, la durée d'une demi-oscillation simple sera $\dfrac{\pi}{2}\sqrt{\dfrac{\rho_0}{g\gamma_0}}$ et l'oscillation simple aura pour durée $\pi\sqrt{\dfrac{\rho_0}{g\gamma_0}}$, si, pour la portion $M_0 A'$ de la trajectoire, la quantité $\dfrac{\gamma}{\rho}$ a même limite que pour la portion $M_0 A$. En particulier, si la trajectoire est un cercle de rayon R dans un plan vertical, on retrouve l'expression connue de la durée d'une oscillation infiniment petite $\pi\sqrt{\dfrac{R}{g}}$.

Revenons maintenant aux oscillations d'amplitude finie, et considérons le cas où la tangente en A est horizontale. Rappelons la formule qui donne le temps

$$\sqrt{2g}\, t = \int_{z_0}^{z} \frac{\dfrac{ds}{dz}}{\sqrt{a-z}}\, dz.$$

Lorsque z tend vers a, s tend vers la longueur l de l'arc $M_0 A$, $\dfrac{1}{\sqrt{a-z}}$ croit indéfiniment, $\dfrac{ds}{dz}$ également. Prenant s pour variable indépendante, on aura

$$\sqrt{2g}\,t = \int_a^s \frac{ds}{\sqrt{a-z}}.$$

Soit λ l'ordre de l'infiniment petit $a-z$ par rapport à $s-l$ dans le voisinage de $s=l$, l'élément de l'intégrale sera infini d'ordre $\dfrac{\lambda}{2}$ par rapport à $\dfrac{1}{s-l}$; si $\dfrac{\lambda}{2}$ est $\geqq 1$, l'intégrale qui donne t croîtra indéfiniment; si, au contraire, on a $\dfrac{\lambda}{2} < 1$, l'intégrale restera finie. Le premier cas se présente pour un point ordinaire, où l'on a $\lambda=2$, comme on le voit en développant, par la formule de Taylor, z considéré comme une fonction de s dans le voisinage de $s=l$ et remarquant que $\dfrac{dz}{ds}$ est supposé nul pour $s=l$. Le second cas peut se présenter pour un point de rebroussement, où en général $\lambda=\dfrac{3}{2}$. Si donc A est un point ordinaire à tangente horizontale, le mobile s'approchera indéfiniment de ce point sans jamais l'atteindre. Si A est un point de rebroussement, le mobile peut y arriver sans vitesse et s'arrêter dans cette position d'équilibre. On en trouvera un exemple dans l'exercice (5).

247. Réaction normale. Équations intrinsèques. — Si l'on applique les équations intrinsèques du mouvement (n° **200**), on trouve d'une part l'équation du mouvement, d'autre part deux équations permettant de calculer la réaction normale.

Fig. 159.

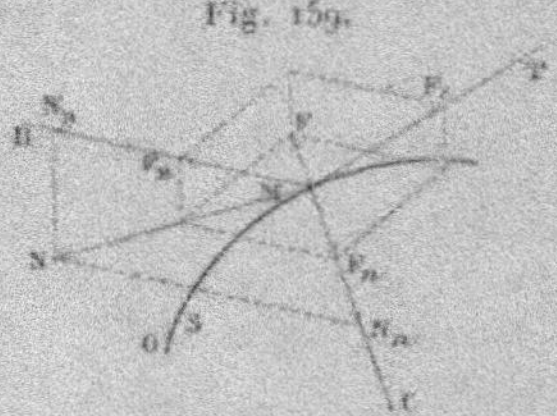

Menons en M la tangente MT dans le sens des arcs croissants. Soit MC $= \rho$ le rayon de courbure principal (*fig.* 159); menons la binormale MB. Les équations intrinsèques du mouvement seront actuellement

$$(1) \quad F_t = m\,\frac{dv}{dt}, \qquad (2)\ F_n + N_n = m\,\frac{v^2}{\rho}, \qquad (3)\ F_B + N_B = o;$$

car les seules forces agissant sur M sont F et la réaction normale N.

La première de ces équations, qui n'est autre que l'équation des forces vives sous une autre forme, donne le mouvement sur la courbe, car elle est indépendante de la réaction; les deux autres donneront ensuite la réaction normale par ses composantes N_n, N_B. Le calcul se simplifie lorsqu'il y a une fonction de forces U. Dans ce cas, l'équation des forces vives est

$$\frac{mv^2}{2} = U + h,$$

et, en portant cette valeur de v^2 dans l'équation (2), on pourra entièrement déterminer la réaction sans connaître le mouvement.

L'équation (1) écrite sous la forme

$$F_t = m\,\frac{dv}{ds}\,\frac{ds}{dt} = mv\,\frac{dv}{ds} = \frac{1}{2}\,\frac{dm\,v^2}{ds}$$

est bien identique à celle des forces vives. Elle montre que le mouvement ne change pas, si l'on déforme la courbe sans changer sa longueur et si l'on modifie la force F sans changer sa composante tangentielle F_t. Cette opération modifiera uniquement la réaction normale. En particulier, on peut de cette façon, sans changer le mouvement, transformer la courbe en une droite, et ramener le problème à une question de mouvement rectiligne.

Application. — Comme application de ce qui précède, nous démontrerons le théorème suivant :

Supposons qu'un mobile partant de M_0 décrive librement une trajectoire C, lorsqu'on le lance avec des vitesses successives v_0', v_0''..., sous l'action de forces qui respectivement sont F', F", ..., pour chacun des mouvements. Admettons maintenant qu'on lance ce mobile sur une courbe fixe qui réalise matériellement C et qu'on le soumette au système de forces α'F', α''F',..., agissant en même temps, α', α'', .. étant des constantes; *dans ce dernier cas, la réaction normale de la courbe est dirigée suivant la normale principale et varie en raison inverse du rayon de courbure.*

Soient v', v'', v''', ... les vitesses que possède successivement le mobile au point M dans la première série d'expériences. Les équations intrinsèques d'un quelconque de ces mouvements, du premier par exemple, seront

$$(1) \qquad \left\{ F'_t = m\,\frac{dv'}{dt} = mv'\,\frac{dv'}{ds}, \qquad F'_n = m\,\frac{v'^2}{\rho}, \qquad F'_b = 0 \right\},$$

. . . .

Dans la dernière expérience le point n'est pas libre, il faut donc introduire la réaction normale de la courbe fixe et les équations du mouvement sont alors

$$mv\,\frac{dv}{ds} = \alpha'\,F'_t + \alpha''\,F''_t + \alpha'''\,F'''_t + \ldots$$

$$m\,\frac{v^2}{\rho} = N_n + \alpha'\,F'_n + \alpha''\,F''_n + \alpha'''\,F'''_n + \ldots$$

$$0 = N_b + \alpha'\,F'_b + \alpha''\,F''_b + \alpha'''\,F'''_b + \ldots$$

En tenant compte des équations (1), on a d'abord $N_b = 0$, puis

$$v\,\frac{dv}{ds} = \alpha'v'\,\frac{dv'}{ds} + \alpha''v''\,\frac{dv''}{ds} + \ldots$$

et, en intégrant,

$$v^2 = C + \alpha'v'^2 + \alpha''v''^2 + \ldots$$

la constante C ayant pour valeur

$$v_0^2 - \alpha'v_0'^2 - \alpha''v_0''^2 - \ldots$$

on a enfin

$$\frac{mv^2}{\rho} = N_n + \alpha'\,\frac{mv'^2}{\rho} + \alpha''\,\frac{mv''^2}{\rho} + \ldots,$$

$$N_n = \frac{m}{\rho}\,(v^2 - \alpha'v'^2 - \alpha''v''^2 - \ldots) = \frac{m}{\rho}\,C.$$

Cette égalité, jointe à $N_b = 0$, démontre le théorème que nous avions en vue.

On pourra disposer de la vitesse initiale de façon à annuler la constante C. Dans ce cas, la réaction sera constamment nulle et le point décrira librement la courbe donnée. Ce dernier résultat est dû à O. Bonnet.

Par exemple, un point matériel peut décrire librement une ellipse sous l'influence d'une des cinq forces suivantes : une attraction en raison inverse du carré de la distance de la part de chacun des foyers, une attraction proportionnelle à la distance au centre, et enfin des attractions des axes en raison inverse du cube de la distance. Si donc on force le point à décrire l'ellipse sous l'action de ces cinq forces simultanées, en le plaçant dans des conditions initiales quelconques, la pression sur l'ellipse varie en raison inverse du rayon de courbure.

248. Pendule simple. — Un pendule simple est constitué par un point matériel pesant mobile sans frottement sur une circonférence située dans un plan vertical (*fig.* 160).

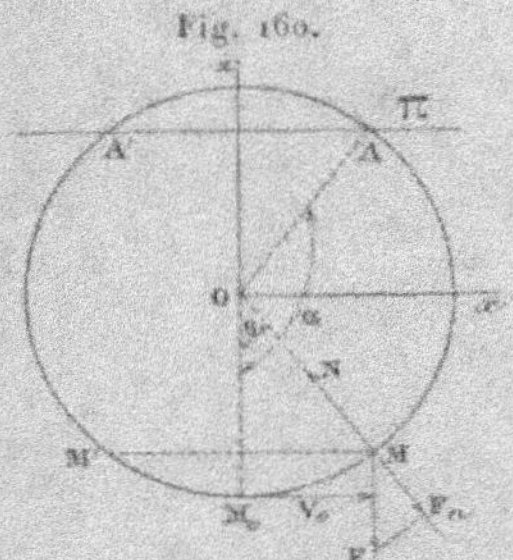

Fig. 160.

Prenons les axes indiqués sur la figure et supposons le mobile lancé du point le plus bas $M_0(z = -l)$ avec une vitesse initiale v_0; le théorème des forces vives donne

$$v^2 = 2g(a - z) \quad \text{avec} \quad a = -l + \frac{v_0^2}{2g}.$$

1° Supposons d'abord que la droite $\Pi(z = a)$ coupe le cercle en A, A', c'est-à-dire que l'on ait $a < l$, ou $v_0 < 2\sqrt{lg}$. Comme nous l'avons vu, le mouvement consistera en oscillations isochrones entre A et A'. Pour étudier le mouvement, nous prendrons pour variable l'angle $M_0 OM = \theta$. On aura

$$z = -l\cos\theta, \quad a = -l\cos\alpha,$$

en appelant α l'angle d'écart maximum $M_0 OA$.

Avec cette variable θ, l'expression de la vitesse est

$$v = \frac{ds}{dt} = \frac{l\,d\theta}{dt}$$

et l'équation des forces vives devient

$$l^2\left(\frac{d\theta}{dt}\right)^2 = 2gl(\cos\theta - \cos\alpha),$$

qu'on peut écrire

$$l\left(\frac{d\theta}{dt}\right)^2 = 4g\left(\sin^2\frac{\alpha}{2} - \sin^2\frac{\theta}{2}\right),$$

I.

d'où

$$\sqrt{\frac{g}{l}}\, dt = \frac{d\theta}{2\sqrt{\sin^2\frac{\alpha}{2} - \sin^2\frac{\theta}{2}}}.$$

Nous prendrons le signe $+$ en supposant que le mobile monte. En comptant le temps à partir du moment où le mobile part de M_0, on aura

$$\sqrt{\frac{g}{l}}\, t = \int_0^\theta \frac{d\frac{\theta}{2}}{\sqrt{\sin^2\frac{\alpha}{2} - \sin^2\frac{\theta}{2}}},$$

et en posant

$$\sin\frac{\theta}{2} = u \sin\frac{\alpha}{2},$$

$$\sqrt{\frac{g}{l}}\, t = \int_0^u \frac{du}{\sqrt{(1 - u^2)(1 - k^2 u^2)}}, \qquad \left(k^2 = \sin^2\frac{\alpha}{2} \right).$$

On est ainsi ramené à une intégrale elliptique et l'équation ci-dessus peut s'écrire

$$u = \operatorname{sn}\left(t\sqrt{\frac{g}{l}} \right),$$

c'est-à-dire

$$\sin\frac{\theta}{2} = \sin\frac{\alpha}{2}\operatorname{sn}\left(t\sqrt{\frac{g}{l}} \right);$$

$$\cos\frac{\theta}{2} = \sqrt{1 - k^2 \operatorname{sn}^2 t\sqrt{\frac{g}{l}}} = \operatorname{dn}\left(t\sqrt{\frac{g}{l}} \right);$$

on obtient ainsi les coordonnées $l\sin\theta$ et $l\cos\theta$ du mobile en fonction uniforme du temps.

Pour avoir le temps T que met le mobile à aller de M_0 en A, il faut faire varier θ de 0 à α, c'est-à-dire u de 0 à 1; donc, en posant comme d'ordinaire

$$K = \int_0^1 \frac{du}{\sqrt{(1 - u^2)(1 - k^2 u^2)}},$$

on aura pour T la valeur $K\sqrt{\frac{l}{g}}$ et la durée de l'oscillation simple sera $2K\sqrt{\frac{l}{g}}$. Si l'on ajoute cette quantité à t, le mobile doit prendre la position M' symétrique de M et $\sin\theta$ doit changer de signe, ce qui fournit une vérification de la formule connue

$$\operatorname{sn}(x + 2K) = -\operatorname{sn} x.$$

Il est utile d'avoir le développement de T suivant les puissances de $\sin\frac{\alpha}{2}$, c'est-à-dire celui de K suivant les puissances croissantes de k. Pour obtenir ce développement, nous écrirons, d'après la formule du binôme,

$$\frac{1}{\sqrt{1-k^2u^2}} = 1 + \frac{1}{2}k^2u^2$$
$$+ \frac{1.3}{2.4}k^4u^4 + \ldots + \frac{1.3.5\ldots 2n-1}{2.4.6\ldots 2n}k^{2n}u^{2n} + \ldots$$

et, en nous appuyant sur la formule facile à établir

$$\int_0^1 \frac{u^{2n}\,du}{\sqrt{1-u^2}} = \frac{\pi}{2}\,\frac{1.3.5\ldots 2n-1}{2.4.6\ldots 2n},$$

nous aurons

$$K = \frac{\pi}{2}\left[1 + \left(\frac{1}{2}\right)^2 k^2 + \left(\frac{1.3}{2.4}\right)^2 k^4 + \ldots\right];$$

par conséquent,

$$T = \frac{\pi}{2}\sqrt{\frac{l}{g}}\left[1 + \left(\frac{1}{2}\right)^2 \sin^2\frac{\alpha}{2} + \left(\frac{1.3}{2.4}\right)^2 \sin^4\frac{\alpha}{2} + \ldots\right].$$

Pour les oscillations infiniment petites ($\alpha = 0$), on trouve ainsi la formule

$$T = \frac{\pi}{2}\sqrt{\frac{l}{g}}.$$

Pour les oscillations de faible amplitude, on pourra remplacer $\sin\frac{\alpha}{2}$ par $\frac{\alpha}{2}$ et ne conserver que les deux premiers termes du développement

$$T = \frac{\pi}{2}\sqrt{\frac{l}{g}}\left(1 + \frac{\alpha^2}{16}\right).$$

2° Il nous faut maintenant considérer le cas où la droite H ne rencontre pas le cercle, c'est-à-dire où l'on a $a > l$. L'équation des forces vives $v^2 = 2g(a-z)$ peut s'écrire

$$l^2\left(\frac{d\theta}{dt}\right)^2 = 2g(a + l\cos\theta) = 2g\left(a + l - 2l\sin^2\frac{\theta}{2}\right)$$

ou

$$l^2\left(\frac{d\theta}{dt}\right)^2 = 2g(a + l)\left(1 - k^2\sin^2\frac{\theta}{2}\right),$$

en posant $k^2 = \frac{2l}{a+l}$; k^2 est plus petit que 1 puisque a est plus grand que l. En résolvant par rapport à dt et posant $\lambda = \dfrac{1}{2}\dfrac{\sqrt{2g(a+l)}}{l}$, on aura

$$\lambda\,dt = \frac{d\dfrac{\theta}{2}}{\sqrt{1 - k^2 \sin^2\dfrac{\theta}{2}}} \qquad \lambda t = \int_0^\theta \frac{d\dfrac{\theta}{2}}{\sqrt{1 - k^2 \sin^2\dfrac{\theta}{2}}}.$$

Prenons enfin $u = \sin\dfrac{\theta}{2}$ comme nouvelle variable, il viendra

$$\lambda t = \int_0^u \frac{du}{\sqrt{(1 - u^2)(1 - k^2 u^2)}},$$
$$u = \operatorname{sn}(\lambda t),$$

c'est-à-dire $\sin\dfrac{\theta}{2} = \operatorname{sn}(\lambda t)$. On en déduit

$$\cos\frac{\theta}{2} = \sqrt{1 - \operatorname{sn}^2(\lambda t)} = \operatorname{cn}(\lambda t).$$

Le temps T que met le mobile à arriver au point le plus haut s'obtient en faisant varier θ de 0 à π, c'est-à-dire u de 0 à 1; on a donc

$$\lambda T = K = \frac{\pi}{2}\left[1 + \left(\frac{1}{2}\right)^2 k^2 + \left(\frac{1.3}{2.4}\right)^2 k^4 + \ldots \right].$$

3° Il reste enfin à traiter le cas intermédiaire où la droite II serait tangente à la circonférence donnée : $a = l$. On peut alors effectuer les intégrations à l'aide de fonctions exponentielles, car le module k^2 des fonctions elliptiques précédentes devient égal à 1. Revenons, en effet, à l'équation des forces vives $v^2 = 2g(a - z)$, nous l'écrirons

$$l^2\left(\frac{d\theta}{dt}\right)^2 = 2g(l + l\cos\theta) = 4gl\cos^2\frac{\theta}{2},$$

$$\sqrt{\frac{g}{l}}\,dt = \frac{d\dfrac{\theta}{2}}{\cos\dfrac{\theta}{2}},$$

et, en intégrant,

$$\sqrt{\frac{g}{l}}\,t = \log\operatorname{tang}\left(\frac{\theta}{4} + \frac{\pi}{4}\right).$$

La constante d'intégration est nulle puisque t doit s'annuler avec θ. Lorsque t croît indéfiniment, θ tend en croissant vers la limite π; le mobile s'approche indéfiniment du point le plus haut sans jamais l'atteindre. Ce point est une position d'équilibre *instable*.

Calcul de la réaction. — La réaction en chaque point est dirigée suivant le rayon du cercle; on la compte positivement vers le centre et négativement dans le sens contraire. Soit alors N sa valeur algébrique, la seconde des équations intrinsèques du mouvement devient

$$F_n + N = \frac{m v^2}{\rho},$$

car N coïncide avec sa projection sur la normale principale; on a en outre (*fig.* 160)

$$F_n = - mg \cos\theta = \frac{mgz}{l},$$

$$v^2 = 2g(a - z),$$

et le rayon de courbure ρ est la longueur l du pendule; par conséquent on a :

$$N = \frac{2mg}{l}(a - z) - \frac{mgz}{l} = \frac{mg}{l}(2a - 3z).$$

La réaction décroît donc quand le point s'élève sur le cercle, et son maximum, essentiellement positif, a lieu pour le point le plus bas. Cette réaction s'annule et change de signe aux points où la circonférence est coupée par la droite $z = \frac{2a}{3}$.

D'après ce qui précède, si l'on suppose le mobile lancé dans un tube circulaire, le point pressera sur la paroi extérieure du tube quand la réaction N sera positive, et sur la paroi intérieure quand N sera négative. Le plus souvent, le point mobile est relié au point fixe par un fil flexible; tant que la réaction est positive, le fil reste tendu; mais lorsque après s'être annulée elle devient négative, le point tend à se rapprocher du centre, et le fil ne peut le maintenir sur la circonférence. Si l'on néglige la masse du fil, le mobile quittera la circonférence au point où $N = 0$ et se déplacera librement sous l'action de son poids; il décrira donc une parabole qui se raccordera avec le cercle. Au point de contact de ces deux courbes, le rayon de courbure sera le même; en effet, la vitesse du mobile, ainsi que les forces qui agissent sur lui, varient d'une façon continue au moment où le mobile quitte le cercle; l'équation intrinsèque qui donne $\frac{mv^2}{\rho}$ montre alors que le rayon de courbure varie aussi d'une façon continue, et les deux courbes sont bien osculatrices, au point de contact. La parabole, ayant son axe vertical, est entièrement déterminée par la condition d'être osculatrice au cercle, au point considéré.

Cherchons maintenant à quelles conditions doivent être assujetties les données pour que le mobile quitte ou ne quitte pas la circonférence. Considérons les droites $\Delta\left(z = \frac{2a}{3}\right)$ et $\Pi(z = a)$ (*fig.* 160). Si a est négatif, la réaction ne s'annulera jamais, car, la droite Δ étant située au-dessus de la droite II, le mobile qui oscille entre A et A' ne pourra jamais l'atteindre, et la réaction restera toujours positive. De même, si $\frac{2a}{3}$ est supérieur à l, la droite Δ sera extérieure au cercle, et la réaction ne s'annulera pas; le mobile décrira périodiquement la circonférence d'un mouvement continu. La réaction ne s'annulera donc que si l'on a

$$0 < a < \frac{3l}{2},$$

c'est-à-dire en remplaçant a par sa valeur, si l'on a

$$\sqrt{2gl} < v_0 < \sqrt{3gl},$$

v_0 désignant, comme plus haut, la vitesse au point le plus bas.

249. Mouvement du pendule simple dans un milieu résistant. — Si l'on veut tenir compte de la résistance du milieu où se fait le mouvement, il suffit d'ajouter aux forces N et $-mg$ qui agissent sur le mobile, une troisième force R dirigée suivant la tangente, en sens inverse du mouvement et croissant avec la vitesse.

L'équation des forces vives ou la première des équations intrinsèques du mouvement

$$m\frac{d^2s}{dt^2} = \mathrm{F}_t$$

donnera alors

$$m l \frac{d^2\theta}{dt^2} = -mg\sin\theta - \mathrm{R},$$

équation dans laquelle les projections sont faites sur la tangente dirigée dans le sens des arcs positifs.

1° Nous traiterons le cas des oscillations très petites dans un milieu où la résistance est proportionnelle à la vitesse. Dans ces hypothèses, on aura

$$\frac{\mathrm{R}}{ml} = 2k\frac{d\theta}{dt}$$

et l'équation du mouvement deviendra, en remplaçant $\sin\theta$ par θ,

$$\frac{d^2\theta}{dt^2} + 2k\frac{d\theta}{dt} + \frac{g}{l}\theta = 0.$$

Cette équation convient aussi bien au mouvement descendant qu'au mouvement ascendant, car le signe de R change avec le sens du mouvement. L'équation du mouvement est une équation linéaire à coefficients constants; pour l'intégrer, posons

$$\theta = e^{rt},$$

nous aurons, pour déterminer r, l'équation

$$r^2 + 2kr + \frac{g}{l} = 0,$$

$$r = -k \pm \sqrt{k^2 - \frac{g}{l}}.$$

Si l'on suppose la résistance très faible, ces deux racines seront imaginaires, et nous pourrons poser

$$r = -k \pm \mu i \qquad \text{avec} \qquad \mu^2 = \frac{g}{l} - k^2,$$

de sorte que l'intégrale générale de l'équation du mouvement sera

$$\theta = e^{-kt}(\mathrm{A} \cos \mu t + \mathrm{B} \sin \mu t).$$

La vitesse angulaire sera donnée par

$$\frac{d\theta}{dt} = e^{-kt}[(\mathrm{B}\mu - \mathrm{A}k)\cos \mu t - (\mathrm{A}\mu + \mathrm{B}k)\sin \mu t].$$

Supposons le mobile abandonné sans vitesse initiale du point M_0; soit θ_0 l'angle d'écart initial. En faisant $t = 0$ dans les formules précédentes, on voit que

$$\mathrm{A} = \theta_0, \qquad \mathrm{B} = \frac{k\theta_0}{\mu}.$$

Avec ces valeurs des constantes, la valeur de la vitesse sera

$$\frac{d\theta}{dt} = - \frac{\theta_0(k^2 + \mu^2)}{\mu} e^{-kt} \sin \mu t.$$

Le mobile partant de M_0 décrit un arc de cercle $M_0 M_1$ et arrive jusqu'en un

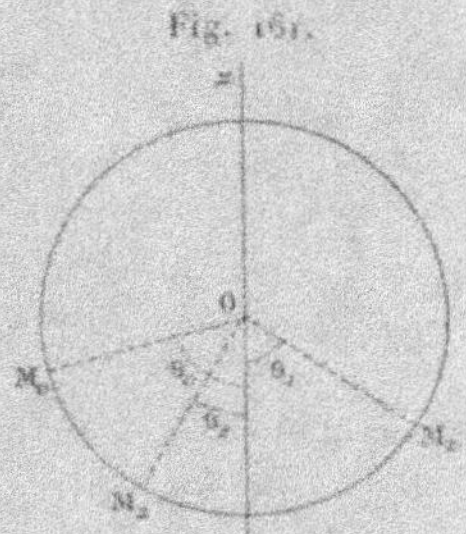

Fig. 161.

point M_1 (*fig.* 161) où la vitesse s'annule; la durée t_1 de cette demi-oscillation est la première valeur de t annulant $\dfrac{d\theta}{dt}$, c'est-à-dire $t_1 = \dfrac{\pi}{\mu}$. Le mobile reviendra ensuite sur ses pas jusqu'au point M_2, où il arrivera à l'époque $t_2 = \dfrac{2\pi}{\mu}$, et ainsi de suite; les oscillations sont isochrones comme dans le vide, mais la durée des oscillations est un peu augmentée, car on a $\mu < \sqrt{\dfrac{g}{l}}$ et, par conséquent, $\dfrac{\pi}{\mu} > \pi\sqrt{\dfrac{l}{g}}$.

Pour étudier les variations de l'amplitude, reportons nous à l'expression de θ :

$$\theta = e^{-kt}\left(\theta_0 \cos\mu t + \frac{k\theta_0}{\mu}\sin\mu t\right).$$

Si l'on y fait $t_1 = \dfrac{\pi}{\mu}$, on trouve

$$\theta_1 = -e^{\frac{-k\pi}{\mu}}\theta_0;$$

donc θ_1 est $< \theta_0$. Au temps $t_2 = \dfrac{2\pi}{\mu}$ on aura $\theta_2 = \theta_0 e^{\frac{-2k\pi}{\mu}}$, et ainsi de suite. Les amplitudes varient donc en progression géométrique de raison $-e^{\frac{-k\pi}{\mu}}$.

2° L'équation du mouvement s'intègre encore aisément, même pour des oscillations d'amplitude finie, dans le cas d'une résistance proportionnelle au carré de la vitesse. Pour le mouvement ascendant, on a

$$\frac{d^2\theta}{dt^2} = -\frac{g}{l}\sin\theta - k^2\left(\frac{d\theta}{dt}\right)^2;$$

l'équation du mouvement descendant s'obtiendrait en changeant k^2 en $-k^2$.

Prenons pour nouvelle variable $\theta' = \dfrac{d\theta}{dt}$; nous aurons

$$\frac{d\theta'}{dt} = \frac{d\theta'}{d\theta}\frac{d\theta}{dt} = \theta'\frac{d\theta'}{d\theta} = \frac{1}{2}\frac{d(\theta'^2)}{d\theta}$$

et l'équation du mouvement deviendra

$$\frac{1}{2}\frac{d(\theta'^2)}{d\theta} + k^2\theta'^2 = -\frac{g}{l}\sin\theta.$$

L'équation privée du second membre a pour intégrale générale $\theta'^2 = A\,e^{-2k\theta}$. Nous chercherons une intégrale particulière de l'équation complète de la forme $\theta'^2 = \lambda\cos\theta + \mu\sin\theta$; on voit facilement que, pour satisfaire à l'équation proposée, il suffit de faire

$$\lambda = \frac{2g}{l(4k^2+1)}, \qquad \mu = -\frac{4k^2 g}{l(4k^2+1)},$$

et l'intégrale générale sera

$$\theta'^2 = A\,e^{-2k^2\theta} + \frac{2g}{l(4k^2+1)}\cos\theta - \frac{4k^2 g}{l(4k^2+1)}\sin\theta;$$

On aura t en fonction de θ par une quadrature qu'on pourra effectuer en termes finis dans le cas d'amplitudes très petites.

250. Pendule cycloïdal. — Nous étudierons sous ce nom un point matériel pesant assujetti à se déplacer sans frottement sur une cycloïde à base horizontale située dans un plan vertical et tournant sa concavité vers le haut.

Prenons pour origine le point le plus bas de la courbe et pour axe des z la verticale dirigée vers le haut ; soit R le rayon du cercle générateur.

Rappelons tout d'abord quelques propriétés élémentaires de la cycloïde. Considérons une position du cercle générateur et le point décrivant M ; la normale à la courbe est MB (*fig.* 162), le centre de courbure est en E

Fig. 162.

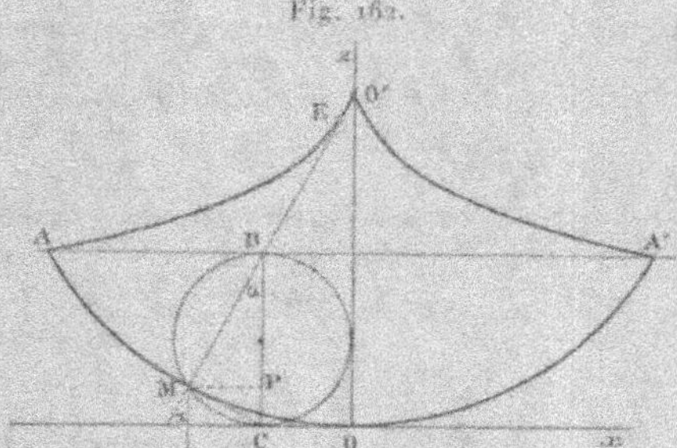

symétrique de M par rapport à B, et le lieu du centre de courbure E est une cycloïde égale à la cycloïde donnée, ayant ses sommets en AA' ; enfin la tangente MC est moitié de l'arc OM qui sera désigné par s.

Dans le triangle rectangle BMC, on a

$$MC^2 = BC.CP,$$

c'est-à-dire

$$\frac{s^2}{4} = 2R z, \qquad \text{d'où} \qquad \frac{dz}{ds} = \frac{s}{4R}.$$

La projection du poids sur la tangente étant égale à $-mg\dfrac{dz}{ds}$ sera $-mg\dfrac{s}{4R}$. L'équation des forces vives ou l'équation intrinsèque donne donc

$$\frac{d^2 s}{dt^2} = -\frac{g}{4R}s.$$

Nous retrouvons la même équation que dans le mouvement rectiligne d'un point matériel attiré par un centre fixe proportionnellement à la distance. Nous aurons pour intégrale générale

$$s = A \cos t \sqrt{\frac{g}{4R}} + B \sin t \sqrt{\frac{g}{4R}},$$

qui se réduira à

$$s = s_0 \cos t \sqrt{\frac{g}{4R}}$$

lorsque le mobile sera abandonné sans vitesse initiale à une distance s_0 de l'origine. Dans ces conditions, le temps que met le mobile pour arriver au point le plus bas est $T = \pi \sqrt{\frac{R}{g}}$; la durée de l'oscillation est donc indépendante de la position initiale du mobile, c'est-à-dire de l'amplitude : le mouvement est dit *tautochrone*.

Huygens a réalisé matériellement le pendule cycloïdal de la façon suivante : au point de rebroussement O′ de la développée il attache un fil dont la longueur 4R est égale à l'arc de développée O′A. D'après les propriétés rappelées plus haut, si l'on assujettit le fil à s'enrouler successivement sur les deux arcs O′A, O′A′, l'extrémité M de ce fil décrit la cycloïde considérée.

Réaction normale. — L'une des équations intrinsèques du mouvement donne

$$F_n + N = \frac{mv^2}{\rho}.$$

Or

$$v^2 = 2g(a - s), \qquad \rho = 2\,\overline{MB}, \qquad F_n = - mg \cos z = - mg\,\frac{2R - z}{MB},$$

en appelant z l'angle de la normale avec la verticale et remarquant que $2R - z$ est la projection de MB sur la verticale. On a donc

$$N = \frac{mg(a - s)}{MB} + \frac{mg(2R - z)}{MB}.$$

Dans le cas particulier où le mobile serait abandonné sans vitesse au point de rebroussement, on aurait $a = 2R$, le premier rapport deviendrait égal au deuxième et la réaction serait

$$N = 2\,\frac{mg(2R - z)}{MB} = - 2 F_n.$$

La réaction est alors égale et opposée au double de la composante normale du poids (Euler).

251. Mouvement d'un point pesant sur une courbe située dans un plan vertical avec résistance de milieu et frottement. — Supposons, pour fixer les idées, que la courbe tourne sa concavité vers le haut et que le mobile se meuve en sens contraire du sens O'S, choisi sur la courbe comme sens positif des arcs s (*fig.* 163).

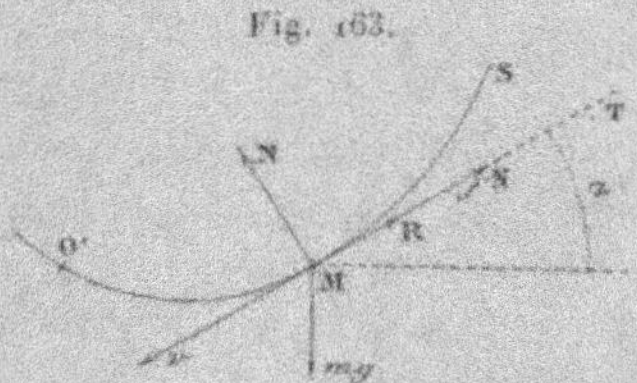

Fig. 163.

Appelons α l'angle que fait avec une horizontale la tangente MT, menée dans le sens des arcs positifs. Les forces agissant sur le mobile sont le poids mg, la réaction normale N, la force de frottement fN (n° 195), et la résistance de milieu $R = m\varphi(v)$, ces deux dernières forces étant dirigées en sens contraire de la vitesse, c'est-à-dire suivant la tangente MT. Les équations intrinsèques donnent

$$m\frac{d^2s}{dt^2} = -mg\sin\alpha + fN + m\varphi(v),$$

$$\frac{mv^2}{\rho} = N - mg\cos\alpha.$$

Éliminant N entre ces deux équations et remplaçant $\frac{d^2s}{dt^2}$ par $\frac{dv}{dt}$ ou $\frac{1}{2}\frac{dv^2}{ds}$, on a l'équation

$$(1)\qquad \frac{dv^2}{ds} = -2g(\sin\alpha - f\cos\alpha) + \frac{2fv^2}{\rho} + 2\varphi(v).$$

Le long de la courbe α et ρ sont des fonctions connues de s. On a donc là une équation différentielle du premier ordre donnant v en fonction de s. Une fois cette fonction trouvée, on a t en s par une quadrature. Si la résistance est nulle ou proportionnelle au carré de la vitesse $\varphi(v) = kv^2$, l'équation est linéaire en v^2 et l'on peut achever les calculs.

Le point de la courbe pour lequel $\sin\alpha - f\cos\alpha$ est nul est la position d'équilibre limite du mobile, en tenant compte du frottement, si l'on appelle aussi f le coefficient du frottement au départ (n° 192).

252. **Courbes tautochrones.** — Nous avons trouvé plus haut que le mouvement d'un point pesant sur la cycloïde est *tautochrone*. D'une manière générale, considérons un mobile assujetti à se mouvoir sur une courbe matérielle donnée sous l'action de forces également données. On dit que la courbe est tautochrone s'il existe sur la courbe un point O' tel que le mobile, étant abandonné à lui-même sans vitesse, revienne toujours en O' dans le même temps, quelle que soit la position initiale. Le point O' s'appelle *point de tautochronisme*.

Il faut tout d'abord distinguer deux cas, suivant que le mobile est sollicité par des forces dépendant seulement de sa position ou par des forces dépendant aussi de la vitesse.

Premier cas. *Les forces dépendent uniquement de la position.* — Le problème se pose alors comme il suit :

Soit $F(X, Y, Z)$ une loi de force donnée, X, Y, Z étant fonction de x, y, z seuls. Sur quelle courbe faut-il assujettir le mobile à glisser sans frottement pour que le mouvement soit tautochrone?

Supposons une de ces courbes tautochrones trouvées et comptons l'arc s à partir du point de tautochronisme O'. L'équation du mouvement est

$$m \frac{d^2 s}{dt^2} = F_t = X \frac{dx}{ds} + Y \frac{dy}{ds} + Z \frac{dz}{ds}.$$

Le long de la courbe x, y, z sont des fonctions de s; X, Y, Z sont donc aussi des fonctions déterminées de s, et dans cette équation le deuxième membre F_t est une fonction de s. Cette équation est alors identique à l'équation d'un mouvement rectiligne qui s'effectue sur un axe O's sous l'action d'une force F_t, fonction de la seule position du mobile; et l'on veut que ce mouvement soit tautochrone. Or nous avons vu, d'après la méthode de Puiseux, n° 214, que la condition nécessaire et suffisante du tautochronisme est que la force F_t soit de la forme $- k^2 s$, k^2

étant une constante positive. Donc, pour que la courbe supposée soit tautochrone, il faut et il suffit que l'on ait

$$(1) \qquad X \frac{dx}{ds} + Y \frac{dy}{ds} + Z \frac{dz}{ds} = - k^2 s.$$

Toutes les courbes vérifiant cette condition unique seront tautochrones. Le point de tautochronisme $s = o$ est évidemment une position d'équilibre stable du mobile glissant sur la courbe.

Pour achever de déterminer le problème, on peut se donner arbitrairement une deuxième condition; voici, par exemple, deux manières différentes de choisir cette condition supplémentaire :

1° On peut assujettir la courbe à se trouver sur une surface donnée

$$(2) \qquad f(x, y, z) = o.$$

Cette équation et l'équation (1), jointes à l'équation évidente

$$(3) \qquad \left(\frac{dx}{ds}\right)^2 + \left(\frac{dy}{ds}\right)^2 + \left(\frac{dz}{ds}\right)^2 = 1,$$

déterminent x, y, z en fonction de s. L'intégration de ces équations introduit deux constantes arbitraires, outre k^2, qui a déjà été choisi arbitrairement. Si la force dérive d'une fonction de forces, l'équation (1) s'intègre immédiatement, car on a alors

$$X\,dx + Y\,dy + Z\,dz = dU(x, y, z) = - k^2 s,$$
$$U(x, y, z) = - \frac{k^2 s^2}{2} + C.$$

2° Au lieu d'assujettir la courbe à se trouver sur une surface donnée, on peut l'assujettir à être également tautochrone, avec le même point de tautochronisme, pour une deuxième loi de force X_1, Y_1, Z_1 ne dépendant que de la position du mobile. Pour cela, il faut et il suffit que l'on ait, avec l'équation (1), la nouvelle équation

$$(1') \qquad X_1 \frac{dx}{ds} + Y_1 \frac{dy}{ds} + Z_1 \frac{dz}{ds} = - k_1^2 s.$$

Les deux équations (1) et (1'), jointes à (3), déterminent x, y, z en fonction de s. La courbe obtenue est tautochrone pour la force $\lambda X + \mu X_1, \ldots,$ λ et μ étant des constantes positives.

Lorsque la deuxième loi de force dérive, comme la première, d'une fonction de forces U_1, on a aussi

$$U_1(x,y,z) = -\frac{k_1^2 s^2}{2} + C_1;$$

la courbe cherchée se trouve alors sur la surface

$$k_1^2[U(x,y,z) - C] = k^2[U_1(x,y,z) - C_1].$$

Deuxième cas. *Les forces dépendent de la vitesse.* — Supposons que la force (X, Y, Z) dépende ou non de la vitesse et qu'il y ait, de plus, une résistance de milieu, fonction de la vitesse $R = \varphi(v)$, où v égale $\frac{ds}{dt}$. L'équation du mouvement sur la courbe cherchée est

$$m \frac{d^2 s}{dt^2} = X \frac{dx}{ds} + Y \frac{dy}{ds} + Z \frac{dz}{ds} + \varphi\left(\frac{ds}{dt}\right);$$

x, y, z étant des fonctions de s, le second membre, dont la première partie dépend de $x, y, z, \frac{dx}{dt}, \frac{dy}{dt}, \frac{dz}{dt}$, peut être exprimé en fonction de s et $\frac{ds}{dt}$. L'équation est alors identique à celle du mouvement rectiligne d'un mobile sur un axe $O's$ sous l'action d'une force dépendant de la position et de la vitesse. On ne connaît pas la condition nécessaire et suffisante pour qu'il y ait tautochronisme; on sait seulement qu'il y a tautochronisme quand la force suit certaines lois déterminées, par exemple celle de Lagrange (n° 214).

On obtiendra donc des courbes tautochrones en égalant, *si cela est possible*, l'expression

$$X \frac{dx}{ds} + Y \frac{dy}{ds} + Z \frac{dz}{ds} + \varphi\left(\frac{ds}{dt}\right)$$

à l'une de ces lois de forces, par exemple à celle de Lagrange,

$$\left(\frac{ds}{dt}\right)^2 \frac{f'(s)}{f(s)} + \frac{ds}{dt} \mathfrak{F}\left(\frac{1}{f(s)} \frac{ds}{dt}\right).$$

Si cette identification est possible par un choix convenable des fonctions f et $\mathfrak{F}$, les courbes correspondantes sont tautochrones. Supposons que l'on ait trouvé une courbe sur laquelle l'équation du mouvement est un cas particulier de l'équation de Lagrange : il est important de remarquer que le mouvement sur cette courbe restera tautochrone si l'on ajoute aux forces une résistance de milieu proportionnelle à la vitesse. En effet, l'équation du nouveau mouvement différera de la précédente par la présence d'un terme supplémentaire en $k\,\dfrac{ds}{dt}$; elle se déduit donc de la précédente en remplaçant dans la formule de Lagrange la fonction $\mathcal{F}$ par $\mathcal{F} + k$. Par exemple, la cycloïde, étant tautochrone pour la pesanteur, le restera si l'on ajoute une résistance proportionnelle à la vitesse (Newton).

Pour traiter un cas précis, supposons la force X, Y, Z fonction de la seule position du mobile, et la résistance $\varphi(v)$ proportionnelle au carré de la vitesse, l'équation du mouvement est, en supposant $m = 1$,

$$\frac{d^2s}{dt^2} = X\,\frac{dx}{ds} + Y\,\frac{dy}{ds} + Z\,\frac{dz}{ds} + k^2\left(\frac{ds}{dt}\right)^2.$$

équation qui, en remplaçant $\left(\dfrac{ds}{dt}\right)^2$ par v^2, est de la forme

$$\frac{dv^2}{ds} = pv^2 + q$$

où

$$p = 2k^2, \qquad q = 2\left(X\,\frac{dx}{ds} + Y\,\frac{dy}{ds} + Z\,\frac{dz}{ds}\right),$$

q étant une certaine fonction de s. Pour qu'il y ait tautochronisme, le point $s = 0$ étant le point de tautochronisme, il faut et il suffit (n° **214**, deuxième exemple) que l'on ait (s étant ici la variable)

$$pq - 2\,\frac{dq}{ds} = 4h^2,$$

où h désigne une constante et où q s'annule au point de tautochronisme. Remplaçant p par la valeur $2k^2$, on a

$$q = \frac{2h^2}{k^2}\left[1 - e^{k^2s}\right],$$

la constante introduite par l'intégration étant déterminée par la condition que q s'annule avec s.

La condition de tautochronisme est donc (EULER et Jean BERNOULLI).

$$(5) \qquad X\frac{dx}{ds} + Y\frac{dy}{ds} + Z\frac{dz}{ds} = \frac{h^2}{k^2}[1 - e^{k^2 s}],$$

à laquelle on pourra, comme dans le premier cas, adjoindre soit l'équation d'une surface, soit la condition pour que la même courbe soit tautochrone pour une deuxième loi de force. S'il existe une fonction de force U, on peut intégrer et l'on a

$$U(x, y, z) = \frac{h^2}{k^2}\left[s - \frac{1}{k^2} e^{k^2 s} \right] + C.$$

Comme vérification, lorsque k^2 tend vers zéro, la résistance disparaît et l'on retrouve les courbes tautochrones pour une loi de force dépendant uniquement de la position : effectivement, dans cette hypothèse, le second membre de la condition (5) tend vers $- h^2 s$.

Nous ne traiterons pas ici en détail le cas où il y aurait un frottement venant s'ajouter à une résistance de milieu; nous renverrons le lecteur à une Note de M. Darboux (*Mécanique de Despeyrous*, t. I, Note XIII) et à un Mémoire de M. Haton de la Goupillière (*Journal de Liouville*, t. XIII, 2ᵉ série). Nous nous bornerons à déterminer plus loin la tautochrone plane pour la pesanteur, quand il y a frottement.

253. Applications. — 1° *Pesanteur sans résistance de milieu ni frottement.* — On peut tout d'abord ramener la recherche des courbes tautochrones gauches, sous l'action de la pesanteur, à celle des courbes planes. En effet, imaginons une tautochrone gauche C et considérons le cylindre projetant cette courbe horizontalement; si l'on développe ce cylindre sur un plan vertical, en maintenant ses génératrices verticales, la courbe C devient une courbe plane C' de même longueur, et la composante tangentielle F_t du poids du mobile n'est pas modifiée. Par conséquent, le mouvement n'est pas changé et la nouvelle courbe est tautochrone. L'opération inverse permet de repasser de la courbe plane C' à la courbe gauche C.

Nous allons établir que la seule courbe tautochrone pour la pesanteur, située dans un plan vertical, est la cycloïde.

Prenons pour origine le point de tautochronisme sur la courbe tautochrone, l'axe des z étant vertical et dirigé vers le haut. La force donnée étant la pesanteur, on a actuellement $X = 0$, $Y = 0$, $Z = - mg$, et la composante tangentielle F_t de la force est $- mg\dfrac{dz}{ds}$. Cette composante doit être de la forme $-h^2 s$. On a donc, en désignant par h^2 une constante positive,

$$\frac{dz}{ds} = + h^2 s, \qquad z = + \frac{h^2 s^2}{2},$$

sans ajouter de constante, car z s'annule avec s. Cette équation est caractéristique d'une cycloïde ayant sa base horizontale et son sommet à l'origine.

2° *Pesanteur avec résistance de milieu proportionnelle à v^2.* — L'axe Oz étant toujours vertical et dirigé vers le haut, l'équation du mouvement d'un point pesant sur une courbe avec une résistance de milieu, fonction de v, est de la forme

$$\frac{d^2 s}{dt^2} = - g \frac{dz}{ds} + \varphi(v),$$

v ayant la valeur $\dfrac{ds}{dt}$. Cette équation reste encore la même si l'on développe sur un plan vertical le cylindre projetant horizontalement la courbe. On est donc encore ramené, pour avoir toutes les courbes tautochrones dans les conditions indiquées, à chercher celles qui sont situées dans un plan vertical zOx.

Nous examinerons le cas où $\varphi(v) = k^2 v^2$; l'équation est alors

$$\frac{d^2 s}{dt^2} = - g \frac{dz}{ds} + k^2 \left(\frac{ds}{dt}\right)^2,$$

où $\dfrac{dz}{ds}$ est une certaine fonction de s. D'après l'exemple général que nous avons traité pour le cas d'une résistance proportionnelle au carré de la vitesse, la condition nécessaire et suffisante de tautochronisme est (formule 5, page 432)

$$- g \frac{dz}{ds} = \frac{h^2}{k^2}(1 - e^{k^2 s});$$

d'où, en intégrant et remarquant que z s'annule avec s, on déduirait z en fonction de s. Mais il est plus simple d'exprimer les coordonnées x et z d'un point de la courbe en fonction de l'angle α que fait la tangente avec Ox. On a

$$\frac{dz}{ds} = \sin \alpha, \qquad \frac{dx}{ds} = \cos \alpha;$$

l'équation précédente donne donc

$$1 - e^{k^2 s} = - \frac{g k^2}{h^2} \sin \alpha, \qquad ds = \frac{g \cos \alpha \, d\alpha}{h^2 + g k^2 \sin \alpha}.$$

On a donc

$$dz = \frac{g \cos \alpha \sin \alpha \, d\alpha}{h^2 + g k^2 \sin \alpha}, \qquad dx = \frac{g \cos^2 \alpha \, d\alpha}{h^2 + g k^2 \sin \alpha},$$

I.

d'où s et x en fonction de α par des quadratures élémentaires. En faisant $k^2 = 0$, on retrouvera la cycloïde.

3° *Tautochrone pour la pesanteur dans un plan vertical, en tenant compte du frottement (cycloïde).* — L'équation du mouvement d'un point pesant sur une courbe située dans un plan vertical avec frottement a été établie dans le n° 231. Cette équation est, en laissant de côté la résistance du milieu,

$$\frac{dv^2}{ds} = - 2g(\sin\alpha - f\cos\alpha) + \frac{2fv^2}{\rho},$$

α désignant l'inclinaison de la tangente sur l'horizon et ρ le rayon de courbure $\dfrac{ds}{d\alpha}$. Cette équation, dans laquelle α et ρ sont des fonctions de s le long de la courbe inconnue, est de la forme

$$\frac{dv^2}{ds} = pv^2 + q,$$

$$p = \frac{2f}{\rho}, \qquad q = - 2g(\sin\alpha - f\cos\alpha).$$

La condition de tautochronisme est (p. 327)

$$pq - 2\frac{dq}{ds} = 4h^2,$$

où h est constant et où q s'annule au point de tautochronisme O_1, point qui a été caractérisé dans le n° 231 par ce fait que le coefficient angulaire de la tangente y est égal à f. Remplaçant p et q par leurs valeurs, on a, en se rappelant que $\rho = \dfrac{ds}{d\alpha}$,

$$\frac{ds}{d\alpha} = \frac{g}{h^2}(1 + f^2)\cos\alpha,$$

$$s = \frac{g}{h^2}(1 + f^2)\sin\alpha,$$

en comptant l'arc à partir du point le plus bas. Cette équation est caractéristique d'une *cycloïde*; on peut le vérifier directement et l'on peut encore remarquer que la forme de l'équation reste la même quand on fait $f = 0$, et alors, d'après la première application, on a une cycloïde.

L'équation ci-dessus ne contenant f qu'au carré, le tautochronisme a lieu quand le mouvement se fait dans les deux sens (NECKER. *Mémoires des Savants étrangers.* 1763).

Le point de tautochronisme n'est pas le même suivant que le mobile marche dans un sens ou dans l'autre. Quand le mobile glisse sur la moitié de la courbe située à droite du point le plus bas, le point de tautochronisme est le point O_1 tel que $\tan \alpha = f$; sur l'autre moitié de la courbe, c'est le point O_2 situé à la même hauteur que O_1. Le mobile étant placé sans vitesse en un point de l'arc situé au-dessous des points O_1 et O_2, y reste en équilibre avec frottement au repos.

4° *Forces centrales.* — Si un point est sollicité par une force centrale fonction de la distance et par une résistance de milieu, on peut encore ramener la recherche des courbes tautochrones gauches à celle des courbes tautochrones planes situées dans un plan passant par le centre des forces O. En effet, prenons une courbe C et traçons le cône de sommet O et de directrice C, puis développons ce cône sur un de ses plans tangents : la courbe C se transformera en une courbe plane C', et l'équation du mouvement sur la courbe C' sera identique à l'équation du mouvement sur C, car le développement ne modifie ni la longueur des arcs de courbe, ni la distance des points au centre des forces, ni l'inclinaison de la force centrale sur la courbe : avant et après le développement, s et F, sont donc les mêmes. Pour que la courbe C soit tautochrone, il faut et il suffit que la courbe plane C', dont le plan passe par O, le soit.

Supposons qu'il n'y ait pas de résistance pour traiter le cas le plus simple. Prenons dans le plan un système de coordonnées polaires r et θ, ayant pour origine le centre O, et soit $U(r) = \int F \, dr$ la fonction des forces (F étant fonction donnée de r), la condition de tautochronisme est

$$U(r) = -\frac{k^2 g^2}{2} + c;$$

comme l'arc est compté à partir du point de tautochronisme, on a, en appelant a le rayon vecteur de ce point, $c = U(a)$. On est ainsi ramené à chercher une courbe plane dont l'arc s est une fonction connue de r,

$$ks = \sqrt{2c - 2U(r)}.$$

Différentiant, remplaçant ds par sa valeur $\sqrt{dr^2 + r^2 d\theta^2}$, puis résolvant par rapport à $d\theta^2$, on est ramené à une quadrature.

Par exemple, si la force est une attraction proportionnelle à la distance, on a

$$F = -\mu r, \qquad U(r) = -\frac{\mu r^2}{2},$$

$$ks = \sqrt{\mu(r^2 - a^2)}.$$

Ces courbes sont ou des épicycloïdes ou des spirales qui ont été étudiées par Puiseux (*Journal de Liouville*, t. IX. *Voy.* Exercice 11). Parmi ces courbes se trouve évidemment une droite correspondant au cas où $k = \sqrt{\mu}$, le point de tautochronisme étant le pied de la perpendiculaire abaissée de O sur la droite.

On retrouve ces mêmes courbes quand on tient compte du frottement

(Darboux, Note à la *Mécanique de Despeyrous*); M. Haton de la Goupillière a montré, dans un élégant article inséré au Tome XIII (2ᵉ série) du *Journal de Liouville*, que ces mêmes courbes, trouvées par Puiseux, sont les seules pour lesquelles la loi de la force tangentielle rentre dans la formule de Lagrange.

5° *Deux lois de forces.* — Nous avons vu qu'une courbe tautochrone est déterminée à des constantes près quand on exige que le tautochronisme ait lieu séparément pour deux lois différentes de forces, le point de tautochronisme étant le même pour les deux lois.

Cherchons, par exemple, une courbe qui soit à la fois tautochrone : 1° pour la pesanteur, 2° pour une attraction d'intensité constante f issue d'un axe vertical Oz. Prenons cet axe pour axe Oz en le supposant dirigé vers le haut : nous pourrons toujours choisir l'origine et l'axe Ox de telle façon que le point de tautochronisme soit sur l'axe Oz, à une distance a de l'origine.

Comme actuellement la première loi de forces dérive de la fonction de forces $-gz$ et la deuxième de la fonction de forces $-fr$, en appelant r la distance du mobile à l'axe Oz, on a les deux conditions de tautochronisme

$$-gz = -\frac{h^2 s^2}{2}, \qquad -fr = -\frac{h^2 s^2}{2} - fa;$$

car, pour $s = 0$, z doit être nul et r égal à a.

Ces équations s'écrivent plus simplement

$$(1) \qquad z = \frac{s^2}{2b}, \qquad r - a = \frac{s^2}{2c},$$

b et c désignant des constantes positives.

L'élimination de s^2 montre que la courbe doit être située sur la surface

$$(2) \qquad r = a + \frac{b}{c} z,$$

qui est un cône de révolution autour de Oz. Pour achever de la déterminer, prenons un système de coordonnées semi-polaires r, θ et z.

L'élément ds^2 est donné par

$$(3) \qquad ds^2 = dr^2 + r^2 d\theta^2 + dz^2.$$

Exprimons s et z en fonction de r à l'aide des formules précédentes; l'équation (2) et la deuxième des équations (1) donnent

$$z = \frac{c}{b}(r - a), \qquad s = \sqrt{2c(r - a)};$$

en substituant dans (3) et réduisant, on a pour l'équation de la projection horizontale

$$\theta = \sqrt{1 - \frac{c^2}{b^2}} \int_a^r \sqrt{\frac{\alpha - r}{r - a}}\, \frac{dr}{r},$$

où α désigne une constante positive plus grande que a. Comme la courbe part du point de tautochronisme $r = a$, $\theta = 0$, on a pris comme limite inférieure $r = a$.

La courbe en projection horizontale est comprise entre les deux cercles $r = a$ et $r = \alpha$; elle est tangente au premier et normale au second, sur lequel elle présente des rebroussements. L'intégration se ramène à l'intégrale d'une fonction rationnelle par la substitution évidente

$$\frac{\alpha - r}{r - a} = u^2.$$

234. Courbe brachistochrone pour la pesanteur. — Cherchons d'abord la courbe brachistochrone pour la *pesanteur.* — *Étant donnés deux points* A *et* B *dont le plus élevé est le point* A, *cherchons par quelle courbe* C *il faut joindre ces deux points pour qu'un point matériel pesant, abandonné à lui-même sans vitesse initiale en* A *et glissant le long de la courbe, arrive en* B *dans le* MOINDRE TEMPS *possible.*

Cette courbe est la courbe brachistochrone (*fig.* 164) pour la pesanteur, ou courbe de plus rapide descente.

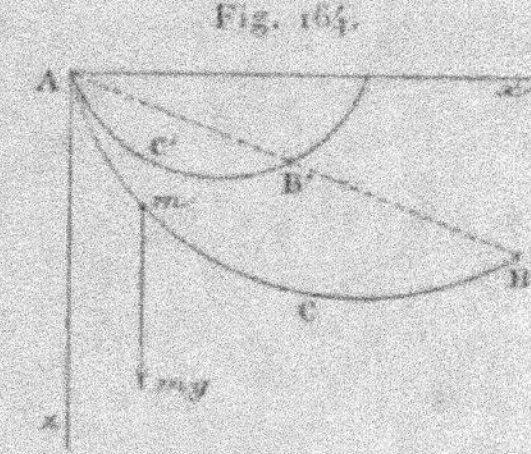

Fig. 164.

Prenons pour origine le point A, pour axe des z la verticale Az vers le bas, pour plan des xz le plan vertical contenant les deux points A et B. Si un point pesant de masse m glisse sans frottement sur la courbe C, la vitesse initiale en A étant nulle, la vitesse

v dans la position m sera donnée par le principe des forces vives sous la forme

$$v^2 = 2gz.$$

En remplaçant v par $\dfrac{ds}{dt}$, ds désignant un élément d'arc, on a

$$\left(\frac{ds}{dt}\right)^2 = 2gz, \qquad \sqrt{2g}\,t = \int_{(A)}^{(B)} \frac{ds}{\sqrt{z}},$$

en appelant t le temps que met le mobile à arriver au point B.

Pour rendre ce temps *minimum*, il faut déterminer la courbe C de façon à rendre minimum l'intégrale définie ci-dessus, qui est de la forme

$$\int_{(A)}^{(B)} \varphi(x, y, z)\, ds,$$

où $\varphi = \dfrac{1}{\sqrt{z}}$.

Nous avons trouvé précédemment (Chap. VI, § III) que la courbe rendant minimum une intégrale de cette forme est la figure d'équilibre d'un fil sous l'action d'une force dérivant de la fonction de forces $- \varphi(x, y, z)$, la tension étant $\varphi(x, y, z)$. Les trois équations différentielles que nous avons données pour cette courbe se réduisent à deux, comme nous l'avons vu.

Dans le problème que nous étudions, $\varphi(x, y, z) = \dfrac{1}{\sqrt{z}}$, la force qui agirait sur le fil serait verticale, puisque l'on a $\dfrac{\partial \varphi}{\partial x} = 0$, $\dfrac{\partial \varphi}{\partial y} = 0$, la figure d'équilibre est dans le plan vertical passant par les deux points donnés. Si l'on prend alors ce plan pour plan des xz, il suffira d'une équation pour définir la courbe. Nous prendrons la première des équations générales $d\left(\varphi \dfrac{dx}{ds}\right) - \dfrac{\partial \varphi}{\partial x}\, ds = 0$, qui se réduit à

$$d\left(\frac{1}{\sqrt{z}} \frac{dx}{ds}\right) = 0, \qquad \frac{1}{\sqrt{z}} \frac{dx}{ds} = C,$$

par suite

$$dx^2 = C^2 z\, ds^2 = C^2 z (dx^2 + dz^2).$$

Les variables se séparent et l'on a, en posant $\dfrac{1}{C^2} = 2R$,

$$dx = dz \sqrt{\frac{z}{2R - z}},$$

équation différentielle d'une cycloïde dont la base est l'axe Ox. On retrouverait facilement les équations de la courbe sous la forme habituelle en faisant

$$z = R(1 - \cos\theta),$$

$$dx = 2R \sin^2\frac{\theta}{2}\, d\theta, \qquad x = x_0 + R(\theta - \sin\theta).$$

La cycloïde devant passer par le point A, $x_0 = 0$, et le point A est le point de rebroussement de la courbe (*fig.* 164). Pour achever de déterminer la cycloïde C passant par les deux points A et B, on construit une quelconque C′ des cycloïdes ayant A pour rebroussement et pour base Ax, on joint AB qui coupe C′ en B′, puis on transforme la cycloïde C′ par homothétie en prenant pour centre d'homothétie le point A et pour rapport d'homothétie le rapport de AB′ à AB.

Dans ce qui précède, nous avons, pour simplifier, supposé nulle la vitesse initiale avec laquelle le mobile part de A. Si l'on voulait trouver la courbe de plus rapide descente de A en B, en supposant que le mobile est lancé en A le long de cette courbe avec une vitesse donnée v_0, il suffirait de remplacer l'intégrale

$$\int \frac{ds}{\sqrt{z}}$$

par

$$\int \frac{ds}{\sqrt{z + \dfrac{v_0^2}{2g}}}.$$

La courbe serait encore une cycloïde ayant sa base horizontale, mais cette base serait située à la hauteur $z = -\dfrac{v_0^2}{2g}$.

Ossian Bonnet a vérifié que la cycloïde donne effectivement le temps de descente minimum.

255. Brachistochrones en général. — Supposons un mobile sollicité par une force F dérivant d'une fonction de forces $U(x, y, z)$. Cherchons la courbe C par laquelle il faut joindre deux points A et B pour que le mobile, étant assujetti à glisser sans frottement le long de cette courbe et lancé de A avec une *vitesse donnée* v_0, arrive en B dans le moindre temps pos-

sible (*fig.* 163). Cette courbe C est brachistochrone pour la loi
de force donnée. Le théorème des forces vives donne, en appelant
x_0, y_0, z_0 les coordonnées de A,

$$\frac{m\,v^2}{2} - \frac{m\,v_0^2}{2} = U(x, y, z) - U(x_0, y_0, z_0)$$

ou, en posant

$$h = \frac{m\,v_0^2}{2} - U(x_0, y_0, z_0), \qquad v = \frac{ds}{dt},$$

$$\sqrt{\frac{1}{m}}\,dt = \frac{ds}{\sqrt{2U(x, y, z) + 2h}}, \qquad \sqrt{\frac{1}{m}}\,t = \int_{(A)}^{(M)} \frac{ds}{\sqrt{2U(x, y, z) + 2h}}.$$

Telle est l'intégrale qu'il s'agit de rendre minimum; elle rentre
dans le type général étudié dans le Chapitre VI, § III, en faisant

$$\varphi(x, y, z) = \frac{1}{\sqrt{2U(x, y, z) + 2h}}.$$

D'après ce que nous avons vu dans le Chapitre VI sur les
courbes rendant minimum l'intégrale $\int_A^B \varphi(x, y, z)\,ds$, la courbe
cherchée sera la figure d'équilibre d'un fil flexible soumis à l'action de la force F_1 qui a pour projections

$$-\frac{\partial}{\partial x}\frac{1}{\sqrt{2(U + h)}} \qquad -\frac{\partial}{\partial y}\frac{1}{\sqrt{2(U + h)}} \qquad -\frac{\partial}{\partial z}\frac{1}{\sqrt{2(U + h)}},$$

la tension du fil étant $\dfrac{1}{\sqrt{2(U + h)}}$.

Les équations que l'on obtient ainsi ont été données par Roger
(*Journal de Liouville*, 1848).

On sait que l'on peut ramener le problème à des quadratures
lorsque cette force fictive F_1 et, par conséquent, la force F résultent de l'attraction d'un point, d'une droite ou d'un plan fixe
en fonction de la distance.

THÉORÈME D'EULER. — *Dans le mouvement brachistochrone, la réaction normale est dirigée suivant la normale principale, égale et
opposée au double de la composante normale de la force.*

En effet, regardons la courbe comme la figure d'équilibre d'un fil. Les composantes de la force fictive F_1 agissant sur le fil qui est supposé remplacer la courbe sont

$$X_1 = \left[2(U+h)\right]^{-\frac{1}{2}} \frac{\partial U}{\partial x},$$

$$Y_1 = \left[2(U+h)\right]^{-\frac{1}{2}} \frac{\partial U}{\partial y},$$

$$Z_1 = \left[2(U+h)\right]^{-\frac{1}{2}} \frac{\partial U}{\partial z},$$

la tension du fil étant

$$T = \frac{1}{\sqrt{2(U+h)}}.$$

D'autre part, la force F qui agit réellement sur le mobile a pour projections

$$\frac{\partial U}{\partial x}, \quad \frac{\partial U}{\partial y}, \quad \frac{\partial U}{\partial z};$$

les équations intrinsèques de l'équilibre du fil donnent

$$(F_1)_B = 0, \qquad (F_1)_n = -\frac{T}{\rho}.$$

Les projections de F_1 sur les trois axes étant égales aux projections de F multipliées par $\left[2(U+h)\right]^{-\frac{1}{2}}$, il en est de même des projections sur la binormale et la normale. On a donc

$$(1) \qquad F_B = 0, \qquad \left[2(U+h)\right]^{-\frac{1}{2}} F_n = -\frac{T}{\rho} = -\frac{1}{\rho\sqrt{2(U+h)}},$$

d'où

$$F_n = \frac{-2(U+h)}{\rho},$$

ou, d'après l'équation des forces vives,

$$(2) \qquad F_n = -m\frac{v^2}{\rho}.$$

Prenons maintenant les équations intrinsèques du mouvement, nous aurons

$$F_B + N_B = 0, \qquad F_n + N_n = m\frac{v^2}{\rho},$$

ou, en tenant compte des équations (1) et (2),

$$N_B = 0, \qquad N_n = -2F_n.$$

Ces deux égalités démontrent la proposition énoncée, que nous avons vérifiée pour la cycloïde (n° 250). On peut consulter au sujet de ce théorème une Note de M. Andoyer (*Comptes rendus*, t. C).

M. Haton de la Goupillière a complété l'étude des brachistochrones en traitant le cas d'un système de forces dépendant de la vitesse avec frottement, et en résolvant le problème inverse des brachistochrones (*Mémoires de l'Académie*, t. XXVII et XXVIII).

256. Application des théorèmes de Tait et Thomson aux brachistochrones. — Nous avons indiqué dans le Chapitre VI plusieurs propriétés intéressantes des courbes rendant minimum une intégrale de la forme

$$(1) \qquad I = \int_{(A)}^{B} \varphi(x, y, z)\, ds.$$

Ces propriétés, appliquées en particulier aux courbes brachistochrones, s'énoncent sous une forme simple. On obtient les courbes brachistochrones relatives à une loi de forces dérivant d'une fonction de forces $U(x, y, z)$, en cherchant les courbes rendant minimum l'intégrale

$$(2) \qquad t = \int_{(A)}^{(B)} \frac{ds}{\sqrt{2(U + h)}},$$

h ayant une valeur déterminée. Cette valeur étant choisie, dans tous les mouvements que l'on considère les coordonnées de la position initiale et la grandeur de la vitesse initiale sont liées par la relation

$$\frac{v_0^2}{2} - U(x_0, y_0, z_0) = h.$$

L'intégrale (1) deviendra donc identique à (2) si l'on prend

$$\varphi(x, y, z) = \frac{1}{\sqrt{2[U(x, y, z) + h]}},$$

et la valeur de l'intégrale I prise le long d'une courbe est précisément égale au temps t que met un mobile de masse 1 à parcourir cette courbe sous l'action de la force considérée dans les conditions initiales que nous venons d'indiquer.

Les courbes brachistochrones sont alors les courbes appelées précédemment (n° 158) les *courbes* C, qui dépendent de quatre constantes arbitraires. Par exemple, si l'on fait $U = -gz$, $h = 0$, les brachistochrones sont des cycloïdes situées dans des plans verticaux au-dessous du plan des xy et ayant leurs rebroussements dans le plan des xy.

Revenant au cas général, nous verrons que la formule fondamentale de Tait et Thomson s'énonce ainsi :

Soient ACB *et* $A_1 C_1 B_1$ *deux courbes brachistochrones infiniment* voisines parcourues par un mobile de masse 1, *la première pendant le temps t, la deuxième pendant le temps $t + \delta t$, on a* (n° 139)

$$\delta t = - \frac{\overline{AA_1}}{\sqrt{2(U_A + h)}} \cos \widehat{BAA_1} - \frac{\overline{BB_1}}{\sqrt{2(U_B + h)}} \cos \widehat{ABB_1},$$

U_A *et* U_B *désignant les valeurs de* U *aux extrémités* A *et* B.

Voici quelle forme prennent alors les propositions énoncées dans le n° 139 comme application de la formule de Tait et Thomson :

1° Étant données deux surfaces fixes S et Σ la courbe qu'il faut tracer de l'une des surfaces à l'autre pour que le mobile assujetti à glisser sur cette courbe, dans les conditions initiales indiquées, mette le temps *minimum* à la parcourir, est une brachistochrone normale à la fois aux deux surfaces. Le théorème subsiste si l'une ou l'autre des surfaces, ou toutes les deux, sont remplacées par des courbes ou des points.

Par exemple, étant donnés un point A et un plan P, la courbe qu'il faut tracer de A jusqu'au plan pour qu'un mobile pesant, abandonné sur cette courbe sans vitesse au point A, mette le moindre temps possible à arriver au plan, est une cycloïde située dans un plan vertical, ayant une base horizontale, admettant un rebroussement en A et coupant normalement le plan P.

2° Si l'on considère les brachistochrones normales à une surface S et si on lance sur toutes ces brachistochrones, au même instant initial $t = 0$, des mobiles identiques au mobile donné dans les conditions initiales indiquées, à un instant quelconque t, tous ces mobiles se trouveront sur une surface S' également normale aux brachistochrones. (Ce théorème a déjà été indiqué par Euler.)

Par exemple, si l'on considère toutes les cycloïdes issues d'un point A et admettant ce point pour rebroussement, avec une tangente verticale A z, et si l'on abandonne à l'instant $t = 0$, sans vitesse, des points pesants sur toutes ces cycloïdes, à un instant quelconque t ces mobiles seront sur une surface S' normale à toutes les cycloïdes. Dans cet exemple, la surface S est réduite à un point A : la surface S' est évidemment de révolution autour de A z.

Nous proposerons comme exercice la vérification de cette proposition sur la cycloïde.

3° Enfin la formule de Tait et Thomson permettrait d'énoncer également pour les brachistochrones des théorèmes analogues aux propriétés des développées, en remplaçant dans les énoncés classiques les longueurs des arcs de courbes par les temps que le mobile mettrait à les parcourir s'il était assujetti à glisser sur ces arcs sans frottement. Nous n'insisterons pas sur ce point que nous proposons comme exercice.

257. Brachistochrones sur une surface donnée. — Il s'agit alors de trouver sur une surface donnée $f(x, y, z) = 0$, parmi toutes les courbes joignant deux points A et B, celles qui rendent l'intégrale $\int_{(A)}^{(B)} \dfrac{ds}{\sqrt{2\,(U+h)}}$ minimum. Ce problème est identique à celui qui a été traité n° 161, sauf le changement de $\varphi(x, y, z)$ en $\dfrac{1}{\sqrt{2\,(U+h)}}$. Il se ramène à la recherche de l'équilibre d'un fil sur la surface donnée.

II. — MOUVEMENT D'UN POINT MATÉRIEL SUR UNE COURBE VARIABLE.

258. **Équations du mouvement.** — Nous supposerons un mobile assujetti à glisser sans frottement sur une courbe C dont la forme et la position varient avec le temps; rapportées à des axes fixes, les équations de cette courbe seront

$$f(x, y, z, t) = 0, \qquad f_1(x, y, z, t) = 0.$$

La réaction normale N de la courbe aura pour projections

$$\text{(N)} \qquad \lambda\,\frac{\partial f}{\partial x} + \lambda_1\,\frac{\partial f_1}{\partial x}, \qquad \lambda\,\frac{\partial f}{\partial y} + \lambda_1\,\frac{\partial f_1}{\partial y}, \qquad \lambda\,\frac{\partial f}{\partial z} + \lambda_1\,\frac{\partial f_1}{\partial z},$$

et l'on pourra considérer le mobile comme libre, mais soumis à l'action des forces données de résultante F et de la réaction N; les équations du mouvement seront alors

$$\text{(1)} \qquad \begin{cases} m\,\dfrac{d^2x}{dt^2} = X + \lambda\,\dfrac{\partial f}{\partial x} + \lambda_1\,\dfrac{\partial f_1}{\partial x}, \\[2mm] m\,\dfrac{d^2y}{dt^2} = Y + \lambda\,\dfrac{\partial f}{\partial y} + \lambda_1\,\dfrac{\partial f_1}{\partial y}, \\[2mm] m\,\dfrac{d^2z}{dt^2} = Z + \lambda\,\dfrac{\partial f}{\partial z} + \lambda_1\,\dfrac{\partial f_1}{\partial z}. \end{cases}$$

Ces trois équations, jointes aux équations de la courbe, détermineront x, y, z, c'est-à-dire le mouvement du point et λ, λ_1, c'est-à-dire la réaction en fonction du temps. Il est bon de remarquer que la réaction ne disparaît pas dans l'équation des forces vives. On peut s'en assurer analytiquement en multipliant les équations (1) par dx, dy, dz et ajoutant; dans cette combinaison les coefficients de λ et de λ_1 ne sont pas nuls. En effet, quand t

croît de dt, x, y, z croissent de dx, dy, dz et, la fonction $f(x, y, z, t)$ restant nulle, on a

$$\frac{\partial f}{\partial x}\, dx + \frac{\partial f}{\partial y}\, dy + \frac{\partial f}{\partial z}\, dz + \frac{\partial f}{\partial t}\, dt = 0;$$

le coefficient de λ se réduit donc à $-\dfrac{\partial f}{\partial t}\, dt$; de même celui de λ_1 à $-\dfrac{\partial f_1}{\partial t}\, dt$.

Ce même fait résulte géométriquement de ce que, le déplacement réel du mobile ne se faisant pas tangentiellement à la courbe matérielle, le travail de la réaction n'est pas nul. Pour éliminer la réaction, on opérera comme il suit.

259. Équation de Lagrange. — Soit q le paramètre qui définit la position d'un point sur la courbe C; à l'instant t les coordonnées d'un point de cette courbe et, en particulier, celles du mobile seront

$$x = \varphi(q, t), \qquad y = \psi(q, t), \qquad z = \varpi(q, t);$$

le mouvement du mobile sera connu lorsque l'on aura défini la variation de q en fonction de t.

Multiplions les équations du mouvement (1) respectivement par $\dfrac{\partial \varphi}{\partial q}$, $\dfrac{\partial \psi}{\partial q}$, $\dfrac{\partial \varpi}{\partial q}$, et ajoutons-les; les coefficients de λ et de λ_1 s'annulent, car ils représentent à un facteur près les cosinus des angles que fait la tangente à la courbe C avec les normales à chacune des surfaces $f = 0$, $f_1 = 0$; il restera alors

$$(2) \qquad m\left(\frac{d^2 x}{dt^2}\, \frac{\partial \varphi}{\partial q} + \frac{d^2 y}{dt^2}\, \frac{\partial \psi}{\partial q} + \frac{d^2 z}{dt^2}\, \frac{\partial \varpi}{\partial q}\right) = Q,$$

en posant

$$Q = X\, \frac{\partial \varphi}{\partial q} + Y\, \frac{\partial \psi}{\partial q} + Z\, \frac{\partial \varpi}{\partial q}.$$

C'est là l'équation du mouvement définissant en fonction de t la valeur du paramètre q qui sert à fixer la position du point sur la courbe. Pour écrire cette équation d'une manière commode, nous emploierons une transformation importante qui est due à

Lagrange et que nous retrouverons dans le problème le plus général de la Dynamique.

Appelons q' la dérivée du paramètre q par rapport au temps, et x', y', z' les projections de la vitesse du mobile sur les axes. D'après la formule $x = \varphi(q, t)$, l'abscisse x du mobile dépend du temps directement et par l'intermédiaire de q, qui est une fonction de t; on a donc

$$(3) \qquad x' = \frac{\partial \varphi}{\partial q} q' + \frac{\partial \varphi}{\partial t}.$$

Considérant x' comme une fonction des trois lettres q, q', t, on a manifestement

$$\frac{\partial x'}{\partial q'} = \frac{\partial \varphi}{\partial q}, \qquad \frac{\partial x'}{\partial q} = \frac{\partial^2 \varphi}{\partial q^2} q' + \frac{\partial^2 \varphi}{\partial q \partial t}.$$

Cette dernière formule montre que

$$\frac{\partial x'}{\partial q} = \frac{d}{dt}\left(\frac{\partial \varphi}{\partial q}\right);$$

car, $\dfrac{\partial \varphi}{\partial q}$ dépendant de t directement et par l'intermédiaire de q, on a

$$\frac{d}{dt}\left(\frac{\partial \varphi}{\partial q}\right) = \frac{\partial^2 \varphi}{\partial q^2} q' + \frac{\partial^2 \varphi}{\partial q \partial t}.$$

On établira pour x et y des formules analogues :

$$\frac{\partial y'}{\partial q'} = \frac{\partial \psi}{\partial q}, \qquad \frac{\partial y'}{\partial q} = \frac{d}{dt}\left(\frac{\partial \psi}{\partial q}\right),$$

$$\frac{\partial z'}{\partial q'} = \frac{\partial \varpi}{\partial q}, \qquad \frac{\partial z'}{\partial q} = \frac{d}{dt}\left(\frac{\partial \varpi}{\partial q}\right).$$

Cela posé, l'équation (2) peut évidemment s'écrire

$$\frac{d}{dt}\left[m\left(x' \frac{\partial \varphi}{\partial q} + y' \frac{\partial \psi}{\partial q} + z' \frac{\partial \varpi}{\partial q}\right)\right]$$
$$- m\left[x' \frac{d}{dt}\left(\frac{\partial \varphi}{\partial q}\right) + y' \frac{d}{dt}\left(\frac{\partial \psi}{\partial q}\right) + z' \frac{d}{dt}\left(\frac{\partial \varpi}{\partial q}\right)\right] = Q;$$

car $\dfrac{d^2 x}{dt^2}$ est égal à $\dfrac{dx'}{dt}$ . . . . . En remplaçant dans cette dernière équation $\dfrac{\partial \varphi}{\partial q}, \dfrac{\partial \psi}{\partial q}, \dfrac{\partial \varpi}{\partial q}$ par leurs valeurs ci-dessus $\dfrac{\partial x'}{\partial q'}, \dfrac{\partial y'}{\partial q'}, \dfrac{\partial z'}{\partial q'},$

et $\dfrac{d}{dt}\left(\dfrac{\partial\varphi}{\partial q}\right)$, $\dfrac{d}{dt}\left(\dfrac{\partial\psi}{\partial q}\right)$, $\dfrac{d}{dt}\left(\dfrac{\partial\varpi}{\partial q}\right)$ par leurs valeurs $\dfrac{\partial x'}{\partial q}$, $\dfrac{\partial y'}{\partial q}$, $\dfrac{\partial z'}{\partial q}$, on a l'équation

$$\frac{d}{dt}\left[m\left(x'\,\frac{\partial x'}{\partial q'}+y'\,\frac{\partial y'}{\partial q'}+z'\,\frac{\partial z'}{\partial q'}\right)\right]-m\left(x'\,\frac{\partial x'}{\partial q}+y'\,\frac{\partial y'}{\partial q}+z'\,\frac{\partial z'}{\partial q}\right)=Q,$$

ou enfin, en désignant par T la demi-force vive du mobile

$$T=\frac{1}{2}\,m\,(x'^2+y'^2+z'^2),$$

$$(4)\qquad\qquad \frac{d}{dt}\left(\frac{\partial T}{\partial q'}\right)-\frac{\partial T}{\partial q}=Q.$$

C'est là l'équation du mouvement d'après Lagrange. La quantité T, après qu'on y a remplacé x', y', z' par leurs valeurs analogues à (3), devient une fonction de q, q' et t, du second degré par rapport à q'. Une fois cette fonction T ainsi calculée, on écrit immédiatement l'équation (4).

Nous avons écrit plus haut la valeur de Q. On peut déterminer cette quantité Q à l'aide de la remarque suivante. Imaginons qu'on imprime au point mobile le déplacement virtuel que l'on obtiendrait en laissant la courbe C immobile dans la position qu'elle occupe à l'instant t et déplaçant le point sur cette courbe; ou, analytiquement, imaginons qu'on imprime au point le déplacement obtenu en laissant t constant et faisant croître q de δq; on a alors

$$\delta x=\frac{\partial\varphi}{\partial q}\,\delta q,\qquad \delta y=\frac{\partial\psi}{\partial q}\,\delta q,\qquad \delta z=\frac{\partial\varpi}{\partial q}\,\delta q.$$

Pour ce déplacement virtuel, le travail de la force donnée X, Y, Z est

$$X\,\delta x+Y\,\delta y+Z\,\delta z=\left(X\,\frac{\partial\varphi}{\partial q}+Y\,\frac{\partial\psi}{\partial q}+Z\,\frac{\partial\varpi}{\partial q}\right)\delta q=Q\,\delta q.$$

La quantité Q est donc le coefficient de δq dans l'expression de ce travail virtuel.

S'il existe une fonction de forces $U(x,y,z)$, ou même si, plus généralement, X, Y, Z sont les dérivées partielles par rapport à x, y, z d'une fonction $U(x,y,z,t)$ contenant le temps, on a aussi

$$Q=\frac{\partial U}{\partial q}.$$

cette dernière dérivée étant calculée après qu'on a remplacé, dans $U(x, y, z, t)$, les coordonnées par leurs expressions (1) en fonctions de t et q. En effet, on a évidemment, U dépendant de q, par l'intermédiaire de x, y, z,

$$\frac{\partial U}{\partial q} = \frac{\partial U}{\partial x}\frac{\partial x}{\partial q} + \frac{\partial U}{\partial y}\frac{\partial y}{\partial q} + \frac{\partial U}{\partial z}\frac{\partial z}{\partial q} = X\frac{\partial x}{\partial q} + Y\frac{\partial y}{\partial q} + Z\frac{\partial z}{\partial q} = Q.$$

260. Problème. — *Un point matériel glisse sans frottement sur une circonférence située dans un plan horizontal xOy et tournant avec une vitesse angulaire constante ω autour d'un de ses points O qui est fixe. Étudier le mouvement du point en supposant qu'il n'est sollicité par aucune force directement appliquée.*

Soit A le point de la circonférence diamétralement opposé au point fixe : l'angle xOA varie proportionnellement au temps. En comptant le temps t à partir de l'instant où cet angle est nul, on a donc (*fig.* 165)

$$\widehat{xOA} = \omega t.$$

Fig. 165.

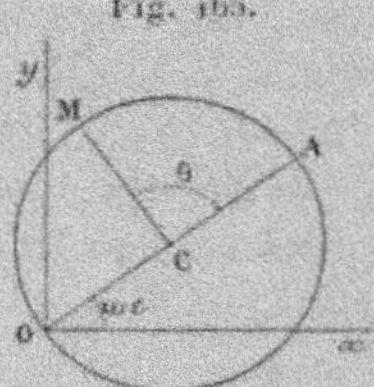

Soit C le centre de la circonférence, M le mobile ; nous déterminerons la position du mobile sur la circonférence par l'angle $\widehat{ACM} = \theta$, qui va jouer le rôle du paramètre q. En projetant le contour OCM sur les axes, on a $z = 0$ et

$$x = R\cos\omega t + R\cos(\theta + \omega t),$$
$$y = R\sin\omega t + R\sin(\theta + \omega t).$$

Donc, en appelant x', y', θ' les dérivées de x, y, θ par rapport à t,

$$x' = -R\omega\sin\omega t - R(\theta' + \omega)\sin(\theta + \omega t),$$
$$y' = R\omega\cos\omega t + R(\theta' + \omega)\cos(\theta + \omega t),$$
$$T = \frac{mR^2}{2}[\omega^2 + (\theta' + \omega)^2 + 2\omega(\theta' + \omega)\cos\theta].$$

$$\frac{\partial T}{\partial \theta'} = mR^2(\theta' + \omega + \omega\cos\theta), \qquad \frac{\partial T}{\partial \theta} = -mR^2\omega(\theta' + \omega)\sin\theta.$$

Comme il n'y a pas de forces données, on a

$$Q = 0.$$

L'équation du mouvement (4) devient donc, toutes réductions faites,

$$\frac{d^2\theta}{dt^2} = -\omega^2 \sin\theta.$$

En comparant cette équation à celle du mouvement d'un pendule simple

$$\frac{d^2\theta}{dt^2} = -\frac{g}{l}\sin\theta,$$

on voit que le mouvement relatif du point M, pour un observateur qui serait entraîné avec le cercle, sera le mouvement d'un pendule simple dans lequel le point A jouerait le rôle du point le plus bas. La durée d'une double oscillation infiniment petite étant $2\pi\sqrt{\dfrac{l}{g}}$ sera ici $\dfrac{2\pi}{\omega}$; elle est donc précisément égale à la durée d'une révolution du cercle. La durée des oscillations finies sera plus grande.

Pour calculer la réaction normale N, partons des équations du mouvement qui sont

$$m\frac{d^2x}{dt^2} = -N\cos(\theta + \omega t), \qquad m\frac{d^2y}{dt^2} = -N\sin(\theta + \omega t),$$

puisque le mobile est soumis à la seule force N. On en tire

$$N = -m\left[\frac{d^2x}{dt^2}\cos(\theta + \omega t) + \frac{d^2y}{dt^2}\sin(\theta + \omega t)\right],$$

qu'on peut écrire

$$N = -m\frac{d}{dt}\left[\frac{dx}{dt}\cos(\theta + \omega t) + \frac{dy}{dt}\sin(\theta + \omega t)\right]$$
$$+ m(\theta' + \omega)\left[-\frac{dx}{dt}\sin(\theta + \omega t) + \frac{dy}{dt}\cos(\theta + \omega t)\right].$$

En remplaçant dans cette formule $\dfrac{dx}{dt}$ et $\dfrac{dy}{dt}$ par leurs valeurs, on a

$$N = mR\left[\omega^2\cos\theta + (\theta' + \omega)^2\right].$$

Cette expression dépend de θ' : la réaction normale n'est donc pas la même lorsque le mobile repasse au même point du cercle en marchant dans un sens ou dans l'autre, car le signe de θ' n'est pas le même dans les deux cas.

Si le mobile était repoussé par O proportionnellement à la distance

$OM = r$, la force répulsive étant fmr, cette force dériverait de la fonction de forces $U = \dfrac{fmr^2}{2}$, qui, exprimée en fonction de θ devient

$$U = 2\,fm\,R^2 \cos^2 \frac{\theta}{2};$$

alors on aurait

$$Q = \frac{\partial U}{\partial \theta} = -\,fm\,R^2 \sin\theta,$$

et l'équation du mouvement garderait la forme de l'équation du mouvement d'un pendule simple dans laquelle $\dfrac{g}{l}$ serait égal à $(\omega^2 + f)$.

261. Cas où la courbe est fixe. — Il va de soi que cette méthode, étant générale, s'appliquera au mouvement d'un point sur une courbe fixe. Il arrive alors qu'on peut choisir le paramètre q de telle façon que les expressions de x, y, z en fonction de q ne contiennent pas explicitement t

$$x = \varphi(q), \qquad y = \psi(q), \qquad z = \varpi(q);$$

d'où

$$T = \frac{m}{2}\,[\varphi'^2 + \psi'^2 + \varpi'^2]\,q'^2.$$

T est alors homogène et du second degré en q' : l'équation de Lagrange

$$\frac{d}{dt}\left(\frac{\partial T}{\partial q'}\right) - \frac{\partial T}{\partial q} = Q$$

doit être identique à celle que donne l'équation des forces vives, puisque, la courbe étant fixe, on obtient l'équation unique du mouvement en appliquant le théorème des forces vives. Il est facile de le vérifier. En effet, en multipliant l'équation de Lagrange par q', on a

$$q'\,\frac{d}{dt}\left(\frac{\partial T}{\partial q'}\right) - q'\,\frac{\partial T}{\partial q} = Q q'$$

ou

$$\frac{d}{dt}\left(q'\,\frac{\partial T}{\partial q'}\right) - \frac{dq'}{dt}\,\frac{\partial T}{\partial q'} - q'\,\frac{\partial T}{\partial q} = Q q';$$

or, à cause de l'homogénéité de T, le produit $q'\,\dfrac{\partial T}{\partial q'}$ est égal à $2T$ et, de plus, on a, T dépendant de t par l'intermédiaire de q et q'

seulement,

$$\frac{d\mathrm{T}}{dt} = \frac{\partial \mathrm{T}}{\partial q}\, q' + \frac{\partial \mathrm{T}}{\partial q'}\, \frac{dq'}{dt}.$$

L'équation s'écrit donc

$$\frac{d(\partial \mathrm{T})}{dt} - \frac{d\mathrm{T}}{dt} = \mathrm{Q}\, q'$$

ou

$$d\mathrm{T} = \mathrm{Q}\, dq,$$

ce qui est bien l'équation des forces vives.

EXERCICES.

1. Un point matériel assujetti à se mouvoir sur un cercle est attiré ou repoussé par un point de ce cercle. Trouver quelle doit être la loi de la force pour que la réaction soit constante.

2. Deux points matériels de même masse A et B, assujettis à glisser sans frottement l'un sur l'axe Ox, l'autre sur l'axe Oy, s'attirent suivant une loi quelconque exprimée par une fonction $f(r)$ de leur distance mutuelle. Ils partent sans vitesse initiale. Démontrer qu'ils atteignent en même temps l'origine O.

(Licence, Bordeaux.)

3. Déterminer une courbe telle qu'un point pesant, assujetti à se mouvoir sans frottement sur cette courbe, y puisse prendre une vitesse dont la composante verticale ait une valeur constante donnée.

(Licence, Paris.)

4. Un point matériel m, attaché à l'extrémité d'un fil sans masse enroulé sur une courbe plane C, est repoussé par le centre de courbure de C correspondant au point où se détache le fil, avec une intensité fonction de la distance du mobile au centre de courbure.

1° Former les équations générales qui donnent la loi du mouvement et la tension du fil ;

2° Dans l'hypothèse d'une répulsion proportionnelle à la simple distance, et le point m étant placé à l'origine sur la courbe C sans vitesse initiale, remarquer la forme remarquable de la loi du mouvement et de l'expression de la tension ;

3° Enfin, en supposant la répulsion inversement proportionnelle au carré de la distance, déterminer une courbe pour laquelle les lois précédentes (2°) subsistent.

(Licence, Poitiers.)

5. On considère dans un plan vertical la courbe enveloppée par une droite de longueur constante dont les extrémités glissent sur deux axes, l'un horizontal Ox, l'autre vertical Oz. Étudier le mouvement d'un point pesant mobile sans frottement sur cette courbe. En particulier, calculer le temps que mettrait le mobile à atteindre le point de rebroussement situé sur Ox, s'il était lancé du point le plus bas avec une vitesse telle que la constante des forces vives soit nulle ($v^2 = 2gz$).

6. Déterminer une courbe plane dans un plan vertical, de telle sorte que, si un point matériel est assujetti à se mouvoir sur la courbe, la réaction de la courbe puisse être dans un rapport constant k avec la composante normale du poids.

$$(k = 1,\ \text{droite};\qquad k = 2,\ \text{cycloïde}, \ldots)$$

7. Un mobile pesant est abandonné sans vitesse sur la partie extérieure d'une parabole située dans un plan vertical et ayant son axe horizontal. Déterminer le point où le mobile quitte la parabole (point d'échappement).

En appelant h la hauteur de la position initiale au-dessus de l'axe, l'ordonnée y du point cherché est la racine positive de l'équation

$$y^3 + 3 p^2 y - 2 p^2 h = 0 \qquad (p \text{ paramètre}).$$

8. Si deux pendules partent à des instants différents sur le même cercle C d'une même position initiale avec la même vitesse, la droite qui les joint enveloppe un cercle C'. Supposons le mouvement révolutif, appelons T la durée de la révolution de chacun des pendules, τ l'intervalle de temps qui a séparé les instants où les deux pendules se sont mis en mouvement : si τ est commensurable avec T, les droites joignant les positions des deux pendules aux instants t, $t + \tau$, $t + 2\tau$, $t + 3\tau$, ... forment un polygone inscrit à C et circonscrit à C'. (Cet exercice n'est qu'une application de la méthode de Jacobi pour établir le théorème de Poncelet ; *voyez* HALPHEN, *Traité des fonctions elliptiques*.)

9. On considère des droites fixes passant par un point A et, à un certain instant t_0, on abandonne au point A, sans vitesse initiale, sur toutes ces droites, des mobiles identiques attirés par un point fixe O proportionnellement à la distance ; démontrer que ces mobiles arrivent en même temps aux points obtenus en projetant le point O sur les droites qu'ils parcourent.

10. Un point matériel est assujetti à rester sur une courbe définie par une équation de la forme

$$s' = \varphi(z),$$

z représentant l'ordonnée, s l'arc compté à partir d'un point de la courbe, φ une fonction quelconque.

On demande d'étudier le mouvement de ce point, en supposant :

1° Qu'il est soumis à l'action d'une force parallèle à l'ordonnée z et représentée en grandeur par l'expression

$$Z = -\frac{1}{2}\, k^2 \varphi'(z),$$

k désignant une constante donnée ;

2° Qu'il éprouve, en outre, une résistance proportionnelle à la vitesse.

Application au cas où

$$\varphi(z) = a^{1-n} z^n - a = a^{1-n}(z^n - a^n),$$

a désignant une longueur donnée.

On étudiera en particulier le cas où le mobile est posé sur la courbe sans vitesse initiale, et l'on déterminera le temps qu'il met pour atteindre l'origine des arcs correspondant à $z = a$.   (Licence.)

Cas où $n = 2$.

11. Trouver la tautochrone plane pour un mobile attiré par un point fixe du plan proportionnellement à la distance r (n° 253).

[Il s'agit de trouver une courbe pour laquelle $r\,dr = ks\,ds$. Considérant la courbe comme l'enveloppe d'une droite mobile

$$x \cos\alpha - y \sin\alpha = \varphi'(\alpha),$$

on trouve, pour déterminer la fonction $\varphi(\alpha)$, l'équation

$$(1 - k)\varphi''(\alpha) - k\varphi(\alpha) = 0,$$

linéaire à coefficients constants. Cette équation s'intègre avec des lignes trigonométriques ou des exponentielles; dans le premier cas, on a une épicycloïde (PUISEUX).]

12. *Problème d'Abel.* — Déterminer une courbe située dans un plan vertical possédant la propriété suivante. Il existe sur cette courbe un point fixe O, tel qu'un mobile pesant abandonné sans vitesse initiale le long de la courbe, dans une position initiale située à une hauteur h au-dessus de O, arrive au point O dans un temps T qui soit une fonction de h donnée à l'avance T $= \varphi(h)$.

[Soit $s = \psi(z)$ la relation entre l'arc OM de courbe compté à partir de O et l'ordonnée de M, on a

$$\sqrt{2g}\,\varphi(h) = \int_0^h \frac{\psi'(z)\,dz}{\sqrt{h - z}}.$$

Soit u une variable réelle plus grande que h. Abel multiplie les deux membres par $\dfrac{dh}{\sqrt{u - h}}$ et intègre par rapport à h de o à u

$$\sqrt{2g} \int_0^u \frac{\varphi(h)\,dh}{\sqrt{u - h}} = \int_0^u \frac{dh}{\sqrt{u - h}} \int_0^h \frac{\psi'(z)\,dz}{\sqrt{h - z}}.$$

Intervertissant l'ordre des intégrations dans le deuxième membre, on trouve pour l'intégrale du deuxième membre $\pi\psi(u)$. La fonction cherchée ψ est alors exprimée par une intégrale définie où figure la fonction donnée φ. Par exemple, si $\varphi(h) = $ const., on retrouve ainsi la cycloïde.]

13. Déterminer la courbe tautochrone pour un point pesant dans un plan vertical, en tenant compte du frottement et d'une résistance de milieu proportionnelle à v^2. (On est conduit à une équation linéaire en v^2, qu'on traite comme dans l'exemple 3°, n° 253.)

14. *Problème d'Euler et de Saladini.* — Quelle courbe faut-il tracer dans un plan vertical, à partir d'un point O, pour qu'un mobile pesant abandonné sur cette courbe en O, sans vitesse, arrive en un point quelconque M de cette courbe dans le même temps que s'il avait été assujetti à glisser sur la corde OM. (On trouve une lemniscate, EULER, t. II de sa *Mécanique*, 1736; *Saladini*, Mémoire de l'*Istituto nazionale italiano*, 1804; voyez une Note de M. Fouret, *Bulletin de la Société mathematique*, t. XX, p. 39.)

15. *Problème de Bonnet.* — Démontrer que la lemniscate trouvée dans l'exercice précédent possède encore la même propriété quand on remplace la pesanteur

par une attraction issue du point O proportionnelle à la distance (*Journal de Mathématiques pures et appliquées*, t. IX, p. 116).

16. *Problème de M. Fouret.* — 1° Un point matériel soumis dans un plan à une force dérivant d'une fonction de forces déterminée part d'une origine O avec une vitesse donnée. Trouver un système de courbes (C) passant par O et homothétiques, telles qu'un mobile assujetti à se mouvoir sur une quelconque de ces courbes, décrive, à partir du point O, un arc quelconque dans le même temps qu'il mettrait à décrire la corde correspondante?

2° Étant donné, dans un plan, un système de courbes (C) passant par un point O et homothétiques par rapport à ce point, trouver une force dérivant d'une fonction de forces, sous l'action de laquelle un mobile ayant une vitesse initiale donnée parcourt, à partir du point O, un arc quelconque d'une quelconque des courbes C, dans le même temps qu'il lui faudrait pour parcourir la corde correspondante.

Le premier de ces problèmes n'a de solution qu'autant que la vitesse initiale est nulle et que la fonction des forces a, en coordonnées polaires, la forme $\psi\left[\dfrac{r}{\varphi(\theta)}\right]\varphi^2(\theta)$; l'équation de la courbe cherchée C est alors

$$r = k^2 \varphi(\theta) e^{-\int \frac{\chi'\theta}{\varphi(\theta)}d\theta}.$$

k désignant une constante arbitraire.

Le second problème n'est également possible que si la vitesse initiale est nulle. L'équation de la courbe étant $r = k\varpi(\theta)$, la fonction de forces s'obtient en faisant dans l'expression ci-dessus, où ψ est une fonction arbitraire.

$$\varphi(\theta) = \varpi(\theta) e^{-\int \sqrt{\left(\frac{\varpi'}{\varpi}\right)^2 + 1}\,d\theta}$$

(Fouret, *Comptes rendus*, t. CIII, p. 1114 et 1174, et *Journal de l'École Polytechnique*, 56° Cahier).

17. *Courbes et surfaces synchrones.* — Soient dans un plan une infinité de courbes C dont l'équation dépend d'un paramètre et qui passent par un point O; on lance sur toutes ces courbes, à partir de O, au même instant $t = 0$ des points matériels identiques, avec une vitesse donnée v_0, la même pour tous, et on les soumet à des forces dérivant d'une fonction de forces donnée; trouver la courbe (S) lieu géométrique des positions de tous ces points au même instant t.

Ces courbes (S) forment une famille de courbes dépendant du paramètre t; on les appelle *courbes synchrones* des premières.

Si les courbes (C) passant par un même point O sont situées dans l'espace et dépendent de deux paramètres, en lançant sur ces courbes, à l'instant $t = 0$ avec une vitesse v_0, des points matériels soumis à des forces dérivant d'un potentiel donné, le lieu géométrique de ces points à l'instant t est une surface (S) appelée *surface synchrone*.

18. *Exemples de courbes synchrones.* — La vitesse v_0 est supposée nulle. La force est la pesanteur; les lignes C sont des droites passant par l'origine dans un plan vertical (les lignes S sont des cercles). [EULER.]

La force est la pesanteur et les courbes C sont des cycloïdes de base horizontale ayant leur rebroussement en O et situées dans un plan vertical. [Les courbes synchrones S sont orthogonales aux cycloïdes; cela tient (n° 256) à ce que les cycloïdes C sont les brachistochrones pour la loi de force considérée.] (EULER.)

La force est une attraction proportionnelle à la distance issue de l'origine O et les courbes C sont les cercles $x^2 + y^2 - 2ay = 0$, où a est un paramètre variable (les courbes synchrones S sont des droites passant par l'origine). (LEGOUX, *Annales de la Faculté de Toulouse*, t. VI).

19. *Étant données dans un plan deux familles de lignes* (A) *et* (C), *qui toutes passent par un point* O, *peut-on trouver une force* F, *dérivant d'un potentiel* U *et telle que, sous son action, un mobile partant du point* O *avec une vitesse déterminée et suivant l'une quelconque des lignes* (C) *arrive en un point quelconque* M *de cette ligne dans le même temps que s'il avait suivi celle des lignes* (A) *qui passe en* M?

On peut désigner les lignes (A) sous le nom de *trajectoires* et les lignes (C) sous celui de *lignes synodales*: il est d'ailleurs évident que leurs rôles peuvent être intervertis. Le problème peut toujours être résolu d'une infinité de manières. Le problème de M. Fouret se rapporte au cas où les trajectoires sont rectilignes et les lignes synodales homothétiques par rapport au point O (DE SAINT-GERMAIN, *Bulletin des Sciences mathématiques*, 1889).

20. Démontrer la relation suivante qui existe entre les trajectoires, les lignes synchrones et les synodales : soient MA, MB, MC les tangentes respectives, menées dans le sens du mouvement, à celles de ces lignes qui se coupent en M. On a

$$2\widehat{AMB} = \pi + \widehat{AMC}$$

et

$$2\widehat{CMB} = \pi + \widehat{CMA}$$

(FOURET, *Comptes rendus*, t. CIII, et DE SAINT-GERMAIN, *Bulletin des Sciences mathématiques*, 1889).

21. Démontrer que, si les lignes synchrones sont orthogonales aux trajectoires, celles-ci se confondent avec les lignes synodales et deviennent des brachistochrones pour les forces considérées (*ibid.*).

22. Mouvement d'un point matériel pesant sur une droite invariablement liée à un axe fixe vertical autour duquel elle tourne avec une vitesse angulaire constante.

23. Mouvement d'un point pesant sur un cercle vertical invariablement lié à un axe fixe vertical autour duquel il tourne avec une vitesse angulaire constante. On suppose que la projection de l'axe sur le plan du cercle passe par le centre de celui-ci.

24. Le problème des tautochrones dans le cas où il existe une fonction de forces se ramène à l'intégration d'une équation aux dérivées partielles du premier ordre et du second degré (KŒNIGS, *Comptes rendus*, 1er mai 1893).

CHAPITRE XII.

MOUVEMENT D'UN POINT SUR UNE SURFACE FIXE OU MOBILE.

I. — GÉNÉRALITÉS.

262. Équations du mouvement. — Soit une surface S qui peut changer de position et même de forme avec le temps, et soit

$$f(x, y, z, t) = 0 \tag{1}$$

l'équation de cette surface en coordonnées rectangulaires. Dans le cas particulier où la surface est fixe, cette équation ne contient pas le temps t. Un point matériel M de coordonnées x, y, z est assujetti à glisser sans frottement sur cette surface et est soumis à l'action de forces données dont la résultante F a pour projections X, Y, Z. Il s'agit de trouver le mouvement du point. La surface exercera sur le point une réaction normale N ayant pour projections des quantités de la forme

$$\lambda \frac{\partial f}{\partial x}, \quad \lambda \frac{\partial f}{\partial y}, \quad \lambda \frac{\partial f}{\partial z}. \tag{N}$$

Le point pourra alors être regardé comme libre sous l'action des deux forces F et N, et les équations du mouvement seront

$$m \frac{d^2 x}{dt^2} = X + \lambda \frac{\partial f}{\partial x}, \quad m \frac{d^2 y}{dt^2} = Y + \lambda \frac{\partial f}{\partial y}, \quad m \frac{d^2 z}{dt^2} = Z + \lambda \frac{\partial f}{\partial z}. \tag{2}$$

Ces équations, jointes à l'équation (1) de la surface, forment un système de quatre équations définissant x, y, z et λ en fonction de t.

Pour obtenir les équations donnant x, y, z en fonction de t, il faudra éliminer λ entre ces équations (2), ce qui donne deux équations. Une fois le mouvement connu, la valeur de λ et, par suite, la grandeur de la réaction normale sera fournie par une quelconque des équations (2) ou par une combinaison de ces équations.

263. Équations de Lagrange. — La méthode de Lagrange que nous allons exposer est identique à celle qui a été employée pour le mouvement d'un point sur une courbe (n° 259). On peut toujours exprimer les coordonnées d'un point de la surface S et, en particulier, celles du mobile M en fonction de deux paramètres q_1 et q_2 :

$$(3) \qquad x = \varphi(q_1, q_2, t), \qquad y = \psi(q_1, q_2, t), \qquad z = \varpi(q_1, q_2, t).$$

Ces expressions seront telles qu'en éliminant entre elles q_1 et q_2, on retrouve l'équation (1) de la surface. Elles contiennent explicitement le temps t qui figure dans l'équation (1); dans le cas particulier où la surface S serait fixe, l'équation (1) ne contenant pas t, on pourrait s'arranger de façon que les expressions (3) de x, y, z ne contiennent pas explicitement t.

Pour connaître le mouvement du mobile, il suffit de connaître en fonction de t les paramètres q_1, q_2 qui servent à déterminer la position du mobile. Il faut, pour trouver q_1 et q_2, deux équations que l'on obtient comme il suit : ajoutons les équations (2) après les avoir multipliées respectivement par $\dfrac{\partial \varphi}{\partial q_1}$, $\dfrac{\partial \psi}{\partial q_1}$, $\dfrac{\partial \varpi}{\partial q_1}$, nous avons

$$(4) \qquad m\left(\frac{d^2 x}{dt^2} \frac{\partial \varphi}{\partial q_1} + \frac{d^2 y}{dt^2} \frac{\partial \psi}{\partial q_1} + \frac{d^2 z}{dt^2} \frac{\partial \varpi}{\partial q_1}\right) = Q_1$$

où

$$Q_1 = X \frac{\partial \varphi}{\partial q_1} + Y \frac{\partial \psi}{\partial q_1} + Z \frac{\partial \varpi}{\partial q_1};$$

λ disparaît dans cette combinaison en vertu de la relation

$$\frac{\partial f}{\partial x} \frac{\partial \varphi}{\partial q_1} + \frac{\partial f}{\partial y} \frac{\partial \psi}{\partial q_1} + \frac{\partial f}{\partial z} \frac{\partial \varpi}{\partial q_1} = 0,$$

qui exprime que la normale à la surface est normale à la courbe que décrirait le point (3), si, laissant q_2 et t constants, on faisait

seulement varier q_1, courbe située sur la surface S. En multi-
pliant les équations du mouvement (2) par $\frac{\partial \varphi}{\partial q_2}$, $\frac{\partial \psi}{\partial q_2}$, $\frac{\partial \varpi}{\partial q_2}$ et les
ajoutant, on obtient de même une seconde équation

$$(4') \qquad m\left(\frac{d^2 x}{dt^2}\frac{\partial \varphi}{\partial q_2} + \frac{d^2 y}{dt^2}\frac{\partial \psi}{\partial q_2} + \frac{d^2 z}{dt^2}\frac{\partial \varpi}{\partial q_2}\right) = Q_2,$$

$$Q_2 = X\frac{\partial \varphi}{\partial q_2} + Y\frac{\partial \psi}{\partial q_2} + Z\frac{\partial \varpi}{\partial q_2}.$$

Ce sont ces deux équations (4) et (4') qui définissent q_1 et q_2
en fonction de t. On peut les écrire sous une forme beaucoup
plus simple. Appelons q_1' et q_2' les dérivées de q_1 et q_2 par rapport
au temps, et x', y', z' les projections de la vitesse du mobile $\frac{dx}{dt}$,
$\frac{dy}{dt}$, $\frac{dz}{dt}$. L'équation (4) peut s'écrire

$$(5) \quad \left\{ \begin{aligned} &\frac{d}{dt}\left[m\left(x'\frac{\partial \varphi}{\partial q_1} + y'\frac{\partial \psi}{\partial q_1} + z'\frac{\partial \varpi}{\partial q_1}\right)\right] \\ &\quad - m\left[x'\frac{d}{dt}\left(\frac{\partial \varphi}{\partial q_1}\right) + y'\frac{d}{dt}\left(\frac{\partial \psi}{\partial q_1}\right) + z'\frac{d}{dt}\left(\frac{\partial \varpi}{\partial q_1}\right)\right] = Q_1; \end{aligned}\right.$$

car on a évidemment

$$\frac{d}{dt}\left(m x'\frac{\partial \varphi}{\partial q_1}\right) - m x'\frac{d}{dt}\left(\frac{\partial \varphi}{\partial q_1}\right) = m\frac{d^2 x}{dt^2}\frac{\partial \varphi}{\partial q_1}, \quad \dots$$

Or, d'après la formule (3), x dépend de t directement et par
l'intermédiaire de q_1 et q_2, qui sont fonctions de t; donc

$$(6) \qquad x' = \frac{\partial \varphi}{\partial q_1}q_1' + \frac{\partial \varphi}{\partial q_2}q_2' + \frac{\partial \varphi}{\partial t}.$$

De même $\frac{\partial \varphi}{\partial q_1}$ dépend de t directement et par l'intermédiaire de
q_1 et q_2, donc

$$\frac{d}{dt}\left(\frac{\partial \varphi}{\partial q_1}\right) = \frac{\partial^2 \varphi}{\partial q_1^2}q_1' + \frac{\partial^2 \varphi}{\partial q_1 \partial q_2}q_2' + \frac{\partial^2 \varphi}{\partial q_1 \partial t}.$$

Dans l'expression (6), considérons x' comme une fonction des
lettres q_1, q_2, q_1', q_2', t. Nous aurons immédiatement

$$\frac{\partial x'}{\partial q_1'} = \frac{\partial \varphi}{\partial q_1}, \qquad \frac{\partial x'}{\partial q_1} = \frac{\partial^2 \varphi}{\partial q_1^2}q_1' + \frac{\partial^2 \varphi}{\partial q_1 \partial q_2}q_2' + \frac{\partial^2 \varphi}{\partial q_1 \partial t},$$

c'est-à-dire

$$\frac{\partial x'}{\partial q_1'} = \frac{\partial \varphi}{\partial q_1}, \qquad \frac{\partial x'}{\partial q_1} = \frac{d}{dt}\left(\frac{\partial \varphi}{\partial q_1}\right).$$

Un calcul analogue donnerait

$$\frac{\partial y'}{\partial q_1'} = \frac{\partial \psi}{\partial q_1}, \qquad \frac{\partial y'}{\partial q_1} = \frac{d}{dt}\left(\frac{\partial \psi}{\partial q_1}\right),$$

$$\frac{\partial z'}{\partial q_1'} = \frac{\partial \varpi}{\partial q_1}, \qquad \frac{\partial z'}{\partial q_1} = \frac{d}{dt}\left(\frac{\partial \varpi}{\partial q_1}\right).$$

Remplaçant dans l'équation du mouvement (5) les quantités

$$\frac{\partial \varphi}{\partial q_1}, \quad \frac{\partial \psi}{\partial q_1}, \quad \frac{\partial \varpi}{\partial q_1}, \quad \frac{d}{dt}\left(\frac{\partial \varphi}{\partial q_1}\right), \quad \frac{d}{dt}\left(\frac{\partial \psi}{\partial q_1}\right), \quad \frac{d}{dt}\left(\frac{\partial \varpi}{\partial q_1}\right)$$

par leurs valeurs tirées des formules ci-dessus, on a l'équation

$$\frac{d}{dt}\left[m\left(x'\frac{\partial x'}{\partial q_1} + y'\frac{\partial y'}{\partial q_1} + z'\frac{\partial z'}{\partial q_1}\right)\right] - m\left(x'\frac{\partial x'}{\partial q_1} + y'\frac{\partial y'}{\partial q_1} + z'\frac{\partial z'}{\partial q_1}\right) = Q_1,$$

ou, en posant

$$T = \frac{m}{2}(x'^2 + y'^2 + z'^2),$$

$$(7) \qquad \frac{d}{dt}\left(\frac{\partial T}{\partial q_1'}\right) - \frac{\partial T}{\partial q_1} = Q_1,$$

on trouverait de même, en transformant l'équation $(4')$,

$$(7') \qquad \frac{d}{dt}\left(\frac{\partial T}{\partial q_2'}\right) - \frac{\partial T}{\partial q_2} = Q_2.$$

Ces équations (7) et $(7')$ sont les équations du mouvement d'après Lagrange. Pour les écrire, il suffit de former la quantité T égale à la demi-force vive du point : dans cette quantité T, on remplace x', y', z' par leurs valeurs

$$\frac{\partial \varphi}{\partial q_1}q_1' + \frac{\partial \varphi}{\partial q_2}q_2' + \frac{\partial \varphi}{\partial t}, \quad \frac{\partial \psi}{\partial q_1}q_1' + \frac{\partial \psi}{\partial q_2}q_2' + \frac{\partial \psi}{\partial t},$$

$$\frac{\partial \varpi}{\partial q_1}q_1' + \frac{\partial \varpi}{\partial q_2}q_2' + \frac{\partial \varpi}{\partial t},$$

de façon à exprimer T en q_1, q_2, q_1', q_2' et t; puis on écrit les équations du mouvement (7) et $(7')$.

Dans ces équations, les seconds membres Q_1 et Q_2 ont été calculés plus haut. On peut les caractériser de la façon suivante :

imprimons au point M un déplacement virtuel qui s'effectue sur la surface S, c'est-à-dire qui est obtenu en laissant t constant et faisant varier q_1 et q_2 de δq_1 et δq_2. Nous aurons pour les projections de ce déplacement virtuel sur les trois axes

$$\delta x = \frac{\partial \varphi}{\partial q_1}\,\delta q_1 + \frac{\partial \varphi}{\partial q_2}\,\delta q_2,$$

$$\delta y = \frac{\partial \psi}{\partial q_1}\,\delta q_1 + \frac{\partial \psi}{\partial q_2}\,\delta q_2,$$

$$\delta z = \frac{\partial \varpi}{\partial q_1}\,\delta q_1 + \frac{\partial \varpi}{\partial q_2}\,\delta q_2,$$

d'où, pour l'expression du travail virtuel correspondant de F,

$$X\,\delta x + Y\,\delta y + Z\,\delta z = Q_1\,\delta q_1 + Q_2\,\delta q_2,$$

d'après les expressions de Q_1 et Q_2. Ainsi, pour avoir les seconds membres Q_1 et Q_2, il suffit de prendre les coefficients de δq_1 et δq_2 dans l'expression du travail virtuel de F, pour un déplacement arbitraire effectué sur la surface S, dans la position qu'elle occupe à l'instant t.

Pour obtenir en particulier Q_1, on imprimera au point un déplacement virtuel obtenu en laissant t et q_2 constants et faisant varier seulement q_1 de δq_1; le travail virtuel correspondant de la force F sera $Q_1\,\delta q_1$. De même, pour avoir Q_2, on considérera un déplacement virtuel obtenu en laissant t et q_1 constants; le travail de F sera $Q_2\,\delta q_2$.

S'il existe une fonction de forces $U(x, y, z)$, ou, plus généralement, si X, Y, Z sont les dérivées partielles d'une fonction $U(x, y, z, t)$ contenant le temps, on a

$$Q_1 = \frac{\partial U}{\partial q_1}, \qquad Q_2 = \frac{\partial U}{\partial q_2}.$$

En effet, $U(x, y, z, t)$ dépend de q_1 et q_2 par l'intermédiaire de x, y, z; on a donc

$$\frac{\partial U}{\partial q_1} = \frac{\partial U}{\partial x}\,\frac{\partial \varphi}{\partial q_1} + \frac{\partial U}{\partial y}\,\frac{\partial \psi}{\partial q_1} + \frac{\partial U}{\partial z}\,\frac{\partial \varpi}{\partial q_1}$$

$$= X\,\frac{\partial \varphi}{\partial q_1} + Y\,\frac{\partial \psi}{\partial q_1} + Z\,\frac{\partial \varpi}{\partial q_1} = Q_1;$$

de même pour Q_2.

264. Applications. — 1° *Mouvement d'un point dans un plan fixe en coordonnées polaires.* — Cherchons le mouvement d'un point dans le plan xOy en prenant comme paramètres q_1 et q_2 les deux coordonnées polaires r et θ. Les formules donnant x, y, z en fonction des deux paramètres sont actuellement

$$x = r\cos\theta, \qquad y = r\sin\theta, \qquad z = o.$$

Supposons le point sollicité par une force F, située dans le plan, ayant pour projections (X, Y, o). La fonction T sera

$$T = \frac{mv^2}{2} = \frac{m}{2}(r'^2 + r^2\theta'^2)$$

et les équations du mouvement

$$\frac{d}{dt}\left(\frac{\partial T}{\partial r'}\right) - \frac{\partial T}{\partial r} = Q_1, \qquad \frac{d}{dt}\left(\frac{\partial T}{\partial \theta'}\right) - \frac{\partial T}{\partial \theta} = Q_2.$$

Comme $q_1 = r$, $q_2 = \theta$, on a

$$Q_1 = X\frac{\partial x}{\partial q_1} + Y\frac{\partial y}{\partial q_1} = X\cos\theta + Y\sin\theta,$$

$$Q_2 = X\frac{\partial x}{\partial q_2} + Y\frac{\partial y}{\partial q_2} = -Xr\sin\theta + Yr\cos\theta.$$

Nous pouvons aussi trouver directement Q_1 et Q_2. Désignons par P et R les composantes de la force suivant la perpendiculaire au rayon vecteur dans le sens des θ croissants et suivant le rayon vecteur dans le sens des r croissants. Pour un déplacement δr sur le rayon vecteur ($q_2 = $ const.) le travail de F, égal à la somme des travaux de P et R, se réduit à $R\delta r$, puisque le travail de P est nul (*fig.* 166). On a donc

$$Q_1 = R.$$

Fig. 166.

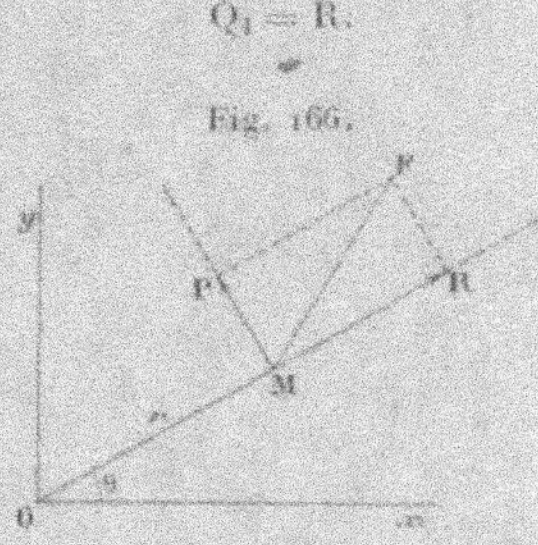

De même pour un déplacement virtuel obtenu en supposant q_1, c'est-à-dire r, constant et faisant varier θ, déplacement qui s'effectue sur la circonférence de rayon OM, le déplacement virtuel est $r\,\delta\theta$ et le travail de F se réduit au travail de P, qui est $Pr\,\delta\theta$; on a donc

$$Q_2 = Pr.$$

Les équations du mouvement sont donc, d'après la valeur de T,

$$\frac{d}{dt}(mr') - mr\theta'^2 = R, \qquad \frac{d}{dt}(mr^2\theta') = Pr.$$

Lorsque la force est centrale, P est toujours nul, et l'on a

$$\frac{d}{dt}(mr^2\theta') = 0, \qquad r^2\theta' = C \text{ (loi des aires)}.$$

2° Trouver le mouvement d'un point pesant mobile sans frottement sur un plan qui tourne d'un mouvement uniforme autour d'un axe horizontal situé dans le plan.

Nous compterons le temps à partir du moment où le plan mobile coïncide avec xOy supposé horizontal, en prenant pour axe des x l'axe de rotation. Si θ est l'angle du plan mobile avec le plan des xy, on aura

$$\theta = \omega t,$$

ω étant la vitesse angulaire de rotation (*fig.* 167); l'équation du plan mobile ROx est alors

$$y \sin \omega t - z \cos \omega t = 0.$$

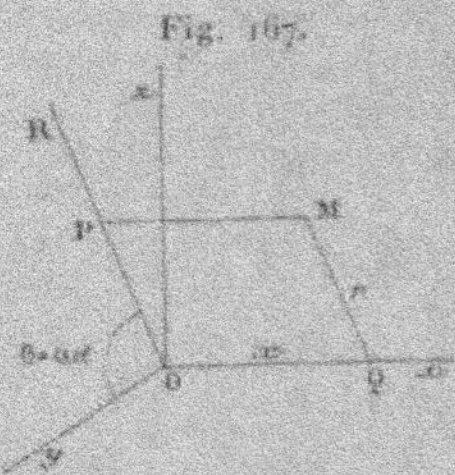

Fig. 167.

En appliquant les formules générales (262), on aura pour équations du mouvement

$$m\frac{d^2x}{dt^2} = 0, \qquad m\frac{d^2y}{dt^2} = \lambda \sin \omega t, \qquad m\frac{d^2z}{dt^2} = -mg - \lambda \cos \omega t,$$

la réaction normale ayant précisément pour valeur λ. Pour fixer la position du point M dans le plan mobile, nous prendrons ses coordonnées r

et r par rapport aux axes Ox, OR, x jouant le rôle de q_1 et r de q_2. Les formules de transformation seront alors

$$x = r, \qquad y = r\cos\omega t, \qquad z = r\sin\omega t;$$

la fonction T qui entre dans notre formule sera

$$T = \frac{1}{2}\, m\,(x'^2 + r'^2 + \omega^2 r^2).$$

Il y a une fonction de forces

$$U = - mgz = - mgr\sin\omega t.$$

On a donc

$$\frac{\partial T}{\partial x'} = mx', \qquad \frac{\partial T}{\partial x} = 0,$$

$$\frac{\partial T}{\partial r'} = mr', \qquad \frac{\partial T}{\partial r} = m\omega^2 r,$$

$$\frac{\partial U}{\partial x} = 0, \qquad \frac{\partial U}{\partial r} = - mg\sin\omega t.$$

et les équations du mouvement sont

$$\frac{dx'}{dt} = 0 \qquad \text{ou} \qquad \frac{d^2 x}{dt^2} = 0,$$

$$\frac{d^2 r}{dt^2} - \omega^2 r = - g\sin\omega t.$$

La première de ces équations montre que la projection Q sur l'axe des x se déplace d'un mouvement uniforme. La seconde, étant linéaire à coefficients constants, peut s'intégrer et a pour intégrale générale

$$r = A e^{\omega t} + B e^{-\omega t} + \frac{g}{2\omega^2}\sin\omega t.$$

Pour avoir l'équation de la projection de la trajectoire sur le plan des yz, il nous suffit dans cette relation de remplacer ωt par θ, ce qui nous donne

$$r = A e^{\theta} + B e^{-\theta} + \frac{g}{2\omega^2}\sin\theta.$$

Un cas particulier intéressant est celui où les conditions initiales sont telles que A et B soient nuls; il suffit pour cela que le mobile soit lancé de l'axe de rotation de façon que sa projection sur la droite R ait une vitesse initiale égale à $\frac{g}{2\omega}$. La projection de la trajectoire sur le plan des yz a alors pour équation

$$r = \frac{g}{2\omega^2} \sin\theta ;$$

c'est un cercle tangent en O à l'axe Oy. La trajectoire est une hélice.

Pour calculer la réaction normale, reportons-nous à l'une des équations du mouvement

$$m \frac{d^2y}{dt^2} = \lambda \sin\omega t ;$$

nous avons, en remplaçant y par $r \cos\omega t$,

$$m \left(\frac{d^2r}{dt^2} \cos\omega t - 2\omega \frac{dr}{dt} \sin\omega t - \omega^2 r \cos\omega t \right) = \lambda \sin\omega t,$$

ou, si l'on se rappelle l'équation qui définit r,

$$\frac{d^2r}{dt^2} = \omega^2 r - g \sin\omega t,$$

$$\lambda = - mg \cos\omega t - 2m\omega \frac{dr}{dt}.$$

Cette formule, dans laquelle on remplace r par sa valeur en t, donne en fonction de t l'expression de la réaction normale, qui, dans le cas actuel, est précisément égale à λ.

II. — CAS OU LA SURFACE EST FIXE.

265. Emploi du théorème des forces vives. — La méthode générale que nous venons d'exposer s'applique toujours. Lorsque la surface est fixe, il se présente des simplifications qu'il importe d'indiquer. L'équation de la surface est alors

$$f(x, y, z) = 0 ;$$

le déplacement réel que subit le point étant normal à la réaction normale N, si l'on applique le théorème des forces vives, le travail de cette réaction est nul et l'on a l'équation

$$(1) \qquad d\frac{mc^2}{2} = X\,dx + Y\,dy + Z\,dz,$$

indépendante de la réaction. Cette équation peut alors remplacer l'une des deux équations de Lagrange. Nous vérifierons tout à l'heure qu'elle est bien une conséquence des équations de Lagrange.

Si la surface était mobile, la réaction normale ne serait pas éliminée par l'application du théorème des forces vives, car le déplacement réel dx, dy, dz du mobile ne serait pas *normal* à la réaction normale; en effet, la surface à l'instant t est en S et le point en M sur S; à l'instant $t + dt$, elle est en S' et le point en M' sur S'; le déplacement MM' n'est donc pas normal à la réaction N.

Revenons au cas où la surface est fixe : l'équation des forces vives donne immédiatement une intégrale première s'il y a une fonction de forces U(x, y, z)

$$\frac{mv^2}{2} = U + h.$$

Il peut encore se faire que Xdx + Ydy + Zdz, n'étant pas une différentielle totale exacte, le devienne en vertu de la relation $f(x, y, z) = 0$; si, par exemple, un point de la surface est défini par les deux paramètres q_1 et q_2, on aura

$$x = \varphi(q_1, q_2), \quad y = \psi(q_1, q_2), \quad z = \varpi(q_1, q_2)$$

et la quantité Xdx + Ydy + Zdz prendra la forme Q$_1 dq_1$ + Q$_2 dq_2$ quand on aura remplacé X, Y, Z, x, y, z par leurs valeurs en fonction de q_1 et q_2. Si alors l'expression Q$_1 dq_1$ + Q$_2 dq_2$ est la différentielle totale exacte d'une fonction U(q_1, q_2), on aura l'intégrale des forces vives

$$\frac{mv^2}{2} = U(q_1, q_2) + h,$$

ou encore

$$T = U + h,$$

car T est précisément la demi-force vive.

On remplacera l'une des équations de Lagrange, la plus compliquée des deux, par cette dernière équation et l'on aura ainsi les deux équations définissant q_1 et q_2 en fonction de t.

EXEMPLE. — *Mouvement d'un point, mobile sur un hélicoïde gauche à plan directeur, attiré ou repoussé par l'axe proportionnellement à la distance* (*fig.* 168).

I.　　　　　　　　　　　　　　　　　　　30

Soient r et θ les coordonnées polaires d'un point M de l'hélicoïde, situé sur la génératrice CD ; on a pour coordonnées cartésiennes de ce point

$$x = r\cos\theta, \qquad y = r\sin\theta, \qquad z = k\theta.$$

Fig. 168.

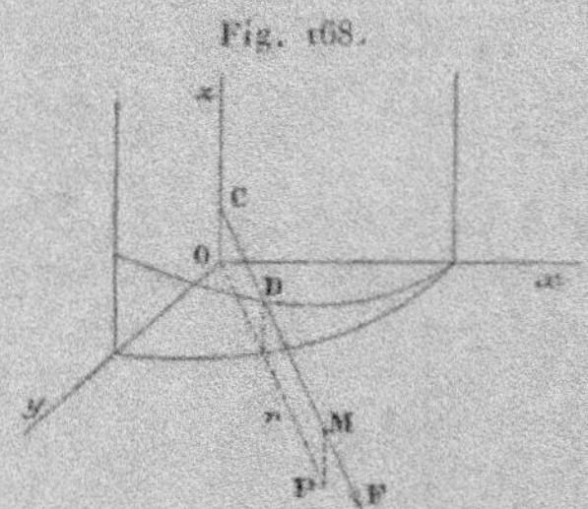

La force qui agit sur le point est $F = m\mu r$, dirigée suivant CD. On sait que dans ce cas il y a une fonction de forces

$$U = m\mu \,\frac{r^2}{2}.$$

En définissant un point de la surface par les paramètres r et θ, qui remplacent q_1 et q_2, nous aurons

$$T = \frac{m}{2}\,(r'^2 + r^2\theta'^2 + k^2\theta'^2) = \frac{m}{2}\,[r'^2 + (r^2 + k^2)\theta'^2].$$

Les équations du mouvement seront par suite, d'après Lagrange,

$$\frac{dr'}{dt} - r\theta'^2 = \mu r, \qquad \frac{d}{dt}\,[(k^2 + r^2)\theta'] = 0 ;$$

la deuxième de ces équations montre que

$$(r^2 + k^2)\theta' = C.$$

Au lieu de nous servir de la première, nous emploierons l'intégrale des forces vives

$$r'^2 + (r^2 + k^2)\theta'^2 - \mu r^2 = h.$$

En éliminant θ' entre ces deux équations, on aura l'équation du mouvement sur le rayon vecteur

$$r'^2 + \frac{C^2}{r^2 + k^2} - \mu r^2 = h,$$

$$(r^2 + k^2)\left(\frac{dr}{dt}\right)^2 = (h + \mu r^2)(r^2 + k^2) - C^2.$$

On exprime donc t en fonction de r par une quadrature. On trouvera de même que θ s'exprime par une autre quadrature en fonction de r; il suffit pour cela de remplacer, dans la dernière équation, dt par sa valeur

$$\frac{1}{C}\,(r^2 + k^2)\,d\theta.$$

Pour discuter la forme de la courbe, il faut distinguer deux cas, selon que μ est positif ou négatif (répulsion ou attraction) : si μ est positif, on voit que la courbe peut avoir des branches infinies, puisque, lorsque r croît indéfiniment, $\left(\dfrac{dr}{dt}\right)^2$ ne cesse pas d'être positif. Au contraire, si μ est négatif, r ne pourra pas croître au delà de certaines limites. Dans le cas particulier de $\mu = 0$, le point se déplace sur la surface sans force directement appliquée; t s'exprime alors en fonction de r par une quadrature elliptique. Dans ce cas particulier le point décrit, comme nous le verrons plus loin (n° 270), une ligne géodésique de l'hélicoïde.

266. Équation des forces vives déduite des équations de Lagrange. — La surface étant fixe, les expressions de x, y, z en fonction de q_1 et q_2 peuvent être choisies de façon à ne pas contenir explicitement t. La fonction T est alors homogène et du second degré en q'_1 et q'_2 et le théorème des fonctions homogènes donne l'identité

$$q'_1\,\frac{\partial T}{\partial q'_1} + q'_2\,\frac{\partial T}{\partial q'_2} = 2\,T.$$

Cela posé, prenons les deux équations de Lagrange

$$\frac{d}{dt}\left(\frac{\partial T}{\partial q'_1}\right) - \frac{\partial T}{\partial q_1} = Q_1, \qquad \frac{d}{dt}\left(\frac{\partial T}{\partial q'_2}\right) - \frac{\partial T}{\partial q_2} = Q_2$$

et ajoutons-les après avoir multiplié la première par q'_1, la deuxième par q'_2. Nous aurons une équation qui peut s'écrire

$$\frac{d}{dt}\left(q'_1\,\frac{\partial T}{\partial q'_1} + q'_2\,\frac{\partial T}{\partial q'_2}\right)$$
$$- \left(\frac{\partial T}{\partial q'_1}\,\frac{dq'_1}{dt} + \frac{\partial T}{\partial q'_2}\,\frac{dq'_2}{dt} + \frac{\partial T}{\partial q_1}\,q'_1 + \frac{\partial T}{\partial q_2}\,q'_2\right) = Q_1 q'_1 + Q_2 q'_2.$$

La première parenthèse égale $2\,T$; la deuxième est égale à $\dfrac{dT}{dt}$, car T dépend de t par l'intermédiaire de q'_1, q'_2, q_1, q_2. L'équation ci-dessus s'écrit donc

$$\frac{d(2\mathrm{T})}{dt} - \frac{d\mathrm{T}}{dt} = Q_1 q_1' + Q_2 q_2'$$

ou, en multipliant par dt,

$$d\mathrm{T} = Q_1\,dq_1 + Q_2\,dq_2,$$

ce qui est l'équation des forces vives, car $Q_1\,dq_1 + Q_2\,dq_2$ est le travail élémentaire de la force (X, Y, Z). Si $Q_1\,dq_1 + Q_2\,dq_2$ est une différentielle totale exacte d'une fonction $U(q_1, q_2)$, on a l'intégrale des forces vives

$$\mathrm{T} = \mathrm{U} + h,$$

qui remplacera l'une des équations de Lagrange.

267. Stabilité de l'équilibre dans le cas où la fonction U existe. — D'après ce que nous avons vu en Statique, pour obtenir les valeurs de q_1 et q_2 fournissant les positions d'équilibre du mobile, il suffit d'écrire les deux équations $Q_1 = 0$, $Q_2 = 0$. Dans le cas particulier où $Q_1\,dq_1 + Q_2\,dq_2$ est la différentielle d'une fonction $U(q_1, q_2)$, les équations d'équilibre sont identiques à celles qu'il faudrait écrire pour chercher le maximum ou le minimum de $U(q_1, q_2)$.

Nous voulons démontrer, d'après Lejeune-Dirichlet, que, si pour un certain système de valeurs $q_1 = a_1$, $q_2 = a_2$ la fonction U est *maximum*, l'équilibre correspondant est stable. La démonstration est identique à celle qui a été donnée (n° **208**) pour un point libre. Indiquons-la en peu de mots. On peut toujours supposer que le maximum ait lieu pour $q_1 = q_2 = 0$, car cela revient à prendre pour nouveaux paramètres $q_1 - a_1$ et $q_2 - a_2$, et que ce maximum $U(0, 0)$ soit nul, car cela revient à retrancher de $U(q_1, q_2)$ une certaine constante, ce qui est permis, car cette fonction n'est définie qu'à une constante près. D'après la définition du maximum, la fonction U est alors négative et différente de zéro dans le voisinage de la position d'équilibre considérée P. Traçons sur la surface une petite courbe fermée C entourant P ; sur cette courbe U est négative et non nulle : il existe donc un nombre positif p tel que sur cette courbe $U + p$ soit négative.

Déplaçons alors le mobile de la position d'équilibre P dans une position voisine M_0 située à l'intérieur de C où U prend la valeur U_0 et imprimons-lui une vitesse v_0, on aura

$$\frac{mv^2}{2} = U + \frac{mv_0^2}{2} - U_0;$$

choisissons la position initiale et la vitesse initiale de façon à remplir les deux conditions

$$\frac{mv_0^2}{2} < \frac{p}{2}, \qquad - U_0 < \frac{p}{2},$$

ce qui, à cause de la continuité, exige uniquement que v_0 et la distance PM_0 soient inférieures à certaines limites. Dans ces conditions le mobile ne sortira pas de la courbe C et même n'atteindra pas cette courbe, car l'équation des forces vives donne

$$\frac{mv^2}{2} < U + p$$

et $U + p$ devient négatif sur la courbe limite C.

268. Réaction normale. — Une fois le mouvement connu, pour avoir la réaction il suffira de tirer λ d'une quelconque des équations (2) du mouvement (n° **262**). Supposons que le mobile soit seulement posé sur la surface, c'est-à-dire qu'il puisse la quitter d'un certain côté. Pour que le point reste sur la surface, il faut que la réaction N soit dirigée du côté où le point peut s'éloigner. D'un côté de la surface $f(x, y, z)$ est positif, de l'autre côté il est négatif; pour que la réaction soit constamment dirigée vers la région des f positifs, il faut que λ soit positif, comme nous l'avons vu en Statique à propos de l'équilibre d'un point sur une surface. Si λ s'annule à un certain moment et change de signe, le point quitte la surface et l'on est ramené au cas d'un point libre.

269. Équations intrinsèques et réaction normale. — Sur la trajectoire, nous marquerons une origine des arcs A ($fig.$ 169). Soit M une position quelconque du mobile, menons en ce point la tangente MT dans le sens des arcs croissants; soient C le centre de courbure de la section normale tangente à MT, R son rayon de courbure MC, nous prendrons pour sens positif sur la normale le sens MC. Soient de même MC' la normale principale de la tra-

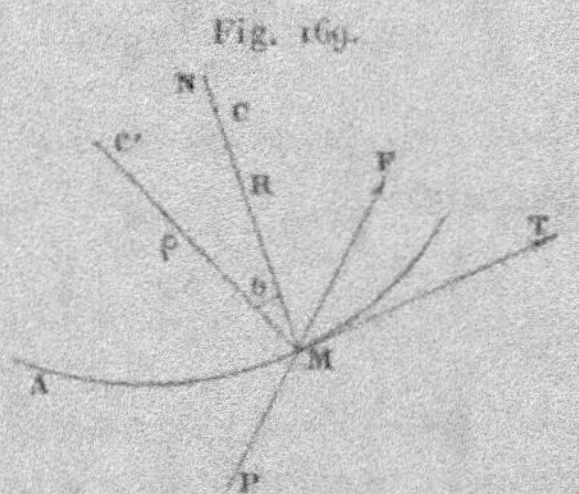

Fig. 169.

jectoire et $\rho = $ MC' son rayon de courbure ; désignons par θ l'angle du plan osculateur TMC' à la trajectoire avec la normale à la surface, nous aurons d'après le théorème de Meusnier

$$\rho = R \cos\theta.$$

En projetant la direction MC' sur le plan tangent, nous obtenons une demi-droite MP sur laquelle nous considérons le sens de la projection du segment MC' comme sens positif. Soient alors F_t, F_n, F_p les projections de la force F sur les droites MT, MC, MP, et N la valeur algébrique de la réaction normale ; on sait que la résultante des forces F et N se décompose en deux, l'une $m\dfrac{dv}{dt}$ suivant MT, l'autre $m\dfrac{v^2}{\rho}$ dirigée suivant MC'; ce système de deux forces est par suite équivalent au système formé par F et N. On aura donc, en égalant les sommes des projections des forces de chacun de ces systèmes sur les axes MT, MP, MC',

$$m\frac{dv}{dt} = F_t \qquad \frac{mv^2}{\rho}\sin\theta = F_p \qquad \frac{mv^2}{\rho}\cos\theta = F_n + N.$$

Ces équations peuvent prendre une forme plus simple : désignons par ρ_g le rayon de courbure géodésique $\dfrac{\rho}{\sin\theta}$, et tenons compte de la relation trouvée plus haut $\dfrac{\rho}{\cos\theta} = R$: les équations précédentes deviendront

$$m\frac{dv}{dt} = F_t \qquad \frac{mv^2}{\rho_g} = F_p \qquad \frac{mv^2}{R} = F_n + N.$$

S'il y a une fonction des forces, on a $\frac{mv^2}{2} = U + h$ et la dernière formule permet de calculer la réaction normale sans chercher le mouvement, à condition que l'on connaisse R.

De ces équations on peut tirer une conséquence intéressante : déformons la surface de façon que les longueurs des lignes tracées sur cette surface ne changent pas; dans cette transformation les rayons de courbure géodésique ne varient pas; si donc on modifie la force F de façon que sa projection sur le plan tangent reste la même, les deux premières des équations ci-dessus qui définissent le mouvement n'auront pas changé, et le mouvement sera le même que dans le premier cas. La réaction normale seule changera. On voit ainsi que la trajectoire d'un point pesant, assujetti à se mouvoir sur un cylindre vertical, s'obtient en enroulant sur ce cylindre une parabole d'axe vertical. De même la trajectoire d'un point pesant sur un cône de révolution d'axe vertical provient de l'enroulement sur ce cône de la trajectoire plane d'un mobile soumis à une force centrale constante.

270. Lignes géodésiques. — Le cas le plus simple est celui où le mobile lancé sur la surface fixe n'est sollicité par aucune force. L'équation des forces vives devient alors $d\frac{mv^2}{2} = 0$; elle montre que la vitesse est constante. La trajectoire du mobile est une ligne géodésique de la surface, puisque son plan osculateur doit contenir la seule force qui agisse sur le mobile : la réaction normale; cela résulte d'ailleurs de la deuxième des équations intrinsèques qui devient $\frac{mv^2}{\rho_g} = 0$, d'où l'on déduit $\frac{1}{\rho_g} = 0$, puisque v est constant, et cette condition $\frac{1}{\rho_g} = 0$ caractérise les lignes géodésiques. La dernière équation intrinsèque permettra de calculer la réaction normale : $N = \frac{mv^2}{R}$. On peut remarquer que dans le cas actuel on a $\theta = 0$, donc $R = \rho$ et la réaction normale a pour valeur $\dfrac{mv^2}{\rho}$; elle varie en raison inverse du rayon de courbure de la trajectoire.

Les équations générales du mouvement se réduisent alors à

$$m\,\frac{d^2x}{dt^2} = \lambda\,\frac{\partial f}{\partial x}, \qquad m\,\frac{d^2y}{dt^2} = \lambda\,\frac{\partial f}{\partial y}, \qquad m\,\frac{d^2z}{dt^2} = \lambda\,\frac{\partial f}{\partial z};$$

à l'aide de l'équation $ds = v_0\,dt$ on éliminera le temps; il suffira pour cela de remplacer dans les formules précédentes dt^2 par $\dfrac{ds^2}{v_0^2}$.

Remarque. — Si la surface admet des génératrices rectilignes, on devra les trouver comme trajectoires particulières, car, si un mobile est lancé suivant l'une de ces génératrices, il la décrira de lui-même en vertu du principe de l'inertie, et la réaction de la surface sera nulle.

EXEMPLE. — *Lignes géodésiques de l'ellipsoïde.* — Appliquons ce qui précède à l'ellipsoïde

$$(1) \qquad \frac{x^2}{a^2} + \frac{y^2}{b^2} + \frac{z^2}{c^2} - 1 = 0;$$

les équations du mouvement peuvent s'écrire

$$(2) \qquad \frac{d^2x}{dt^2} = \mu\,\frac{x}{a^2}, \qquad \frac{d^2y}{dt^2} = \mu\,\frac{y}{b^2}, \qquad \frac{d^2z}{dt^2} = \mu\,\frac{z}{c^2}.$$

On a, comme toujours, l'intégrale première $v = v_0$. Pour en trouver une seconde, nous emploierons une méthode due à M. Darboux. Différentions deux fois de suite l'équation (1), nous obtenons

$$\frac{x}{a^2}\frac{d^2x}{dt^2} + \frac{y}{b^2}\frac{d^2y}{dt^2} + \frac{z}{c^2}\frac{d^2z}{dt^2} + \frac{1}{a^2}\left(\frac{dx}{dt}\right)^2 + \frac{1}{b^2}\left(\frac{dy}{dt}\right)^2 + \frac{1}{c^2}\left(\frac{dz}{dt}\right)^2 = 0$$

et, en vertu des équations (2),

$$(3)\ \ \mu\left(\frac{x^2}{a^4} + \frac{y^2}{b^4} + \frac{z^2}{c^4}\right) = -\left\{\frac{1}{a^2}\left(\frac{dx}{dt}\right)^2 + \frac{1}{b^2}\left(\frac{dy}{dt}\right)^2 + \frac{1}{c^2}\left(\frac{dz}{dt}\right)^2\right\};$$

multiplions maintenant les équations (2) respectivement par $\dfrac{1}{a^2}\dfrac{dx}{dt}$, $\dfrac{1}{b^2}\dfrac{dy}{dt}$, $\dfrac{1}{c^2}\dfrac{dz}{dt}$, et ajoutons, nous obtenons

$$(4)\ \ \mu\left\{\frac{x}{a^4}\frac{dx}{dt} + \frac{y}{b^4}\frac{dy}{dt} + \frac{z}{c^4}\frac{dz}{dt}\right\} = \frac{1}{a^2}\frac{dx}{dt}\frac{d^2x}{dt^2} + \frac{1}{b^2}\frac{dy}{dt}\frac{d^2y}{dt^2} + \frac{1}{c^2}\frac{dz}{dt}\frac{d^2z}{dt^2}.$$

Si nous divisons membre à membre les équations (3) et (4), nous aurons

$$\frac{\dfrac{x}{a^2}\dfrac{dx}{dt} + \dfrac{y}{b^2}\dfrac{dy}{dt} + \dfrac{z}{c^2}\dfrac{dz}{dt}}{\dfrac{x^2}{a^4} + \dfrac{y^2}{b^4} + \dfrac{z^2}{c^4}} = \frac{\dfrac{1}{a^2}\dfrac{dx}{dt}\dfrac{d^2x}{dt^2} + \dfrac{1}{b^2}\dfrac{dy}{dt}\dfrac{d^2y}{dt^2} + \dfrac{1}{c^2}\dfrac{dz}{dt}\dfrac{d^2z}{dt^2}}{-\left\{\dfrac{1}{a^2}\left(\dfrac{dx}{dt}\right)^2 + \dfrac{1}{b^2}\left(\dfrac{dy}{dt}\right)^2 + \dfrac{1}{c^2}\left(\dfrac{dz}{dt}\right)^2\right\}};$$

chacun des numérateurs est, à une constante près, la dérivée du dénominateur ; on pourra donc intégrer cette équation et l'on aura

$$\left(\frac{x^2}{a^4} + \frac{y^2}{b^4} + \frac{z^2}{c^4}\right)\left\{\frac{1}{a^2}\left(\frac{dx}{dt}\right)^2 + \frac{1}{b^2}\left(\frac{dy}{dt}\right)^2 + \frac{1}{c^2}\left(\frac{dz}{dt}\right)^2\right\} = \text{constante};$$

on éliminera le temps à l'aide de l'équation des forces vives $\dfrac{ds}{dt} = v_0$, ce qui donne

$$(5) \quad \left(\frac{x^2}{a^4} + \frac{y^2}{b^4} + \frac{z^2}{c^4}\right)\left\{\frac{1}{a^2}\left(\frac{dx}{ds}\right)^2 + \frac{1}{b^2}\left(\frac{dy}{ds}\right)^2 + \frac{1}{c^2}\left(\frac{dz}{ds}\right)^2\right\} = \text{constante};$$

telle est l'équation différentielle des lignes géodésiques de l'ellipsoïde. Une interprétation géométrique simple de cette équation nous donnera un théorème dû à Joachimstal : si p est la distance du centre de l'ellipsoïde au plan tangent en un point M d'une ligne géodésique, δ la longueur du demi-diamètre parallèle à la tangente menée en M à cette ligne, le produit $p\delta$ est constant tout le long de cette ligne géodésique. Les cosinus directeurs de la tangente en M étant, en effet, $\dfrac{dx}{ds}$, $\dfrac{dy}{ds}$, $\dfrac{dz}{ds}$, l coordonnées de l'extrémité du demi-diamètre parallèle seront

$$\delta\frac{dx}{ds}, \quad \delta\frac{dy}{ds}, \quad \delta\frac{dz}{ds};$$

en écrivant que ce point appartient à l'ellipsoïde, on aura

$$\frac{1}{\delta^2} = \frac{1}{a^2}\left(\frac{dx}{ds}\right)^2 + \frac{1}{b^2}\left(\frac{dy}{ds}\right)^2 + \frac{1}{c^2}\left(\frac{dz}{ds}\right)^2,$$

le plan tangent en M ayant pour équation

$$\frac{X x}{a^2} + \frac{Y y}{b^2} + \frac{Z z}{c^2} - 1 = 0,$$

sa distance à l'origine sera donnée par

$$\frac{1}{p^2} = \frac{x^2}{a^4} + \frac{y^2}{b^4} + \frac{z^2}{c^4}$$

et, en vertu de l'équation (5), on aura bien

$$p\delta = \text{constante}.$$

Ce théorème s'applique aussi aux lignes de courbure de l'ellipsoïde; nous verrons, en effet, plus tard, que ces lignes correspondent aux solutions singulières de l'équation (5). (DARBOUX, *Mécanique de Despeyrous*, t. I.)

Pour achever l'intégration, on exprime les coordonnées x, y, z d'un point de l'ellipsoïde au moyen de ses coordonnées elliptiques q_1, q_2 : les variables q_1 et q_2 se séparent et l'intégration est ramenée à des quadratures. Nous reviendrons sur ce point comme application des méthodes d'intégration de Jacobi (t. II).

271. Emploi des équations de Lagrange. — Ordinairement il est préférable d'opérer comme il suit, en employant les équations de Lagrange. Soient

$$x = \varphi(q_1, q_2), \qquad y = \psi(q_1, q_2), \qquad z = \varpi(q_1, q_2)$$

les expressions des coordonnées d'un point de la surface en fonction de deux paramètres; on a pour le carré de l'élément linéaire d'une courbe quelconque tracée sur la surface

$$ds^2 = dx^2 + dy^2 + dz^2 = a_{11}\,dq_1^2 + 2a_{12}\,dq_1\,dq_2 + a_{22}\,dq_2^2.$$

Si, pour simplifier, nous supposons la masse du mobile égale à 1, nous aurons

$$T = \frac{1}{2}\frac{ds^2}{dt^2} = \frac{1}{2}(a_{11}q_1'^2 + 2a_{12}q_1'q_2' + a_{22}q_2'^2)$$

et les deux équations du mouvement seront

$$\frac{d}{dt}\left(\frac{\partial T}{\partial q_1'}\right) - \frac{\partial T}{\partial q_1} = 0, \qquad \frac{d}{dt}\left(\frac{\partial T}{\partial q_2'}\right) - \frac{\partial T}{\partial q_2} = 0.$$

L'une de ces équations, la plus compliquée des deux, sera remplacée ensuite par l'intégrale des forces vives $T = h$

$$\frac{1}{2}(a_{11}q_1'^2 + 2a_{12}q_1'q_2' + a_{22}q_2'^2) = h.$$

On a ainsi deux équations, l'une du second ordre, l'autre du premier, définissant q_1 et q_2 en fonction de t.

EXEMPLE. — *Une surface est telle qu'en choisissant convenablement les coordonnées curvilignes qui définissent ses différents points, on* peut ramener l'élément linéaire ds à être donné par la formule

$$ds^2 = u(du^2 + dv^2).$$

On demande l'équation en termes finis des lignes géodésiques. Quelle est la représentation de ces lignes lorsqu'on fait la carte de la surface en faisant correspondre, au point de coordonnées u et v, le point d'un plan dont les coordonnées rectangulaires ont les mêmes valeurs.

(Licence, Paris, 1887.)

En appelant u' et v' les dérivées $\dfrac{du}{dt}$ et $\dfrac{dv}{dt}$, et supposant la masse du point mobile égale à l'unité, on a

$$T = \frac{1}{2} u(u'^2 + v'^2),$$

et les équations de Lagrange donnent immédiatement, puisqu'il n'y a pas de forces directement appliquées,

$$(1) \qquad \frac{d}{dt}(uu') - \frac{1}{2} u'^2 = 0, \qquad \frac{d}{dt}(uv') = 0.$$

Nous connaissons d'abord une intégrale première de ces équations, l'intégrale des forces vives $T = h$, ou

$$(2) \qquad \frac{u}{2}\left(\frac{du^2}{dt^2} + \frac{dv^2}{dt^2}\right) = h;$$

la seconde des équations (1) donne une autre intégrale première

$$(3) \qquad u\frac{dv}{dt} = C.$$

Éliminons dt entre ces deux équations et posons $\dfrac{C^2}{h} = 2a$, nous obtenons pour l'équation différentielle des lignes géodésiques

$$dv = \sqrt{a}\,\frac{du}{\sqrt{u - a}},$$

d'où, en intégrant et désignant par b une autre constante arbitraire,

$$(v - b)^2 = 4a(u - a).$$

C'est là l'équation en termes finis des lignes géodésiques demandées. Si l'on regarde u et v comme les coordonnées rectangulaires d'un point d'un plan, ces courbes sont des paraboles quelconques ayant pour directrice l'axe des v. La surface dont nous venons de déterminer les lignes géodésiques est applicable sur une surface de révolution. (*Voyez* DARBOUX, *Théorie générale des surfaces*, troisième Partie, Chap. II.)

272. Oscillations infiniment petites d'un point pesant autour du point le plus bas d'une surface. — Considérons sur une surface un point O où le plan tangent est horizontal, la surface étant située au-dessus du plan tangent, dans le voisinage du point O. Cette position O est une position d'équilibre stable pour un point pesant mobile sans frottement sur la surface. Nous allons étudier les oscillations infiniment petites autour de cette position d'équilibre. Prenons le point O pour origine, un axe Oz vertical vers le haut et deux axes Ox et Oy tangents aux lignes de courbure qui passent par O. Si l'on suppose le z de la surface développé en série par la formule de Maclaurin pour de petites valeurs de x et y, on a pour l'équation de la surface

$$z = \frac{x^2}{2p} + \frac{y^2}{2q} + \varphi(x, y),$$

les termes composant $\varphi(x, y)$ étant du troisième ordre au moins en x et y, p et q désignant les deux rayons de courbure principaux de la surface en O. Le point matériel étant pesant, il y a une fonction de force

$$U = -gz,$$

que nous écrivons en supposant $m = 1$. La fonction T de Lagrange est

$$T = \frac{1}{2}(x'^2 + y'^2 + z'^2),$$

où

$$z' = \frac{xx'}{p} + \frac{yy'}{q} + \frac{d\varphi}{dx}x' + \frac{d\varphi}{dy}y'.$$

Dans les petites oscillations autour de la position d'équilibre considérée, x et y restent très petits; les composantes x' et y' de la vitesse restent aussi très petites, car la vitesse elle-même reste très petite, comme nous l'avons vu (n° 267). Nous considérerons ces quantités x, y, x', y' comme du même ordre. Dans l'expression de T, il y a alors deux termes du second ordre et un troisième terme z'^2 du quatrième. Nous le négligerons vis-à-vis des deux premiers et nous aurons

$$T = \frac{1}{2}(x'^2 + y'^2).$$

Si dans U on remplace z par sa valeur, le développement de U commence de même par deux termes du second ordre que nous conserverons seuls en négligeant les suivants, ce qui donne

$$U = -g\left(\frac{x^2}{2p} + \frac{y^2}{2q}\right).$$

Les équations de Lagrange appliquées aux variables x et y, regardées comme jouant le rôle des paramètres q_1 et q_2,

$$\frac{d}{dt}\left(\frac{\partial T}{\partial x'}\right) - \frac{\partial T}{\partial x} = \frac{\partial U}{\partial x},$$

$$\frac{d}{dt}\left(\frac{\partial T}{\partial y'}\right) - \frac{\partial T}{\partial y} = \frac{\partial U}{\partial y},$$

deviennent, puisque T ne contient ni x ni y,

$$\frac{d^2 x}{dt^2} = -\frac{g}{p}x, \qquad \frac{d^2 y}{dt^2} = -\frac{g}{q}y,$$

équations qui s'intègrent immédiatement et donnent

$$(1) \qquad x = A \cos\left(t\sqrt{\frac{g}{p}} + \alpha\right), \qquad y = B \cos\left(t\sqrt{\frac{g}{q}} + \beta\right).$$

A, B, α, β étant des constantes arbitraires qu'on déterminera par les conditions initiales. On a ainsi les oscillations infiniment petites. La coordonnée x redevient la même au bout du temps $2\pi\sqrt{\frac{p}{g}}$, et y au bout du temps $2\pi\sqrt{\frac{q}{g}}$. Si ces deux périodes sont commensurables entre elles, la trajectoire en projection horizontale est une courbe algébrique obtenue en éliminant t entre les équations (1). La trajectoire est transcendante si les deux périodes sont incommensurables; dans ce cas, le mouvement présente une particularité curieuse. Considérons dans le plan des x, y le rectangle formé par les droites $x = \pm A$, $y = \pm B$. La courbe définie par les équations (1) touche une infinité de fois les côtés du rectangle: ainsi, elle touche le côté $x = A$ (*fig.* 170) pour toutes les valeurs de t de la forme

$$t\sqrt{\frac{g}{p}} + \alpha = 2k\pi \quad (k \text{ entier}).$$

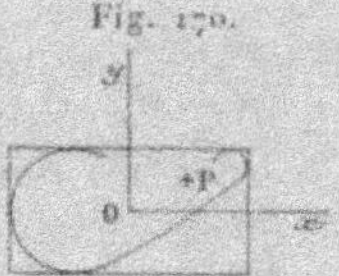

Fig. 170.

De plus, la trajectoire finit par recouvrir en quelque sorte toute l'aire du rectangle. C'est ce que nous démontrerons en prouvant que, étant choisi *arbitrairement* un point P de coordonnées ξ, η dans le rectangle, il existe une infinité de valeurs de t pour lesquelles le mobile passe à une distance de P moindre que toute quantité donnée. Soient, en effet, λ et μ des arcs définis par les formules

$$\xi = A\cos(\lambda + \alpha), \qquad \eta = B\cos(\mu + \beta);$$

si l'on donne à t une valeur de la forme

$$t = \sqrt{\frac{p}{g}}\,(\lambda + 2k\pi) \quad (k \text{ entier}),$$

l'abscisse x du mobile est égale à ξ; son ordonnée y a pour valeur

$$y = B\cos\left[\sqrt{\frac{p}{q}}\,(\lambda + 2k\pi) + 2k'\pi + \beta\right],$$

k' désignant un entier arbitraire. Par hypothèse, $\sqrt{\dfrac{p}{q}}$ est un nombre incommensurable : on peut donc déterminer les entiers k et k' de telle façon que

$$\sqrt{\frac{p}{q}}\,(\lambda + 2k\pi) + 2k'\pi$$

diffère aussi peu qu'on le veut d'une quantité donnée et, en particulier, de μ. Pour les valeurs correspondantes de t, y différera d'aussi peu qu'on le voudra de $B\cos(\mu + \beta)$, c'est-à-dire de η, et, comme, pour ces mêmes valeurs, x est égal à ξ, le mobile passera aussi près qu'on le voudra du point P.

III. — MOUVEMENT SUR UNE SURFACE DE RÉVOLUTION.

273. **Lignes géodésiques des surfaces de révolution.** — Nous nous sommes proposé, en général, de former deux équations indépendantes de la réaction normale, et nous avons obtenu, par exemple, l'équation des forces vives et une des équations de Lagrange. Dans le cas du mouvement d'un point sur une surface de révolution, on aura toujours deux équations indépendantes de la réaction en appliquant le théorème des forces vives et le théorème du moment de la quantité de mouvement par rapport à l'axe de révolution, car, la réaction normale étant dans un même plan avec l'axe de révolution, son moment est nul. Appliquons en particulier cette remarque à la détermination des lignes géodésiques des surfaces de révolution.

Prenons l'axe de révolution comme axe des z; l'équation de la méridienne dans le plan des xz étant $z = \varphi(x)$, l'équation de la surface sera évidemment $z = \varphi(r)$, r désignant la distance d'un point à l'axe, $r = \sqrt{x^2 + y^2}$. Appelons r et θ les coordonnées polaires de la projection P du mobile sur le plan xOy, nous aurons les expressions suivantes

$$x = r\cos\theta, \qquad y = r\sin\theta, \qquad z = \varphi(r)$$

des coordonnées d'un point de la surface en fonction de deux paramètres r et θ. L'expression du carré de l'élément linéaire est

$$ds^2 = dr^2 + dy^2 + dz^2 = (1 + \varphi'^2)\,dr^2 + r^2\,d\theta^2,$$

où l'on a écrit φ' au lieu de $\varphi'(r)$. Puisque nous cherchons les lignes géodésiques, nous étudions le mouvement d'un mobile qui glisse sur la surface et qui n'est sollicité par aucune force donnée. Ce mobile n'est donc soumis qu'à la seule réaction. Le théorème des forces vives donne

$$\frac{ds^2}{dt^2} = c_0^2;$$

puis le théorème du moment de la quantité de mouvement montre que le théorème des aires (n° **203**) s'applique à la projection du mouvement sur le plan des xy, c'est-à-dire

$$r^2\,d\theta = C\,dt.$$

Ces deux équations fournissent donc deux intégrales premières.

Nous allons montrer que l'intégration se ramène à des quadratures. En effet, l'intégrale des forces vives, dans laquelle on remplace ds^2 par sa valeur, devient

$$dr^2(1 + \varphi'^2) + r^2\,d\theta^2 = c_0^2\,dt^2.$$

Pour avoir la projection de la trajectoire sur le plan des xy, nous éliminerons le temps au moyen de l'équation des aires

$$r^2\,d\theta = C\,dt;$$

nous aurons ainsi

$$dr^2(1 + \varphi'^2) + r^2\,d\theta^2 = \frac{c_0^2}{C^2}\,r^4\,d\theta^2;$$

d'où, en posant $\dfrac{c_1^2}{C^2} = \dfrac{1}{k^2}$ et résolvant par rapport à $d\theta$,

$$d\theta = \pm \frac{dr}{r} \sqrt{\frac{1 + \varphi'^2}{\dfrac{r^2}{k^2} - 1}}.$$

On déterminera le signe qu'il faut prendre par la considération du sens de la vitesse initiale. L'équation sous forme finie des lignes géodésiques sera donc

$$\theta = \int \frac{dr}{r} \sqrt{\frac{1 + \varphi'^2}{\dfrac{r^2}{k^2} - 1}} + \beta.$$

Cette équation contient deux constantes k et β qu'on peut déterminer, par exemple, par la condition que la ligne géodésique passe par deux points donnés. Sur ces deux constantes, la première entraîne la forme de la courbe ; la variation de la seconde correspond à une rotation de la ligne géodésique autour de l'axe de la surface.

En appelant $d\sigma$ un élément d'arc de la méridienne, on a

$$d\sigma^2 = dr^2 + dz^2 = (1 + \varphi'^2) dr^2,$$

et l'on peut écrire l'équation différentielle des lignes géodésiques

$$d\theta = \pm \frac{k \, d\sigma}{r \sqrt{r^2 - k^2}}.$$

Remarque. — Dans le cas actuel, on aurait

$$T = \frac{1}{2} [(1 + \varphi'^2) r'^2 + r^2 \theta'^2],$$

où φ' est une fonction de r. L'une des équations de Lagrange est

$$\frac{d}{dt} \left(\frac{\partial T}{\partial \theta'} \right) - \frac{\partial T}{\partial \theta} = 0 ;$$

comme T ne contient pas θ, $\dfrac{\partial T}{\partial \theta}$ est nul ; et cette équation donne, après une intégration,

$$\frac{\partial T}{\partial \theta'} = C, \qquad r^2 \theta' = C ;$$

on retrouve ainsi l'équation des aires.

274. Formule de Clairaut. — Si l'on appelle i l'angle sous lequel une ligne géodésique de la surface de révolution coupe le méridien passant par un point M de cette ligne et r la distance du point M à l'axe, on a pour tous les points de la ligne la relation

$$(1) \qquad r \sin i = k,$$

qui caractérise les lignes géodésiques.

En effet, si l'on considère le mobile qui décrit la ligne géodésique dans les conditions précédentes, le moment de la quantité de mouvement ou, ce qui revient au même, le moment de la vitesse du mobile par rapport à l'axe est constant; la valeur constante de ce moment est précisément égale à la constante C des aires sur le plan perpendiculaire à l'axe, car le moment de la vitesse par rapport à l'axe Oz est $r^2 \dfrac{d\theta}{dt}$. Décomposons la vitesse v du mobile M en deux composantes, l'une, $v \sin i$, tangente au parallèle du point M, l'autre, $v \cos i$, tangente au méridien. Le moment de la vitesse par rapport à l'axe de révolution est égal à la somme des moments de ces deux composantes, c'est-à-dire au moment de la première, $rv \sin i$, car le moment de la deuxième est nul. On a donc

$$rv \sin i = C;$$

mais, comme $v = v_0$, on en conclut l'équation (1), la constante k ayant la valeur $\dfrac{C}{v_0}$ et étant, par suite, identique à celle qui figure dans l'équation des lignes géodésiques (n° **273**).

275. Exercices. Lignes géodésiques de la surface engendrée par la révolution d'une hyperbole équilatère autour d'une de ses asymptotes. — L'équation de la surface sera

$$z = \frac{a^2}{r}.$$

Dans les formules ci-dessus, il faudra donc remplacer $\varphi(r)$ par $\dfrac{a^2}{r}$ et l'on aura pour équation des projections des lignes géodésiques

$$\theta = \int \frac{dr}{r} \sqrt{\frac{1 + \dfrac{a^4}{r^4}}{\dfrac{r^2}{k^2} - 1}} + \beta.$$

Pour que θ soit réel, il faut que r soit supérieur à k; la courbe est donc extérieure au cercle de rayon k. On peut d'ailleurs faire $r = k$, car pour cette valeur l'élément de l'intégrale devenant infini, comme $\dfrac{1}{\sqrt{r-k}}$, l'intégrale reste finie. En faisant tourner les axes d'un angle convenable autour de Oz (*fig.* 171), on pourra faire en sorte que θ soit nul pour $r = k$ et l'on aura

$$\theta = \int_k^r \frac{k\,dr}{r^2} \sqrt{\frac{1 + \dfrac{a^4}{r^4}}{1 - \dfrac{k^2}{r^2}}},$$

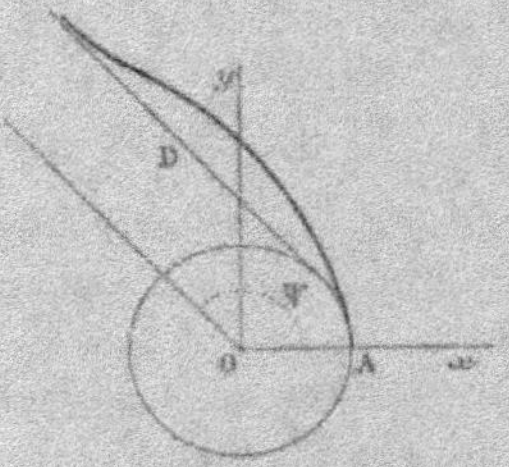

Fig. 171.

r partant de la valeur k pourra croître au delà de toute limite, sans que θ cesse d'être réel; θ augmentant constamment avec r aura d'ailleurs une limite, car, lorsque r croît indéfiniment, l'élément de l'intégrale tend vers zéro comme $\dfrac{1}{r^2}$; cette limite ψ sera

$$\psi = \int_k^\infty \frac{k\,dr}{r^2} \sqrt{\frac{1 + \dfrac{a^4}{r^4}}{1 - \dfrac{k^2}{r^2}}}.$$

Pour voir s'il existe une asymptote parallèle à cette direction ψ, il suffit, comme on sait, de chercher si la sous-tangente polaire $r^2\dfrac{d\theta}{dr}$ a une limite pour r infini; cette limite, quand elle existe, est la distance de l'asymptote au pôle. Or on a ici

$$r^2\frac{d\theta}{dr} = k \sqrt{\frac{1 + \dfrac{a^4}{r^4}}{1 - \dfrac{k^2}{r^2}}},$$

expression qui a pour limite k. La courbe a donc une asymptote D tangente au cercle de rayon k. On peut démontrer que l'angle ψ est supérieur à $\dfrac{\pi}{2}$; à cet effet, posons $\dfrac{k}{r} = u$, nous aurons

$$\psi = \int_0^1 du \sqrt{\frac{1 + \dfrac{a^4}{k^4} u^2}{1 - u^2}}\,;$$

pour $k = \infty$, $\psi = \dfrac{\pi}{2}$; quand k diminue, cet angle augmente, et, si l'on suppose que k devienne très petit, l'élément de l'intégrale deviendra de plus en plus grand et ψ croîtra indéfiniment. ψ a donc une valeur quelconque entre $\dfrac{\pi}{2}$ et ∞. En prenant le signe $-$ devant le radical, on aurait eu la seconde branche de la courbe symétrique de la première par rapport à l'axe des x.

On discutera de même les lignes géodésiques des surfaces de révolution du second ordre, dont on trouvera une étude détaillée dans le *Traité des fonctions elliptiques* d'Halphen, t. II, Chap. VI. Pour des surfaces de révolution quelconques, on verra que, si la méridienne a des branches infinies, il y a des lignes géodésiques à branches infinies. S'il y a sur la surface un parallèle minimum, ce parallèle forme une ligne géodésique et il existe, en général, des géodésiques qui lui sont asymptotes. Pour une étude approfondie de ces courbes, nous renverrons aux *Leçons sur la théorie des surfaces* de M. Darboux (IIIe Partie).

276. Mouvement d'un point pesant sur une surface de révolution à axe vertical $O z$. — L'intégration des équations de ce mouvement se ramène à des quadratures. Le théorème des forces vives donne d'abord

$$\frac{d\,\frac{mv^2}{2}} = mg\,dz \qquad \text{ou} \qquad v^2 = 2gz + h,$$

en prenant l'axe des z dirigé vers le bas. Le théorème des aires s'applique et donne

$$r^2 d\theta = C\,dt.$$

Si l'équation de la surface est $z = \varphi(r)$, on aura

$$v^2 = \frac{dr^2}{dt^2}(1 + \varphi'^2) - \frac{r^2 d\theta^2}{dt^2}.$$

En éliminant alors le temps et la vitesse entre ces trois équations, il viendra

$$dr^2(1 + \varphi'^2) - r^2 d\theta^2 = [2g\varphi(r) + h]\frac{r^4 d\theta^2}{C^2}\,;$$

les variables se séparent immédiatement et l'on a θ en fonction de r par une quadrature

$$\theta = \int \frac{C\,dr}{r} \sqrt{\frac{1+\varphi'^2}{[2g\varphi(r)+h]r^2 - C^2}}.$$

On intégrera de même par des quadratures toutes les fois que le mobile sera sollicité par des forces dérivant d'une fonction de forces qui s'exprimera en fonction de r seulement.

En supposant la surface algébrique, M. Kobb a déterminé les cas dans lesquels le problème se ramène aux fonctions elliptiques (*Acta mathematica*, t. X).

On trouvera une étude analytique intéressante du mouvement d'un point pesant sur une surface de révolution dans un Mémoire de M. Otto Staude, *Acta mathematica*, t. XI.

Remarque. — Un point pesant assujetti à se mouvoir sur une surface de révolution ne peut décrire un parallèle de la surface que si le sommet du cône des normales le long de ce parallèle se trouve au-dessus de ce parallèle.

L'équation de la surface est, en effet,

$$z = \varphi(r) \qquad \text{ou} \qquad z - \varphi(\sqrt{x^2+y^2}) = 0.$$

En revenant alors aux équations générales du mouvement sur une surface, on aura

$$m \frac{d^2x}{dt^2} = -\lambda \frac{x}{r} \varphi'(r), \qquad m \frac{d^2y}{dt^2} = -\lambda \frac{y}{r} \varphi'(r), \qquad m \frac{d^2z}{dt^2} = mg + \lambda.$$

Pour que la trajectoire soit le parallèle $z = z_0$, il faut que ces équations soient satisfaites par les conditions $z = z_0$, $x = r_0 \cos\theta$, $y = r_0 \sin\theta$; d'autre part, le théorème des aires donnera $r_0^2 \frac{d\theta}{d} = C = r_0 v_0$, v_0 désignant la vitesse initiale nécessairement tangente au parallèle, d'où $\theta = \frac{v_0 t}{r_0}$. On devra, par suite, avoir

$$\lambda = -mg, \qquad -\frac{v_0^2}{r_0^2} x = g \frac{x}{r_0} \varphi'(r_0), \qquad -\frac{v_0^2}{r_0^2} y = g \frac{y}{r_0} \varphi'(r_0).$$

Ces deux dernières équations se réduisent à

$$\frac{v_0^2}{r_0^2} = -g \frac{\varphi'(r_0)}{r_0}.$$

Donc $\varphi'(r_0)$ doit être négatif. Si cette condition est remplie, le sommet du cône des normales se trouve au-dessus du parallèle : en lançant le mobile sur ce parallèle avec la vitesse

$$v_0 = \sqrt{-\,g r_0 \varphi'(r_0)},$$

on lui fera décrire le parallèle.

Ce résultat se vérifie aisément par la Géométrie : il suffit d'exprimer que la résultante du poids et de la réaction normale est dirigée vers le centre du parallèle et égale à $\dfrac{m v_0^2}{r_0}$.

277. Pendule sphérique. — Le pendule sphérique est constitué par un point pesant mobile sans frottement sur une sphère fixe. Prenons pour origine le centre de la sphère et pour axe des z une verticale dirigée vers le bas. En coordonnées semipolaires, l'équation de la sphère sera

$$r^2 + z^2 = l^2,$$

en désignant par l la longueur du pendule.

Le mobile est soumis à l'action de deux forces, son poids et la réaction normale de la sphère ; le théorème des forces vives donne donc

$$v^2 = 2 g z + h,$$

puisque le travail de la réaction est nul. De plus, les deux forces étant dans un même plan avec l'axe des z, on peut appliquer le principe des aires à la projection du mouvement sur le plan xOy :

$$r^2 d\theta = C\,dt.$$

Ces trois équations déterminent z, r et θ en fonction de t.

Cherchons d'abord à déterminer z : il faudra pour cela éliminer r et θ. L'équation des forces vives peut s'écrire

$$\frac{dr^2 + r^2 d\theta^2 + dz^2}{dt^2} = 2 g z + h.$$

De l'équation de la sphère $r = \sqrt{l^2 - z^2}$, on déduit

$$dr = \frac{-z\,dz}{\sqrt{l^2 - z^2}};$$

d'autre part, l'équation des aires donne

$$d\theta = \frac{C\,dt}{r^2} = \frac{C\,dt}{l^2 - z^2};$$

en portant dans l'équation des forces vives, nous aurons

$$l^2 \left(\frac{dz}{dt} \right)^2 = (2gz + h)(l^2 - z^2) - C^2;$$

en posant

$$\varphi(z) = (2gz + h)(l^2 - z^2) - C^2,$$

on en tire

$$l \frac{dz}{dt} = \pm \sqrt{\varphi(z)}, \qquad t = \int_{z_0}^{z} \frac{l\,dz}{\pm \sqrt{\varphi(z)}}.$$

Le temps est ainsi donné en fonction de z par une quadrature elliptique. Le signe à prendre se détermine par les conditions initiales; il n'y a d'ambiguïté que si $\left(\frac{dz}{dt} \right)_0 = 0$: on verra alors si z doit croître ou décroître, en partant de cette valeur, pour que $\varphi(z)$ reste positif.

La formule $d\theta = \dfrac{C\,dt}{r^2}$ montre que la projection du mobile sur xOy tourne toujours dans le même sens autour de l'axe des z, à moins que l'on n'ait $C = 0$, auquel cas, l'angle θ restant constant, on aurait un pendule simple. Si, dans cette même formule, on remplace r^2 et dt par leurs valeurs en z, on a

$$d\theta = \frac{\pm C l\,dz}{(l^2 - z^2)\sqrt{\varphi(z)}}.$$

t et θ sont ainsi définis en fonction de z; on aura ensuite r par l'équation de la sphère. Pour que les intégrales soient réelles, il faut que $\varphi(z)$ soit positif. Ce polynôme a ses trois racines réelles. Il suffit, pour le voir, de substituer à z la suite $-\infty, -l, z_0, +l$, qui donne à $\varphi(z)$ les valeurs successives $+\infty, -C^2, \varphi(z_0), -C^2$ et de remarquer que, z_0 étant la valeur initiale de z, $\varphi(z_0)$ est positif, car la valeur initiale de $\dfrac{dz}{dt}$ est réelle; il y a donc deux racines réelles α, β dans les intervalles $+l, z_0$ et $z_0, -l$, et une racine γ entre $-l$ et $-\infty$. La somme des produits 2 à 2 de ces racines a pour valeur $-l^2$; on a donc

$$\gamma(\alpha + \beta) = -(l^2 + \alpha\beta);$$

comme α et β sont compris entre $-l$ et $+l$, $l^2 + \alpha\beta$ est positif; γ étant négatif, $\alpha + \beta$ est positif; le parallèle équidistant des parallèles $z = \alpha$, $z = \beta$ est donc toujours situé au-dessous du centre et la racine α est toujours positive.

Supposons, pour fixer les idées, que z aille d'abord en décroissant à partir de $z = z_0$, il faudra prendre le signe $-$ devant le radical: z ira en décroissant jusqu'à β, et lorsque le mobile atteindra le parallèle BB' $(z = \beta)$ en B_1, la trajectoire aura une tangente horizontale puisque $\dfrac{dz}{dt}$ est nul en ce point sans que $\dfrac{d\theta}{dt}$ le soit. A partir de ce moment, le mobile continuera à tourner autour de l'axe des z dans le même sens, mais il devra redescendre (*fig.* 172); il redescendra ainsi jusqu'au parallèle $z = \alpha$, en dé-

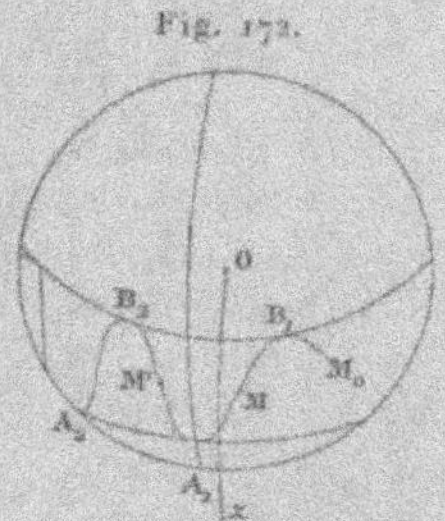
Fig. 172.

crivant un arc tangent en A_1 à ce parallèle, puis remontera jusqu'au parallèle $z = \beta$, et ainsi de suite. Le temps que met le mobile à aller de A_1 en B_2 est

$$T = \int_{\beta}^{\alpha} \frac{l\,dz}{\sqrt{\varphi(z)}}$$

et ce temps est le même que celui que met le mobile à parcourir les arcs $B_1 A_1$, $B_2 A_2$, etc.

Si le mobile était primitivement lancé sur l'un des parallèles extrêmes, on aurait au début $\dfrac{dz}{dt} = 0$; c'est le cas d'ambiguïté que nous avons réservé plus haut : si le mobile est lancé sur $z = \beta$, z devra croître et l'on prendra le signe $+$ devant le radical; on prendra le signe $-$, au contraire, si le mobile part du parallèle $z = \alpha$.

Les plans méridiens des points de contact de la trajectoire avec les parallèles extrêmes sont des plans de symétrie pour cette trajectoire. En effet, considérons deux points M, M' d'un même parallèle sur les branches $A_1 B_1$, $A_1 B_2$; si $\theta, \theta', \theta_1$ sont les valeurs de θ correspondant aux points M, M', A_1, on aura

$$\theta_1 - \theta = \int_{z}^{\alpha} \frac{C l\,dz}{(l^2 - z^2)\sqrt{\varphi(z)}}$$

et

$$\theta' - \theta_1 = - \int_{z}^{\alpha} \frac{C l\,dz}{(l^2 - z^2)\sqrt{\varphi(z)}} = \theta_1 - \theta;$$

les deux points M, M' sont donc bien symétriques par rapport au méridien de A_1. Les temps que met le mobile pour parcourir les arcs MA_1, $A_1 M'$

sont, en outre, égaux comme ayant tous deux pour valeur

$$\int_{z_1}^{z} \frac{l\,dz}{\sqrt{\varphi(z)}}.$$

Construisons maintenant la projection de la trajectoire sur le plan des xy : nous distinguerons les deux cas où les parallèles extrêmes sont ou non dans le même hémisphère.

Premier cas. — Les parallèles extrêmes sont dans l'hémisphère inférieur. Le cercle le plus bas $z = \alpha$ se projette à l'intérieur du cercle $z = \beta$; la courbe, oscillant entre ces deux cercles, affecte la forme ci-contre (*fig.* 173) : nous verrons, d'ailleurs, qu'elle ne peut pas présenter de point

Fig. 173.

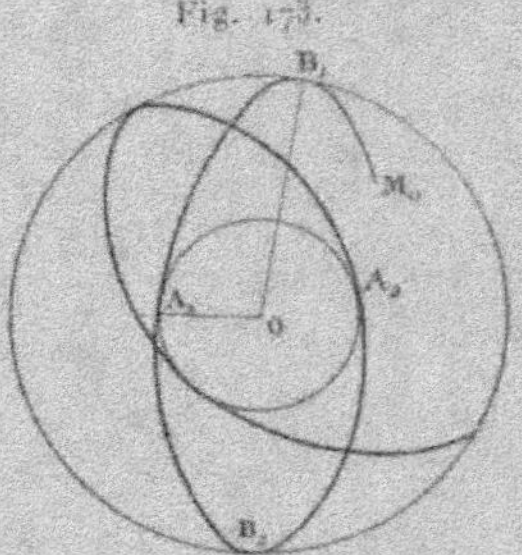

d'inflexion. Pour un observateur placé sur l'axe des z, le mobile semble décrire une ovale qui se déplacerait dans le sens du mouvement; nous allons voir, en effet, que l'angle $B_1 OA_1$ est plus grand qu'un angle droit.

Deuxième cas. — Supposons maintenant que les deux cercles extrêmes soient de part et d'autre de l'équateur. En projection, le cercle $z = \alpha$

Fig. 174.

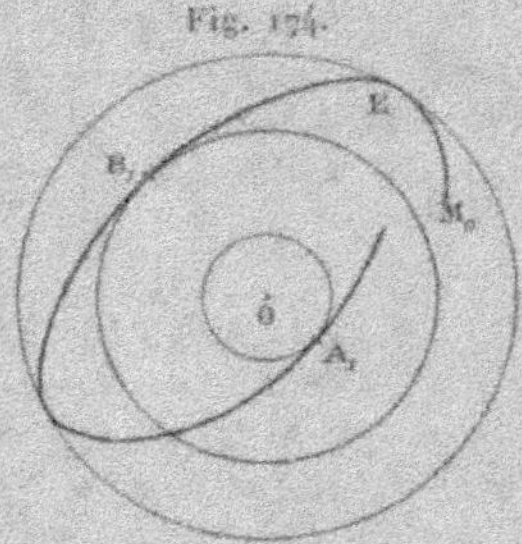

est encore intérieur au cercle β, puisque l'on a $\alpha + \beta > 0$. D'autre part, la projection de la trajectoire doit être tangente à l'équateur en E, et présente la forme que nous indiquons (*fig*. 174); elle pourrait d'ailleurs avoir des inflexions.

On doit à Puiseux (*Journal de Liouville*, 1842) la démonstration de la propriété que nous avons énoncée plus haut : l'angle $\Psi = B_1 O A_1$ est toujours supérieur à un angle droit. Cet angle a, en effet, pour valeur

$$\Psi = \int_{\beta}^{\alpha} \frac{Cl\,dz}{(l^2 - z^2)\sqrt{\varphi(z)}}.$$

Nous avons désigné par α, β, γ les racines de $\varphi(z)$: nous aurons donc l'identité

$$\varphi(z) = (2gz + h)(l^2 - z^2) - C^2 = 2g(\alpha - z)(z - \beta)(z - \gamma);$$

en égalant les termes en z, nous avons déjà obtenu

$$\gamma = -\frac{l^2 + \alpha\beta}{\alpha + \beta};$$

on peut alors écrire, en remplaçant γ par cette valeur,

$$\varphi(z) = \frac{2g}{\alpha + \beta}(\alpha - z)(z - \beta)[z(\alpha + \beta) + l^2 + \alpha\beta];$$

faisons $z = l$ dans cette identité, il viendra

$$-C^2 = \frac{2g}{\alpha + \beta}(\alpha - l)(l - \beta)(l + \alpha)(l + \beta);$$

en posant $A = \sqrt{(l - \alpha)(l - \beta)}$, $\quad B = \sqrt{(l + \alpha)(l + \beta)}$, nous aurons

$$C = A.B\sqrt{\frac{2g}{\alpha + \beta}}$$

et, par suite,

$$\Psi = \int_{\beta}^{\alpha} \frac{l AB\,dz}{(l^2 - z^2)\sqrt{(\alpha - z)(z - \beta)[z(\alpha + \beta) + l^2 + \alpha\beta]}};$$

pour avoir des limites de cette intégrale, nous déterminerons des limites entre lesquelles reste compris le dernier facteur $z(\alpha + \beta) + l^2 + \alpha\beta$. Supposons qu'on ait trouvé deux quantités positives constantes P et Q telles que, pour les valeurs de z comprises entre α et β, on ait

$$P \gtrless z(\alpha + \beta) + l^2 + \alpha\beta \gtrless Q;$$

alors l'intégrale Ψ sera comprise entre les deux valeurs qu'elle prendrait si l'on y remplaçait successivement $z(\alpha+\beta) + l^2 + \alpha\beta$ par P et par Q

$$\frac{AB}{\sqrt{P}} \int_\beta^\alpha \frac{l\,dz}{(l^2-z^2)\sqrt{(\alpha-z)(z-\beta)}} < \Psi < \frac{AB}{\sqrt{Q}} \int_\beta^\alpha \frac{l\,dz}{(l^2-z^2)\sqrt{(\alpha-z)(z-\beta)}}.$$

L'intégrale définie qui figure dans cette formule, ne contenant que la racine carrée d'un trinôme, peut se calculer facilement ; on trouve qu'elle a pour valeur $\frac{\pi}{2}\left(\frac{1}{A} + \frac{1}{B}\right)$; l'inégalité précédente devient alors

$$\frac{\pi}{2\sqrt{P}}(A+B) < \Psi < \frac{\pi}{2\sqrt{Q}}(A+B).$$

Un premier choix des limites P et Q, qui donne immédiatement le théorème de Puiseux, est le suivant : le facteur $z(\alpha+\beta) + l^2 + \alpha\beta$ varie dans le même sens que z, car le coefficient $\alpha+\beta$ est positif : comme z est compris entre $+l$ et $-l$, ce facteur est compris entre $l(\alpha+\beta) + l^2 - \alpha\beta$ et $-l(\alpha+\beta) + l^2 + \alpha\beta$, c'est-à-dire entre A^2 et B^2. On peut donc prendre $P = A^2$, $Q = B^2$, et l'on voit que Ψ est compris entre les deux limites $\frac{\pi}{2}\left(1 + \frac{B}{A}\right)$ et $\frac{\pi}{2}\left(1 + \frac{A}{B}\right)$, qui sont toutes les deux supérieures à $\frac{\pi}{2}$. Lorsque la vitesse initiale est très grande, ces deux limites sont très voisines de π : en effet, lorsque v_0 augmente au delà de toute limite, h et C^2 augmentent indéfiniment et l'équation $\varphi(z) = 0$, après qu'on a divisé tous ses termes par h, prend la forme

$$l^2 - z^2 - p^2 = 0,$$

où p^2 désigne une constante. Dans ces conditions, une des racines γ du polynôme $\varphi(z)$ devient infinie et les deux autres, α et β, tendent vers les racines du trinôme ci-dessus, qui sont égales et de signes contraires. On a donc, dans ce cas limite, $\beta = -\alpha$, $A = B$, et les deux limites que nous venons de trouver pour Ψ sont égales à π. On voit ainsi que, quand v_0 augmente indéfiniment, Ψ tend vers π ; la trajectoire tend alors à devenir un grand cercle. Halphen a démontré (*Traité des fonctions elliptiques*, t. II, p. 128) que l'angle Ψ ne peut pas dépasser la limite π.

Revenons pour un instant au cas général : nous pouvons trouver des limites plus rapprochées que les précédentes pour la valeur de Ψ. En effet, le facteur $z(\alpha+\beta) + l^2 + \alpha\beta$ variant dans le même sens que z est compris, dans l'intégrale qui donne Ψ, entre les valeurs extrêmes qu'il prend pour $z = \alpha$ et $z = \beta$. On pourra donc prendre

$$P = \alpha^2 + 2\alpha\beta + l^2, \qquad Q = \beta^2 + 2\alpha\beta + l^2,$$

et l'on trouvera

$$\frac{\pi}{2}\frac{(A+B)}{\sqrt{\alpha^2 + 2\alpha\beta + l^2}} < \Psi < \frac{\pi}{2}\frac{(A+B)}{\sqrt{\beta^2 + 2\alpha\beta + l^2}}.$$

Quand β tend vers α, ces deux limites deviennent égales : on a donc

$$\lim \Psi = \frac{\pi}{2} \frac{\pm l}{\sqrt{3\alpha^2 + l^2}} \qquad (\text{pour } \beta = \alpha).$$

Cette formule donne la valeur de Ψ quand la trajectoire est comprise entre deux parallèles infiniment rapprochés. Si, de plus, ces deux parallèles infiniment rapprochés se trouvent très près du point le plus bas de la sphère, α est très voisin de l et Ψ voisin de $\frac{\pi}{2}$. Dans ce dernier cas la trajectoire est voisine d'une petite ellipse : c'est ce que nous trouverons plus loin en étudiant les oscillations infiniment petites.

Calcul de la réaction normale. — Comptons la réaction normale N positivement vers le centre de la sphère, la formule générale établie précédemment (n° 269),

$$N + F_n = \frac{mv^2}{R},$$

donne immédiatement N. En effet, R est égal au rayon l de la sphère, $v^2 = 2gz + h$, et F_n projection du poids mg sur le rayon est $-\frac{mgz}{l}$; on a donc

$$N = \frac{m}{l}(2gz + h) + \frac{mgz}{l} = \frac{m}{l}(3gz + h).$$

Cette réaction est la même fonction linéaire de z que dans le cas du pendule simple. Si le mobile est attaché par un fil flexible, sans masse, au centre de la sphère, il quittera la sphère au moment où la réaction N s'annulera pour devenir négative, et tombera ensuite en décrivant une parabole osculatrice à la trajectoire antérieure sur la sphère.

Si le mobile ne peut pas quitter la sphère, par exemple s'il est placé entre deux feuillets sphériques infiniment rapprochés, il pressera sur le feuillet extérieur quand N sera positif et sur le feuillet intérieur quand N sera négatif. Dans ce cas, la projection horizontale de sa trajectoire présentera un point d'inflexion aux points où N s'annule. En effet, la seule force qui agisse en un de ces points étant la pesanteur, le plan osculateur à la trajectoire, qui doit la contenir, est vertical et la projection horizontale du point considéré est un point d'inflexion. Ce cas ne peut pas se présenter si z et β sont positifs, car, z restant alors positif, la réaction $\frac{mv^2}{l} + \frac{mgz}{l}$ est essentiellement positive.

Intégration par les fonctions elliptiques. — On peut transformer les formules que nous avons établies, de façon que les variables soient exprimées en fonctions uniformes de t; c'est ce que nous allons faire maintenant. Nous avons trouvé

$$dt = \frac{l\,dz}{\pm\sqrt{\varphi(z)}};$$

comptons le temps à partir du moment où le mobile passe au point le plus bas A_1, nous devrons prendre le signe — devant le radical et nous aurons

$$t = -\int_\alpha^z \frac{l\,dz}{\sqrt{2g(\alpha - z)(z - \beta)(z - \gamma)}},$$

$$\frac{\sqrt{2g}}{l}\,t = -\int_\alpha^z \frac{dz}{\sqrt{(\alpha - z)(z - \beta)(z - \gamma)}};$$

pour ramener cette intégrale à la forme canonique, posons

$$\alpha - z = (\alpha - \beta)u^2;$$

comme z varie entre les valeurs limites α et β, u oscillera entre 0 et 1. De cette dernière égalité, nous tirons successivement

$$z = \alpha - (\alpha - \beta)u^2, \qquad dz = -2(\alpha - \beta)u\,du;$$

en substituant dans la valeur de t, il viendra

$$\frac{\sqrt{2g}}{l}\,t = \int_0^u \frac{2\,du}{\sqrt{(\alpha - \gamma)(1 - u^2)(1 - k^2 u^2)}},$$

où nous avons posé

$$k^2 = \frac{\alpha - \beta}{\alpha - \gamma},$$

quantité essentiellement positive et moindre que 1, puisque α est la plus grande des trois racines $\alpha > \beta > \gamma$. En écrivant enfin

$$\lambda = \frac{\sqrt{2g(\alpha - \gamma)}}{2l},$$

nous aurons

$$\lambda t = \int_0^u \frac{du}{\sqrt{(1 - u^2)(1 - k^2 u^2)}},$$

c'est-à-dire

$$u = \operatorname{sn}\lambda t,$$

d'où

$$z = \alpha - (\alpha - \beta)\operatorname{sn}^2\lambda t;$$

z est ainsi une fonction doublement périodique de t; l'une des périodes est réelle et égale à

$$\frac{2}{\lambda}\int_0^1 \frac{du}{\sqrt{(1 - u^2)(1 - k^2 u^2)}}.$$

On remarquera que $\sqrt{z-\alpha}$, $\sqrt{z-\beta}$, $\sqrt{z-\gamma}$ sont des fonctions uniformes du temps ; on a, en effet,

$$\sqrt{z-\alpha} = \sqrt{\alpha-\beta}\,\operatorname{sn}\lambda t,$$

$$\sqrt{z-\beta} = \sqrt{\alpha-\beta}\sqrt{1-u^2} = \sqrt{\alpha-\beta}\,\operatorname{cn}\lambda t,$$

$$\sqrt{z-\gamma} = \sqrt{\alpha-\gamma}\sqrt{1-k^2 u^2} = \sqrt{\alpha-\gamma}\,\operatorname{dn}\lambda t.$$

Pour exprimer x et y en fonction du temps, rappelons que l'on a obtenu

$$d\theta = \frac{C\,dt}{l^2 - z^2};$$

en remplaçant alors z par la valeur obtenue précédemment, $\dfrac{d\theta}{dt}$ deviendra une fonction rationnelle de $\operatorname{sn}\lambda t$; en la décomposant en éléments simples par la méthode de M. Hermite, on pourra effectuer l'intégration comme l'indique la théorie des fonctions elliptiques. La fonction θ ainsi obtenue n'est pas uniforme, mais on peut établir que x et y, qui s'en déduisent, sont des fonctions uniformes de t ; on a, en effet,

$$x + iy = r e^{\theta i} = \sqrt{l^2 - z^2}\, e^{i\int \frac{C\,dt}{l^2 - z^2}};$$

on démontre que l'exponentielle n'admet pour points critiques que les valeurs de t correspondant aux valeurs $z = \pm l$, et que le produit

$$\sqrt{l^2 - z^2}\, e^{i\int \frac{C\,dt}{l^2 - z^2}}$$

n'admet plus ces points critiques : c'est alors une fonction uniforme de t ; il en résulte que la partie réelle x et la partie imaginaire y sont toutes deux fonctions uniformes de t. Cette méthode est due à M. Tissot (*Journal de Liouville*, 1852).

M. Hermite a donné une démonstration directe de cette même propriété (*Journal de Crelle*, t. 85).

La recherche de ces fonctions x, y se rattache d'ailleurs à l'intégration d'une équation différentielle du second ordre, qui est un cas particulier de l'équation de Lamé, étudiée par M. Hermite (*Sur quelques applications des fonctions elliptiques*). Nous avons, en effet, trouvé précédemment qu'en désignant la réaction de la surface par N on avait

$$m\frac{d^2x}{dt^2} = -\frac{Nx}{l} \qquad \text{avec} \qquad N = \frac{m}{l}(3gz - h),$$

par suite

$$\frac{d^2x}{dt^2} = -x\,\frac{3gz - h}{l^2};$$

dans cette formule, remplaçons z par la valeur que nous avons trouvée plus haut, nous obtenons

$$\frac{d^2x}{dt^2} = -x\,\frac{3g[z-(z-\beta)\operatorname{sn}^2\lambda t] + h}{l^2};$$

c'est une équation linéaire qui admet x pour intégrale particulière; elle admet également y pour intégrale, puisque l'équation en y

$$m\,\frac{d^2y}{dt^2} = -\,N\,\frac{y}{l}$$

est de même forme que l'équation en x. Si l'on pose alors $\lambda t = t'$, l'équation précédente prend la forme

$$\frac{d^2x}{dt'^2} = x(6k^2\operatorname{sn}^2 t' + h'),$$

h' désignant une constante; c'est l'équation de Lamé

$$\frac{d^2x}{dt'^2} = x[n(n-1)k^2\operatorname{sn}^2 t' + h'],$$

où l'on fait $n = 2$.

Théorème de M. Greenhill. — On doit à M. Greenhill l'intéressante remarque suivante : Quand le pendule sphérique est lancé horizontalement au niveau du centre, il existe une combinaison linéaire des intégrales donnant θ et t qui est une intégrale *pseudo-elliptique*, c'est-à-dire qui peut s'exprimer à l'aide des fonctions élémentaires. En effet, les valeurs initiales de z et y étant supposées nulles à l'instant $t = 0$, on a, en appelant v_0 la vitesse initiale supposée horizontale,

$$C = lv_0, \qquad h = v_0^2,$$

$$\theta = \int_0^z \frac{l^2 v_0\,dz}{(l^2 - z^2)\sqrt{z[2g(l^2 - z^2) - v_0^2 z]}},$$

$$t = \int_0^z \frac{l\,dz}{\sqrt{z[2g(l^2 - z^2) - v_0^2 z]}};$$

équations qui donnent, comme on le vérifie sans peine,

$$\theta - \frac{v_0}{2l}\,t = \arcsin\frac{v_0\sqrt{z}}{\sqrt{2g(l^2 - z^2)}}$$

ou, en appelant φ l'angle du pendule avec la verticale, $z = l\cos\varphi$,

$$\sin\varphi\,\sin\left(\theta - \frac{v_0}{2l}\,t\right) = \frac{v_0}{\sqrt{2g\,l}}\sqrt{\cos\varphi}.$$

Cette relation, jointe à celle qui donne z ou $l\cos\varphi$ en fonction elliptique de t, permet d'exprimer x, y, z en fonctions uniformes de t.

Oscillations infiniment petites. — En introduisant la réaction normale N, on a pour les équations du mouvement du pendule

$$(1) \qquad m\frac{d^2x}{dt^2} = -\frac{Nx}{l}, \qquad m\frac{d^2y}{dt^2} = -\frac{Ny}{l}, \qquad m\frac{d^2z}{dt^2} = mg - \frac{Nz}{l}.$$

Si les oscillations sont suffisamment petites, x et y resteront très petits; nous les considérerons comme infiniment petits du premier ordre, et nous négligerons les termes du second ordre. A cet ordre d'approximation, on aura $z = l$, puisque la formule de Taylor donne

$$z = \sqrt{l^2 - (x^2 + y^2)} = l\left(1 - \frac{x^2 + y^2}{2l^2} + \ldots\right),$$

et le deuxième terme du développement est du second ordre. Faire l'approximation dont nous parlons revient ainsi à admettre que le mobile ne quitte pas le plan tangent. La dernière des équations (1) se simplifie et donne

$$N = mg;$$

en portant cette valeur dans les deux premières, nous obtenons

$$\frac{d^2x}{dt^2} = -\frac{g}{l}x, \qquad \frac{d^2y}{dt^2} = -\frac{g}{l}y;$$

ce sont les équations du mouvement d'un point sollicité par une force centrale proportionnelle à la distance; la trajectoire sera une ellipse ayant son centre sur l'axe des z. Nous voyons effectivement que ces équations linéaires ont pour intégrales générales

$$x = A\cos t\sqrt{\frac{g}{l}} + B\sin t\sqrt{\frac{g}{l}},$$

$$y = A'\cos t\sqrt{\frac{g}{l}} + B'\sin t\sqrt{\frac{g}{l}}.$$

Nous supposerons que l'on ait pour $t = 0$

$$x = x_0, \qquad y = 0, \qquad \frac{dx}{dt} = 0, \qquad \frac{dy}{dt} = v_0;$$

ce qui revient à faire passer le plan zOx par un des sommets de la petite ellipse. Il en résultera les valeurs suivantes des constantes

$$A = x_0, \qquad A' = 0, \qquad B = 0, \qquad B' = v_0\sqrt{\frac{l}{g}};$$

d'où

$$x = x_0 \cos t \sqrt{\frac{g}{l}}, \qquad y = v_0 \sqrt{\frac{l}{g}} \sin t \sqrt{\frac{g}{l}}.$$

L'élimination de t donne immédiatement l'équation d'une ellipse; la durée de la révolution est

$$2\pi \sqrt{\frac{l}{g}}.$$

On peut pousser plus loin l'approximation en conservant les termes du second ordre : il suffit pour cela de remplacer dans les seconds membres des équations (1) N par sa valeur obtenue par la première approximation : ce calcul a été fait par M. Tisserand (*Bulletin des Sciences mathématiques*, année 1881).

D'autres méthodes d'approximation ont été données par M. Resal (*Mécanique générale*, t. I, p. 180), et par M. de Sparre (*Annales de la Société scientifique de Bruxelles*, 1892).

EXERCICES.

1. Un point M, de masse égale à l'unité, est assujetti à se mouvoir sur la surface représentée, en coordonnées rectangulaires, par l'équation

$$x^2 + y^2 = \frac{1}{4}(e^z + e^{-z})^2;$$

il est attiré par chaque élément de l'axe des z avec une force égale au quotient de la longueur de l'élément par la quatrième puissance de sa distance au point M. Discuter le mouvement que peut prendre le point mobile : projection de sa trajectoire sur le plan des xy. Étudier le cas où, à l'instant initial, le point M se trouve sur l'axe des x avec une vitesse égale à $\sqrt{\frac{8}{3}}$ et faisant un angle de 45° avec le plan des xy. (Licence, Caen.)

2. Un point non pesant se meut sur une sphère fixe $x^2 + y^2 + z^2 - \mathrm{R}^2 = 0$ sous l'action d'une force dirigée normalement vers le plan des xy égale à $\dfrac{m\,k^2}{z^3}$, k^2 désignant une constante. Trouver le mouvement et la réaction normale.

(La trajectoire est une conique sphérique.)

3. Considérons un point matériel M, de masse égale à l'unité, sollicité par une force F dont les projections sur trois axes rectangulaires sont les dérivées partielles d'une fonction de forces

$$\mathrm{U}(x, y, z);$$

l'équation U = const. représente une surface de niveau dont l'intersection avec une surface quelconque S peut être appelée *ligne de niveau* sur S. Déterminer cette dernière surface, de manière que le point M, obligé de rester sur elle, et abandonné sans vitesse initiale à l'action de F, décrive toujours une trajectoire C orthogonale à toutes les lignes de niveau; si, par exemple, M n'était sollicité que par la pesanteur, il devrait tomber sur la surface cherchée suivant une ligne de plus grande pente.

Démontrer que le sinus de l'angle sous lequel une surface de niveau coupe S varie aux divers points de la ligne H d'intersection en raison inverse de F (A. DE SAINT-GERMAIN, *Journal de Math.*, octobre 1876).

4. Un point libre sollicité seulement par une résistance de milieu décrit une droite. Démontrer qu'un point mobile sur une surface et sollicité seulement par une résistance de milieu et un frottement décrit une ligne géodésique.

5. Un point matériel pesant assujetti à rester sur la surface d'une sphère de rayon a est attiré proportionnellement à la distance par un point fixe B, situé sur la verticale Oz du centre de la sphère, à une distance OB $= b$ du centre. On donne la valeur μ de l'attraction à l'unité de distance, l'intensité g de la pesanteur, la vitesse initiale k du point mobile, laquelle est supposée horizontale, et enfin la distance initiale h de ce point au plan horizontal Oxy, qui passe par le centre de la sphère. On demande : 1° de trouver les limites entre lesquelles variera pendant le mouvement l'ordonnée z du point mobile; 2° de déterminer complètement ce mouvement dans le cas particulier où l'attraction du point fixe B sur le centre de la sphère est égale et contraire à la pesanteur.

6. Mouvement d'un point mobile sur une sphère et attiré par un plan diamétral proportionnellement à la distance. [On est ramené à l'intégration d'une équation de Lamé (KOBB, *Comptes rendus*, t. CVIII.)]

7. *Lignes géodésiques de l'ellipsoïde.* — Comme conséquence de la relation $p\,\Omega = $ const., démontrée dans le texte (n° 270), on démontrera les propositions suivantes :

Soient O et O' deux ombilics de l'ellipsoïde non diamétralement opposés, MO et MO' les deux lignes géodésiques joignant un point M aux deux ombilics; ces deux lignes sont également inclinées sur chacune des lignes de courbure passant par M.

Si le point M décrit une ligne de courbure, la somme ou la différence des arcs de courbes géodésiques MO $\pm$ MO' est *constante*. (Voyez *Journal de Liouville*, 1846.)

8. Lignes géodésiques du tore (RESAL, *Comptes rendus*, t. XC, p. 937).

9. Lignes géodésiques de la surface engendrée par une chaînette tournant autour de sa base. (θ est donné en r par une intégrale elliptique de première espèce, qui se met immédiatement sous la forme normale.)

9 *bis*. Lignes géodésiques de l'hyperboloïde à une nappe engendré par l'hyperbole $\dfrac{x^2}{a^2} - \dfrac{z^2}{b^2} = 1$. En appelant e l'excentricité de l'hyperbole, on trouve pour équation de la projection des lignes géodésiques

$$d\theta = \frac{k\,dr}{r} \sqrt{\frac{e^2 r^2 - a^2}{(r^2 - a^2)(r^2 - b^2)}};$$

θ s'exprime donc par une intégrale réductible aux intégrales elliptiques. La courbe a une forme analogue à celle du n° 275. Pour $k = a$, elle est asymptote au cercle de gorge $r = a$; pour $k = \dfrac{a}{e}$, la courbe se réduit à une génératrice.

10. *Courbure des lignes géodésiques des surfaces de révolution.* — Soient R et R' les rayons de courbure principaux en un point d'une surface de révolution, r le rayon du parallèle correspondant, i l'inclinaison de la ligne géodésique considérée sur la méridienne, ρ son rayon de courbure; démontrer la formule

$$\frac{r^2}{R} + \left(\frac{1}{R'} - \frac{1}{R} \right) k^2 = \frac{r^2}{\rho},$$

k désignant, comme dans le texte, la valeur constante du produit $r \sin i$ le long de la ligne géodésique considérée (RESAL, *Nouvelles Annales*, février 1887).

11. On lance sur une surface un point pesant; démontrer qu'on peut prendre la vitesse initiale assez grande pour que, sur une certaine longueur à partir de la position initiale, la trajectoire diffère aussi peu qu'on le veut d'une ligne géodésique.

12. Lignes géodésiques de la surface de révolution

$$16 a^2 (x^2 + y^2) = z^2 (2 a^2 - z^2).$$

On peut poser

$$r = \frac{a}{4} \cos u, \qquad z = a \left(\sin \frac{u}{2} - \cos \frac{u}{2} \right).$$

Ces lignes géodésiques présentent la forme d'un 8 gauche; elles sont toutes fermées et ont toutes la même longueur (TANNERY, *Bulletin des Sciences mathématiques*, p. 190; 1892).

13. On a deux points pesants qui s'attirent proportionnellement à la distance : le premier est assujetti à se mouvoir sur une droite verticale, le second sur un plan faisant avec l'horizon un angle α. Trouver le mouvement de ce système de deux points.

Appliquer les formules au cas où $m' = m$. La position initiale est celle d'équilibre, les projections de la vitesse initiale du second point sur l'horizontale et la ligne de plus grande pente du plan sont égales chacune à la vitesse initiale du premier point. On a de plus $\sin \alpha = \dfrac{3}{4}$.

Appliquer aussi les formules au cas où le plan est horizontal $\alpha = 0$.

14. *Mouvement d'un point sur la sphère sous l'action d'une force constamment située dans le plan du méridien du mobile.* — Le rayon de la sphère étant supposé égal à l'unité et la position du mobile étant définie par la longitude θ et le complément φ de la latitude, on considère un mobile sollicité par une force constamment située dans le plan méridien et l'on appelle F la projection de cette force sur le plan tangent à la sphère, F étant regardée comme positive ou négative, suivant que cette composante est dirigée dans le sens des φ croissants ou en sens contraire. Démontrer les formules suivantes, analogues à celles

de la théorie des forces centrales et, en particulier, à la formule de Binet

$$\sin^2\varphi\, d\theta = C\,dt, \qquad \frac{d\,mv^2}{2} = F\,d\varphi,$$

$$F = -\frac{mC^2}{\sin^2\varphi}\left(\cot\varphi + \frac{d^2\cot\varphi}{d\theta^2}\right).$$

(Paul SERRET, *Théorie géométrique et mécanique*, etc., p. 193.)

Exemple. — Si F a pour valeur $\dfrac{m\mu}{\sin^2\varphi}$, la trajectoire est une conique sphérique ayant pour foyer le pôle. (Analogie avec le mouvement des planètes.)

15. Établir des formules du même genre pour le mouvement d'un point sur une surface de révolution sous l'action d'une force constamment située dans le méridien du mobile.

16. *Transformation de mouvements.* — Soit dans un plan fixe un point matériel de masse 1 sollicité par une force F dont les projections X et Y sont des fonctions des seules coordonnées x et y du point.

Les équations du mouvement sont

$$\frac{d^2x}{dt^2} = X, \qquad \frac{d^2y}{dt^2} = Y.$$

Faisons la transformation homographique

$$x_1 = \frac{ax+by+c}{a'x+b'y+c'}, \qquad y_1 = \frac{a''x+b''y+c''}{a'x+b'y+c'},$$

en remplaçant la variable indépendante t par une variable t_1 liée à t par la relation

$$k\,dt_1 = \frac{dt}{(a'x+b'y+c')^2}.$$

Démontrer que le point (x_1, y_1) se meut dans le temps t_1 comme un point de masse 1 sollicité par une force F_1 dont les projections X_1 et Y_1 dépendent seulement de x_1 et y_1. La trajectoire du point (x_1, y_1) est la transformée homographique de celle du point (x, y), la direction de F_1 est la transformée homographique de celle de F.

La force F étant centrale, F_1 est ou centrale ou parallèle à une direction fixe (*Comptes rendus*, t. CVIII, p. 224).

17. Inversement, si l'on cherche la transformation la plus générale de la forme

$$x_1 = \varphi(x,y), \qquad y_1 = \psi(x,y), \qquad dt_1 = \lambda(x,y)\,dt,$$

telle que la nouvelle force F_1 dépende seulement des coordonnées x_1, y_1, et cela quelle que soit la loi de F en fonction de x et y, on trouve seulement la transformation homographique ci-dessus (*American Journal*, t. XII).

18. *Transformation d'un mouvement sphérique en un mouvement plan.* — Étant donnés une sphère (S) de rayon 1 et un plan tangent (P) à cette sphère, nous ferons correspondre, à un point M_1 de la sphère, la projection M de ce point sur le plan (P) faite par le rayon allant du centre au point M_1; c'est la projection bien connue que l'on appelle *centrale* dans la théorie des Cartes géographiques; elle fait correspondre à toutes les droites du plan (P) des grands cercles de la sphère (S) et réciproquement. Au point de vue analytique, si l'on

prend le point de contact du plan (P) et de la sphère (S) comme pôle d'un système de coordonnées polaires dans le plan et sur la sphère, on aura, en appelant ρ et ω les coordonnées polaires du point M dans le plan, φ et θ les coordonnées polaires du point M, sur la sphère (φ colatitude et θ longitude), les formules de transformation

$$(a) \qquad \rho = \operatorname{tang} \varphi, \qquad \omega = \theta.$$

Les équations du mouvement plan seront, d'après Lagrange.

$$(b) \qquad \frac{d^2\rho}{dt^2} - \rho\left(\frac{d\omega}{dt}\right)^2 = \mathrm{R}, \qquad \frac{d}{dt}\left(\rho^2 \frac{d\omega}{dt}\right) = \Omega.$$

R et Ω étant des fonctions de ρ et ω. De même, si l'on considère sur la sphère un point ayant pour masse 1 et se déplaçant pendant le temps t_1, les équations du mouvement seront

$$(c) \qquad \frac{d^2\varphi}{dt_1^2} - \sin\varphi \cos\varphi \left(\frac{d\theta}{dt_1}\right)^2 = \Phi, \qquad \frac{d}{dt_1}\left(\sin^2\varphi \, \frac{d\theta}{dt_1}\right) = \Theta.$$

Φ et Θ étant des fonctions de φ et θ. Démontrer que, si l'on fait sur les équations (b) du mouvement plan la transformation définie par les formules (a) de la projection centrale et si l'on établit entre les temps t et t_1 la relation

$$dt_1 = \cos^2\varphi \, dt,$$

les équations (b) prennent la forme (c) où

$$\Phi = \frac{\mathrm{R}}{\cos^2\varphi}, \qquad \Theta = \frac{\Omega}{\cos^2\varphi}.$$

Donc à tout mouvement sur le plan correspond un mouvement sur la sphère et réciproquement : la trajectoire de l'un des points est la transformée de la trajectoire de l'autre par projection centrale (*American Journal*, t. XIII). Appliquer cette transformation à l'exemples 14.

19. Démontrer plus généralement que l'on peut transformer de la même façon le mouvement d'un point sur une surface à courbure constante en un mouvement plan (Dautheville, *Annales de l'École Normale supérieure*, 1890).

20. Un point qui n'est sollicité par aucune force donnée se meut sur un plan qui tourne avec une vitesse angulaire constante ω autour d'un axe fixe auquel il est invariablement lié. Trouver le mouvement et calculer la réaction.

(De Saint-Germain.)

21. Rectifier la courbe décrite par le pendule sphérique en projection horizontale et en projection stéréographique dans le cas de M. Greenhill (p. 491).

(Greenhill.)

22. Établir les équations du mouvement d'un point sur une surface avec frottement (*Comptes rendus*, 15 février 1892). Voir aussi Mayer, *Sächsische Gesellschaft*, 5 juin 1893.

23. Mouvement avec frottement d'un point pesant sur un cylindre de révolution à axe vertical (De Saint-Germain, *Bulletin des Sciences mathématiques*, août 1892).

CHAPITRE XIII.

ÉQUATIONS DE LAGRANGE POUR UN POINT LIBRE.

278. Équations de Lagrange. — Nous avons donné dans les Chapitres précédents, pour le mouvement d'un point sur une surface ou une courbe, fixe ou mobile, les équations indiquées par Lagrange. La même méthode permet d'écrire les équations du mouvement d'un point libre dans un système quelconque de coordonnées; cette méthode est de la plus haute importance, car elle s'applique au mouvement d'un système matériel quelconque.

Supposons que les coordonnées cartésiennes x, y, z du mobile par rapport à trois axes rectangulaires soient exprimées en fonction des nouvelles coordonnées q_1, q_2, q_3 par les formules

$$x = \varphi(q_1, q_2, q_3), \qquad y = \psi(q_1, q_2, q_3), \qquad z = \varpi(q_1, q_2, q_3);$$

il s'agit d'écrire les équations du mouvement dans le nouveau système de coordonnées, c'est-à-dire d'écrire les équations différentielles qui définissent q_1, q_2, q_3 en fonction du temps. On pourrait, à la vérité, prendre les équations mêmes du mouvement définissant x, y, z en fonction de t et y faire le changement de fonctions défini par les formules ci-dessus; mais ce serait là un long calcul que la méthode de Lagrange a précisément pour but d'éviter. Cette méthode s'applique même au cas où les coordonnées cartésiennes seraient des fonctions données, non seulement de trois nouvelles coordonnées q_1, q_2, q_3, mais aussi du temps: cela revient, au point de vue géométrique, à dire qu'elle s'applique même si le nouveau système de coordonnées est mobile et animé d'un mouvement connu.

Nous supposerons donc, pour traiter le cas le plus général, que x, y, z soient des fonctions données de q_1, q_2, q_3 et de t:

$$x = \varphi(q_1, q_2, q_3, t), \qquad y = \psi(q_1, q_2, q_3, t), \qquad z = \varpi(q_1, q_2, q_3, t).$$

Pour trouver les équations du mouvement dans le nouveau système de coordonnées, c'est-à-dire les équations différentielles définissant q_1, q_2, q_3 en fonction du temps, écrivons les équations du mouvement en coordonnées cartésiennes

$$m \frac{d^2 x}{dt^2} = X, \qquad m \frac{d^2 y}{dt^2} = Y, \qquad m \frac{d^2 z}{dt^2} = Z.$$

Multiplions respectivement ces trois équations par $\frac{\partial \varphi}{\partial q_1}$, $\frac{\partial \psi}{\partial q_1}$, $\frac{\partial \varpi}{\partial q_1}$ et ajoutons-les membre à membre, nous aurons

$$(1) \qquad m \left(\frac{d^2 x}{dt^2} \frac{\partial \varphi}{\partial q_1} + \frac{d^2 y}{dt^2} \frac{\partial \psi}{\partial q_1} + \frac{d^2 z}{dt^2} \frac{\partial \varpi}{\partial q_1} \right) = Q_1,$$

en posant

$$Q_1 = X \frac{\partial \varphi}{\partial q_1} + Y \frac{\partial \psi}{\partial q_1} + Z \frac{\partial \varpi}{\partial q_1} ;$$

X, Y, Z étant donnés en fonction de x, y, z et de leurs dérivées par rapport à t, il sera facile de calculer Q_1 en fonction de q_1, q_2, q_3 et de leurs dérivées par rapport à t; puis, pour calculer le premier membre, remarquons que l'équation précédente peut s'écrire

$$(2) \quad \left\{ \begin{aligned} &\frac{d}{dt} \left[m \left(\frac{dx}{dt} \frac{\partial \varphi}{\partial q_1} + \frac{dy}{dt} \frac{\partial \psi}{\partial q_1} + \frac{dz}{dt} \frac{\partial \varpi}{\partial q_1} \right) \right] \\ &\quad - m \left[\frac{dx}{dt} \frac{d}{dt} \left(\frac{\partial \varphi}{\partial q_1} \right) + \frac{dy}{dt} \frac{d}{dt} \left(\frac{\partial \psi}{\partial q_1} \right) + \frac{dz}{dt} \frac{d}{dt} \left(\frac{\partial \varpi}{\partial q_1} \right) \right] = Q_1. \end{aligned} \right.$$

Pour simplifier l'écriture, nous poserons avec Lagrange

$$\frac{dx}{dt} = x', \qquad \frac{dy}{dt} = y', \qquad \frac{dz}{dt} = z',$$
$$\frac{dq_1}{dt} = q'_1, \qquad \frac{dq_2}{dt} = q'_2, \qquad \frac{dq_3}{dt} = q'_3.$$

L'équation

$$x = \varphi(q_1, q_2, q_3, t)$$

donne alors, si l'on prend les dérivées des deux membres par rapport à t,

$$(3) \qquad x' = \frac{\partial \varphi}{\partial q_1} q'_1 + \frac{\partial \varphi}{\partial q_2} q'_2 + \frac{\partial \varphi}{\partial q_3} q'_3 + \frac{\partial \varphi}{\partial t};$$

et l'on pourra écrire évidemment

$$\frac{\partial \varphi}{\partial q_1} = \frac{\partial x'}{\partial q'_1},$$

en considérant x' comme une fonction des sept variables q_1, q_2, q_3, t, q'_1, q'_2, q'_3. On aurait de même

$$\frac{\partial \psi}{\partial q_1} = \frac{\partial y'}{\partial q'_1}, \qquad \frac{\partial \varpi}{\partial q_1} = \frac{\partial z'}{\partial q'_1},$$

et la première parenthèse de l'équation (2) deviendra

$$\frac{d}{dt} \left[m \left(x' \frac{\partial x'}{\partial q'_1} + y' \frac{\partial y'}{\partial q'_1} + z' \frac{\partial z'}{\partial q'_1} \right) \right].$$

Nous remarquerons ensuite que $\dfrac{d}{dt} \left(\dfrac{\partial \varphi}{\partial q_1} \right)$ peut s'écrire $\dfrac{\partial x'}{\partial q_1}$: on a en effet

$$\frac{d}{dt} \left(\frac{\partial \varphi}{\partial q_1} \right) = \frac{\partial^2 \varphi}{\partial q_1^2} q'_1 + \frac{\partial^2 \varphi}{\partial q_1 \partial q_2} q'_2 + \frac{\partial^2 \varphi}{\partial q_1 \partial q_3} q'_3 + \frac{\partial^2 \varphi}{\partial q_1 \partial t},$$

car $\dfrac{\partial \varphi}{\partial q_1}$ est fonction de t directement et par l'intermédiaire de q_1, q_2, q_3. Mais, en différentiant l'équation (3) par rapport à q_1, on a

$$\frac{\partial x'}{\partial q_1} = \frac{\partial^2 \varphi}{\partial q_1^2} q'_1 + \frac{\partial^2 \varphi}{\partial q_1 \partial q_2} q'_2 + \frac{\partial^2 \varphi}{\partial q_1 \partial q_3} q'_3 + \frac{\partial^2 \varphi}{\partial q_1 \partial t}$$

et l'on a bien

$$\frac{d}{dt} \left(\frac{\partial \varphi}{\partial q_1} \right) = \frac{\partial x'}{\partial q_1}.$$

Comme on a également les relations

$$\frac{d}{dt} \left(\frac{\partial \psi}{\partial q_1} \right) = \frac{\partial y'}{\partial q_1}, \qquad \frac{d}{dt} \left(\frac{\partial \varpi}{\partial q_1} \right) = \frac{\partial z'}{\partial q_1},$$

on peut écrire l'équation (2)

$$(2') \qquad \left\{ \begin{aligned} &\frac{d}{dt} \left[m \left(x' \frac{\partial x'}{\partial q'_1} + y' \frac{\partial y'}{\partial q'_1} + z' \frac{\partial z'}{\partial q'_1} \right) \right] \\ &\quad - m \left(x' \frac{\partial x'}{\partial q_1} + y' \frac{\partial y'}{\partial q_1} + z' \frac{\partial z'}{\partial q_1} \right) = Q_1. \end{aligned} \right.$$

Posons maintenant

$$T = \frac{m}{2}\,(x'^2 + y'^2 + z'^2);$$

T désigne donc la demi-force vive du mobile. En y remplaçant x', y', z' par leurs valeurs (3), T devient une fonction des variables q_1, q_2, q_3, t, q'_1, q'_2, q'_3. Avec cette notation, on voit immédiatement que l'équation (x') peut s'écrire

$$\frac{d}{dt}\left(\frac{\partial T}{\partial q'_1}\right) - \frac{\partial T}{\partial q_1} = Q_1.$$

Un calcul tout semblable donnerait

$$\frac{d}{dt}\left(\frac{\partial T}{\partial q'_2}\right) - \frac{\partial T}{\partial q_2} = Q_2,$$

$$\frac{d}{dt}\left(\frac{\partial T}{\partial q'_3}\right) - \frac{\partial T}{\partial q_3} = Q_3.$$

L'expression T contient les variables q_1, q_2, q_3 et leurs dérivées premières; il en résulte que les équations de Lagrange que nous venons d'obtenir sont du second ordre; leurs intégrales générales contiendront donc six constantes arbitraires qu'on déterminera par les conditions initiales.

On a immédiatement l'expression T quand on connaît l'expression de ds^2 dans le système des coordonnées q_1, q_2, q_3, car $T = \frac{m}{2}\,\frac{ds^2}{dt^2}$.

Calcul des seconds membres. — On pourrait remplacer dans Q_1, Q_2, Q_3, X, Y, Z par leurs valeurs, mais on peut souvent simplifier ce calcul. Supposons d'abord qu'il y ait une fonction de forces U; dans ce cas, on aura

$$X = \frac{\partial U}{\partial x}, \qquad Y = \frac{\partial U}{\partial y}, \qquad Z = \frac{\partial U}{\partial z},$$

par suite

$$Q_1 = \frac{\partial U}{\partial x}\,\frac{\partial x}{\partial q_1} + \frac{\partial U}{\partial y}\,\frac{\partial y}{\partial q_1} + \frac{\partial U}{\partial z}\,\frac{\partial z}{\partial q_1}.$$

Si l'on suppose alors que dans U on remplace x, y, z par leurs valeurs en fonction de q_1, q_2, q_3, l'équation précédente s'écrit

$$Q_1 = \frac{\partial U}{\partial q_1}.$$

On aurait de même

$$Q_2 = \frac{\partial U}{\partial q_2}, \qquad Q_3 = \frac{\partial U}{\partial q_3}.$$

Ces formules conviennent même au cas où X, Y, Z seraient les dérivées partielles par rapport à x, y, z d'une fonction $U(x, y, z, t)$ contenant explicitement le temps, quoique l'on ne puisse plus dire alors que les forces dérivent d'une fonction de forces.

Dans le cas le plus général, on peut encore simplifier le calcul de Q_1, Q_2, Q_3. Dans les équations du changement de coordonnées

$$x = \varphi(q_1, q_2, q_3, t),$$
$$y = \psi(q_1, q_2, q_3, t),$$
$$z = \varpi(q_1, q_2, q_3, t),$$

donnons à t une valeur déterminée et supposons que q_1, q_2, q_3 prennent les accroissements virtuels arbitraires δq_1, δq_2, δq_3, les accroissements de x, y, z seront

$$\delta x = \frac{\partial \varphi}{\partial q_1} \delta q_1 + \frac{\partial \varphi}{\partial q_2} \delta q_2 + \frac{\partial \varphi}{\partial q_3} \delta q_3,$$
$$\delta y = \frac{\partial \psi}{\partial q_1} \delta q_1 + \frac{\partial \psi}{\partial q_2} \delta q_2 + \frac{\partial \psi}{\partial q_3} \delta q_3,$$
$$\delta z = \frac{\partial \varpi}{\partial q_1} \delta q_1 + \frac{\partial \varpi}{\partial q_2} \delta q_2 + \frac{\partial \varpi}{\partial q_3} \delta q_3;$$

le travail élémentaire des forces pour le déplacement virtuel correspondant est

$$X \delta x + Y \delta y + Z \delta z,$$

c'est-à-dire, en vertu des équations précédentes,

$$Q_1 \delta q_1 + Q_2 \delta q_2 + Q_3 \delta q_3.$$

Si donc on suppose que le déplacement virtuel s'effectue sur la courbe $q_2 = \text{const.}$, $q_3 = \text{const.}$, le travail élémentaire est $Q_1 \delta q_1$, ce qui donne Q_1. On obtient de même Q_2 et Q_3.

On voit que l'analogie est complète avec les équations trouvées pour le mouvement sur une courbe et sur une surface. La seule différence est dans le nombre des paramètres q_1, q_2, q_3, qui est 1 pour un point sur une courbe, 2 sur une surface, 3 pour un point libre.

279. Intégrale des forces vives. — Dans le cas où il existe une fonction des forces $U(x, y, z)$, le théorème des forces vives donne l'intégrale première

$$T = U + h,$$

car T désigne la demi-force vive $\dfrac{mv^2}{2}$. Cette intégrale, étant une conséquence des équations du mouvement, est une conséquence des trois équations de Lagrange et peut remplacer l'une d'elles.

En nous plaçant dans le cas simple où les expressions de x, y, z en fonction de q_1, q_2, q_3 ne contiennent pas t, nous allons vérifier que l'intégrale des forces vives est bien une conséquence des équations de Lagrange. Dans ce cas, on a pour x', y', z' des expressions de la forme

$$x' = \frac{\partial \varphi}{\partial q_1} q'_1 + \frac{\partial \varphi}{\partial q_2} q'_2 + \frac{\partial \varphi}{\partial q_3} q'_3 + \ldots,$$

et T est une fonction homogène du second degré de q'_1, q'_2, q'_3 : on a donc, d'après le théorème des fonctions homogènes,

$$(1) \qquad q'_1 \frac{\partial T}{\partial q'_1} + q'_2 \frac{\partial T}{\partial q'_2} + q'_3 \frac{\partial T}{\partial q'_3} = 2T.$$

Cela posé, prenons les équations de Lagrange où Q_1, Q_2, Q_3 sont remplacés par $\dfrac{\partial U}{\partial q_1}, \dfrac{\partial U}{\partial q_2}, \dfrac{\partial U}{\partial q_3}$, et ajoutons-les, après les avoir multipliées par q'_1, q'_2, q'_3 : nous aurons

$$(2) \quad \left\{ \begin{aligned} & q'_1 \frac{d}{dt}\left(\frac{\partial T}{\partial q'_1}\right) + q'_2 \frac{d}{dt}\left(\frac{\partial T}{\partial q'_2}\right) + q'_3 \frac{d}{dt}\left(\frac{\partial T}{\partial q'_3}\right) - q'_1 \frac{\partial T}{\partial q_1} - q'_2 \frac{\partial T}{\partial q_2} - q'_3 \frac{\partial T}{\partial q_3} \\ & = q'_1 \frac{\partial U}{\partial q_1} + q'_2 \frac{\partial U}{\partial q_2} + q'_3 \frac{\partial U}{\partial q_3}. \end{aligned} \right.$$

Le deuxième membre de cette équation est évidemment $\dfrac{dU}{dt}$, car U ne dépend de t que par l'intermédiaire de q_1, q_2, q_3 ; quant au premier membre, on peut l'écrire

$$\frac{d}{dt}\left(q'_1 \frac{\partial T}{\partial q'_1} + q'_2 \frac{\partial T}{\partial q'_2} + q'_3 \frac{\partial T}{\partial q'_3} \right)$$
$$- \left(q''_1 \frac{\partial T}{\partial q'_1} + q''_2 \frac{\partial T}{\partial q'_2} + q''_3 \frac{\partial T}{\partial q'_3} + q'_1 \frac{\partial T}{\partial q_1} + q'_2 \frac{\partial T}{\partial q_2} + q'_3 \frac{\partial T}{\partial q_3} \right),$$

q''_1, q''_2, q''_3 étant les dérivées secondes de q_1, q_2, q_3 par rapport à t.

D'après l'équation (1), fournie par le théorème des fonctions homogènes, la première parenthèse est $2T$; quant à la seconde, elle est l'expression développée de $\dfrac{dT}{dt}$, puisque T dépend de t par l'intermédiaire de $q_1, q_2, q_3, q'_1, q'_2, q'_3$. L'équation (2) se réduit donc à

$$\frac{d}{dt}(2T) - \frac{dT}{dt} = \frac{dU}{dt},$$

c'est-à-dire

$$dT = dU, \qquad T = U + h:$$

c'est l'intégrale des forces vives. Dans les applications, on remplacera l'une des équations de Lagrange, la moins simple des trois, par cette intégrale première.

280. Applications. — 1° *Problème*. Trouver le mouvement d'un point matériel attiré ou repoussé par un axe fixe suivant une fonction donnée de la distance r (*fig.* 175).

Nous avons déjà vu (n° 89) que, dans ce cas, il y a une fonction de forces $\int \Phi\, dr$ que nous désignerons par $m f(r)$.

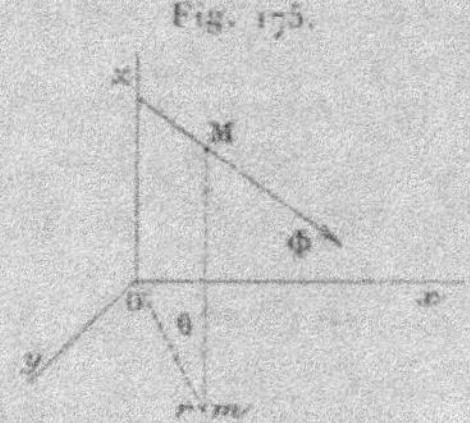

Fig. 175.

Nous définirons la position du mobile par ses coordonnées semi-polaires r, θ, z. On aura alors

$$T = \frac{1}{2} m v^2 = \frac{m}{2}\frac{ds^2}{dt^2} = \frac{m}{2}(r'^2 + r^2\theta'^2 + z'^2).$$

Les équations de Lagrange seront, par conséquent, après suppression du facteur m,

$$\frac{d}{dt} r' - r\theta'^2 = f'(r),$$

$$\frac{d}{dt}(r^2\theta') = 0,$$

$$\frac{d}{dt} z' = 0.$$

Les deux dernières donnent par intégration

$$(1) \qquad\qquad r^2\theta' = C.$$

$$(2) \qquad\qquad z' = a.$$

Remplaçons maintenant la première équation de Lagrange par l'intégrale des forces vives, nous aurons

$$(3) \qquad\qquad \frac{1}{2}(r'^2 + r^2\theta'^2 + z'^2) = f(r) + h.$$

Si nous y remplaçons z' et θ' par leurs valeurs tirées de (1) et (2), nous obtenons

$$\frac{1}{2}\left(r'^2 + \frac{C^2}{r^2} + a^2\right) = f(r) + h,$$

équation de la forme

$$r'^2 = \varphi(r),$$

qui donne le temps par une simple quadrature.

On aurait pu écrire *a priori* les équations (1), (2), (3) sans passer par les équations de Lagrange. En effet, puisque la force rencontre toujours Oz, le principe des aires s'applique à la projection du mouvement sur le plan des xy, ce qui donne l'équation (1). La composante de la force suivant l'axe Oz étant nulle, on a $\dfrac{d^2 z}{dt^2} = 0$, $z' = a$: c'est l'équation (2). Enfin l'équation (3) n'est autre que l'équation des forces vives.

Entre les équations (1) et (2) éliminons le temps, nous aurons l'équation différentielle

$$r^2 d\theta = \frac{C}{a}\, dz,$$

à laquelle satisfont les trajectoires, quelle que soit la loi de la force. Si l'on écrit cette équation en coordonnées cartésiennes, on a

$$x\,dy - y\,dx = k\,dz,$$

équation déjà trouvée dans le Chapitre I (p. 4o, ex. 6) pour l'équation différentielle des courbes dont les tangentes sont des droites de moment nul.

2° *Coordonnées polaires dans l'espace.* — Soient ρ, θ, ω les coordonnées du point M (*fig.* 176); posons

$$\rho = q_1, \qquad \theta = q_2, \qquad \omega = q_3,$$

on aura

$$T = \frac{m}{2} v^2 = \frac{m}{2}(\rho'^2 + \rho^2\theta'^2 + \rho^2\sin^2\theta\,\omega'^2).$$

Les équations de Lagrange sont donc

$$\frac{d}{dt}(m\rho') - m\rho(\theta'^2 + \omega'^2 \sin^2\theta) = Q_1,$$

$$\frac{d}{dt}(m\rho^2\theta') - m\rho^2\omega'^2 \sin\theta \cos\theta = Q_2,$$

$$\frac{d}{dt}(m\rho^2 \sin^2\theta\,\omega') = Q_3.$$

Fig. 176.

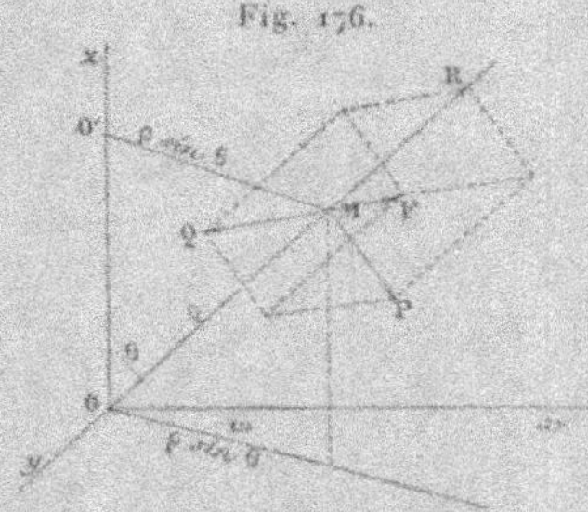

Pour calculer Q_1, Q_2, Q_3, nous emploierons la méthode indiquée précédemment. Désignons par R, Q, P les composantes de la force suivant le rayon vecteur dans le sens de ρ croissant, la perpendiculaire au plan zOM dans le sens de ω croissant et la perpendiculaire au plan de ces deux droites dans le sens de θ croissant. Pour un déplacement virtuel sur le rayon vecteur ($q_2 = $ const., $q_3 = $ const.), le travail élémentaire est $R\delta r$, par conséquent

$$Q_1 = R.$$

Pour un déplacement $\rho\delta\theta$, quand on laisse ρ et ω constants, le travail élémentaire est $P\rho\delta\theta$. Nous avons par suite

$$Q_2 = P\rho.$$

En laissant enfin ρ et θ constants, le déplacement se fait sur un cercle de centre O' et de rayon $\rho\sin\theta$, le travail élémentaire est donc $Q\rho\sin\theta\,\delta\omega$, et l'on a

$$Q_3 = Q\rho\sin\theta.$$

Si la force F rencontre l'axe des z, Q est nul et la troisième équation de Lagrange donne

$$m\rho^2 \sin^2\theta\,\omega' = \text{const.},$$

ce qui exprime que la projection du mobile sur le plan des xy se meut suivant la loi des aires.

3° *Coordonnées elliptiques dans l'espace.* — Dans le système des coordonnées elliptiques, un point M de l'espace est défini par les paramètres des trois surfaces du second ordre homofocales à une surface donnée, se coupant en ce point. Soit

$$(1) \qquad \frac{x^2}{a-\lambda} + \frac{y^2}{b-\lambda} + \frac{z^2}{c-\lambda} - 1 = 0$$

l'équation des surfaces du second ordre homofocales à la surface

$$\frac{x^2}{a} + \frac{y^2}{b} + \frac{z^2}{c} - 1 = 0,$$

Si nous supposons, pour fixer les idées, $a > b > c$, l'équation (1) représentera un ellipsoïde réel pour $\lambda < c$, un hyperboloïde à une nappe pour $b > \lambda > c$, un hyperboloïde à deux nappes pour $a > \lambda > b$, enfin un ellipsoïde imaginaire pour $\lambda > a$. Par chaque point de l'espace il passe trois de ces surfaces homofocales; en effet, en regardant x, y, z comme données, l'équation (1) du troisième degré en λ admet trois racines réelles, une plus petite que c, l'autre comprise entre b et c et la troisième entre a et b; c'est ce qu'on vérifie en substituant dans le premier membre les quantités suivantes à la place de λ et en remarquant que les signes du premier membre sont donnés par le Tableau suivant, ε réel positif et très petit :

Valeurs de λ	$-\infty$	$c-\varepsilon$	$c+\varepsilon$	$b-\varepsilon$	$b+\varepsilon$	$a-\varepsilon$	$a-\varepsilon$	$-\infty$
Signes correspondants du premier membre de (1).	$-$	$+$	$-$	$+$	$-$	$+$	$-$	$-$
Position des racines		q_3		q_2		q_1		

Appelons q_1, q_2, q_3 ces trois racines rangées par ordre de grandeurs décroissantes; la première q_1 donne un hyperboloïde à deux nappes, la deuxième q_2 un hyperboloïde à une nappe, la troisième q_3 un ellipsoïde.

Ces trois surfaces se coupent deux à deux orthogonalement, comme il est bien connu. Par exemple, les deux surfaces

$$f_1 = \frac{x^2}{a-q_1} + \frac{y^2}{b-q_1} + \frac{z^2}{c-q_1} - 1 = 0,$$

$$f_2 = \frac{x^2}{a-q_2} + \frac{y^2}{b-q_2} + \frac{z^2}{c-q_2} - 1 = 0$$

se coupent orthogonalement, car la condition

$$\frac{\partial f_1}{\partial x}\frac{\partial f_2}{\partial x} + \frac{\partial f_1}{\partial y}\frac{\partial f_2}{\partial y} + \frac{\partial f_1}{\partial z}\frac{\partial f_2}{\partial z} = 0$$

est identique à l'équation

$$\frac{f_1 - f_2}{q_1 - q_2} = 0,$$

comme on le vérifie immédiatement. On appelle *coordonnées elliptiques* d'un point $M(x, y, z)$ les trois quantités q_1, q_2, q_3.

Pour exprimer les coordonnées cartésiennes x, y, z en fonction de q_1, q_2, q_3, remarquons que, q_1, q_2, q_3 étant les trois racines de l'équation (1) en λ, on a identiquement

$$(2) \quad \begin{cases} \dfrac{x^2}{a-\lambda} + \dfrac{y^2}{b-\lambda} + \dfrac{z^2}{c-\lambda} - 1 \\[2mm] = \dfrac{(\lambda - q_1)(\lambda - q_2)(\lambda - q_3)}{(a-\lambda)(b-\lambda)(c-\lambda)} = \dfrac{(\lambda - q_1)(\lambda - q_2)(\lambda - q_3)}{f(\lambda)}. \end{cases}$$

Multipliant les deux membres de cette identité par $a - \lambda$, puis faisant $\lambda = a$, nous avons

$$x^2 = \frac{(a - q_1)(a - q_2)(a - q_3)}{(b - a)(c - a)};$$

on trouve de même

$$y^2 = \frac{(b - q_1)(b - q_2)(b - q_3)}{(c - b)(a - b)},$$

$$z^2 = \frac{(c - q_1)(c - q_2)(c - q_3)}{(a - c)(b - c)}.$$

Calculons maintenant l'expression de ds^2 dans ce système de coordonnées; on a, en prenant les dérivées logarithmiques des deux membres des formules ci-dessus,

$$2\frac{dx}{x} = \frac{dq_1}{q_1 - a} + \frac{dq_2}{q_2 - a} + \frac{dq_3}{q_3 - a},$$

$$2\frac{dy}{y} = \frac{dq_1}{q_1 - b} + \frac{dq_2}{q_2 - b} + \frac{dq_3}{q_3 - b},$$

$$2\frac{dz}{z} = \frac{dq_1}{q_1 - c} + \frac{dq_2}{q_2 - c} + \frac{dq_3}{q_3 - c}.$$

D'où l'on tire pour $\frac{1}{4}ds^2$ une expression de la forme

$$\tfrac{1}{4}(dx^2 + dy^2 + dz^2) = M_1 dq_1^2 + M_2 dq_2^2 + M_3 dq_3^2,$$

ne contenant pas de termes en $dq_1 dq_2, \ldots$, car les surfaces se coupent orthogonalement; il est d'ailleurs aisé de vérifier la relation

$$\frac{x^2}{(a - q_1)(a - q_2)} + \frac{y^2}{(b - q_1)(b - q_2)} + \frac{z^2}{(c - q_1)(c - q_2)} = 0,$$

qui exprime que le coefficient de $dq_1\,dq_2$ est nul. Les quantités M_1, M_2, M_3 ont les valeurs suivantes :

$$M_1 = \frac{x^2}{(q_1 - a)^2} + \frac{y^2}{(q_1 - b)^2} + \frac{z^2}{(q_1 - c)^2} + \ldots$$

or, si l'on prend les dérivées des deux membres de l'identité (2) par rapport à λ, et si l'on fait ensuite $\lambda = q_1$, en remarquant que par l'effet de cette substitution tous les termes du second membre qui contiennent $\lambda - q_1$ en facteur s'annulent et qu'il est inutile de les calculer, on trouve

$$M_1 = \frac{(q_1 - q_2)(q_1 - q_3)}{f(q_1)},$$

où $f(\lambda)$ désigne le produit $(a - \lambda)(b - \lambda)(c - \lambda)$; on a de même

$$M_2 = \frac{(q_2 - q_3)(q_2 - q_1)}{f(q_2)}, \qquad M_3 = \frac{(q_3 - q_1)(q_1 - q_3)}{f(q_3)}.$$

Remarquons que si l'on considère en particulier l'arc de la courbe C_1 (*fig.* 177), intersection des deux surfaces $q_2 =$ const. et $q_3 =$ const., la

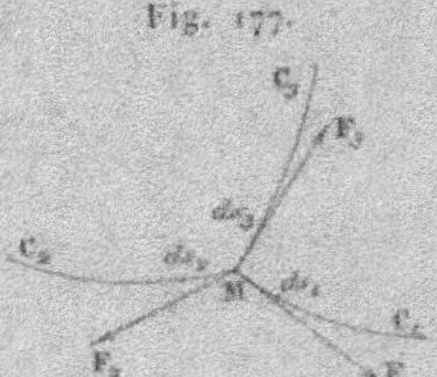

Fig. 177.

différentielle ds_1 de cet arc s'obtient en faisant

$$dq_2 = dq_3 = 0,$$

d'où

$$ds_1 = \frac{1}{2} \sqrt{M_1}\, dq_1.$$

De même, en appelant ds_2 et ds_3 les arcs des deux courbes C_2 et C_3, suivant lesquelles se coupent les surfaces $q_1 =$ const., $q_3 =$ const., et $q_1 =$ const., $q_2 =$ const., on a

$$ds_2 = \frac{1}{2} \sqrt{M_2}\, dq_2, \qquad ds_3 = \frac{1}{2} \sqrt{M_3}\, dq_3.$$

Un arc quelconque ds peut être alors envisagé comme la diagonale du parallélépipède rectangle ds_1, ds_2, ds_3.

La quantité T a pour expression

$$T = \frac{m}{2}\frac{ds^2}{dt^2} = \frac{m}{8}\left(M_1 q_1'^2 + M_2 q_2'^2 + M_3 q_3'^2\right)$$

et les équations de Lagrange sont alors aisées à écrire. Nous ne les écrirons pas ici ; nous nous bornerons à donner la signification des seconds membres Q_1, Q_2, Q_3 de ces équations.

Décomposons la force F en trois composantes F_1, F_2, F_3, respectivement tangentes aux courbes C_1, C_2, C_3, en comptant ces composantes positivement dans le sens dans lequel se déplace le point M sur chacune de ces courbes, quand on fait croître une seule des coordonnées elliptiques, les deux autres restant constantes. Imprimons au point M un déplacement virtuel δs_1 dans lequel q_2 et q_3 restent constants, q_1 croissant de δq_1 ; le travail virtuel de F est $Q_1\,\delta q_1$ d'une part ; d'autre part, il est, puisque les travaux de F_2 et de F_3 sont nuls dans le déplacement considéré,

$$F_1\,\delta s_1 = \frac{F_1}{2}\sqrt{M_1}\,\delta q_1 ;$$

on a donc

$$Q_1 = \frac{F_1\sqrt{M_1}}{2},$$

de même

$$Q_2 = \frac{F_2\sqrt{M_2}}{2}, \qquad Q_3 = \frac{F_3\sqrt{M_3}}{2}.$$

4° *Coordonnées elliptiques dans le plan des xy.* — On peut déduire ces coordonnées des formules précédentes. Pour obtenir un point M du plan xOy, il suffit de faire dans ces formules $z = 0$ et $q_3 = c$. Ce point M est alors défini par les deux coordonnées elliptiques q_1 et q_2, racines de l'équation du second degré en λ

$$\frac{x^2}{a-\lambda} + \frac{y^2}{b-\lambda} - 1 = 0$$

représentant des coniques homofocales. Par chaque point M du plan, il passe deux de ces coniques, une hyperbole correspondant à la valeur q_1 du paramètre λ et une ellipse correspondant à la valeur q_2. L'identité (2) devient dans ce cas

$$\frac{x^2}{a-\lambda} + \frac{y^2}{b-\lambda} - 1 = -\frac{(\lambda-q_1)(\lambda-q_2)}{(a-\lambda)(b-\lambda)}.$$

On obtient ainsi, soit directement, soit comme cas limites des formules précédentes, pour les formules de transformation de coordonnées,

$$x^2 = \frac{(a-q_1)(a-q_2)}{a-b}, \qquad y^2 = \frac{(b-q_1)(b-q_2)}{b-a}$$

I.   33

et pour le carré ds^2 d'un élément d'arc dans le plan xOy

$$ds^2 = \frac{1}{4}\left(N_1\, dq_1^2 + N_2\, dq_2^2\right),$$

$$N_1 = \frac{q_2 - q_1}{(q_1 - a)(q_1 - b)}, \qquad N_2 = \frac{q_1 - q_2}{(q_2 - a)(q_2 - b)};$$

d'où

$$T = \frac{1}{8}\left(N_1 q_1'^2 + N_2 q_2'^2\right).$$

Enfin, si l'on décompose la force F agissant sur un point M du plan

Fig. 178.

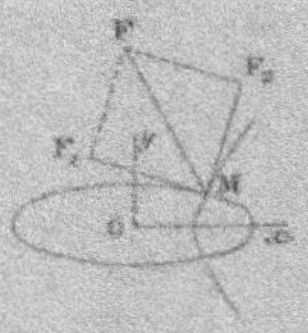

xOy en deux composantes F_1 et F_2 dirigées tangentiellement à l'hyperbole et à l'ellipse passant par M (*fig.* 178), on a

$$Q_1 = \frac{F_1 \sqrt{N_1}}{2}, \qquad Q_2 = \frac{F_2 \sqrt{N_2}}{2}.$$

281. **Application des équations de Lagrange à la théorie du mouvement relatif.** — Pour traiter un exemple dans lequel le nouveau système de coordonnées dépend du temps, imaginons un point M sollicité par une force donnée F, et cherchons son mouvement relatif par rapport à trois axes coordonnées Ox, Oy, Oz animés d'un mouvement connu. Appelons x, y, z les coordonnées de M par rapport aux axes mobiles, coordonnées qui joueront le rôle de q_1, q_2, q_3; les coordonnées absolues du point M, x_1, y_1, z_1, seront liées à ces nouvelles coordonnées par les formules (n° 57)

$$(1) \qquad \begin{cases} x_1 = x_0 + \alpha x + \alpha_1 y + \alpha_2 z, \\ y_1 = y_0 + \beta x + \beta_1 y + \beta_2 z, \\ z_1 = z_0 + \gamma x + \gamma_1 y + \gamma_2 z. \end{cases}$$

où x_0, y_0, z_0 et les neuf cosinus sont des fonctions données du temps. Les formules exprimant les coordonnées cartésiennes absolues en fonction des nouvelles coordonnées x, y, z contiennent donc explicitement le temps t. Calculons la fonction T; pour cela, il suffit de connaître les projections V_x, V_y, V_z de la vitesse absolue du point M, vitesse qui est la résultante de la vitesse relative V_r et de la vitesse d'entraînement V_e.

Les projections de V_r sur les axes mobiles sont $\dfrac{dx}{dt}$, $\dfrac{dy}{dt}$, $\dfrac{dz}{dt}$. La vitesse d'entraînement V_e est celle qu'aurait le point M s'il était invariablement lié au système des axes mobiles, système qui constitue un corps solide en mouvement; la vitesse V_e est donc (n° 49) la somme géométrique d'une vitesse d'entraînement égale et parallèle à la vitesse V^0 de l'origine mobile et d'une vitesse due à une rotation instantanée ω autour d'un axe passant par O : en appelant V_1^0, V_2^0, V_3^0 les projections de V^0 sur les axes mobiles, et p, q, r les composantes de la rotation instantanée suivant ces axes, on aura pour les projections de la vitesse d'entraînement sur x, y, z

$$V_1^0 + qz - ry, \qquad \dots$$

On a donc pour les projections sur x, y, z de la vitesse absolue V du point M

$$V_x = \frac{dx}{dt} + V_1^0 + qz - ry, \qquad \dots$$

et pour la demi-force vive du point

$$T = \frac{m}{2}\left[(x' + V_1^0 + qz - ry)^2 + (y' + V_2^0 - rx - pz)^2 + (z' + V_3^0 + py - qx)^2\right],$$

où l'on écrit x', y', z' à la place de $\dfrac{dx}{dt}$, $\dfrac{dy}{dt}$, $\dfrac{dz}{dt}$. Cela posé, les équations de Lagrange sont de la forme

$$(1) \qquad \frac{d}{dt}\left(\frac{\partial T}{\partial x'}\right) - \frac{\partial T}{\partial x} = X,$$

et deux autres équations analogues relatives à y et z. La quantité X qui joue le rôle de Q_1 s'obtient comme il suit : imprimons au point le déplacement virtuel MM', obtenu en donnant à t une valeur numérique, c'est-à-dire en supposant le trièdre $Oxyz$ fixe dans la position actuelle, laissant constants q_2 et q_3, c'est-à-dire y et z, et faisant varier q_1 ou x de δx; ce déplacement MM' est parallèle à Ox et le travail virtuel de F correspondant à ce déplacement est $F_x \delta x$, F_x étant la projection de F sur Ox; d'autre part, ce même travail virtuel est, d'après la théorie générale, $Q_1 \delta q_1$ ou ici $X \delta x$; donc

$$X = F_x.$$

Le deuxième membre de l'équation (1) est la projection de F sur Ox. On a de même les significations des deuxièmes membres Y et Z des deux autres équations de Lagrange.

Les trois équations de Lagrange (1) sont des équations de second ordre définissant les coordonnées x, y, z en fonction de t; ce sont les équations différentielles du mouvement relatif. En les développant, on retrouve ces équations telles qu'elles résultent du théorème de Coriolis.

En effet, l'équation (1) donne, d'après la valeur de T,

$$\frac{d}{dt}[m(x' + V_x^0 + qz - ry)]$$
$$- m[(y' + V_y^0 + rx - pz)r - (z' + V_z^0 + py - qx)q] = X.$$

Le premier terme du premier membre est $\frac{d}{dt}(mx')$ ou $m\frac{d^2x}{dt^2}$; partageons les termes suivants en deux groupes, le premier qui contient les termes en x', y', z' ou $\frac{dx}{dt}$, $\frac{dy}{dt}$, $\frac{dz}{dt}$, et qui a pour expression

$$X' = 2m\left(q\,\frac{dz}{dt} - r\,\frac{dy}{dt}\right),$$

le deuxième qui contient les termes restants et que nous appellerons X''.
L'équation s'écrit alors

$$m\,\frac{d^2x}{dt^2} + 2m\left(q\,\frac{dz}{dt} - r\,\frac{dy}{dt}\right) + X'' = X;$$

on a de même

$$m\,\frac{d^2y}{dt^2} + 2m\left(r\,\frac{dx}{dt} - p\,\frac{dz}{dt}\right) + Y'' = Y,$$

$$m\,\frac{d^2z}{dt^2} + 2m\left(p\,\frac{dy}{dt} - q\,\frac{dx}{dt}\right) + Z'' = Z.$$

Il reste à trouver une signification du vecteur ayant pour projections sur les axes mobiles X'', Y'', Z''. Pour cela, supposons que la force F devienne en particulier une force F_e de projections X_e, Y_e, Z_e telle que le point M soit immobile par rapport aux axes mobiles dans la position qu'il occupe actuellement; alors son accélération et sa vitesse relatives deviennent nulles; son accélération absolue devient l'accélération d'entraînement J_e et la force F_e qui produit le mouvement est égale à mJ_e. D'autre part, les équations ci-dessus donnant

$$X'' = X_e, \qquad Y'' = Y_e, \qquad Z'' = Z_e,$$

le vecteur de projections X'', Y'', Z'' est égal à mJ_e.

Les équations ainsi trouvées sont bien celles que l'on déduirait du théorème de Coriolis, car la force F qui produit le mouvement dans le cas général est égale à l'accélération absolue J_a multipliée par la masse, mJ_a; de sorte que les trois équations ci-dessus divisées par m expriment la relation géométrique

$$(J_r) + (J_c) + (J_e) = (J_a),$$

où J' désigne un vecteur ayant pour projections

$$2\left(q\,\frac{dz}{dt} - r\,\frac{dy}{dt}\right), \quad \dots,$$

ce qui est le théorème de Coriolis (n° 37).

EXERCICES.

1. Soit zOz' un axe vertical homogène et prolongé indéfiniment dans les deux sens. Tous les éléments de cet axe attirent un point matériel M proportionnellement à leurs masses et en raison inverse de la quatrième puissance des distances. Le point M est, en outre, soumis à son poids. Étudier son mouvement en supposant que la projection de la vitesse initiale de M sur le plan MOz soit verticale. On déterminera la trajectoire en la considérant comme intersection d'un cylindre parallèle à Oz et d'une surface de révolution ayant Oz pour axe. Cas particulier où la vitesse initiale est horizontale (Licence, Montpellier).

2. Dans les équations d'équilibre d'un fil libre, sous l'action d'une force dérivant d'une fonction de forces $U(x, y, z)$, on fait le changement de variable

$$\frac{ds}{T} = dt, \qquad T = -(U + h).$$

Ces équations deviennent les équations du mouvement d'un point matériel de masse 1 sous l'action d'une force dérivant de la fonction de forces $\frac{1}{2}(U + h)^2$.

En appliquant la remarque précédente, étendre les équations de Lagrange à l'équilibre d'un fil sollicité par une force dérivant d'une fonction de forces. (*Comptes rendus*, t. XCVI, p. 688.)

CHAPITRE XIV.

PRINCIPE DE D'ALEMBERT. PRINCIPE D'HAMILTON. PRINCIPE DE LA MOINDRE ACTION.

282. Principe de d'Alembert. — Le principe de d'Alembert permet de ramener la mise en équations d'un problème de Dynamique à celle d'un problème de Statique.

Ce principe, que nous allons exposer ici pour un point matériel libre ou mobile sur une surface ou une courbe, s'applique au problème le plus général de la Dynamique. Il nous permettra de résumer la théorie du mouvement d'un point.

Soit un point matériel de masse m, sollicité par des forces $F_1, F_2 \ldots, F_n$. Les équations du mouvement de ce point peuvent s'écrire

$$(1) \quad -m\frac{d^2x}{dt^2}+\Sigma X_\nu=0, \quad -m\frac{d^2y}{dt^2}+\Sigma Y_\nu=0, \quad -m\frac{d^2z}{dt^2}+\Sigma Z_\nu=0,$$

X_ν, Y_ν, Z_ν désignant les projections de la force F_ν sur les axes. Considérons, à côté des vecteurs qui représentent les forces $F_1, F_2, \ldots, F_n$ appliquées au point M, un vecteur MI ayant pour projections $-m\frac{d^2x}{dt^2}$, $-m\frac{d^2y}{dt^2}$, $-m\frac{d^2z}{dt^2}$: ce vecteur, égal et opposé au produit de l'accélération par la masse s'appelle *force d'inertie*, quoique ce ne soit nullement une force appliquée au point. Les équations signifient alors que la somme géométrique des vecteurs MI, $F_1, F_2, \ldots, F_n$ est nulle, ou encore, qu'à chaque instant il y a équilibre entre la force d'inertie et les forces réellement appliquées au point.

Si donc on imprime au point à l'instant t un déplacement virtuel quelconque, ayant pour projections δx, δy, δz, on aura l'équation

$$(2) \qquad \left(-m\frac{d^2x}{dt^2} + \Sigma X_v\right)\delta x + \left(-m\frac{d^2y}{dt^2} + \Sigma Y_v\right)\delta y$$
$$+ \left(-m\frac{d^2z}{dt^2} + \Sigma Z_v\right)\delta z = 0,$$

qui signifie que, pour un déplacement virtuel arbitraire imprimé au point à l'instant t, la somme des travaux virtuels de la force d'inertie et des forces réellement appliquées au point est nulle.

Cet énoncé, qui n'est qu'une conséquence immédiate des équations (1), va nous conduire aux équations du mouvement d'un point libre ou mobile sur une courbe ou une surface par les méthodes de la Statique (n°s 166, 167 et 168).

283. **Point matériel libre.** — Le point matériel étant sollicité par des forces toutes données, appelons X, Y, Z les projections de leur résultante; l'équation (2) peut alors s'écrire

$$(3) \qquad m\left(\frac{d^2x}{dt^2}\delta x + \frac{d^2y}{dt^2}\delta y + \frac{d^2z}{dt^2}\delta z\right) = X\delta x + Y\delta y + Z\delta z;$$

elle doit avoir lieu quel que soit le déplacement virtuel δx, δy, δz imprimé au point à l'instant t. Si l'on veut en déduire les équations du mouvement dans un système quelconque de coordonnées q_1, q_2, q_3, pouvant dépendre du temps, liées aux coordonnées rectangulaires par des équations données

$$x = \varphi(q_1, q_2, q_3, t), \qquad y = \psi(q_1, q_2, q_3, t), \qquad z = \varpi(q_1, q_2, q_3, t),$$

on remarque que, pour obtenir le déplacement le plus général qu'on puisse imprimer au point à l'instant t, il suffit de faire varier les nouvelles coordonnées q_1, q_2, q_3 de quantités infiniment petites arbitraires $\delta q_1, \delta q_2, \delta q_3$; on a ainsi

$$\delta x = \frac{\partial x}{\partial q_1}\delta q_1 + \frac{\partial x}{\partial q_2}\delta q_2 + \frac{\partial x}{\partial q_3}\delta q_3, \qquad \dots$$

et deux expressions analogues pour δy et δz.

L'équation (3) prend alors la forme

$$(4) \qquad P_1\delta q_1 + P_2\delta q_2 + P_3\delta q_3 = Q_1\delta q_1 + Q_2\delta q_2 + Q_3\delta q_3$$

où

$$P_k = m\left(\frac{d^2x}{dt^2}\frac{\partial\varphi}{\partial q_k} + \frac{d^2y}{dt^2}\frac{\partial\psi}{\partial q_k} + \frac{d^2z}{dt^2}\frac{\partial\varpi}{\partial q_k}\right),$$

$$Q_k = X\frac{\partial\varphi}{\partial q_k} + Y\frac{\partial\psi}{\partial q_k} + Z\frac{\partial\varpi}{\partial q_k},$$

k étant un des indices 1, 2 ou 3. Comme δq_1, δq_2, δq_3 sont arbitraires, cette équation (4) se décompose en trois

$$P_1 = Q_1, \qquad P_2 = Q_2, \qquad P_3 = Q_3,$$

qui sont précisément celles dont nous avons déduit les équations de Lagrange dans le n° **278**.

284. Point glissant sans frottement sur une surface fixe ou mobile. — Soit

$$(5) \qquad\qquad f(x, y, z, t) = 0$$

l'équation de la surface. Le point M mobile sur cette surface est sollicité d'une part par les forces directement appliquées ayant pour résultante X, Y, Z et, d'autre part, par la réaction normale N ou force de liaison. D'après la relation générale (2), pour un déplacement virtuel quelconque à l'instant t, la somme des travaux virtuels de la force d'inertie, de la résultante des forces directement appliquées et de la force de liaison N est nulle. Mais, pour éliminer la force de liaison, imprimons au point à l'instant t un déplacement virtuel *compatible* avec la liaison qui a lieu à cet instant, c'est-à-dire un déplacement effectué sur la surface donnée par l'équation (5), dans laquelle t a la valeur numérique qui correspond à l'instant considéré. Alors le travail virtuel de la force de liaison est nul et, pour ces déplacements particuliers, l'équation (2) peut s'écrire encore sous la forme (3), où ne figure dans le second membre que la résultante des forces directement appliquées ou forces connues. Seulement, dans le cas actuel, δx, δy, δz ne sont plus arbitraires, ils sont liés par la condition

$$\frac{\partial f}{\partial x}\delta x + \frac{\partial f}{\partial y}\delta y + \frac{\partial f}{\partial z}\delta z = 0,$$

qui exprime que le déplacement virtuel est compatible avec la liaison qui a lieu à l'instant t.

Exprimons les coordonnées d'un point de la surface (S) en fonction de deux paramètres

$$x = \varphi(q_1, q_2, t), \qquad y = \psi(q_1, q_2, t), \qquad z = \varpi(q_1, q_2, t).$$

Nous obtiendrons le déplacement le plus général compatible avec la liaison à l'instant t, c'est-à-dire effectué sur la surface à cet instant, en faisant varier q_1 et q_2 de quantités infiniment petites quelconques δq_1 et δq_2. Ce qui donne

$$\delta x = \frac{\partial \varphi}{\partial q_1} \delta q_1 + \frac{\partial \varphi}{\partial q_2} \delta q_2, \qquad \delta y = \frac{\partial \psi}{\partial q_1} \delta q_1 + \frac{\partial \psi}{\partial q_2} \delta q_2, \qquad \delta z = \frac{\partial \varpi}{\partial q_1} \delta q_1 + \frac{\partial \varpi}{\partial q_2} \delta q_2.$$

Portant dans l'équation (3), on a une relation de la forme

$$P_1 \delta q_1 + P_2 \delta q_2 = Q_1 \delta q_1 + Q_2 \delta q_2,$$

où P_1, P_2, Q_1, Q_2 ont des expressions de même forme que précédemment. Cette relation, dans laquelle δq_1 et δq_2 sont arbitraires, se décompose en deux

$$P_1 = Q_1, \qquad P_2 = Q_2,$$

qui sont précisément les équations d'où nous avons déduit les équations de Lagrange, n° 263.

On peut étendre ces considérations au cas où le point glisserait sur la surface *avec frottement*, comme nous l'avons montré (*Comptes rendus*, 15 février 1892). On pourra consulter à ce sujet une Note de M. de Saint-Germain (*Bulletin des Sciences mathématiques*, août 1892) et une Note de M. Mayer (*Königl. Sächs. Gesellschaft der Wissenschaften zu Leipzig*, 5 juin 1893).

285. Point glissant sans frottement sur une courbe fixe ou mobile. — Le point pouvant être considéré comme libre sous l'action des forces directement appliquées de résultante X, Y, Z et de la réaction normale, on pourra encore appliquer l'équation (3) en y tenant compte de la réaction normale. Mais, pour éliminer cette réaction, il suffit de supposer que le déplacement virtuel δx, δy, δz est compatible avec les liaisons qui ont lieu au temps t, c'est-à-dire se fait sur la courbe dans la position qu'elle occupe à cet instant. Pour un déplacement de cette nature, le travail virtuel de la réaction normale est nul; on a donc alors l'équation (3) dans laquelle ne figure plus que la résultante X, Y, Z des forces directement appliquées. Supposons qu'on ait exprimé les coordonnées d'un point de la courbe en fonction d'un paramètre

$$x = \varphi(q,t), \qquad y = \psi(q,t), \qquad z = \varpi(q,t);$$

le déplacement le plus général sur la courbe dans la position qu'elle occupe à l'instant t s'obtient en faisant varier q de δq. On a alors

$$\delta x = \frac{\partial \varphi}{\partial q}\, \delta q, \qquad \delta y = \frac{\partial \psi}{\partial q}\, \delta q, \qquad \delta z = \frac{\partial \varpi}{\partial q}\, \delta q$$

et l'équation (3) devient, après suppression du facteur δq,

$$m\left(\frac{d^2 x}{dt^2}\frac{\partial \varphi}{\partial q} + \frac{d^2 y}{dt^2}\frac{\partial \psi}{\partial q} + \frac{d^2 z}{dt^2}\frac{\partial \varpi}{\partial q} \right) = X\frac{\partial \varphi}{\partial q} + Y\frac{\partial \psi}{\partial q} + Z\frac{\partial \varpi}{\partial q},$$

équation dont nous avons déduit l'équation de Lagrange (n° 259).

286. Remarque sur la force d'inertie. — Soit un point matériel soumis à l'action des forces F_1, F_2, ..., F_n et placé dans certaines conditions initiales : il prend un certain mouvement. Dans une deuxième expérience, supprimons les forces F_1, F_2, ..., F_n, prenons le point matériel dans la main et imprimons-lui avec la main le même mouvement. L'action de la main sur le point est alors à chaque instant t égale à la résultante R des forces F_1, F_2, ..., F_n qui agissaient dans la première expérience, ou à mJ, J désignant l'accélération; donc, d'après le principe de l'égalité de l'action et de la réaction, la pression du point sur la main est à chaque instant égale et opposée à R ou à mJ : cette pression est donc égale à la *force d'inertie*, mais il faut bien remarquer que cette pression est une force agissant sur la main et non sur le point.

287. Principe d'Hamilton. — Nous venons de voir que dans les trois cas précédents, point libre, point sur une surface, point sur une courbe, on a, en appelant X, Y, Z la résultante des forces directement appliquées et δx, δy, δz un déplacement virtuel quelconque *compatible avec les liaisons qui ont lieu au temps t*,

$$(6) \quad \left(-m\frac{d^2 x}{dt^2} + X \right)\delta x + \left(-m\frac{d^2 y}{dt^2} + Y \right)\delta y + \left(-m\frac{d^2 z}{dt^2} + Z \right)\delta z = 0.$$

Ce résultat peut s'exprimer aussi de la façon suivante : donnons-nous les positions M_0 et M_1 du mobile à deux instants t_0 et t_1; dans le mouvement naturel du mobile de M_0 en M_1, sous l'action des forces et des liaisons données, les coordonnées x, y, z sont des fonctions du temps qui satisfont aux équations de liaison et qui prennent des valeurs données d'avance aux instants t_0 et t_1; soient $x + \delta x$, $y + \delta y$, $z + \delta z$ des fonctions quelconques de t, infiniment voisines de x, y, z, satisfaisant aux équations de liaison et prenant aux instants t_0 et t_1 les mêmes valeurs que x, y, z, de sorte que δx, δy, δz sont compatibles avec les liaisons et s'annulent pour $t = t_0$ et $t = t_1$; soit enfin

$$T = \tfrac{1}{2} m (x'^2 + y'^2 + z'^2)$$

la demi-force vive dans le mouvement naturel du mobile et δT la variation de T quand x, y, z subissent les variations supposées δx, δy, δz compatibles avec les liaisons qui ont lieu au temps t. Dans ces conditions, le principe d'Hamilton consiste en ce que l'intégrale

$$(7) \qquad \delta \Im = \int_{t_0}^{t_1} [X \delta x + Y \delta y + Z \delta z + \delta T] \, dt$$

est *égale à zéro*. Pour le démontrer, remarquons que

$$\delta T = m(x' \delta x' + y' \delta y' + z' \delta z').$$

La partie de $\delta \Im$ qui contient $m x' \delta x'$ peut s'écrire

$$\int_{t_0}^{t_1} m x' \delta x' \, dt = \int_{t_0}^{t_1} m \frac{dx}{dt} \delta \frac{dx}{dt} \, dt = \int_{t_0}^{t_1} m \frac{dx}{dt} \, d \delta x,$$

car $\delta \dfrac{dx}{dt}$ est égal à $\dfrac{d \delta x}{dt}$. En intégrant par parties, on peut écrire cette dernière intégrale

$$\left| m \frac{dx}{dt} \delta x \right|_{t_0}^{t_1} - \int_{t_0}^{t_1} m \frac{d^2 x}{dt^2} \delta x \, dt,$$

où la partie intégrée est nulle, car δx s'annule aux limites. Transformant de même les termes en $\delta y'$ et $\delta z'$, on a

$$\delta \Im = \int_{t_0}^{t_1} \left[\left(-m \frac{d^2 x}{dt^2} + X \right) \delta x + \left(-m \frac{d^2 z}{dt^2} + Z \right) \delta z \right] dt$$
$$+ \left(-m \frac{d^2 y}{dt^2} + Y \right) \delta y,$$

expression qui est bien nulle, comme il résulte de l'équation (6) et de ce que δx, δy, δz sont compatibles avec les liaisons qui ont lieu au temps t.

288. Équations de Lagrange. — Le principe d'Hamilton fournit un moyen simple d'établir les équations de Lagrange. Prenons, par exemple, le cas *d'un point libre* et soient

$$x = \varphi(q_1, q_2, q_3, t), \quad \ldots$$

les expressions de x, y, z dans un système quelconque de coordonnées q_1, q_2, q_3. Dans le mouvement naturel du mobile sous l'action des forces qui agissent sur lui, x, y, z sont des fonctions de t qui prennent des valeurs déterminées aux instants t_0 et t_1; il en est de même pour q_1, q_2, q_3. Pour faire subir à ces fonctions x, y, z des variations arbitraires δx, δy, δz nulles aux instants t_0 et t_1, il suffit de faire subir à q_1, q_2, q_3 des variations arbitraires δq_1, δq_2, δq_3 nulles aux mêmes instants. Alors

$$\delta x = \frac{\partial \varphi}{\partial q_1}\delta q_1 + \frac{\partial \varphi}{\partial q_2}\delta q_2 + \frac{\partial \varphi}{\partial q_3}\delta q_3, \quad \ldots$$

La quantité $X\delta x + Y\delta y + Z\delta z$, placée sous l'intégrale d'Hamilton $\delta\mathfrak{I}$, prendra la forme

$$Q_1\delta q_1 + Q_2\delta q_2 + Q_3\delta q_3,$$

Q_1, Q_2, Q_3 désignant les mêmes quantités que précédemment. De plus, la fonction

$$T = \tfrac{1}{2}m(x'^2 + y'^2 + z'^2)$$

devient, si l'on y remplace x, y, z par leurs valeurs en q_1, q_2, q_3 et t, une fonction des lettres q_1, q_2, q_3, q'_1, q'_2, q'_3, t, car on a, par exemple,

$$x' = \frac{\partial \varphi}{\partial q_1}q'_1 + \frac{\partial \varphi}{\partial q_2}q'_2 + \frac{\partial \varphi}{\partial q_3}q'_3 + \frac{\partial \varphi}{\partial t}, \quad \ldots$$

D'après le principe d'Hamilton, si q_1, q_2, q_3 sont les fonctions de t correspondant au mouvement naturel que prend le mobile sous l'action des forces données, l'expression

$$\delta \mathfrak{I} = \int_{t_0}^{t_1} (Q_1 \delta q_1 + Q_2 \delta q_2 + Q_3 \delta q_3 + \delta T) \, dt$$

est *nulle*, quels que soient δq_1, δq_2, δq_3. Or, T dépendant maintenant de q_1, q_2, q_3, q'_1, q'_2, q'_3 et t, on a

$$\delta T = \frac{\partial T}{\partial q_1} \delta q_1 + \frac{\partial T}{\partial q_2} \delta q_2 + \frac{\partial T}{\partial q_3} \delta q_3 + \frac{\partial T}{\partial q'_1} \delta q'_1 + \frac{\partial T}{\partial q'_2} \delta q'_2 + \frac{\partial T}{\partial q'_3} \delta q'_3.$$

Portons cette valeur de δT dans $\delta \mathfrak{I}$, puis fixons notre attention sur les termes en $\delta q'_1$, $\delta q'_2$, $\delta q'_3$. Nous transformerons ces termes par l'intégration par partie, en écrivant, par exemple,

$$\int_{t_0}^{t_1} \frac{\partial T}{\partial q'_1} \delta q'_1 \, dt = \int_{t_0}^{t_1} \frac{\partial T}{\partial q'_1} \, d\delta q_1 = \left| \frac{\partial T}{\partial q'_1} \delta q_1 \right|_{t_0}^{t_1} - \int_{t_0}^{t_1} \frac{d}{dt} \left(\frac{\partial T}{\partial q'_1} \right) \delta q_1 \, dt,$$

où l'on remarque que $\delta q'_1 = \delta \dfrac{dq_1}{dt} = \dfrac{d\delta q_1}{dt}$. La partie intégrée est nulle, car δq_1 s'annule aux limites. Faisant la même transformation pour les termes en $\delta q'_2$ et $\delta q'_3$, on a finalement

$$(8) \qquad \delta \mathfrak{I} = \int_{t_0}^{t_1} \left\{ \left[Q_1 + \frac{\partial T}{\partial q_1} - \frac{d}{dt} \left(\frac{\partial T}{\partial q'_1} \right) \right] \delta q_1 + \ldots + \ldots \right\} dt,$$

où l'on n'a écrit que le terme en δq_1, les deux termes en δq_2, δq_3 s'obtenant par la permutation des indices. Cette expression $\delta \mathfrak{I}$ devant être nulle, quelles que soient les variations δq_1, δq_2, δq_3, il faut écrire que les coefficients de ces variations sont tous nuls sous le signe $\int$, ce qui donne les équations du mouvement

$$Q_k + \frac{\partial T}{\partial q_k} - \frac{d}{dt} \left(\frac{\partial T}{\partial q'_k} \right) = 0 \qquad (k = 1, 2, 3),$$

sous la forme indiquée par Lagrange.

Si nous prenons de même le cas d'un point mobile sans frottement sur une surface dont l'équation peut contenir le temps, nous pourrons encore appliquer le principe d'Hamilton, exprimé par l'équation obtenue en égalant $\delta \mathfrak{I}$ à zéro, à condition de prendre pour δx, δy, δz des variations quelconques compatibles avec l'équation de la surface, c'est-à-dire avec la liaison imposée au point. Or nous obtiendrons ces variations en exprimant les coordonnées d'un point de la surface en fonction de deux paramètres q_1, q_2 et faisant varier arbitrairement q_1 et q_2, ce qui donne

$$x = \varphi(q_1, q_2, t), \qquad \delta x = \frac{\partial \varphi}{\partial q_1} \delta q_1 + \frac{\partial \varphi}{\partial q_2} \delta q_2, \qquad \ldots,$$

$$X \delta x + Y \delta y + Z \delta z = Q_1 \delta q_1 + Q_2 \delta q_2.$$

Actuellement, T devient fonction de q_1, q_2, q_1', q_2', t et

$$\delta T = \frac{\partial T}{\partial q_1} \delta q_1 + \frac{\partial T}{\partial q_2} \delta q_2 + \frac{\partial T}{\partial q_1'} \delta q_1' + \frac{\partial T}{\partial q_2'} \delta q_2'.$$

Transformant alors l'intégrale d'Hamilton (7) comme dans le cas précédent, on la mettra sous une forme identique à (8), avec cette seule différence que sous le signe $\int$ il n'y a plus que deux termes, l'un en δq_1 et l'autre en δq_2. L'expression $\delta \vartheta$ devant être nulle quels que soient δq_1 et δq_2, les coefficients de ces deux variations doivent être nuls et l'on retrouve alors les deux équations de Lagrange.

Enfin, si le point est assujetti à se mouvoir sur une courbe fixe ou mobile, il faut, dans l'expression (7) de $\delta \vartheta$, mettre pour δx, δy, δz des variations compatibles avec les équations de la courbe à l'instant t. Exprimant les coordonnées d'un point de cette courbe en fonction d'un paramètre q, on a

$$x = \varphi(q, t), \qquad \delta x = \frac{\partial \varphi}{\partial q} \delta q, \qquad \ldots,$$

$$X \delta x + Y \delta y + Z \delta z = Q \delta q,$$

$$\delta T = \frac{\partial T}{\partial q} \delta q + \frac{\partial T}{\partial q'} \delta q'.$$

Par l'intégration par parties, on arrivera alors à la formule

$$\delta \vartheta = \int_{t_0}^{t_1} \left[Q + \frac{\partial T}{\partial q} - \frac{d}{dt} \left(\frac{\partial T}{\partial q'} \right) \right] \delta q \, dt,$$

et comme $\delta \vartheta$ doit être nul quel que soit δq, on doit égaler à zéro le coefficient de δq sous le signe $\int$, ce qui donne l'équation du mouvement sous la forme indiquée par Lagrange.

289. Cas particulier où X, Y, Z sont les dérivées partielles d'une fonction $U(x, y, z, t)$. — Supposons que l'on ait pour la résultante des forces directement appliquées

$$X = \frac{\partial U}{\partial x}, \qquad Y = \frac{\partial U}{\partial y}, \qquad Z = \frac{\partial U}{\partial z},$$

la fonction U pouvant contenir explicitement le temps t. Cette circonstance se présente en particulier quand la force X, Y, Z dérive d'une fonction de forces; mais alors U ne contient pas t. Le principe d'Hamilton peut, quand cette fonction $U(x, y, z, t)$ existe, s'énoncer sous une forme plus élégante.

Donnons-nous les positions M_0 et M_1 du mobile aux instants t_0 et t_1, et cherchons, parmi toutes les manières possibles d'amener le mobile de M_0 en M_1 en le faisant partir de M_0 à l'instant t_0, arriver en M_1 à l'instant t_1 et en respectant les liaisons imposées au point, celle qui rend l'intégrale

$$(9) \qquad s = \int_{t_0}^{t_1} [U(x, y, z, t) + T]\, dt$$

maximum ou minimum, T désignant toujours la demi-force vive $\frac{1}{2} m(x'^2 + y'^2 + z'^2)$.

Nous trouverons que le maximum ou le minimum est réalisé en général par le mouvement naturel du mobile sous l'action de la force (X, Y, Z) et des liaisons, les constantes d'intégration étant telles que, pour $t = t_0$, M soit en M_0, et, pour $t = t_1$, il soit en M_1.

En effet, pour déterminer les fonctions x, y, z de t rendant l'intégrale (9) maximum ou minimum, tout en satisfaisant aux équations de liaison, il faut égaler à zéro la variation δJ que subit cette intégrale quand x, y, z subissent des variations arbitraires δx, δy, δz compatibles avec les liaisons. On a ainsi la condition

$$\delta s = \int_{t_0}^{t_1} \left(\frac{\partial U}{\partial x} \delta x + \frac{\partial U}{\partial y} \delta y + \frac{\partial U}{\partial z} \delta z + \delta T \right) dt = 0,$$

qui est précisément la condition donnée par le principe d'Hamilton (7), puisque $\frac{\partial U}{\partial x}$, $\frac{\partial U}{\partial y}$, $\frac{\partial U}{\partial z}$ sont égales à X, Y, Z.

Ainsi on trouve le mouvement naturel en cherchant à rendre

maximum ou minimum l'intégrale (9). Cela ne veut pas dire que le mouvement naturel rende nécessairement cette intégrale maximum ou minimum. M. Darboux a montré que, si U ne contient pas explicitement t, l'intégrale $\mathcal{S}$ est minimum pour le mouvement naturel, à condition que l'intervalle de temps $t_1 - t_0$ soit suffisamment petit (*Leçons sur la Théorie générale des surfaces*, deuxième Partie, n° 546, p. 451). Mais la démonstration de cette propriété, sur laquelle nous aurons à revenir, exige la connaissance de quelques théorèmes de Mécanique analytique que nous n'avons pas encore établis.

Ainsi, pour prendre un exemple des plus simples, considérons un pendule de longueur l écarté de la verticale d'un angle initial θ_0, puis abandonné à lui-même sans vitesse à l'instant t_0 sous l'action de la pesanteur : ce pendule oscille et à l'instant t l'angle d'écart avec la verticale a une valeur θ; au bout d'une oscillation simple de durée $t_1 - t_0$, ce même angle a la valeur $-\theta_0$. Le principe d'Hamilton nous apprend alors que de toutes les fonctions t_0 de t qui prennent les valeurs θ_0 et $-\theta_0$ aux instants t_0 et t_1, celle qui rend l'intégrale

$$\int_{t_0}^{t_1}\left(gl\cos\theta + \frac{l^2\theta'^2}{2}\right)dt$$

minimum est celle qui correspond au mouvement naturel du pendule. En effet, la masse du point étant 1, on a ici

$$U = gl\cos\theta, \qquad T = \frac{l^2\theta'^2}{2}.$$

290. Principe de la moindre action. — Ce principe, moins général que celui d'Hamilton, s'applique au mouvement d'un point sollicité par une force dérivant d'une fonction de forces, le point étant libre ou assujetti à glisser sur une surface fixe : il permet de résumer les équations du mouvement en écrivant que la variation d'une certaine intégrale est nulle. Le principe de la moindre action a été indiqué par Maupertuis; on en trouve un exemple dans le Mémoire d'Euler, *De motu projectorum*; Laplace, Lagrange, Poisson l'ont exposé sous une forme sujette à des objections; c'est Jacobi qui, le premier, l'a énoncé d'une façon précise. On trouvera dans les *Sitzungsberichte* de l'Académie de Berlin (1887) un important article de M. de Helmholtz sur l'histoire du principe de la moindre action.

Point libre. — Un point libre étant sollicité par des forces dont la résultante dérive d'une fonction de forces $U(x, y, z)$, l'intégrale des forces vives donne

$$(1) \qquad mv^2 = 2[U(x, y, z) - h], \qquad mv_0^2 = 2[U(x_0, y_0, z_0) + h].$$

Dans le principe de la moindre action, on ne compare entre eux que des mouvements pour lesquels la constante h a la même valeur. Ainsi, dans tout ce qui suit, h est une constante *déterminée :* on pourra donc choisir arbitrairement la position initiale x_0, y_0, z_0 du mobile, la vitesse initiale sera déterminée en grandeur (non en direction) par la seconde des relations (1). Il va de soi que les positions du mobile et les courbes que nous allons considérer sont toutes situées dans la région de l'espace où $U(x, y, z) + h$ est *positif.*

Soient deux points fixes A et B. MM. Tait et Thomson appellent *action* le long d'une courbe C joignant ces deux points l'intégrale

$$(2) \qquad A = \int_{(A)}^{(B)} \sqrt{2(U + h)}\, ds.$$

où nous écrivons U pour $U(x, y, z)$. Cette intégrale est supposée prise le long de la courbe C dont l'élément d'arc est appelé ds. Le principe peut alors s'énoncer comme il suit :

Les courbes joignant les deux points fixes A *et* B *et possédant cette propriété que la variation de l'action est nulle, quand on passe de l'une de ces courbes à toute courbe infiniment voisine de mêmes extrémités, sont les trajectoires que décrit naturellement le mobile quand on le lance de l'un des points fixes dans une direction telle qu'il atteigne l'autre.*

On peut encore dire que *l'on doit choisir entre les trajectoires allant de* A *en* B *quand on cherche, parmi toutes les courbes joignant ces deux points, les courbes le long desquelles l'action est* minimum. Car, pour trouver ces courbes, il faut commencer par égaler à zéro la variation de l'action.

I.   34

Pour établir cette proposition, remarquons que l'intégrale $\mathcal{A}$ est de la forme $\int_{(A)}^{(B)} \varphi(x, y, z)\, ds$, où

$$(3) \qquad \varphi(x, y, z) = \sqrt{2(U + h)}.$$

Pour obtenir les équations différentielles des courbes pouvant rendre $\mathcal{A}$ minimum, il suffit donc d'appliquer les équations (3) du n° 158, en y remplaçant φ par la valeur actuelle (3). Nous obtenons ainsi pour les courbes cherchées les équations différentielles

$$(4) \qquad d\left[\sqrt{2(U + h)}\,\frac{dx}{ds}\right] - \frac{\partial U}{\partial x}\,\frac{ds}{\sqrt{2(U + h)}} = 0, \qquad \ldots,$$

avec deux équations analogues. Prenons une variable auxiliaire t définie par la relation

$$(5) \qquad dt = \frac{\sqrt{m}\, ds}{\sqrt{2(U + h)}},$$

les équations différentielles (4) des courbes pouvant rendre $\mathcal{A}$ minimum deviennent

$$m\frac{d^2 x}{dt^2} = \frac{\partial U}{\partial x}, \qquad m\frac{d^2 y}{dt^2} = \frac{\partial U}{\partial y}, \qquad m\frac{d^2 z}{dt^2} = \frac{\partial U}{\partial z}.$$

Ce sont les équations du mouvement du point libre : l'équation (5) est en outre l'équation des forces vives dans laquelle la constante des forces vives a la valeur particulière h. Le théorème est donc démontré.

Ainsi, c'est parmi les trajectoires allant de A en B qu'il faut chercher les courbes qui donnent pour l'action $\mathcal{A}$ un minimum relatif, c'est-à-dire une valeur plus petite que le long de toute courbe infiniment voisine. La question de savoir si une trajectoire déterminée joignant les deux points A et B donne effectivement un minimum relatif pour $\mathcal{A}$ n'a pas d'importance au point de vue du principe lui-même; elle est analogue à la question de savoir si, sur une surface donnée, une ligne géodésique, joignant deux points fixes de la surface, fournit effectivement un minimum relatif pour la distance des deux points sur la surface (*voir* DARBOUX, *Théorie des surfaces*, III° Partie, Chap. V). Comme le coefficient de ds dans $\mathcal{A}$ est positif, l'action est toujours positive et il existe certainement des courbes allant de A en B le long desquelles a lieu un minimum relatif pour $\mathcal{A}$; ces courbes sont constituées par des trajectoires : il existe même entre A et B une courbe donnant un minimum absolu; cette dernière courbe, étant nécessairement formée d'arcs donnant chacun séparément un minimum relatif, est composée d'arcs de trajectoires.

Il n'y a pas de courbe donnant pour $\mathcal{A}$ un maximum relatif, car, une courbe quelconque C étant tracée de A en B, on peut toujours trouver une courbe C' infiniment voisine, le long de laquelle l'action est plus grande que le long de C; il suffit de prendre pour C' une sorte de sinusoïde à oscillations infiniment petites dans le voisinage de C.

Point sur une surface. — Soit de même, sur une surface fixe S, un point sollicité par une force dérivant de la fonction $U(x, y, z)$. On aura encore l'intégrale des forces vives (1) et l'on comparera entre eux les mouvements qui se font *sur la surface*, h ayant une valeur déterminée. On a alors le théorème suivant :

Les courbes tracées sur la surface entre deux points fixes A *et* B, *et possédant cette propriété que la variation de l'action est nulle quand on passe de l'une de ces courbes à toute courbe infiniment voisine tracée sur la surface entre les mêmes points, sont les trajectoires du mobile joignant ces deux points.*

On a donc à choisir parmi ces trajectoires quand on cherche les courbes allant de A en B sur la surface, le long desquelles l'action est minimum.

Pour le démontrer, il suffit d'appliquer au cas de $\varphi = \sqrt{2(U + h)}$ les équations que nous avons données (p. 215) pour les courbes situées sur une surface et rendant $\int \varphi\, ds$ minimum. Ces équations se transforment immédiatement, comme plus haut, en celles du mouvement du point sur la surface, la constante des forces vives étant h.

Par exemple, si le point n'est sollicité par aucune force ($U = o$), les trajectoires sont les courbes que l'on trouve en cherchant à rendre minimum l'intégrale $\int_{(A)}^{(B)} \sqrt{2h}\,ds$, c'est-à-dire en cherchant les lignes les plus courtes de A en B sur la surface. On trouve donc les lignes géodésiques (nº 270).

Plus généralement, le problème de la recherche des trajectoires d'un point sur la surface S, la fonction des forces étant U, est identique au problème de la recherche des lignes géodésiques d'une autre surface S'. En effet, imaginons une surface auxiliaire S' dont l'élément linéaire ds' soit donné par

$$ds'^2 = 2(U + h)ds^2,$$

ds étant l'élément linéaire de S; la recherche des trajectoires sur S est ramenée à la recherche des courbes rendant $\int ds'$ minimum, c'est-à-dire à la recherche des lignes géodésiques de S'.

Si nous revenons pour un instant au cas d'un point libre sollicité par une force dérivant d'une fonction de forces, nous voyons que, en vertu du principe de la moindre action, le problème de la détermination des trajectoires du point est une extension au cas de trois variables du problème des lignes géodésiques.

Nous n'entrerons pas dans plus de détails sur cette théorie qui relève de la Géométrie plus que de la Mécanique, et nous renverrons le lecteur aux *Leçons sur la Théorie des surfaces* de M. Darboux, IIe Volume, Chapitres VI et VIII.

Nous reviendrons d'ailleurs sur ce principe en Mécanique analytique.

EXERCICES.

1. *Formule de Tait et Thomson.* — Si l'on prend deux trajectoires infiniment voisines AB et A_1B_1, la variation de l'action quand on passe de la première à la seconde est

$$\delta\mathcal{A} = -\sqrt{2(U_A + h)}.\,\overline{AA_1}\cos\widehat{A_1, AB} - \sqrt{2(U_B + h)}.\,\overline{BB_1}\cos\widehat{B_1, BA},$$

U_A et U_B désignant les valeurs de U en A et B [cette formule est celle qui a été établie nº 159, sauf le changement de φ en $\sqrt{2(U + h)}$].

2. *Théorème de Tait et Thomson* (nº 159, 2º). — Si des différents points M_0 d'une surface S on lance des mobiles identiques normalement à cette surface, la fonction de forces étant U pour chacun d'eux et la constante des forces vives h, et si sur chaque trajectoire on prend un arc M_0M_1, tel que l'action de M_0 en M_1 le long de cette trajectoire ait une valeur déterminée, la même sur toutes

les trajectoires, le lieu des points M, est une surface S, normale aux trajectoires. On obtient un cas particulier important du théorème en supposant la surface S réduite à une sphère de rayon nul : les mobiles partent alors tous d'un point déterminé M, avec une vitesse de grandeur déterminée, mais dans des directions variables.

Il est évident que, s'il s'agit d'un mouvement plan ou d'un mouvement sur une surface, on aura le même énoncé en remplaçant les surfaces S et S, par des courbes.

Si U = o, ces théorèmes donnent les théorèmes classiques relatifs aux surfaces parallèles ou aux courbes parallèles sur une surface.

3. *Propriété analogue à celle des développées*. — Si l'on considère des trajectoires AB normales en A à une courbe fixe et tangentes en B à une autre courbe D, on a, en appelant A'B' et A"B" deux positions de la trajectoire, le théorème suivant : l'action le long de l'arc A"B" égale l'action le long de l'arc A'B' plus l'action le long de l'arc B'B" de la courbe enveloppe D.

Le même théorème a lieu dans le mouvement d'un point sur une surface pour les trajectoires normales à une courbe fixe.

Si U = o, ces théorèmes donnent les théorèmes classiques relatifs aux développées.

4. Appliquer le principe de la moindre action au mouvement d'un point pesant dans le vide dans un plan vertical (n° 218, *fig.* 143). L'action est alors

$$\int \sqrt{2h - 2gy}\, ds.$$

Soient dans le plan deux points dont l'un est l'origine O, l'autre un point M. La courbe qui donne l'action minimum de O en M, est l'une des trajectoires que suit le mobile pesant lancé de O avec la vitesse $v_0 = \sqrt{2h}$ de telle façon qu'il atteigne M. Si M, est dans la parabole de sûreté, enveloppe des trajectoires issues de O, il existe deux trajectoires de O en M. Démontrer que le minimum relatif a lieu le long de celle des paraboles par laquelle le mobile arrive en M, avant d'avoir touché la parabole de sûreté (sur la *fig.* 143, c'est la parabole inférieure) (règle donnée par Jacobi). Si M, est suffisamment près de O, l'arc OM, de la parabole inférieure donne même le minimum absolu de l'action, mais il ne le donne plus quand M, est voisin de la parabole de sûreté. Aussi, quand M, est sur la parabole de sûreté, en A par exemple, la trajectoire OA donne encore le minimum relatif de l'action, mais non le minimum absolu ; c'est ce qu'on démontrera en s'appuyant sur les résultats de l'exercice précédent appliqués à la parabole de sûreté regardée comme la développée généralisée du point O (le raisonnement est identique à celui que donne M. Darboux, *Leçons sur la théorie des surfaces*, III° Partie, Chap. V).

5. Si, dans l'exercice précédent, le point M, est hors de la parabole de sûreté, il n'existe plus de trajectoire de O en M, et cependant il doit exister une courbe rendant l'action de O en M, minimum. Démontrer que cette courbe est formée des deux perpendiculaires abaissées de O et M, sur la droite $2h - 2gy = o$ et de la portion de cette droite comprise entre ces deux perpendiculaires (résultat analogue à celui de la page 513).

6. L'étude des trajectoires d'un point pesant dans le plan vertical xOy est

identique à l'étude des lignes géodésiques d'une surface S' dont l'élément linéaire serait donné par

$$ds'^2 = (2h - 2gy)(dx^2 + dy^2).$$

Démontrer que cette surface est applicable sur une surface de révolution et former l'équation de la méridienne. Si l'on fait $2h - 2gy = u$, $2gx = v$, on retrouve l'exercice de la page 475.

7. Appliquer le principe de la moindre action au mouvement d'une planète, et résoudre pour ce mouvement les questions analogues aux précédentes (4, 5 et 6) (voir JACOBI, *Vorlesungen über Dynamik*, sechste Vorlesung).

8. Soient $\varphi(x, y, z)$ une fonction positive de x, y, z et A, B deux points fixes; les courbes C joignant ces points le long desquelles l'intégrale $\int \varphi(x, y, z)\,ds$ est minimum sont : $1°$ les figures d'équilibre d'un fil pour lequel la tension est φ et la fonction de forces $-\varphi$; $2°$ les courbes brachistochrones d'un mobile de masse 1 pour une fonction de forces $\dfrac{1}{\varphi^2(x, y, z)}$, la vitesse initiale au point x_0, y_0, z_0 étant

$\dfrac{\sqrt{2}}{\varphi(x_0, y_0, z_0)}$; $3°$ les trajectoires d'un mobile libre de masse 1 pour une fonction de forces $\varphi^2(x, y, z)$ la vitesse initiale étant $\sqrt{2}\,\varphi(x_0, y_0, z_0)$. (*Voir* ANDOYER, *Comptes rendus*, t. C, p. 1577; VICAIRE, *ibid.*, t. CVI, p. 458.)

9. Les mêmes théorèmes ont lieu pour les courbes tracées sur une surface fixe et rendant $\int \varphi\,ds$ minimum.

10. La courbe qui, parcourue par un mobile sous l'action d'une fonction de forces donnée, rend minimum l'intégrale $\int v^n ds$, $(v = \sqrt{2(U + h)})$, a en chaque point son rayon de courbure dirigé suivant la même droite que celui de la trajectoire que le mobile décrirait s'il devenait libre à partir de ce point et égal à ce dernier rayon divisé par l'exposant n; il doit être porté en sens contraire si n est négatif.

Le cas le plus intéressant est celui où $n = -1$: la courbe est alors une brachistochrone; on retrouve ainsi la liaison entre les trajectoires et les brachistochrones mise en évidence dans l'exercice (8) (VICAIRE, *Savants étrangers*, et Rapport de M. JORDAN, *Comptes rendus*, t. CVIII, p. 330).

11. Déduire les équations de Lagrange du principe de la moindre action.

Prenons par exemple un point libre rapporté à un système de coordonnées q_1, q_2, q_3 : U sera fonction de ces coordonnées et l'on aura

$$ds^2 = a_{11}\,dq_1^2 + \ldots + 2a_{12}\,dq_1\,dq_2 + \ldots$$

Il faudra alors déterminer q_1, q_2, q_3 en fonction d'une variable auxiliaire q, de telle façon que $\displaystyle\int_a^b \sqrt{2(U + h)}\,\frac{ds}{dq}\,dq$ soit minimum. Faisant dans les équations obtenues le changement de variable 5 de la page 530, on a les équations de Lagrange. D'après l'exercice (7), on arrive ainsi à appliquer les équations de Lagrange à la figure d'équilibre d'un fil (*Comptes rendus*, t. XCVI, p. 688).

ADDITION.

NOTE SUR LA PROPRIÉTÉ CARACTÉRISTIQUE DES FORCES CONSTANTES.

On peut remplacer la méthode de Bonnet, employée dans le n° 67, par la suivante, qui est peut-être un peu plus simple au point de vue de l'exposition, et que j'ai donnée dans mon cours en 1892.

Soit un point matériel en mouvement sous l'action d'une force. Si, à l'instant t où le mobile est en M ($fig.$ 34, p. 52), la force cessait d'agir, le mobile continuerait à se mouvoir suivant la tangente en M avec une vitesse constante V égale à celle qu'il possède en M, et à l'instant $t + \Delta t$ il se trouverait au point M' tel que MM' = $V\Delta t$.

En réalité, la force continuant à agir, le mobile se trouve à l'instant $t + \Delta t$ en M_1. L'effet de la force pendant l'instant Δt a donc été d'imprimer au point la déviation MD (n° 39) égale et parallèle à MM_1, déviation dont la projection sur un axe, Ox par exemple, est

$$D_x = \Delta x - \frac{dx}{dt} \Delta t.$$

Une force constante, étant toujours la même dans ses effets, est donc une force qui, pendant un intervalle de temps déterminé Δt suivant un instant quelconque t, imprime constamment au mobile la même déviation en grandeur, direction et sens. Dans le mouvement produit par une force constante, les projections de la déviation D sur les axes doivent donc, pour une valeur déterminée de Δt, être les mêmes, quel que soit t. Ces projections sont donc indépendantes de t et dépendent uniquement de Δt. Pour trouver les expressions correspondantes de x, y, z en fonction de t, supposons par exemple $x = \varphi(t)$ et désignons par h la quantité Δt, la projection D_x de la déviation sur Ox s'écrira

$$D_x = \varphi(t + h) - \varphi(t) - h\varphi'(t);$$

pour que cette expression soit indépendante de t, il faut et il suffit que sa dérivée par rapport à t soit nulle, ce qui donne

$$\varphi'(t + h) - \varphi'(t) - h\varphi''(t) = 0.$$

D'où, en différentiant par rapport à h,

$$\varphi''(t + h) = \varphi''(t).$$

Cette dernière relation exprime que $\varphi''(t)$ ou $\frac{d^2 x}{dt^2}$ est constant. Ainsi une force constante produit un mouvement dans lequel $\dfrac{d^2x}{dt^2}$, $\dfrac{d^2y}{dt^2}$, $\dfrac{d^2z}{dt^2}$ sont constants, c'est-à-dire un mouvement dont l'accélération est constante en grandeur, direction et sens. Réciproquement, si l'accélération J d'un mouvement est constante en grandeur, direction et sens, les projections D_x, D_y, D_z de la déviation sont indépendantes de t, et la force doit être regardée comme constante. Dans ce cas, comme nous l'avons remarqué n° 39, l'accélération J et la déviation qui se produit pendant un intervalle de temps quelconque Δt sont liées par la relation

$$D = \frac{1}{2} J \Delta t^2, \qquad J = \frac{2D}{\Delta t^2},$$

qui a lieu en grandeur, direction et sens.

D'après ce qu'on a vu sur la mesure des forces constantes, la force constante produisant un mouvement d'accélération constante est

$$F = mJ = m \frac{2D}{\Delta t^2}.$$

Cette expression sert à définir ensuite la valeur approchée d'une force variable pendant l'intervalle de temps Δt (p. 90, *Remarque*) et, par suite, la valeur d'une force variable à l'instant t.

FIN DU TOME PREMIER.

ERRATA.

Pages 348 et 349, au sujet des Exercices 5 et 5 *bis*, consulter le Mémoire de M. Bertrand *Sur les mouvements tautochrones* (*Journal de Liouville*, 1847).

TABLE DES MATIÈRES.

Pages

Préface.. v
Introduction.. 1

PREMIÈRE PARTIE.

NOTIONS PRÉLIMINAIRES.

CHAPITRE I.

Théorie des vecteurs.

I. — Définitions.

1. Généralités... 3
2. Grandeurs géométriques ou vecteurs... 4
3. Sens positif de la rotation autour d'un axe.................................. 4
4. Moment par rapport à un point.. 5
5. Moment par rapport à un axe.. 5
6. Moment relatif de deux vecteurs P_1 et P_2.............................. 7
7. Expressions analytiques des moments.. 9

II. — Systèmes de vecteurs.

8. Vecteurs concourants. Somme géométrique ou résultante........................ 10
9. Systèmes de vecteurs quelconques. Résultante générale et moment résultant.. 12
10. Variation de la résultante générale et du moment résultant; invariants; axe central... 13
11. Somme des moments par rapport à un axe quelconque. Droites de moment nul... 15
12. Équations réduites. Complexe de Chasles..................................... 16

III. — Systèmes équivalents. Opérations élémentaires. Réduction d'un système de vecteurs.

13. Définition de l'équivalence.. 17
14. Système de vecteurs équivalent à zéro...................................... 17
15. Opérations élémentaires.. 19
16. Réduction à deux vecteurs.. 20

Pages

17. Signification géométrique de l'invariant $LX + MY + NZ$............ 23

18. Réduction effective de deux systèmes équivalents l'un à l'autre........ 24

19. Couples... 24

20. Composition des couples............................. 25

21. Réduction à un vecteur et à un couple.................. 26

22. Torseur.. 27

23. Cas particuliers de la réduction précédente............. 28

24. Résumé.. 29

24 *bis.* Moment relatif de deux systèmes de vecteurs............ 29

IV. — DIGRESSION SUR LA THÉORIE ÉLÉMENTAIRE DES COUPLES.

25. Couples équivalents................................. 30

26. Composition directe des couples...................... 32

27. Réduction directe des vecteurs à un vecteur et un couple. Méthode de
Poinsot.. 3

V. — VECTEURS PARALLÈLES.

28. Application des théorèmes généraux................... 34

29. Centre des vecteurs parallèles........................ 35

30. Moments des vecteurs parallèles par rapport à un plan........ 37

Exercices sur le Chapitre I........................... 39

CHAPITRE II.

Cinématique.

31. Généralités.. 43

I. — CINÉMATIQUE DU POINT.

32. Définitions.. 43

33. Mouvement d'un point.............................. 44

34. Mouvement rectiligne uniforme; vitesse............... 45

35. Mouvement rectiligne varié; vitesse.................. 46

36. Vitesse dans le mouvement curviligne................. 46

37. Accélération....................................... 48

38. Accélérations tangentielle et normale (Huygens)........ 49

39. Déviation... 51

II. — TRANSLATION ET ROTATION D'UN SYSTÈME INVARIABLE.

40. Mouvement de translation........................... 53

41. Rotation autour d'un axe fixe. Vitesse angulaire. Représentation géométrique.. 54

42. Expressions analytiques des projections de la vitesse d'un point du
corps.. 55

III. — VITESSE DANS LE MOUVEMENT RELATIF. COMPOSITION DES TRANSLATIONS
ET DES ROTATIONS. VITESSES DES POINTS D'UN SOLIDE LIBRE.

43. Mouvement relatif; vitesse.......................... 56

44. Composition des translations........................ 57

Pages.

45. Système de deux rotations 58
46. Rotations en nombre quelconque 59
47. Cas particuliers 61
48. Conséquences géométriques 61
49. Distribution des vitesses dans un corps solide mobile 61
50. Axe instantané de rotation et de glissement 65
51. Grandeur de la vitesse d'un point du corps 66
52. Mouvement continu 66
53. Le corps solide a un point fixe 67
54. Le corps se déplace parallèlement à un plan fixe 68
55. Roulement et pivotement d'une surface mobile sur une surface fixe 68

IV. — ACCÉLÉRATIONS. THÉORÈME DE CORIOLIS

56. Distribution des accélérations dans un solide en mouvement 69
57. Accélération dans le mouvement relatif. Théorème de Coriolis 70
58. Mouvement de translation des axes mobiles. Composition des mouvements 74
Exercices sur le Chapitre II 76

CHAPITRE III.

Principes de la Mécanique : Forces, Masses

I. — PRINCIPES.

59. Généralités 78
60. Point matériel 78
61. Principe de l'inertie 78
62. Forces 79
63. Principe des mouvements relatifs et de l'indépendance des effets des forces 79
64. Conséquences du deuxième principe. Composition des accélérations 80
65. Notion générale de la résultante 81
66. Principe de l'égalité de l'action et de la réaction 82

II. — DÉFINITION ET MESURE DES FORCES

67. Force constante 82
68. Résultante de plusieurs forces constantes. Mesure des forces constantes 85
69. Masse 87
70. Représentation des forces constantes par des vecteurs 87
71. Composition et décomposition des forces constantes 88
72. Forces variables 88
73. Composition des forces variables. Résultante 90
74. Équations du mouvement 91
75. Équilibre 91
76. Statique ; Dynamique 92

III. — Unités de forces; homogénéité.

Pages.

77. Pesanteur; poids... 92
78. Kilogramme-force... 93
79. Unités absolues. Dyne... 94
80. Homogénéité.. 95
    Exercices sur le Chapitre III...................................... 96

CHAPITRE IV.

Travail; fonction de forces.

81. Généralités.. 97

I. — Point matériel.

82. Travail élémentaire.. 97
83. Expression analytique du travail élémentaire...................... 98
84. Travail total. Unité de travail..................................... 99
85. La force dépend du temps ou de la vitesse......................... 100
86. La force ne dépend que de la position du mobile................. 100
87. Cas particulier dans lequel $\mathcal{C}$ dépend seulement des positions initiales
    et finales. Fonction des forces. Potentiel......................... 101
88. Surfaces de niveau.. 105
89. Exemples.. 107
90. Remarque sur les surfaces de niveau................................ 109

II. — Système de points.

91. Travail des forces appliquées à un système de points. Fonction des
    forces. Potentiel... 110
92. Exemples.. 112
    Exercices sur le Chapitre IV....................................... 111

DEUXIÈME PARTIE.

STATIQUE.

CHAPITRE V.

Équilibre d'un point; équilibre d'un corps solide.

I. — Point matériel.

93. Point libre... 115
94. Exemple. Attractions proportionnelles aux distances.............. 116
95. Point mobile sans frottement sur une surface fixe................ 117
96. Point mobile sans frottement sur une courbe fixe................. 120

II. — ENSEMBLE DE POINTS MATÉRIELS.

Pages.
97. Principes généraux relatifs aux ensembles de points matériels........ 122
98. Équivalence des systèmes de forces appliquées à un ensemble.......... 123

III. — RÉDUCTION DES FORCES APPLIQUÉES A UN CORPS SOLIDE.
ÉQUILIBRE.

99. Corps solide.. 123
100. Réduction des forces appliquées à un corps solide. Systèmes équiva-
      lents. Équilibre... 125
101. Réduction à deux forces... 126
102. Réduction à une force et à un couple............................. 126
103. Équations d'équilibre.. 126
104. Cas particuliers de la réduction................................. 126
105. Autre forme des conditions d'équilibre........................... 127

IV. — APPLICATIONS. FORCES DANS UN PLAN. FORCES PARALLÈLES;
CENTRES DE GRAVITÉ.

106. Forces dans un plan.. 128
107. Exemples... 128
108. Centre d'un système de forces situées dans un plan et admettant une
      résultante... 130
109. Cas du couple; directions principales............................ 131
110. Forces parallèles.. 132
111. Centres de gravité... 133
112. Expression des coordonnées du centre de gravité.................. 134

V. — SUITE DES APPLICATIONS. FORCES QUELCONQUES DANS L'ESPACE.

113. Exemples d'équilibre... 136
114. Conditions pour qu'on puisse diriger suivant trois, quatre, cinq, six
      droites des forces en équilibre................................ 136
         1° Trois droites... 137
         2° Quatre droites.. 137
         3° Cinq droites.. 138
         4° Six droites... 139
115. Plan central dans un corps solide sollicité par des forces dont la résul-
      tante générale n'est pas nulle................................. 140
116. Plans principaux; positions réduites du corps et des axes........ 141
117. Théorème de Minding.. 142
118. Axes d'équilibre... 144
119. Équilibre astatique.. 145

VI. — CORPS SOLIDES ASSUJETTIS A DES LIAISONS.

120. Méthode.. 145
121. Corps ayant un point fixe.. 145
122. Corps ayant un axe fixe.. 147
123. Corps tournant autour d'un axe et glissant le long de l'axe...... 148

Pages

124. Corps s'appuyant sur un point fixe............................... 148
     1° Un seul point d'appui....................................... 148
     2° Plusieurs points d'appui en ligne droite 149
     3° Cas général... 151
     4° Application... 152
125. Plusieurs corps solides... 153

VII. — QUELQUES FORMULES POUR LE CALCUL DES CENTRES DE GRAVITÉ.

126. Lignes... 154
127. Théorème de Guldin... 154
128. Surfaces... 155
129. Aires planes... 155
130. Théorème de Guldin... 156
131. Volumes... 157
     Exercices sur le Chapitre V................................... 157

CHAPITRE VI.

Systèmes déformables.

132. Principe de solidification..................................... 163

I. — POLYGONE FUNICULAIRE.

133. Définition... 165
134. Tension... 166
135. Équilibre du polygone funiculaire. Polygone de Varignon 167
136. Conditions aux limites.. 168
     1° Les extrémités sont libres................................. 169
     2° Les extrémités M_1 et M_n sont attachées en des points fixes......... 169
     3° Le polygone funiculaire est fermé.......................... 170
137. Forces concourantes.. 171
138. Forces parallèles... 171
     Ponts suspendus.. 173
139. Applications graphiques de la théorie des polygones funiculaires.... 174
     1° Détermination graphique de la résultante de plusieurs forces si-
        tuées dans un plan... 174
     2° Construction d'un polygone funiculaire fermé correspondant à un
        système de forces en équilibre dans un plan.................. 176
     3° Cas particulier, exemple de figures réciproques............. 177
140. Anneaux glissant sur un cordon................................ 178
141. Travures réticulaires... 178
     Exemple.. 179

II. — ÉQUILIBRE DES FILS.

142. Équations d'équilibre... 182
143. Théorèmes généraux.. 183
144. Intégrales générales.. 183
145. Détermination des constantes, conditions aux limites.......... 184

Pages.
146. Cas où la force ne dépend pas de l'arc.......... 185
147. Remarque sur la tension.......... 185
148. Équations intrinsèques de l'équilibre d'un fil.......... 185
149. Formule donnant la tension quand il existe une fonction de forces 187
150. Forces parallèles.......... 187
    Équation intrinsèque.......... 189
151. Chaînette.......... 189
152. Détermination des constantes.......... 191
    1° Les extrémités sont attachées.......... 191
    2° Les extrémités glissent sur deux droites 193
153. Forces centrales.......... 193
    Équation intrinsèque.......... 196
154. Exemple d'un cas dans lequel il existe une infinité de positions d'équi-
    libre.......... 196
    Détermination des constantes.......... 199
155. Équilibre d'un fil sur une surface.......... 200
156. Exemples.......... 201
    1° Lignes géodésiques.......... 201
    2° Chaînette sphérique.......... 201
157. Équations intrinsèques de l'équilibre d'un fil sur une surface.......... 203

III. — ÉTUDE D'UNE INTÉGRALE DÉFINIE.

158. Problème de Géométrie.......... 205
159. Formule de Tait et Thomson.......... 209
    1° Applications.......... 211
    2° Théorème de Tait et Thomson 211
160. Exemples.......... 212
161. Même problème sur une surface 214
162. Réfraction.......... 215
    Exercices sur le Chapitre VI.......... 218

CHAPITRE VII.

Principe des vitesses virtuelles.

163. Historique.......... 225

I. — ÉNONCÉ ET DÉMONSTRATION DU PRINCIPE.

164. Déplacement et travail virtuels.......... 226
165. Énoncé du principe.......... 227
166. Point libre.......... 227
167. Point sur une surface 228
168. Point sur une courbe 230
169. Corps solide entièrement libre.......... 231
170. Lemme.......... 233
171. Combinaisons des liaisons précédentes.......... 236
172. Conception générale des liaisons sans frottement.......... 237
173. Démonstration du principe 237

Pages.

174. Remarque sur le travail d'une force... 239
175. Sur les liaisons effectuées à l'aide de corps sans masse... 239

II. — PREMIERS EXEMPLES. SYSTÈMES A LIAISONS COMPLÈTES.
MACHINES SIMPLES.

176. Systèmes à liaisons complètes... 241
177. Machines simples... 242
     1° Presse à coin... 242
     2° Vis de pression... 243
     3° Bascule ou balance de Quintenz... 243
     4° Balance de Roberval... 244
     5° Genou... 245
     6° Moufles et palans... 246
     7° Chaîne inextensible glissant sans frottement sur une courbe fixe... 247
     8° Équilibre d'un liquide incompressible dans un tuyau très étroit... 247

III. — CONDITIONS GÉNÉRALES D'ÉQUILIBRE DÉDUITES DU PRINCIPE
DES VITESSES VIRTUELLES.

178. Équation générale de la Statique... 249
179. Multiplicateurs de Lagrange... 249
180. Réduction des équations d'équilibre au nombre minimum... 251
181. Application. Système pesant... 253
182. Principe de Torricelli... 255
183. Application du principe des vitesses virtuelles à l'équilibre des fils... 257
     Cas particuliers... 258

IV. — THÉORÈMES GÉNÉRAUX DÉDUITS DU PRINCIPE DES VITESSES
VIRTUELLES.

184. Les liaisons permettent une translation d'ensemble du système parallèle
     à un axe... 259
185. Les liaisons permettent une rotation d'ensemble du système autour
     d'un axe... 260
186. Les liaisons permettent un déplacement hélicoïdal de tout le système... 260
187. Application aux conditions d'équilibre d'un solide... 261

V. — APPLICATIONS GÉOMÉTRIQUES.

188. Surfaces en coordonnées normales... 262
189. Centre instantané de rotation... 264
190. Théorème de Schönemann et Mannheim... 264
     Exercices sur le Chapitre VII... 265

CHAPITRE VIII.

Notions sur le frottement.

191. Frottement de glissement... 271
192. Loi du frottement de glissement à l'état de repos... 271

Pages.

193. Équilibre des solides naturels avec frottement................................... 273
    1° Un point de contact... 273
    2° Plusieurs points de contact... 274
    3° Une infinité de points de contact... 275
194. Exemples.. 275
    1° Échelle... 275
    2° Corde enroulée sur la section droite d'un cylindre.......................... 276
195. Frottement de glissement pendant le mouvement.................................. 278
196. Frottement de roulement au départ et pendant le mouvement..................... 278
197. Frottement de pivotement... 280
    Exercices sur le Chapitre VIII... 281

TROISIÈME PARTIE.

DYNAMIQUE DU POINT.

CHAPITRE IX.

Généralités. Mouvement rectiligne. Mouvement des projectiles.

I. — Théorèmes généraux.

198. Équations du mouvement. Intégrales... 283
199. Intégrales premières... 285
200. Équations intrinsèques... 286
201. Quantité de mouvement... 288
202. Théorème de la projection de la quantité de mouvement......................... 288
    Exemple. Forces parallèles.. 289
203. Théorème du moment de la quantité de mouvement. Principe des aires........... 289
    Exemple. Forces centrales... 291
204. Interprétation géométrique des deux théorèmes précédents...................... 292
205. Cas où la force appartient à un complexe linéaire.............................. 293
206. Théorème des forces vives.. 295
    Exemples.. 296
207. Remarque sur l'intégrale des forces vives..................................... 298
208. Stabilité de l'équilibre d'un point matériel libre. Théorème de Lejeune-
    Dirichlet... 299

II. — Mouvement rectiligne.

209. Cas général où la trajectoire est plane....................................... 301
210. Cas général où le mouvement est rectiligne.................................... 301
211. Équations du mouvement rectiligne. Cas simples d'intégrabilité................ 302
    1° La force dépend uniquement de la position................................... 303
    2° La force dépend uniquement de la vitesse.................................... 303
    3° La force dépend uniquement du temps... 304

Pages.

212. Applications à des mouvements produits par une force dépendant de la
    seule position 304
        1° Mouvement vertical d'un corps pesant dans le vide............... 304
        2° Mouvement d'un point matériel attiré ou repoussé par un centre
            fixe O proportionnellement à la distance........................... 305
        3° Mouvement d'un point attiré par un centre fixe en rai-
            son inverse du carré de la distance............................... 309
        4° Mobile attiré par un centre fixe proportionnellement à la $n^{ième}$
            puissance de la distance.. 311
        5° Discussion du cas général....................................... 311
213. Mouvements produits par une force dépendant de la seule vitesse 314
        1° Mouvement descendant.. 314
        2° Mouvement ascendant... 318
        3° Mouvement rectiligne d'un point matériel pesant mobile avec
            frottement sur un plan incliné dans un milieu résistant........ 320
214. Mouvement rectiligne tautochrone 322
        1° La résultante des forces dépend uniquement de la position du
            mobile.. 322
        2° La résultante des forces dépend de la position et de la vitesse
            du mobile... 324
215. Étant donnée la loi d'un mouvement rectiligne, trouver la force........ 330

III. — MOUVEMENT CURVILIGNE. POINT PESANT DANS LE VIDE
ET DANS UN MILIEU RÉSISTANT.

216. Force de direction constante... 331
217. Équations intrinsèques.. 333
218. Mouvement d'un point pesant dans le vide............................... 333
219. Détermination de la force parallèle quand on connaît la trajectoire... 338
220. Mouvement curviligne d'un corps pesant dans un milieu résistant.... 339
221. Mouvement d'un point pesant sur un plan incliné avec frottement et
    résistance du milieu... 346
        Exercices sur le Chapitre IX... 347

CHAPITRE X.

Forces centrales. Mouvement elliptique des planètes.

I. — FORCES CENTRALES.

222. Équations du mouvement.. 354
223. La force est fonction de la seule distance.............................. 357
224. La force est de la forme $r^{-2}\varphi(\theta)$ 360
225. Problème inverse. Détermination de la force centrale quand la trajec-
    toire est donnée.. 362
        Exemples.. 363

II. — MOUVEMENT DES PLANÈTES.

226. Conséquences des lois de Képler... 364
227. Problème direct.. 365

Pages.
228. Comètes.. 368
229. Satellites.. 369
230. Attraction universelle... 370
231. Étoiles doubles.. 371
232. Problème de M. Bertrand... 372
233. Indications sommaires sur quelques problèmes................... 376

III. — Notions élémentaires de mécanique céleste.

234. Problème des n corps.. 378
235. Problème des deux corps... 380
236. Masse d'une planète accompagnée d'un satellite................. 382
237. Détermination du temps dans le mouvement elliptique............ 385
238. Méthode géométrique... 389
239. Développements analytiques...................................... 390
    1° Approximations successives................................ 391
    2° Série de Lagrange.. 392
    3° Fonctions de Bessel...................................... 393
240. Éléments du mouvement elliptique................................ 393
241. Méthode de la variation des constantes.......................... 397
242. Mouvement parabolique des comètes............................... 398
243. Éléments paraboliques... 399
    Exercices sur le Chapitre X............................... 399

CHAPITRE XI.

Mouvement d'un point sur une courbe fixe ou mobile.

I. — Mouvement sur une courbe fixe.

244. Équation du mouvement... 406
245. Stabilité de l'équilibre.. 408
246. Mouvement d'un point pesant sur une courbe fixe................. 410
247. Réaction normale. Équations intrinsèques........................ 414
    Application.. 415
248. Pendule simple.. 417
    Calcul de la réaction..................................... 421
249. Mouvement du pendule simple dans un milieu résistant............ 422
250. Pendule cycloïdal... 425
    Réaction normale.. 426
251. Mouvement d'un point pesant sur une courbe située dans un plan vertical avec résistance de milieu et frottement...................... 427
252. Courbes tautochrones.. 428
    Premier cas : Les forces dépendent uniquement de la position.... 428
    Deuxième cas : Les forces dépendent de la vitesse........... 430
253. Applications.. 432
    1° Pesanteur sans résistance de milieu ni frottement........ 432
    2° Pesanteur avec résistance de milieu proportionnelle à v.. 433
    3° Tautochrone pour la pesanteur dans un plan vertical, en tenant compte du frottement (cycloïde)................................ 434

Pages.

    4° Forces centrales... 435
    5° Deux lois de forces... 436
254. Courbe brachistochrone pour la pesanteur...................... 437
255. Brachistochrones en général................................. 439
    Théorème d'Euler... 440
256. Application des théorèmes de Tait et Thomson aux brachistochrones.. 441
257. Brachistochrones sur une surface donnée...................... 443

II. — Mouvement d'un point matériel sur une courbe variable.

258. Équations du mouvement...................................... 444
259. Équations de Lagrange....................................... 445
260. Problème.. 448
261. Cas où la courbe est fixe................................... 450
    Exercices sur le Chapitre XI................................. 451

CHAPITRE XII.

Mouvement d'un point sur une surface fixe ou mobile.

I. — Généralités.

262. Équations du mouvement...................................... 456
263. Équations de Lagrange....................................... 457
264. Applications.. 461
    1° Mouvement d'un point dans un plan fixe en coordonnées polaires. 461
    2° Trouver le mouvement d'un point pesant mobile sans frottement
        sur un plan qui tourne d'un mouvement uniforme autour
        d'un axe horizontal situé dans le plan...................... 462

II. — Cas où la surface est fixe.

265. Emploi du théorème des forces vives........................ 464
    Exemple.. 465
266. Équation des forces vives déduite des équations de Lagrange.. 467
267. Stabilité de l'équilibre dans le cas où la fonction U existe.. 468
268. Réaction normale.. 469
269. Équations intrinsèques et réaction normale.................. 469
270. Lignes géodésiques.. 470
    Exemple : Lignes géodésiques de l'ellipsoïde................. 471
271. Emploi des équations de Lagrange............................ 474
    Exemple.. 474
272. Oscillations infiniment petites d'un point pesant autour du point le
    plus bas d'une surface....................................... 476

III. — Mouvement sur une surface de révolution.

273. Lignes géodésiques des surfaces de révolution............... 478
274. Formule de Clairaut... 481
275. Exercices. Lignes géodésiques de la surface engendrée par la révolution
    d'une hyperbole équilatère autour d'une de ses asymptotes.... 481
276. Mouvement d'un point pesant sur une surface de révolution à axe vertical Oz.. 483

Pages

277. Pendule sphérique. 485
    Calcul de la réaction normale. 491
    Intégration par les fonctions elliptiques. 491
    Oscillations infiniment petites. 493
    Exercices sur le Chapitre XII. 496

CHAPITRE XIII.

Équations de Lagrange pour un point libre.

278. Équations de Lagrange. 501
279. Intégrale des forces vives. 506
280. Applications. 507
    1° Problème. 507
    2° Coordonnées polaires dans l'espace. 508
    3° Coordonnées elliptiques dans l'espace. 510
    4° Coordonnées elliptiques dans le plan des xy. 513
281. Application des équations de Lagrange à la théorie du mouvement relatif. 514
    Exercices sur le Chapitre XIII. 517

CHAPITRE XIV.

Principe de d'Alembert. Principe d'Hamilton.
Principe de la moindre action.

282. Principe de d'Alembert. 518
283. Point matériel libre. 519
284. Point glissant sans frottement sur une surface fixe ou mobile. . . 520
285. Point glissant sans frottement sur une courbe fixe ou mobile. . . 521
286. Remarque sur la force d'inertie. 522
287. Principe d'Hamilton. 522
288. Équations de Lagrange. 524
289. Cas particulier où X, Y, Z sont les dérivées partielles d'une fonction U(x, y, z, t). 527
290. Principe de la moindre action. 528
    Exercices sur le Chapitre XIV. 532

ADDITION.

Note sur la propriété caractéristique des forces constantes. 535

FIN DE LA TABLE DES MATIÈRES DU TOME PREMIER.

1886. Paris. — Imprimerie GAUTHIER-VILLARS ET FILS, quai des Grands-Augustins, 55.

www.ingramcontent.com/pod-product-compliance
Lightning Source LLC
LaVergne TN
LVHW010207070726
842528LV00014B/67